iOS 14 开发指南

管蕾◎编著

人 民 邮 电 出 版 社
北 京

图书在版编目（CIP）数据

iOS 14开发指南 / 管蕾编著. -- 北京 : 人民邮电出版社，2021.6
ISBN 978-7-115-56204-3

Ⅰ. ①i… Ⅱ. ①管… Ⅲ. ①移动终端－应用程序－程序设计 Ⅳ. ①TN929.53

中国版本图书馆CIP数据核字(2021)第051327号

内 容 提 要

本书旨在介绍开发 iOS 14 应用程序的知识。本书主要讲解了如何通过 Xcode 开发应用程序，如何实现各种控件，如何设计用户界面，如何处理图像、图层、动画等，如何实现多媒体开发，如何定位，如何读写应用程序的数据，如何处理手势，如何开发通用的应用程序、tvOS 应用程序、虚拟现实应用程序，如何在应用程序中添加 Siri 功能，如何使用 Apple Pay、SwiftUI、WatchKit 等。

本书适合 iOS 初学者和 iOS 开发人员阅读，也可以作为培训机构和高校相关专业的教材。

◆ 编　　著　管　蕾
责任编辑　谢晓芳
责任印制　王　郁　焦志炜

◆ 人民邮电出版社出版发行　　北京市丰台区成寿寺路 11 号
邮编　100164　　电子邮件　315@ptpress.com.cn
网址　https://www.ptpress.com.cn
天津千鹤文化传播有限公司印刷

◆ 开本：787×1092　1/16
印张：33.25
字数：889 千字　　　　2021 年 6 月第 1 版
印数：1 – 2 000 册　　　2021 年 6 月天津第 1 次印刷

定价：129.90 元

读者服务热线：(010)81055410　印装质量热线：(010)81055316
反盗版热线：(010)81055315
广告经营许可证：京东市监广登字 20170147 号

前　言

2020 年 6 月 23 日，苹果公司通过线上形式召开了全球开发者大会（World Wide Developers Conference，WWDC），并在会上发布了 iOS 14。为了帮助读者了解 iOS 14 的新特性，作者特意编写了本书。本书重点介绍 iOS 14 的新特性，例如，SwiftUI 和 WatchKit。

本书彻底摒弃枯燥的理论和简单的操作，注重实用性和可操作性。本书介绍了大量典型实例，通过实例的实现过程，详细讲解了各个知识点的具体应用方法。

本书中的部分实例基于 Objective-C，部分实例基于 Swift。通过对本书的学习，读者可以掌握使用 Objective-C 和 Swift 开发 iOS 应用程序的方法。

本书从读者的实际需要出发，内容由浅入深，详细地讲解了和 iOS 应用程序开发有关的知识点。读者可以按照本书的章节顺序进行学习，也可以根据自己的需求选择性阅读相关章节。

本书主要内容如下。

第 1～4 章介绍了 iOS 开发的基础知识，包括 Xcode 开发环境的搭建，如何通过 Interface Builder 开发界面，如何使用 Xcode 编写 MVC 程序。

第 5～13 章讲述了如何创建各种控件，例如，文本框、按钮、标签、滑块、开关、视图、工具栏、选择器、活动指示器、进度条和检索条等。

第 14～23 章讨论了核心开发技术，包括如何实现视图控制器，如何实现多场景，如何实现 UICollectionView 和 UIVisualEffectView 控件，如何实现 iPad 弹出框和分割视图控制器，如何实现界面旋转，如何绘制图形、处理图像、实现动画，如何实现多媒体开发，如何实现分屏多任务，如何定位等。

第 24～29 章展示了一些典型应用，例如，如何读写应用程序的数据，如何实现触摸、手势识别，如何和硬件交互，如何使用地址簿和邮件，如何开发通用的应用程序等。

第 30～38 章阐述了一些新的技术，例如，如何使用扩展（extension），如何在应用程序中加入 Siri 功能，如何开发 tvOS 应用程序，如何使用 Apple Pay，如何开发虚拟现实应用程序，如何利用人工智能技术识别照片，如何使用 SwiftUI 可视化技术，如何使用 WatchKit。

本书适合 iOS 初学者和 iOS 开发人员阅读，也可作为相关培训机构或高校相关专业的教材。

服务与支持

本书由异步社区出品，社区（https://www.epubit.com/）为您提供相关服务和支持。

提交勘误

作者和编辑尽最大努力来确保书中内容的准确性，但难免会存在疏漏。欢迎您将发现的问题反馈给我们，帮助我们提升图书的质量。

当您发现错误时，请登录异步社区，按书名搜索，进入本书页面，单击“提交勘误”，输入勘误信息，单击“提交”按钮即可（见下图）。本书的作者和编辑会对您提交的勘误进行审核，确认并接受后，您将获赠异步社区的 100 积分。积分可用于在异步社区兑换优惠券、样书或奖品。

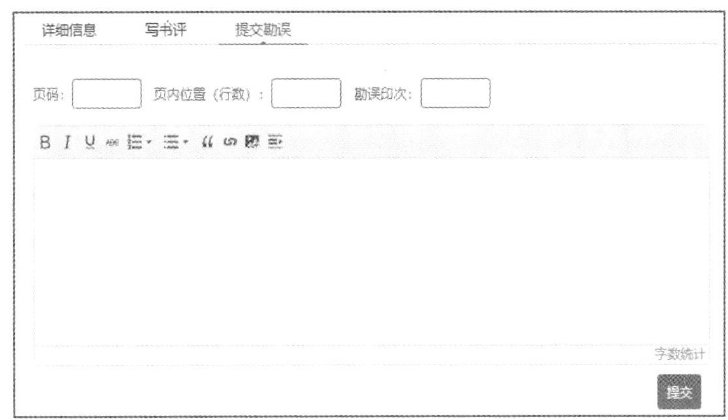

扫码关注本书

扫描下方二维码，您将会在异步社区微信服务号中看到本书信息及相关的服务提示。

与我们联系

我们的联系邮箱是 contact@epubit.com.cn。

如果您对本书有任何疑问或建议，请您发邮件给我们，并请在邮件标题中注明本书书名，以便我们更高效地做出反馈。

如果您有兴趣出版图书、录制教学视频，或者参与图书翻译、技术审校等工作，可以发邮件给我们；有意出版图书的作者也可以到异步社区投稿（直接访问 www.epubit.com/contribute 即可）。

如果您所在学校、培训机构或企业想批量购买本书或异步社区出版的其他图书，也可以发邮件给我们。

如果您在网上发现有针对异步社区出品图书的各种形式的盗版行为，包括对图书全部或部分内容的非授权传播，请您将怀疑有侵权行为的链接通过邮件发送给我们。您的这一举动是对作者权益的保护，也是我们持续为您提供有价值的内容的动力之源。

关于异步社区和异步图书

“异步社区”是人民邮电出版社旗下 IT 专业图书社区，致力于出版精品 IT 图书和相关学习产品，为作译者提供优质出版服务。异步社区创办于 2015 年 8 月，提供大量精品 IT 图书和电子书，以及高品质技术文章和视频课程。更多详情请访问异步社区官网 https://www.epubit.com。

“异步图书”是由异步社区编辑团队策划出版的精品 IT 专业图书的品牌，依托于人民邮电出版社近 30 年的计算机图书出版积累和专业编辑团队，相关图书在封面上印有异步图书的 LOGO。异步图书的出版领域包括软件开发、大数据、人工智能、测试、前端、网络技术等。

异步社区

微信服务号

目　　录

第1章　iOS开发入门

iOS 是一个强大的系统，被广泛地应用于苹果公司的 iPhone、iPad 和 iTouch 设备中。iOS 通过这些移动设备展示了多点触摸、在线视频以及众多内置传感器的界面。本章将介绍 iOS。

1.1 iOS 简介

iOS 是由苹果公司开发的手持设备操作系统。苹果公司最早于 2007 年 1 月 9 日的 MacWorld 大会上公布了 iOS，最初 iOS 是供 iPhone 使用的，后来陆续用到 iPod touch、iPad 以及 Apple TV 等产品上。

2020 年 6 月 23 日，WWDC 如期召开，在会上苹果公司发布了 iOS 14。

iOS 14 的新特性

iOS 14 主要的新特性如下。

1. 主屏幕

Apple Watch 允许用户在资源库列表中查看所有已安装的应用程序，基于 iOS 14 的 iPhone 具有类似功能。用户能够通过设置过滤器查看对应应用程序类别，例如，查看最近使用的应用程序或带有未读通知的应用程序。

另外，iOS 14 还提供了主屏幕小部件选项，该选项允许小部件像主屏幕上的应用程序图标一样自由移动。

2. 来电弹窗

以往当 iPhone 有新来电时，系统通知页面会占据整个屏幕。用户在看视频或者玩游戏时，屏幕会被全部遮挡，而 iOS14 中的来电弹窗只占据屏幕上方位置，用户的操作不会因为突如其来的电话而被迫中止。

3. 将第三方应用设置成默认应用

从 iOS 14 开始，苹果公司允许 iPhone 和 iPad 用户将第三方邮件、浏览器和音乐应用设置为默认应用。

4. App Clip 应用

iOS 14 提供了全新的 App Clip 功能，它是 App 的一部分， 支持苹果支付和苹果登录功能，WWDC 对它的描述是“Light and fast,Easy to discover”，用户可以通过浏览器、短信消息、Maps、NFC 或者二维码打开 App Clip。

5. Safari 浏览器、邮件及 Notes 的改进

iOS 14 提供了预配置功能，不再强制用户使用 Safari 浏览器，为邮件提供了全新的桌面格式和字体，为 Notes 提供了共享文件夹功能。

6. 更加精巧的 Siri

原来的 Siri 使用全屏交互界面，会覆盖应用的界面。但在 iOS 14 中开发人员重新设计了 Siri，屏幕底部出现了新的 Siri 标志。当使用 Siri 打开某个应用时，应用会从底部弹出。。

1.2 开始 iOS 14 开发之旅

要成为一名 iOS 开发人员，首先需要拥有一台计算机，并运行苹果的操作系统。对于 iOS 14 开发人员来说，需要安装 macOS Catalina 或 macOS Mojave，硬盘至少要有 20GB 的可用空间。开发系统的屏幕尽量选大屏，这样容易营造高效的工作空间。对于广大读者来说，建议购买一台 Mac 计算机，因为这样的开发效率更高，并且会避免不兼容性所带来的调试错误。除此之外，你还需要加入苹果开发人员计划（Developer Program），拥有一个苹果账号。

其实不需要任何花费即可加入苹果开发人员计划，然后下载 iOS SDK、编写 iOS 应用程序，并且在 iOS 模拟器中运行它们。但是毕竟收费成员与免费成员之间还存在一定的区别——免费成员会受到较多的限制。例如，将编写的应用程序加载到 iPhone 中或通过应用商店发布它们，需支付会员费。本书中的大多数应用程序可在免费工具提供的模拟器中正常运行，因此，接下来如何做由你决定。

注意：如果不确定成为付费成员是否合适，建议读者先不要急于成为付费成员，而要先成为免费成员，在编写一些示例应用程序并在模拟器中运行它们后再升级为付费成员。但是，模拟器不能精确地模拟移动传感器输入和 GPS 数据等。

如果读者准备选择付费模式，付费的开发人员计划提供了两种等级——标准计划（99 美元）和企业计划（299 美元），前者适用于要通过应用商店发布其应用程序的开发人员，而后者适用于开发的应用程序要在内部（而不是通过应用商店）发布的大型公司（雇员超过 500 人）。

注意：无论是公司用户还是个人用户，都可选择标准计划（99 美元）。在将应用程序发布到应用商店时，如果需要指出公司名，则在注册期间会给出标准的“个人”或“公司”计划选项。

无论是大型企业还是小型公司，无论是要成为免费成员还是付费成员，我们的 iOS 14 开发之旅都将从苹果网站开始。首先，访问苹果开发者网站，如图 1-1 所示。

如果通过使用 iTunes、iCloud 或其他 Apple 服务获得了 Apple ID，可将该 ID 用作开发账户。如果目前还没有 Apple ID，则需要注册一个专门用于开发的新 ID，可通过注册的方法创建一个新 Apple ID。注册成功后，输入账号信息，登录。登录成功后的界面如图 1-2 所示。

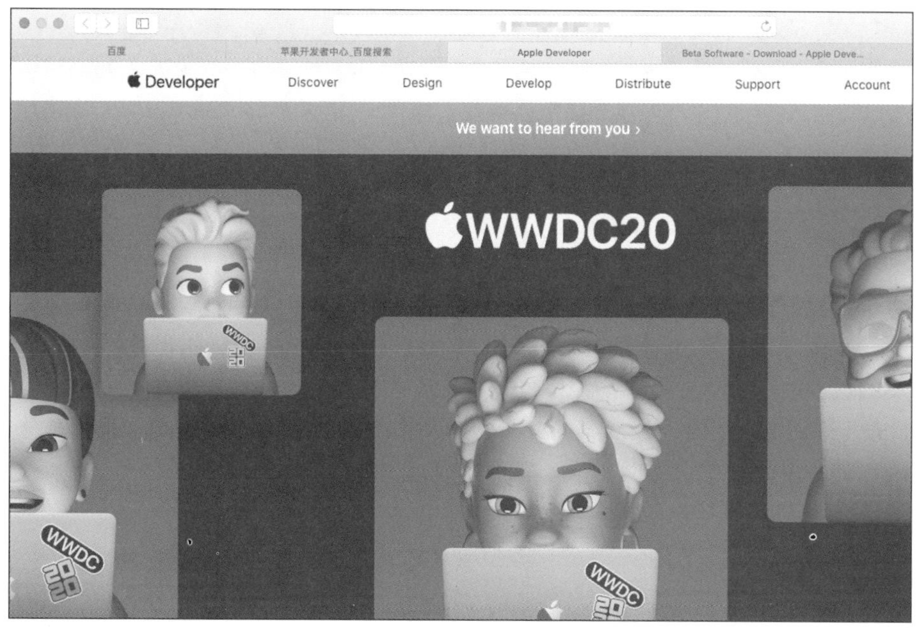

▲图 1-1 苹果开发者网站

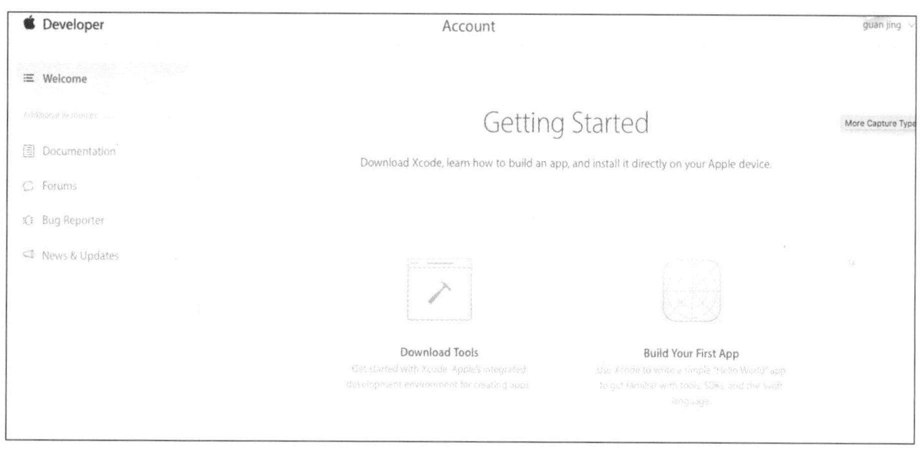

▲图 1-2 使用 Apple ID 账号登录后的界面

在成功登录 Apple ID 后，你可以决定是加入付费的开发人员计划还是继续使用免费资源。要加入付费的开发人员计划，请再次将浏览器指向 iOS 开发者计划页面，并单击 Enroll now 按钮加入。阅读说明性文字后，单击 Continue 按钮，开始进入加入流程。

在系统提示时选择 I'm registered as a developer with apple and would like to enroll in a paid Apple Developer Program 复选框，再单击 Continue 按钮。注册工具会引导我们申请加入付费的开发人员计划，包括在个人和公司选项之间做出选择。

1.3 工欲善其事，必先利其器——搭建开发环境

学习 iOS 14 开发也离不开好的开发工具的帮助，如果你使用的是 macOS Mojave 或 macOS Big Sur 系统，则下载 iOS 14 开发工具将很容易，只需简单的单击操作即可。打开应用商店，搜索 Xcode 12 并免费下载它，接下来等待下载完大型安装程序（约 10GB）。

注意： 如果你是免费成员，登录 iOS 开发者中心后，很可能只能看到一个安装程序，它可安装 Xcode 和 iOS SDK（最新版本的开发工具）；如果你是付费成员，可看到指向其他 SDK 版本（9.0、10.0 等）的链接。

1.3.1　Xcode

要开发 iOS 应用程序，需要一台安装了 Xcode 工具的苹果计算机。Xcode 是苹果公司提供的开发工具集，提供了项目管理、代码编辑、程序创建、代码调试、代码库管理和性能调节等功能。这个工具集的核心就是 Xcode 程序，该程序提供了基本的源代码开发环境。

Xcode 是一款强大的专业开发工具，Xcode 可以通过我们熟悉的方式快速地执行绝大多数常见的软件开发任务。由于能力出众，Xcode 已经被 Mac 开发者社区广为采纳。

要开发 iOS 14 应用程序，必须安装 Xcode 12。

1.3.2　Xcode 12 的新特性

苹果公司在 2020 年的 WWDC 上除发布 macOS Big Sur 之外，还宣布了未来 Mac 将会采用基于 ARM 架构的自研芯片 Apple silicon。因此，苹果公司推出了相应的集成开发环境 Xcode 12。Xcode 12 采用了全新的设计，外观与 macOS Big Sur 的风格保持一致。

作为桥接新旧 Mac 架构的角色，Xcode 12 默认构建 macOS 通用应用程序，以支持搭载苹果芯片的新 Mac 计算机，该过程通常无须更改任何代码。事实上，Xcode 12 本身就作为通用应用程序而构建，可以运行在 Intel x86_64 CPU 和基于 ARM 的苹果芯片上。Xcode 12 还提供了统一的 macOS SDK，其中包含所有框架、编译器、调试器和其他工具，以帮助构建在苹果芯片和 Intel x86_64 CPU 上原生运行的应用程序。

当在 Xcode 12 中打开项目时，应用程序会自动更新，以生成作为通用应用程序的发布版和存档文件。当构建应用程序时，Xcode 会为苹果芯片和 Intel x86_64 CPU 分别生成一个二进制文件，然后把两者打包在一起，作为单个应用程序发布或共享到应用商店。开发者可以单击工具栏中的 Any Mac 选项来测试此项功能。在搭载苹果芯片的新 Mac 计算机上，开发者可以选择工具栏上的 My Mac (Rosetta)选项，模拟原生基础架构或英特尔虚拟化，来执行并测试应用程序。

在 Xcode 12 中，苹果还对 UI 框架 SwiftUI 进行了改进，除优化性能之外，还增加了一些新特性。由于保持了 API 的稳定，因此开发者可以轻松地将现有的 SwiftUI 代码引入 Xcode 12。而针对使用 SwiftUI 构建的应用程序的全新生命周期管理 API 让开发者可以在 SwiftUI 中编写完整应用程序，并在所有苹果平台上共享代码。

基于 SwiftUI 构建的全新小组件平台让开发者可以在 iPad、iPhone 和 Mac 计算机上构建运行良好的小组件。SwiftUI 视图支持共享，并作为一等（first-class）控件出现在 Xcode 库中。现有的 SwiftUI 提供了更快的性能、更好的诊断和对新控件的访问。

1.3.3　下载并安装 Xcode 12

其实对于初学者来说，只需安装 Xcode 即可。使用 Xcode，既能开发 iPhone 应用程序，也能够开发 iPad 和 macOS 应用程序。Xcode 是完全免费的，通过它提供的模拟器就可以在计算机上测试 iOS 应用程序。如果要发布 iOS 应用程序或在真实计算机上测试 iOS 应用程序，就需要加入付费的开发人员计划了。

（1）登录苹果开发人员网站，单击页面底部的 Xcode，滚动到页面下方，单击下方的 Download

Xcode 12 链接，如图 1-3 所示。

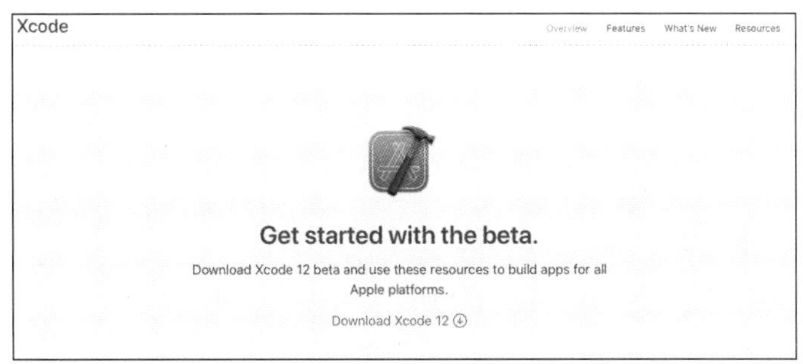

▲图 1-3　单击下方的 Download Xcode 12 链接

（2）进入 Xcode 12 的下载页面，作者写本书时 Xcode 的最新版本是 Xcode 12 beat 3，如图 1-4 所示。单击 Download 按钮会弹出下载进度条，如图 1-5 所示。

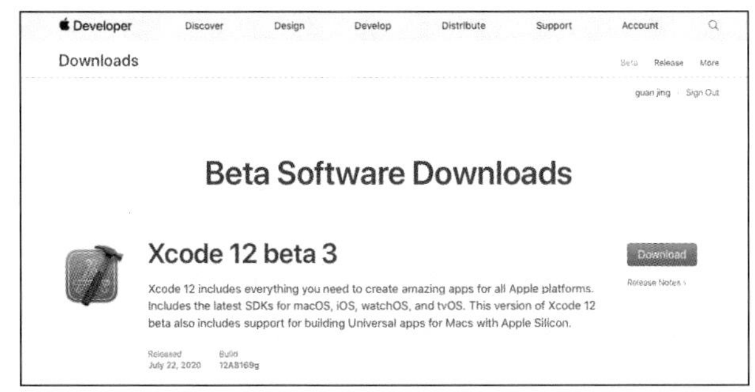

▲图 1-4　Xcode 12 的下载页面

▲图 1-5　Xcode 12 的下载进度条

注意：因为 Xcode 安装包大小超过 10GB，所以下载时需要耐心等待。Xcode 12 推出的正式版可以在应用商店中下载。在作者写作本书时 Xcode 12 还没有推出正式版，只是发布了第 3 个测试版，读者可以按照本书介绍的方法下载并安装 Xcode 12。建议读者安装苹果公司全新的操作系统 macOS Big Sur，否则不能创建通用应用程序。

（3）下载完成后，得到一个大小为 10GB 左右的文件 Xcode_12_beta_3.xip，双击这个文件进行解压缩操作，如图 1-6 所示。

（4）解压缩后会得到一个名字为 Xcode-beta 的文件，如图 1-7 所示。

▲图 1-6　解压缩

▲图 1-7　文件 Xcode-beta

（5）双击文件 Xcode-beta，弹出确认安装界面，再次单击 Install 按钮，如图 1-8 所示。

（6）弹出的新界面会显示安装进度，如图 1-9 所示。

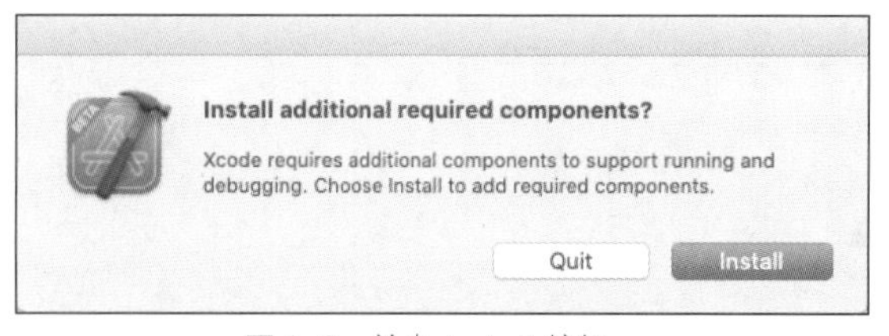

▲图 1-8　单击 Install 按钮

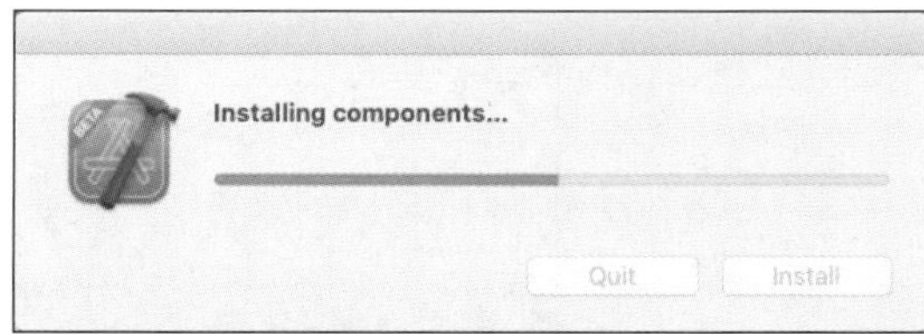

▲图 1-9　安装进度

（7）安装 Xcode 12，启动 Xcode 12 后的初始界面如图 1-10 所示。

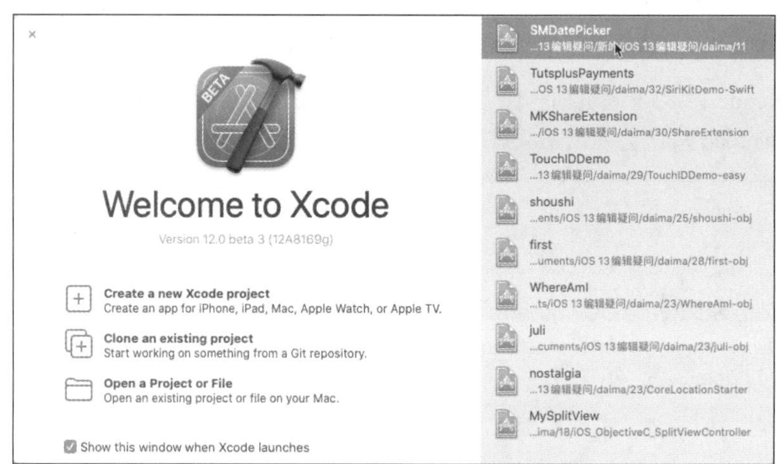

▲图 1-10　启动 Xcode 12 后的初始界面

注意：

（1）考虑到许多初学者没有购买苹果计算机的预算，可以在 Windows 系统上采用虚拟机的方式安装 macOS。

（2）无论读者是新用户，还是已经有一定 Xcode 使用/开发经验的用户，都需要了解 Xcode 的用户界面，这样才能真正高效地使用 Xcode。

（3）建议读者将 Xcode 安装在 Mac 计算机上。

（4）本书使用的是 Xcode 12 beta 3 版本，苹果公司会为开发者陆续推出新版本。读者可以用新版本调试本书的程序，这完全不妨碍读者对本书的学习。

1.3.4　创建 iOS 14 项目并启动模拟器

要创建 iOS 14 项目并启动模拟器，具体步骤如下。

（1）Xcode 位于 Developer 文件夹的 Applications 子文件夹中，快捷图标如图 1-11 所示。

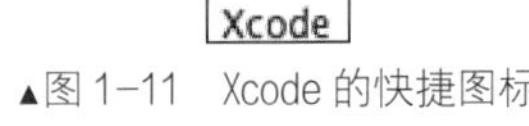

▲图 1-11　Xcode 的快捷图标

（2）启动 Xcode 12 后，在默认启动界面中，创建新项目，或者打开一个已存在的项目。

（3）单击 Create a new Xcode project 会出现 Choose a template for your new project 界面，如图 1-12 所示。在该界面的顶部导航栏显示了可供选择的模板类别，因为我们的重点是 iOS 类别，所以在此需要确保选择了 iOS。在下方区域显示了当前类别中的模板以及当前选定模板的描述。从 iOS 14 开始，在 Xcode 中新增了 Multiplatform 选项，通过此选项，你可以创建能同时运行在 iPhone、iPad、MacBook、iMac 等设备上的应用程序。

（4）从 iOS 9 开始，在 Choose a template for your new project 界面的顶部新增了 tvOS 类别，这是为开发苹果电视应用程序所准备的，如图 1-13 所示。

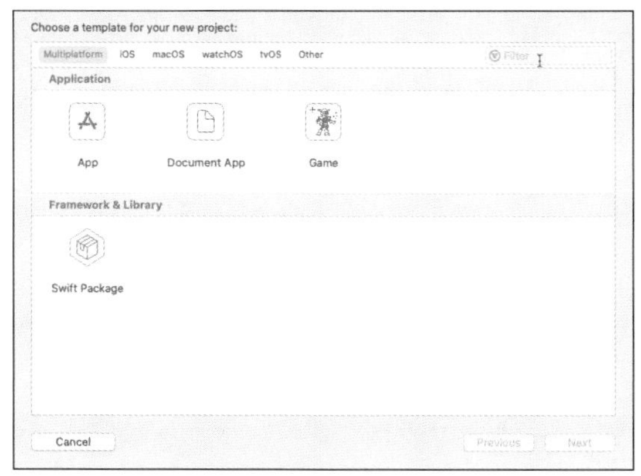

▲图 1-12　Choose a template for your new project 界面

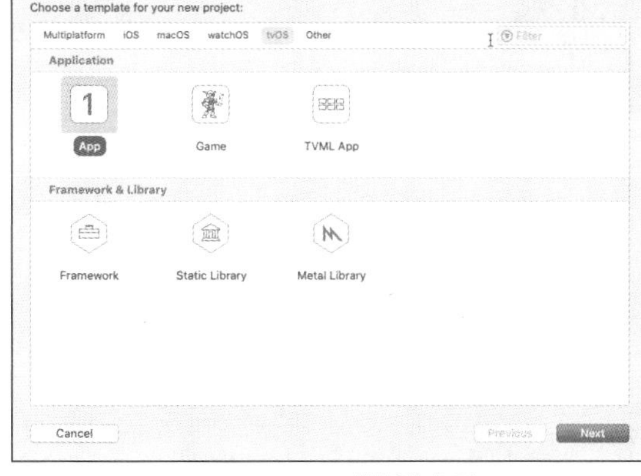

▲图 1-13　tvOS 模板的类别

（5）对于大多数 iOS 14 应用程序来说，只需选择 iOS 类别下的 Single View App 模板，然后单击 Next 按钮即可。在新界面中，Xcode 将要求用户指定产品名称、组织名称和组织标识符。Product Name（产品名称）就是应用程序的名称，而 Organization Identifier（组织标识符）是创建应用程序的组织或个人的域名，但域名的两个部分按相反的顺序排列。两者组成了捆绑标识符（bundle identifier），它将用户的应用程序与其他 iOS 应用程序区分开。例如，我们将创建一个名为 first 的应用程序，组织名称是 apple。如果没有域名，在开发时可以使用默认的标识符。新建项目的基本信息如图 1-14 所示。

（6）单击 Next 按钮，Xcode 将要求我们指定项目的存储位置，如图 1-15 所示。切换到硬盘中合适的文件夹，确保取消勾选 Create Git repository on my Mac 复选框，再单击 Create 按钮。Xcode 将创建一个名称与项目名相同的文件夹，并将所有相关联的模板文件都放到该文件夹中。

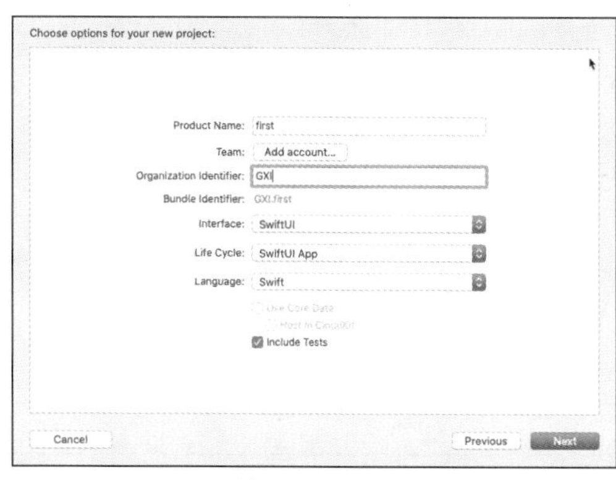

▲图 1-14　输入新建项目的基本信息

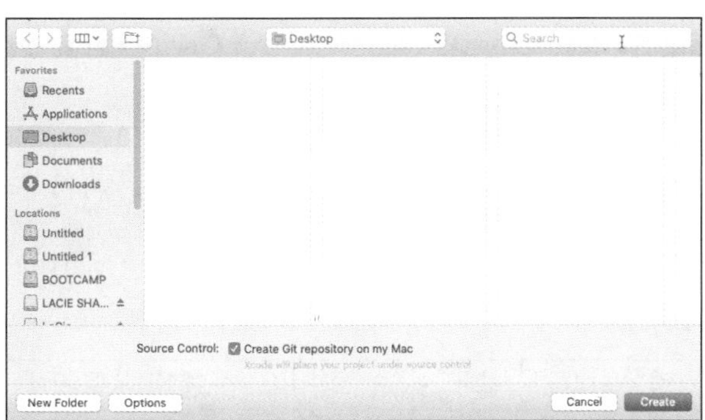

▲图 1-15　选择存储位置

（7）在 Xcode 12 中创建或打开项目后，将出现一个类似于图 1-16 的界面，用户将使用它来完成从编写代码到设计应用程序界面的所有工作。

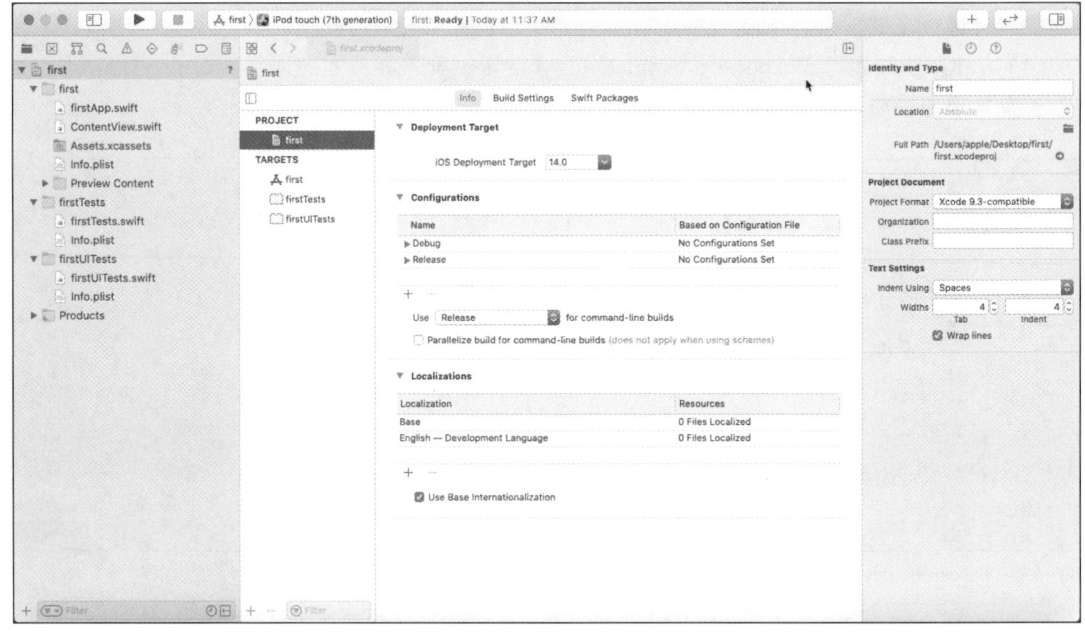

▲图 1-16　新建的 Xcode 12 项目的界面

（8）运行 iOS 模拟器的方法十分简单，只需单击 Xcode 界面左上角的按钮即可。例如，选中 iPhone 11 选项，对应模拟器的运行效果如图 1-17 所示。

▲图 1-17　iPhone 11 模拟器的运行效果

1.3.5　打开一个现有的 iOS 14 项目

在开发过程中，经常需要打开一个现有的 iOS 14 项目，例如，打开本书配套的项目。具体操作如下。

（1）启动 Xcode 12 开发工具，单击下面的 Open a project or File 命令。

（2）在弹出的选择目录对话框中，找到要打开项目的目录，然后选择.xcodeproj 格式的文件，单击 Open 按钮即可打开这个 iOS 14 项目。

另外，读者也可以直接切换到要打开项目的目录。双击里面的.xcodeproj 格式的文件，打开这个 iOS 14 项目。

1.3.6　使用 Xcode 12 的新特性：基于 Swift 创建第一个通用应用程序

实例 1-1	基于 Swift 创建第一个通用应用程序
源码路径	daima\1\first

在 Xcode 12 中，基于 Swift 创建第一个通用应用程序的步骤如下。

（1）启动 Xcode 12，单击 Create a new Xcode project 后，会出现 Choose a template for you new project 界面。如图 1-18 所示，选择 Multiplatform 下面的 App 选项，然后单击 Next 按钮。

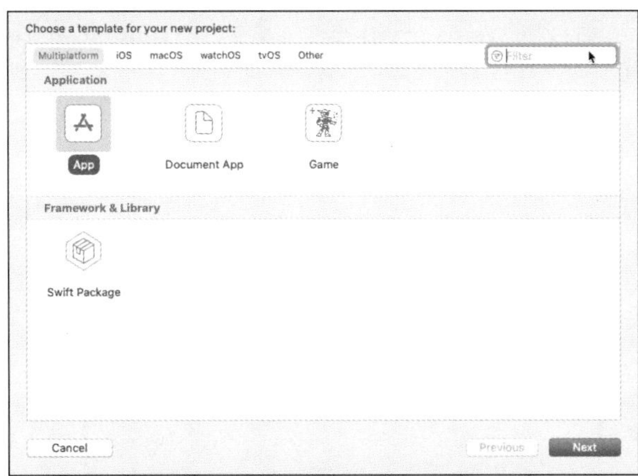

▲图 1-18　选择 Multiplatform 选项下的 App 选项

（2）在新界面中，指定产品名称、组织名称和组织标识符，如图 1-19 所示，并单击 Next 按钮。

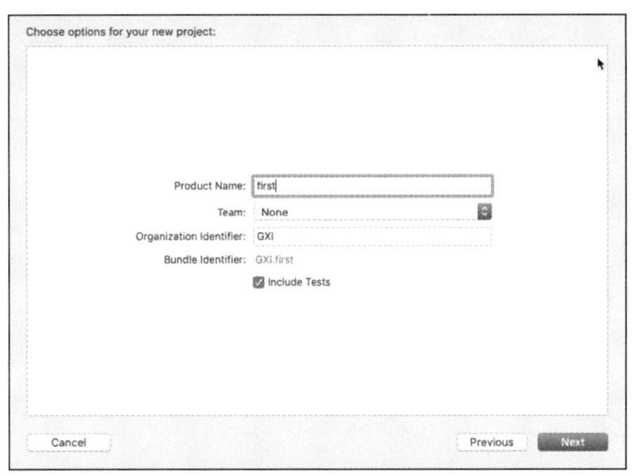

▲图 1-19　指定产品名称、组织名称和组织标识符

（3）在弹出的新界面中，指定项目的存储位置，如图 1-20 所示。将存储位置切换到硬盘中合适的文件夹，并确保没有选择 Create Git repository on my Mac 复选框，再单击 Create 按钮。Xcode 将创建一个名称与项目名相同的文件夹，并将所有相关联的模板文件都放到该文件夹中。

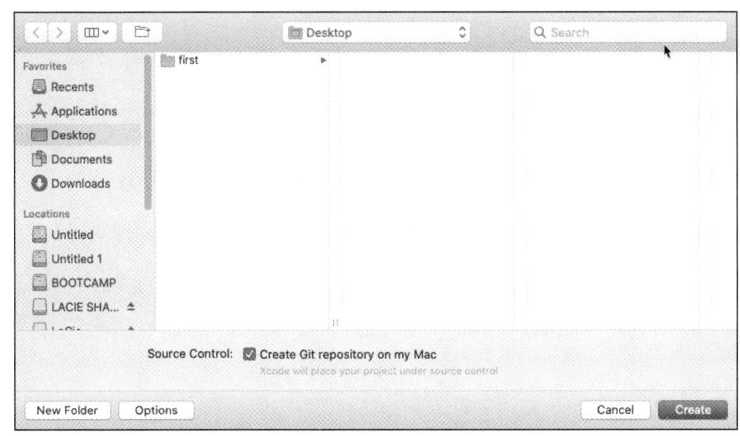

▲图 1-20　指定项目的存储位置

（4）在 Xcode 中创建或打开项目后，将出现一个类似于 iTunes 的界面，如图 1-21 所示，用户将使用它来完成从编写代码到设计应用程序界面的所有工作。

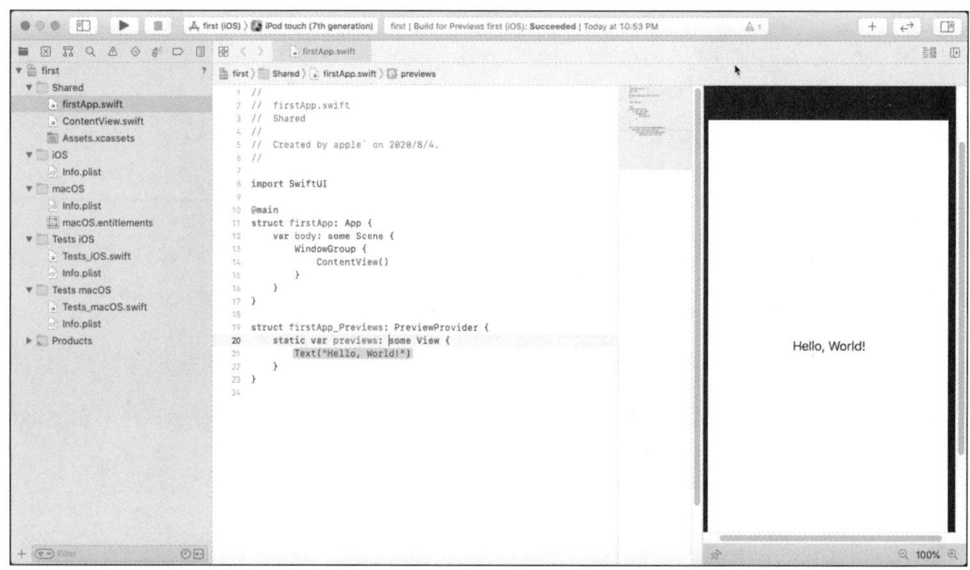

▲图 1-21　类似于 iTunes 的界面

和以前的 Xcode 相比，在左侧窗格中，增加了如下 3 个模块。

- Shared：包括共享资源，可以同时供 iOS 和 macOS 程序使用。
- iOS：包括 iOS 资源，如代码、图片等。
- macOS：包括 macOS 资源，如代码、图片等。

第 2 章　Xcode 开发环境

Xcode 是一款功能强大的集成开发工具，我们通过此工具可以轻松输入、编译、调试并执行 Objective-C 程序。如果你想在 macOS 上快速开发 iOS 应用程序，则必须学会使用这个工具的方法。本章将详细讲解 Xcode 12 开发工具的基本知识。

2.1 基本面板

使用 Xcode 12 打开一个 iOS 14 项目后的界面如图 2-1 所示。

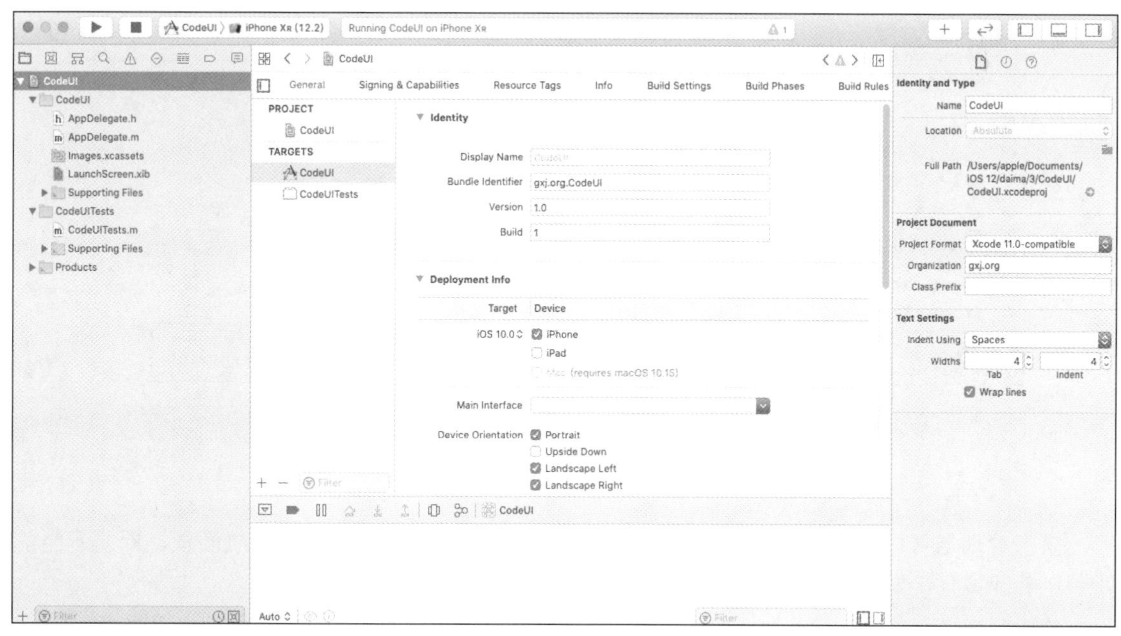

▲图 2-1　打开一个 iOS 14 项目后的界面

该界面主要包括以下几部分。

- 调试工具栏：位于界面左上角，功能是控制程序编译、调试。单击 ▶ 按钮会启动模拟器，运行 iOS 程序，单击 ■ 按钮会停止运行。
- 资源管理器：位于左边面板，用于选择显示的导航面板。
- 项目面板：位于界面中间，通常显示当前项目的总体信息，例如，编译信息、版本信息和团队信息等。当在资源管理器中选择一个源代码文件时，这个区域将变为编码面板，在面板中将显示这个文件的具体源代码。
- 属性面板：位于界面右边，它在进行故事板或者 XIB 设计时十分有用，通过它可以设置每个控件的属性。

2.1.1　调试工具栏

在调试工具栏中，单击▶按钮，打开模拟器来运行项目。另外，单击▶按钮并按住片刻后，会弹出运行菜单，其中提供了更多的运行选项，如图 2-2 所示。

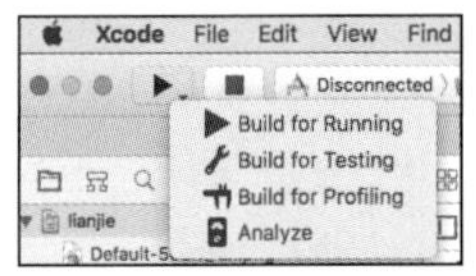

▲图 2-2　运行菜单

在■按钮右侧的下拉列表提供了选择虚拟器的属性，如图 2-3 所示。

调试工具栏最右侧有 3 个关闭视图的按钮，用于关闭一些不需要的视图，如图 2-4 所示。

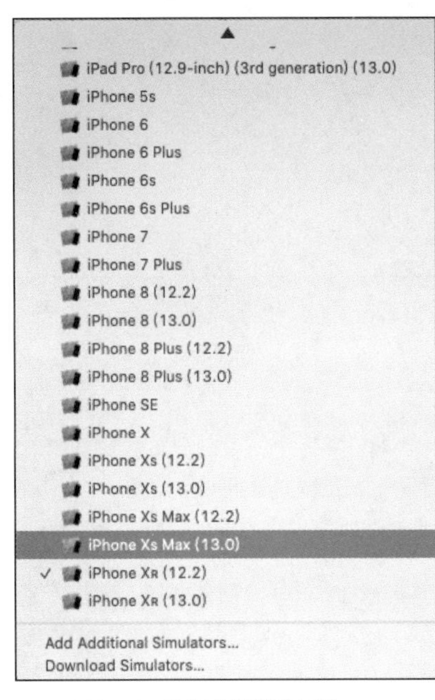

▲图 2-3　选择虚拟器的属性

▲图 2-4　关闭视图的按钮

2.1.2　资源管理器

资源管理器可以显示多个导航面板，例如，单击图标后会显示项目导航面板，即显示当前项目的构成文件，如图 2-5 所示。

单击图标后会显示符号导航面板，即显示当前项目中包含的类、方法和属性，如图 2-6 所示。

单击图标后会显示搜索导航面板，在此可以输入将要搜索的关键字，按 Return 键后将会显示搜索结果。例如，搜索关键字“first”后的结果如图 2-7 所示。

单击图标⚠后会显示问题导航面板，如果当前项目存在错误或警告，则会在此面板中显示出来，如图 2-8 所示。

单击图标后会显示测试导航面板，即显示当前项目包含的测试用例和测试方法等，如图 2-9 所示。

单击图标后会显示调试导航面板，在默认情况下将会显示一片空白，如图 2-10 所示。只有进行项目调试时，才会在这个面板中显示内容。

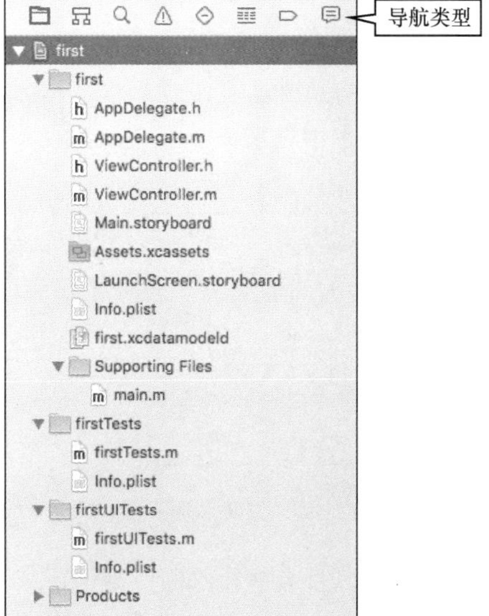

▲图 2-5　项目导航面板

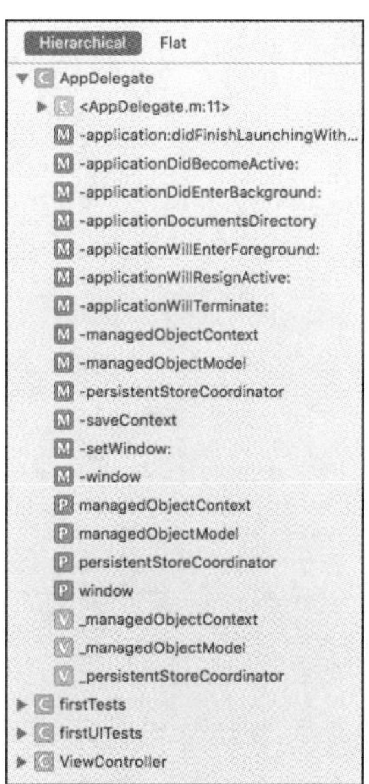

▲图 2-6　符号导航面板

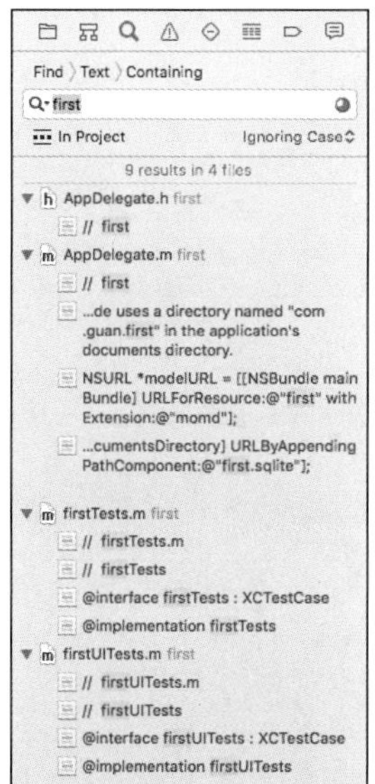

▲图 2-7　搜索导航面板

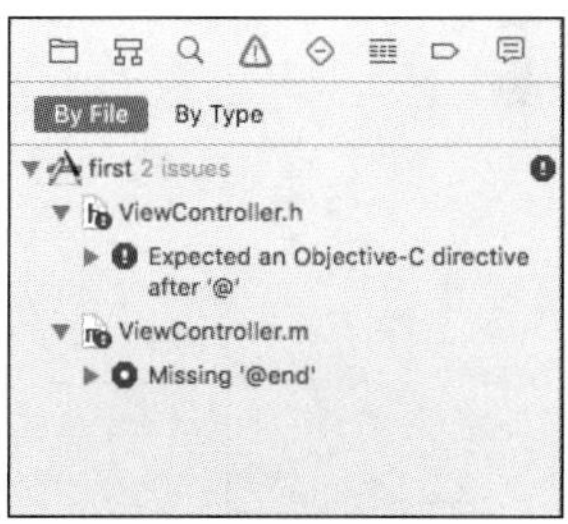

▲图 2-8　显示的错误

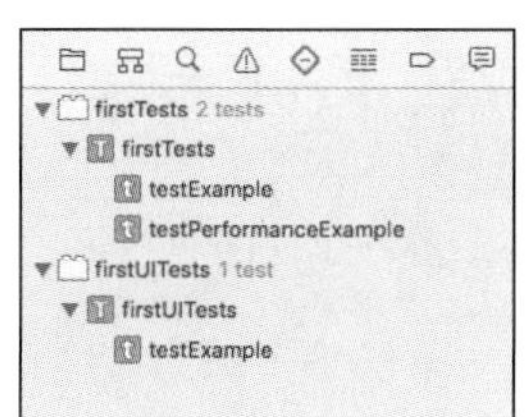

▲图 2-9　测试导航面板

▲图 2-10　调试导航面板

在 Xcode 12 中使用断点调试的基本流程如下。

（1）打开某一个文件，在编码面板中找到想要添加断点的行号，然后单击，这行代码前面将会出现图标，即设置了断点，如图 2-11 所示。要删除断点，只要按住鼠标左键并将断点拖向旁边，断点就会消失。

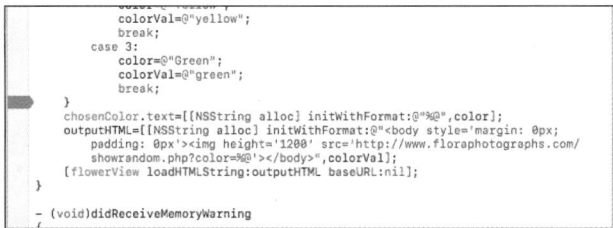

```
            colorVal=@"yellow";
            break;
        case 3:
            color=@"Green";
            colorVal=@"green";
            break;
    }
    chosenColor.text=[[NSString alloc] initWithFormat:@"%@",color];
    outputHTML=[[NSString alloc] initWithFormat:@"<body style='margin: 0px;
        padding: 0px'><img height='1200' src='http://www.floraphotographs.com/
        showrandom.php?color=%@'></body>",colorVal];
    [flowerView loadHTMLString:outputHTML baseURL:nil];
}

- (void)didReceiveMemoryWarning
```

▲图 2-11　设置的断点

（2）在添加断点并运行项目后，程序会进入调试状态，并且会执行到断点处停下来，调试面板将会显示执行到这个断点时的所有变量以及变量的值，如图 2-12 所示。此时的断点调试导航界面如图 2-13 所示。

（3）断点调试导航面板的功能非常强大，甚至可用于查看程序对 CPU 的使用情况，如图 2-14 所示。

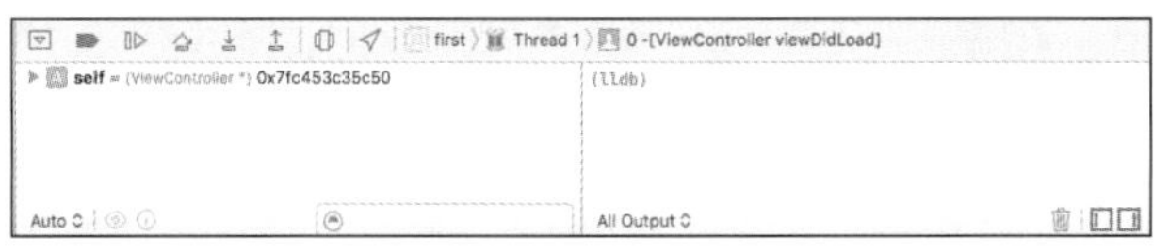

▲图 2-12　变量的值

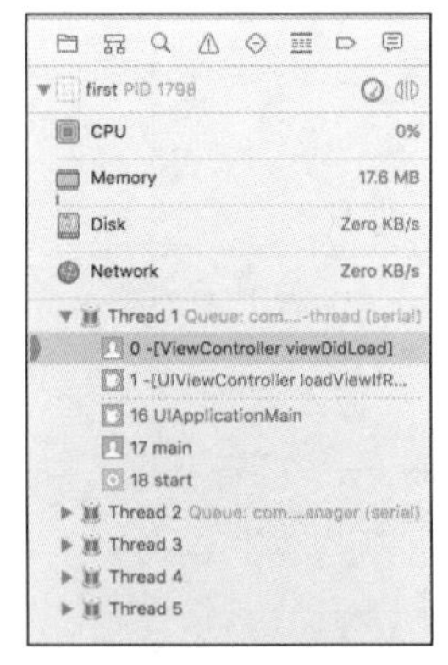

▲图 2-13　断点调试导航界面

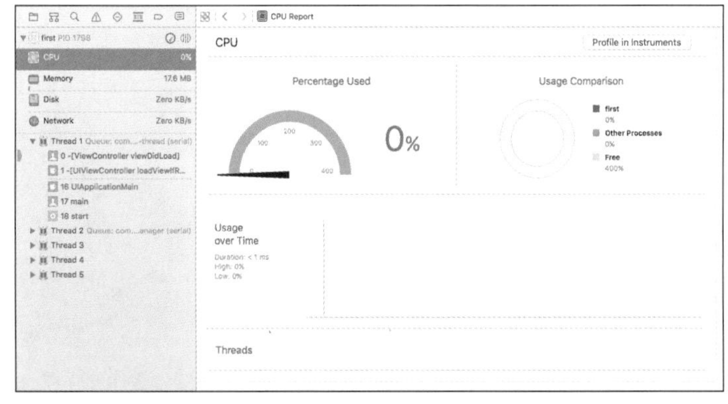

▲图 2-14　查看 CPU 的使用情况

单击图标后会显示断点导航面板，此面板将会显示当前项目中的所有断点。右击断点，在弹出的菜单中选择相应的命令，可以禁用断点或删除断点，如图 2-15 所示。

单击图标后会显示日志导航面板，此面板将会显示在开发整个项目的过程中发生的所有操作，如图 2-16 所示。

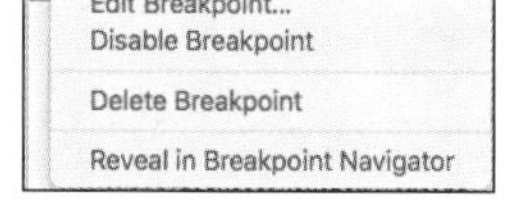

▲图 2–15　禁用断点或删除断点

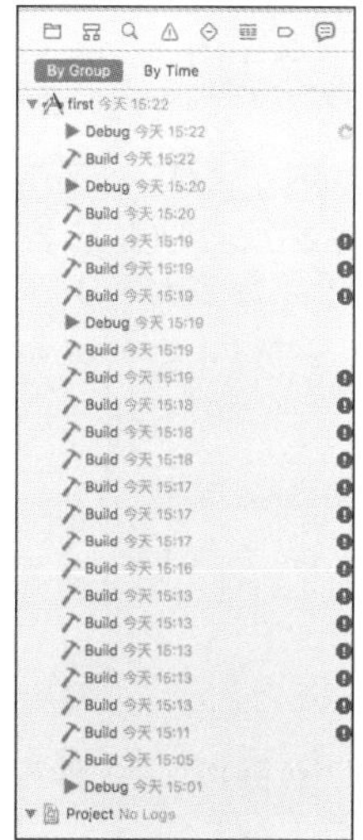

▲图 2–16　日志导航面板

2.1.3　属性面板

单击属性面板中的🗋图标，会弹出文件检查器面板，此面板用于显示该文件存储的相关信息，例如，文件名、文件类型、文件路径和文件编码等信息，如图 2-17 所示。

单击属性面板中的 ⓘ 图标，会弹出快速帮助面板。当将光标停留在某个源代码文件中的声明部分时，会在快速帮助面板中显示帮助信息。图 2-18 所示的快速帮助面板中显示了光标所在位置的帮助信息。

▲图 2–17　文件检查器面板

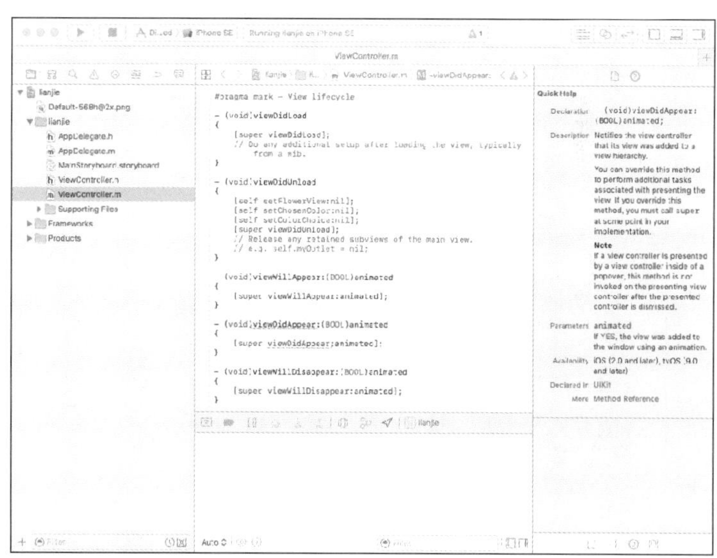

▲图 2–18　快速帮助面板

2.2　Xcode 12 的基本操作

本节将详细讲解 Xcode 12 中的基本操作。

2.2.1 改变公司名称

当通过 Xcode 编写代码时，代码的开始会有类似于图 2-19 的内容。在此，你可以将这部分内容改为公司的名称或者项目的名称。

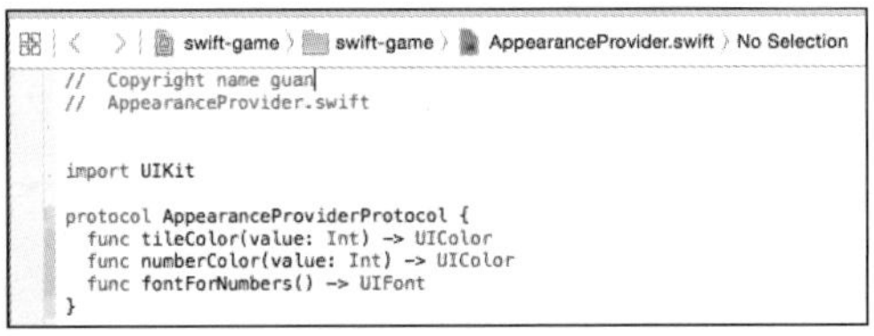

```
swift-game 〉 swift-game 〉 AppearanceProvider.swift 〉 No Selection
//  Copyright name guan
//  AppearanceProvider.swift


import UIKit

protocol AppearanceProviderProtocol {
  func tileColor(value: Int) -> UIColor
  func numberColor(value: Int) -> UIColor
  func fontForNumbers() -> UIFont
}
```

▲图 2-19 代码头部的内容

2.2.2 通过搜索框缩小文件范围

在项目开发中，源代码会越来越多，若从 Xcode 的初始界面去选择文件，效率比较低。这时，你可以借助 Xcode 的浏览器窗口来选择文件，如图 2-20 所示。

▲图 2-20 Xcode 的浏览器窗口

在图 2-20 所示的界面中，在搜索框中，输入关键字，这样浏览器窗口里就会只显示带关键字的文件，如图 2-21 所示。

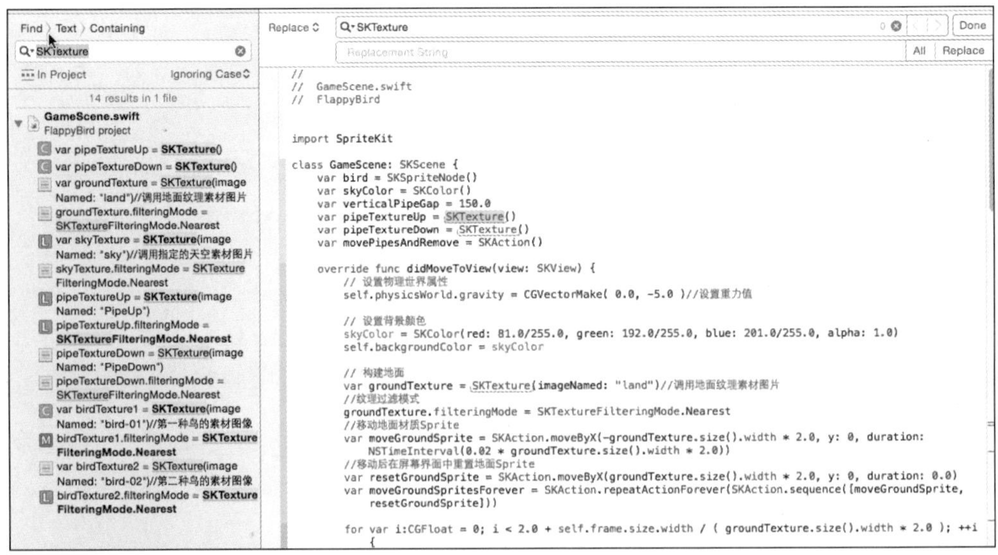

▲图 2-21 通过关键字搜索文件

2.2.3　格式化代码

例如，在图 2-22 所示的界面中，很多行顶格，因此需要进行格式化处理。通常，首先选中需要格式化的代码，然后在上下文菜单中选择适当的命令，如图 2-23 所示。

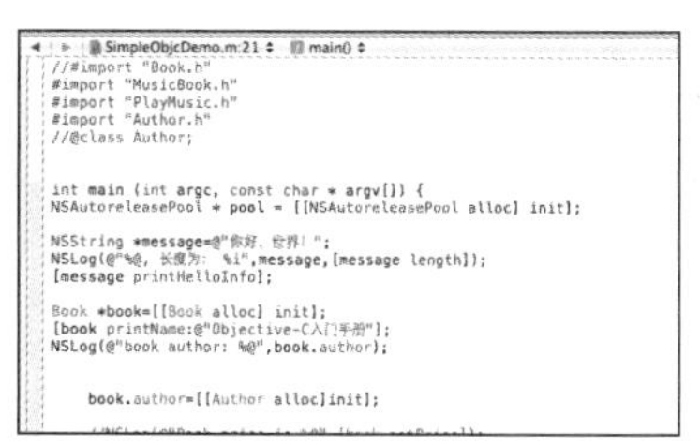

▲图 2-22　多行顶格

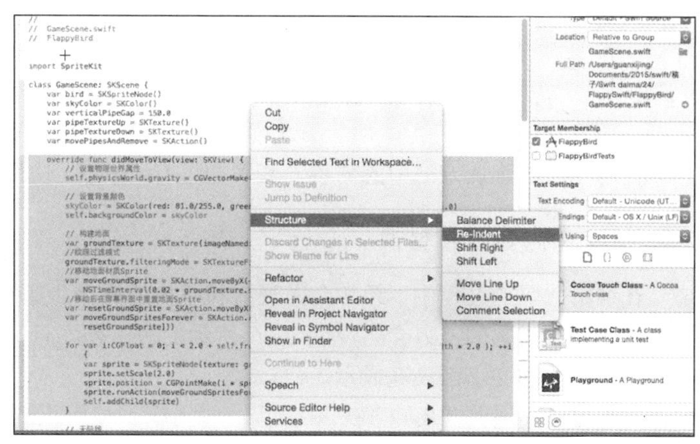

▲图 2-23　在上下文菜单中选择适当的命令

Xcode 没有提供快捷键，用户自己可以设置，可以用快捷键实现格式化，例如，使用 Ctrl+A（全选文字）、Ctrl+X（剪切文字）、Ctrl+V（粘贴文字）。Xcode 会对粘贴的代码进行格式化。

2.2.4　代码缩进和自动补全

有的时候代码需要缩进，有的时候又要做反向缩进的操作。单行缩进和其他编辑器中的缩进类似，只需使用 Tab 键即可。如果要缩进多行，则需要使用快捷键，其中 Command+]表示缩进，Command+[表示反向缩进。

使用 IDE 工具的一大好处是，它能够帮助我们自动补全冗长的类型名称。Xcode 提供了这方面的功能，比如下面的输出日志。

```
NSLog(@"book author: %@",book.author);
```

如果自己输入，会很麻烦。若先输入 ns，然后按 Ctrl+“.”快捷键，会自动出现如下代码。

```
NSLog(NSString * format)
```

接下来，填写参数。Ctrl+“.”快捷键的功能是自动给出第一个匹配 ns 关键字的函数或类型，而 NSLog 是第一个。如果继续按 Ctrl+“.”快捷键，则 Xcode 会出现诸如 NSString 的形式。以此类推，Xcode 会显示所有以 ns 开头的类型或函数，并循环往复。或者用 Ctrl+“,”快捷键，如果还输入 ns，那么会显示全部以 ns 开头的类型、函数、常量等的列表。其实，Xcode 也可以在输入代码的过程中自动给出建议。

输入 NSStr 之后，后面的 ing 会自动出现，如果这和我们预想的一样，只需直接按 Tab 键确认即可。如果你想输入的是 NSStream，那么可以继续输入。另外，按 Esc 键，就会出现结果列表，如图 2-24 所示。

如果你正在输入方法，那么 Xcode 会自动补全方法，如图 2-25 所示。

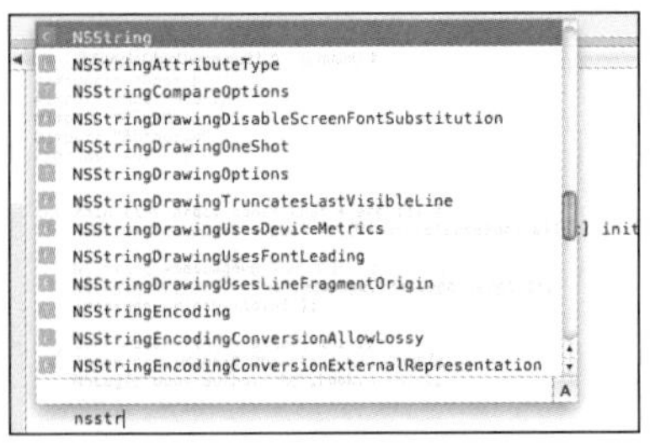

▲图 2-24 出现结果列表

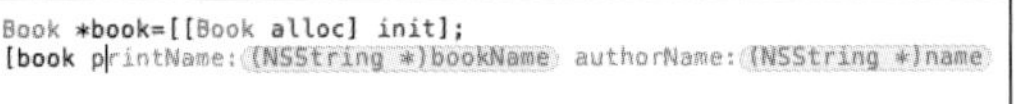

▲图 2-25 自动补全的方法

使用 Tab 键确认方法中的内容，或者通过 Ctrl+ “/” 快捷键在方法的参数中来回切换。

2.2.5 文件内查找和替换

在编辑代码的过程中，经常会做查找和替换的操作。如果只是查找，则直接按 Command+F 快捷键即可，在代码的上方会出现图 2-26 所示的搜索框。只需在里面输入关键字，不论大小写，代码中所有相同的文字都高亮显示。

你也可以实现更复杂的查找，比如区分大小写，使用正则表达式等，其设置界面如图 2-27 所示。

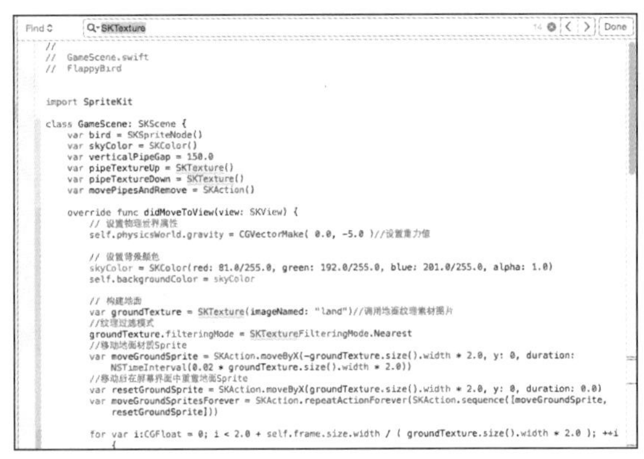

▲图 2-26 出现的搜索框

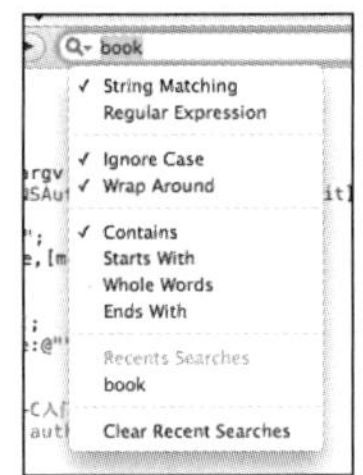

▲图 2-27 复杂查找的设置界面

选择图 2-28 中的 Find & Replace 选项，可以切换到替换界面。

在图 2-29 所示的界面中，将查找设置为区分大小写，然后将 book 替换为 myBook。

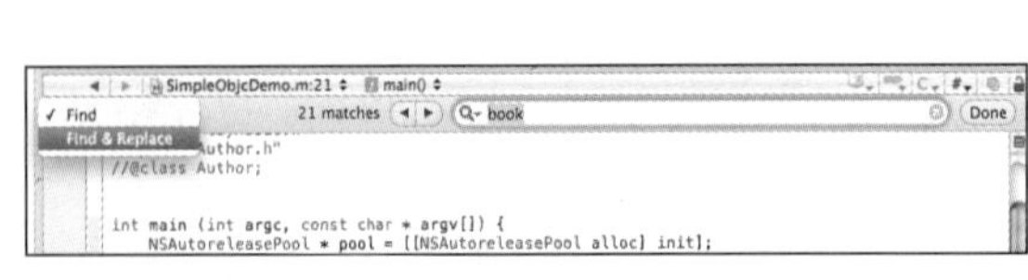

▲图 2-28 选择 Find & Replace 选项

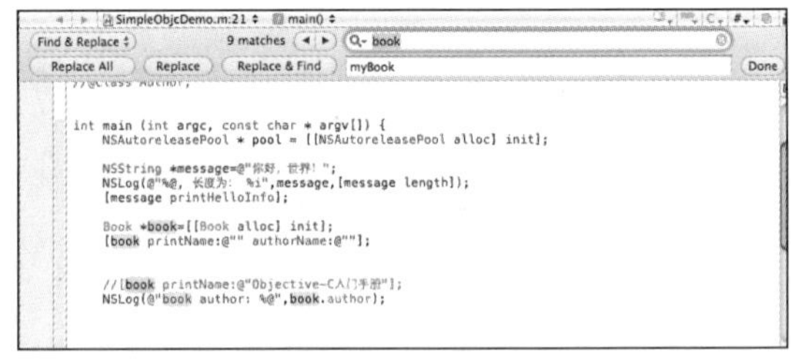

▲图 2-29 将 book 替换为 myBook

单击 Replace All 按钮，全部替换；单击 Replace 按钮，逐个替换。如果需要在整个项目内查找和替换，则在菜单栏中依次选择 Find→Find in Project 命令，如图 2-30 所示。还以查找关键字 book 为例，实现查找的界面如图 2-31 所示。

替换操作的过程与查找类似，在此不再进行详细讲解。

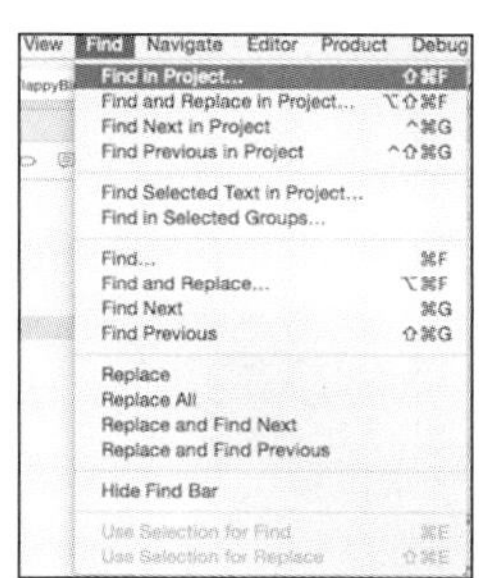

▲图 2-30 选择 Find→Find in Project 命令

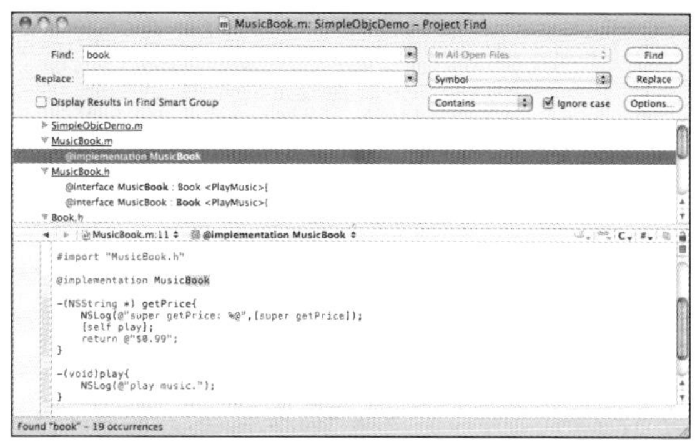

▲图 2-31 在整个项目内查找“book”关键字

2.2.6 快速定位到代码行

如果要把光标定位到选中文件的行上，或者使用 Command+L 快捷键，或者依次选择菜单栏中的 Navigate→Jump to Line in “GameScene.swift” 命令，如图 2-32 所示，这里*.*为 GameScene.swift。

在使用菜单或者快捷键时，会弹出图 2-33 所示的文本框，输入行号并按 Return 键后，就会定位到该文件的指定行。

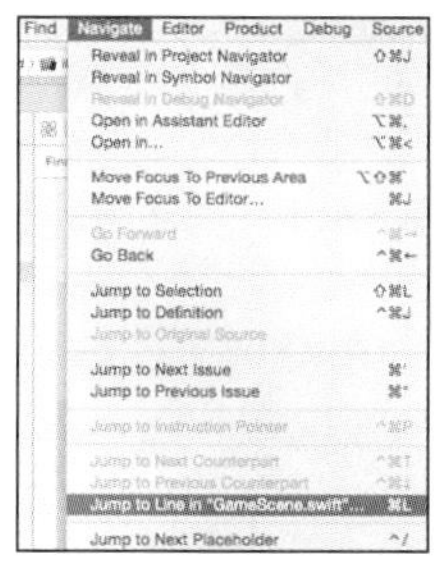

▲图 2-32 选择 Navigate→Jump to Line in “GameScene.swift” 命令

▲图 2-33 输入行号

2.2.7 快速打开文件

有时候需要快速打开头文件，例如，如图 2-34 所示的 ViewController.h 头文件。要知道文件 ViewController.h 中到底是什么内容，需要选中文件 ViewController.h，依次选择 File→Open Quickly 命令，如图 2-35 所示。此时会弹出图 2-36 所示的对话框。

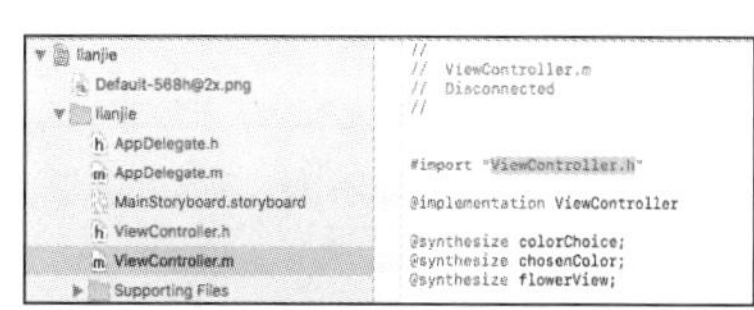

▲图 2-34 ViewController.h 头文件

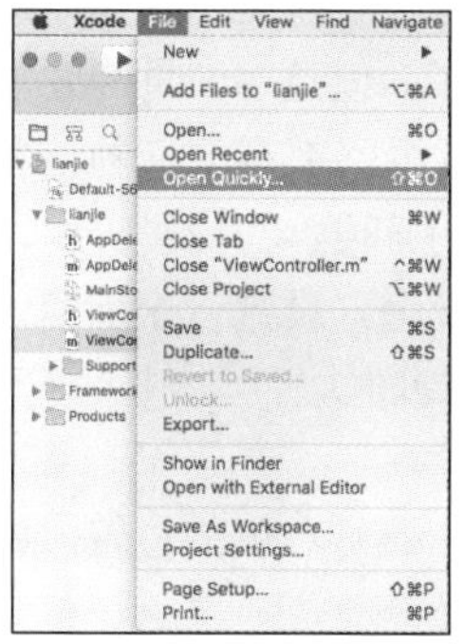

▲图 2-35 选择 File→Open Quickly 命令

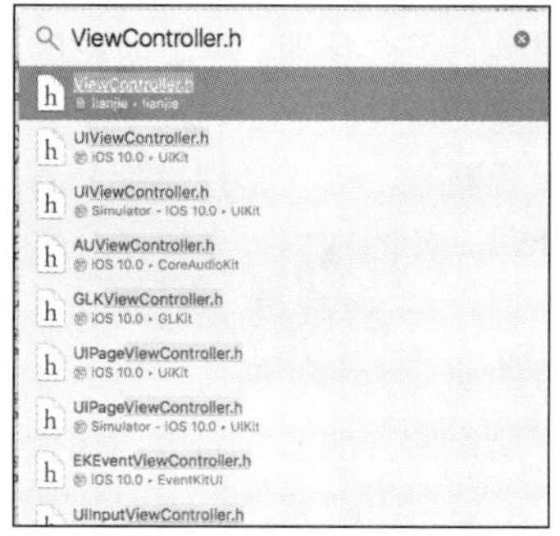

▲图 2-36 包含多个文件的对话框

双击文件 ViewController.h 条目，就可以看到该文件的内容，如图 2-37 所示。

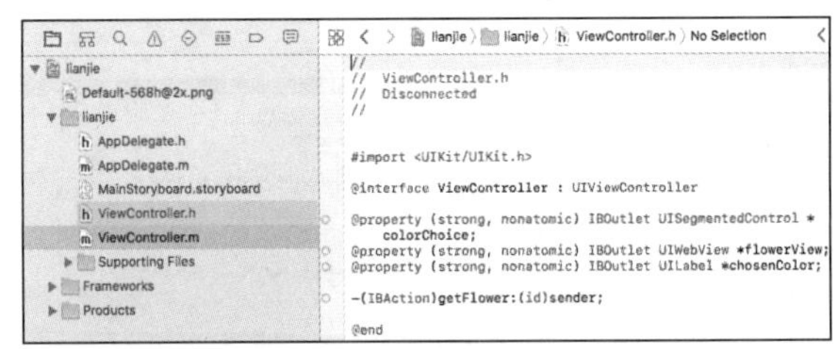

▲图 2-37　文件 ViewController.h 的内容

2.2.8　自定义导航栏

在代码面板上边有一个导航栏，此导航栏提供了很多方便的导航功能，如图 2-38 所示。

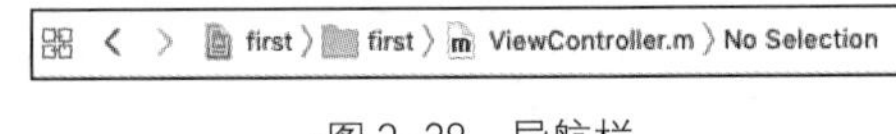

▲图 2-38　导航栏

有两种自定义导航栏的写法，下面的是标准写法。

```
#pragma mark
```

而下面是 Xcode 兼容的写法。

```
    // TODO: xxx
    // FIXME: xxx
```

完整的代码如图 2-39 所示。此时会出现图 2-40 所示的导航栏。

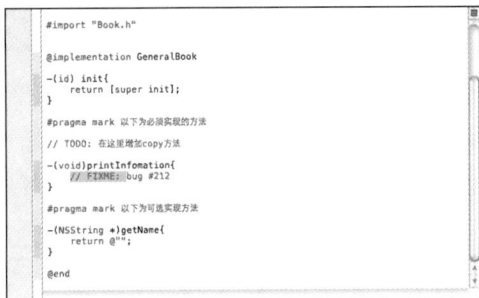

```
#import "Book.h"

@implementation GeneralBook

-(id) init{
    return [super init];
}

#pragma mark 以下为必须实现的方法

// TODO: 在这里增加copy方法

-(void)printInfomation{
    // FIXME: bug #212
}

#pragma mark 以下为可选实现方法

-(NSString *)getName{
    return @"";
}

@end
```

▲图 2-39　完整的代码

▲图 2-40　出现的导航栏

2.2.9　调试代码

最简单的调试方法是通过 NSLog 输出程序的运行结果，然后根据这些结果判断程序运行的流程和结果是否符合预期。对于简单的项目，通常使用这种方式就足够了。但是，如果开发的是商业项目，就需要借助 Xcode 提供的专门调试工具。所有编程工具的调试思路都是一样的，首先要在代码中设置断点。程序是按顺序执行的，如果怀疑某个地方的代码出了问题（引发 bug），那么就在这段代码开始的地方，比如，对应方法的第一行，或者循环的开始部分，设置一个断点。在调试过程中，程序在运行到断点时终止。接下来，一行一行地执行代码，判断执行顺序是否符合预期，或者变量的值是否和预期的一样。

设置断点的方法非常简单，比如，要为某行代码设置断点，就单击该行左侧的位置，如图 2-41 所示。单击后会出现断点标志，如图 2-42 所示。

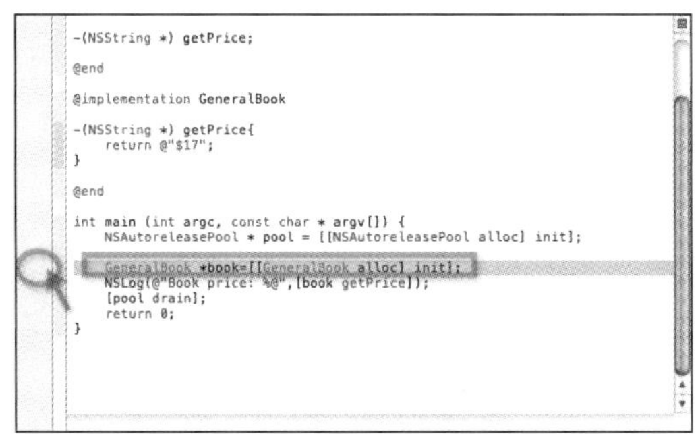

-(NSString *) getPrice;
@end
@implementation GeneralBook
-(NSString *) getPrice{
return @"$17";
}
@end
int main (int argc, const char * argv[]) {
NSAutoreleasePool * pool = [[NSAutoreleasePool alloc] init];
GeneralBook *book=[[GeneralBook alloc] init];
NSLog(@"Book price: %@",[book getPrice]);
[pool drain];
return 0;
}

▲图 2-41　单击该行左侧的位置

int main (int argc, const char * argv[]) {
NSAutoreleasePool * pool = [[NSAutoreleasePool alloc] init];
NSString *message=@"你好，世界！";
NSLog(@"%@, 长度为： %i",message,[message length]);
[message printHelloInfo];
Book *book=[[Book alloc] init];
[book printName:@"" authorName:@""];

▲图 2-42　出现断点标志

然后，使用 Command+R 快捷键，运行代码，并且停止在断点处，如图 2-43 所示。你可以通过 Shift+Command+Y 快捷键调出调试窗口，如图 2-44 所示。

NSAutoreleasePool * pool = [[NSAutoreleasePool alloc] init];
NSString *message=@"你好，世界！";
NSLog(@"%@, 长度为： %i",message,[message length]);
[message printHelloInfo];
Book *book=[[Book alloc] init];
[book printName:@"" authorName:@""];

▲图 2-43　停止在断点处

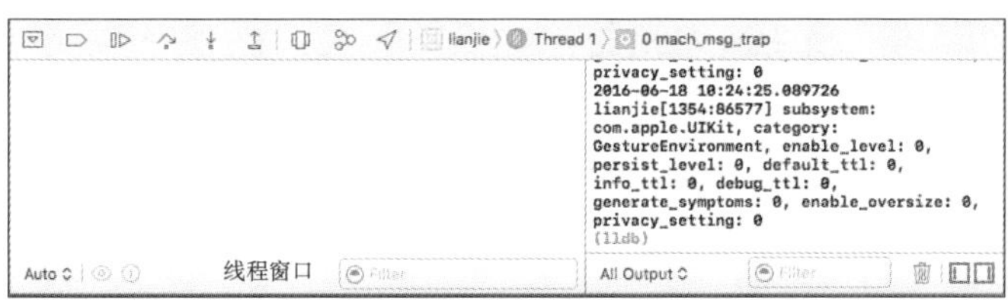

privacy_setting: 0
2016-06-18 10:24:25.089726
lianjie[1354:86577] subsystem:
com.apple.UIKit, category:
GestureEnvironment, enable_level: 0,
persist_level: 0, default_ttl: 0,
info_ttl: 0, debug_ttl: 0,
generate_symptoms: 0, enable_oversize: 0,
privacy_setting: 0

All Output

▲图 2-44　调试窗口

这个调试窗口和其他语言中 IDE 工具的调试界面大同小异，都具有类似的功能。下面是几个按钮的功能说明。

- ❑ ⫿▷：Continue 按钮，将继续执行程序。
- ❑ ⤼：Step Over 按钮，将执行当前方法内的下一个语句。
- ❑ ⤓：Step Into 按钮，如果当前语句表示方法调用，将单步执行当前方法调用内的第一行。
- ❑ ⤒：Step Out 按钮，将跳出当前语句所在方法，到方法外的第一行。

通过调试工具，你可以对应用做全面和细致的调试。

2.3 使用 Xcode 12 的帮助系统

在使用 Xcode 12 进行 iOS 开发时，你难免会遇到很多 API、类和函数等的查询操作。此时你可以利用 Xcode 自带的帮助系统进行学习并解决问题。本节介绍 Xcode 12 的帮助系统。

1. 使用快速帮助面板

只需将光标放在源代码中的某个类或函数上，即可在快速帮助面板中弹出帮助信息，如图 2-45 所示。

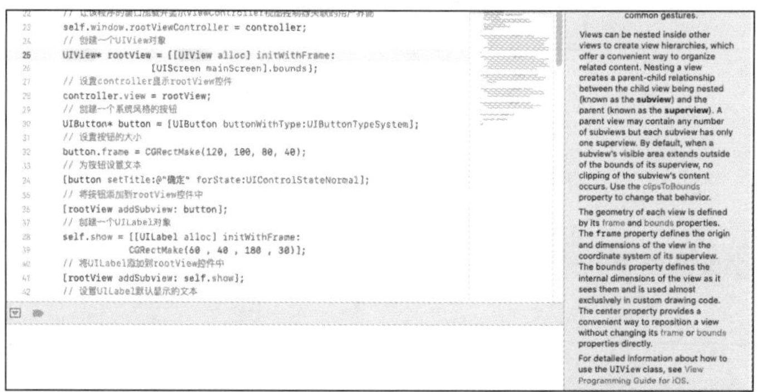

▲图 2-45　快速帮助面板中的帮助信息

此时单击右下角中的 View Programming Guide for iOS，会在新界面中显示详细信息，如图 2-46 所示。

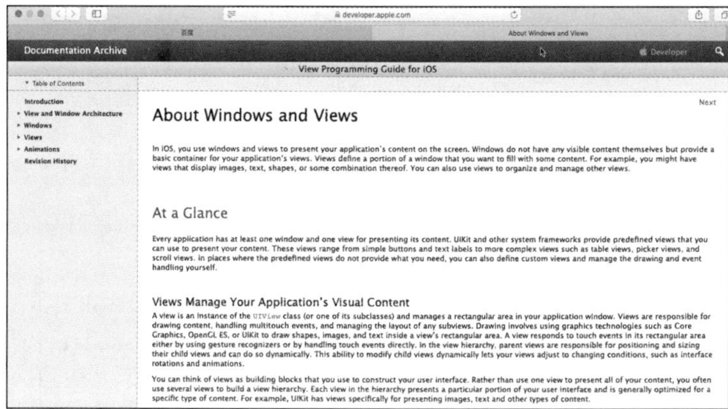

▲图 2-46　详细信息

2. 使用搜索功能

在帮助系统中，在顶部文本框中输入一个关键字，即可在下方展示对应的详细信息。例如，当输入关键字“NSS”并选择“NSString”时的效果如图 2-47 所示。

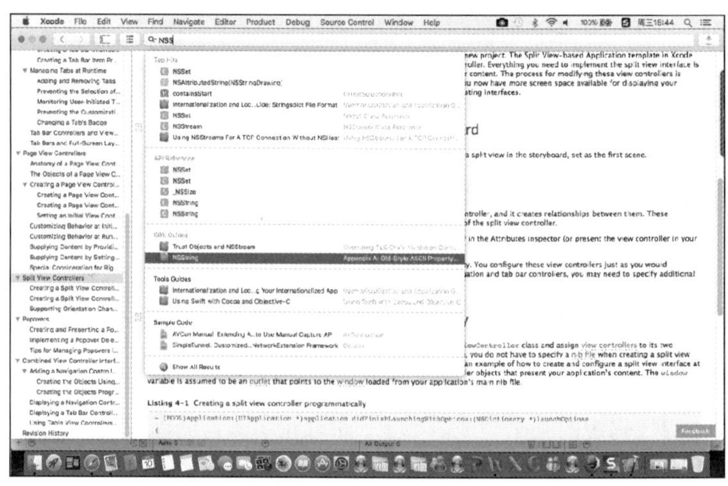

▲图 2-47　当输入关键字“NSS”并选择“NSString”时的效果

3. 使用编辑区的快速帮助

在某个程序文件的代码编辑界面中，按住 Option 键，并将光标移动到某个类上，光标会变为问号，单击问号就会弹出悬浮样式的快速帮助信息，显示对应的接口文件和参考文档，如图 2-48 所示。当单击参考文档时，会弹出完整的文档界面，显示相关的帮助信息，如图 2-49 所示。

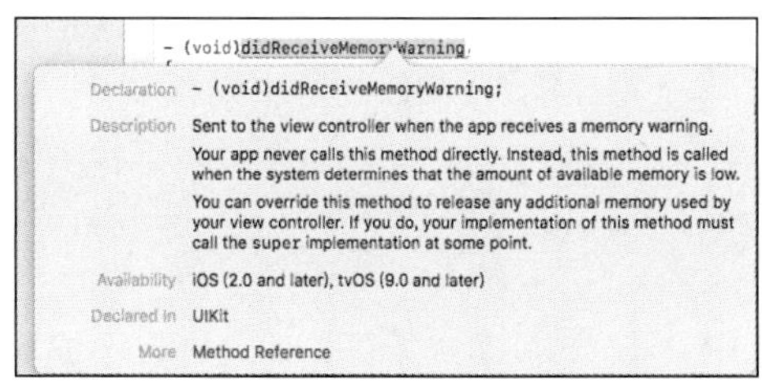

▲图 2-48　悬浮样式的快速帮助信息

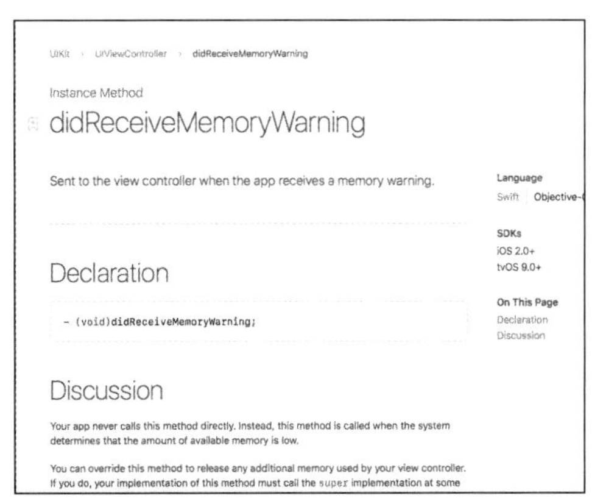

▲图 2-49　完整的文档界面

第 3 章　通过 IB 开发界面

Interface Builder（IB）是 macOS 平台下用于设计和测试图形用户界面（Graphical User Interface，GUI）的应用程序。为了生成 GUI，IB 并不是必需的，实际上 macOS 下所有的用户界面元素都可以使用代码直接生成。但是 IB 能够使开发者简单快捷地开发出符合 macOS 人机界面准则的 GUI。通常你只需要通过简单的拖曳操作来构建 GUI 就可以了。本章将详细讲解 IB 的基本知识。

3.1 IB 的基础知识

通过使用 IB，你可以快速地创建一个应用程序界面。IB 不仅支持 GUI 绘画，还允许在不编写任何代码的情况下添加应用程序。这样不但可以减少 bug，而且可以缩短开发周期，并让整个项目更容易维护。

IB 向 Objective-C 和 Swift 开发者提供了包含一系列用户界面对象的工具箱，这些对象包括文本框、数据表格、滚动条和弹出式菜单等控件。IB 的工具箱是可扩展的。也就是说，所有开发者都可以开发新的对象，并将其加入 IB 的工具箱中。

开发者只需要从工具箱中简单地向窗口或菜单中拖曳控件即可完成界面的设计。然后，用线段将控件可以提供的“动作”（action）、对象分别和应用程序代码中的对象“方法”（method）、对象“接口”（outlet）连接起来，就完成了整个创建工作。与其他图形用户界面设计器（如 Microsoft Visual Studio）相比，这样的过程减少了 MVC 模式中控制器和视图两层的耦合，提高了代码质量。

集成了 IB 的 Xcode 和原来的版本相比主要有如下 4 点不同。

（1）在资源管理器中选择故事板文件后，会在编辑区显示故事板文件的详细信息，如图 3-1 所示。由此可见，IB 和 Xcode 整合在一起了。

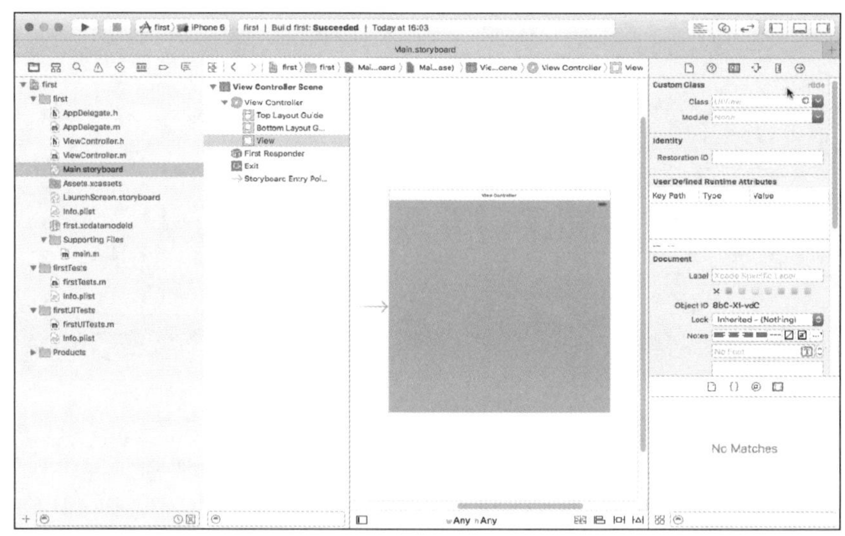

▲图 3-1　故事板文件的详细信息

（2）在工具栏中，单击图 3-2 中最右边的 View 按钮可以调出工具区，如图 3-3 所示。在工具区的最上面有几个很重要的按钮，如图 3-4 所示。在工具区下面是可以往 View 中拖放的控件。

▲图 3-2 单击工具栏最右侧的 View 按钮

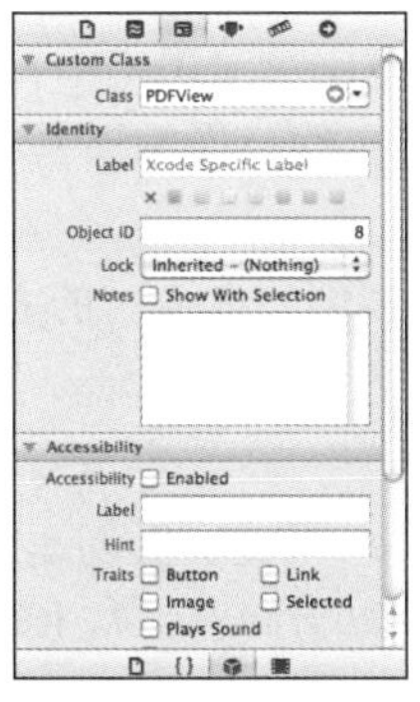

▲图 3-3 工具区

▲图 3-4 工具区中的按钮

在图 3-4 中，有如下 4 个比较常用的按钮。

- ：身份（Identity）检查器，用于管理界面组件的实现类、恢复 ID 等标识属性。
- ：属性（Attributes）检查器，用于管理界面组件的拉伸方式、背景颜色等外观属性。
- ：大小（Size）检查器，用于管理界面组件的高、宽、*x* 轴坐标、*y* 轴坐标等和位置相关的属性。
- ：连接（Connections）检查器，用于管理界面组件与程序代码之间的关联性。

（3）隐藏资源管理器。为了专心设计 UI，单击图 3-2 中第一个 View 按钮，隐藏资源管理器，如图 3-5 所示。

（4）关联方法和变量。这是一个所见即所得的功能，涉及了“View:Assistant View”，对应的窗口是编辑区的一部分，如图 3-6 所示。此时只需将按钮（或者其他控件）拖到代码中指定地方即可。在拖动时需要按住 Ctrl 键。使用这个 View 上面的导航栏进行选择，可以让 Assistant View 显示对应的.h 文件。

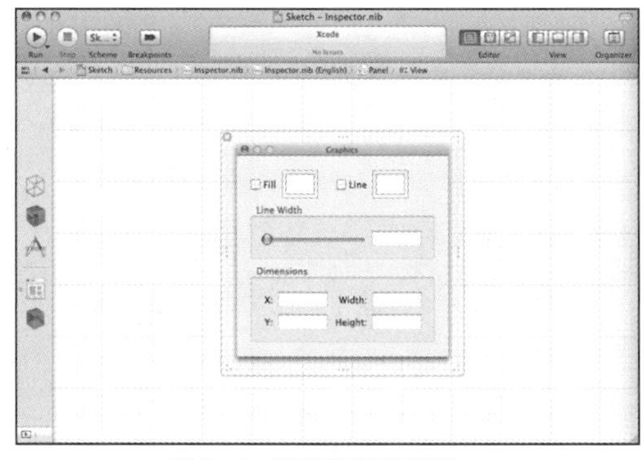

▲图 3-5 隐藏资源管理器

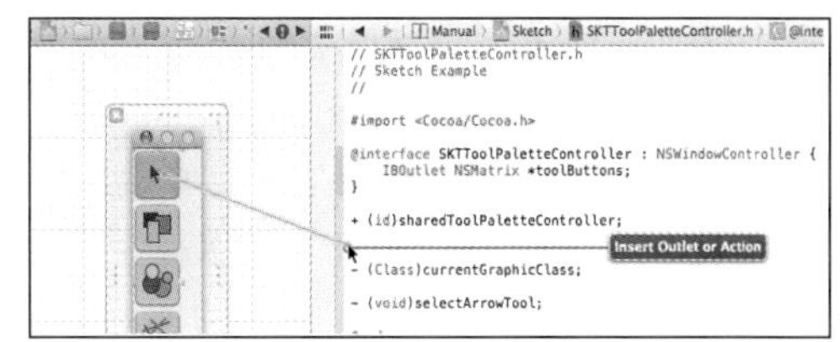

▲图 3-6 关联方法和变量的功能对应的窗口

3.2 IB 中的故事板

故事板（storyboard）是从 iOS 5 开始新加入 IB 的功能。故事板主要用于在一个窗口中显示整个应用程序用到的所有或者部分页面，并且可以定义各页面之间的跳转关系，这大大增加了 IB 设计的便利性。

3.2.1　推出的背景

IB 是 Xcode 开发环境自带的用户图形界面设计工具，通过它可以随心所欲地将控件或对象（object）拖曳到视图中。这些控件存储在一个 XIB 或 NIB 文件中。其实 XIB 文件是一个 XML 格式的文件，可以通过编辑工具打开并改写这个文件。当编译程序时，这些视图控件被编译成一个 NIB 文件。

在开发 iOS 应用程序时，有如下两种创建视图（view）的方法。

- ❑ 在 IB 中拖曳一个 UIView 控件：这种方式看似简单，但是会在视图之间跳转，所以不便操控。
- ❑ 通过原生代码：需要编写的代码量巨大，即使仅仅创建几个标签，也要编写上百行代码，对于每个标签都要设置坐标。为了解决以上问题，从 iOS 5 开始新增了故事板功能。

故事板是从 Xcode 4.2 开始自带的工具，主要用于 iOS 5 以后的版本。早期的 IB 所创建的视图中，各个视图之间是互相独立的，没有相互关联。当一个应用程序有多个视图时，视图之间的跳转很复杂。为此苹果公司为开发者提供了故事板，尤其是导航栏和标签栏的应用。故事板简化了各个视图之间的切换，并由此简化了管理视图控制器的过程，完全可以指定视图的切换顺序，而不用手工编写代码。

故事板能够包含一个程序的所有 ViewController 以及它们之间的连接。在开发应用程序时，你可以将 UI Flow 作为故事板的输入，一个看似完整的 UI 在故事板中唾手可得。故事板可以根据需要包含任意数量的场景，并通过切换将场景关联起来。故事板不仅可用于创建视觉效果，还能够用于创建对象，而无须手工分配或初始化它们。当应用程序在加载故事板文件中的场景时，它描述的对象将被实例化，可以通过代码访问它们。

3.2.2　故事板的文档大纲

在本节中，我们打开一个演示项目来观察故事板文件的真实面目。双击本章项目中的文件 Empty.storyboard，将打开 IB，并在其中显示该故事板文件的骨架。该文件的内容将以可视化方式显示在 IB 的编辑器中，而在编辑器左边的文档大纲（document outline）区域，将以层次方式显示其中的场景，如图 3-7 所示。

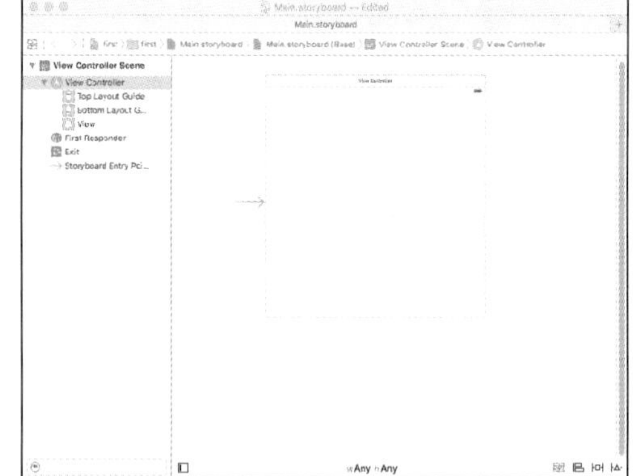

▲图 3-7　故事板中的场景

本章的演示项目文件只包含了一个场景——View Controller Scene。在大多数情况下，本书中讲解的界面演示项目是从单场景故事板开始的，因为它们提供了丰富的空间，让我们能够收集用户输入和显示输出。我们将探索多场景故事板。

View Controller Scene 面板中的图标如图 3-8 所示。

其中 3 个重要的图标如下。

- ❑ First Responder（第一响应者）：表示用户当前正在与之交互的对象。当用户使用 iOS 应用程序时，可能有多个对象响应用户的手势或单击。第一响应者是当前与用户交互的对象。例如，当用户在文本框中输入时，该文本框将是第一响应者，直到用户移到其他文本框或控件。
- ❑ View Controller（视图控制器）：表示加载应用程序中的故事板场景并与之交互的对象。场景描述的其他所有对象几乎都是由它实例化的。

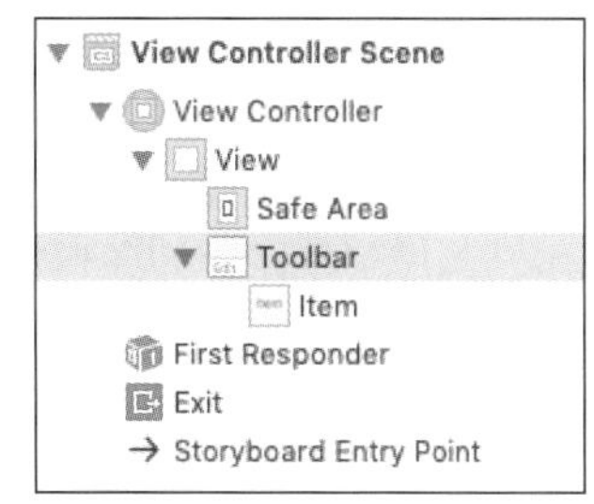

▲图 3-8 View Controller Scene 面板中的图标

- View（视图）：一个 UIView 实例，表示将被视图控制器加载并显示在 iOS 设备屏幕中的布局。从本质上说，视图是一种层次结构，这意味着当我们在界面中添加控件时，它们将包含在视图中。我们甚至可在视图中添加其他视图，以便将控件编组或创建可作为一个整体显示或隐藏的界面元素。

其中前两个特殊图标用于表示应用程序中的非界面对象，我们使用的所有故事板场景都包含它们。

使用独特的视图控制器名称/标签有利于场景命名。IB 自动将场景名设置为视图控制器的名称或标签（如果设置了标签），并加上后缀。例如，如果给视图控制器设置了标签 Recipe Listing，场景名将变成 Recipe Listing Scene。本项目包含一个名为 View Controller 的通用类，此类负责与场景交互。

在最简单的情况下，UIView 是一个矩形区域，可以包含内容以及响应用户事件（触摸等）。事实上，加入视图中的所有控件（按钮、文本框等）都是 UIView 的子类。对于这一点我们不用担心，只是在文档中可能遇到这样的情况，即将按钮和其他界面元素称为子视图，而将包含它们的视图称为父视图。

需要牢记的是，在屏幕上看到的任何东西几乎都可视为“视图”。当创建用户界面时，场景包含的对象将增加。有些用户界面由数十个不同的对象组成，这会导致场景拥挤。如果项目非常复杂，为了管理这些复杂的信息，你可以折叠或展开文档大纲区域的视图层次结构。

3.2.3 文档大纲区域的对象

在故事板中，文档大纲区域显示了表示应用程序中对象的图标，这样可以展现给用户一个漂亮的列表，并且通过这些图标能够以可视化方式引用它们代表的对象。开发人员可以把这些图标插入到其他位置，从而创建连接。假如我们希望一个屏幕控件（如按钮）触发代码中的操作，那么通过把该按钮连接到 ViewController 图标，我们可将该 GUI 元素连接到希望它激活的方法，甚至可以将有些对象直接拖放到代码中，从而快速地创建与对象交互的变量或方法。

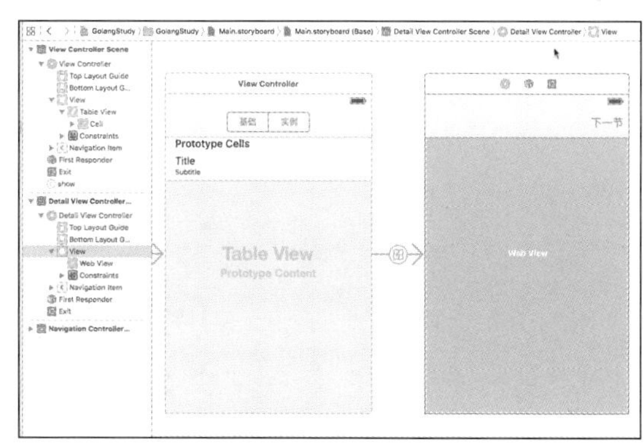

▲图 3-9 在编辑器和文档大纲中与 UI 元素交互

当在 IB 中使用对象时，Xcode 为开发人员提供了很大的灵活性。例如，你可以在 IB 的编辑器中直接与 UI 元素交互，也可以与文档大纲区域中表示这些 UI 元素的图标交互，如图 3-9 所示。另外，在编辑器中的视图下方有一个图标栏，所有在用户界面中不可见的对象（如第一响应者和视图控制器）都可在这里找到。

3.3 创建界面

本节将详细讲解使用 IB 创建界面的方法。在开始之前，需要先创建一个 Empty.storyboard 文件。

3.3.1 Object 库

当使用 IB 进行界面布局和设计时，需要借助 Xcode 12 中的库面板实现 UI 设计和代码的关联操作。添加到视图中的任何控件——从按钮到图像再到 Web 内容都来自 Object 库。单击 Xcode 12 顶部右侧的◎按钮可以打开库面板，如图 3-10 所示。

其实在 Xcode 中有多个库，Object 库包含将添加到用户界面中的 UI 元素。如果发现在当前的库中没有显示期望的内容，单击库上方的◎按钮或选择 Xcode 菜单栏中的 View→Libraries→Show Library 命令，如图 3-11 所示，这样可以确保处于 Object 库中。

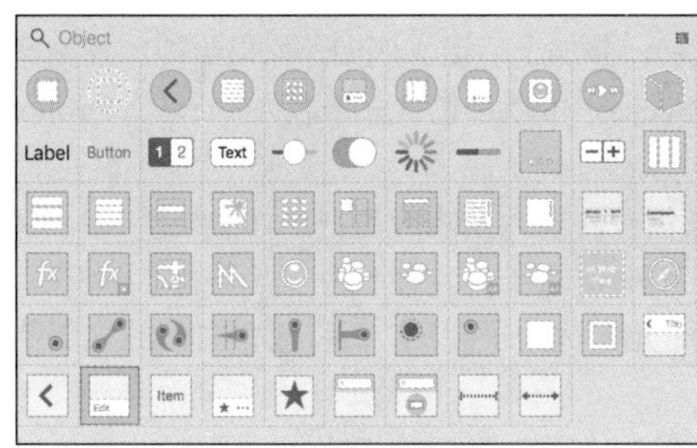

▲图 3-10 库面板

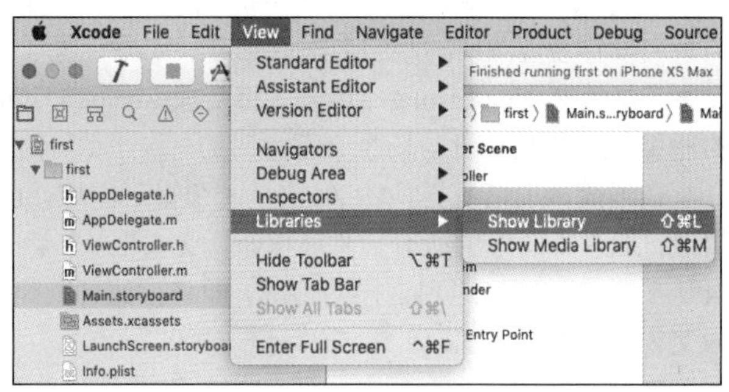

▲图 3-11 选择 View→Libraries→Show Library

在单击 Object 库中的元素并将光标指向它时，会弹出一个提示框，其中包含了在界面中使用该对象的描述，如图 3-12 所示。这样我们无须打开 Xcode 文档，就可以得知 UI 元素的具体功能。

另外，通过使用 Object 库顶部的 View 按钮，你可以在列表视图和图标视图之间进行切换。单击库面板右上角的☰按钮，可以使它显示为另外一种模式，如图 3-13 所示。如果你只想显示特定的 UI 元素，可以使用对象列表上方的下拉列表。如果你知道对象的名称，但是在列表中找不到它，可以使用 Object 库底部的过滤文本框快速找到。

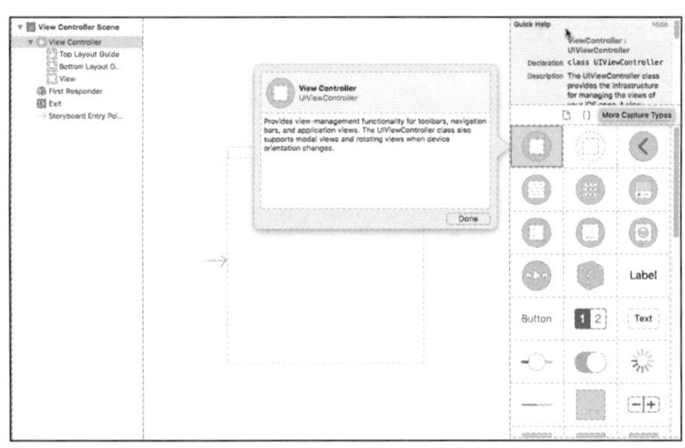

▲图 3-12 提示框

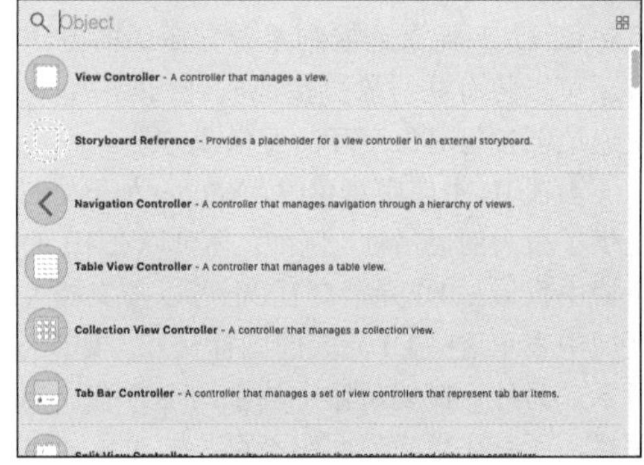

▲图 3-13 库面板的另外一种显示模式

3.3.2 将对象添加到视图中

在添加对象时，只需在 Object 库中单击某一个对象，并将其拖放到视图中，就可以将这个对象加入视图中。例如，在 Object 库中找到 Label 对象，并将其拖放到编辑器的中央。此时标签将出现在视图中，并显示 Label 信息。假如双击 Label 并输入文本“how are you”，显示的文本将更新，如图 3-14 所示。

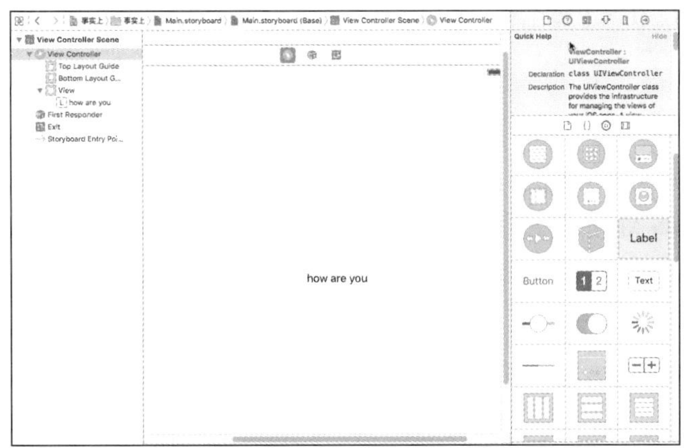

▲图 3-14 更新的文本

其实我们可以继续尝试将其他对象（按钮、文本框等）从 Object 库拖放到视图中，原理和实现方法都是一样的。在大多数情况下，对象的外观和行为符合用户的预期。要将对象从视图中删除，选择它，再按 Delete 键。另外，还可以使用 Edit 菜单中的选项，在视图间复制并粘贴对象以及在视图内复制对象多次。

3.3.3 使用 IB 布局工具

使用 IB 提供的调整布局的工具，可以指定对象在视图中的位置。其中常用的工具有以下几个。

1. 参考线

当在视图中拖曳对象时，将会自动出现蓝色的参考线帮助我们布局。这些蓝色的虚线有助于将对象与视图边缘、视图中其他对象的中心，以及标签和对象名中使用的字体的基线对齐。另外，当间距接近苹果界面指南要求的值时，参考线将自动出现以指出这一点。选择菜单栏中的 Editor→Add Horizontal Guide 命令或 Editor→Add Vertical Guide 命令，可以手工添加参考线。

2. 选取手柄

除可以使用布局参考线之外，大多数对象有选取手柄，可以使用它们沿水平、竖直或这两个方向缩放对象。当对象被选定后，在其周围会出现选取手柄，单击并拖曳它们可调整对象的大小，图 3-15 通过一个按钮演示了这一点。

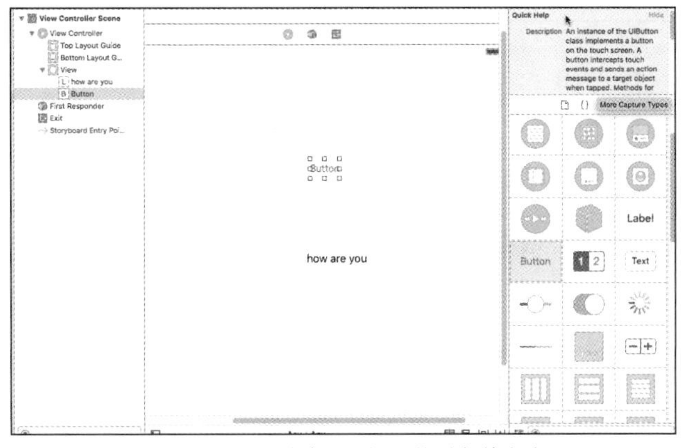

▲图 3-15 通过选取手柄调整对象的大小

读者需要注意，在 iOS 中会限制我们调整一些对象的大小，这样可以确保 iOS 应用程序界面的一致性。

3. 对齐

要快速对齐视图中的多个对象，可单击并拖曳出一个覆盖它们的选框，或按住 Shift 键并单击以选择它们，然后从 Editor→Align 命令中选择合适的对齐方式。例如，如果将多个按钮拖放到视图中，并将它们放在不同的位置，目标是让它们竖直、居中对齐，就可以选择这些按钮，再选择菜单栏中的 Editor→Align→Vertical Centers 命令，如图 3-16 所示。图 3-17 显示了竖直、居中对齐的效果。

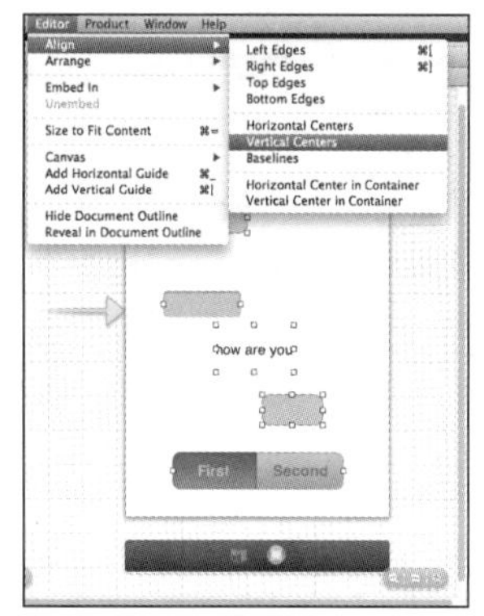

▲图 3-16　选择 Editor→Align→Vertical Centers 命令

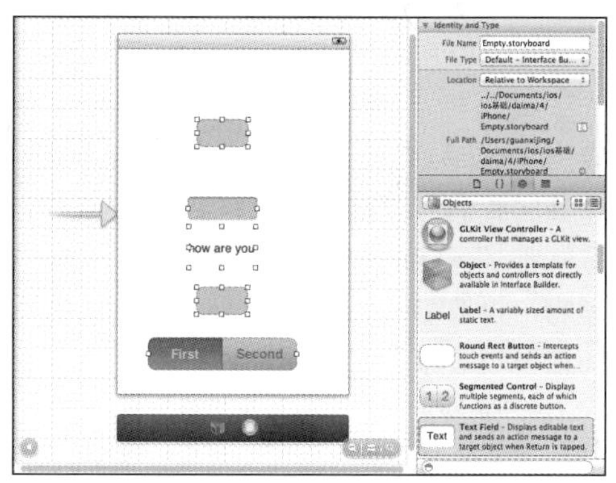

▲图 3-17　竖直、居中对齐的效果

另外，我们也可以微调对象在视图中的位置，方法是先选择一个对象，然后按键盘上的方向键以每次 1 像素的方式向上、下、左或右调整其位置。

4. Size Inspector

为了控制界面布局，有时需要使用 Size Inspector（大小检查器）。Size Inspector 为我们提供了和大小有关的信息，以及有关位置和对齐方式的信息。要打开 Size Inspector，需要先选择要调整的一个或多个对象，再单击 Utility 区域顶部的标尺图标，也可以选择菜单栏中的 View→Utilities→Show Size Inspector 命令或按 Option+ Command+5 快捷键。打开后的界面如图 3-18 所示。

通过 Size Inspector 顶部的文本框，你可以查看对象的大小和位置，还可以修改 Height/Width 文本框和 X/Y 文本框中的数值调整对象的大小与位置。另外，通过单击网格中的黑点（它们用于指定读数对应的部分），你可以查看对象特定部分的坐标，如图 3-19 所示。

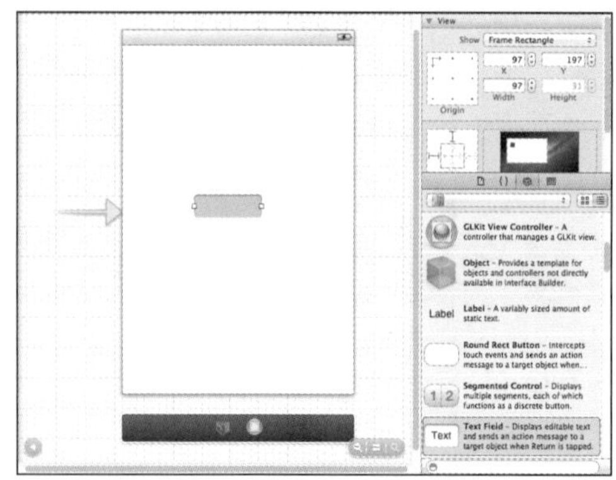

▲图 3-18　打开 Size Inspector 后的界面

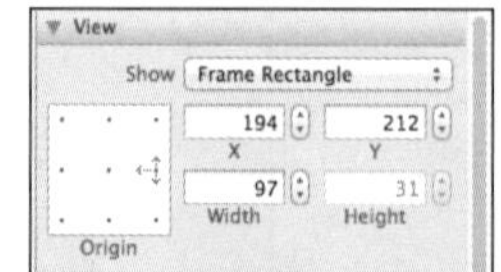

▲图 3-19　通过单击黑点查看对象特定部分的坐标

注意：在 Show 下拉列表中，可以选择 Frame Rectangle 或 Layout Rectangle。这两个选项的功能通常十分相似，但有细微的差别。

- 当选择 Frame Rectangle 时，将准确指出对象在屏幕上占据的区域。
- 当选择 Layout Rectangle 时，将考虑对象周围的间距。

选择 Size Inspector 中的 Autosizing 方式后，可以设置当设备朝向发生变化时，控件如何调整其大小和位置。Size Inspector 底部有一个下拉列表，此列表包含了与 Editor→Align 中的菜单项对应的选项。当选择多个对象后，可以使用该下拉列表指定对齐方式，如图 3-20 所示。

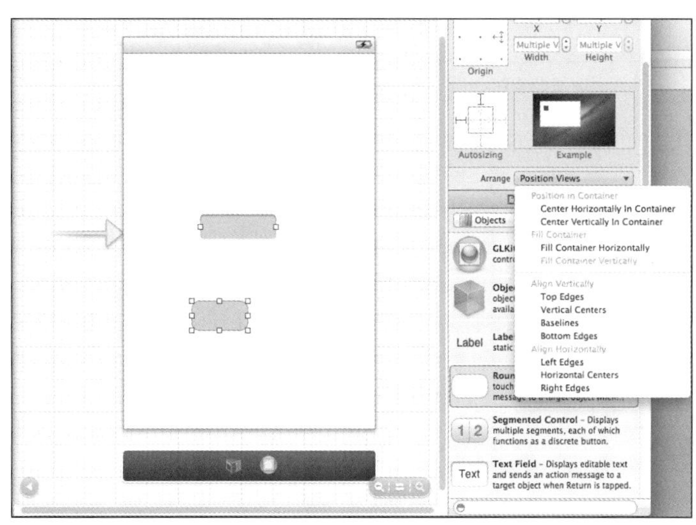

▲图 3-20 指定对齐方式

当在 IB 中选择一个对象后，如果按住 Option 键并移动光标，会显示选定对象与当前光标指向的对象之间的距离。

3.4 定制界面外观

在 iOS 应用中，其实最终用户看到的界面不仅仅取决于控件的大小和位置。对于很多对象来说，有数十个不同的属性可供调整。在调整时，你可以使用 IB 中的工具来达到事半功倍的效果。

3.4.1 使用 Attributes Inspector

要调整界面对象的外观，最常用的方式是使用 Attributes Inspector（属性检查器）。单击 Utilities 区域顶部的滑块图标，可以打开该检查器。

本节通过一个简单的演示说明如何使用 Attributes Inspector。假设存在一个空项目文件 Empty.storyboard，并在该视图中添加了一个文本标签。选择该标签，打开 Attributes Inspector，界面效果如图 3-21 所示。

Attributes Inspector 的顶部包含了当前选定对象的属性。例如，对象 Label 包括的属性有 Font、Color 和 Alignment 等。Attributes Inspector 的底部是继承而来的其他属性，在很多情况下，我们不会修改这些属性，但 Background 和 Alpha 属性很有用。

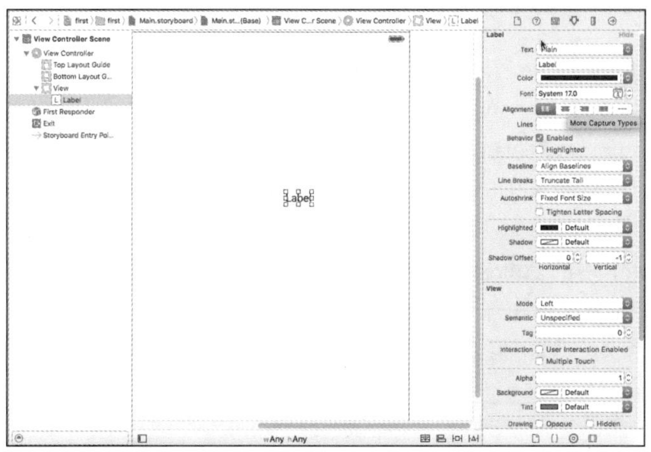

▲图 3-21　打开 Attributes Inspector 后的界面效果

3.4.2　设置 Accessibility 选项区域

在 iOS 应用中可以使用专业屏幕阅读器技术 VoiceOver，此技术集成了语音合成功能，可以帮助开发人员导航应用程序。在使用 VoiceOver 后，当触摸界面元素时会看到有关其用途和用法的简短描述。虽然我们可以免费使用这种功能，但是通过在 IB 中配置 Accessibility（辅助功能）选项组，可以提供其他协助。要进行辅助功能设置，需要打开 Identity Inspector，因此单击 Utilities 区域顶部的图标，或者依次选择 View→Utilities→Show Identity Inspector 或按 Option+ Command+3 快捷键。打开的 Identity Inspector 如图 3-22 所示。

在 Identity Inspector 中，Accessibility 选项组位于一个独立的部分。在该选项组，配置图 3-23 所示的 4 组属性。

- ❑ Accessibility（辅助功能）：如果勾选 Enabled 复选框，对象将具有辅助功能；如果创建了只有看到才能使用的自定义控件，则应该取消勾选 Enabled 复选框。
- ❑ Label（标签）：使用一两个简单的单词，作为对象的标签。例如，对于收集用户姓名的文本框，可使用 your name。
- ❑ Hint（提示）：有关控件用法的简短描述。仅当标签本身没有提供足够的信息时，才需要设置该属性。
- ❑ Traits（特征）：这组复选框用于描述对象的特征——其用途以及当前的状态。

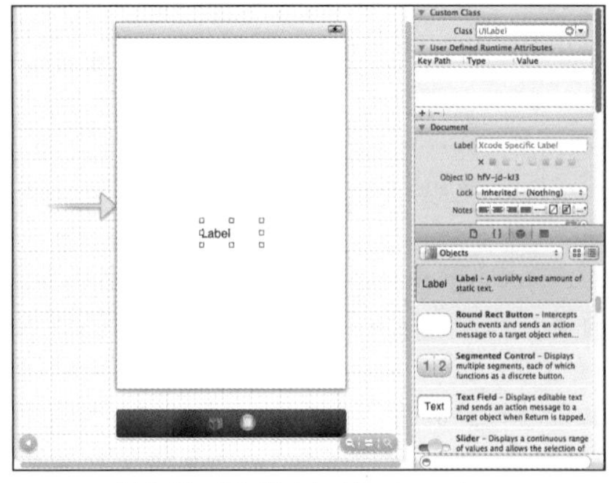

▲图 3-22　打开的 Identity Inspector

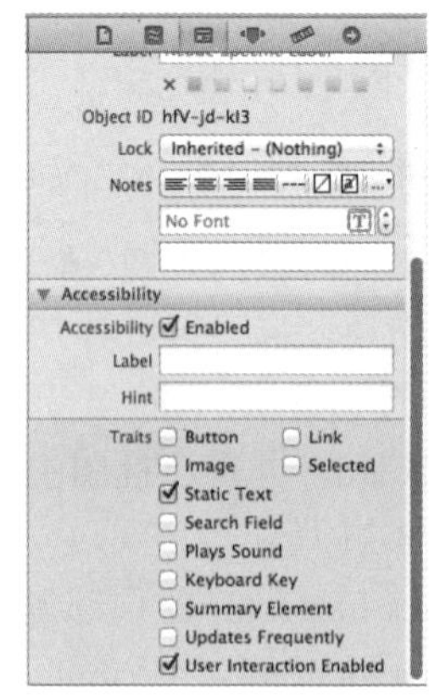

▲图 3-23　4 组属性

注意：为了让应用程序能够供更多的用户使用，你应该尽可能利用 Accessibility 选项组来开发项目。即使使用文本标签这样的对象，也应配置其 Traits 属性，以指出它们是静态文本，这可以让用户知道不能与之交互。

3.5 iOS 14 中控件的属性

在 Xcode 中，IB 是一个功能强大的“所见即所得”开发工具。IB 主界面提供了一个设计区域，该区域中可放入我们设计的所有组件。一般要先放入一个容器组件，如 UIView 视图，然后在视图中放入其他组件。例如，在故事板中拖入一个控件后，选中 Label，然后按 Option+Command+4 快捷键，打开 Attributes Inspector 面板。图 3-24 展示了 Button 控件在 Xcode 中的 Attributes Inspector。

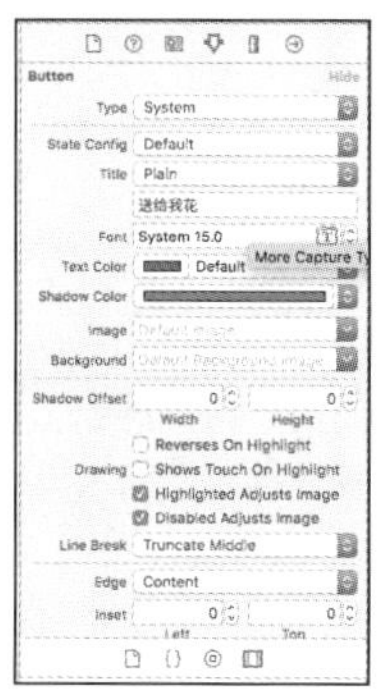

▲图 3-24　Button 控件在 Xcode 中的 Attributes Inspector

有关 iOS 14 中各个控件的属性，将在本书后面详细介绍。

3.6 完全通过代码实现 UI 设计

实例 3-1	完全通过代码实现 UI 设计
源码路径	\daima\3\CodeUI

在本实例中，我们不使用 Xcode 12 的故事板设计工具，而通过编写代码的方式实现界面布局。具体操作如下。

（1）使用 Xcode 12 创建一个 iOS 14 应用程序，在自动生成的项目文件中删除故事板文件，项目结构如图 3-25 所示。

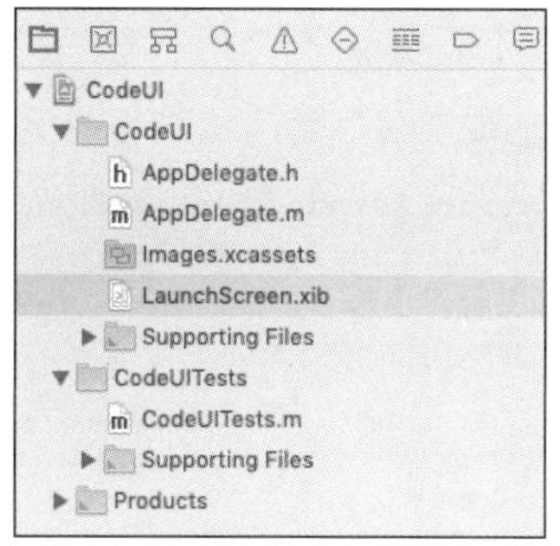

▲图 3-25　项目结构

（2）开始编写代码，文件 AppDelegate.h 的具体代码如下。

```
#import <UIKit/UIKit.h>
@interface AppDelegate :UIResponder<UIApplicationDelegate>
@property (strong, nonatomic) UIWindow *window;
@end
```

（3）文件 AppDelegate.m 的具体代码如下。

```
#import "AppDelegate.h"

@interface AppDelegate ()
@property (nonatomic , strong) UILabel* show;
@end
@implementation AppDelegate

- (BOOL)application:(UIApplication *)application didFinishLaunchingWithOptions:
(NSDictionary *)launchOptions {
    //创建 UIWindow 对象，并初始化
    self.window = [[UIWindowalloc] initWithFrame:
            [UIScreenmainScreen].bounds];
    //设置 UIWindow 的背景色
    self.window.backgroundColor = [UIColorwhiteColor];
    //创建一个 UIViewController 对象
    UIViewController* controller = [[UIViewControlleralloc] init];
    //加载并显示与 viewController 视图控制器关联的用户界面
    self.window.rootViewController = controller;
    //创建一个 UIView 对象
    UIView* rootView = [[UIViewalloc] initWithFrame:
            [UIScreenmainScreen].bounds];
    //设置 controller 显示 rootView 控件
    controller.view = rootView;
    //创建一个系统风格的按钮
    UIButton* button = [UIButtonbuttonWithType:UIButtonTypeSystem];
    //设置按钮的大小
    button.frame = CGRectMake(120, 100, 80, 40);
    //为按钮设置文本
    [button setTitle:@"确定" forState:UIControlStateNormal];
    //将按钮添加到 rootView 控件中
    [rootViewaddSubview: button];
    //创建一个 UILabel 对象
    self.show = [[UILabelalloc] initWithFrame:
        CGRectMake(60 , 40 , 180 , 30)];
    //将 UILabel 添加到 rootView 控件中
    [rootViewaddSubview: self.show];
    //设置 UILabel 默认显示的文本
    self.show.text = @"初始文本";
    self.show.backgroundColor = [UIColorgrayColor];
    //为按钮的触碰事件绑定事件处理程序
    [button addTarget:self action:@selector(tappedHandler:)
       forControlEvents:UIControlEventTouchUpInside];
    //将该 UIWindow 对象设为主窗口并显示出来
    [self.windowmakeKeyAndVisible];
    return YES;
}
```

```
- (void) tappedHandler: (UIButton*) sender
{
    self.show.text = @"开始学习 iOS 吧！ ";
}
@end
```

这样就完全用代码实现了一个简单的 UI，执行结果如图 3-26 所示。

▲图 3-26 执行结果

第 4 章 使用 Xcode 编写 MVC 应用程序

本书前面已经讲解了 Xcode 和 IB 编辑器的基本用法。虽然我们已经使用了多个创建好的项目，但是还没有从头开始创建一个项目。本章将详细讲解“模型-视图-控制器”应用程序的设计模式，并展示从头到尾创建一个 iOS 应用程序的过程。

4.1 MVC 模式

当我们开始编程时，会发现每一个功能都可以用多种编码方式来实现。但是究竟哪一种方式才是最佳选择呢？在开发 iOS 应用程序的过程中，通常使用的编码方式称为“模型-视图-控制器”模式，这种模式简称为 MVC，通过这种模式我们可以创建简洁、高效的应用程序。

MVC 是一种设计模式，它能够强制性地使应用程序的输入、处理和输出分开。使用 MVC 的应用程序具有 3 个核心部件，分别是视图、模型和控制器。

1. 视图

视图是用户看到并与之交互的界面。对于老式的 Web 应用程序来说，视图就是由 HTML 元素组成的界面。在新式的 Web 应用程序中，HTML 依旧在视图中扮演着重要的角色，但一些新的技术层出不穷，它们包括 Adobe Flash、Web Service 和 XHTML、XML/XSL、WML 等。如何处理应用程序的界面变得越来越有挑战性。MVC 的好处是它能为应用程序处理很多不同的视图。视图只是一种输出数据并允许用户操纵的方式。

2. 模型

模型表示企业数据和业务规则。在 MVC 的 3 个部件中，模型拥有最多的任务。例如，它可能用 EJB 和 ColdFusion Components 这样的构件对象来处理数据库。模型返回的数据是中立的。也就是说，模型与数据格式无关，一个模型能为多个视图提供数据。应用于模型的代码只需写一次就可以被多个视图重用。

3. 控制器

控制器用于接收用户的输入并调用模型和视图以处理用户的请求。当单击 Web 页面中的超链接和发送 HTML 表单时，控制器本身不输出任何结果，不进行任何处理，它只接受请求并决定调用哪个模型构件去处理请求，然后确定用哪个视图来显示模型返回的数据。

现在我们总结 MVC 的处理过程。首先控制器接受用户的请求，并决定应该调用哪个模型来进行处理，然后模型用业务逻辑来处理用户的请求并返回数据，最后控制器用相应的视图格式化模型返回的数据，并通过表示层呈现给用户。

4.2 Xcode 中的 MVC

在用 Xcode 编程并在 IB 中添加用户界面（UI）元素后，Cocoa Touch 是利用 MVC 模式进行设计的。本节将讲解 Xcode 中 MVC 模式的基本知识。

4.2.1 Xcode 中的视图

在 Xcode 中，虽然可以使用编程的方式创建视图，但是在大多数情况下使用 IB 以可视化的方式设计它们。视图可以包含众多界面元素，在加载、运行程序时，通过视图创建基本的交互对象，例如，当把光标悬浮在文本框中时会打开键盘。要让视图中的对象能够与应用程序实现逻辑交互，必须定义相应的连接。连接的东西有两种——输出口和操作。输出口定义了代码和视图之间的一条路径，用于读写特定类型的信息，例如，对应开关的输出口让我们能够查看描述开关是开还是关的信息；而操作定义了应用程序中的一个方法，通过视图中的事件触发。要将输出口和操作连接到代码，必须在实现视图逻辑的代码（即控制器）中定义输出口和操作。

4.2.2 Xcode 中的视图控制器

控制器在 Xcode 中称为视图控制器，负责处理与视图的交互工作，并在输出口和操作之间建立一个人为连接。为此需要在项目代码中使用两种特殊的编译指令——IBAction 和 IBOutlet。IBAction 和 IBOutlet 是 IB 能够识别的标记，它们在 Objective-C 中没有其他用途。我们在视图控制器的接口文件中添加这些编译指令。我们不但可以手工添加，而且可以用 IB 的一项特殊功能自动生成它们。

注意：视图控制器可包含应用程序逻辑，但这并不意味着所有代码都应包含在视图控制器中。虽然在本书中大部分代码放在视图控制器中，但当你创建应用程序时，可在合适的时候定义额外的类，以抽象应用程序逻辑。

4.3 数据模型

Core Data 抽象了应用程序和底层数据存储之间的交互。它还包含一个 Xcode 建模工具，该工具像 IB 那样帮助我们设计应用程序，但不是让我们以可视化的方式创建界面，而是让我们以可视化方式建立数据结构。Core Data 是 Cocoa 中处理数据、绑定数据的关键特性，其重要性不言而喻，但是比较复杂。

下面先给出图 4-1 所示的模块关系。在图 4-1 中，有如下相关的模块。

- ❑ 托管对象模型：描述应用程序的数据模型，这个模型包含实体（entity）、属性（property）等。
- ❑ 托管对象上下文：参与对数据对象进行各种操作的全过程，并监控数据对象的变化，以提供对撤销/重做的支持并更新绑定到数据的 UI。
- ❑ 持久化存储协调器：相当于数据文件管理器，负责底层对数据文件的读取与写入，一般我们

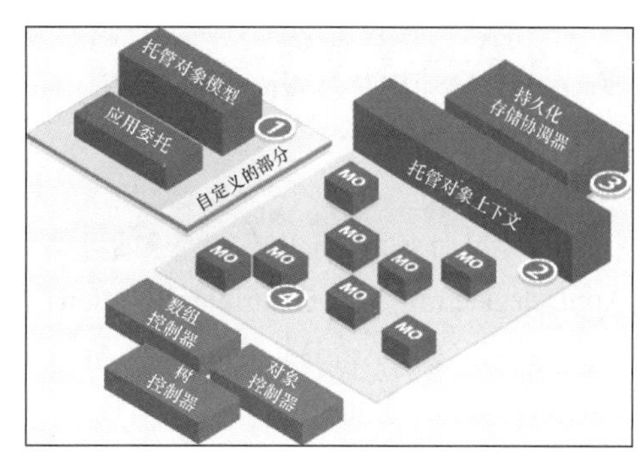

▲图 4-1 模块关系

无须与它打交道。

- 托管对象（Managed Object，MO）：与托管对象上下文相关联。
- 数组控制器、对象控制器、树控制器：一般将托管对象上下文绑定到这些控制器，用于在 nib 中以可视化的方式操作数据。

上述模块的运作流程如下。

（1）应用程序创建或读取模型文件（后缀为 xcdatamodeld），生成 NSManagedObjectModel 对象。Document 应用程序一般通过 NSDocument 或其子类（NSPersistentDocument）从模型文件（后缀为 xcdatamodeld）读取。

（2）生成 NSManagedObjectContext 和 NSPersistentStoreCoordinator 对象，前者对用户透明地调用，后者对数据文件进行读写。

（3）NSPersistentStoreCoordinator 从数据文件（XML、SQLite、二进制文件等）中读取数据，生成托管对象，或保存托管对象，写入数据文件。

（4）NSManagedObjectContext 对数据进行各种操作。它持有托管对象，我们通过它来监控托管对象。监控数据对象有两个作用——支持撤销/重做以及数据绑定。

（5）数组控制器、对象控制器、树控制器等控制器一般与 NSManagedObjectContext 关联，因此通过它们在 nib 中可视化地操作数据对象。

4.4 基于 Objective-C 使用模板 Single View Application 创建 MVC 程序

实例 4-1	基于 Objective-C 使用模板 Single View Application 创建 MVC 程序
源码路径	\daima\4\hello

苹果公司在 Xcode 中提供了一种很有用的应用程序模板，用于快速地创建一个项目。模板 Single View Application（单视图应用程序）是最简单的模板，在本节中将创建一个应用程序，该程序包含了一个视图和一个视图控制器。本节的实例非常简单。先创建一个用于获取用户输入的文本框（UITextField）和一个按钮，当用户在文本框中输入内容并按下按钮时，将更新屏幕标签（UILabel）以显示“Hello”和用户输入。虽然本实例程序比较简单，但是几乎包含了本章讨论的所有元素——视图、视图控制器、输出口和操作。

4.4.1 创建项目

首先，启动 Xcode 12，创建一个 iOS 14 项目。

然后，在左侧导航部分，选择 Create a new Xcode project。

接下来，在弹出的新界面中，选择项目类型和模板。在 New Project 窗口的左侧，确保选择了项目类型 iOS 中的 Application，在右边的列表中选择 Single View Application，再单击 Next 按钮。

1. 类文件

将项目命名为“hello”，展开项目结构，并查看其内容。你会看到 5 个文件——AppDelegate.h、AppDelegate.m、ViewController.h、ViewController.m、MainStoryboard.storyboard。

其中，文件 AppDelegate.h 和 AppDelegate.m 组成了该项目将创建的 UIApplication 实例的委托。也就是说，我们可以对这些文件进行编辑，以添加控制应用程序运行的方法。我们可以修改委托，在启动时进行应用程序级设置，告诉应用程序进入后台时如何做，以及应用程序被迫退出时该如何处理。就本章这个演示项目来说，我们不需要在应用程序委托中编写任何代码，但是需要记住它在整个应用程序生命周期中扮演的角色。

文件 AppDelegate.h 和 AppDelegate.m 的代码都是自动生成的。

文件 ViewController.h 和 ViewController.m 实现了一个视图控制器（UIViewController），这个类包含控制视图的逻辑。一开始这些文件几乎是空的，只有一个基本结构，此时如果单击 Xcode 窗口顶部的 Run 按钮，应用程序将编译并运行，运行后界面中一片空白，如图 4-2 所示。

▲图 4-2　空白的界面

注意：如果在 Xcode 中新建项目时指定了类前缀，所有类文件名都将以指定的内容开头。在以前的 Xcode 版本中，苹果公司以应用程序名作为类的前缀。要让应用程序有一定的功能，需要处理前面讨论过的两个元素——视图和视图控制器。

2. 故事板文件

除类文件之外，该项目还包含了一个故事板文件，它用于存储界面设计。单击故事板文件 MainStoryboard.storyboard，在 IB 编辑器中打开它，如图 4-3 所示。

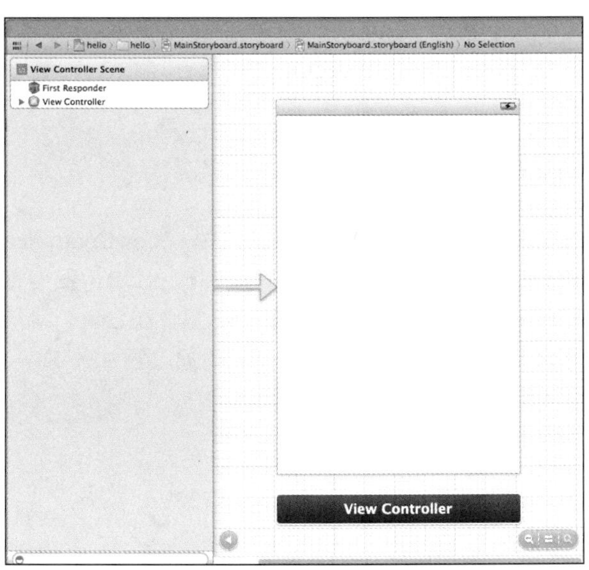

▲图 4-3　打开 MainStoryboard.storyboard

打开 MainStoryboard.storyboard 的界面包括了如下 3 个部分。

- First Responder（一个 UIResponder 实例）。
- View Controller（ViewController 类）。
- 应用程序视图（一个 UIView 实例）。

视图控制器和第一响应者还出现在图标栏中，该图标栏位于编辑器中视图的下方。如果在该图标栏中没有看到图标，只需单击图标栏，它们就会显示出来。

当应用程序加载故事板文件时，其中的对象将被实例化，成为应用程序的一部分。就项目“hello”来说，当它启动时会创建一个窗口并加载 MainStoryboard.storyboard，实例化 ViewController 类及其视图，并将其添加到窗口中。

在文件 HelloNoun-Info.plist 中，通过属性 Main storyboard file base name（主故事板文件名）指定了加载的文件 MainStoryboard.storyboard。要核实这一点，读者可展开文件夹 Supporting Files，再单击 plist 文件，显示其内容。另外，也可以单击项目的顶级图标，确保选择了目标“hello”，再查看 Deployment Info 选项区域中的文本框 Main Interface，如图 4-4 所示。

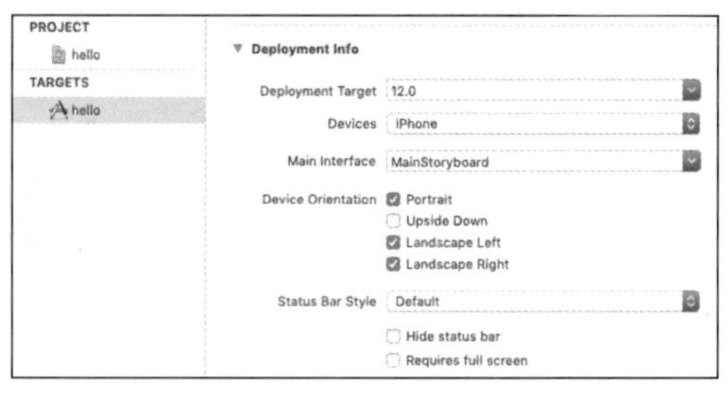

▲图 4-4　查看 Main Interface 文本框中的内容

如果有多个场景，在 IB 编辑器中会指定初始场景。在图 4-3 中，你会发现编辑器中有一个灰色箭头，它指向视图的左边缘。这个箭头是可以拖动的，当有多个场景时可以拖动它，使它指向任何场景对应的视图。这就自动配置了项目，使它在应用程序启动时启动该场景的视图控制器和视图。

总之，这里对应用程序进行了配置，使其加载 MainStoryboard.storyboard，而 MainStoryboard.storyboard 查找初始场景，并创建该场景的视图控制器类（文件 ViewController.h 和 ViewController.m 定义的 ViewController）的实例。视图控制器加载其视图，而视图被自动添加到主窗口中。

4.4.2　规划变量和连接

要创建该应用程序，第一步是确定视图控制器需要的东西。为了引用要使用的对象，必须与 3 个对象进行交互，它们分别是文本框（UITextField）、标签（UILabel）、按钮（UIButton）。其中，前两个对象分别是用户输入区域（文本框）和输出（标签），而第 3 个对象（按钮）触发代码中的操作，以便将标签的内容设置为文本框的内容。

1．修改视图控制器接口文件

基于上述信息，便可以编辑视图控制器类的接口文件（ViewController.h），在其中定义需要用来引用界面元素的实例变量以及用来操作它们的属性（和输出口）。我们将把用于收集用户输入的文本框（UITextField）命名为 userInput，将提供输出的标签（UILabel）命名为 userOutput。通过使用编译指令@property，你可同时创建实例变量和属性。而通过添加关键字 IBOutlet，你可以创建输出口，以便在界面和代码之间建立连接。

综上所述，添加如下两行代码。

```
@property (strong, nonatomic) IBOutlet UILabel *userOutput;
@property (strong, nonatomic) IBOutlet UITextField *userInput;
```

为了完成接口文件的编写工作，还需添加一个在按钮被按下时执行的操作。我们将该操作命名为 setOutput。

```
- (IBAction)setOutput: (id)sender;
```

添加这些代码后，文件 ViewController.h 的代码如下所示。其中加粗的代码行是新增的。

```
#import <UIKit/UIKit.h>

@interface ViewController : UIViewController

@property (strong, nonatomic) IBOutlet UILabel *userOutput;
@property (strong, nonatomic) IBOutlet UITextField *userInput;

- (IBAction)setOutput:(id)sender;

@end
```

但是这并非我们需要完成的全部工作，为了支持我们在接口文件中所做的工作，还需对实现文件（ViewController.m）做一些修改。

2. 修改视图控制器实现文件

对于接口文件中的每个编译指令@property 来说，在实现文件中都必须有如下编译指令。

```
@synthesize userInput;
@synthesize userOutput;
```

将这些代码行添加到实现文件开头，编译指令@implementation 后面，文件 ViewController.m 中对应的代码如下。

```
#import "ViewController.h"
@implementation ViewController
@synthesize userOutput;
@synthesize userInput;
```

在使用完视图后，应该使代码中定义的实例变量（即 userInput 和 userOutput）不再指向对象，这样做的好处是这些文本框和标签占用的内存可以重复使用。实现方式非常简单，只需将这些实例变量对应的属性设置为 nil 即可。

```
[self setUserInput:nil];
[self setUserOutput:nil];
```

上述清理工作是在视图控制器的一个特殊方法中进行的，这个方法名为 viewDidUnload，在视图成功从屏幕上删除时调用该方法。为了添加上述代码，需要在实现文件 ViewController.m 中找到这个方法，并添加代码行。同样，这里演示的是当手工准备输出口、操作、实例变量和属性时需要完成的设置工作。

文件 ViewController.m 中负责清理工作的代码如下。

```
- (void)viewDidUnload
{
    self.userInput = nil;
    self.userOutput = nil;
    [self setUserOutput:nil];
```

```
    [self setUserInput:nil];
    [super viewDidUnload];
}
```

注意：如果浏览 HelloNoun 的代码文件，可能发现其中包含绿色的注释（以字符“//”开头的代码行）。为节省篇幅，在本书后面的程序清单中删除了这些注释。

3. 一种简化的方法

虽然还没有输入任何代码，但是我们希望能够掌握规划和设置 Xcode 项目的方法，所以还需要做如下工作。

- 确定所需的实例变量。哪些值和对象需要在类（通常是视图控制器）的整个生命周期内都存在？
- 确定所需的输出口和操作。哪些实例变量需要连接到界面中定义的对象？界面将触发哪些方法？
- 创建相应的属性。对于打算操作的每个实例变量，都应使用@property 来定义实例变量和属性，并为该属性合成设置函数和获取函数。如果属性表示的是一个界面对象，还应在声明它时包含关键字 IBOutlet。
- 清理。对于在类的生命周期内不再需要的实例变量，使用对应的属性将其值设置为 nil。在视图控制器中，通常在卸载视图时（在方法 viewDidUnload 中）这样做。

当然，我们可以手工完成这些工作，但是在 Xcode 中使用 IB 进行编辑，能够在建立连接时添加编译指令@property 和@synthesize，创建输出口和操作，插入清理代码。

将视图与视图控制器关联起来的是前面介绍的代码，但可在创建界面的同时让 Xcode 自动为我们编写这些代码。创建界面前，仍然需要确定要创建的实例变量/属性、输出口和操作，有时候还需添加一些额外的代码，让 Xcode 自动生成代码可极大地加快初始开发的进度。

4.4.3　设计界面

本节的演示程序“hello”的界面很简单，只需为它提供一个输出区域、一个用于输入的文本框以及一个按钮。按如下步骤创建用户界面。

（1）在 Xcode 项目导航器中，选择 MainStoryboard.storyboard，并打开它。

（2）打开这个故事板文件的是 IB 编辑器，其中文档大纲区域显示了场景中的对象，而编辑器中显示了视图的可视化表示。

（3）从菜单栏中选择 View→Utilities→Show Object Library，在右边显示 Object 库。在 Object 库中确保从下拉列表中选择了 Objects，这样将显示可拖放到视图中的所有控件。此时的工作区如图 4-5 所示。

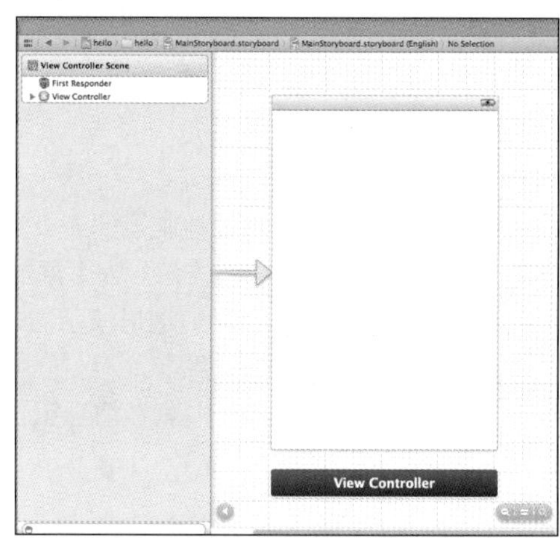

▲图 4-5　工作区

（4）在 Object 库中单击标签（UILabel）对象并将其拖曳到视图中，以在视图中添加两个标签。

（5）第一个标签应包含静态文本，为此双击该标签，将默认文本 Label 改为“你好”。选择第二个标签，它将作为输出区域。这里将该标签的文本改为“请输入信息”。以此作为默认值，直到用户提供新字符串为止。我们可能需要增大该文本标签以便显示这些内容，为此可单击并拖曳其手柄。为了将这些标签居中对齐，单击选中视图中的标签，再按下 Option+Command+4 快捷键或单击 Utilities 区域顶部的滑块图标，打开标签的 Attributes Inspector。使用 Alignment 选项调整标签文本的对齐方式。另外，还可能会使用其他属性来设置文本的显示样式，例如，字号、阴影和颜色等。现在整个视图应该包含两个标签。

（6）如果对结果满意，便可以添加用户将与之交互的元素文本框和按钮。为了添加文本框，在 Object 库中找到文本框对象（UITextField），将其拖曳到两个标签下方，并使用手柄将其增大到与输出标签等宽。

（7）再次按 Option+Command+4 快捷键，打开 Attributes Inspector，并将字号设置成与标签的字号相同。注意，文本框并没有增大，这是因为默认 iPhone 文本框的高度是固定的。在 Attributes Inspector 中，单击 Border Style 按钮，调整文本框的大小。

（8）在 Object 库中，单击圆角矩形按钮（UIButton）并将其拖曳到视图中，并放在文本框下方。双击该按钮给它添加一个标题，如 Set Label。再调整按钮的大小，使其能够容纳该标题。也可以使用 Attributes Inspector 增大文本的字号。最终的 UI 如图 4-6 所示，其中包括了 4 个对象，分别是两个标签、1 个文本框和 1 个按钮。

▲图 4-6　最终的 UI

4.4.4 创建并连接输出口和操作

现在，在 IB 编辑器中的最后一步工作是将视图连接到视图控制器。如果按前面介绍的方式手工定义了输出口和操作，则只需在对象图标之间拖曳即可。但即使就地创建输出口和操作，也只需执行拖放操作。

为此，需要将控件从 IB 编辑器拖放到代码中，并添加输出口或操作的地方，即需要能够同时看到接口文件 VeiwController.h 和视图。在 IB 编辑器中还显示刚设计的界面的情况下，单击工具栏的 Edit 部分的 Assistant Editor 按钮，将在界面右边自动打开文件 ViewController.h。

另外，如果我们使用的开发计算机是 MacBook，或编辑的是 iPad 项目，屏幕空间将不够用。为了节省屏幕空间，单击工具栏中 View 部分最左边和最右边的按钮，以隐藏 Xcode 窗口的导航区域和 Utilities 区域。也可以单击 IB 编辑器左下角的展开箭头将文档大纲区域隐藏起来。切换工作空间后的界面如图 4-7 所示。

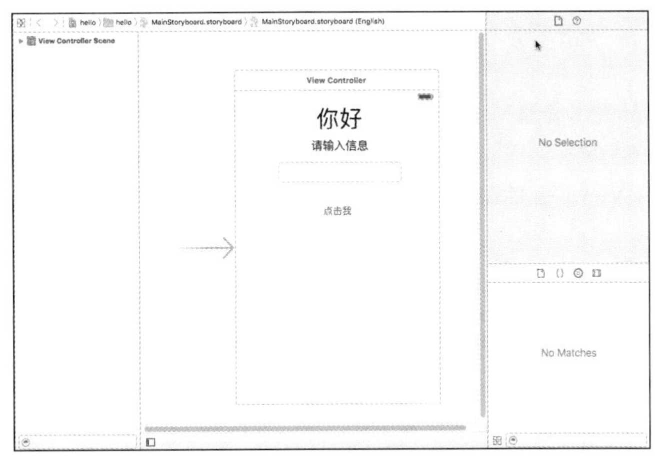

▲图 4-7　切换工作空间后的界面

1. 添加输出口

下面连接用于显示输出的标签。前面说过，我们想用一个名为 userOutput 的实例变量/属性表示它。

（1）按住 Control 键，并把用于输出的标签（在这里，其标题为“请输入信息”）或文档大纲中表示它的图标拖曳到包含文件 ViewController.h 的代码编辑器中，当光标位于@interface 行下方时松开，如图 4-8 所示。拖曳时，Xcode 将指出如果此时释放鼠标按钮将插入什么。

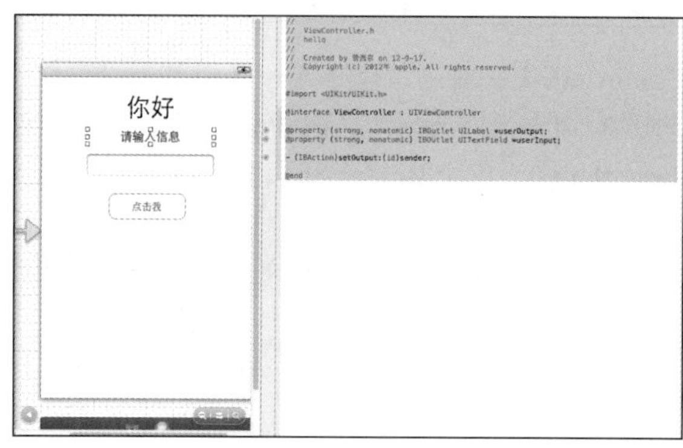

▲图 4-8　拖曳标签

（2）当释放鼠标按钮时，Xcode 会要求我们配置输出口，如图 4-9 所示。首先，从 Connection 下拉列表中选择 Outlet，单击 Storage 微调按钮，选择 Strong，并从 Type 下拉列表中选择 UILabel。然后，指定我们要使用的实例变量/属性名为 userOutput，最后单击 Connect 按钮。

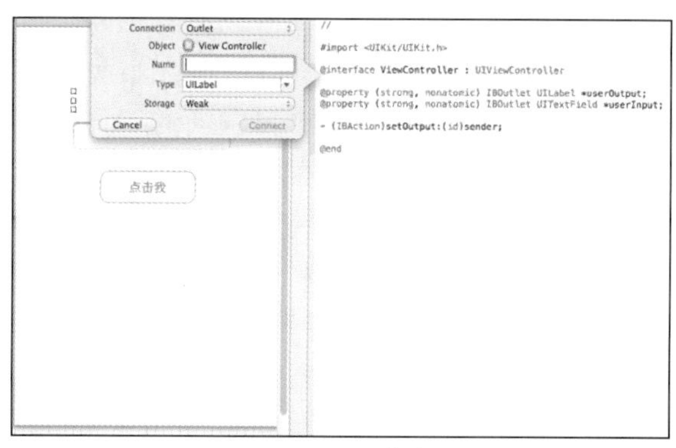

▲图 4-9　配置输出口

（3）当单击 Connect 按钮时，Xcode 将自动插入合适的编译指令@property 和关键字 IBOut:put（隐式地声明实例变量），编译指令@synthesize（插入文件 ViewController.m 中），清理代码（也插入文件 ViewController.m 中）。更重要的是，在刚创建的输出口和界面对象之间建立连接。

（4）对文本框重复上述操作过程。将其拖曳至刚插入的@property 代码行下方，将 Type 设置为 UITextField，并将输出口命名为 userInput。

2. 添加操作

对于添加操作，在按钮和操作之间建立连接的方式与添加输出口相同。唯一的差别是在接口文件中，操作通常是在属性后面定义的，因此需要拖放到稍微不同的位置。

（1）按住 Control 键，将视图中的按钮拖曳到接口文件（ViewController.h）中刚添加的两个 @property 编译指令下方。同样，当拖曳时，Xcode 将提供反馈，指出它将在哪里插入代码。拖曳到要插入操作代码的地方后，释放鼠标按钮。

（2）与输出口一样，Xcode 将要求配置连接，如图 4-10 所示。这次，务必将 Type 设置为 Action，否则 Xcode 将插入一个输出口。将 Name 设置为 setOutput（前面选择的方法名）。保留其他默认设置，最后单击 Connect 按钮。

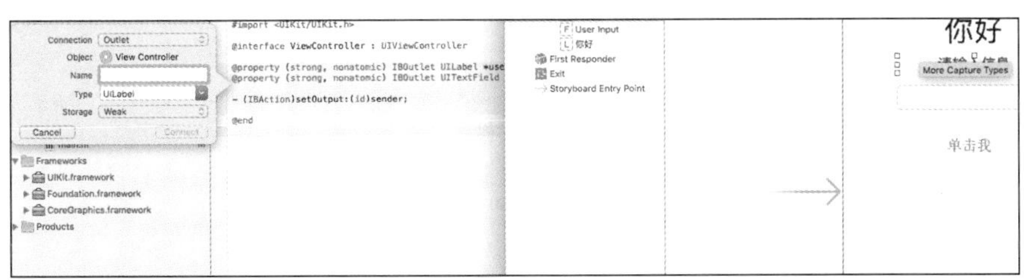

▲图 4-10　配置要插入代码中的操作

到此为止，我们成功添加了实例变量、属性和输出口，并将它们连接到了界面元素。接下来，我们还需要重新配置工作区，确保项目导航器可见。

4.4.5　实现应用程序逻辑

创建视图并建立与视图控制器的连接后，接下来的任务便是实现逻辑。现在将注意力转向文件 ViewController.m 以及 setOutput 的实现上。setOutput 方法将输出标签的内容设置为用户在文本框中输入的内容。我们如何获取并设置这些值呢？UILabel 和 UITextField 都有包含其内容的 text 属性，通过读写对应属性，便可将 userOutput 的内容设置为 userInput 的内容。

打开文件 ViewController.m 并滚动到末尾，会发现 Xcode 在创建操作连接代码时自动编写了空的方法定义（这里是 setOutput），我们只需填充内容即可。找到方法 setOutput，其实现代码如下。

```
- (IBAction)setOutput:(id)sender {
    //    [[self userOutput]setText:[[self userInput] text]];
    self.userOutput.text=self.userInput.text;
}
```

通过上述赋值语句便实现了应用程序逻辑。

4.4.6　生成应用程序

现在可以生成并测试我们的演示程序了，在文本框中输入信息并单击“单击我”按钮后，会在上方显示我们输入的文本。执行结果如图 4-11 所示。

▲图 4-11　执行结果

4.5 基于 Swift 使用模板 Single View Application 创建 MVC 应用程序

实例 4-2	基于 Swift 使用模板 Single View Application 创建 MVC 应用程序
源码路径	\daima\4\Hello-Swift

实例 4-2 是实例 4-1 的 Swift 版本，两个实例的功能完全相同，只是实例 4-2 是用 Swift 语言实现的。

实例文件 ViewController.swift 的主要代码如下。

```
class ViewController: UIViewController {
    @IBOutlet weak var userOutput: UILabel!
    @IBOutlet weak var userInput: UITextField!
    @IBAction func setOutput(_ sender: AnyObject) {
        userOutput.text=userInput.text
    }
```

执行结果如图 4-12 所示。

▲图 4-12　执行结果

第 5 章　文本框和文本视图

前面几章讲解了如何创建一个简单的应用程序，并介绍了应用程序基础框架和图形界面基础框架。本章和后面几章将详细介绍 iOS 应用中的基本构件。本章讲解文本框和文本视图的基本知识。

5.1 文本框

在 iOS 应用中，文本框和文本视图都是用于实现文本输入的，本节将详细讲解文本框的基本知识。

5.1.1 文本框的基础知识

在 iOS 应用中，文本框（UITextField）类似于 Web 表单中的字段。当在文本框中输入数据时，使用各种按键将输入限制为数字或文本。和按钮一样，文本框也能响应事件，但是通常将其实现为被动（passive）界面元素，这意味着视图控制器可随时通过 text 属性读取其内容。

控件 UITextField 的常用属性如下。

- text：设置显示的初始文本，可以指定文本为纯字符串或属性字符串。如果指定了一个属性字符串，则可以设置字符串的字体、颜色和格式。
- textColor：设置文本的颜色。
- font：设置文本的字体。
- textAlignment：设置文本的对齐方式。
- borderStyle：设置输入框的边框样式。
- backgroundColor：设置文本框的背景颜色，使用其 font 属性设置字体。
- clearButtonMode：设置一个清除按钮。通过设置 clearButtonMode 可以指定是否以及何时显示清除按钮。此属性主要有如下几种类型。
  - UITextFieldViewModeAlways：若文本框非空，无论是否获得焦点，都显示清除按钮。
  - UITextFieldViewModeNever：不显示清除按钮。
  - UITextFieldViewModeWhileEditing：若文本框非空，且在编辑状态（及获得焦点），显示清除按钮。
  - UITextFieldViewModeUnlessEditing：若文本框非空，且不在编译状态（焦点不在输入框上），显示清除按钮。
- background：设置背景图片。

5.1.2 控制是否显示 TextField 中的密码明文信息

实例 5-1	控制是否显示 TextField 中的密码明文信息
源码路径	daima\5\DKTextField

本实例的功能是控制是否显示 TextField 中的密码明文信息。本实例实现了一个支持明暗码切换的 TextField 控件功能，因为 iOS 14 自带的 UITextField 在切换到暗码时会清除之前的输入文本，所以可以实现本实例的 DKTextField 功能。在本实例中，DKTextField 功能继承自 UITextField，并且不影响 UITextField 的 Delegate。

具体步骤如下。

（1）启动 Xcode，选择创建 iOS 类型的项目，如图 5-1 所示。

（2）在故事板中插入一个开关控件（见图 5-2）来控制是否显示密码明文，在上方的文本框控件中可以输入密码文本。

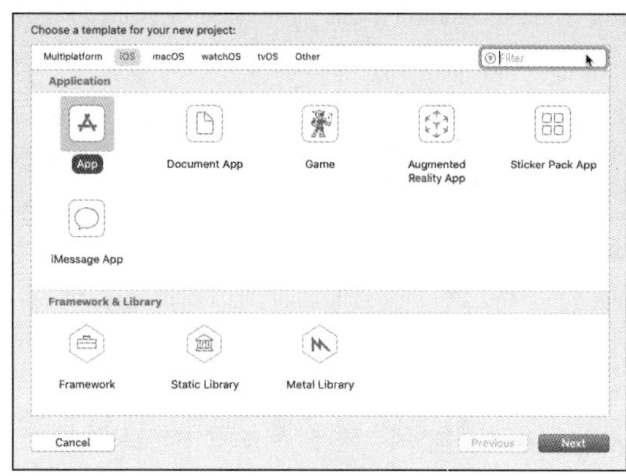

▲图 5-1　创建 iOS 类型的项目

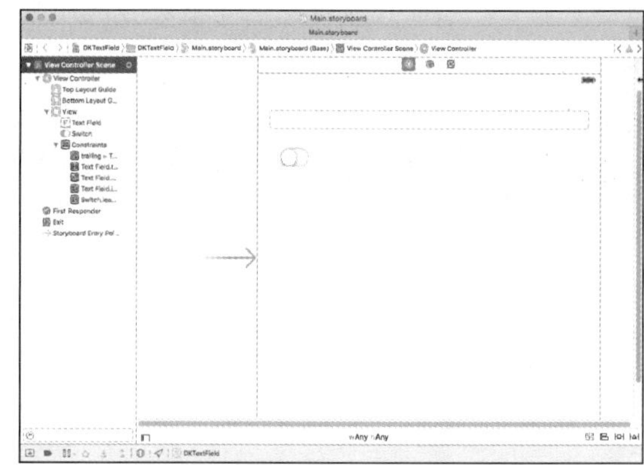

▲图 5-2　在故事板中插入开关控件

（3）在文件 ViewController.h 中定义需要的接口和功能函数，具体实现代码如下。

```
#import <UIKit/UIKit.h>
@interface ViewController : UIViewController
- (IBAction)switchChanged:(UISwitch *)sender;
@end
```

（4）文件 ViewController.m 是文件 ViewController.h 的具体实现，用函数 switchChanged 来控制是否显示密码明文，具体实现代码如下。

```
#import "ViewController.h"
#import "DKTextField.h"
@interface ViewController ()
@property (nonatomic, weak) IBOutlet DKTextField *textField;
@end
@implementation ViewController
- (void)viewDidLoad {
      [super viewDidLoad];
}
- (void)didReceiveMemoryWarning {
      [super didReceiveMemoryWarning];
}
- (IBAction)switchChanged:(UISwitch *)sender {
      self.textField.secureTextEntry = sender.on;
}
@end
```

（5）执行后可以通过 UISwitch 开关控件来控制是否显示密码明文。关闭时显示密码明文信息，如图 5-3 所示；打开时不显示密码明文信息，如图 5-4 所示。

▲图 5-3　开关控件关闭时

▲图 5-4　开关控件打开时

5.1.3 实现用户登录界面

实例 5-2	实现用户登录界面
源码路径	daima\5\UITextFieldTest

本实例的功能是实现用户登录界面，具体实现流程如下。

（1）启动 Xcode，本项目的最终结构如图 5-5 所示。

（2）在故事板中插入文本框控件供用户输入用户名和密码。插入文本框控件后，会显示文本“用户名:”和“密码:”，在下方插入一个“登录”按钮，如图 5-6 所示。

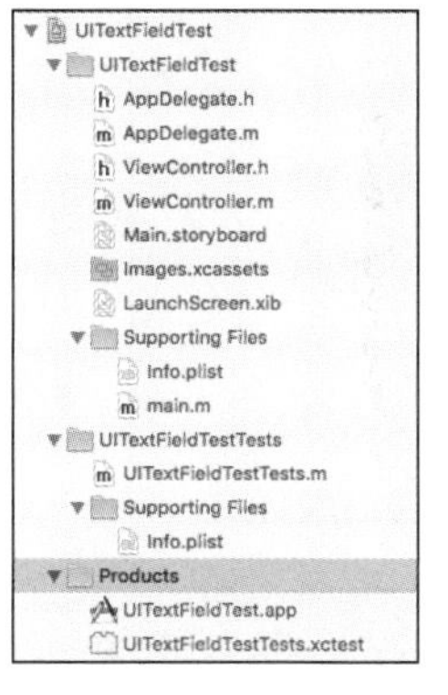

▲图 5-5　本项目的最终结构

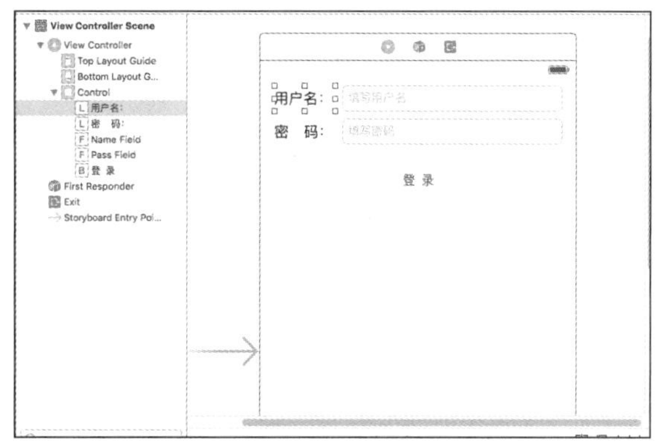

▲图 5-6　插入文本框和按钮

（3）文件 ViewController.h 定义本项目的接口，文件 ViewController.m 的主要代码如下。

```
- (void)didReceiveMemoryWarning {
    [super didReceiveMemoryWarning];
}
- (IBAction)finishEdit:(id)sender {
    //sender 放弃作为第一响应者
    [sender resignFirstResponder];
}
- (IBAction)backTap:(id)sender {
    //让 passField 控件放弃作为第一响应者
    [self.passField resignFirstResponder];
    //让 nameField 控件放弃作为第一响应者
    [self.nameField resignFirstResponder];
}
@end
```

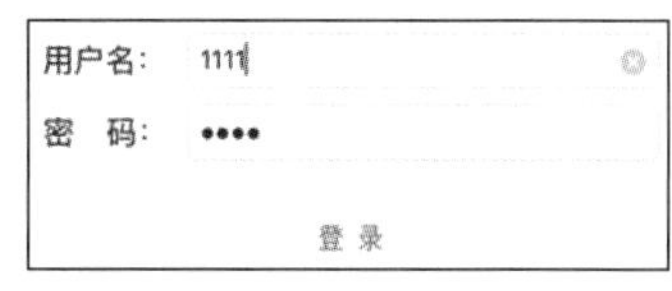

▲图 5-7　执行结果

执行结果如图 5-7 所示。

5.1.4　限制输入文本的长度

实例 5-3	限制输入文本的长度
源码路径	daima\5\TextInputLimitTest

本实例要求实现 iOS 14 中内置控件 UITextField 和 UITextView 的输入长度限制功能。具体实现流程如下。

（1）启动 Xcode，单击 Creat a new Xcode project，创建一个 iOS 项目，选择 iOS→Application→Single View App。本项目的最终结构如图 5-8 所示，在故事板中插入两个文本框控件以供用户输入文本。

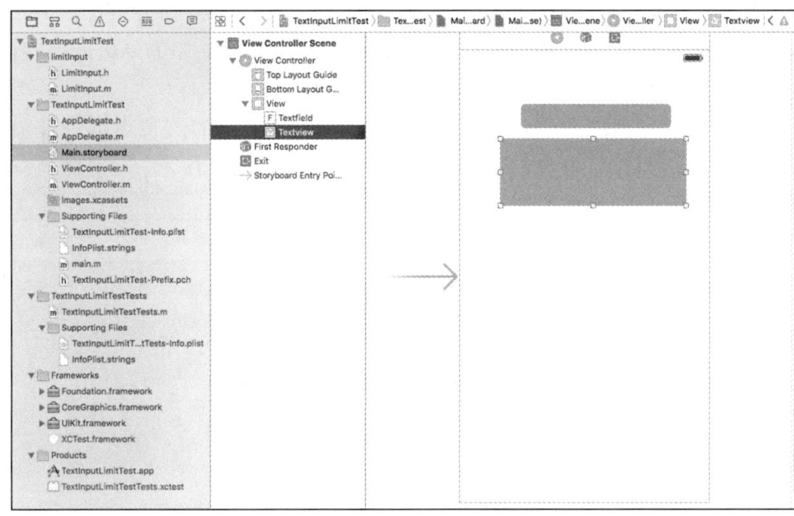

▲图 5-8　本项目的最终结构

（2）文件 ViewController.m 是本项目中的测试文件，功能是调用文件 LimitInput.m 中的输入文本限制功能，限制故事板的两个 TextField 中的输入文本长度。在本例中，第一个文本框限制输入 4 个字符，第二个文本框限制输入 6 个字符。文件 ViewController.m 的具体代码如下。

```
#import "ViewController.h"
@interface ViewController ()
@end
@implementation ViewController
- (void)viewDidLoad
{
    [super viewDidLoad];
     //调用限制功能，第一个文本框限制输入 4 个字符，第二个文本框限制输入 6 个字符
    [self.textfield setValue:@4 forKey:@"limit"];
    [self.textview setValue:@6 forKey:@"limit"];
}
- (void)didReceiveMemoryWarning
{
    [super didReceiveMemoryWarning];
}
@end
```

（3）当需要使用本项目的输入长度限制功能时，将 TextInputLimitTest 目录下的.h 文件和.m 文件直接复制到测试项目中，然后通过如下代码调用需要限制输入长度的 textField 或 textView 对象方法即可。

```
[textObj setValue:@4 forKey:@"limit"];
```

在上述整个使用过程中，无须对 UITextField 和 UITextView、Xib 或故事板文件做任何修改，也不需要引用头文件。

本实例执行后的结果如图 5-9 所示。

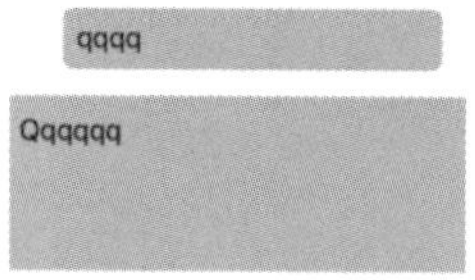

▲图 5-9　执行结果

5.1.5　基于 Swift 实现 UITextField 控件

实例 5-4	基于 Swift 实现 UITextField 控件
源码路径	daima\5\TextFieldShake

要基于 Swift 实现 UITextField 控件，具体步骤如下。

（1）打开 Xcode，创建一个名为“UITextFieldShake”的项目，项目的最终结构如图 5-10 所示。

（2）文件 ViewController.swift 的主要代码如下。

```
override func viewDidLoad() {
  super.viewDidLoad()

  textField = UITextField(frame: CGRect(x: 10, y: 20, width: 200, height: 30))
  textField!.borderStyle = UITextBorderStyle.roundedRect
  textField!.placeholder = "我是文本框"
  textField!.center = self.view.center
  self.view.addSubview(textField!)

  let button: UIButton = UIButton(type: UIButtonType.system)
  button.frame = CGRect(x: 20, y: 64, width: 100, height: 44)
  button.setTitle("Shake", for: UIControlState())
  button.addTarget(self, action: #selector(ViewController._startShake(_:)), for:
  UIControlEvents.touchUpInside)
  self.view.addSubview(button)

}

// MARK: - 执行振动
func _startShake(_ sender: UIButton) {
  self.textField?.wy_shakeWith(completionHandle: {() -> () in
    print("我是回调啊")
  })
}
```

执行结果如图 5-11 所示，单击 Shake，下方的文本框会振动。振动时会在 Xcode 控制台中输出在_startShake 中设置的信息“我是回调啊”，如图 5-12 所示。

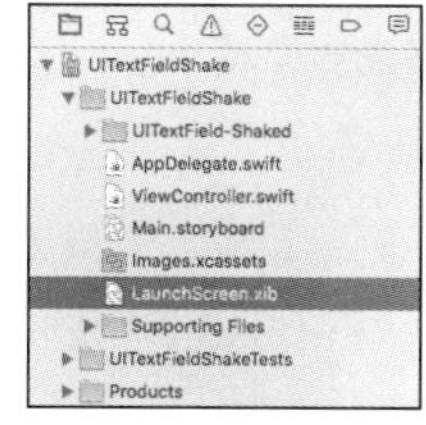

▲图 5-10　项目的最终结构

▲图 5-11　执行结果

▲图 5-12　控制台中显示的信息

5.2 文本视图

文本视图（UITextView）与文本框类似，差别在于文本视图可显示一个可滚动和编辑的文本块，供用户阅读或修改。仅当需要输入很多文本时，才应使用文本视图。

5.2.1　文本视图的基础知识

在 iOS 应用中，UITextView 是一个类。在 Xcode 中，当使用 IB 向视图中添加一个文本框后，你可以在 Attributes Inspector 中设置其各种属性。Attributes Inspector 分为 3 部分，分别是 Text Field、Control 和 View 部分。我们重点看看 Text Field 部分，Text Field 部分有以下选项。

- Text：设置文本框的默认文本。
- Placeholder：可以在文本框中显示灰色的字，用于提示用户应该在这个文本框输入什么内容。当在这个文本框中输入了数据时，用于提示的灰色的字将会自动消失。
- Background：设置背景。
- Disabled：若选中此项，用户将不能更改文本框中的内容。
- Border Style：选择边界风格。
- Clear Button：这是一个下拉菜单，你可以选择清除按钮什么时候出现，所谓清除按钮就是一个出现在文本框右边的小“×”，可以有以下选择。
  - Never appears：从不出现。
  - Appears while editing：编辑时出现。
  - Appears unless editing：编辑时不出现。
  - Is always visible：总是可见。
- Clear when editing begins：若选中此项，则当开始编辑这个文本框时，文本框中之前的内容会被清除。比如，先在文本框 A 中输入了“What”，之后编辑文本框 B，若再回来编辑文本框 A，则其中的“What”会被立即清除。
- Text Color：设置文本框中文本的颜色。
- Font：设置文本的字体与字号。
- Min Font Size：设置文本框可以显示的最小字号。
- Adjust To Fit：指定当文本框尺寸减小时文本框中的文本是否也要缩小。选择它，可以使全部文本可见，即使文本很长。但是这个选项要与 Min Font Size 选项配合使用，文本再缩小，也不会小于设定的 Min Font Size。
- Captitalization：设置大写。下拉菜单中有 4 个选项。
  - None：不设置大写。
  - Words：每个单词首字母大写，这里的单词指的是以空格分开的字符串。
  - Sentences：每个句子的第一个字母大写，这里的句子是以句号加空格分开的字符串。
  - All Characters：所有字母大写。
- Correction：表示是否检查拼写，默认是 YES。
- Keyboard：选择键盘类型，比如全数字、字母和数字等。
- Return Key：选择返回键，可以选择 Search、Return、Done 等。
- Auto-enable Return Key：如果选择此项，则只有至少在文本框输入一个字符后，键盘的返回键才有效。
- Secure：若将文本框用作密码输入框，可以选择这个选项，此时，字符显示为星号。

在 iOS 应用程序中，可以使用 UITextView 在屏幕中显示文本，并且能够同时显示多行文本。UITextView 的常用属性如下。

- textColor：设置文本的颜色。
- font：设置文本的字体和字号。
- editable：如果设置为 YES，可以将这段文本设置为可编辑的。
- textAlignment：设置文本的对齐方式，此属性有如下 3 个值。
  - UITextAlignmentRight：右对齐。
  - UITextAlignmentCenter：居中对齐。
  - UITextAlignmentLeft：左对齐。

5.2.2 自定义 UITextView 控件中文字的行间距

实例 5-5	自定义 UITextView 控件中文字的行间距
源码路径	daima\5\UITextViewLineSpace

本实例的功能是自定义 UITextView 控件中文字的行间距，具体实现流程如下。

（1）启动 Xcode，本项目的最终结构如图 5-13 所示。

（2）在故事板的上方插入文本控件，显示一段默认的英文，在下方插入一个分段控件，分段的数字表示行间距的大小，如图 5-14 所示。

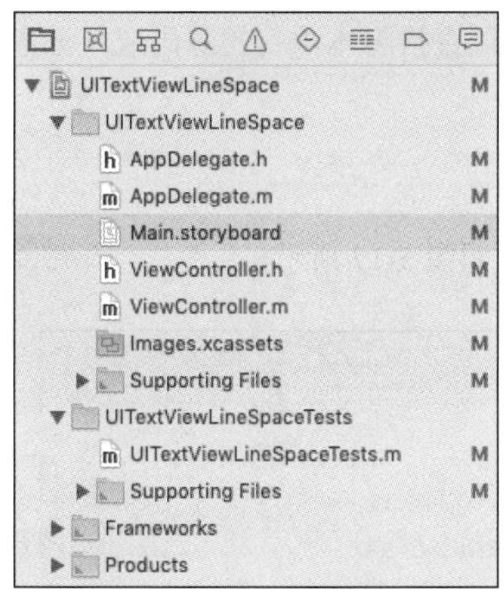

▲图 5-13 本项目的最终结构

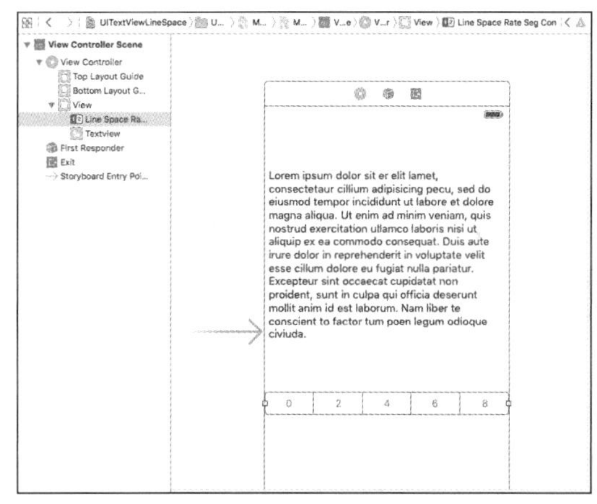

▲图 5-14 插入分段控件

（3）在文件 ViewController.h 中定义了项目的接口和功能函数，在文件 ViewController.m 中通过函数 changeLineSpace 改变文字的行间距，在 if 语句中通过 paragraphStyle.lineSpacing 设置行间距的大小。文件 ViewController.m 的主要代码如下。

```
-(IBAction)changeLineSpace:(id)sender{
    NSMutableParagraphStyle *paragraphStyle = [[[NSMutableParagraphStyle alloc]init]
autorelease];
    if (_lineSpaceRateSegCon.selectedSegmentIndex == 0) {
        paragraphStyle.lineSpacing = 0;
    }else if (_lineSpaceRateSegCon.selectedSegmentIndex == 1) {
        paragraphStyle.lineSpacing = 2;
    }else if (_lineSpaceRateSegCon.selectedSegmentIndex == 2) {
        paragraphStyle.lineSpacing = 4;
    }else if (_lineSpaceRateSegCon.selectedSegmentIndex == 3) {
        paragraphStyle.lineSpacing = 6;
```

```
        }else if (_lineSpaceRateSegCon.selectedSegmentIndex == 4) {
            paragraphStyle.lineSpacing = 8;
        }
        NSDictionary *attributes = @{ NSFontAttributeName:[UIFont systemFontOfSize:14],
            NSParagraphStyleAttributeName:paragraphStyle};
        _textview.attributedText = [[NSAttributedString alloc]initWithString:_textview.
            text attributes:attributes];
    }
    -(void)dealloc{
        [_textview release];
        [_lineSpaceRateSegCon release];
        [super dealloc];
    }
    @end
```

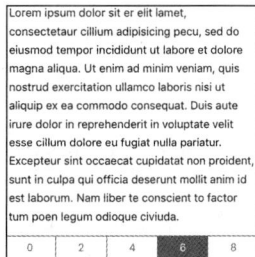

程序执行后，可以通过选择下方的数字来控制文本的行间距。执行结果如图 5-15 所示。

Lorem ipsum dolor sit er elit lamet, consectetaur cillium adipisicing pecu, sed do eiusmod tempor incididunt ut labore et dolore magna aliqua. Ut enim ad minim veniam, quis nostrud exercitation ullamco laboris nisi ut aliquip ex ea commodo consequat. Duis aute irure dolor in reprehenderit in voluptate velit esse cillum dolore eu fugiat nulla pariatur. Excepteur sint occaecat cupidatat non proident, sunt in culpa qui officia deserunt mollit anim id est laborum. Nam liber te conscient to factor tum poen legum odioque civiuda.

0 2 4 6 8

▲图 5-15　执行结果

5.2.3　自定义 UITextView 控件的样式

实例 5-6	自定义 UITextView 控件的样式
源码路径	daima\5\KGNotePad

本实例的功能是自定义 UITextView 控件的样式，在每行文字下面加上横线，用于分隔各行文字。另外，还可以动态调整文字大小。在调整文字大小时，不仅可以调整每条横线的宽度，还能动态改变屏幕中文字的字体。读者可以对本实例进行改编，也可以直接将本项目的源码嵌入记事本 App 项目中。

具体操作如下。

（1）启动 Xcode，本项目的最终结构如图 5-16 所示。

（2）在故事板中插入一个 Toolbar 控件，并添加一个滑块，如图 5-17 所示。

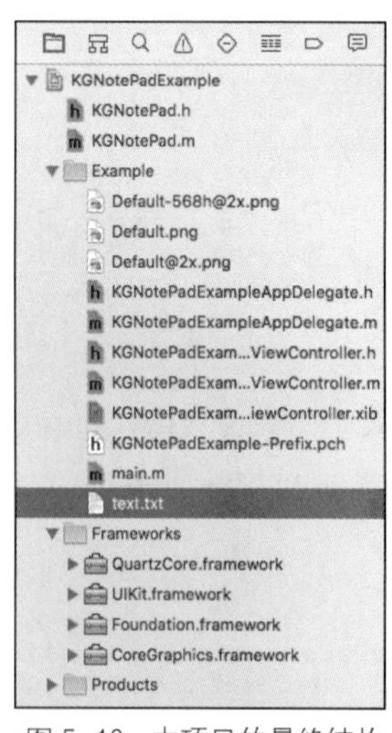

▲图 5-16　本项目的最终结构

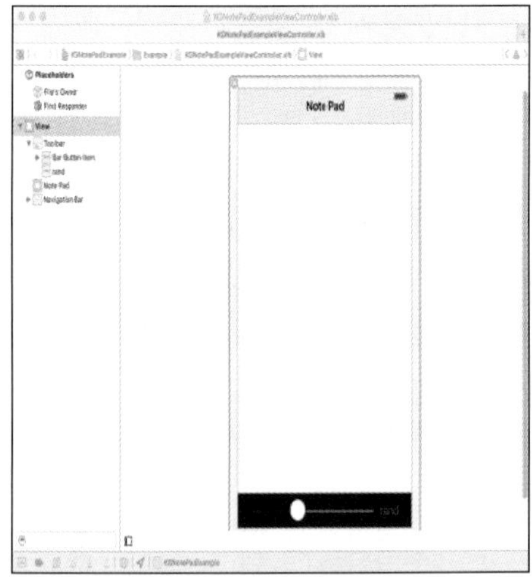

▲图 5-17　添加滑块

（3）文件 KGNotePad.m 的功能是自定义 UITextView 控件的样式，给每行文字下面加上横线。首先调用 QuartzCore 对 UIView 屏幕对象里面的层进行管理，然后通过 CGRect 在视图中绘制帧对象，通过函数 updateLines 来更新线条的显示，最后分别设置绘制的垂直线与水平线的颜色。文件 KGNotePad.m 的主要代码如下所示。

```
- (void)updateLines{
    CGFloat width = MAX(CGRectGetWidth([[UIScreen mainScreen] bounds]), CGRectGet
    Height([[UIScreen mainScreen] bounds]));
    CGSize size = CGSizeMake(width, self.textView.font.lineHeight);
    UIGraphicsBeginImageContextWithOptions(size, YES, 0);

    [self.paperBackgroundColor set];
    UIRectFill((CGRect){CGPointZero, size});

    CGRect lineRect = CGRectZero;
    lineRect.size = CGSizeMake(size.width, 1);
    lineRect.origin.y = floor(self.textView.font.descender)+self.lineOffset;
    if(lineRect.origin.y < 0){
        lineRect.origin.y = self.textView.font.lineHeight+lineRect.origin.y;
    }

//设置垂直线的颜色样式
- (void)setVerticalLineColor:(UIColor *)verticalLineColor{
    if(_verticalLineColor != verticalLineColor){
        _verticalLineColor = verticalLineColor;
        [self updateLines];
    }
}

- (UIColor *)verticalLineColor{
    if(_verticalLineColor == nil){
        self.verticalLineColor = [UIColor colorWithRed:0.8 green:0.863 blue:1 alpha:1]
;
    }
    return _verticalLineColor;
}
//设置水平线的颜色样式
- (void)setHorizontalLineColor:(UIColor *)horizontalLineColor{
    if(_horizontalLineColor != horizontalLineColor){
        _horizontalLineColor = horizontalLineColor;
        [self updateLines];
    }
}

- (UIColor *)horizontalLineColor{
    if(_horizontalLineColor == nil){
        self.horizontalLineColor = [UIColor colorWithRed:1 green:0.718 blue:0.718 alpha:1];
    }
    return _horizontalLineColor;
}
```

（4）文件 KGNotePadExampleViewController.m 是测试文件，功能是调用上面的样式来分隔屏幕中显示的文字，通过函数 fontSliderAction 监控滑块的值，设置屏幕中文字的大小。执行后会在屏幕中每行文字下面加上横线，如图 5-18 所示。

▲图 5-18　执行结果

5.2.4　基于 Swift 在指定的区域中输入文本

实例 5-7	基于 Swift 在指定的区域中输入文本
源码路径	daima\5\Swift-UITextView-Placeholder

要基于 Swift 在指定的区域中输入文本，具体步骤如下。

（1）使用 Xcode 创建一个名为 Placeholder Test 的项目，项目的最终结构如图 5-19 所示。

（2）打开 Main.storyboard，在故事板中设置能够输入文本的区域，如图 5-20 所示。

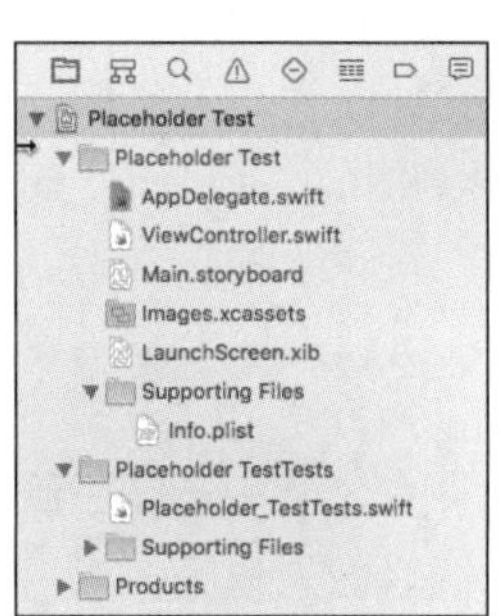

▲图 5-19　项目的最终结构

▲图 5-20　设置文本输入区域

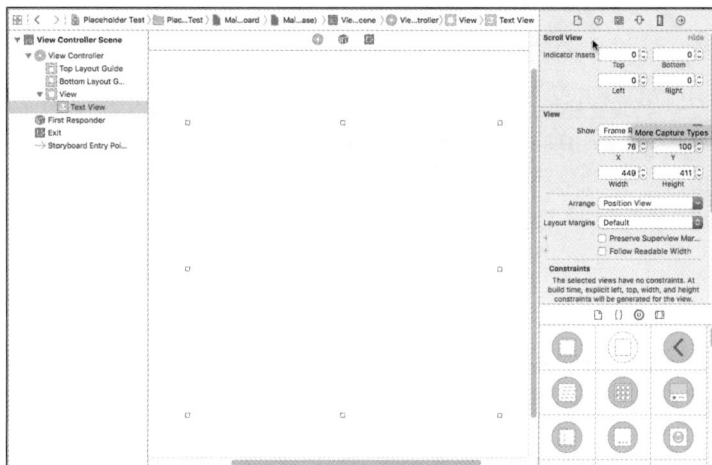

（3）文件 ViewController.swift 的主要代码如下。

```
    func textViewDidEndEditing(_ textView: UITextView) {
        if (textView.text == "") {
            textView.text = "Placeholder"
            textView.textColor = UIColor.darkGray
        }
        textView.resignFirstResponder()
    }

    func textViewDidBeginEditing(_ textView: UITextView){
        if (textView.text == "Placeholder"){
            textView.text = ""
            textView.textColor = UIColor.black
        }
        textView.becomeFirstResponder()
    }

}
```

执行后可以在指定的屏幕区域中输入文本，结果如图 5-21 所示。

▲图 5-21　执行结果

5.2.5 基于 Objective-C 通过文本提示单击的按钮

实例 5-8	基于 Objective-C 通过文本提示单击的按钮
源码路径	daima\5\Button-obj-c

本实例的功能是在屏幕中通过文本提示单击的按钮，实例文件 ViewController.m 的主要代码如下。

```
@implementation ViewController
- (IBAction)buttonPressed:(UIButton *)sender {
    NSString *title = [sender titleForState:UIControlStateNormal];
    NSString *plainText = [NSString stringWithFormat:@"%@ 边的按钮被按下.", title];
    NSMutableAttributedString *styledText = [[NSMutableAttributedString alloc]
                                        initWithString:plainText];
    NSDictionary *attributes =
    @{
      NSFontAttributeName : [UIFont boldSystemFontOfSize:_statusLabel.font.pointSize]
    };
    NSRange nameRange = [plainText rangeOfString:title];
    [styledText setAttributes:attributes range:nameRange];
    _statusLabel.attributedText = styledText;
}
@end
```

执行结果如图 5-22 所示。

▲图 5-22 执行结果

5.2.6 基于 Swift 在屏幕中显示单击的按钮

实例 5-9	基于 Swift 在屏幕中显示单击的按钮
源码路径	daima\5\Button-Swift

实例 5-9 的功能和实例 5-8 完全相同，也是在屏幕中显示单击的按钮，但是实例 5-9 是通过 Swift 语言实现的。实例文件 ViewController.swift 的主要代码如下。

```
import UIKit
@objcMembers
class ViewController: UIViewController {
    @IBOutlet weak var statusLabel: UILabel!
    @IBAction func buttonPressed(_ sender: UIButton) {
        let title = sender.title(for: UIControlState())!
        let plainText = "\(title) 边的按钮被按下了"
        let styledText = NSMutableAttributedString(string: plainText)
        let attributes = [
            NSAttributedStringKey.font:
                      UIFont.boldSystemFont(ofSize: statusLabel.font.pointSize)
        ]
        let nameRange = (plainText as NSString).range(of: title)
        styledText.setAttributes(attributes, range: nameRange)
        statusLabel.attributedText = styledText
```

```
        }
}
```

执行结果如图 5-23 所示。

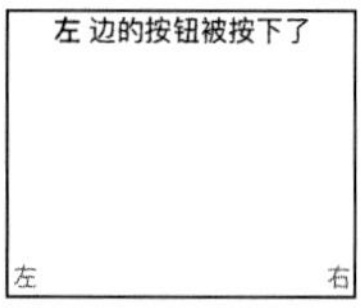

左边的按钮被按下了

左　　　　　　　　右

▲图 5-23　执行结果

第 6 章　标签和按钮

第 5 章已经讲解了文本框和文本视图控件的基本知识，本章将进一步讲解 iOS 的基本控件。本章将详细介绍 iOS 应用中的标签控件和按钮控件的基本知识。

6.1 标签

在 iOS 应用中，使用标签（UILabel）可以在视图中显示字符串，这一功能是通过设置其 text 属性实现的。标签中可以控制文本的属性有很多，例如，font、size 和 textColor。通过标签，你可以在视图中显示静态文本，也可显示在代码中生成的动态输出。本节将详细讲解标签控件的基本用法。

6.1.1 标签的属性

标签有如下 5 个常用的属性。

- font：设置显示文本的字体。
- size：设置文本的大小。
- backgroundColor：设置背景颜色，并分别使用如下 3 个对齐属性设置文本的对齐方式。
    - UITextAlignmentLeft：左对齐。
    - UITextAlignmentCenter：居中对齐。
    - UITextAlignmentRight：右对齐。
- textColor：设置文本的颜色。
- adjustsFontSizeToFitWidth：表示文本的字号是否是自适应的。若将 adjustsFontSizeToFitWidth 的值设置为 YES，表示文本的字号是自适应的；反之，不是自适应的。

6.1.2 使用 UILabel 显示一段文本

实例 6-1	使用 UILabel 显示一段文本
源码路径	daima\6\UILabelDemo

要使用 UILabel 显示一段文本，具体步骤如下。

（1）编写文件 ViewController.m，在此创建一个 UILabel 对象，并分别设置文本的字体、颜色、背景颜色和水平位置等。在此文件中使用了自定义控件 UILabelEx，此控件可用于设置文本的垂直位置。文件 ViewController.m 的主要代码如下。

```
#if 0
//创建 UILabel 对象
UILabel* label = [[UILabel alloc] initWithFrame:self.view.bounds];
    //设置显示的文本
    label.text = @"This is a UILabel Demo,";
  //设置文本的字体
```

```
    label.font = [UIFont fontWithName:@"Arial" size:35];
  //设置文本的颜色
    label.textColor = [UIColor yellowColor];
  //设置文本的水平位置
    label.textAlignment = UITextAlignmentCenter;
  //设置背景颜色
    label.backgroundColor = [UIColor blueColor];
  //设置单词转行方式
    label.lineBreakMode = UILineBreakModeWordWrap;
  //设置 label 是否可以显示多行，0 表示显示多行
    label.numberOfLines = 0;
  //根据内容多少，动态设置 UILabel 的高度
    CGSize size = [label.text sizeWithFont:label.font constrainedToSize:self.view.
    bounds.size lineBreakMode:label.lineBreakMode];
    CGRect rect = label.frame;
    rect.size.height = size.height;
    label.frame = rect;
#endif
#if 1
//使用自定义控件 UILabelEx,此控件可用于设置文本的垂直位置
   UILabelEx* label = [[UILabelEx alloc] initWithFrame:self.view.bounds];
    label.text = @"This is a UILabel Demo,";
    label.font = [UIFont fontWithName:@"Arial" size:35];
    label.textColor = [UIColor yellowColor];
    label.textAlignment = NSTextAlignmentCenter;
    label.backgroundColor = [UIColor blueColor];
    label.lineBreakMode = NSLineBreakByWordWrapping;
    label.numberOfLines = 0;
    label.verticalAlignment = VerticalAlignmentTop;
#endif
  //将 label 对象添加到 view 中，这样才可以显示
    [self.view addSubview:label];
    [label release];
```

（2）实现自定义控件 UILabelEx。首先，在文件 UILabelEx.h 中定义一个枚举类型，在里面分别设置顶部、居中和底部对齐 3 种类型。然后，查看文件 UILabelEx.m，在此设置了文本显示类型，并重写了两个父类。

本实例执行后的结果如图 6-1 所示。

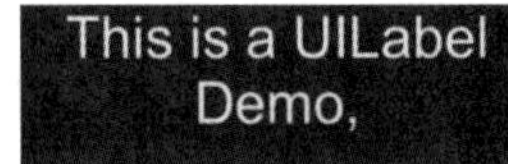

▲图 6-1 执行结果

6.1.3 为文字分别添加上画线、下画线和中画线

实例 6-2	为文字分别添加上画线、下画线和中画线
源码路径	daima\6\UILineLabelDemo

本实例的功能是为 UILabel 控件中的文字分别添加上画线、下画线和中画线，并且设置线条的类型和颜色。具体步骤如下。

（1）启动 Xcode，在故事板中插入 9 个 UILabel 控件来显示 9 行文本，如图 6-2 所示。

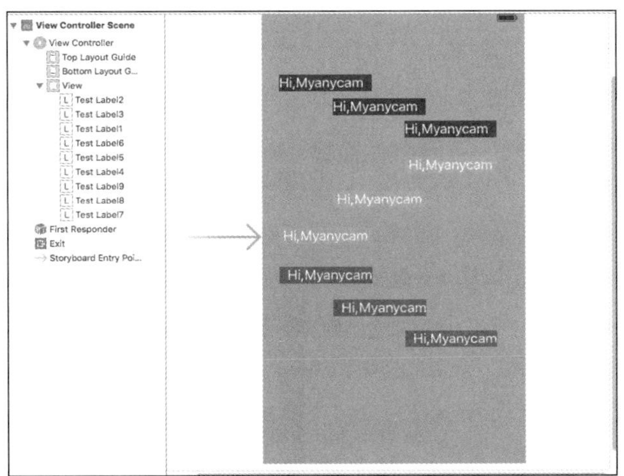

▲图 6-2 插入的 9 个 UILabel 控件

（2）在文件 UICustomLineLabel.h 中定义接口、数组和功能函数，具体实现代码如下。

```
#import <UIKit/UIKit.h>
typedef enum{
    LineTypeNone,//没有画线
    LineTypeUp ,//上画线
    LineTypeMiddle,//中画线
    LineTypeDown,//下画线
} LineType ;

@interface UICustomLineLabel : UILabel

@property (assign, nonatomic) LineType lineType;
@property (assign, nonatomic) UIColor * lineColor;
@end
```

（3）在文件 ViewController.m 中调用 UICustomLineLabel.m 中定义的绘制函数，在屏幕中设置 9 个 UILabel 的文本颜色和线条样式，主要实现代码如下。

```
- (void)viewDidLoad
{
    [super viewDidLoad];
    self.testLabel1.lineType = self.testLabel4.lineType = self.testLabel7.lineType =
LineTypeUp;
    self.testLabel2.lineType = self.testLabel5.lineType = self.testLabel8.lineType =
LineTypeMiddle;
    self.testLabel3.lineType = self.testLabel6.lineType = self.testLabel9.lineType =
LineTypeDown;
    self.testLabel1.lineColor = self.testLabel2.lineColor = self.testLabel3.lineColor =
 [UIColor blueColor];
    self.testLabel4.lineColor = self.testLabel5.lineColor = self.testLabel6.lineColor =
 [UIColor redColor];
    self.testLabel7.lineColor = self.testLabel8.lineColor = self.testLabel9.lineColor =
 [UIColor grayColor];
}
- (void)didReceiveMemoryWarning
{
    [super didReceiveMemoryWarning];
}
@end
```

执行结果如图 6-3 所示。

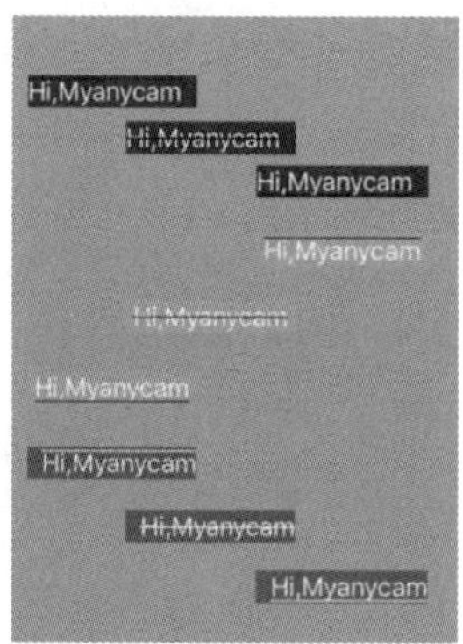

▲图 6-3　执行结果

6.1.4　基于 Swift 显示指定样式的文本

实例 6-3	基于 Swift 显示指定样式的文本
源码路径	daima\6\UILabel-Example

要基于 Swift 显示指定样式的文本，具体步骤如下。

（1）打开 Xcode，创建一个名为 Swift-UILabel-Example 的项目，项目的最终结构如图 6-4 所示。

（2）打开 LaunchScreen.xib，设置初始界面的显示内容是 Swift-UILabel-Example，如图 6-5 所示。

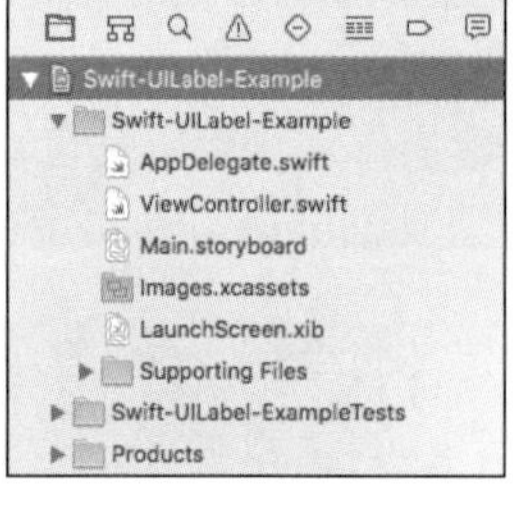

▲图 6-4　项目的最终结构

▲图 6-5　初始界面的显示内容

（3）文件 ViewController.swift 的功能是定义 UILabel 变量，并设置在屏幕中文字的颜色和字体等样式。文件 ViewController.swift 的主要代码如下。

```
import UIKit
class ViewController: UIViewController {
      override func viewDidLoad() {
        super.viewDidLoad()
        //定义 UILabel 变量
        let myLabel: UILabel = UILabel()
        //绘制文本
        myLabel.frame = CGRectMake(0,0,300,100)
        //位置
        myLabel.layer.position = CGPoint(x: self.view.bounds.width/2,y: 200)
        //背景色
        myLabel.backgroundColor = UIColor.red
        //文字
        myLabel.text = "Hello!!"
        //字体
```

```
        myLabel.font = UIFont.systemFontOfSize(40)
        //文字颜色
        myLabel.textColor = UIColor.white
        //文字阴影色
        myLabel.shadowColor = UIColor.blue
        //文字居中对齐
        myLabel.textAlignment = NSTextAlignment.Center
        //初始值
        myLabel.layer.masksToBounds = true
        //设置半径
        myLabel.layer.cornerRadius = 20.0
        //View 追加显示
        self.view.addSubview(myLabel)
    }
    override func didReceiveMemoryWarning() {
        super.didReceiveMemoryWarning()
    }
}
```

执行后将在屏幕中显示指定样式的字体和背景颜色，结果如图 6-6 所示。

Hello!!

▲图 6-6　执行结果

6.2 按钮

按钮在 iOS 中是一个视图元素，用于响应用户在界面中触发的事件。按钮通常用 Touch Up Inside 事件来体现，能够抓取用户用手指按下按钮并释放该按钮发生的事件。当检测到事件后，使用按钮触发相应视图控件中的操作（IBAction）。

按钮有很多用途，例如，在游戏中触发动画特效，在表单中触发获取信息。在 iOS 应用程序中，使用 UIButton 控件可以实现不同样式的按钮。使用方法 ButtonWithType 可以指定几种 UIButtonType 的常量，用不同的常量可以显示不同外观样式的按钮。UIButtonType 属性指定了一个按钮的风格。有如下几种常用的外观风格。

- UIButtonTypeCustom：无按钮的样式。
- UIButtonTypeRoundedRect：一个圆角矩形样式的按钮。
- UIButtonTypeDetailDisclosure：一个显示细节的按钮。
- UIButtonTypeInfoLight：一个信息按钮，它有浅色背景。
- UIButtonTypeInfoDark：一个信息按钮，它有深色背景。
- UIButtonTypeContactAdd：一个联系人添加按钮。

6.3 基于 Objective-C 联合使用文本框、文本视图和按钮

实例 6-4	基于 Objective-C 联合使用文本框、文本视图和按钮
源码路径	daima\6\lianhe-Obj

本节将通过一个具体实例的实现过程，说明联合使用文本框、文本视图和按钮的流程。在这个实例中将创建一个故事生成器，它可以让用户通过 3 个文本框（UITextField）输入一个名词（地点）、

一个动词和一个数字。用户还可输入或修改一个模板，该模板包含将生成的故事概要。由于模板可能有多行，因此将使用一个文本视图（UITextView）来显示这些信息。当用户按下按钮（UIButton）时将触发一个操作，该操作生成故事并将其输出到另一个文本视图中。

6.3.1　创建项目

启动 Xcode，创建一个简单的应用程序结构，它包含一个应用程序委托、一个窗口、一个视图（在故事板场景中定义的）和一个视图控制器。打开项目窗口后将显示视图（已包含在 MainStoryboard.storyboard 中）和 ViewController 界面，最终的故事板界面如图 6-7 所示。

本实例一共包含了 6 个输入区域，必须通过输出口将它们连接到代码。这里将使用 3 个文本框分别收集地点、动词和数字，它们分别对应实例“变量/属性”thePlace、theVerb 和 theNumber。本实例还需要如下两个文本视图。

- ❑ theTemplate：用于显示可编辑的故事模板。
- ❑ theStory：用于显示输出。

▲图 6-7　最终的故事板界面

6.3.2　设计界面

启动 IB 后，确保文档大纲区域可见（选择菜单栏中的 Editor→Show Document Outline）。如果觉得屏幕空间不够，可以隐藏导航区域，再打开 Object 库（选择菜单栏中的 View→Utilities→Show Object Library）。打开 MainStoryboard.storyboard 后的故事板界面如图 6-8 所示。

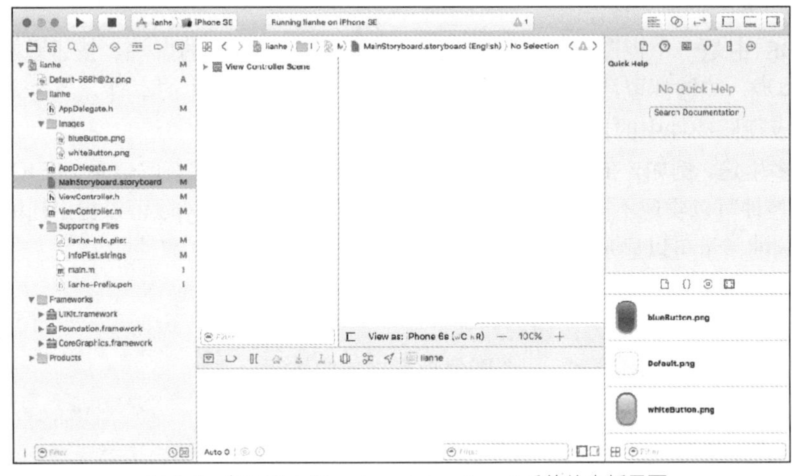

▲图 6-8　打开 MainStoryboard.storyboard 后的故事板界面

1. 添加文本框

在本项目中，首先在视图顶部添加 3 个文本框。要添加文本框，需要在对象库中找到文本框对象并将其拖放到视图中。然后将这些文本框在界面上方依次排列，并在它们之间留下足够的空间，让用户能够轻松地轻按任何文本框而不会碰到其他文本框。

为了帮助用户区分这 3 个文本框，还需在视图中添加标签，这需要单击 Object 库中的标签对象并将其拖放到视图中。在视图中，双击标签以设置其文本。按从上到下的顺序将标签的文本依次设置为“位置”“动作”和“数字”，如图 6-9 所示。

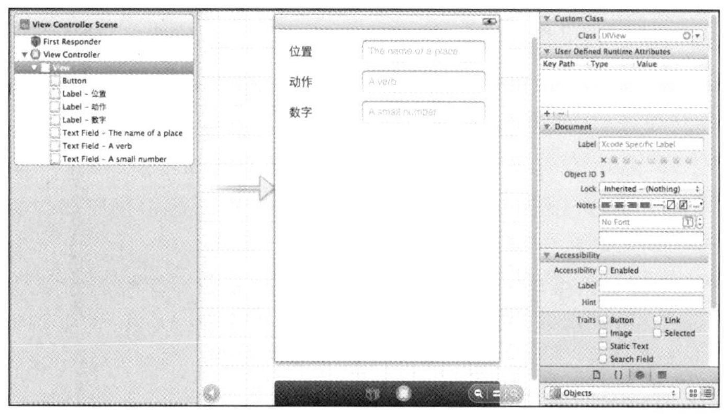

▲图 6-9　设置标签的文本

1）编辑文本框的属性

接下来，需要调整文本框的外观和行为以提供更好的用户体验。要查看文本框的属性，需要先单击一个文本框，然后按 Option+Command+4 快捷键（或选择菜单栏中的 View→Utilities→Show Attributes Inspector），打开 Attributes Inspector。

这个时候，使用属性 Placeholder 指定在用户编辑前出现在文本框背景中的文本，以提示或进一步阐述用户应输入的信息（见图 6-10）。另外，还有可能需要激活清除按钮（Clear Button），清除按钮是一个添加到文本框中的“×”图标，用户可通过轻按它快速清除文本框的内容。要在项目中添加清除按钮，需要从 Clear Button 下拉列表中选择一个可视选项，Xcode 会自动把这种功能添加到应用程序中。另外，当用户轻按文本框以便进行编辑时会自动清除里面的内容，为了实现这一功能，只需选中 Clear When Editing Begins 复选框。

为本实例视图的 3 个文本框添加上述功能后，执行结果如图 6-11 所示。

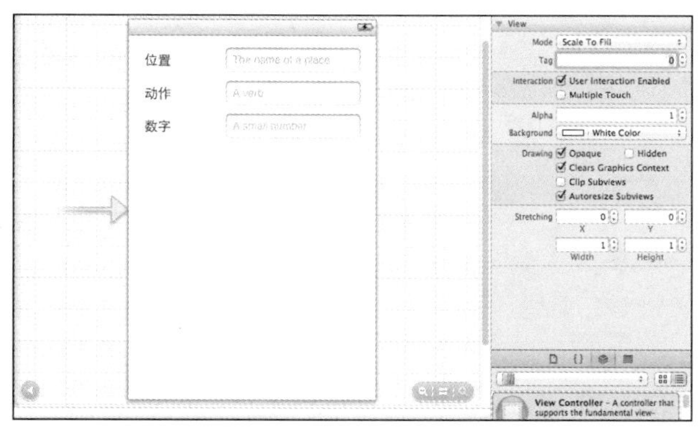

▲图 6-10　用户编辑前，文本框背景中的文本

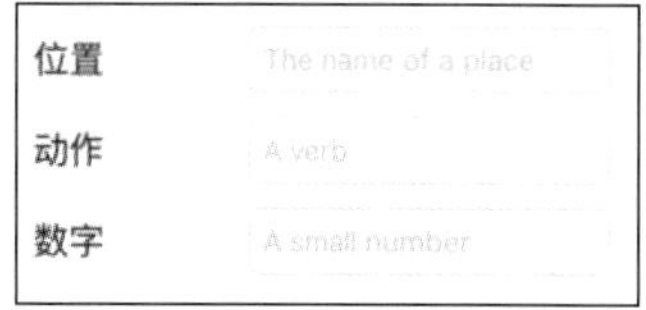

▲图 6-11　执行结果

2）定制键盘显示方式

对于输入文本框来说，可以设置的一个重要属性是文本输入特征（text input trait），即设置键盘将在屏幕上如何显示。对于文本框，Attributes Inspector 底部有如下 7 个特征可以设置。

- Capitalize（首字母大写）：指定 iOS 自动将单词的第一个字母大写、句子的第一个字母大写或者将输入文本框中的所有字符都大写。
- Correction（修正）：如果将其设置为 on 或 off，输入文本框将更正或忽略常见的拼写错误。如果保留默认设置，文本框将继承 iOS 设置的行为。

- Keyboard（键盘）：设置一个预定义键盘来提供输入。默认情况下，输入键盘让用户能够输入字母、数字和符号。如果将其设置为 Number Pad（数字键盘），将只能输入数字；如果将其设置为 Email Address，将只能输入类似于电子邮件地址的字符串。总共有 7 种不同的键盘。
- Appearance（外观）：修改键盘外观使其更像警告视图。
- Return Key（回车键）：如果键盘上有回车键，可用的选项包括 Done、Search、Next、Go 等。
- Auto-Enable Return Key（自动启用回车键）：除非用户在文本框中至少输入了一个字符，否则禁用回车键。
- Secure（安全）：将文本框中的内容视为密码，并隐藏每个字符。

在我们添加到视图中的 3 个文本框中，可以为文本框“数字”设置一种输入特征。在已经打开 Attributes Inspector 的情况下，选择视图中的“数字”文本框，再从 Keyboard 下拉列表中选择 Number Pad，设置键盘类型，如图 6-12 所示。

同理，修改其他两个文本框的 Capitalize 和 Correction 设置，并将 Return Key 设置为 Done。在此先将这些文本框的 Return Key 都设置为 Done，并开始添加文本视图。另外，文本输入区域自动支持复制和粘贴功能，而无须开发人员对代码做任何修改。对于高级应用程序，可以覆盖 UIResponderStandard EditActions 定义的协议方法以实现复制、粘贴和选取功能。

2. 添加文本视图

接下来，添加本实例中的两个文本视图。其实文本视图的用法与文本框类似，我们可以用完全相同的方式来访问它们的内容，它们还支持很多与文本框一样的属性，其中包含文本输入特征。

要添加文本视图，需要先找到文本视图对象，并将其拖曳到视图中。这会在视图中添加一个矩形，其中包含表示输入区域的文本内容。使用矩形上的手柄增大或缩小输入区域，使其适合视图。由于这个项目需要两个文本视图，因此在视图中添加两个文本视图，并调整其大小使其适合现有 3 个文本框下面的区域。

与文本框一样，文本视图本身不能向用户传递太多有关其用途的信息。为了指出它们的用途，需要在每个文本视图上方都添加一个标签，并将这两个标签的文本分别设置为“模板”和“故事”，视图效果如图 6-13 所示。

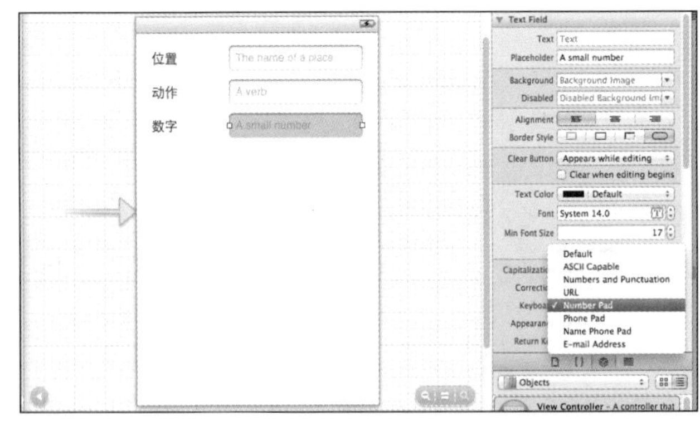

▲图 6-12　设置键盘类型

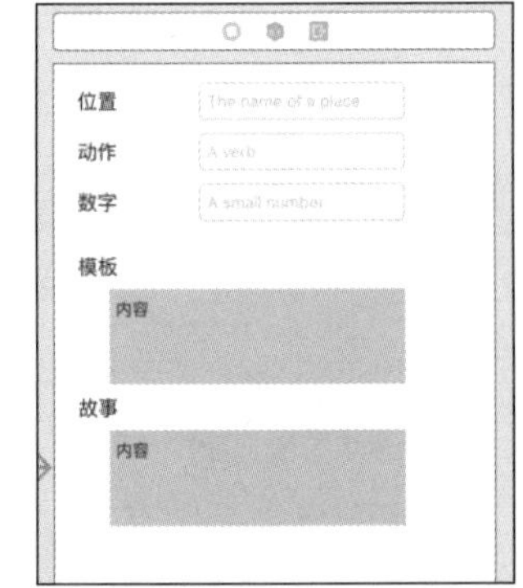

▲图 6-13　视图效果

1）编辑文本视图的属性

通过文本视图中的属性，你可以实现和文本框相同的外观控制。在此选择一个文本视图，再打开 Attributes Inspector 以查看可用的属性，如图 6-14 所示。

在此需要修改 Text 属性，目的是删除前面设置的文本“内容”，并提供我们自己的内容。首先，将“故事”文本框里的默认文本设置为“弹弹堂”。然后，设置用作模板的文本视图。在 Attributes Inspector 中，选择属性 Text 的内容并将其清除。接着，输入下面的文本，它将在应用程序中用作默认模板。

```
大海 <place>小海 <verb> 海里<number> 太平洋 <place> 大西洋
```

当我们实现该界面后面的逻辑时，将把占位符（<place>、<verb>和<number>）替换为用户的输入，如图 6-15 所示。

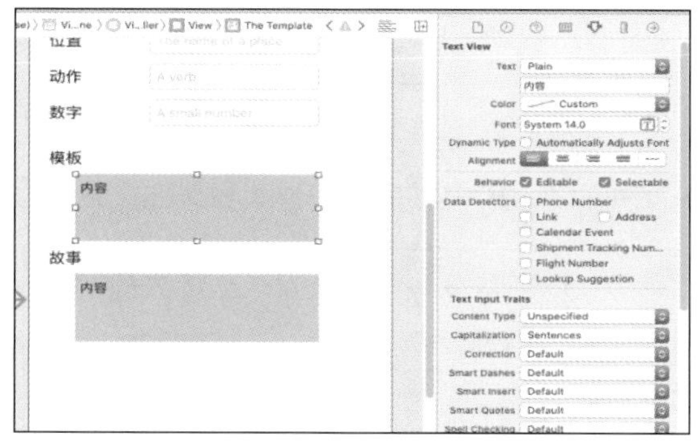

▲图 6-14　查看文本视图的属性

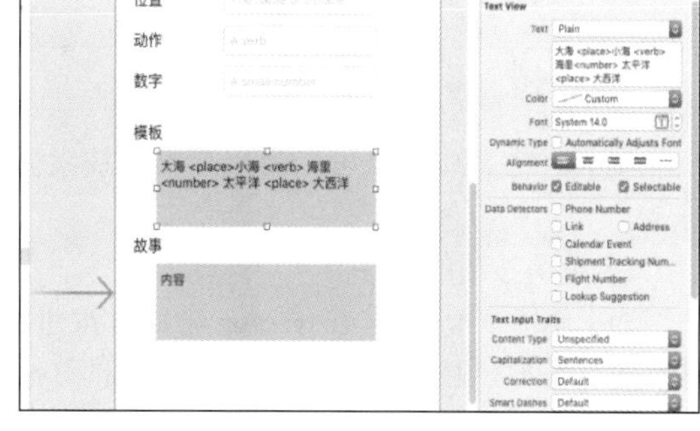

▲图 6-15　替换占位符

然后选择“故事”文本视图，并再次使用 Attributes Inspector 清除其所有内容。因为此文本视图会自动生成内容，所以可以将 Text 属性设置为空（这里先设置为文字“弹弹堂”）。这个文本视图是只读的，因此取消选中 Editable 复选框。

在本实例中，为了让这两个文本视图看起来不同，特意将“模板”文本视图的背景色设置成淡红色，将“故事”文本视图的背景色设置成淡绿色。选择要设置其背景色的文本视图，然后在 Attributes Inspector 的 View 部分中单击属性 Background，打开拾色器后即可选择背景色。

在 Attributes Inspector 的 Text View 部分中，选中 Data Detectors 选项组中的如下复选框，对文本视图启用数据检测器。

- ❑ Phone Number（电话号码）：可以识别表示电话号码的一系列数字。
- ❑ Address（地址）：可以识别邮寄地址。
- ❑ Calendar Event（日历事件）：可以识别包含日期和时间的文本。
- ❑ Link（链接）：将网址或电子邮件地址转换为可单击的链接。

虽然数据检测器对用户来说非常有用，但是它可能被滥用。如果在项目中启用了数据检测器，请务必确保它有意义。例如，对数字进行计算并将结果显示给用户，不希望这些数字被视为电话号码并被处理。

2）设置滚动选项

在编辑文本视图的属性时，你会看到一系列与其滚动特征相关的选项，如图 6-16 所示。使用这些属性可设置滚动指示器的颜色（黑色或白色），指定是否启用垂直和水平滚动，以及到达可滚动内容末尾时滚动区域是否有橡皮条“反弹”效果。

3. 添加风格独特的按钮

在本项目中只需要一个按钮，因此从 Object 库中将一个圆角矩形按钮实例拖放到视图底部，并将其标题设置为 Generate Story，图 6-17 显示了包含默认按钮的视图和文档大纲。

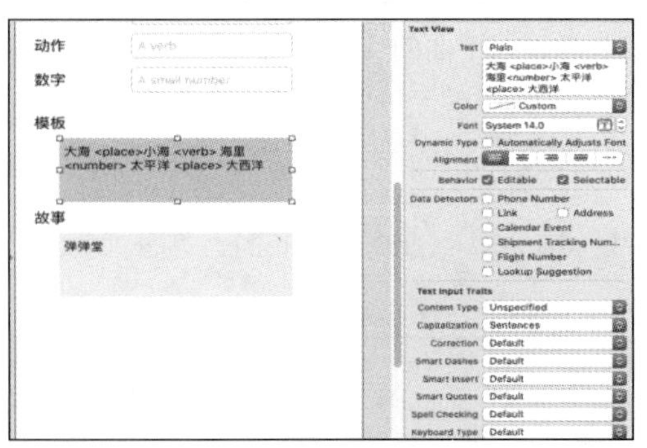

▲图 6-16　与滚动特征相关的选项

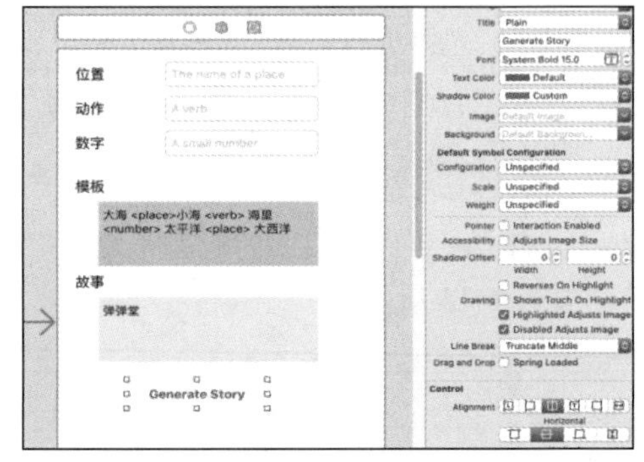

▲图 6-17　包含默认按钮的视图和文档大纲

在 iOS 项目中，既可以使用标准的按钮样式，也可以在 IB 中对按钮的外观和属性进行一些修改。

1）编辑按钮的属性

为了使用 Attributes Inspector 可以对按钮的外观进行修改，通过图 6-18 所示界面中的 Type 下拉列表选择以下按钮类型。

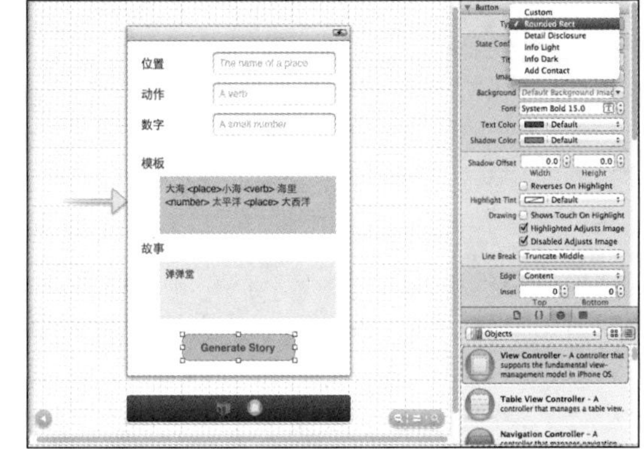

▲图 6-18　修改按钮的外观

- Rounded Rect（圆角矩形）：默认的 iOS 按钮样式。
- Detail Disclosure（显示细节）：用于显示其他信息。
- Info Light（亮信息）：通常使用“i”图标显示有关应用程序或元素的额外信息。亮信息按钮用于背景较暗的情形。
- Info Dark（暗信息）：用于背景较亮的情形。
- Add Contact（添加联系人）：一个“+”按钮，常用于将联系人加入通讯录。
- Custom（自定义）：没有默认外观的按钮，通常与按钮图像结合使用。

除选择按钮类型之外，还可以让按钮响应用户的触摸操作，这通常称为改变状态。例如，在默认情况下，按钮在视图中不高亮显示，当用户触摸时将高亮显示，指出它被用户触摸。

在 Attributes Inspector 中，使用 State Config 下拉列表修改按钮的标签、背景色甚至添加图像。

2）设置自定义按钮图像

要创建自定义 iOS 按钮，需要制作自定义图像，这包括高亮显示的版本以及默认不高亮显示的版本。这些图像的形状和大小无关紧要，但由于 PNG 格式的压缩和透明度特征，建议使用这种格式。

通过 Xcode 将这些图像加入项目后，便可以在 IB 中打开按钮的 Attributes Inspector，并通过 Image 或 Background 下拉列表选择图像。使用 Image 下拉列表设置的图像将与按钮标题一起出现在按钮内，这让我们能够使用图标美化按钮。

使用 Background 下拉列表设置的图像将拉伸以填满按钮的整个背景，这样可以使用自定义图像覆盖整个按钮，但是需要调整按钮的大小使其与图像匹配，否则图像将因拉伸而失真。

6.3.3 创建并连接输出口和操作

到目前为止，整个项目的 UI 设计工作基本完毕。在设计好的界面中，需要通过视图控制器代码访问其中的 6 个“输入/输出”区域。另外，还需要为按钮分别创建输出口和操作，其中输出口让我们能够在代码中访问按钮并设置其样式，而操作将使用模板和文本框的内容生成故事。总之，需要创建并连接如下 6 个输出口。

- ❑ 地点文本框（UITextField）：thePlace。
- ❑ 动词文本框（UITextField）：theVerb。
- ❑ 数字文本框（UITextField）：theNumber。
- ❑ 模板文本视图（UITextView）：theTemplate。
- ❑ 故事文本视图（UITextView）：theStory。
- ❑ 故事生成按钮（UIButton）：theButton。

另外，还需要创建并连接故事生成按钮触发的操作——createStory。

在此需要确保在 IB 编辑器中打开了文件 MainStoryboard.storyboard，并使用工具栏按钮切换到助手模式。此时，你会看到 UI 设计和 ViewController.h 并排地显示，可以在它们之间建立连接。

1. 创建并连接输出口

要为输入/输出界面元素创建并连接输出口，首先，按住 Control 键，并把“位置”文本框拖曳到文件 ViewController.h 中的编译指令@interface 下方，如图 6-19 所示。在 Xcode 询问时将 Connection 设置为 Outlet，将 Name 设置为 thePlace，并保留其他设置为默认值，默认的类型为 UITextField，将 Storage 设置为 Strong。

然后，对“动作”和“数字”文本框重复进行上述操作，将它们分别连接到输出口 theVerb 和 theNumber。这里拖曳到前一次生成的编译指令@property 下方。以同样的方式将两个文本视图分别连接到输出口 theTemplate 和 theStory，但将 Type 设置为 UITextView。最后，对 Generate Story 按钮做同样的处理，并将 Type 设置为 Outlet，将 Name 设置为 theButton。

至此为止，便创建并连接好了输出口。

2. 添加操作

在这个项目中创建了一个名为 createStory 的操作，该操作在用户单击 Generate Story 按钮时触发。创建该操作的方法是，按住 Control 键，并将按钮 Generate Story 插入文件 ViewController.h 中的最后一个编译指令@property 下方。在 Xcode 提示时，将该操作命名为 createStory，如图 6-20 所示。

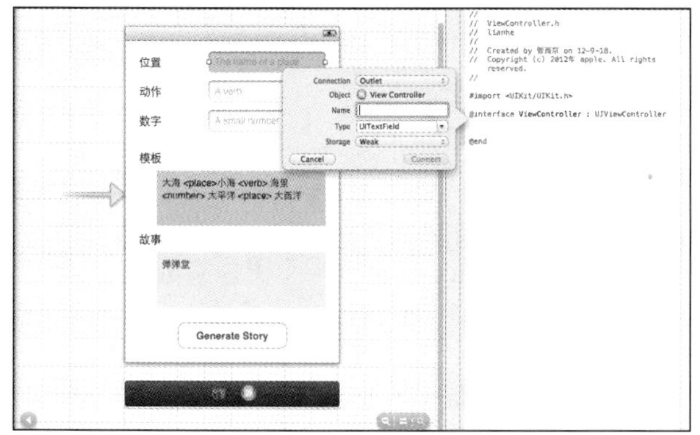

▲图 6-19 为输入/输出界面元素创建并连接输出口

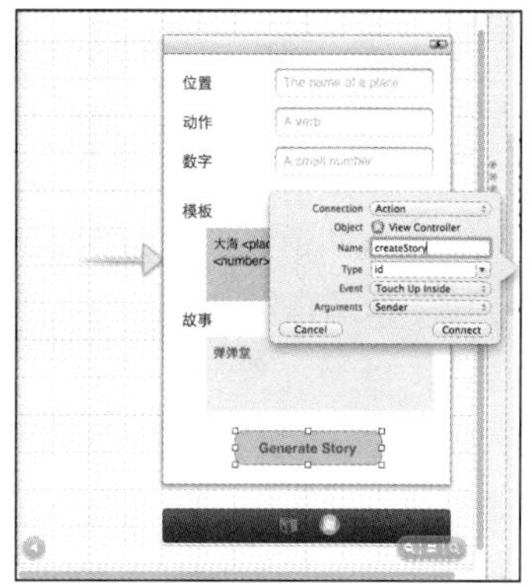

▲图 6-20 命名用于生成故事的操作

至此，基本的接口文件就完成了。但是到目前为止，按钮的样式仍是普通的。我们的第一个编码任务是，编写必要的代码，以实现样式独特的按钮。切换到 Xcode 标准编辑器，并确保能够看到项目导航器（按 Command+l 快捷键）。

6.3.4　实现按钮模板

在 Xcode 中，IB 编辑器适合需要完成很多任务的场景，但是不包括创建样式独特的按钮。要在不为每个按钮提供一幅图像的情况下创建一个吸引人的按钮，可以使用按钮模板通过代码来实现。在本章的 Projects 文件夹中，有一个 Images 文件夹，其中包含苹果公司创建的两个按钮模板——whiteButton.png 和 blueButton.png，如图 6-21 所示。将文件夹 Images 拖放到该项目的项目代码编组中，在必要时选择复制资源并创建编组，如图 6-22 所示。

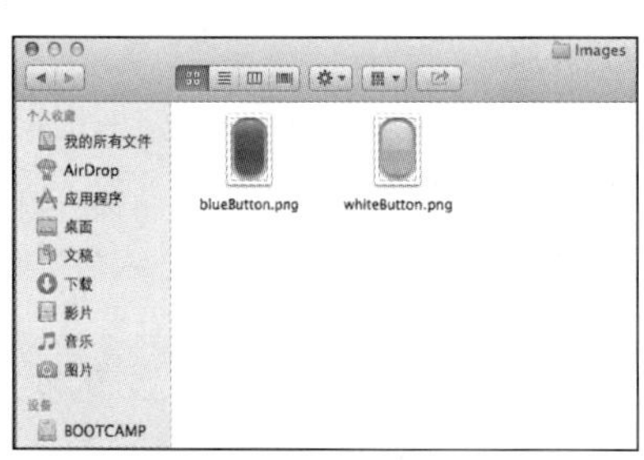

▲图 6-21　按钮模板

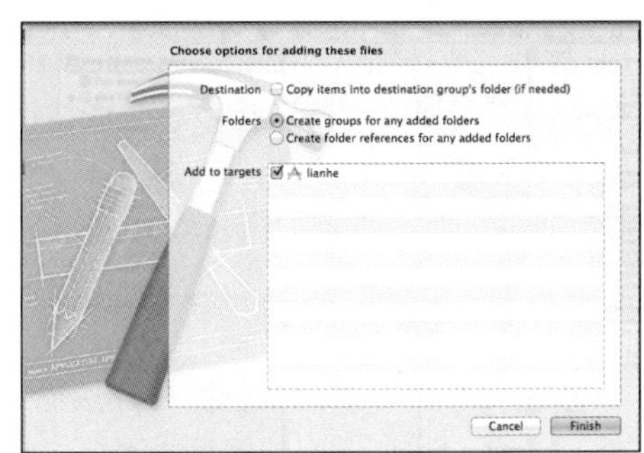

▲图 6-22　将文件夹 Images 拖放到 Xcode 的项目代码编组中

然后打开文件 ViewController.m，找到方法 ViewDidLoad，编写如下所示的对应代码。

```
- (void)viewDidLoad
{
    UIImage *normalImage = [[UIImage imageNamed:@"whiteButton.png"]
                          stretchableImageWithLeftCapWidth:12.0
                          topCapHeight:0.0];
    UIImage *pressedImage = [[UIImage imageNamed:@"blueButton.png"]
                          stretchableImageWithLeftCapWidth:12.0
                          topCapHeight:0.0];
    [self.theButton setBackgroundImage:normalImage
                          forState:UIControlStateNormal];
    [self.theButton setBackgroundImage:pressedImage
                          forState:UIControlStateHighlighted];
    [super viewDidLoad];
}
```

在上述代码中实现了多项任务，这旨在向按钮提供一幅拉伸自己的图像对象（UIImage）。上述代码的实现流程如下。

（1）根据前面添加到项目资源中的图像文件，创建图像实例。

（2）将图像实例定义为可拉伸的。

为了根据指定的资源创建图像实例，使用类 UIImage 的方法 imageNamed 和一个包含图像资源文件名的字符串。例如，在下面的代码中，根据图像 whiteButton.png 创建一个图像实例。

```
[UIImage imageNamed:@"whiteButton.png"]
```

（3）使用实例方法 stretchableImageWithLeftCapWidth:topCapHeight 返回一个新的图像实例，使用属性定义如何拉伸它。这些属性分别表示左端帽宽度（left cap width）和上端帽宽度（top cap width)，它们指定了拉伸时应忽略图像左端或上端多宽的区域，然后到达可拉伸的 1 像素宽条带。在本实例中，使用 stretchableImageWithLeftCapWidth:12.0 topCapHeight:0.0 水平拉伸第 13 列像素，并且禁止垂直拉伸。然后将返回的 UIImage 实例赋值给变量 normalImage 和 pressedImage，它们分别对应默认按钮状态和高亮的按钮状态。

（4）UIButton 对象（theButton）的实例方法 setBackgroundImage:forState 能够将可拉伸图像 normalImage 和 pressedImage 分别指定为预定义按钮状态 UIControlStateNormal（默认状态）与 UIControlStateHighlighted（高亮状态）的背景。

（5）为了使整个实例的风格统一，将按钮的文本改为中文“构造”。在 Xcode 工具栏中，单击 Run 按钮编译并运行该应用程序，底部按钮的外观将显得十分整齐，如图 6-23 所示。按钮在 iOS 模拟器中的效果如图 6-24 所示。

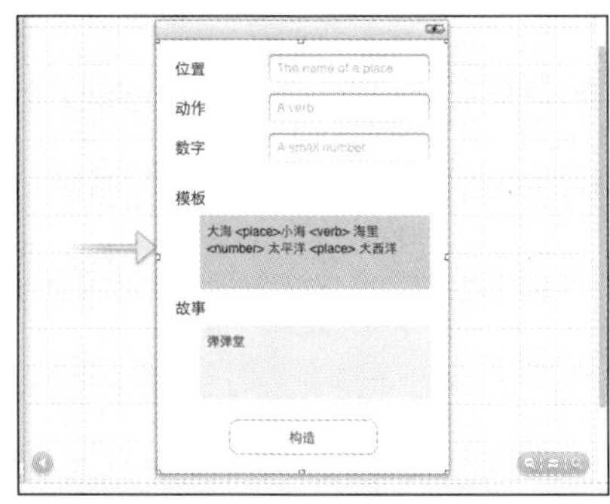

▲图 6-23　按钮的最终效果

▲图 6-24　按钮在 iOS 模拟器中的效果

虽然我们创建了一个高亮的按钮，但还没有编写它触发的操作（createStory）。编写该操作前，还需完成一项与界面相关的工作——确保键盘按预期的那样消失。

6.3.5　隐藏键盘

当 iOS 应用程序启动并运行后，在一个文本框中单击会显示键盘。再单击另一个文本框，键盘将变成与该文本框的文本输入特征匹配，仍显示在屏幕上。按 Done 键，什么也没有发生。如果按 Done 键后键盘消失，应该如何处理没有 Done 键的数字键盘呢？假如正在尝试使用这个应用程序，就会发现键盘不会消失，并且还盖住了“构造”按钮，这导致我们无法充分利用用户界面。这是怎么回事呢？因为响应者是处理输入的对象，而第一响应者是当前处理用户输入的对象。

对于文本框和文本视图来说，当它们成为第一响应者时，键盘将出现并一直显示在屏幕上，直到文本框或文本视图退出第一响应者状态。对于文本框 thePlace 来说，使用如下代码行退出第一响应者状态，这样可以让键盘消失。

```
[self.thePlace resignFirstResponder];
```

调用 resignFirstResponder 让输入对象放弃其获取输入的权利，因此键盘将消失。

1．使用 Done 键隐藏键盘

在 iOS 应用程序中，触发键盘隐藏的常用事件是文本框的 Did End on Exit，它在用户按键盘中的 Done 键时发生。找到文件 MainStory.storyboard 并打开助手编辑器，按住 Control 键，并从文本框“位置”拖曳到文件 ViewController.h 中的操作 createStory 下方。在 Xcode 提示时，为事件 Did End on Exit 配置一个新操作（hideKeyboard），保留其他设置为默认值，如图 6-25 所示。

接下来，必须将文本框“动作”连接到新定义的操作 hideKeyboard。连接到已有操作的方式有很多，但只有几个可以让我们能够指定事件，此处将使用 Connections Inspector 方式。首先切换到标准编辑器，并确保能够看到文档大纲区域（选择菜单栏中的 Editor→Show Document Outline）。选择文本框“动作”，再按 Option+Command+6 组合键（或选择菜单栏中的 View→Utilities→Connections Inspector），打开 Connections Inspector。为事件 Did End on Exit 后面的单选按钮与文档大纲区域中的 View Controller 图标建立连接，并在提示时选择操作 hideKeyboard，如图 6-26 所示。

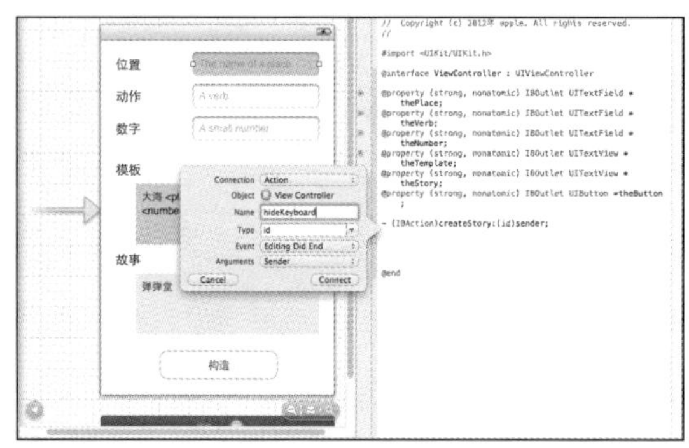

▲图 6-25　添加一个隐藏键盘的新操作方法

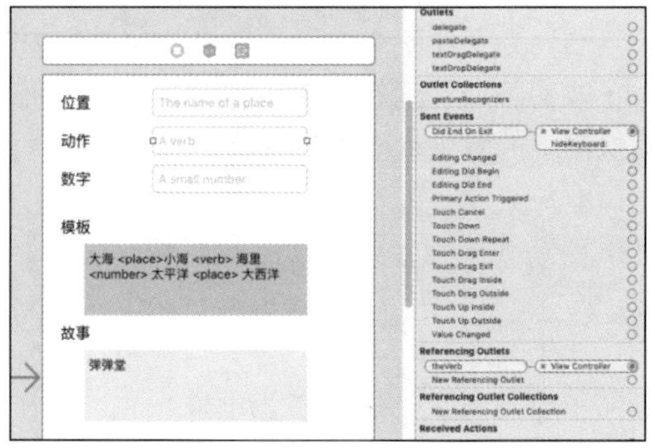

▲图 6-26　将文本框“动作”连接到操作 hideKeyboard

但是，在用于输入数字的文本框中，打开的键盘并没有 Done 键，并且文本视图不支持 Did End on Exit 事件，那么如何为这些控件隐藏键盘呢？

2. 通过触摸背景来隐藏键盘

在打开了键盘的情况下，如果用户触摸背景（任何控件外面），则键盘将自动消失。对于用于输入数字的文本框以及文本视图，也可以采用这种方法来隐藏键盘。为了确保一致性，需要给其他所有文本框添加这种功能。要检测控件外面的事件，只需创建一个大型的不可见按钮并将其放在所有控件后面，再将其连接到前面编写的 hideKeyboard 方法。

在 IB 编辑器中，依次选择菜单栏中的 View→Utilities→Object Library，打开 Object 库，并拖曳一个新按钮（UIButton）到视图中。由于需要该按钮不可见，因此先选中它，然后打开 Attributes Inspector 并将 Type（类型）设置为 Custom，这将让按钮变成透明的。使用手柄调整按钮的大小，使其填满整个视图。选中该按钮后，选择菜单栏中的 Editor→Arrange→Send to Back，将该按钮放在其他所有控件的后面。

要将对象放在最后面，也可以在文档大纲区域将其拖放到视图层次结构的顶端。对象按从上（后）到下（前）的顺序堆叠。为了将按钮连接到 hideKeyboard 方法，最简单的方式是使用 IB 文档大纲。选择刚创建的自定义按钮（它应位于视图层次结构的最顶端），再按住 Control 键并为该按钮与 View Controller 图标建立连接。在 Xcode 提示时选择 hideKeyboard 方法。

现在就可以实现 hideKeyboard 了，当位于文本框“位置”和“动作”中时，用户可通过触摸 Done 按钮来隐藏键盘，还可在任何情况下通过触摸背景来隐藏键盘。

3. 添加隐藏键盘的代码

要隐藏键盘，只需让显示键盘的对象放弃第一响应者状态。当用户在文本框“位置”（通过属性 thePlace 访问它）中输入文本时，使用下面的代码行来隐藏键盘。

```
[self.thePlace resignFirstResponder];
```

由于用户可能在 thePlace、theVerb、theNumber、theTemplate 4 个地方进行修改，因此必须确定当前用户修改的对象或所有这些对象都放弃第一响应者状态。实践表明，如果让不是第一响应者的对象放弃第一响应者状态，不会有任何影响，这使 hideKeyboard 实现起来很简单，只需向每个可编辑的 UI 元素对应的属性发送消息 resignFirstResponder 即可。

滚动到文件 ViewController.m 末尾，并找到我们创建操作时 Xcode 插入的方法 hideKeyboard 的存根，按照如下代码编辑该方法。

```
- (IBAction)hideKeyboard:(id)sender {
    [self.thePlace resignFirstResponder];
    [self.theVerb resignFirstResponder];
    [self.theNumber resignFirstResponder];
    [self.theTemplate resignFirstResponder];
}
```

此时单击文本框和文本视图外面或按 Done 键，键盘都将会消失。

6.3.6 实现应用程序逻辑

为了完成本章的演示项目 lianhe，还需给视图控制器（ViewController.m）的方法 createStory 添加处理代码。这个方法在模板中搜索占位符<place>、<verb>和<number>，将其替换为用户的输入，并将结果存储到文本视图中。我们将使用 NSString 的实例变量 stringByReplacingOccurrencesOfString: WithString 来完成这项繁重的工作。

例如，如果变量 myNewString 包含 Hello town，要将 town 替换为 world，并将结果存储到变量 myNewString 中，则可使用如下代码。

```
myNewString=fmyString stringByReplacingOccurrencesOfString:@ "Hellotown"
withString:@ "world"];
```

在这个应用程序中，字符串是文本框和文本视图的 text 属性（self .thePlace.text、self.theVerb.text、self.theNumber.text、self.theTemplate.text 和 self.theStory.text）。

在 ViewController.m 中，用 Xcode 生成的 createStory 方法的代码如下。

```
- (IBAction)createStory:(id)sender {
        self.theStory.text=[self.theTemplate.text
                        stringByReplacingOccurrencesOfString:@"<place>"
                        withString:self.thePlace.text];
        self.theStory.text=[self.theStory.text
                        stringByReplacingOccurrencesOfString:@"<verb>"
                        withString:self.theVerb.text];
        self.theStory.text=[self.theStory.text
                        stringByReplacingOccurrencesOfString:@"<number>"
                        withString:self.theNumber.text];
}
```

上述代码的具体实现流程如下。

（1）使用文本库 thePlace 的内容替换模板中的占位符<place>，并将结果存储到文本视图 theStory 中。

（2）使用合适的用户输入替换占位符<verb>以更新文本视图 theStory。

（3）使用合适的用户输入替换<number>，重复该操作。最终的结果是在文本视图 theStory 中输出完成后的故事。

6.3.7　总结执行

到此为止，这个演示项目全部完成。单击 Xcode 工具栏中的 Run 按钮，执行结果如图 6-27 所示。在文本框中输入信息，单击“构造”按钮后的效果如图 6-28 所示。

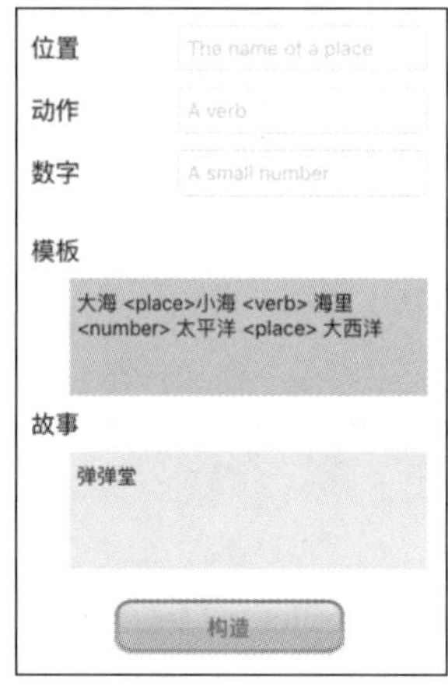

▲图 6-27　初始执行结果

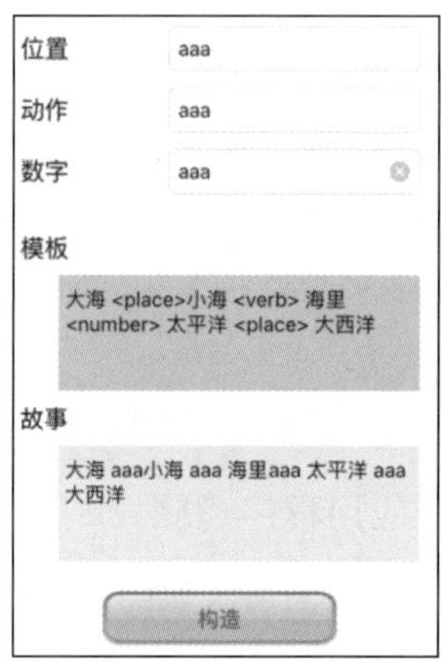

▲图 6-28　单击“构造”按钮后的效果

6.4　基于 Swift 联合使用文本框、文本视图和按钮

实例 6-5	基于 Swift 联合使用文本框、文本视图和按钮
源码路径	daima\6\lianhe-Swift

实例 6-5 是实例 6-4 的 Swift 版本，执行结果与图 6-28 完全一样。

6.5　基于 Swift 自定义按钮

实例 6-6	基于 Swift 自定义按钮
源码路径	daima\6\Swift-UIButton

要基于 Swift 自定义按钮，具体步骤如下。

（1）打开 Xcode，新创建一个名为“UIButton-Sample”的项目。

（2）编写文件 ViewController.swift，定义继承自类 UIViewController 的类 ViewController，在界面中自定义 4 个按钮，具体实现代码如下。

```
import UIKit
@objcMembers
class ViewController: UIViewController {
    override func viewDidLoad() {
        super.viewDidLoad()
        //无样式 Button
        let button = UIButton()
        button.setTitle("Tap Me!", for: UIControlState())
        button.setTitleColor(UIColor.blue, for: UIControlState())
        button.setTitle("Tapped!", for: .highlighted)
        button.setTitleColor(UIColor.red, for: .highlighted)
        button.frame = CGRect(x: 0, y: 0, width: 300, height: 50)
```

```
        button.tag = 1
        button.layer.position = CGPoint(x: self.view.frame.width/2, y:100)
        button.backgroundColor = UIColor(red: 0.7, green: 0.2, blue: 0.2, alpha: 0.2)
        button.layer.cornerRadius = 10
        button.layer.borderWidth = 1
        button.addTarget(self, action: #selector(ViewController.tapped(_:)), for:
        .touchUpInside)
        self.view.addSubview(button)
        //***按钮样式 ***
        let addButton: UIButton = UIButton(type: .contactAdd) as UIButton
        addButton.layer.position = CGPoint(x: self.view.frame.width/2, y:200)
        addButton.tag = 2
        addButton.addTarget(self, action: #selector(ViewController.tapped(_:)), for:
        .touchUpInside)
        self.view.addSubview(addButton)

        let detailButton: UIButton = UIButton(type: .detailDisclosure) as UIButton
        detailButton.layer.position = CGPoint(x: self.view.frame.width/2, y:300)
        detailButton.tag = 3
        detailButton.addTarget(self, action: #selector(ViewController.tapped(_:)), for:
        .touchUpInside)
        self.view.addSubview(detailButton)
        //*** 图片按钮 UIButton ***
        let image = UIImage(named: "stop.png") as UIImage?
        let imageButton   = UIButton()
        imageButton.tag = 4
        imageButton.frame = CGRect(x: 0, y: 0, width: 128, height: 128)
        imageButton.layer.position = CGPoint(x: self.view.frame.width/2, y:450)
        imageButton.setImage(image, for: UIControlState())
        imageButton.addTarget(self, action: #selector(ViewController.tapped(_:)), for:
        .touchUpInside)

        self.view.addSubview(imageButton)

    }
}
```

执行结果如图 6-29 所示。单击某个按钮后，会在 Xcode 控制台中显示操作信息，如图 6-30 所示。

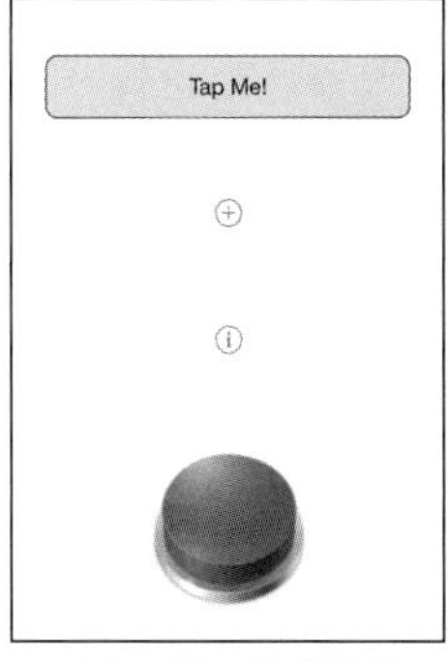

▲图 6-29　执行结果

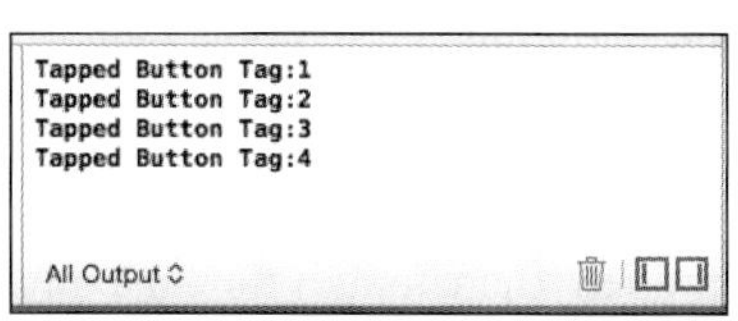

▲图 6-30　在控制台中显示的操作信息

第 7 章 滑块控件、步进控件和图像视图控件

控件是对数据和方法的封装。控件可以有自己的属性和方法。属性是控件数据的简单访问者。方法则是控件的一些简单而可见的功能。为了方便我们开发应用程序，iOS 提供了很多功能强大的控件。本书前面已经介绍过了与文本输入和输出相关的控件，本章将详细讲解可触摸的滑块和步进控件以及图像视图控件的基本知识。

7.1 滑块控件

滑块（UISlider）是常用的界面组件，能够让用户用可视化方式设置指定范围内的值。假设我们想让用户加快开发进度，采取让用户输入值的方式并不合理，因此提供图 7-1 所示的滑块，让用户能够轻按并来回拖曳滑块。在幕后将设置一个 value 属性，应用程序可使用它来设置滑块移动的速度。这不要求用户理解幕后的细节，也不需要用户执行除使用手指拖曳之外的其他操作。

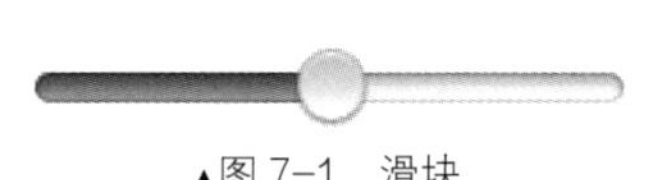

▲图 7-1 滑块

7.1.1 滑块控件的基本属性

在 iOS 程序中，和按钮一样，滑块也能响应事件，还可像文本框一样被读取。滑块为用户提供了调整可见范围的方法。我们可以通过拖动一个滑块改变对应的值，并且可以配置它以适合不同值域。我们可以设置滑块表示的值的范围，也可以在两端加上图片，以及进行各种调整让它更美观。滑块非常适合用于在很大范围（但不精确）的数值中进行选择，比如，用于音量设置、灵敏度控制等。

UISlider 控件的常用属性如下。

- minimumValue：设置滑块的最小值。
- maximumValue：设置滑块的最大值。
- UIImage：为滑块设置表示放大和缩小的图像素材。
- @property(nonatomic) float value：设置滑块位置，这个值介于滑块的最大值和最小值之间，如果没有设置边界值，默认值的范围为 0～1。
- @property(nonatomic) float minimumValue：设置滑块的最小边界值（默认值为 0）。
- @property(nonatomic) float maximumValue：设置滑块的最大边界值（默认值为 1）。
- @property(nonatomic,getter=isContinuous) BOOL continuous：设置滑块值是否连续变化（默认为 YES）。如果这个属性设置为 YES，则在滑动时，其 value 就会随时变化；如果设置为 NO，则当滑动结束时，value 才会改变。
- @property(nonatomic,retain) UIColor *minimumTrackTintColor：设置滑块左边线条的颜色。
- @property(nonatomic,retain) UIColor *maximumTrackTintColor：设置滑块右边线条的颜色。
- @property(nonatomic,retain) UIColor *thumbTintColor：设置滑块颜色（影响已滑过一端的颜

色）。如果没有设置滑块的图片，这个属性将只会改变已滑过一段线条的颜色，不会改变滑块的颜色；如果设置了滑块的图片，又设置了这个属性，那么滑块的图片将不显示，滑块的颜色会改变。

7.1.2 使用素材图片实现滑块特效

实例 7-1	使用素材图片实现滑块特效
源码路径	daima\7\CustomizeUISlider

要使用素材图片实现滑块特效，具体步骤如下。

（1）启动 Xcode，建立 CustomizeUISlider 项目，在故事板上方插入一个滑块控件，在下方插入一个表示进度的文本控件，故事板界面如图 7-2 所示。

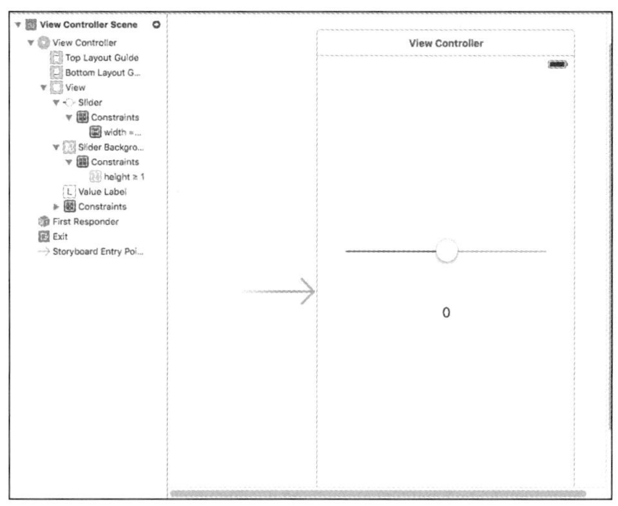

▲图 7-2 故事板界面

（2）在文件 ViewController.m 中定义数组 numbers，通过此数组设置滑块的刻度值以 5 为单位，并用“.png”图片标记每个单位节点。文件 ViewController.m 的主要代码如下。

```
//当值改变时增加 0.5
- (void)valueChanged:(UISlider *)sender {
    NSUInteger index = (NSUInteger)(slider.value + 0.5);
    [slider setValue:index animated:NO];
    valueLabel.text = [NSString stringWithFormat:@"%ld", index];
}
//绘制滑块
-(void)drawSliders {
    CGFloat sliderWidth = slider.frame.size.width - slider.currentThumbImage.size.width;
    CGFloat sliderOriginX = slider.frame.origin.x + slider.currentThumbImage.size.width / 2.0;

    UIImage *sliderMarkImage = [UIImage imageNamed:@"slider-mark.png"];
    CGFloat sliderMarkWidth  = sliderMarkImage.size.width;
    CGFloat sliderMarkHeight = sliderMarkImage.size.height;
    CGFloat sliderMarkOriginY = slider.frame.origin.y + slider.frame.size.height / 2.0;

    for (NSUInteger index = 0; index < [numbers count]; ++index) {
        CGFloat value = (CGFloat) index;
        CGFloat sliderMarkOriginX = ((value - slider.minimumValue) / (slider.maximumValue
            - slider.minimumValue)) * sliderWidth + sliderOriginX;
        UIImageView *markImageView = [[UIImageView alloc] initWithFrame:CGRectMake
```

```
(sliderMarkOriginX - sliderMarkWidth / 2, sliderMarkOriginY - sliderMarkHeight / 2,
sliderMarkWidth, sliderMarkHeight)];
            markImageView.image = sliderMarkImage;
            markImageView.layer.zPosition = 1;
            [self.view addSubview:markImageView];
        }
    }
@end
```

执行结果如图 7-3 所示。

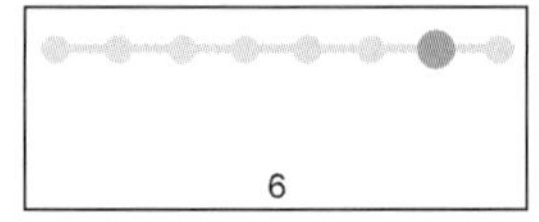

▲图 7-3　执行结果

7.1.3　实现各种各样的滑块

实例 7-2	实现各种各样的滑块
源码路径	daima\7\test_project

要实现滑块，具体步骤如下。

（1）打开 Xcode，创建一个名为 test_project 的项目，准备一幅名为 circularSliderThumbImage.png 的图片作为素材。

（2）设计 UI，在其中设置如下 3 个控件。

- ❑ UISlider：放在界面的顶部，用于实现滑块功能。
- ❑ UIProgressView：这是一个进度条控件，放在 UI 中间，能够实现进度条的效果。
- ❑ UICircularSlider：这是一个自定义滑块控件，放在 UI 底部，能够实现圆环状的滑块效果。

最终的 UI 效果如图 7-4 所示。

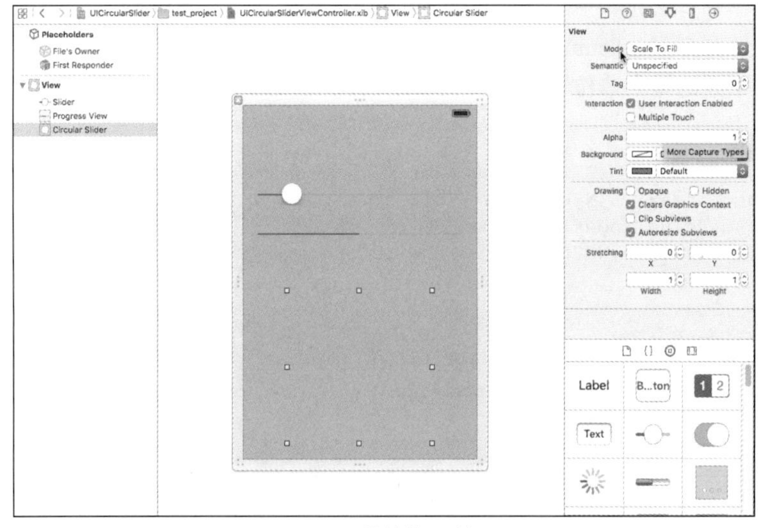

▲图 7-4　最终的 UI 效果

（3）查看文件 UICircularSlider.m 的源代码，此文件是 UICircularSlider Library 的一部分，这里的 UICircularProgressView 是一款自由软件，读者可以免费获取这个软件，并且可以重新分发和修改。此文件的主要代码如下。

```
/** @name UIGestureRecognizer 控件方法*/
#pragma mark - UIGestureRecognizer management methods
- (void)panGestureHappened:(UIPanGestureRecognizer *)panGestureRecognizer {
    CGPoint tapLocation = [panGestureRecognizer locationInView:self];
    switch (panGestureRecognizer.state) {
        case UIGestureRecognizerStateChanged: {
            CGFloat radius = [self sliderRadius];
            CGPoint sliderCenter = CGPointMake(self.bounds.size.width/2, self.bounds.
            size.height/2);
            CGPoint sliderStartPoint = CGPointMake(sliderCenter.x, sliderCenter.y -
            radius);
            CGFloat angle = angleBetweenThreePoints(sliderCenter, sliderStartPoint,
            tapLocation);

            if (angle < 0) {
                angle = -angle;
            }
            else {
                angle = 2*M_PI - angle;
            }

            self.value = translateValueFromSourceIntervalToDestinationInterval(angle,
            0, 2*M_PI, self.minimumValue, self.maximumValue);
            break;
        }
        default:
            break;
    }
}
- (void)tapGestureHappened:(UITapGestureRecognizer *)tapGestureRecognizer {
    if (tapGestureRecognizer.state == UIGestureRecognizerStateEnded) {
        CGPoint tapLocation = [tapGestureRecognizer locationInView:self];
        if ([self isPointInThumb:tapLocation]) {
        }
        else {
        }
    }
}

@end

/** @name 实现 Utility 部分的定义 */
#pragma mark - Utility Functions
float translateValueFromSourceIntervalToDestinationInterval(float sourceValue, float
sourceIntervalMinimum, float sourceIntervalMaximum, float destinationIntervalMinimum,
 float destinationIntervalMaximum) {
    float a, b, destinationValue;

    a = (destinationIntervalMaximum - destinationIntervalMinimum)/(sourceIntervalMaximum -
sourceIntervalMinimum);
    b = destinationIntervalMaximum - a*sourceIntervalMaximum;

    destinationValue = a*sourceValue + b;

    return destinationValue;
}
```

（4）查看文件 UICircularSliderViewController.m，此文件也使用了自由软件 UICircularProgressView。这样整个实例就介绍完毕了，执行结果如图 7-5 所示。

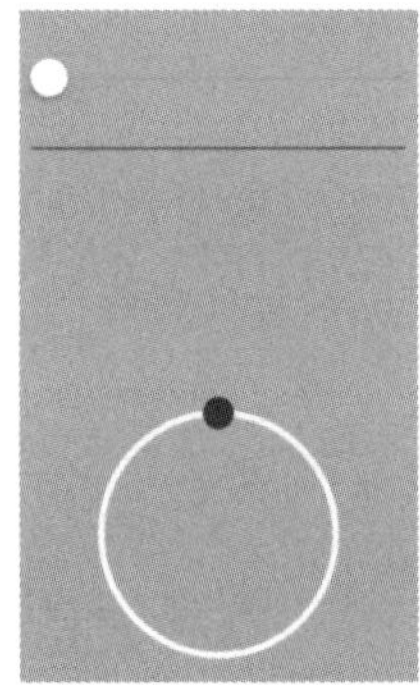

▲图 7-5　执行结果

7.1.4　基于 Swift 实现 UISlider 控件

实例 7-3	基于 Swift 实现 UISlider 控件
源码路径	daima\7\fibo_swift_ui

要基于 Swift 实现 UISlider 控件，具体步骤如下。

（1）打开 Xcode，在 Main.storyboard 中分别插入 Horizontal Slider 控件、Label 控件和 Text 控件。

（2）编写类文件 FibonacciModel.swift，通过 calculateFibonacciNumbers 计算斐波那契数。然后编写文件 ViewController.swift，监听滑块数值的变动，并及时显示滑块中的更新值。文件 ViewController.swift 的主要代码如下。

```
import UIKit
class ViewController: UIViewController {
    @IBOutlet weak var theSlider: UISlider!

    @IBOutlet weak var outputTextView: UITextView!
    @IBOutlet weak var selectedValueLabel: UILabel!
    var fibo: FibonacciModel = FibonacciModel()

    override func viewDidLoad() {
        super.viewDidLoad()
    }

    override func didReceiveMemoryWarning() {
        super.didReceiveMemoryWarning()
    }


    func addASlider() {
    }



    func sliderValueDidChange () {

        var returnedArray: [Int] = []
        var formattedOutput:String = ""

        //显示更新的滑块值
        self.selectedValueLabel!.text = String(Int(theSlider!.value))
        returnedArray = self.fibo.calculateFibonacciNumbers(minimum2: Int(theSlider!
        .value))
        for number in returnedArray {
```

```
            formattedOutput = formattedOutput + String(number) + ", "
        }
        self.outputTextView!.text = formattedOutput
    }
}
```

本实例执行后将在屏幕中实现一个滑块，如图 7-6 所示。

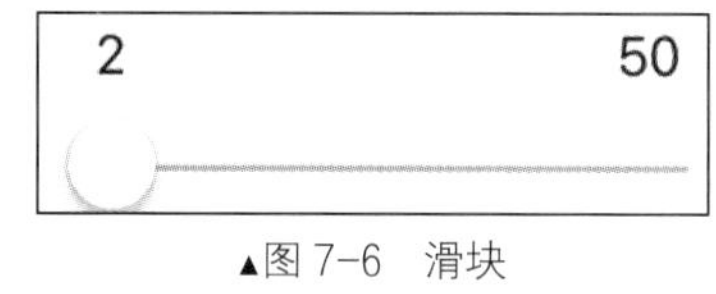

▲图 7-6 滑块

7.2 步进控件

步进控件（UIStepper）可用于替换传统的用于输入值的文本框，如设置定时器或控制屏幕对象的移动速度。由于步进控件没有显示当前的值，因此在用户单击步进控件时，必须在界面的某个地方指出相应的值发生了变化。步进控件支持的事件与滑块相同，这使开发者可轻松地对变化做出反应或随时读取内部属性 value。本节将详细讲解 iOS 步进控件的基本知识和具体用法。

7.2.1 步进控件的基本属性

在 iOS 应用中，步进控件类似于滑块。像滑块控件一样，步进控件也能够以可视化方式输入指定范围值的数字，但它实现这一功能的方式稍有不同，步进控件同时提供了“+”和“−”按钮，如图 7-7 所示，单击其中一个按钮可让内部属性 value 递增或递减。

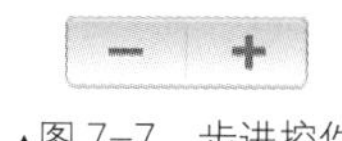

▲图 7-7 步进控件

UIStepper 继承自 UIControl，它主要的事件是 UIControlEventValueChanged，每次它的值改变就会触发这个事件。UIStepper 主要有下面几个属性。

- value：当前所表示的值，默认值为 0.0。
- minimumValue：可以表示的最小值，默认值为 0.0。
- maximumValue：可以表示的最大值，默认值为 100.0。
- stepValue：每次递增或递减的值，默认值为 1.0。
- continuous：控制是否持续触发 UIControlEventValueChanged 事件。默认值是 YES，即当单击“+”或“-”按钮时，每次值改变都触发一次 UIControlEventValueChanged 事件；否则，只在释放按钮时触发 UIControlEventValueChanged 事件。
- autorepeat：控制是否在单击“+”或“-”按钮时自动持续递增或递减，默认值为 YES。
- wraps：控制值是否在[minimumValue, maximumValue]区间内循环，默认值为 NO。

7.2.2 自定义步进控件的样式

实例 7-4	自定义步进控件的样式
源码路径	daima\7\RPVerticalStepper

要自定义步进控件的样式，具体步骤如下。

（1）在 Main.storyboard 的上方和下方各添加一个图文样式的步进效果，如图 7-8 所示。

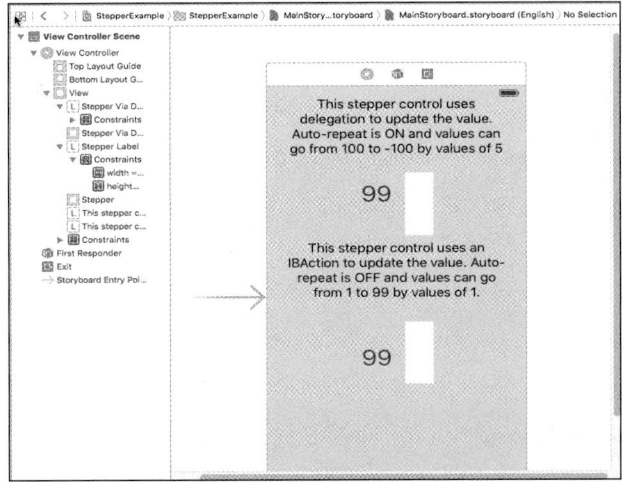

▲图 7-8　添加步进效果

（2）文件 RPVerticalStepper.h 用于定义样式，分别设置步进条的最大值、最小值和 stepValue 值。

（3）文件 RPVerticalStepper.h 在屏幕中定义一个宽为 35、高为 63 的区域，然后在里面设置两个高分别为 31 和 32 的步进区域。设置第一个步进条的范围是−100 到+100，每次递增或递减 5；设置第二个步进条的范围是+1 到+100，每次递增或递减 1。

（4）视图控制器文件 ViewController.m 的功能是调用前面的样式在屏幕中显示两个步进条，主要代码如下。

```
#import "ViewController.h"
@implementation ViewController
- (void)viewDidLoad
{
    [super viewDidLoad];
    self.stepperViaDelegate.delegate = self;
    self.stepperViaDelegate.value = 5.0f;
    self.stepperViaDelegate.minimumValue = -100.0f;
    self.stepperViaDelegate.maximumValue = 100.0f;
    self.stepperViaDelegate.stepValue = 5.0f;
    self.stepperViaDelegate.autoRepeatInterval = 0.1f;
    self.stepper.value = 1.0f;
    self.stepper.autoRepeat = NO;
}
```

执行后将在屏幕中显示自定义的步进控件，如图 7-9 所示。

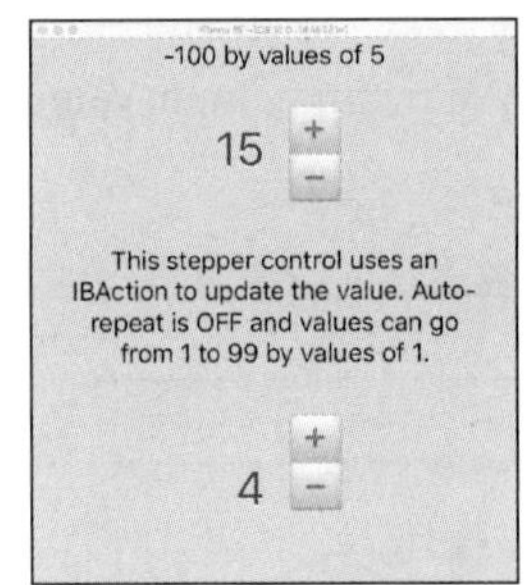

▲图 7-9　执行结果

7.2.3 基于 Swift 使用步进控件自动增减数字

实例 7-5	基于 Swift 使用步进控件自动增减数字
源码路径	daima\7\SwiftUIStepper

要使用步进控件自动增减数字，具体步骤如下。

（1）打开 Xcode，在 Main.storyboard 里面添加一个步进控件，如图 7-10 所示。

（2）编写文件 ViewController.swift，定义界面视图，设置步进控件的 wraps、autorepeat 和 maximumValue 属性。

执行后将显示步进控件的基本功能，结果如图 7-11 所示。

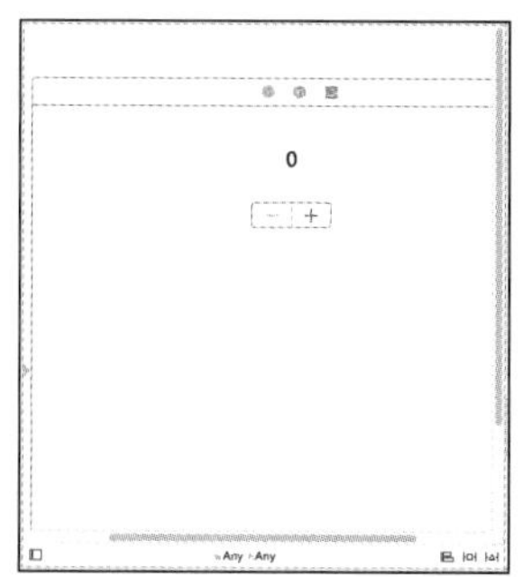

▲图 7-10 Main.storyboard 界面

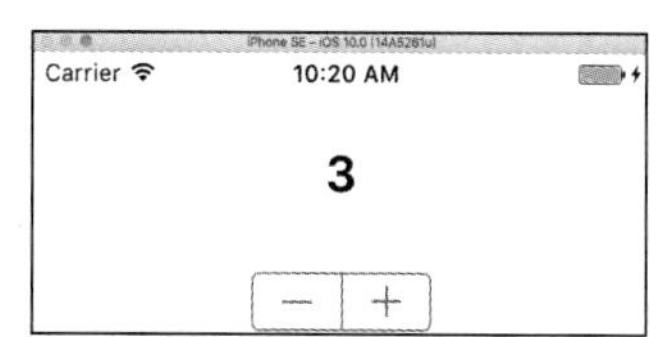

▲图 7-11 执行结果

7.3 图像视图控件

在 iOS 应用中，图像视图（UIImageView）用于显示图像。你可以将图像视图加入应用程序，向用户呈现信息。UIImageView 实例还可以创建简单的基于帧的动画，其中包括开始、停止和设置动画播放速度的控件。在使用 Retina 屏幕的设备中，图像视图可利用其高分辨率屏幕。令开发人员兴奋的是，他们无须编写任何特殊代码，无须检查设备类型，只需将多幅图像加入项目，图像视图就可以在正确的时间加载正确的图像。

7.3.1 UIImageView 的常用属性和方法

UIImageView 是用来放置图片的，当使用 IB 设计界面时，可以直接将该控件拖进去并设置相关属性。

1. UIImage 的常用属性

UIImageView 的常用属性如下。

- image：设置图片。
- highlightedImage：设置高亮状态的图片。
- userInteractionEnabled：设置用户是否可以交互。
- highlighted：判断图片是否处于高亮状态。
- animationImages：指定数组当中必须包含多张图片。若设置单张图片，将被隐藏。
- highlightedAnimationImages：高亮状态的动画图片。
- animationDuration：动画播放时间。对于一个周期的图像，默认的帧率是每秒 30 帧。
- animationRepeatCount：动画循环次数。0 意味着无限长（默认值为 0）。

- tintColor：给控件内子视图设置颜色。
- focusedFrameGuid：如果设置了 adjustsImageWhenAncestorFocused，图像视图可以在一个更大的 frame 中显示图片的焦点。这个布局指南可用于将其他元素与图像视图的聚焦帧对齐。

2. UIImageView 的常用方法

UIImageView 的常用方法如下。

- initWithImage：构造方法，在初始化对象时直接给默认图片赋值。
- initWithImage:highlightedImage：构造方法，在初始化对象时直接给默认和高亮图片赋值。
- startAnimating：开始动画。
- stopAnimating：结束动画。
- isAnimating：动画在连续变化中。

7.3.2　滚动浏览图片

实例 7-6	滚动浏览图片
源码路径	daima\7\R0PageView

本实例的功能是滚动浏览图片，使用 3 个 UIImageView 控件实现无限循环的图片轮播效果。

（1）实例文件 R0PageView.h 是一个接口文件，定义了功能函数和属性对象，具体代码如下。

```
#import <UIKit/UIKit.h>
@class R0PageView;
@protocol R0PageViewDelegate <NSObject>
@optional
/**
 *  当被单击时调用，并且可以得到单击的页码的下标
 */
- (void)pageViewDidClick:(R0PageView *)pageView atCurrentPage:(NSInteger)currentPage;
@end
@interface R0PageView : UIView
/**
 *  代理属性
 */
@property (weak, nonatomic) id<R0PageViewDelegate> delegate;
/**
 *  图片名称数组，传入之后会自动加载图片
 */
@property (strong, nonatomic) NSArray *imagesName;
/**
 *  当前页中小圆点的颜色，默认是白色
 */
@property (strong, nonatomic) UIColor *currentIndicatorColor;

/**
 *  其他页中小圆点的颜色，默认是亮灰色
 */
@property (strong, nonatomic) UIColor *pageIndicatorColor;
/**
 *  定时器执行时间间隔，默认是 2s。如果设置为 0，则不自动滚动
 */
@property (assign, nonatomic) NSTimeInterval timerInterval;

/**
 *  返回 R0PageView 的对象
 */
+ (instancetype)pageView;
@end
```

（2）视图界面文件 ViewController.h 和 ViewController.m 是测试文件，其中在文件 ViewController.m 中载入了预置的 5 幅图片素材，调用前面定义的滚动功能，实现关于这 5 幅图片的滚动特效。文件 ViewController.m 的主要代码如下。

```
#import "ViewController.h"
#import "R0PageView.h"
@interface ViewController ()
@end
@implementation ViewController
- (void)viewDidLoad {
    [super viewDidLoad];
    R0PageView *pageView = [R0PageView pageView];
    NSArray *imagesName = @[@"img_00", @"img_01", @"img_02", @"img_03", @"img_04"];
    pageView.imagesName = imagesName;
    pageView.frame = CGRectMake(35, 30, 300, 130);
    [self.view addSubview:pageView];
}
@end
```

执行结果如图 7-12 所示。

▲图 7-12　执行结果

7.3.3　实现图片浏览器

实例 7-7	实现图片浏览器
源码路径	daima\7\UIImageViewTest1

要实现图片浏览器，具体步骤如下。

（1）启动 Xcode，建立 UIImageViewTest1 项目，在故事板上方插入了文本控件，显示提示信息，并提供“下一张”链接，在下方插入图像视图控件来轮流显示指定的图像，故事板界面如图 7-13 所示。

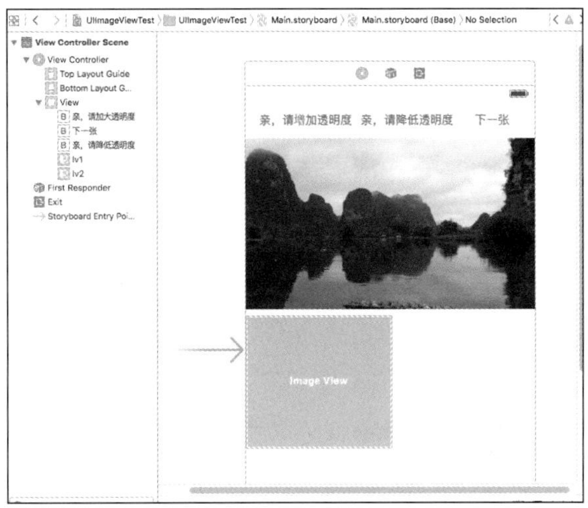

▲图 7-13　故事板界面

（2）在文件 ViewController.h 中定义接口和功能函数，具体实现代码如下。

```
#import <UIKit/UIKit.h>
@interface ViewController : UIViewController
@property (strong, nonatomic) IBOutlet UIImageView *iv1;
@property (strong, nonatomic) IBOutlet UIImageView *iv2;
- (IBAction)plus:(id)sender;
- (IBAction)minus:(id)sender;
- (IBAction)next:(id)sender;
@end
```

（3）在文件 ViewController.m 中定义 5 幅素材图片，通过“userInteractionEnabled = YES”启用用户手势功能。然后通过_alpha 调整图像的透明度，并调用函数 next 显示下一幅图像。文件 ViewController.m 的主要代码如下。

```
- (void)viewDidLoad
{
   [super viewDidLoad];
   _curImage = 0;
   _alpha = 1.0;
   _images = @[@"lijiang.jpg", @"qiao.jpg", @"xiangbi.jpg"
    , @"shui.jpg", @"shuangta.jpg" ];
   //启用 iv1 控件的用户交互，从而允许该控件响应用户手势
   self.iv1.userInteractionEnabled = YES;
   //创建一个轻击的手势检测器
   UITapGestureRecognizer *singleTap = [[UITapGestureRecognizer alloc]
    initWithTarget:self action:@selector(tapped:)];
   [self.iv1 addGestureRecognizer:singleTap]; //为 UIImageView 添加手势检测器
}
- (IBAction)plus:(id)sender {
   _alpha += 0.02;
   //如果透明度已经大于或等于 1.0，将透明度设置为 1.0
   if(_alpha >= 1.0)
   {
    _alpha = 1.0;
   }
   self.iv1.alpha = _alpha;  //设置 iv1 控件的透明度
}
- (IBAction)minus:(id)sender {
   _alpha -= 0.02;
   //如果透明度已经小于或等于 0.0，将透明度设置为 0.0
   if(_alpha <= 0.0)
   {
    _alpha = 0.0;
   }
   self.iv1.alpha = _alpha;  //设置 iv1 控件的透明度
}
- (IBAction)next:(id)sender {
   //控制 iv1 的 image 显示_images 数组中的下一张图片
   self.iv1.image = [UIImage imageNamed:
    _images[++_curImage % _images.count]];
}
- (void) tapped:(UIGestureRecognizer *)gestureRecognizer
{
   UIImage* srcImage = self.iv1.image;  //获取正在显示的原始位图
   //获取用户手指在 iv1 控件上的触碰点
   CGPoint pt = [gestureRecognizer locationInView: self.iv1];
   //获取正在显示的与原始图片对应的 CGImageRef
   CGImageRef sourceImageRef = [srcImage CGImage];
```

```
    //获取缩放比例
    CGFloat scale = srcImage.size.width / 320;
    //将 iv1 控件上触碰点的左边换算成原始图片上的位置
    CGFloat x = pt.x * scale;
    CGFloat y = pt.y * scale;
    if(x + 120  > srcImage.size.width)
    {
     x = srcImage.size.width - 140;
    }
    if(y + 120  > srcImage.size.height)
    {
     y = srcImage.size.height - 140;
    }
    //调用 CGImageCreateWithImageInRect 函数获取 sourceImageRef 中指定区域的图片
    CGImageRef newImageRef = CGImageCreateWithImageInRect(sourceImageRef,
      CGRectMake(x,  y, 140, 140));
    //让 iv2 控件显示 newImageRef 对应的图片
    self.iv2.image = [UIImage imageWithCGImage:newImageRef];
}
@end
```

执行结果如图 7-14 所示。

▲图 7-14　执行结果

7.3.4　基于 Swift 使用 UIImageView 控件

实例 7-8	基于 Swift 使用 UIImageView 控件
源码路径	daima\7\UIImageView-Swift

编写实例文件 ViewController.swift，使用 UIImageView 组件设置加载的图片，并通过 runAnimation() 实现动画效果。文件 ViewController.swift 的主要代码如下。

```
class ViewController: UIViewController {

    @IBOutlet weak var myImageView:UIImageView!

    override func viewDidLoad() {
        super.viewDidLoad()
        //加载视图后再做其他额外设置
        let images: [UIImage] = []
        myImageView.animationImages = images
        myImageView.animationDuration = 1.0
        myImageView.startAnimating()
        //需要显示的图像
        myImageView.layer.borderWidth = 1
        myImageView.layer.masksToBounds = false
        myImageView.layer.borderColor = UIColor.black.cgColor
        myImageView.layer.cornerRadius = myImageView.frame.height/2
```

```
        myImageView.clipsToBounds = true
    }

    override func didReceiveMemoryWarning() {
        super.didReceiveMemoryWarning()
        //处理任何可以重新创建的资源
    }

    func runAnimation (imgView: UIImageView, arrayPos: Int) {
        let timingArray = [7.0,10.0]                          //持续时间
        let frameArray = [43,45]                              //帧数
        var imgArray: Array<UIImage> = []                     //设置空数组
        for i in 1 ... frameArray[arrayPos] {
            //用图像填充空数组
            let imageToAdd = UIImage(named: "c\(i)")
            imgArray.append(imageToAdd!)
        }
        imgView.animationImages = imgArray
        imgView.animationDuration = timingArray[arrayPos]
        imgView.animationRepeatCount = 2
        imgView.startAnimating()
    }
}
```

执行结果如图 7-15 所示。

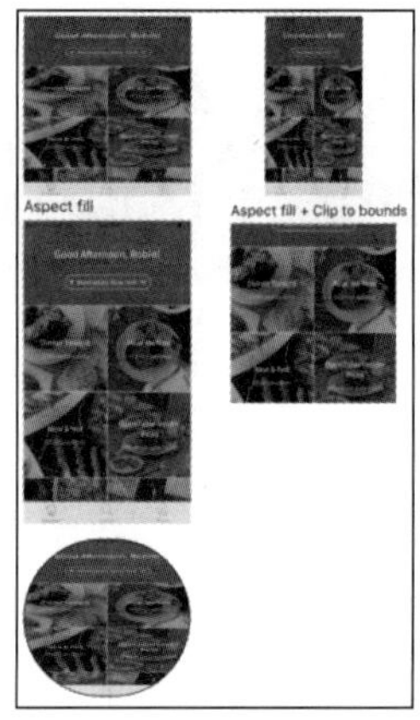

▲图 7-15　执行结果

第 8 章　开关控件和分段控件

前面几章已经讲解了 iOS 应用中基本控件的用法。其实在 iOS 中还有很多其他控件，例如，开关控件和分段控件，本章将介绍这两种控件的基本用法。

8.1 开关控件

在大多数传统桌面应用程序中，通过复选框和单选按钮来实现开关功能。在 iOS 中，苹果公司放弃了这些界面元素，取而代之的是开关控件和分段控件。在 iOS 应用中，使用开关控件（UISwitch）来“开/关”UI 元素，它类似于传统的物理开关，如图 8-1 所示。开关的可配置选项很少，它可用于处理布尔值。

▲图 8-1　开关控件

注意：复选框和单选按钮虽然不包含在 iOS UI 库中，但可以通过 UIButton 类并使用按钮状态和自定义按钮图像来创建它们。苹果公司让我们能够自由地进行定制，但不建议在设备屏幕上显示出乎用户意料的控件。

8.1.1　开关控件的属性

为了利用开关，我们将使用其 Value Changed 事件来检测开关的状态，并通过属性 on 或实例方法 isOn 来获取当前属性值。在检查开关时，isOn 方法将返回一个布尔值，这意味着可将其与 TRUE 或 FALSE (YES/NO)进行比较，以确定开关的状态，还可直接在条件语句中判断结果。例如，要检查开关 mySwitch 是否是开的，使用下面的代码。

```
if([mySwitch isOn]){
<switch is on>
}
else{
<switch is off>
}
```

控件 UISwitch 的常用属性如下。

- onTintColor：用于开启颜色。
- onImage：用于开启图片。
- tintColor：用于正常关闭颜色。
- offImage：用于关闭图片。
- thumbTintColor：表示圆形按钮的颜色。

8.1.2　显示开关的状态

实例 8-1	显示开关的状态
源码路径	daima\8\UISwitch

本实例简单地演示了 UISwitch 控件的基本用法。首先通过方法- (IBAction)switchChanged:(id)sender 获取开关的状态，然后通过 setOn:setting 设置开关的状态。

实例文件 UISwitchViewController.m 的主要代码如下。

```
- (void)viewDidLoad
{
    [super viewDidLoad];
    leftSwitch=[[UISwitch alloc]initWithFrame:CGRectMake(0, 0, 40, 20)];
    rightSwitch=[[UISwitch alloc] initWithFrame:CGRectMake(0,240, 40, 20)];
    [leftSwitch addTarget:self action:@selector(switchChanged:) forControlEvents:
UIControlEventValueChanged];

    [self.view addSubview:leftSwitch];
    [rightSwitch addTarget:self action:@selector(switchChanged:) forControlEvents:
UIControlEventValueChanged];
    [self.view addSubview:rightSwitch];
}
- (IBAction)switchChanged:(id)sender {
    UISwitch *mySwitch = (UISwitch *)sender;
    BOOL setting = mySwitch.isOn;    //获得开关状态
    if(setting)
    {
       NSLog(@"YES");
    }else {
       NSLog(@"NO");
    }
    [leftSwitch setOn:setting animated:YES];//设置开关状态
    [rightSwitch setOn:setting animated:YES];
}
- (void)viewDidUnload
{
    [super viewDidUnload];
}
- (BOOL)shouldAutorotateToInterfaceOrientation:(UIInterfaceOr-ientation)interfaceOrientation
{
    return (interfaceOrientation == UIInterfaceOrientationPortrait);
}
@end
```

执行结果如图 8-2 所示。

▲图 8-2　执行结果

8.1.3 显示默认打开的开关控件

实例 8-2	显示默认打开的开关控件
源码路径	daima\8\IOS-UISwitch

接下来通过简单的例子，说明在屏幕中实现一个默认打开的开关控件的方法。实例文件 ViewController.m 的代码非常简单，通过如下代码即可在屏幕中显示一个默认打开的开关控件。

```
- (IBAction)switchChanged:(UISwitch *)sender{
    self.textField.secureTextEntry=sender.on;
}
```

执行结果如图 8-3 所示。

▲图 8-3 执行结果

8.1.4 基于 Swift 控制是否显示密码明文

实例 8-3	基于 Swift 控制是否显示密码明文
源码路径	daima\8\DKTextField

要基于 Swift 控制是否显示密码明文，具体步骤如下。

（1）创建一个名为 DKTextField.Swift 的项目，项目的最终结构如图 8-4 所示。

（2）打开 Main.storyboard，为本项目设计一个视图界面，在里面添加一个 UISwitch 控件，此控件用于控制是否显示密码明文，如图 8-5 所示。

（3）由于系统的 UITextField 控件在切换到密码状态时会清除之前的输入文本，因此特意编写类文件 DKTextField.swift，DKTextField 继承自 UITextField，并且不影响 UITextField 的 Delegate。

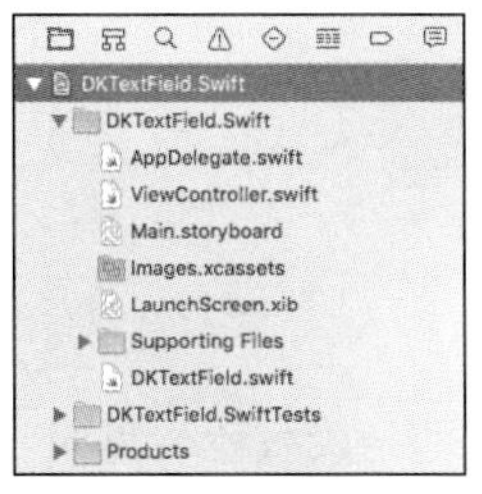

▲图 8-4 项目的最终结构

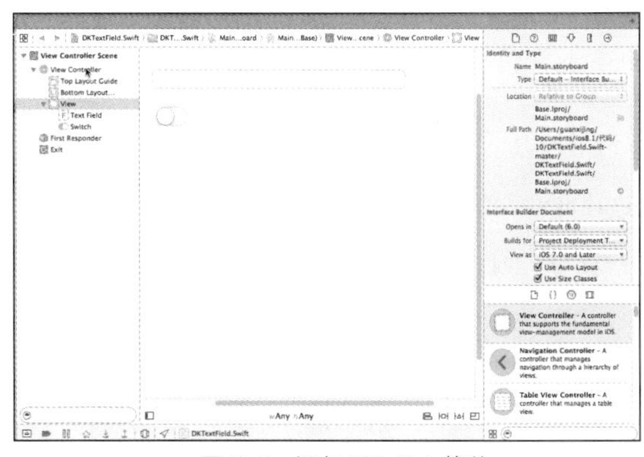

▲图 8-5 添加 UISwitch 控件

（4）编写文件 ViewController.swift，功能是通过 switchChanged 监听 UISwitch 控件的状态，并根据监听到的状态设置密码的显示样式。文件 ViewController.swift 的具体代码如下。

```
import UIKit

class ViewController: UIViewController {

    @IBOutlet weak var textField: DKTextField!
```

```
    override func viewDidLoad() {
        super.viewDidLoad()
    }

    override func didReceiveMemoryWarning() {
        super.didReceiveMemoryWarning()
    }

    @IBAction func switchChanged(sender: AnyObject) {

        self.textField.secureTextEntry = (sender as UISwitch).on

    }
}
```

下面看执行后的结果：如果打开 UISwitch 控件，则显示密码，如图 8-6 所示；如果关闭 UISwitch 控件，则显示密码明文，如图 8-7 所示。

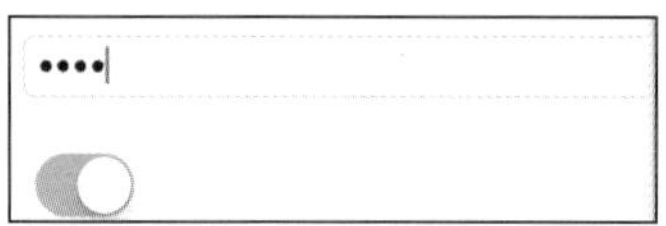

▲图 8-6　显示密码

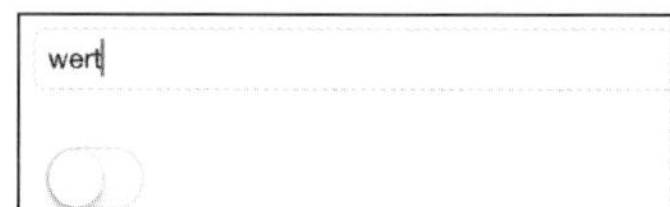

▲图 8-7　显示密码明文

8.2 分段控件

在 iOS 应用中，当用户输入的不仅仅是布尔值时，可使用分段控件（UISegmentedControl）实现我们需要的功能。分段控件提供一栏按钮（有时称为按钮栏），但只能激活其中一个按钮，如图 8-8 所示。

▲图 8-8　分段控件

分段控件常用于在不同类别的信息之间选择，或在不同的应用程序屏幕（如配置屏幕和结果屏幕）之间切换。如果在一系列值中选择时不会立刻发生视觉方面的变化，应使用选择器（Picker）对象。处理用户与分段控件交互的方法是监控 ValueChanged 事件，并通过 selectedSegmentIndex 判断当前选择的按钮，返回当前选定按钮的编号（按从左到右的顺序对按钮编号）。

我们可以结合使用索引和实例方法 titleForSegmentAtIndex 来获得每个分段的标题。要获取分段控件 mySegment 中当前选定按钮的标题，可使用如下代码段。

```
[mySegment titleForSegmentAtIndex: mySegment.selectedSegmentIndex]
```

8.2.1　分段控件的属性和方法

为了说明 UISegmentedControl 的各种属性与方法的用法，请看下面的一段代码，里面几乎包括了 UISegmentedControl 的所有属性和方法。

```
#import "SegmentedControlTestViewController.h"
@implementation SegmentedControlTestViewController
@synthesize segmentedControl;

- (void)viewDidLoad {
    NSArray *segmentedArray = [[NSArray alloc]initWithObjects:@"1",@"2",@"3",@"4", nil];
    //初始化 UISegmentedControl
    UISegmentedControl *segmentedTemp = [[UISegmentedControl alloc]initWithItems:
```

```
segmentedArray];
segmentedControl = segmentedTemp;
segmentedControl.frame = CGRectMake(60.0, 9.0, 200.0, 50.0);

[segmentedControl setTitle:@"two" forSegmentAtIndex:1];   //设置指定索引的题目
[segmentedControl setImage:[UIImage imageNamed:@"lan.png"] forSegmentAtIndex:3];
//设置指定索引的图片
[segmentedControl insertSegmentWithImage:[UIImage imageNamed:@"mei.png"]
atIndex:2 animated:NO]; //在指定索引插入一个选项并设置图片
[segmentedControl insertSegmentWithTitle:@"insert" atIndex:3 animated:NO];
//在指定索引插入一个选项并设置题目
[segmentedControl removeSegmentAtIndex:0 animated:NO];    //移除指定索引的选项
[segmentedControl setWidth:70.0 forSegmentAtIndex:2];     //设置指定索引选项的宽度
[segmentedControl setContentOffset:CGSizeMake(9.0,9.0) forSegmentAtIndex:1];
//设置选项中图片等左上角的位置

//获取指定索引选项的图片
UIImageView *imageForSegmentAtIndex = [[UIImageView alloc]initWithImage:[segmented
Control imageForSegmentAtIndex:1]];
imageForSegmentAtIndex.frame = CGRectMake(60.0, 100.0, 30.0, 30.0);

//获取指定索引选项的标题
UILabel *titleForSegmentAtIndex = [[UILabel alloc]initWithFrame:CGRectMake(100.0,
100.0, 30.0, 30.0)];
titleForSegmentAtIndex.text = [segmentedControl titleForSegmentAtIndex:0];

//获取总选项数
UILabel *numberOfSegments = [[UILabel alloc]initWithFrame:CGRectMake(140.0, 100.0,
30.0, 30.0)];
numberOfSegments.text = [NSString stringWithFormat:@"%d",segmentedControl.
numberOfSegments];

//获取指定索引选项的宽度
UILabel *widthForSegmentAtIndex = [[UILabel alloc]initWithFrame:CGRectMake(180.0,
100.0, 70.0, 30.0)];
widthForSegmentAtIndex.text = [NSString stringWithFormat:@"%f",[segmentedControl
widthForSegmentAtIndex:2]];

segmentedControl.selectedSegmentIndex = 2; //设置默认选择项索引
segmentedControl.tintColor = [UIColor redColor];
segmentedControl.segmentedControlStyle = UISegmentedControlStylePlain;//设置样式
segmentedControl.momentary = YES; //设置在单击后是否恢复原样

[segmentedControl setEnabled:NO forSegmentAtIndex:4];     //设置指定索引选项不可选
BOOL enableFlag = [segmentedControl isEnabledForSegmentAtIndex:4];
//判断指定索引选项是否可选
NSLog(@"%d",enableFlag);

[self.view addSubview:widthForSegmentAtIndex];
[self.view addSubview:numberOfSegments];
[self.view addSubview:titleForSegmentAtIndex];
[self.view addSubview:imageForSegmentAtIndex];
[self.view addSubview:segmentedControl];

[widthForSegmentAtIndex release];
[numberOfSegments release];
[titleForSegmentAtIndex release];
[segmentedTemp release];
[imageForSegmentAtIndex release];
```

```
    //移除所有选项
    [segmentedControl removeAllSegments];
    [super viewDidLoad];
}
```

8.2.2　添加图标和文本

实例 8-4	添加图标和文本
源码路径	daima\8\UISegmentedControl_IconAndText

要添加图标和文本，具体步骤如下。

（1）启动 Xcode，本项目的最终结构如图 8-9 所示。

（2）在故事板中插入一个 UISegmentedControl，如图 8-10 所示。

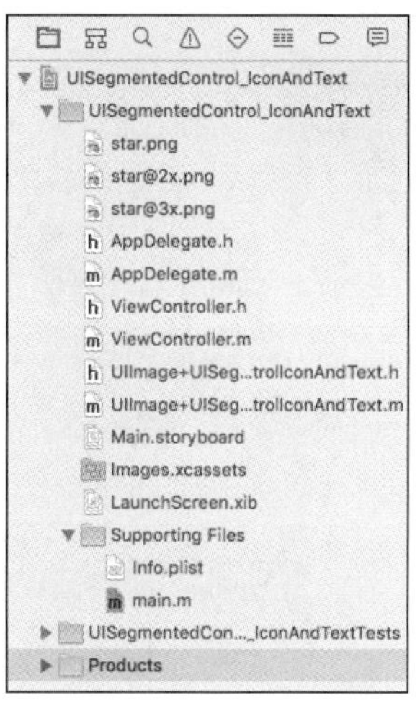

▲图 8-9　本项目的最终结构

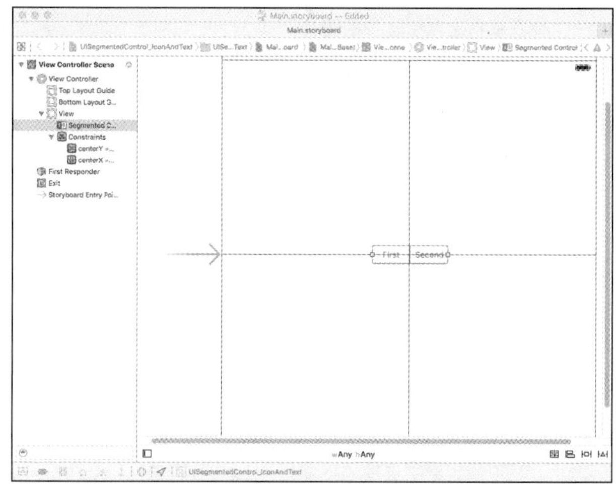

▲图 8-10　在故事板中插入一个 UISegmentedControl

（3）在文件 UIImage+UISegmentedControlIconAndText.h 中定义样式接口和功能函数，具体实现代码如下。

```
#import <UIKit/UIKit.h>
@interface UIImage (UISegmentedControlIconAndText)
+ (id)imageFromImage:(UIImage *)image string:(NSString *)string font:(UIFont *)font
color:(UIColor *)color;
@end
```

（4）文件 UIImage+UISegmentedControlIconAndText.m 的功能是定义指定的样式，将图标和文本添加到 UISegmentedControl 中，具体实现代码如下。

```
#import "UIImage+UISegmentedControlIconAndText.h"
@implementation UIImage (UISegmentedControlIconAndText)
+ (id)imageFromImage:(UIImage *)image string:(NSString *)string font:(UIFont *)font
color:(UIColor *)color
{
        CGSize expectedTextSize = [string sizeWithAttributes:@{NSFontAttributeName: font}];
        CGFloat width = expectedTextSize.width + image.size.width;
        CGFloat height = MAX(expectedTextSize.height, image.size.width);
        CGSize size = CGSizeMake(width, height);

        UIGraphicsBeginImageContextWithOptions(size, NO, 0);
        CGContextRef context = UIGraphicsGetCurrentContext();
        CGContextSetFillColorWithColor(context, color.CGColor);
```

```
        CGFloat fontTopPosition = (height - expectedTextSize.height) * 0.5;
        CGPoint textPoint = CGPointMake(0, fontTopPosition);
        [string drawAtPoint:textPoint withAttributes:@{NSFontAttributeName: font}];

        CGAffineTransform flipVertical = CGAffineTransformMake(1, 0, 0, -1, 0, size.height);
        CGContextConcatCTM(context, flipVertical);
        CGContextDrawImage(context, (CGRect){ {expectedTextSize.width, (height - image.
           size.height) * 0.5}, {image.size.width, image.size.height} }, [image CGImage]);
        UIImage *newImage = UIGraphicsGetImageFromCurrentImageContext();
        UIGraphicsEndImageContext();

        return newImage;
}
@end
```

（5）文件 ViewController.m 的功能是调用上面的样式设置 UISegmentedControl 的外观效果，具体实现代码如下。

```
#import "ViewController.h"
#import "UIImage+UISegmentedControlIconAndText.h"
@interface ViewController ()
@property (weak, nonatomic) IBOutlet UISegmentedControl *segmentedControl;
@end
@implementation ViewController
- (void)viewDidLoad {
      [super viewDidLoad];

      [self.segmentedControl setImage:[UIImage imageFromImage:[UIImage imageNamed: @"
star"]
         string:@"First"
         font:[UIFont systemFontOfSize:15]
         color:[UIColor clearColor]] forSegment AtIndex:0];
}
@end
```

执行结果如图 8-11 所示。

▲图 8-11　执行结果

8.3 基于 Objective-C 联合使用开关控件和分段控件

实例 8-5	基于 Objective-C 联合使用开关控件和分段控件
源码路径	daima\8\Control-Obj

本实例联合使用了文本框控件、分段控件、开关控件和图像控件。实例文件 ViewController.m 的主要代码如下。

```
#import "ViewController.h"
@implementation ViewController
- (void)viewDidLoad {
    [super viewDidLoad];
    //滑块显示数字 50
    self.sliderLabel.text = @"50";
}
```

```
- (void)didReceiveMemoryWarning {
    [super didReceiveMemoryWarning];
}

- (IBAction)textFieldDoneEditing:(id)sender {
    [sender resignFirstResponder];
}

- (IBAction)backgroundTap:(id)sender {
    [self.nameField resignFirstResponder];
    [self.numberField resignFirstResponder];
}

- (IBAction)sliderChanged:(UISlider *)sender {
    int progress = (int)lroundf(sender.value);
    self.sliderLabel.text = [NSString stringWithFormat:@"%d", progress];
}

- (IBAction)switchChanged:(UISwitch *)sender {
    BOOL setting = sender.isOn;
    [self.leftSwitch setOn:setting animated:YES];
    [self.rightSwitch setOn:setting animated:YES];
}

- (IBAction)toggleControls:(UISegmentedControl *)sender {
    if (sender.selectedSegmentIndex == 0) {
        self.leftSwitch.hidden = NO;
        self.rightSwitch.hidden = NO;
        self.doSomethingButton.hidden = YES;
    }
    else {
        self.leftSwitch.hidden = YES;
        self.rightSwitch.hidden = YES;
        self.doSomethingButton.hidden = NO;
    }
}
//按下按钮后的事件处理程序
- (IBAction)buttonPressed:(UIButton *)sender {
    UIAlertController *controller =
            [UIAlertController alertControllerWithTitle:@"Are You Sure?"
                message:nil preferredStyle:UIAlertControllerStyleActionSheet];
    UIAlertAction *yesAction = [UIAlertAction actionWithTitle:@"Yes, I'm sure!"
                style:UIAlertActionStyleDestructive
                handler:^(UIAlertAction *action) {
        NSString *msg;
        if ([self.nameField.text length] > 0) {
            msg = [NSString stringWithFormat:
                    @"You can breathe easy, %@, everything went OK.",
                    self.nameField.text];
        } else {
            msg = @"You can breathe easy, everything went OK.";
        }
        UIAlertController *controller2 =
                    [UIAlertController alertControllerWithTitle:@"Something Was Done"
                                message:msg preferredStyle:UIAlertControllerStyle Alert];
        UIAlertAction *cancelAction = [UIAlertAction actionWithTitle:@"Phew!"
                        style: UIAlertActionStyleCancel handler:nil];
        [controller2 addAction:cancelAction];
        [self presentViewController:controller2 animated:YES completion:nil];
    }];
    UIAlertAction *noAction = [UIAlertAction actionWithTitle:@"No way!"
                    style:UIAlertActionStyleCancel handler:nil];
```

```
    [controller addAction:yesAction];
    [controller addAction:noAction];

    UIPopoverPresentationController *ppc = controller.popoverPresentationController;
    if (ppc != nil) {
        ppc.sourceView = sender;
        ppc.sourceRect = sender.bounds;
    }
    [self presentViewController:controller animated:YES completion:nil];
}
```

执行结果如图 8-12 所示。

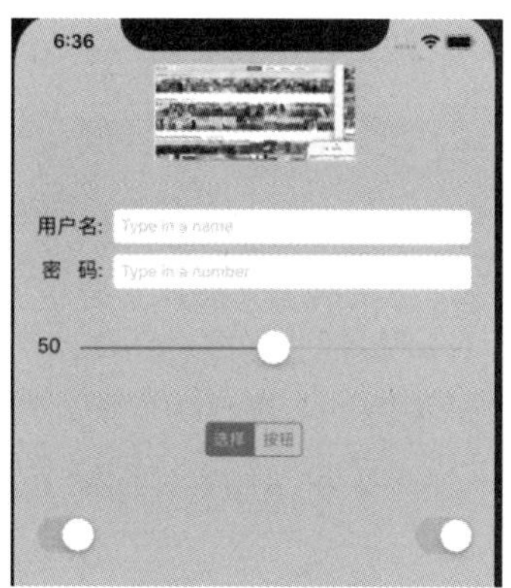

▲图 8-12　执行结果

8.4 基于 Swift 联合使用开关控件和分段控件

实例 8-6	基于 Swift 联合使用开关控件和分段控件
源码路径	daima\8\Control-Swift

实例 8-6 和实例 8-5 的功能完全相同，只是实例 8-6 用 Swift 语言实现，执行结果与图 8-12 一样。

第9章　可滚动视图控件、翻页控件和新的Web视图控件

本章将详细讲解可滚动视图控件、翻页控件和新的Web视图控件的基本用法。

9.1 可滚动视图控件

大家肯定使用过这样的应用程序，它显示的信息在一屏中容纳不下。在这种情况下，使用可滚动视图控件（UIScrollView）来解决。顾名思义，可滚动视图控件提供了滚动功能，可显示超过一屏的信息。但是，在通过IB将可滚动视图加入项目中方面，苹果公司做得并不完美。我们可以添加可滚动视图，但要让它实现滚动效果，还必须在应用程序中编写一行代码。

9.1.1 UIScrollView的基本属性

在滚动视图的过程当中，原点的坐标不断变化。当手指触摸后，scroll view会暂时拦截触摸事件，并使用一个计时器。假如在计时器到点后没有发生手指移动事件，那么scroll view发送tracking events到单击的subview；假如在计时器到点前发生了移动事件，那么scroll view取消tracking，自己发生滚动。

UIScrollView中的常用属性如下。

- bounces：用于设置UIScrollView是否有回弹效果，取值有alwaysBounceVertical和alwaysBounceHorizontal，分别表示垂直显示和水平显示。
- indicatorStyle：用于设置滚动条的样式，YES表示显示滚动条，NO表示隐藏滚动条。
- contentOffset：用于设置内容的滚动偏移量，移动的距离等于控件左上角到内容左上角的距离。
- contentInset：用于在contentSize周围添加额外的滚动区域，这样可以避免UIScrollView中的内容被遮挡。

9.1.2 使用可滚动视图控件

iPhone设备的界面空间有限，所以经常会出现不能完全显示信息的情形。在这个时刻，滚动控件UIScrollView就可以发挥它的作用，即在添加控件和界面元素时不受设备屏幕边界的限制。本节将通过一个实例的实现过程讲解UIScrollView控件的使用方法。

实例9-1	使用可滚动视图控件
源码路径	daima\9\gun

1. 创建项目

本实例包含了一个可滚动视图（UIScrollView），并在IB编辑器中添加了超越屏幕限制的内容。首先使用模板Single View Application创建一个项目，将其命名为“gun”。在这个项目中，将可滚

动视图（UIScrollView）作为子视图添加到 MainStoryboard.storyboard 现有的视图（UIView）中。

在这个项目中，只需设置可滚动视图对象的一个属性即可。为了访问该对象，需要创建一个与之关联的输出口，我们将把这个输出口命名为 theScroller。

2. 设计界面

首先，打开该项目的文件 MainStoryboard.storyboard，并确保文档大纲区域可见，方法是依次选择菜单栏中的 Editor→Show Document Outline 命令。然后，依次选择菜单栏中的 View→Utilities→Show Object Library，打开 Object 库，将一个可滚动视图（UIScrollView）实例拖曳到视图中。接下来，将该实例放在喜欢的位置，并在上方添加一个标题为“滚动视图”的标签，这样可以避免忘记创建的是什么。

将可滚动视图添加到视图中后，需要使用一些东西填充它，如按钮、图像等对象。通常，编写计算对象位置的代码来将其添加到可滚动视图中。这里将添加的每个控件拖曳到可滚动视图对象中，在本实例中添加了 6 个标签。

将对象添加到可滚动视图中后，还有如下两种方案可供选择。

- ❑ 选择对象，然后使用方向键将对象移到视图可视区域外面的大致位置。
- ❑ 依次选择每个对象，并使用 Size Inspector 手工设置其 *x* 和 *y* 坐标，如图 9-1 所示。

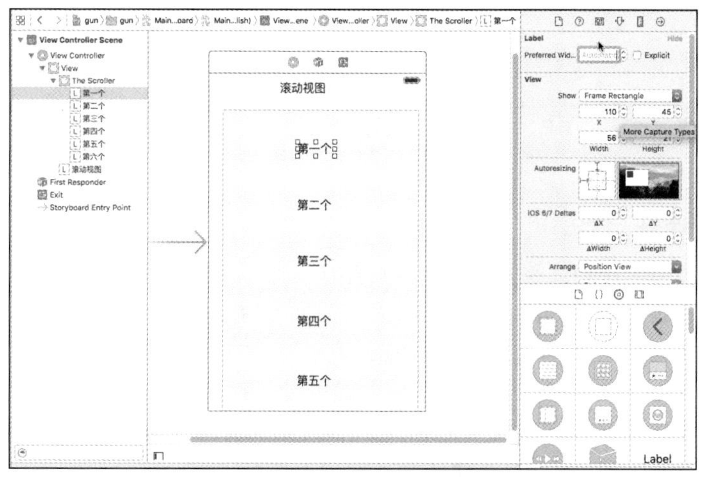

▲图 9-1　设置每个对象的 *x* 和 *y* 坐标

提示： 对象的坐标是相对于其所属视图的。在这个示例中，可滚动视图的左上角的坐标为(0,0)，即原点。

为了帮助我们放置对象，需要设置 6 个标签的左边缘中点的 *x* 和 *y* 坐标。

如果应用程序将在 iPhone 上运行，可以使用如下数字进行设置。

- ❑ 对于 Label 1，设置为（110, 45）。
- ❑ 对于 Label 2，设置为（110, 125）。
- ❑ 对于 Label 3，设置为（110, 205）。
- ❑ 对于 Label 4，设置为（110, 290）。
- ❑ 对于 Label 5，设置为（110, 375）。
- ❑ 对于 Label 6，设置为（110, 460）。

如果应用程序将在 iPad 上运行，可以使用如下数字进行设置。

- 对于 Label 1，设置为（360, 130）。
- 对于 Label 2，设置为（360, 330）。
- 对于 Label 3，设置为（360, 530）。
- 对于 Label 4，设置为（360, 730）。
- 对于 Label 5，设置为（360, 930）。
- 对于 Label 6，设置为（360, 1130）。

从图 9-2 所示的最终视图可知，第 6 个标签不可见，要看到它，需要进行一定的滚动。

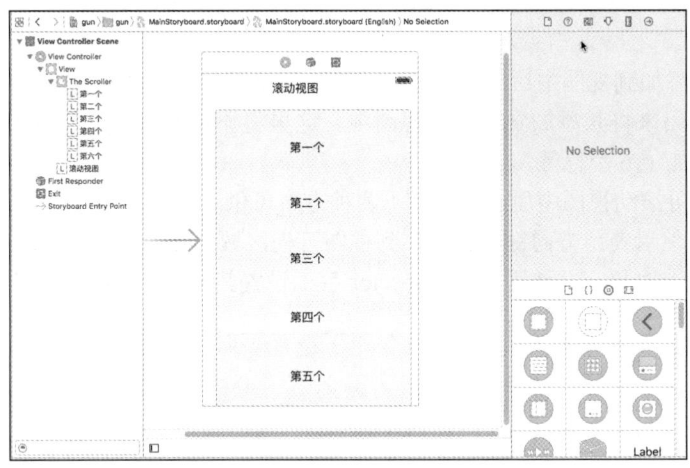

▲图 9-2　最终视图

3. 创建并连接输出口和操作

本实例只需要一个输出口，并且不需要任何操作。为了创建这个输出口，需要先切换到助手编辑器界面。如果需要腾出更多的控件，则需要隐藏项目导航器。按住 Control 键，把可滚动视图插入文件 ViewController.h 中的编译指令@interface 下方。

在 Xcode 提示时，创建一个名为 theScroller 的输出口，并创建到该输出口的连接，如图 9-3 所示。

到此为止，需要在 IB 编辑器中进行的工作全部完成，接下来需要切换到标准编辑器，显示项目导航器，再对文件 ViewController.m 进行具体编码。

4. 实现应用程序逻辑

如果此时编译并运行应用程序，它还不具备滚动功能，这是因为还需指出其滚动区域的水平尺寸和垂直尺寸，除非可滚动视图知道自己能够滚动。为了给可滚动视图添加滚动功能，需要将属性 contentSize 设置为一个 CGSize 值。CGSize 是一个简单的 C 语言数据结构，它包含高度和宽度，可使用函数 CGSize(<width>，<height>)轻松地创建一个这样的对象。例如，要告诉该可滚动视图（theScroller）在水平和垂直方向分别滚动到 280 和 600，可编写如下代码。

```
self .theScroller.contentSize=CGSizeMake (280.0,600.0);
```

我们并非只能这样做，但我们愿意这样做。如果进行的是 iPhone 开发，需要实现文件 ViewController.m 中的方法 viewDidLoad，其实现代码如下。

```
- (void)viewDidLoad
{
```

```
    self.theScroller.contentSize=CGSizeMake(280.0,600.0);
    [super viewDidLoad];
}
```

如果正在开发的是一个 iPad 项目，则需要增大 contentSize，因为 iPad 屏幕更大。所以，要在调用函数 CGSizeMake 时传递参数 900.0 和 1500.0，而不是 280.0 和 600.0。

在这个示例中，我们使用的宽度正是可滚动视图本身的宽度。为什么这样做呢？因为我们没有理由进行水平滚动。选择的高度旨在演示视图能够滚动。换句话说，这些值可随意选择，根据应用程序包含的内容选择合适的值即可。

到此为止，整个实例介绍完毕。单击 Xcode 工具栏中的 Run 按钮，执行结果如图 9-4 所示。

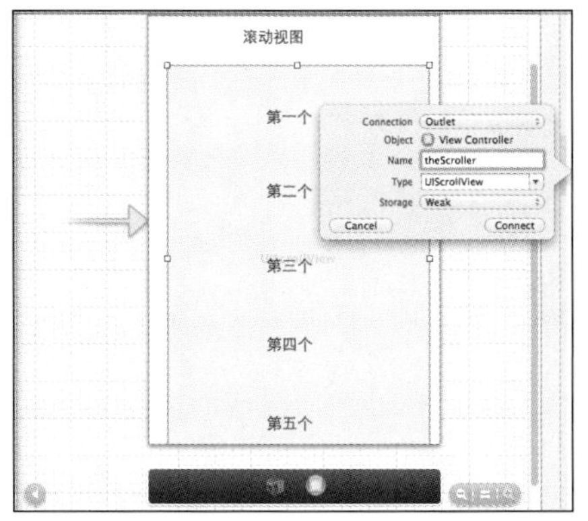

▲图 9-3 创建到输出口 theScroller 的连接

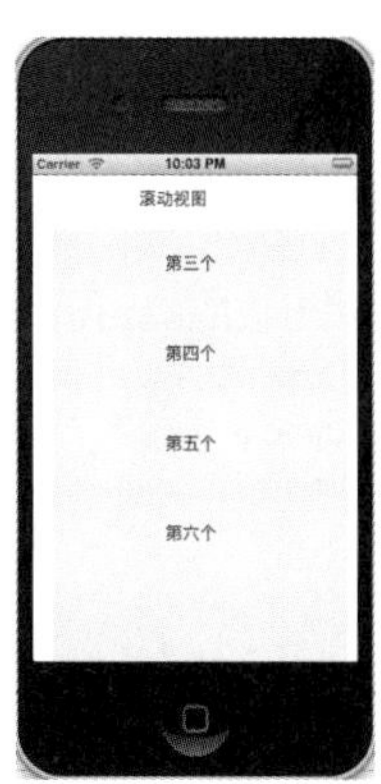

▲图 9-4 执行结果

9.1.3 滑动隐藏状态栏

实例 9-2	滑动隐藏状态栏
源码路径	daima\9\APExtendedScrollView

本实例的功能是当滑动 UIScrollView 时，UIPageControl 出现在状态栏（UIStatusBar）上，并且遮挡住状态栏。当 UIScrollView 滚动结束时，UIPageControl 消失，状态栏重新出现。

实例文件 APScrollView.m 用于实现滚动特效功能。

文件 APDemoViewController.m 用于调用上面的特效功能，通过函数 viewDidLoad 加载显示滚动信息。

9.1.4 基于 Swift 使用 UIScrollView 控件

实例 9-3	基于 Swift 使用 UIScrollView 控件
源码路径	daima\9\UIScrollView

实例文件 ViewController.swift 的功能是在视图中追加显示指定位置的 3 幅图像，使用 UIScrollView 控件来滚动显示展示的图片。文件 ViewController.swift 的主要代码如下。

```
import UIKit

class ViewController: UIViewController {

    override func viewDidLoad() {
        super.viewDidLoad()

        //设置 UIImage 的素材位置
```

```
        let img1 = UIImage(named:"img1.jpg");
        let img2 = UIImage(named:"img2.jpg");
        let img3 = UIImage(named:"img3.jpg");

        //在 UIImageView 中添加图像
        let imageView1 = UIImageView(image:img1)
        let imageView2 = UIImageView(image:img2)
        let imageView3 = UIImageView(image:img3)

        //滚动
        let scrView = UIScrollView()

        //位置
        scrView.frame = CGRectMake(50, 50, 240, 240)

        //所有视图大小
        scrView.contentSize = CGSizeMake(240*3, 240)

        //UIImageView 的位置
        imageView1.frame = CGRectMake(0, 0, 240, 240)
        imageView2.frame = CGRectMake(240, 0, 240, 240)
        imageView3.frame = CGRectMake(480, 0, 240, 240)


        //在 view 中追加图像
        self.view.addSubview(scrView)
        scrView.addSubview(imageView1)
        scrView.addSubview(imageView2)
        scrView.addSubview(imageView3)

        //设置图像边界
        scrView.pagingEnabled = true

        //设置 scroll 画面的初期位置
        scrView.contentOffset = CGPointMake(0, 0);

    }
    override func didReceiveMemoryWarning() {
        super.didReceiveMemoryWarning()
    }
}
```

执行后将在屏幕中显示指定位置的图像，结果如图 9-5 所示。当左右触摸屏幕中的图像时，会展示另外的素材图片，如图 9-6 所示。

▲图 9-5　执行结果

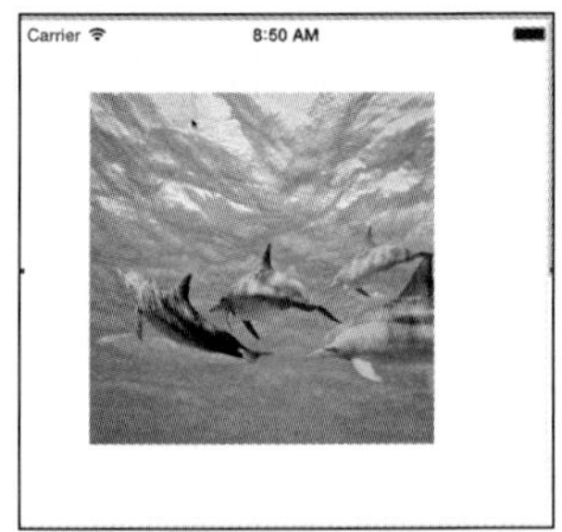

▲图 9-6　显示另外的素材图片

9.2 翻页控件

在开发 iOS 应用程序的过程中，经常需要翻页来显示内容过多的界面。iOS 应用程序中的翻页控件是 UIPageControll。本节将详细讲解 UIPageControll 控件的基本知识。

9.2.1 UIPageControll 控件的基础知识

UIPageControl 控件在 iOS 应用程序中出现得比较频繁，尤其在和 UIScrollView 配合来显示大量数据时，会使用它来控制 UIScrollView 的翻页。在滚动 ScrollView 时，可通过 UIPageControl 中的小白点按钮来观察当前页面的位置，也可通过单击 UIPageControl 中的白色三角形按钮来滚动到指定的页面。

对于图 9-7 中的曲线图和表格，由 ScrollView 加载两个控件（UIWebView 和 UITableView）后，使用翻页控件实现页面的滚动。

其实翻页控件是一种用来取代导航栏的可见指示器，可方便直接翻页。其典型的应用便是 iPhone 的主屏幕，当图标过多时会自动增加页面，在屏幕底部会看到原点，用来指示当前页面，并且会随着翻页自动更新。

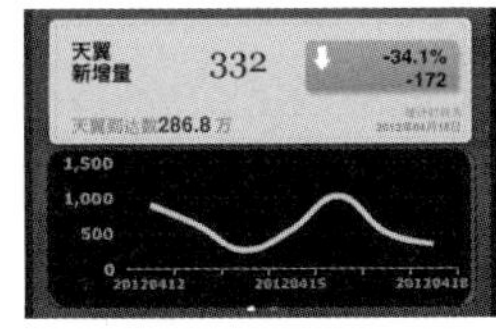

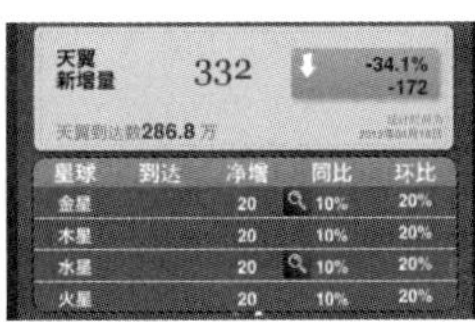

▲图 9-7　曲线图和表格

9.2.2 实现图片播放器

实例 9-4	实现图片播放器
源码路径	daima\9\UIScrollView-UIPageControl

实例 9-4 的功能是使用 UIScrollView 和 UIPageControl 实现一个图片播放器，它具有定时滚动功能。实例文件 ViewController.m 的具体代码如下。

```
@implementation ViewController
- (void)viewDidLoad {
    [super viewDidLoad];
    UIScrollView *scrollView = [[UIScrollView alloc]init];
    CGFloat scrollViewW = screenW-10;
    scrollView.frame = CGRectMake(5, 5, scrollViewW,180);
    [self.view addSubview:scrollView];
    scrollView.contentSize = CGSizeMake(scrollViewW*numImageCount, 0);
    scrollView.contentInset = UIEdgeInsetsMake(0, 20, 0, 20);
    scrollView.showsHorizontalScrollIndicator = NO;
    scrollView.delegate = self;
    scrollView.pagingEnabled = YES;
    self.scrollView = scrollView;
    for (int i = 0; i < numImageCount; i++) {
        UIImageView *imageView = [[UIImageView alloc]init];
        CGFloat imageViewY = 0;
        CGFloat imageViewW = scrollViewW;
        CGFloat imageViewH = 200;
        CGFloat imageViewX = i * imageViewW;
        imageView.frame = CGRectMake(imageViewX, imageViewY, imageViewW, imageViewH);
        [self.scrollView addSubview:imageView];
        NSString *name = [NSString stringWithFormat:@"function_guide_%d",i+1];
        imageView.image = [UIImage imageNamed:name];
    }
    UIPageControl *pageControl = [[UIPageControl alloc]init];
    CGFloat pageW = 60;
```

```
    CGFloat pageH = 30;
    CGFloat pageX = screenW /2- pageW/2;
    CGFloat pageY = 160;
    pageControl.frame = CGRectMake(pageX, pageY, pageW, pageH);
    //设置 pageControl 的总页数
    pageControl.numberOfPages = 5;
    pageControl.currentPageIndicatorTintColor = [UIColor redColor];
    pageControl.pageIndicatorTintColor = [UIColor whiteColor];
    [self.view addSubview:pageControl];
    self.pageControl = pageControl;
    [self addTimer];
 }
-(void)playImage
{
    //增加 pageControl 的页码
    long page = 0;
    if (self.pageControl.currentPage == numImageCount-1) {
        page = 0;
    }else{
        page = self.pageControl.currentPage+1;
    }
    //计算 scrollView 的滚动位置
    CGFloat offsetX = page * self.scrollView.frame.size.width;
    CGPoint offset = CGPointMake(offsetX, 0);
    [self.scrollView setContentOffset:offset animated:YES];
}
-(void)scrollViewDidScroll:(UIScrollView *)scrollView
{
    CGFloat scrollW = scrollView.frame.size.width;
    CGFloat width = scrollView.contentOffset.x;
    int page = (width  + scrollW * 0.5) / scrollW;
    self.pageControl.currentPage = page;
}
-(void)scrollViewWillBeginDecelerating:(UIScrollView *)scrollView
{
    //停止定时器,定时器停止了就不能使用了
    [self.timer invalidate];
    self.timer = nil;
}
- (void)scrollViewDidEndDragging:(UIScrollView *)scrollView willDecelerate:(BOOL)decelerate
{
    //开启定时器
    [self addTimer];
}
-(void)addTimer
{
    //添加定时器
    self.timer = [NSTimer scheduledTimerWithTimeInterval:1.0 target:self selector:
    @selector(playImage) userInfo:nil repeats:YES];
    //默认没有优先级
    //extern NSString* const NSDefaultRunLoopMode;
    //提高优先级
    //extern NSString* const NSRunLoopCommonModes;
    [[NSRunLoop currentRunLoop] addTimer:self.timer forMode:NSRunLoopCommonModes];
}
@end
```

执行后会轮播图片，执行结果如图 9-8 所示。

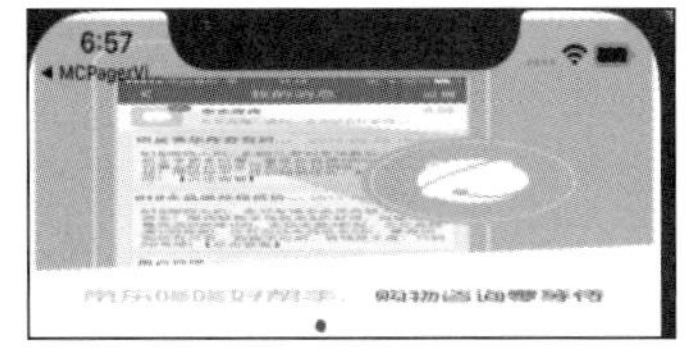

▲图 9-8　执行结果

9.2.3 实现图片浏览程序

实例 9-5	实现图片浏览程序
源码路径	daima\9\UIPageControlTest

实例文件 PageViewController.m 的功能是设置分页的数目，具体实现代码如下。

```
#import "PageViewController.h"
@implementation PageController
- (id)initWithPageNumber:(NSInteger)pageNumber
{
      self = [super initWithNibName:nil bundle:nil];
      if (self)
      {
        self.label = [[UILabel alloc] initWithFrame:
          CGRectMake(260 , 10 , 60 , 30)];
        self.label.backgroundColor = [UIColor clearColor];
        self.label.textColor = [UIColor redColor];
        self.label.text = [NSString stringWithFormat:@"第[%ld]页"
          , pageNumber + 1];
        [self.view addSubview:self.label];
        self.bookLabel = [[UILabel alloc] initWithFrame:
          CGRectMake(0, 30, CGRectGetWidth(self.view.frame), 60)];
        self.bookLabel.textAlignment = NSTextAlignmentCenter;
        self.bookLabel.numberOfLines = 2;
        self.bookLabel.font = [UIFont systemFontOfSize:24];
        self.bookLabel.backgroundColor = [UIColor clearColor];
        self.bookLabel.textColor = [UIColor blueColor];
        [self.view addSubview:self.bookLabel];
        self.bookImage = [[UIImageView alloc] initWithFrame:
          CGRectMake(0, 90, CGRectGetWidth(self.view.frame), 320)];
        self.bookImage.contentMode = UIViewContentModeScaleAspectFit;
        [self.view addSubview:self.bookImage];
      }
      return self;
}
@end
```

执行后可以滑动浏览图片，执行结果如图 9-9 所示。

▲图 9-9　执行结果

9.2.4　基于 Swift 使用 UIPageControl 设置 4 个界面

实例 9-6	基于 Swift 使用 UIPageControl 设置 4 个界面
源码路径	daima\9\UIPageControl

要基于 Swift 使用 UIPageControl 设置 4 个界面，具体步骤如下。

（1）使用 Xcode 创建一个名为 MyFirstSwiftTest 的项目，在故事板文件 Main.storyboard 中插入 UIPageControl 来控制 3 个视图控制器，如图 9-10 所示。

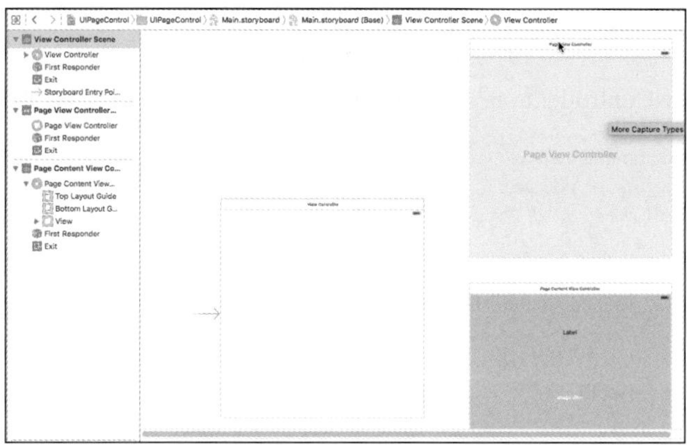

▲图 9-10　插入 UIPageControl

（2）编写实例文件 ViewController.swift，使用 UIPageControl 控件在 4 个界面之间进行切换，具体实现代码如下。

```
import UIKit
class ViewController: UIViewController, UIPageViewControllerDataSource, UIPageViewCon
trollerDelegate {

    let pageTitles = ["Title 1", "Title 2", "Title 3", "Title 4"]
    var images = ["long3.png","long4.png","long1.png","long2.png"]
    var count = 0
    var pageViewController : UIPageViewController!
    func reset() {
        pageViewController = self.storyboard?.instantiateViewControllerWithIdentifier
            ("PageViewController") as! UIPageViewController
        self.pageViewController.dataSource = self
        let pageContentViewController = self.viewControllerAtIndex(0)
        self.pageViewController.setViewControllers([pageContentViewController!],
             direction: UIPageViewControllerNavigationDirection.Forward, animated: true,
             completion: nil)
        self.pageViewController.view.frame = CGRectMake(0, 0, self.view.frame.width,
        self.view.frame.height - 30)
        self.addChildViewController(pageViewController)
        self.view.addSubview(pageViewController.view)
        self.pageViewController.didMoveToParentViewController(self)
    }
    override func viewDidLoad() {
        super.viewDidLoad()
        reset()
        setupPageControl()
    }
    override func didReceiveMemoryWarning() {
        super.didReceiveMemoryWarning()
    }
```

```
    func pageViewController(pageViewController: UIPageViewController, viewController
        BeforeViewController viewController: UIViewController) -> UIViewController? {
        var index = (viewController as! PageContentViewController).pageIndex!
        if (index <= 0) {
            return nil
        }
        index--
        return self.viewControllerAtIndex(index)
    }
    func pageViewController(pageViewController: UIPageViewController, viewController
        AfterViewController viewController: UIViewController) -> UIViewController? {
        var index = (viewController as! PageContentViewController).pageIndex!
        index++
        if(index >= self.images.count){
            return nil
        }
        return self.viewControllerAtIndex(index)

    }
```

执行结果如图 9-11 所示。

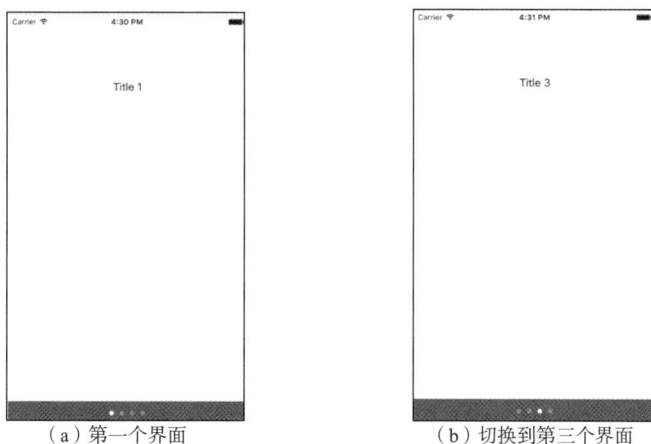

（a）第一个界面

（b）切换到第三个界面

▲图 9-11　执行结果

9.3 新的 Web 视图控件——WKWebView

WKWebView 是苹果公司在 iOS 8 之后推出的框架 WebKit 中的浏览器控件，其加载速度比 UIWebView 快了许多，并且解决了加载网页时的内存泄漏问题。现在的项目大多数只需适配到 iOS 8，所以用 WKWebView 来替换项目中的 UIWebView 是很有必要的。本节将详细讲解 WKWebView 控件。

9.3.1 WKWebView 的基础知识

在 WKWebView 中主要包含如下几个类。

- WKWebView。
- WKWebViewConfiguration。
- WKUserScript。
- WKUserContentController。
- WKWebsiteDataStore。

在 WKWebView 中包含如下两个代理。

- WKNavigationDelegate。
- WKUIDelegate。

类 WKWebView 中的常用属性如下。

```
//导航代理
@property (nullable, nonatomic, weak) id <WKNavigationDelegate> navigationDelegate;
//UI 代理
@property (nullable, nonatomic, weak) id <WKUIDelegate> UIDelegate;

//页面标题，一般使用 KVO 动态获取
@property (nullable, nonatomic, readonly, copy) NSString *title;
//页面加载进度，一般使用 KVO 动态获取
@property (nonatomic, readonly) double estimatedProgress;

//可返回的页面列表，已打开过的网页，有点类似于 navigationController 的 viewControllers 属性
@property (nonatomic, readonly, strong) WKBackForwardList *backForwardList;

//页面 URL
@property (nullable, nonatomic, readonly, copy) NSURL *URL;
//页面是否在加载中
@property (nonatomic, readonly, getter=isLoading) BOOL loading;
//是否可返回
@property (nonatomic, readonly) BOOL canGoBack;
//是否可向前
@property (nonatomic, readonly) BOOL canGoForward;
//WKWebView 继承自 UIView，所以如果想设置 scrollView 的一些属性，需要对此属性进行配置
@property (nonatomic, readonly, strong) UIScrollView *scrollView;
//是否允许手势左滑返回上一级，类似于导航控制的左滑返回
@property (nonatomic) BOOL allowsBackForwardNavigationGestures;

//自定义 UserAgent，会覆盖默认的值 ,iOS 9 之后有效
@property (nullable, nonatomic, copy) NSString *customUserAgent
```

类 WKWebView 中的常用方法如下。

```
//带配置信息的初始化方法
//配置信息
- (instancetype)initWithFrame:(CGRect)frame configuration:(WKWebViewConfiguration *)configuration
//加载请求
- (nullable WKNavigation *)loadRequest:(NSURLRequest *)request;
//加载 HTML
- (nullable WKNavigation *)loadHTMLString:(NSString *)string baseURL:(nullable NSURL *)baseURL;
//返回上一级
- (nullable WKNavigation *)goBack;
//前进下一级，需要页面曾经打开过，才能前进
- (nullable WKNavigation *)goForward;
//刷新页面
- (nullable WKNavigation *)reload;
//根据缓存有效期来刷新页面
- (nullable WKNavigation *)reloadFromOrigin;
//停止加载页面
- (void)stopLoading;
//执行 JavaScript 代码
- (void)evaluateJavaScript:(NSString *)javaScriptString completionHandler:(void (^
_Nullable)
```

9.3.2 基于 Objective-C 使 WKWebView 与 JavaScript 交互

实例 9-7	基于 Objective-C 使 WKWebView 与 JavaScript 交互
源码路径	daima\9\OC-JS-WKWebView

实例 9-7 的功能是使用 WKWebView 控件加载一个 HTML 文件，在这个 HTML 文件中使用 JavaScript 程序实现动态交互功能。

实例文件 index.html 是一个包含 JavaScript 程序的网页文件。

在文件 ViewController.m 中使用 WKWebView 控件加载 HTML 文件 index.html，主要代码如下。

```
- (void)viewDidLoad {
    [super viewDidLoad];
    WKWebViewConfiguration *config = [[WKWebViewConfiguration alloc] init];
    config.preferences.minimumFontSize = 18;

    self.wkWebView = [[WKWebView alloc] initWithFrame:CGRectMake(0, 0,
        self.view.bounds.size.width, self.view.bounds.size.height/2) configuration:config];
    [self.view addSubview:self.wkWebView];


    NSString *filePath = [[NSBundle mainBundle] pathForResource:@"index" ofType:@
    "html"];
    NSURL *baseURL = [[NSBundle mainBundle] bundleURL];
    [self.wkWebView loadHTMLString:[NSString stringWithContentsOfFile:filePath
        encoding:NSUTF8StringEncoding error:nil] baseURL:baseURL];

    WKUserContentController *userCC = config.userContentController;
    //添加处理脚本
    [userCC addScriptMessageHandler:self name:@"showMobile"];
    [userCC addScriptMessageHandler:self name:@"showName"];
    [userCC addScriptMessageHandler:self name:@"showSendMsg"];
}
```

执行后会在屏幕中通过按钮实现基本的信息交互功能，执行结果如图 9-12 所示。

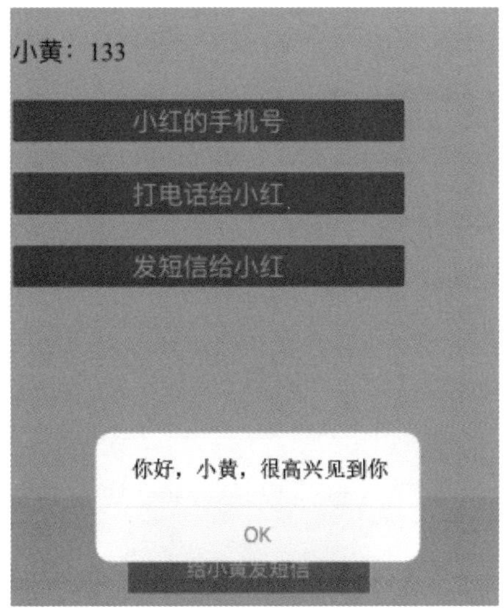

▲图 9-12 执行结果

9.3.3　基于 Swift 使 WKWebView 与 JavaScript 交互

实例 9-8	基于 Swift 使 WKWebView 与 JavaScript 交互
源码路径	daima\9\WKWebViewFeatures

要基于 Swift 使 WKWebView 与 JavaScript 交互，主要步骤如下。

（1）在文件 start.html 中分别显示一个按钮、一个超链接文本和一幅网络图片。

（2）在文件 hello.js 中监听用户单击屏幕的动作，根据单击的文本显示对应的提示框。

（3）在文件 ViewController.swift 中加载网页文件 start.html，并通过 JavaScript 代码实现和网页内容的动态交互功能。主要实现代码如下。

```
private func loadUrl(){
        if let resourceUrl = Bundle.main.url(forResource: "start", withExtension: "html")
{
              let urlRequest = URLRequest.init(url: resourceUrl)
              wkWebView.load(urlRequest)
         }
    }

    private func loadString(){
       let stri = "<head><head><html><body><h1>Hello!</h1></body></html>"
       wkWebView.loadHTMLString(stri, baseURL: nil)
    }

    private func loadContentFromResources(){
       if let htmlPath = Bundle.main.path(forResource: "start", ofType: "html"){
          do{
              let contents =  try String(contentsOfFile: htmlPath, encoding: .utf8)
              let baseUrl = URL(fileURLWithPath: htmlPath)
              wkWebView.loadHTMLString(contents, baseURL: baseUrl)
          }catch{
              print("Error")
          }
       }
    }

    @IBAction func executeJS(){
        //"百度图片"
        let path = "*****://***.baidu****/img/bd_logo1.png"
        let formattedPath = "\"\(path)\""
        evaluateWithJavaScriptExpression(jsExpression:
           "changeImagePathWith(\(formattedPath));")
    }


    @IBAction func rightTapped(){

        evaluateWithJavaScriptExpression(jsExpression: "rightTapped();")
    }

    @IBAction func leftTapped(){
        evaluateWithJavaScriptExpression(jsExpression: "leftTapped();")
    }

    fileprivate func evaluateWithJavaScriptExpression(jsExpression: String) {

        wkWebView.evaluateJavaScript(jsExpression, completionHandler: {(_, error) in
            if((error) != nil) {
```

```
                print(error?.localizedDescription ?? "")
            } else {
            }
        })
    }
```

执行结果如图 9-13 所示。

▲图 9-13　执行结果

第 10 章　提醒和操作表

提醒处理在 PC 设备和移动收集设备中比较常见，通常是以对话框的形式出现的。通过提醒处理功能，可以实现各种类型的用户通知效果。本章将介绍提醒和操作表两种提醒模式。

10.1 UIAlertController 的基础知识

iOS 应用程序是以用户为中心的，这意味着它通常不在后台执行功能或在没有界面的情况下运行。它让用户能够处理数据、玩游戏、通信或执行众多其他的操作。当应用程序需要发出提醒、提供反馈或让用户做出决策时，它总是以相同的方式进行。Cocoa Touch 通过各种对象和方法来引起用户注意，这包括提醒视图和操作表视图。在 iOS 中，提醒视图和操作表视图功能都是通过 UIAlertController 控件实现的。

10.1.1　提醒视图

有时候，当应用程序运行时需要将发生的变化告知用户。例如，当发生内部错误事件（如可用内存太少或网络连接断开）或长时间运行的操作结束时，仅调整当前视图是不够的。为此，可使用 UIAlertController 类。

类 UIAlertController 可以创建一个简单的模态提醒视图，其中包含一条消息和几个按钮，还可能有普通文本框和密码文本框。典型的提醒视图如图 10-1 所示。

▲图 10–1　典型的提醒视图

10.1.2　操作表视图

提醒视图可以显示提醒消息，这样可以告知用户应用程序的状态或条件发生了变化。然而，有时候需要让用户根据操作结果做出决策。例如，如果应用程序提供了让用户能够与朋友共享信息的选项，可能需要让用户指定共享方法（如发送电子邮件、上传文件等）。典型的操作表视图如图 10-2 所示。

▲图 10–2　典型的操作表视图

其中的界面元素称为操作表，在 iOS 应用中，操作表是通过 UIAlertController 类的实例实现的。操作表还可用于对可能破坏数据的操作进行确认。事实上，它提供了一种亮红色按钮样式，让用户注意可能删除数据的操作。

10.2 使用 UIAlertController

UIAlertController 是从 iOS 8 开始推出的控件，用于代替原有的 UIAlertView 以及 UIActionSheet。UIAlertController 以一种模块化替换的方式来代替这两个功能和作用。使用对话框还是使用上拉菜单，取决于在创建控制器时是如何设置首选样式的。

10.2.1 简单的对话框例子

我们可以比较一下基于 Objective-C 与基于 Swift 创建对话框的代码。创建基础 UIAlertController 的代码和创建 UIAlertView 的代码非常相似。

基于 Objective-C 的代码如下。

```
UIAlertController *alertController = [UIAlertController alertControllerWithTitle:
@"标题" message:@"这个是 UIAlertController 的默认样式"
preferredStyle:UIAlertControllerStyleAlert];
```

基于 Swift 的代码如下。

```
var alertController = UIAlertController(title: "标题", message: "这个是
UIAlertController 的默认样式", preferredStyle: UIAlertControllerStyle.Alert)
```

同创建 UIAlertView 相比，我们无须指定代理，也无须在初始化过程中指定按钮。不过要特别注意第三个参数，要确定选择的是对话框样式还是上拉菜单样式。

通过创建 UIAlertAction 的实例，你可以将动作按钮添加到控制器中。UIAlertAction 由标题字符串、样式以及当用户选中该动作时运行的代码块组成。通过 UIAlertActionStyle，你可以选择常规（default）、取消（cancel）、警示（destructive）3 种动作样式。

为了实现在创建 UIAlertView 时的按钮效果，只需创建“取消”“好的”两个动作按钮并将它们添加到控制器中即可。

基于 Objective-C 的代码如下。

```
UIAlertAction *cancelAction = [UIAlertAction actionWithTitle:@"取消"
style:UIAlertActionStyleCancel handler:nil];
UIAlertAction *okAction = [UIAlertAction actionWithTitle:@"好的"
style:UIAlertActionStyleDefault handler:nil];

[alertController addAction:cancelAction];
[alertController addAction:okAction];
```

基于 Swift 的代码如下。

```
var cancelAction = UIAlertAction(title: "取消",
style: UIAlertActionStyle.Cancel, handler: nil)
var okAction = UIAlertAction(title: "好的", style: UIAlertActionStyle.Default, handler: nil)

alertController.addAction(cancelAction)
alertController.addAction(okAction)
```

最后，我们只需显示这个对话框视图控制器即可。

基于 Objective-C 的代码如下。

```
[self presentViewController:alertController animated:YES completion:nil];
```

基于 Swift 的代码如下。

```
self.presentViewController(alertController, animated: true, completion: nil)
```

此时执行后会显示 UIAlertController 的默认样式，如图 10-3 所示。

在 UIAlertController 中，按钮显示的次序取决于它们添加到对话框控制器上的次序。一般来说，在拥有两个按钮的对话框中，应当将“取消”按钮放在左边。注意，“取消”按钮是唯一的，如果添加了第二个“取消”按钮，那么你就会得到如下运行时异常。

▲图 10-3　UIAlertController 的默认样式

```
* Terminating app due to uncaught exception 'NSInternalInconsistencyException', reason:
'UIAlertController can only have one action with a style of UIAlertActionStyleCancel'
```

10.2.2　“警告”样式

什么是“警告”样式呢？我们先不着急回答这个问题，先来看下面关于“警告”样式的简单示例。在下面的代码中，我们将前面代码中的“好的”按钮替换为“重置”按钮。

基于 Objective-C 的代码如下。

```
UIAlertAction *resetAction = [UIAlertAction actionWithTitle:@"重置"
style:UIAlertActionStyle Destructive handler:nil];

[alertController addAction:resetAction];
```

基于 Swift 的代码如下。

```
var resetAction = UIAlertAction(title: "重置",
style: UIAlertActionStyle.Destructive, handler: nil)

alertController.addAction(resetAction)
```

此时的执行结果如图 10-4 所示。

▲图 10-4　执行结果

其中，新增的那个“重置”按钮变成了红色（运行后可看到）。根据苹果官方的定义，“警告”样式的按钮用在可能会改变或删除数据的操作上。因此，用红色的标识来警示用户。

10.2.3　文本对话框

UIAlertController 极大的灵活性意味着开发者不必拘泥于内置样式。以前我们只能在默认视图、文本框视图、密码框视图、登录和密码输入框视图中选择，现在我们可以向对话框中添加任意数目的 UITextField 对象，并且可以使用所有的 UITextField 特性。当我们向对话框控制器中添加文本框时，需要指定一个用来配置文本框的代码块。

举一个例子，要重新建立原来的登录和密码样式对话框，可以向其中添加两个文本框，然后用合适的占位符来配置它们，最后将密码输入框设置为使用安全文本输入。

基于 Objective-C 的代码如下。

```
UIAlertController *alertController = [UIAlertController alertControllerWithTitle:@" 文
本对话框" message:@"登录和密码对话框示例" preferredStyle:UIAlertControllerStyleAlert];

[alertController addTextFieldWithConfigurationHandler:^(UITextField *textField){
    textField.placeholder = @"登录";
}];

[alertController addTextFieldWithConfigurationHandler:^(UITextField *textField) {
    textField.placeholder = @"密码";
    textField.secureTextEntry = YES;
}];
```

基于 Swift 的代码如下。

```
alertController.addTextFieldWithConfigurationHandler {
(textField: UITextField!) -> Void in
   textField.placeholder = "登录"
}

alertController.addTextFieldWithConfigurationHandler {
(textField: UITextField!) -> Void in
   textField.placeholder = "密码"
   textField.secureTextEntry = true
}
```

在“好的”按钮被按下时，我们让程序读取文本框中的值。

基于 Objective-C 的代码如下。

```
UIAlertAction *okAction = [UIAlertAction actionWithTitle:@"好的"
style:UIAlertActionStyleDefault handler:^(UIAlertAction *action) {
   UITextField *login = alertController.textFields.firstObject;
   UITextField *password = alertController.textFields.lastObject;
   ...
}];
```

基于 Swift 的代码如下。

```
var okAction = UIAlertAction(title: "好的", style: UIAlertActionStyle.Default) {
(action: UIAlertAction!) -> Void in
   var login = alertController.textFields?.first as UITextField
   var password = alertController.textFields?.last as UITextField
}
```

如果要实现 UIAlertView 中的委托方法 alertViewShouldEnableOtherButton，可能会有些复杂。假定我们要让“登录”文本框中至少有 3 个字符才能激活“好的”按钮。但是，在 UIAlertController 中并没有相应的委托方法，开发者需要向“登录”文本框中添加一个 Observer。Observer 模式定义对象间一对多的依赖关系，当一个对象的状态发生改变时，所有依赖于它的对象都收到通知并自动更新。我们可以在构造代码块中添加如下代码片段来实现该功能。

基于 Objective-C 的代码如下。

```
[alertController addTextFieldWithConfigurationHandler:^(UITextField *textField){
   ...
   [[NSNotificationCenter defaultCenter] addObserver:self selector:@selector
(alertTextFieldDidChange:) name:UITextFieldTextDidChangeNotification object:textField];
}];
```

基于 Swift 的代码如下。

```
alertController.addTextFieldWithConfigurationHandler {
(textField: UITextField!) -> Void in
   ...
   NSNotificationCenter.defaultCenter().addObserver(self, selector: Selector
("alertTextFieldDidChange:"), name: UITextFieldTextDidChangeNotification, object: textField)
}
```

当释放视图控制器的时候，我们需要移除这个 Observer。我们通过在每个按钮动作的 handler 代码块（还有其他任何可能释放视图控制器的地方，比如，okAction 这个按钮动作）中添加合适的代码来实现该功能。

基于 Objective-C 的代码如下。

```
UIAlertAction *okAction = [UIAlertAction actionWithTitle:@"好的"
style:UIAlertActionStyleDefault handler:^(UIAlertAction *action) {
   ...
   [[NSNotificationCenter defaultCenter] removeObserver:self name:UITextFieldTextDid
ChangeNotification object:nil];
}];
```

基于 Swift 的代码如下。

```
var okAction = UIAlertAction(title: "好的", style: UIAlertActionStyle.Default) {
(action: UIAlertAction!) -> Void in
   ...
   NSNotificationCenter.defaultCenter().removeObserver(self, name: UITextFieldText
DidChangeNotification, object: nil)
}
```

在显示对话框之前，需要冻结“好的”按钮。

基于 Objective-C 的代码如下。

```
okAction.enabled = NO;
```

基于 Swift 的代码如下。

```
okAction.enabled = false
```

接下来，在通知观察者（notification observer）中，我们需要在激活按钮状态前检查“登录”文本框的内容。

基于 Objective-C 的代码如下。

```
- (void)alertTextFieldDidChange:(NSNotification *)notification{
   UIAlertController *alertController = (UIAlertController *)self.presentedViewController;
   if (alertController) {
       UITextField *login = alertController.textFields.firstObject;
       UIAlertAction *okAction = alertController.actions.lastObject;
       okAction.enabled = login.text.length > 2;
   }
}
```

基于 Swift 的代码如下。

```
func alertTextFieldDidChange(notification: NSNotification){
   var alertController = self.presentedViewController as UIAlertController?
   if (alertController != nil) {
       var login = alertController!.textFields?.first as UITextField
       var okAction = alertController!.actions.last as UIAlertAction
       okAction.enabled = countElements(login.text) > 2
   }
}
```

UIAlertController 的登录和密码对话框示例的执行结果如图 10-5 所示。除非在“登录”文本框中输入 3 个以上的字符，否则对话框的“好的”按钮被冻结。

▲图 10-5　执行结果

10.2.4　上拉菜单

当需要给用户展示一系列选项的时候，上拉菜单就能够派上用场了。和对话框不同，上拉菜单的展示形式和设备大小有关。在 iPhone（紧缩宽度）上，上拉菜单从屏幕底部升起。在 iPad（常规宽度）上，上拉菜单以弹出框的形式展现。

创建上拉菜单的方式和创建对话框的方式非常类似，唯一的区别是它们的形式。

基于 Objective-C 的代码如下。

```
UIAlertController *alertController = [UIAlertController alertControllerWithTitle:@"保存或删除数据" message:@"删除数据将不可恢复"
preferredStyle: UIAlertControllerStyleActionSheet];
```

基于 Swift 的代码如下。

```
var alertController = UIAlertController(title: "保存或删除数据", message: "删除数据将不可恢复", preferredStyle: UIAlertControllerStyle.ActionSheet)
```

添加按钮动作的方式和对话框相同。

基于 Objective-C 的代码如下。

```
UIAlertAction *cancelAction = [UIAlertAction actionWithTitle:@"取消"
style: UIAlertActionStyleCancel handler:nil];
UIAlertAction *deleteAction = [UIAlertAction actionWithTitle:@"删除"
style: UIAlertActionStyleDestructive handler:nil];
UIAlertAction *archiveAction = [UIAlertAction actionWithTitle:@"保存"
style: UIAlertActionStyleDefault handler:nil];

[alertController addAction:cancelAction];
[alertController addAction:deleteAction];
[alertController addAction:archiveAction];
```

基于 Swift 的代码如下。

```
var cancelAction = UIAlertAction(title: "取消",
style: UIAlertActionStyle.Cancel, handler: nil)
var deleteAction = UIAlertAction(title: "删除",
style: UIAlertActionStyle.Destructive, handler: nil)
var archiveAction = UIAlertAction(title: "保存",
style: UIAlertActionStyle.Default, handler: nil)

alertController.addAction(cancelAction)
alertController.addAction(deleteAction)
alertController.addAction(archiveAction)
```

开发者不能在上拉菜单中添加文本框，如果强行添加了文本框，那么就会得到如下的运行时异常。

```
* Terminating app due to uncaught exception 'NSInternalInconsistencyException', reason:
'Text fields can only be added to an alert controller of style UIAlertControllerStyleAlert'
```

如果在 iPhone 或者其他紧缩宽度的设备上展示文本框，代码会正常运行。

基于 Objective-C 的代码如下。

```
[self presentViewController:alertController animated:YES completion:nil];
```

基于 Swift 的代码如下。

```
self.presentViewController(alertController, animated: true, completion: nil)
```

上拉菜单的效果如图 10-6 所示。

如果上拉菜单中有“取消”按钮，那么它永远都会出现在菜单的底部，不管添加的次序如何。

其他的按钮将会按照添加的次序从上往下依次显示。

我们现在还有一个很严重的问题，这个问题隐藏得比较深。当我们使用 iPad 或其他常规宽度的设备时，就会得到如下运行时异常。

```
Terminating app due to uncaught exception 'NSGenericException', reason: 'UIPop
overPresentationController (<_UIAlertControllerActionSheetRegularPrese ntationController:
0x7fc619588110>) should have a non-nil sourceView or barButtonItem set before the
 presentation occurs. '
```

如前所述，在常规宽度的设备上，上拉菜单以弹出框的形式展现。弹出框必须要有一个能够作为源视图或者工具栏按钮的锚点（anchor point）。由于在本例中我们使用常规的 UIButton 来触发上拉菜单，因此我们就将其作为锚点。

在 iOS 中，我们不再需要小心翼翼地计算出弹出框的大小，UIAlertController 将会根据设备大小自适应弹出框的大小，并且在 iPhone 或者紧缩宽度的设备中它将会返回 nil 值。

要配置弹出框，基于 Objective-C 的代码如下。

```
UIPopoverPresentationController *popover = alertController.popoverPresentationController;
if (popover){
    popover.sourceView = sender;
    popover.sourceRect = sender.bounds;
    popover.permittedArrowDirections = UIPopoverArrowDirectionAny;
}
```

要配置弹出框，基于 Swift 的代码如下。

```
var popover = alertController.popoverPresentationController
if (popover != nil){
    popover?.sourceView = sender
    popover?.sourceRect = sender.bounds
    popover?.permittedArrowDirections = UIPopoverArrowDirection.Any
}
```

iPad 中的上拉菜单效果如图 10-7 所示。

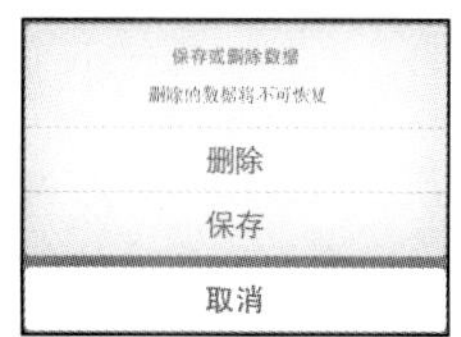

▲图 10-6　上拉菜单的效果

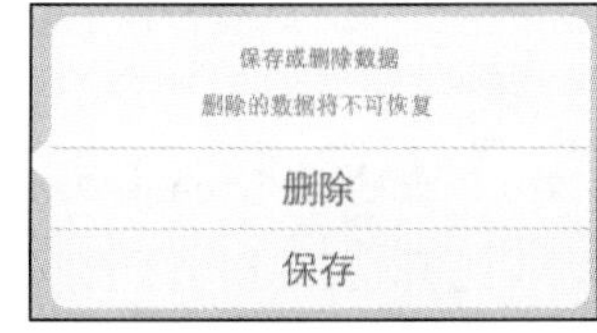

▲图 10-7　iPad 中的上拉菜单效果

类 UIPopoverPresentationController 也是在 iOS 8 中新出现的，用来替换 UIPopoverController。上拉菜单是以一个固定在源按钮上的弹出框的形式显示的。

UIAlertController 在使用弹出框的时候，自动移除了“取消”按钮，用户通过单击弹出框的外围部分来实现取消操作。

10.2.5　释放对话框控制器

在通常情况下，当用户选中一个动作后，对话框控制器将会自行释放。不过仍然可以在需要的时候以编程方式释放它，就像释放其他视图控制器一样。应当在应用程序转至后台运行时移除对话框或者上拉菜单。假定正在监听 UIApplicationDidEnterBackgroundNotification 消息，那么可以在 Observer 中释放任何显示出来的视图控制器。

要释放视图控制器，基于 Objective-C 的代码如下。

```
- (void)didEnterBackground:(NSNotification *)notification
{
    [[NSNotificationCenter defaultCenter] removeObserver:self name:UITextFieldTextDid
    ChangeNotification object:nil];
    [self.presentedViewController dismissViewControllerAnimated:NO completion:nil];
}
```

要释放视图控制器，基于 Swift 的代码如下。

```
func didEnterackground(notification: NSNotification){
    NSNotificationCenter.defaultCenter().removeObserver(self, name: UITextFieldTextDid
    ChangeNotification, object: nil)
    self.presentedViewController?.dismissViewControllerAnimated(false, completion: nil)
}
```

注意：为了保证运行安全，我们同样要移除所有的文本框 Observer。

10.3 实战演练

通过学习本章前面的内容，我们已经了解了提醒框控件 UIAlertController 的基本知识。接下来的几节将通过具体实例的实现过程，详细讲解使用 UIAlertController 开发 iOS 程序的方法。

10.3.1 实现自定义的操作表视图

实例 10-1	实现自定义的操作表视图
源码路径	daima\10\AlertControllerSheet

要实现自定义的操作表视图，具体步骤如下。

（1）使用 Xcode 创建一个名为 AlertControllerSheet 的 Single View Application 项目，在 Main.storyboard 中添加一个 Button，如图 10-8 所示，单击后将会弹出我们自定义的操作表视图。

（2）编写文件 ViewController.m，监听用户单击屏幕中 Button 的动作，并设置操作表视图的显示样式。具体实现代码如下。

```
- (IBAction)pressButton:(id)sender {

   UIAlertController *alertController;
   UIAlertAction *destroyAction;
   UIAlertAction *otherAction;

   alertController = [UIAlertController
                           alertControllerWithTitle:@"Reason"
                           message:@"Select the following"
                           preferredStyle:UIAlertControllerStyleActionSheet];

   destroyAction = [UIAlertAction actionWithTitle:@"Remove All Data"
                            style:UIAlertActionStyleDefault
                           handler:^(UIAlertAction *action) {
                           }];
   otherAction = [UIAlertAction actionWithTitle:@"Blah"
                           style:UIAlertActionStyleDefault
                          handler:^(UIAlertAction *action) {
```

```
                              }];
    [alertController addAction:destroyAction];
    [alertController addAction:otherAction];

    [alertController setModalPresentationStyle:UIModalPresentationPopover];

    UIPopoverPresentationController *popPresenter = [alertController
                                   popoverPresentationController];
    popPresenter.sourceView = self.button;
    popPresenter.sourceRect = self.button.bounds;


    [self presentViewController:alertController animated:YES completion:nil];

}
```

执行结果如图 10-9 所示。

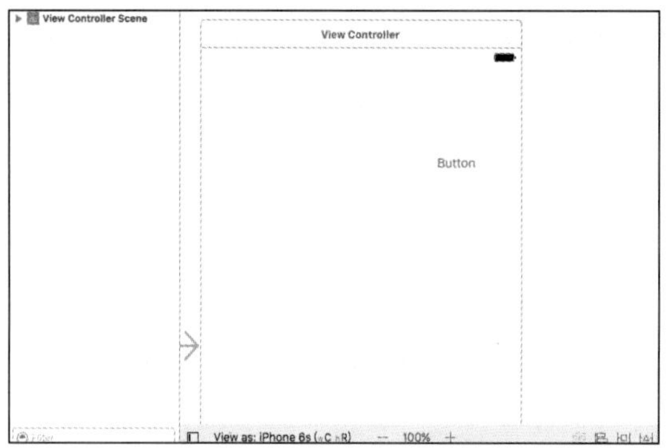

▲图 10-8　在故事板 Main.storyboard 中添加一个 Button

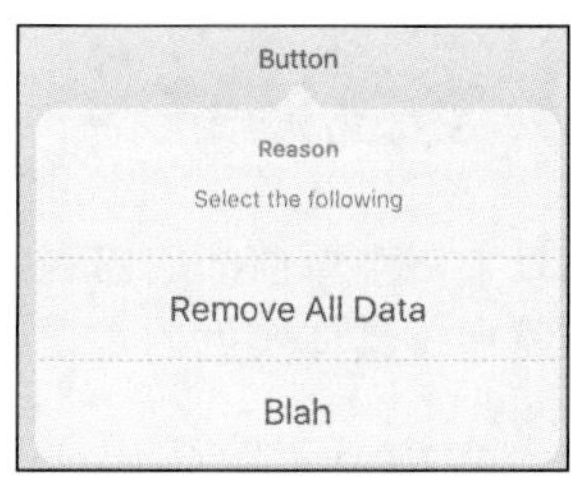

▲图 10-9　执行结果

10.3.2　自定义提醒表视图和操作表视图

实例 10-2	自定义提醒表视图和操作表视图
源码路径	daima\10\UIAlertController-Blocks

要自定义提醒表视图和操作表视图，具体步骤如下。

（1）在 Xcode 中，在 Main.storyboard 中分别插入两个文本控件，如图 10-10 所示，单击后将会分别弹出我们自定义的提醒表视图和操作表视图。

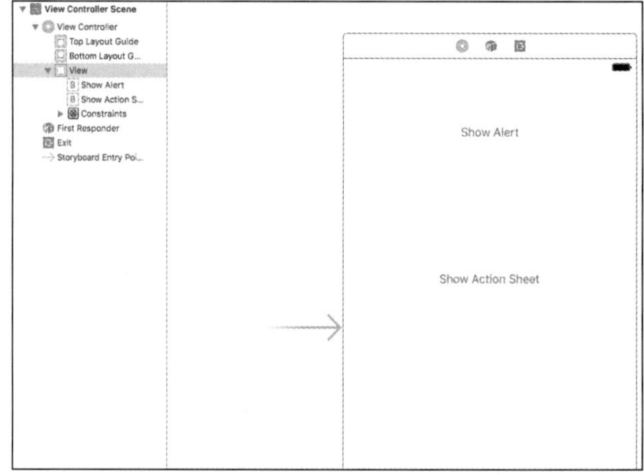

▲图 10-10　在 Main.storyboard 中插入两个文本控件

（2）编写文件 ViewController.m，分别设置提醒表视图和操作表视图的显示样式，然后监听用户单击屏幕的动作，根据用户单击的屏幕区域弹出对应的视图界面。具体实现代码如下。

```
- (instancetype)initWithCoder:(NSCoder *)aDecoder
{
    self = [super initWithCoder:aDecoder];
    if (self) {
        self.tapBlock = ^(UIAlertController *controller, UIAlertAction *action, NSInteger
          buttonIndex){
          if (buttonIndex == controller.destructiveButtonIndex) {
              NSLog(@"Delete");
          } else if (buttonIndex == controller.cancelButtonIndex) {
              NSLog(@"Cancel");
          } else if (buttonIndex >= controller.firstOtherButtonIndex) {
              NSLog(@"Other %ld", (long)buttonIndex - controller.firstOtherButtonIndex + 1);
          }
        };
    }
    return self;
}

- (IBAction)showAlert:(id)sender
{
    [UIAlertController showAlertInViewController:self
                          withTitle:@"Test Alert"
                           message:@"Test Message"
                  cancelButtonTitle:@"Cancel"
             destructiveButtonTitle:@"Delete"
                  otherButtonTitles:@[@"First Other", @"Second Other"]
                        tapBlock:self.tapBlock];
}

- (IBAction)showActionSheet:(UIButton *)sender
{
    [UIAlertController showActionSheetInViewController:self
                              withTitle:@"Test Action Sheet"
                               message:@"Test Message"
                    cancelButtonTitle:@"Cancel"
               destructiveButtonTitle:@"Delete"
                    otherButtonTitles:@[@"First Other", @"Second Other"]
          popoverPresentationControllerBlock:^(UIPopoverPresentationController *popover){
            popover.sourceView = self.view;
            popover.sourceRect = sender.frame;
          }
                               tapBlock:self.tapBlock];
}
```

单击 Show Action Sheet 后的效果如图 10-11 所示。单击 Show Alert 后的效果如图 10-12 所示。

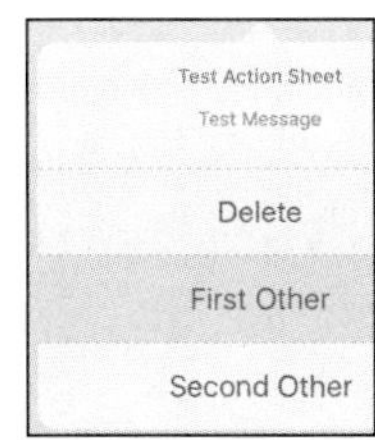

▲图 10-11　单击 Show Action Sheet 后的效果

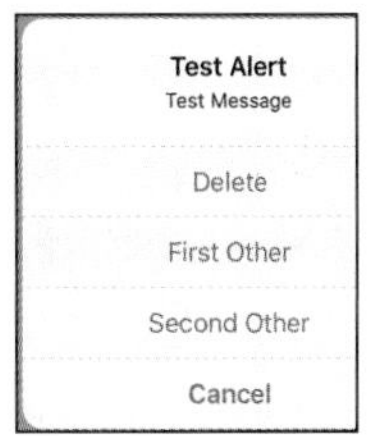

▲图 10-12　单击 Show Alert 后的效果

10.3.3　自定义 UIAlertController 控件的外观

实例 10-3	自定义 UIAlertController 控件的外观
源码路径	daima\10\UIAlertController

实例 10-3 的功能是自定义 UIAlertController 控件的外观，包括背景颜色和文本等。要实现该实例，具体步骤如下。

（1）启动 Xcode，单击 Create a new Xcode project，创建一个 iPad 项目，在左侧选择 iOS 下的 Application，在右侧选择 Single View Application。

（2）文件 AlertVC.m 用于自定义提醒表视图的样式，主要代码如下。

```
- (UIAlertController *)alertController
{
   if (!_alertController)
   {
       _alertController = [UIAlertController alertControllerWithTitle:@"title" message:
       @"message" preferredStyle:UIAlertControllerStyleAlert];

       /*给 UIAlertController 添加动作按钮*/

       //cancel 按钮
       UIAlertAction *cancelAction = [UIAlertAction actionWithTitle:@"cancel"
       style:UIAlertActionStyleCancel handler:^(UIAlertAction * _Nonnull action) {

         NSLog(@"cancel");
         //从广播中心移除该条通知
         [[NSNotificationCenter defaultCenter] removeObserver:self name:
       UITextFieldTextDidChangeNotification object:nil];
       }];

       //default 按钮
       UIAlertAction *defaultAction = [UIAlertAction actionWithTitle:@"default"
          style: UIAlertActionStyleDefault handler:^(UIAlertAction * _Nonnull action) {

         NSLog(@"default");
         //从广播中心移除该条通知
         [[NSNotificationCenter defaultCenter] removeObserver:self name:
         UITextFieldTextDidChangeNotification object:nil];
       }];

       //destructive 按钮
       UIAlertAction *destructiveAction = [UIAlertAction actionWithTitle:@"destructive"
       style:UIAlertActionStyleDestructive handler:^(UIAlertAction * _Nonnull action) {

         NSLog(@"destructive");
       }];
       cancelAction.enabled = YES;
       defaultAction.enabled = NO;

       //添加按钮，只添加 cancel 和 default 两个按钮，效果和 3 个全部添加不同
       [_alertController addAction:cancelAction];
       [_alertController addAction:defaultAction];
     //[_alertController addAction:destructiveAction];


       /* 给 UIAlertController 添加输入框 */
       __weak typeof(self) weakSelf = self;
```

```
        //添加账号输入框
        [_alertController addTextFieldWithConfigurationHandler:^(UITextField * _Nonnull
            textField) {

          textField.placeholder = @"请输入账号";
          //增加一条广播
          [[NSNotificationCenter defaultCenter] addObserver:weakSelf selector:@selector
              (accountTextFieldDidChange:) name:UITextFieldTextDidChangeNotification
              object:textField];
        }];

        //添加密码输入框
        [_alertController addTextFieldWithConfigurationHandler:^(UITextField * _Nonnull
            textField) {

          textField.placeholder = @"请输入密码";
          textField.secureTextEntry = YES;
        }];
    }
    return _alertController;
}

/**
 *  监听账号输入框
*/
- (void)accountTextFieldDidChange:(NSNotification *)notification
{
    if (_alertController)
    {
        //textFields 和 actions 是数组
        UITextField *accountTextField = _alertController.textFields[0];
        UIAlertAction *cancelAction = _alertController.actions[0];
        UIAlertAction *defaultAction = _alertController.actions[1];

        defaultAction.enabled = accountTextField.text.length > 2;
    }
}
```

执行结果如图 10-13 所示。

（3）文件 ViewController.m 中定义了一个表格，用于监听用户对屏幕的单击操作，根据监听结果弹出对应的视图。此文件的执行结果如图 10-14 所示。

▲图 10-13　执行结果

▲图 10-14　执行结果

10.3.4　基于 Swift 实现提醒框

实例 10-4	基于 Swift 实现提醒框
源码路径	daima\10\UIAlertController-Swift

实例文件 ViewController.swift 的功能是实现第一个视图界面，单击提醒视图中的 Go 按钮后会来到第二个视图界面。具体实现代码如下。

```
@IBAction func goToSecond(){
  let alertController: UIAlertController = UIAlertController(title: "Next View",
     message: "Do you want to go to the next view?", preferredStyle: .alert)
  let cancelAction = UIAlertAction(title: "No, cancel", style: .cancel){ action -> Void in
  }

  let nextAction = UIAlertAction(title: "Go", style: .default) { action -> Void in
     self.performSegue(withIdentifier: "toSecond", sender: self)
  }

  alertController.addAction(cancelAction)
  alertController.addAction(nextAction)

  self.present(alertController, animated: true, completion: nil);
}
```

执行 ViewController.swift 的结果如图 10-15 所示。

实例文件 SecondViewController.swift 的功能是实现第二个视图界面，单击提醒视图中的 Go 按钮后会来到第一个视图界面。执行 SecondViewController.swift 的结果如图 10-16 所示。

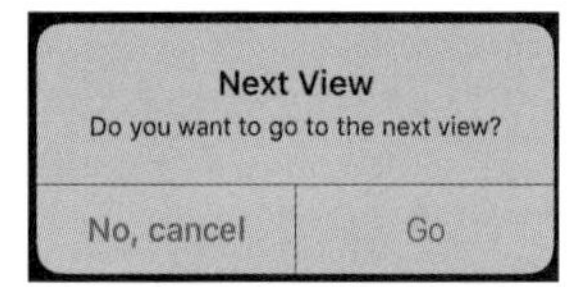

▲图 10-15　执行 ViewController.swift 的结果

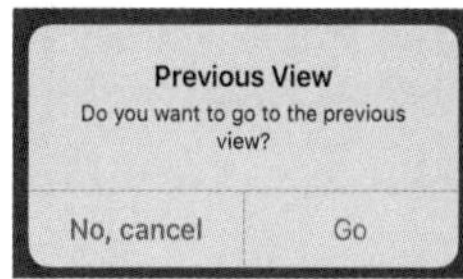

▲图 10-16　执行 SecondViewController.swift 的结果

第 11 章　工具栏和选择器

本章将重点介绍两个新的用户界面元素——工具栏和选择器。在 iOS 应用中，工具栏显示在屏幕顶部或底部，其中包含一组执行常见功能的按钮。而选择器是一种独特的 UI 元素，不但可以向用户显示信息，而且收集用户输入的信息。本章将讲解 3 种 UI 元素——UIToolbar、UIDatePicker 和 UIPickerView，它们都能够向用户展示一系列选项。

11.1 工具栏

在 iOS 应用中，工具栏（UIToolbar）是一个比较简单的 UI 元素。工具栏是一个实心条，通常位于屏幕顶部或底部，如图 11-1 所示。工具栏包含的按钮（UIBarButtonItem）对应用户可在当前视图中执行的操作。这些按钮提供一个选择器（selector），其工作原理几乎与 Touch Up Inside 事件相同。

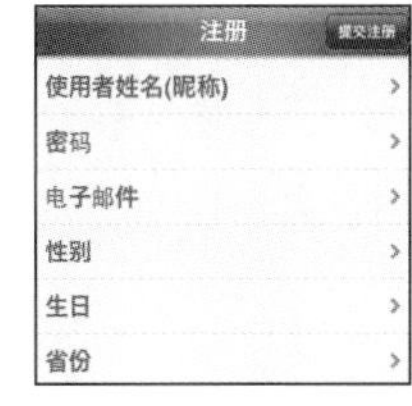

▲图 11−1　顶部的工具栏

11.1.1　工具栏的基础知识

工具栏用于提供一组选项，让用户执行某个操作，而并非用于在完全不同的应用程序界面之间切换。要在不同的应用程序界面中实现切换功能，需要使用选项卡栏。在 iOS 应用中，一般可以用可视化的方式实现工具栏，它是在 iPad 中显示弹出框的标准途径。要在视图中添加工具栏对象，可打开 Object 库并使用 ToolBar 进行搜索，再将工具栏对象拖曳到视图顶部或底部（在 iPhone 应用程序中，工具栏通常位于底部）。

虽然工具栏的实现与分段控件类似，但是工具栏中的控件是完全独立的对象。UIToolbar 实例只是一个横跨屏幕的灰色条而已，要让工具栏具备一定的功能，还需要在其中添加按钮。

1. 栏按钮项

苹果公司将工具栏中的按钮称为栏按钮项（bar button item，UIBarButtonItem）。栏按钮项是一种交互式元素，iOS 的 Object 库提供了 3 种栏按钮对象，如图 11-2 所示。

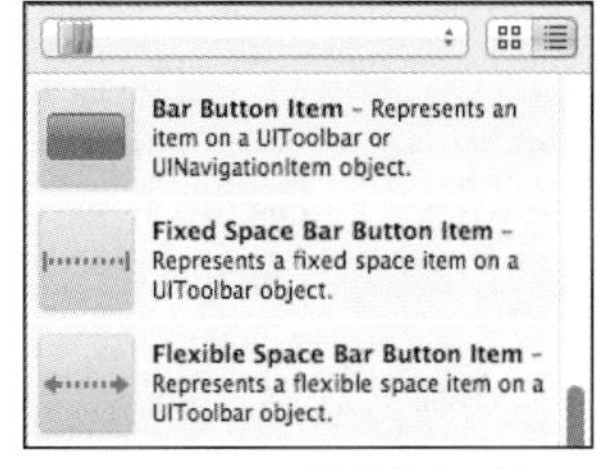

▲图 11−2　3 种栏按钮对象

虽然这些对象看起来不同，但是其实都是栏按钮项实例。在 iOS 应用的开发过程中，你可以定制栏按钮项，可以根据需要将其设置为十多种常见的系统按钮类型，并且还可以设置里面的文本和图像。要在工具栏中添加栏按钮，你可以将一个栏按钮项拖曳到视图的工具栏中。在文档大纲区域，栏按钮项将显示为工具栏的子对象。双击按钮上的文本，对其进行编辑，这像标准 UIButton 控件一样。另外，你还可以使用栏按钮项的手柄调整其大小，但是不能通过拖曳在工具栏中移动按钮。

要调整工具栏按钮的位置，需要在工具栏中插入特殊的栏按钮项——灵活间距栏按钮项和固定间距栏按钮项。灵活间距栏按钮项自动增大，以填满它两边的按钮之间的空间（或工具栏两端的空间）。例如，要将一个按钮放在工具栏中央，可在它两边添加灵活间距栏按钮项。要将两个按钮分放在工具栏两端，只需在它们之间添加一个灵活间距栏按钮项即可。固定间距栏按钮项的宽度是固定不变的，可以插入现有按钮的前面或后面。

2. 栏按钮的属性

要配置栏按钮项的外观，可以选择它并打开 Attributes Inspector，如图 11-3 所示。

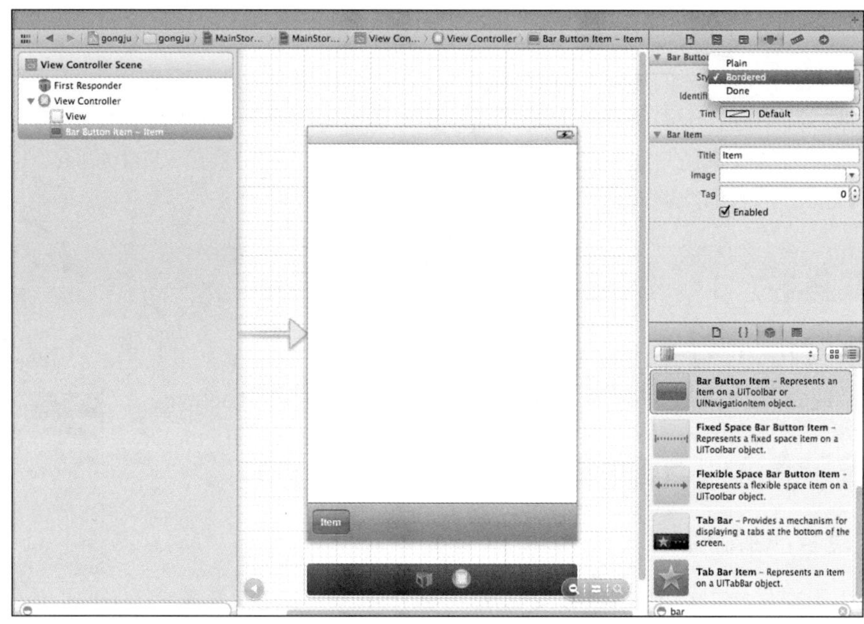

▲图 11-3　配置栏按钮项的外观

由图 11-3 可知，一共有如下 3 种样式可供选择。

- ❑ Bordered：有边框的按钮。
- ❑ Plain：默认样式的按钮，按下时会闪动。
- ❑ Done：呈蓝色，提醒用户编辑完毕时应点触该按钮。

另外，还可以设置多个“标识符”，它们是常见的按钮图标/标签，可让工具栏按钮符合 iOS 应用程序标准。使用灵活间距标识符和固定间距标识符，可以让栏按钮项的行为像这两种特殊的按钮类型一样。如果这些标准按钮样式都不合适，还可以设置按钮显示为一幅图像，这种图像的尺寸必须是 20 点×20 点，其透明部分将变成白色，而纯色将被忽略。

11.1.2　创建带图标按钮的工具栏

实例 11-1	创建带图标按钮的工具栏
源码路径	daima\11\UIToolbarEX

实例 11-1 的功能是使用 UIToolbar 控件创建一个带图标按钮的工具栏。实例文件 ViewController.m 的具体代码如下。

```
#import "ViewController.h"
@interface ViewController ()
@end
@implementation ViewController
- (void)viewDidLoad {
    [super viewDidLoad];
```

```
    self.navigationController.navigationBar.barTintColor = [UIColor orangeColor];
    self.navigationItem.title = @"UIToolBar 的使用";
    self.view.backgroundColor = [UIColor grayColor];
    //设置 UINavigationController 的 toolbarHidden 属性可显示 UIToolbar
    [self.navigationController setToolbarHidden:NO animated:YES];
    //设置痕迹颜色
    [self.navigationController.toolbar setBarTintColor:[UIColor orangeColor]];
    //设置背景图片
    [self.navigationController.toolbar setBackgroundImage:[UIImage imageNamed:@""]
    forToolbarPosition:UIBarPositionBottom barMetrics:UIBarMetricsDefault];
    //设置工具栏包含的视图/控制器
    UIBarButtonItem *item0 = [[UIBarButtonItem alloc]
    initWithBarButtonSystemItem:UIBarButtonSystemItemDone target:self
    action:@selector(toolbarAction:)];
    item0.tag = 0;
    UIView *customView = [[UIView alloc]initWithFrame:CGRectMake(0, 5, 50, 20)];
    customView.backgroundColor = [UIColor purpleColor];
    UIBarButtonItem *item1 = [[UIBarButtonItem alloc] initWithCustomView:customView];
    item1.tag = 1;
    //iOS 7 以后使用，不然不显示这类图片，有透明效果的可以直接添加
    UIImage *item2Image = [[UIImage imageNamed:@"car.png"] imageWithRenderingMode:
        UIImageRenderingModeAlwaysOriginal];
    //直接添加[UIImage imageNamed:@"close.png"]，不透明的效果默认为蓝色
    UIBarButtonItem *item2 = [[UIBarButtonItem alloc] initWithImage:item2Image style:
        UIBarButtonItemStyleDone target:self action:@selector(toolbarAction:)];
    item2.tag = 2;

    UIBarButtonItem *item3 = [[UIBarButtonItem alloc] initWithTitle:@"item3" style:
        UIBarButtonItemStyleDone target:self action:@selector(toolbarAction:)];
    item3.tag = 3;
    //间隔符
    UIBarButtonItem *spaceItem = [[UIBarButtonItem alloc] initWithBarButtonSystemItem:
    UIBarButtonSystemItemFlexibleSpace target:self action:nil];
    //在 Item 之间、前后都添加一个代表空格的 spaceItem
    NSArray *itemsArray = [NSArray arrayWithObjects:spaceItem,item0,spaceItem,item1,
        spaceItem,item2,spaceItem,item3,spaceItem, nil];
    self.toolbarItems = itemsArray;
}
-(void)toolbarAction:(UIBarButtonItem*)sender{
    NSLog(@"toolbarItems : %ld ",sender.tag);
    switch (sender.tag) {
        case 0:{ } break;
        case 1:{ } break;
        case 2:{ } break;
        case 3:{ } break;

        default:
            break;
    }
}
- (void)didReceiveMemoryWarning {
    [super didReceiveMemoryWarning];
}
@end
```

执行结果如图 11-4 所示。

▲图 11-4　执行结果

11.1.3　基于 Swift 使用 UIToolbar 制作网页浏览器

实例 11-2	基于 Swift 使用 UIToolbar 制作网页浏览器
源码路径	daima\11\SMDatePicker

实例文件 ViewController.swift 的功能是分别构建 3 个按钮选项对应的界面视图。具体实现代码如下。

```
private var pickerToolbar: SMDatePicker = SMDatePicker()
private var buttonToolbar: UIButton = ViewController.cusomButton("Toolbar customization")
//载入视图界面
override func viewDidLoad() {
    super.viewDidLoad()
    view.backgroundColor = UIColor.purpleColor().colorWithAlphaComponent(0.8)
    //下面是 3 个按钮
    button.addTarget(self, action: Selector("button:"), forControlEvents:
       UIControlEvents. TouchUpInside) addButton(button)

    buttonColor.addTarget(self, action: Selector("buttonColor:"), forControlEvents:
    UIControlEvents.TouchUpInside)
    addButton(buttonColor)

    buttonToolbar.addTarget(self, action: Selector("buttonToolbar:"), forControlEvents:
    UIControlEvents.TouchUpInside)
    addButton(buttonToolbar)
}

private func addButton(button: UIButton) {
    button.sizeToFit()
    button.frame.size = CGSizeMake(self.view.frame.size.width * 0.8, button.frame.
    height)

    let xPosition = (view.frame.size.width - button.frame.width) / 2
    button.frame.origin = CGPointMake(xPosition, yPosition)

    view.addSubview(button)

    yPosition += button.frame.height * 1.3
}

class func cusomButton(title: String) -> UIButton {
    let button = UIButton(type: UIButtonType.Custom) as UIButton
    button.setTitle(title, forState: UIControlState.Normal)
    button.backgroundColor = UIColor.blackColor().colorWithAlphaComponent(0.4)
```

```
    button.layer.cornerRadius = 10

    return button
}

func button(sender: UIButton) {
    activePicker?.hidePicker(true)
    picker.showPickerInView(view, animated: true)
    picker.delegate = self

    activePicker = picker
}

//设置按钮的颜色
    func buttonColor(_ sender: UIButton) {
    activePicker?.hidePicker(true)

    pickerColor.toolbarBackgroundColor = UIColor.gray
    pickerColor.pickerBackgroundColor = UIColor.lightGray
    pickerColor.showPickerInView(view, animated: true)
    pickerColor.delegate = self

    activePicker = pickerColor
}

func buttonToolbar(_ sender: UIButton) {
    activePicker?.hidePicker(true)

    pickerToolbar.toolbarBackgroundColor = UIColor.gray
    pickerToolbar.title = "Customized"
    pickerToolbar.titleFont = UIFont.systemFont(ofSize: 16)
    pickerToolbar.titleColor = UIColor.white
    pickerToolbar.delegate = self

    let buttonOne = toolbarButton("One")
    let buttonTwo = toolbarButton("Two")
    let buttonThree = toolbarButton("Three")

    pickerToolbar.leftButtons = [ UIBarButtonItem(customView: buttonOne) ]
    pickerToolbar.rightButtons = [ UIBarButtonItem(customView: buttonTwo) ,
        UIBarButtonItem(customView: buttonThree) ]

    pickerToolbar.showPickerInView(view, animated: true)

    activePicker = pickerToolbar
}
//定义工具栏
private func toolbarButton(_ title: String) -> UIButton {
    let button = UIButton(type: UIButton.ButtonType.custom) as UIButton
    button.setTitle(title, for: UIControl.State())
    button.frame = CGRect(x: 0, y: 0, width: 70, height: 32)
    button.backgroundColor = UIColor.red.withAlphaComponent(0.4)
    button.layer.cornerRadius = 5.0

    return button
}

//日期选择器

func datePicker(_ picker: SMDatePicker, didPickDate date: Date) {
```

```
        if picker == self.picker {
            button.setTitle(date.description, for: UIControl.State())
        } else if picker == self.pickerColor {
            buttonColor.setTitle(date.description, for: UIControl.State())
        } else if picker == self.pickerToolbar {
            buttonToolbar.setTitle(date.description, for: UIControl.State())
        }
    }

    func datePickerDidCancel(_ picker: SMDatePicker) {
        if picker == self.picker {
            button.setTitle("Default picker", for: UIControl.State())
        } else if picker == self.pickerColor {
            buttonColor.setTitle("Custom colors", for: UIControl.State())
        } else if picker == self.pickerToolbar {
            buttonToolbar.setTitle("Toolbar customization", for: UIControl.State())
        }
    }

}
```

执行后会显示 3 种样式的日期数据，结果如图 11-5 所示。

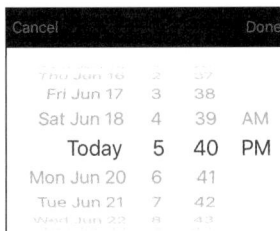

▲图 11-5　执行结果

11.2 选择器视图

在选择器视图中只定义了整体行为和外观，选择器视图包含的组件数以及每个组件的内容都将由我们自己进行定义。图 11-6 所示的选择器视图包含两个组件，它们分别显示文本和图像。本节将详细讲解选择器视图（UIPickerView）的基本知识。

▲图 11-6　选择器视图

11.2.1　选择器视图的基础知识

要在应用程序中添加选择器视图，可以使用 IB 编辑器从 Object 库拖曳选择器视图到我们的视图中。但是不能在 Connections Inspector 中配置选择器视图的外观，而需要编写遵守两个协议的代码，其中一个协议提供选择器的布局（数据源协议），另一个协议提供选择器将包含的信息（委托协议）。可以使用 Connections Inspector 将委托和数据源输出口连接到一个类，也可以使用代码设置这些属性。

1. 选择器视图数据源协议

选择器视图数据源（UIPickerViewDataSource）协议包含如下描述选择器将显示多少信息的方法。

- numberOfComponentsInPickerView：返回选择器需要的组件数。

- pickerView:numberOfRowsInComponent：返回指定组件包含的行数（不同的输入值）。

2. 选择器视图委托协议

选择器视图委托（UIPickerViewDelegate）协议负责创建和使用选择器的工作。它负责将合适的数据传递给选择器进行显示，并确定用户是否做出了选择。为让委托按我们希望的方式工作，将使用多个协议方法，但只有以下两个是必不可少的。

- pickerView:titleForRow:forComponent：根据指定的组件和行号返回该行的标题，即应向用户显示的字符串。
- pickerView:didSelectRow:inComponent：当用户在选择器视图中做出选择时，将调用该委托方法，并向它传递用户选择的行号以及用户最后触摸的组件。

3. 高级选择器委托方法

在选择器视图的委托协议实现中，还可包含其他几个方法，以进一步定制选择器的外观。其中有如下 3 个常用的方法。

- pickerView:rowHeightForComponent：对于指定组件，返回其行高，单位为点。
- pickerView:widthForComponent：对于指定组件，返回宽度，单位为点。
- pickerView:viewForRow:ForComponent:ReusingView：对于指定组件和行号，返回相应位置应显示的自定义视图。

在上述方法中，前两个方法的含义不言而喻。如果要修改组件的宽度或行高，可以实现这两个方法，并让其返回合适的值（单位为点）。而第三个方法较复杂，它让开发人员能够完全修改选择器显示内容的外观。

方法 pickerView:viewForRow:ForComponent:ReusingView 以行号和组件作为参数，并返回包含自定义内容的视图。这个方法优先于方法 pickerView:titleForRow:forComponent。也就是说，如果使用 pickerView:viewForRow:ForComponent:ReusingView 指定了自定义选择器显示的任何一个选项，就必须使用它指定全部选项。

4. UIPickerView 中的实例方法

UIPickerView 中的实例方法如下。

- - (NSInteger) numberOfRowsInComponent:(NSInteger)component：参数为 component 的序号（从左到右，从 0 起始），返回指定的 component 中行的个数。
- -(void) reloadAllComponents：调用此方法使 PickerView 从 delegate 查询所有组件的新数据。
- -(void) reloadComponent: (NSInteger) component：参数为需更新的 component 的序号，调用此方法使 PickerView 从 delegate 查询新数据。
- -(CGSize) rowSizeForComponent: (NSInteger) component：参数为需更新的 component 的序号，通过调用委托方法中的 pickerView:widthForComponent 和 pickerView: rowHeightForComponent 获得返回值。
- -(NSInteger) selectedRowInComponent: (NSInteger) component：参数为需更新的 component 的序号，返回被选中行的序号，若无行被选中，则返回−1。
- -(void) selectRow: (NSInteger)row inComponent: (NSInteger)component animated: (BOOL)animated：在代码中指定要选择的某 component 的某行。参数 row 表示行号，参数 component 表示序号。如果 BOOL 值为 YES，则转动到我们选择的新值；若为 NO，则直接显示我们选择的值。
- -(UIView *) viewForRow: (NSInteger)row forComponent: (NSInteger)component：参数 row 表示行号，

参数 component 表示序号，返回由委托方法 pickerView:viewForRow: forComponent:ReusingView 指定的 view。如果委托对象并没有实现这个方法或此 view 不可见，则返回 nil。

11.2.2　实现两个 UIPickerView 控件间的数据依赖

实例 11-3	实现两个 UIPickerView 控件间的数据依赖
源码路径	daima\11\pickerViewDemo

实例 11-3 的功能是实现两个选取器的关联操作，滚动第一个滚轮时，第二个滚轮的内容随着第一个的变化而变化，然后单击按钮触发一个动作。具体操作如下。

（1）在项目中创建一个 songInfo.plist 文件，存储数据，添加的内容如图 11-7 所示。

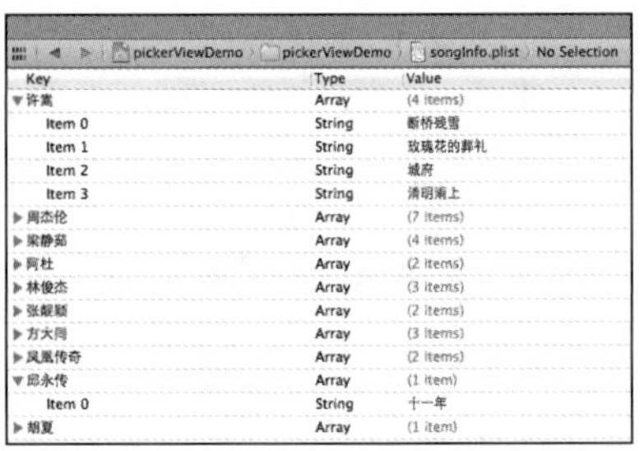

▲图 11-7　添加的内容

（2）在 ViewController 中，创建一个 pickerView 对象、两个数组（存放选取器的数据）和一个字典，读取 plist 文件。具体代码如下。

```
#import <UIKit/UIKit.h>
@interface ViewController : UIViewController<UIPickerViewDelegate,UIPickerViewDataS
ource>
{
//定义滑轮组件
    UIPickerView *pickerView;
//存储第一个选取器的数据
    NSArray *singerData;
//存储第二个选取器的数据
    NSArray *singData;
//读取 plist 文件的数据
    NSDictionary *pickerDictionary;
}
-(void) buttonPressed:(id)sender;
@end
```

（3）要在 ViewController.m 文件的 ViewDidLoad 中完成初始化，使用如下两个宏定义两个选取器的序号，并放在#import"ViewController.h"后面。

```
#define singerPickerView 0
#define singPickerView 1
```

（4）编写以下代码。

```
- (void)viewDidLoad
{
    [super viewDidLoad];

    pickerView = [[UIPickerView alloc] initWithFrame:CGRectMake(0, 0, 320, 216)];
//指定 Delegate
    pickerView.delegate=self;
    pickerView.dataSource=self;
//显示选中框
    pickerView.showsSelectionIndicator=YES;
    [self.view addSubview:pickerView];
//获取 mainBundle
    NSBundle *bundle = [NSBundle mainBundle];
```

```
//获取 songInfo.plist 文件路径
    NSURL *songInfo = [bundle URLForResource:@"songInfo" withExtension:@"plist"];
//把 plist 文件的内容存入数组
    NSDictionary *dic = [NSDictionary dictionaryWithContentsOfURL:songInfo];
    pickerDictionary=dic;
//将字典里面的内容取出并放到数组中
    NSArray *components = [pickerDictionary allKeys];
//选取出第一个滚轮中的值
    NSArray *sorted = [components sortedArrayUsingSelector:@selector(compare:)];
    singerData = sorted;
//根据第一个滚轮中的值，选取第二个滚轮中的值
    NSString *selectedState = [singerData objectAtIndex:0];
    NSArray *array = [pickerDictionary objectForKey:selectedState];
    singData=array;
//添加按钮
    CGRect frame = CGRectMake(120, 250, 80, 40);
    UIButton *selectButton = [UIButton buttonWithType:UIButtonTypeRoundedRect];
    selectButton.frame=frame;
    [selectButton setTitle:@"SELECT" forState:UIControlStateNormal];

    [selectButton addTarget:self action:@selector(buttonPressed:) forControlEvents:
    UIControlEventTouchUpInside];
    [self.view addSubview:selectButton];
}
```

（5）编写实现按钮事件的代码。

```
-(void) buttonPressed:(id)sender
{
//获取选取器某一行索引值
    NSInteger singerrow =[pickerView selectedRowInComponent:singerPickerView];
    NSInteger singrow = [pickerView selectedRowInComponent:singPickerView];
//将 singerData 数组中的值取出
    NSString *selectedsinger = [singerData objectAtIndex:singerrow];
    NSString *selectedsing = [singData objectAtIndex:singrow];
    NSString *message = [[NSString alloc] initWithFormat:@"你选择了%@的%@",selectedsinger,
    selectedsing];

   UIAlertView *alert = [[UIAlertView alloc] initWithTitle:@"提示"
                                              message:message
                                             delegate:self
                                    cancelButtonTitle:@"OK"
                                    otherButtonTitles: nil];
                                    [alert show];
}
```

（6）编写关于两个协议的代理方法的代码。

```
#pragma mark -
#pragma mark Picker Date Source Methods

//返回显示的列数
-(NSInteger)numberOfComponentsInPickerView:(UIPickerView *)pickerView
{
//返回几就有几个选取器
    return 2;
}
//返回当前列显示的行数
-(NSInteger)pickerView:(UIPickerView *)pickerView numberOfRowsInComponent:(NSInteger)
```

```
component
{
    if (component==singerPickerView) {
        return [singerData count];
    }
        return [singData count];
}
#pragma mark Picker Delegate Methods

//返回当前行的内容,此处将数组中的数值添加到滚动的那个显示栏上
-(NSString*)pickerView:(UIPickerView *)pickerView titleForRow:(NSInteger)row forComponent:
(NSInteger)component
{
    if (component==singerPickerView) {
        return [singerData objectAtIndex:row];
    }
        return [singData objectAtIndex:row];
}
-(void)pickerView:(UIPickerView *)pickerViewt didSelectRow:(NSInteger)row inComponent:
(NSInteger)component
{
//如果选取的是第一个选取器
    if (component == singerPickerView) {
//得到第一个选取器的当前行
        NSString *selectedState =[singerData objectAtIndex:row];
//根据从 pickerDictionary 字典中取出的值，选择第二个
        NSArray *array = [pickerDictionary objectForKey:selectedState];
        singData=array;
        [pickerView selectRow:0 inComponent:singPickerView animated:YES];
//重新加载第二个滚轮中的值
        [pickerView reloadComponent:singPickerView];
    }
}
//设置滚轮的宽度
-(CGFloat)pickerView:(UIPickerView *)pickerView widthForComponent:(NSInteger)component
{
   if (component == singerPickerView) {
       return 120;
   }
   return 200;
}
```

在这个方法中，因为定义的 pickerView 对象和参数发生冲突，所以-(void)pickerView:(UIPickerView *) pickerViewt didSelectRow:(NSInteger)row inComponent: (NSInteger) component 把(UIPickerView *) pickerView 参数改成了(UIPickerView *)pickerViewt。

整个实例执行后的结果如图 11-8 所示。

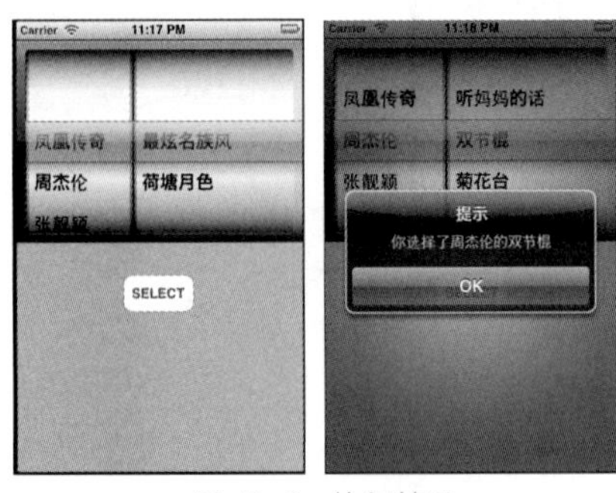

▲图 11-8　执行结果

11.2.3 基于 Objective-C 自定义选择器

实例 11-4	基于 Objective-C 自定义选择器
源码路径	daima\11\CustomPicker-Obj

在本实例中将创建一个自定义选择器，它包含两个组件，一个显示动物图像，另一个显示动物声音。当用户在自定义选择器视图中选择动物图像或声音时，在输出标签中将显示出用户所做的选择。

1. 创建项目并添加图片资源

打开 Xcode，使用模板 Single View Application 创建一个项目，并将其命名为 CustomPicker，设置设备为 iPad，如图 11-9 所示。

为了让自定义选择器显示动物照片，需要在项目中添加一些图像。为此，将文件夹 Images 拖曳到项目中存放代码的文件夹中，在 Xcode 询问时选择复制文件并创建编组。然后打开项目中的 Imagcs 文件夹，其中有 7 幅图像——bear.png、cat.png、dog.png、goose.png、mouse.pmg、pig.png 和 snake.png。

▲图 11-9 创建 Xcode 项目

2. 添加 AnimalChooserViewController 类

类 AnimalChooserViewController 的功能是处理包含日期的选择器场景，其中有一个包含动物和声音的自定义选择器。单击项目导航器左下角的“+”按钮，新建一个 UIViewController 子类，并将其命名为 AnimalChooserViewController，将这个新类放到项目中存放代码的文件夹中。

3. 添加动物选择场景并关联视图控制器

打开文件 MainStoryboard.storyboard 和 Object 库，将一个视图控制器拖曳到 IB 编辑器的空白区域（或文档大纲区域）。选择新场景的视图控制器图标，打开 Identity Inspector，并从 Class 下拉列表中选择 AnimalChooserViewController。使用 Identity Inspector 将第一个场景的视图控制器标签设置为 Initial，将第二个场景的视图控制器标签设置为 Animal Chooser。这些修改将立即在文档大纲中反映出来。

4. 规划变量和连接

本项目需要的输出口和操作与前一个项目类似，但有一个例外。在前一个项目中，当日期选择器的值发生变化时，需要执行一个方法，但在这个项目中，我们将实现选择器协议，其中包含的一个方法将在用户使用选择器时自动被调用。

初始场景将包含一个输出标签（outputLabel），以及一个用于显示动物选择场景的操作（showAnimalChooser）。该场景的视图控制器类 ViewController 将通过属性 animalChooserVisible 判断动物选择场景是否可见。另外，还有一个显示用户选择的动物和声音的方法 displayAnimal:WithSound:FromComponent。

5. 添加表示自定义选择器组件的常量

在创建自定义选择器时必须实现各种协议方法，而在这些方法中需要使用数字来引用组件。为了简化自定义选择器实现，只定义一些常量，这样就可使用符号来引用组件了。

在本实例项目中，设置组件 0 表示动物组件，设置组件 1 为声音组件。在实现文件开头定义几个常量后，便可以通过名称来引用组件。为此，在文件 AnimalChooserView.m 的#import 代码后面添加下面的代码。

```
#define kComponentCount 2
#define kAnimalComponent 0
#define kSoundComponent  1
```

第一个常量 kComponentCount 是要在选择器中显示的组件数，而其他两个常量 kAnimalComponent 和 kSoundComponent 可用于引用选择器中不同的组件，而无须借助于它们的实际编号。

6. 设计界面

打开文件 MainStoryboard.storyboard，滚动到在编辑器中能够看到初始场景。打开 Object 库，并拖曳一个工具栏到该视图底部。修改默认栏按钮项的文本，将其改为“选择图像和文字”。使用两个灵活间距栏按钮项让该按钮位于工具栏中央。然后在视图中央添加一个标签，将其文本改为 Nothing Selected。使用 Attributes Inspector，让文本居中、增大标签的字体，并将标签扩大到至少能够容纳 5 行文本。图 11-10 显示了初始场景。

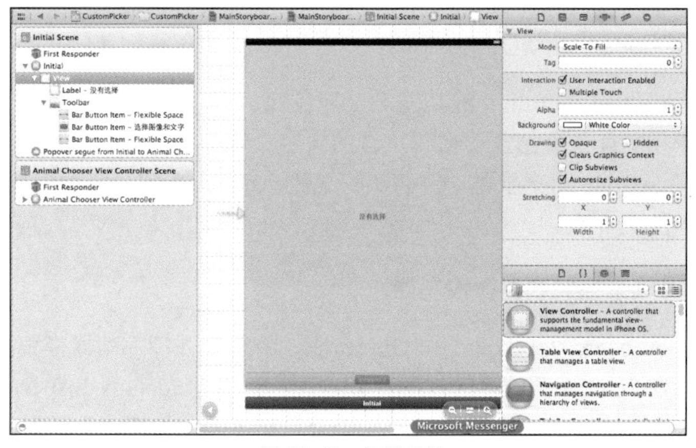

▲图 11−10　初始场景

像前面配置日期选择场景一样配置动物选择场景，设置背景色，添加一个文本为“请选择图像和文字”的标签，拖曳一个选择器视图对象到场景顶部。因为我们创建的是 iPad 版，该视图最终将显示为弹出框，所以只有左上角部分可见。图 11-11 是设计的图像选择场景。

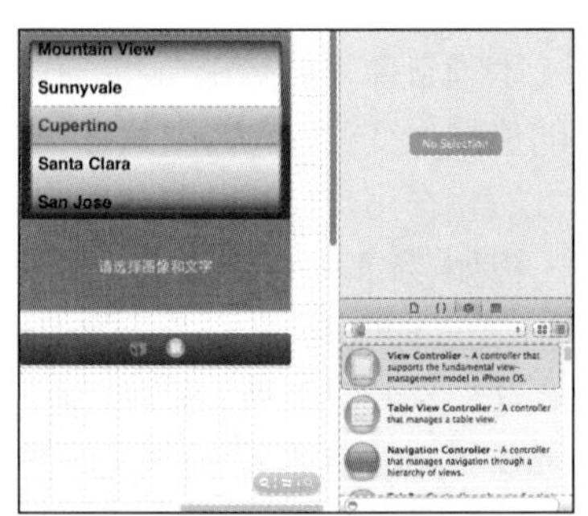

▲图 11−11　图像选择场景

接下来，设置选择器视图的数据源和委托。在这个项目中，使类 AnimalChooserViewController 同时充当选择器视图的数据源和委托。也就是说，类 AnimalChooserViewController 负责实现让自定义选择器能够正常运行所需的所有方法。要为选择器视图设置数据源和委托，可以在动物选择场景或文档大纲区域选择它，再打开 Connections Inspector，并为输出口 dataSource 与文档大纲中的视图控制器图标 Animal Chooser 建立连接。对输出口 delegate 做相同的处理。完成这些处理后，Connections Inspector 如图 11-12 所示，这样将选择器视图的输出口 dataSource 和 delegate 连接到视图控制器对象 Animal Chooser。

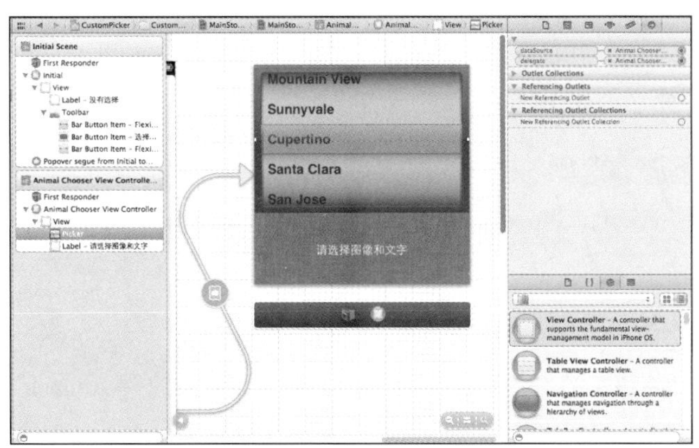

▲图 11-12 Connections Inspector

7. 创建切换

按住 Control 键，连接初始场景的视图控制器与图像选择场景的视图控制器，创建一个模态切换（iPhone 版）或弹出切换（iPad 版）。创建切换后，打开 Attributes Inspector，配置该切换。给切换指定标识符 toAnimalChooser，在实现代码中我们将使用这个 ID 来触发切换。在该应用程序的 iPad 版中，为了设置弹出框的锚，打开 Attributes Inspector，并连接文本框 Anchor 与初始场景中工具栏上的“选择图像和文字”按钮。然后选择图像选择场景的视图对象，并打开 Size Inspector，将宽度和高度都设置为大约 320 点。调整该视图的内容，使其刚好居中。

8. 创建并连接输出口和操作

切换到助手编辑器，建立初始场景的一个操作和一个输出口。

outputLabel(UILabel)标签在初始场景中显示用户与选择器视图交互的结果。

showAnimalChooser 是一个操作方法，由初始场景中的栏按钮项“选择图像和文字”触发。

要添加输出口，选择初始场景中的输出标签，按住 Control 键并将该标签插入文件 ViewController.h 中编译指令@interface 下方。在 Xcode 提示时，创建一个名为 outputLabel 的新输出口。

要添加操作，在初始场景中按住 Control 键，并将按钮“选择图像和文字”插入文件 ViewController.h 中属性定义的下方。在 Xcode 提示时，添加一个名为 showAnimalChooser 的新操作。

9. 实现场景切换逻辑

在自定义选择器视图的实现时，你需要确保 iPad 版本不会显示多个相互堆叠的动物选择场景，所以将采取 DateCalc 的方式。

1）导入接口文件

修改两个视图控制器类的接口文件，让它们彼此导入对方的接口文件。为此，在文件 ViewController.h 中的#import 语句下方添加如下代码行。

```
#import  "AnimalChooserViewController.h"
```

在文件 AnimalChooserViewController.h 中，添加导入 ViewController.h 的如下代码。

```
#import"ViewController.h"
```

2）创建并设置属性 delegate

使用属性 delegate 来访问初始场景的视图控制器，在文件 AnimalChooserViewController.h 中的编译指令@interface 后面添加如下代码行。

```
@property (strong, nonatomic) id delegate;
```

接下来，修改文件 AnimalChooserViewController.m，在@implementation 后面添加配套的编译指令@synthesize。

```
@synthesize delegate;
```

开始执行清理工作，将该实例“变量/属性”设置为 nil。为此，在文件 AnimalChooserViewController.m 的方法 viewDidUnload 中添加如下代码。

```
[self setDelegate:nil];
```

为了设置属性 delegate，修改文件 ViewController.m，在其中添加如下代码。

```
- (void)prepareForSegue:(UIStoryboardSegue *)segue sender:(id)sender {
    ((AnimalChooserViewController *)segue.destinationViewController).delegate=self;
}
```

3）处理初始场景和日期选择场景之间的切换

在本项目中，我们使用一个属性（animalChooserVisible）来存储动物选择场景的当前可见性。修改文件 ViewController.h，其中包含该属性的定义。

```
@property (nonatomic) Boolean animalChooserVisible;
```

在文件 ViewController.m 中，添加配套的编译指令@synthesize。

```
@synthesize animalChooserVisible;
```

实现方法 showAnimalChooser，使其在标记 animalChooserVisible 为 NO 时调用 performSegueWithIdentifier:sender。下面显示了在文件 ViewController.m 中实现的方法 showAnimalChooser。

```
- (IBAction)showAnimalChooser:(id)sender {
    if (self.animalChooserVisible!=YES) {
        [self performSegueWithIdentifier:@"toAnimalChooser" sender:sender];
        self.animalChooserVisible=YES;
    }
}
```

为了在图像选择场景关闭时将标记 animalChooserVisible 设置为 NO，可在文件 AnimalChooser ViewController.m 的方法 viewWillDisappear 中使用如下所示的代码。

```
- (void)viewWillDisappear:(BOOL)animated
{
    [super viewWillDisappear:animated];
}
```

10. 实现自定义选择器视图

在这个示例项目中，将创建一个自定义选择器视图并选择它，它在两个组件中分别显示图像和文本。

1）加载选择器视图所需的数据

要显示选择器，需要给它提供数据。我们已经将图像资源添加到项目中，但要将这些图像提供给选择器，需要通过名称引用它们。另外，还需要在动物图像和动物名之间进行转换，即如果用户选择了小猪图像，我们希望应用程序显示 Pig，而不是 pig.png。为此，我们将创建一个动物图像数组（animalImages）和一个动物名数组（animalNames）。在这两个数组中，同一种动物的图像和名称的索引相同。例如，如果用户选择的动物图像对应数组 animalImages 的第三个元素，则可从数组 animalNames 的第三个元素获取动物名。我们还需要表示动物声音的数据，它们显示在选择器视图的第二个组件中，因此还需创建第三个数组——animalSounds。

在文件 AnimalChooserViewController.h 中，通过如下代码将这 3 个数组声明为属性。

```
@property (strong, nonatomic) NSArray *animalNames;
@property (strong, nonatomic) NSArray *animalSounds;
@property (strong, nonatomic) NSArray *animalImages;
```

然后，在文件 AnimalChooserViewController.m 中，添加配套的编译指令@synthesize。

```
@synthesize animalNames;
@synthesize animalSounds;
@synthesize animalImages;
```

再在方法 viewDidUnload 中清理这些属性。

```
[self setAnimalNames:nil];
[self setAnimalImages:nil];
[self setAnimalSounds:nil];
```

现在需要分配并初始化每个数组。对于名称和声音数组，只需在其中存储字符串即可。

然而，对于图像数组来说，需要在其中存储 UIImageView。在文件 AnimalChooserViewController.m 中，实现方法 viewDidLoad 的代码如下。

```
- (void)viewDidLoad
{
    self.animalNames=[[NSArray alloc]initWithObjects:
            @"Mouse",@"Goose",@"Cat",@"Dog",@"Snake",@"Bear",@"Pig",nil];
    self.animalSounds=[[NSArray alloc]initWithObjects:
            @"Oink",@"Rawr",@"Ssss",@"Roof",@"Meow",@"Honk",@"Squeak",nil];
    self.animalImages=[[NSArray alloc]initWithObjects:
       [[UIImageView alloc] initWithImage:[UIImage imageNamed: @"mouse.png"]],
       [[UIImageView alloc] initWithImage:[UIImage imageNamed: @"goose.png"]],
       [[UIImageView alloc] initWithImage:[UIImage imageNamed: @"cat.png"]],
       [[UIImageView alloc] initWithImage:[UIImage imageNamed: @"dog.png"]],
       [[UIImageView alloc] initWithImage:[UIImage imageNamed: @"snake.png"]],
       [[UIImageView alloc] initWithImage:[UIImage imageNamed: @"bear.png"]],
       [[UIImageView alloc] initWithImage:[UIImage imageNamed: @"pig.png"]],
                      nil
                      ];
    [super viewDidLoad];
}
```

对于上述代码的具体说明如下。

- ❑ 创建数组 animalNames，其中包含 7 个动物名。数组以 nil 结尾，因此需要将第 8 个元素指定为 nil。
- ❑ 初始化数组 animalSounds，使其包含 7 种动物声音。
- ❑ 创建数组 animalImages，它包含 7 个 UIImageView 实例，这些实例是使用本节开头导入的图像创建的。

2）实现选择器视图数据源协议

数据源协议提供如下两种信息：

- 将显示的组件数；
- 每个组件包含的元素数。

在文件 AnimalChooserViewController.h 中，将@interface 行设置为如下格式。

```
@interface AnimalChooserViewController:
UIViewController <UIPickerViewDataSource>
```

这样将这个类声明为遵守协议 UIPickerViewDataSource。

接下来，编写方法 numberOfComponentsInPickerView，它返回的值表示选择器将显示多少个组件。因为已经为此定义了一个常量（kComponentCount），所以只需返回该常量即可，具体代码如下。

```
- (NSInteger)numberOfComponentsInPickerView:(UIPickerView *)pickerView {
    return kComponentCount;
}
```

必须实现的另一个数据源方法是 pickerView:numberOfRowsInComponent，功能是根据编号返回相应组件将显示的元素数。为了简化确定组件的方式，可以使用常量 kAnimalComponent 和 kSoundComponent，并使用类 NArray 的方法 count 来获取数组包含的元素数。pickerView:numberOfRowsInComponent 的实现代码如下。

```
- (NSInteger)pickerView:(UIPickerView *)pickerView
numberOfRowsInComponent:(NSInteger)component {
    if (component==kAnimalComponent) {   //检查查询的组件是否为动物组件
      //如果是，返回数组 animalNames 包含的元素数（也可以返回图像数组包含的元素数）
      return [self.animalNames count];        //如果查询的不是动物组件，便可认为查询的是声音组件
    } else {
        return [self.animalSounds count];     //返回数组 animalSounds 包含的元素数
    }
}
```

这就是实现数据源协议需要做的全部工作，其他与选择器视图相关的工作由选择器视图委托协议（UIPickerViewDelegate）处理。

3）实现选择器视图委托协议

选择器视图委托协议负责定制选择器的显示方式，以及对用户在选择器中的选择时做出反应。文件 AnimalChooserViewController.h 指出我们要遵守委托协议。

```
@interface AnimalChooserViewController:UIViewController
<UIPickerViewDataSource, UIPickerViewDelegate>
```

要生成我们所需的选择器，需要实现多个委托方法，但其中最重要的是 pickerView:viewForRow:forComponent:reusingView。这个方法以组件和行号作为参数，并返回要在选择器相应位置显示的自定义视图。

在此需要给第一个组件返回动物图像，并给第二个组件返回标签，其中包含对动物声音的描述。在本实例中，通过如下代码实现这个方法。

```
- (UIView *)pickerView:(UIPickerView *)pickerView viewForRow:(NSInteger)row
          forComponent:(NSInteger)component reusingView:(UIView *)view {
    if (component==kAnimalComponent) {
   //检查 component 是否为动物组件，如果是，则根据参数 row 返回数组 animalImages 中相应的 UIImageView
        return [self.animalImages objectAtIndex:row];
    }
```

```
    //如果 component 参数引用的不是动物组件，则需要根据 row 使用 animalSounds 数组中相应的元素创建一个
    //UILabel，并返回它
  else {
          UILabel *soundLabel;
          soundLabel=[[UILabel alloc] initWithFrame:CGRectMake(0,0,100,32)];
          soundLabel.backgroundColor=[UIColor clearColor];//将标签的背景色设置为透明的
          soundLabel.text=[self.animalSounds objectAtIndex:row];
          return soundLabel;//返回可显示的 UILabel
      }
}
```

4）修改组件的宽度和行高

为了调整选择器视图的组件大小，可以实现另外两个委托方法，它们分别是 pickerView:rowHeightForComponent 和 pickerView:widthForComponent。在此设置动物组件的宽度为 75 点，设置声音组件的宽度为 150 点，使这两个组件都使用固定的行高——55 点。上述功能是在文件 AnimalChooserViewController.m 中实现的，具体代码如下。

```
- (CGFloat)pickerView:(UIPickerView *)pickerView
rowHeightForComponent:(NSInteger)component {
    return 55.0;
}

- (CGFloat)pickerView:(UIPickerView *)pickerView widthForComponent:(NSInteger)component
{
    if (component==kAnimalComponent) {
        return 75.0;
    } else {
        return 150.0;
    }
}
```

5）在用户做出选择时进行响应

当用户做出选择时，会调用方法 displayAnimal:withSound:fromComponent，将选择情况显示在初始场景的输出标签中。在文件 ViewController.h 中，添加这个方法的如下原型。

```
- (void)displayAnimal:(NSString*)chosenAnimal
withSound: (NSString*)chosenSound
fromComponent: (NSString  *)chosenComponent;
```

在文件 ViewController.m 中实现这个方法。它应将传入的字符串参数显示在输出标签中，具体代码如下。

```
- (void)displayAnimal:(NSString *)chosenAnimal withSound:(NSString *)chosenSound from
Component:(NSString *)chosenComponent {
    NSString *animalSoundString;
    animalSoundString=[[NSString alloc]
                       initWithFormat:@"你改变 %@ (%@ 和声音文
                       字 %@)", chosenComponent, chosenAnimal,chosenSound];
    self.outputLabel.text=animalSoundString;
}
```

这样根据字符串参数 chosenComponent、chosenAnimal 和 chosenSound 的内容，创建了一个 animalSoundString 字符串，然后设置输出标签的内容，以显示这个字符串。

有了用于显示用户选择情况的机制后，就需要在用户选择时做出响应了。

在文件 AnimalChooserViewController.m 中，实现方法 pickerView:didSelectRow:inComponent，具体代码如下。

```
- (void)pickerView:(UIPickerView *)pickerView didSelectRow:(NSInteger)row
      inComponent:(NSInteger)component {

    ViewController *initialView;
    initia=(ViewController *)self.delegate;

    if (component==kAnimalComponent) {
        int chosenSound=[pickerView selectedRowInComponent:kSoundComponent];
        [initialView displayAnimal:[self.animalNames objectAtIndex:row]
                         withSound:[self.animalSounds objectAtIndex:chosenSound]
                     fromComponent:@"动物图像"];
    } else {
        int chosenAnimal=[pickerView selectedRowInComponent:kAnimalComponent];
        [initialView displayAnimal:[self.animalNames objectAtIndex:chosenAnimal]
                         withSound:[self.animalSounds objectAtIndex:row]
                     fromComponent:@"声音"];
    }
}
```

对上述代码的具体说明如下。

首先，获取指向初始场景的视图控制器的引用，我们需要它来在初始场景中指出用户做出的选择。

然后，检查当前选择的组件是否是动物组件，如果是，则需要获取当前选择的声音。

接下来，调用前面编写的方法 displayAnimal:withSound:fromComponent，将动物名、当前选择的声音以及一个字符串传递给它，其中动物名是根据参数 row 从相应的数组中获取的。

6）处理隐式选择

在动物选择场景显示后，立即更新初始场景中的输出标签，让其显示默认的动物名和声音以及一条消息，让消息指出用户没有做任何选择。与日期选择器一样，可以在文件 AnimalChooserViewController.m 的方法 viewDidAppear 中处理隐式选择，具体代码如下。

```
-(void)viewDidAppear:(BOOL)animated {
    ViewController *initialView;
    initialView=(ViewController *)self.delegate;
    [initialView displayAnimal:[self.animalNames objectAtIndex:0]
                     withSound:[self.animalSounds objectAtIndex:0]
                 fromComponent:@"还没有..."];
}
```

调用方法 displayAnimal:withSound:fromComponent，并将动物名数组和声音数组的第一个元素传递给它，因为它们是选择器默认显示的元素。对于参数 fromComponent，则将其设置为一个字符串，指出用户还未做出选择。

到此为止，整个实例介绍完毕。运行该实例，当用户在选择器视图（显示在一个弹出框中）做出选择后，输出标签将立即更新，执行结果如图 11-13 所示。

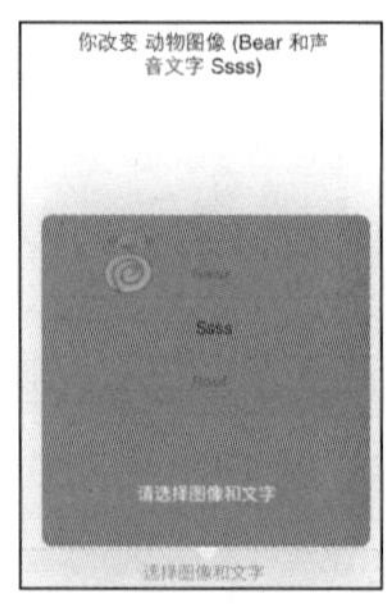

▲图 11-13　执行结果

11.2.4 基于 Swift 自定义选择器

实例 11-5	基于 Swift 自定义选择器
源码路径	daima\11\CustomPicker-Swift

实例 11-5 的功能和实例 11-4 完全相同，执行结果也相同，只是用 Swift 语言实现而已。

11.2.5 实现单列选择器

实例 11-6	实现单列选择器
源码路径	daima\11\UIPickerViewTestEX4

要实现单列选择器，具体步骤如下。

（1）启动 Xcode，本项目的最终结构和故事板界面如图 11-14 所示。

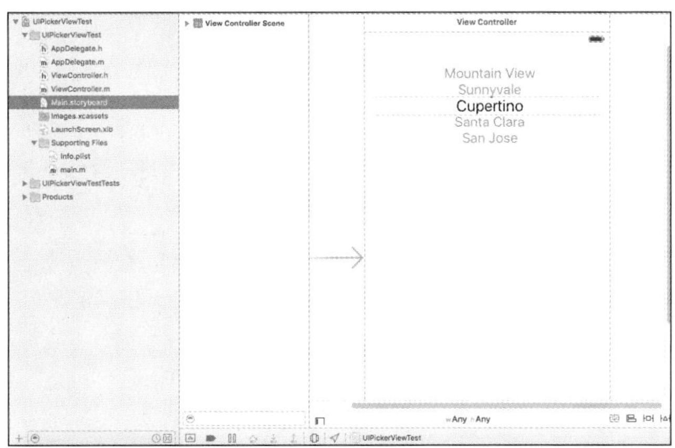

▲图 11-14　本项目的最终结构和故事板界面

（2）文件 ViewController.m 的具体代码如下。

```
#import "ViewController.h"
@implementation ViewController{
      NSArray* _books;
}
- (void)viewDidLoad
{
      [super viewDidLoad];
      //创建并初始化 NSArray 对象
      _books = @[@"AAAAA", @"BBBBB",
        @"CCCCC" , @"DDDDD"];
      //为 UIPickerView 控件设置 dataSource 和 delegate
      self.picker.dataSource = self;
      self.picker.delegate = self;
}
//UIPickerViewDataSource 中定义的方法，该方法的返回值决定该控件包含多少列
- (NSInteger)numberOfComponentsInPickerView:(UIPickerView*)pickerView
{
      return 1;  //返回 1 表明该控件只包含 1 列
}
//UIPickerViewDataSource 中定义的方法，该方法的返回值决定该控件中指定列包含多少个列表项
- (NSInteger)pickerView:(UIPickerView *)pickerView
      numberOfRowsInComponent:(NSInteger)component
```

```
{
       //由于该控件只包含一列，因此无须理会列序号参数 component
       //该方法返回_books.count，表明_books 包含多少个元素，该控件就包含多少列表项
       return _books.count;
}
//UIPickerViewDelegate 中定义的方法，该方法返回的 NSString 将作为 UIPickerView
//中指定列和列表项的标题文本
- (NSString *)pickerView:(UIPickerView *)pickerView
       titleForRow:(NSInteger)row forComponent:(NSInteger)component
{
       //由于该控件只包含一列，因此无须理会列序号参数 component
       //该方法根据 row 参数返回_books 中的元素，row 参数代表列表项的编号，
       //因此该方法表示第几个列表项，就使用_books 中的第几个元素
       return _books [row];
}
//当用户选中 UIPickerViewDataSource 中指定列和列表项时触发该方法
- (void)pickerView:(UIPickerView *)pickerView didSelectRow:
(NSInteger)row inComponent:(NSInteger)component
{
       //使用一个 UIAlertView 来显示用户选中的列表项
       UIAlertView* alert = [[UIAlertView alloc]
         initWithTitle:@"提示"
         message:[NSString stringWithFormat:@"你选中的图书是：%@",_books[row]]
         delegate:nil
         cancelButtonTitle:@"确定"
         otherButtonTitles:nil];
       [alert show];
}
@end
```

执行结果如图 11-15 所示。

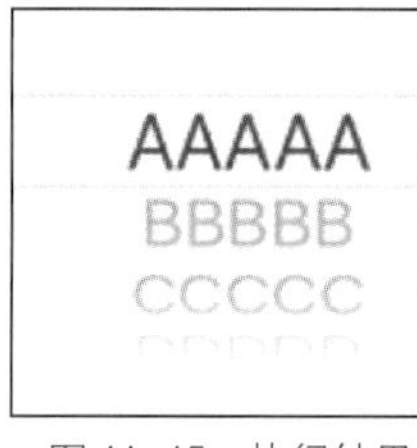

▲图 11-15　执行结果

11.2.6　基于 Swift 实现“星期”选择框

实例 11-7	基于 Swift 实现“星期”选择框
源码路径	daima\11\PickerView-swift

视图文件 ViewController.swift 的功能是，以“周一”“周二”“周三”“周四”为选项创建一个选择框，具体实现代码如下。

```
import UIKit

class ViewController: UIViewController, UIPickerViewDelegate, UIPickerViewDataSource {
    var myUIPicker: UIPickerView = UIPickerView()

    //显示排列的值
    var myValues: NSArray = ["周一","周二","周三","周四"]
```

```
    override func viewDidLoad() {
        super.viewDidLoad()
        //指定大小
        myUIPicker.frame = CGRectMake(0,0,self.view.bounds.width, 180.0)

        //设定 delegate
        myUIPicker.delegate = self

        //设定 dataSource
        myUIPicker.dataSource = self

        //追加 view
        self.view.addSubview(myUIPicker)
    }
    func numberOfComponentsInPickerView(pickerView: UIPickerView) -> Int {
        return 1
    }

    /*
    返回数据
    */
    func pickerView(pickerView: UIPickerView, numberOfRowsInComponent component: Int)
    -> Int {
        return myValues.count
    }

    /*
    传入值
    */
    func pickerView(pickerView: UIPickerView, titleForRow row: Int, forComponent
    component: Int) -> String? {
        return myValues[row] as? String
    }

    /*
    当 picker 项被选择时
    */
    func pickerView(pickerView: UIPickerView, didSelectRow row: Int, inComponent
    component: Int) {
        print("row: \(row)")
        print("value: \(myValues[row])")
    }

    override func didReceiveMemoryWarning() {
        super.didReceiveMemoryWarning()
    }

}
```

执行结果如图 11-16 所示。

▲图 11-16　执行结果

11.3 日期选择控件

选择器是 iOS 中的一种独特控件，它通过转轮界面提供一系列多值选项，这类似于自动贩卖机。选择器的每个组件显示数行可供用户选择的值，而不是数字。在桌面应用程序中，与选择器最接近的组件是下拉列表。图 11-17 显示了标准的日期选择器（UIDatePicker）。

当用户需要选择多个（通常相关的）值时，应使用选择器。它们通常用于设置日期和事件，还可以对其进行定制，以处理你能想到的任何选择方式。在选择日期和时间方面，选择器是一种不错的界面元素，苹果公司特意提供了如下两种形式的选择器。

- 日期选择器：这种形式易于实现，且专门用于处理日期和时间。
- 自定义选择器视图：可以根据需要配置成显示任意数量的组件。

▲图 11-17　日期选择器

11.3.1　基于 Swift 使用 UIDatePicker 控件

实例 11-8	基于 Swift 使用 UIDatePicker 控件
源码路径	daima\11\JY-UIDatePicker

编写类文件 ViewController.swift，功能是使用 UIDatePicker 控件实现一个特定样式的日期选择框，主要代码如下。

```
class ViewController: UIViewController {
    let fullScreenSize = UIScreen.main.bounds.size
    override func viewDidLoad() {
        super.viewDidLoad()
        self.view.addSubview(myLabel)

        self.view.addSubview(myDatePicker)
    }
    private lazy var myDatePicker: UIDatePicker = { [unowned self] in
        let myDatePicker = UIDatePicker(frame: CGRect(x: 0, y: 0, width: self.fullS
        creenSize.width, height: 300))
        //设置日期选择器的格式
        myDatePicker.datePickerMode = .dateAndTime
        //选取以 15 分为一个时间间隔
        myDatePicker.minuteInterval = 15
        //设置预设时间为现在时间
        myDatePicker.date = Date()
        //设置 date 的格式
        let formatter = DateFormatter()
        //设置展示的时间格式
        formatter.dateFormat = "yyyy-MM-dd HH:mm"
        let fromDateTime = formatter.date(from: "2017-01-18 18:08")
        let endDateTime = formatter.date(from: "2018-12-25 18:08")
        //可以选择的最早日期、时间
        //myDatePicker.miniumDate = fromDateTime
        myDatePicker.minimumDate = fromDateTime
        //可以选择的最晚日期、时间
        myDatePicker.maximumDate = endDateTime
        //设置语言
        myDatePicker.locale = Locale(identifier: "zh_CN")
        //选择执行的动作
        myDatePicker.addTarget(self, action: #selector(datePickerChanged(datePicker
```

```
            :)), for: .valueChanged)
            //设置中心点
            myDatePicker.center = CGPoint(x: self.fullScreenSize.width * 0.5, y: self.
            fullScreenSize.height * 0.5)
            return myDatePicker
        }()
        private lazy var myLabel: UILabel = {
            let label = UILabel(frame: CGRect(x: 0, y: 0, width: self.fullScreenSize.width,
            height: 50))
            label.backgroundColor = UIColor.lightGray
            label.textAlignment = .center
            label.textColor = UIColor.black
            label.center = CGPoint(x: self.fullScreenSize.width * 0.5, y: self.fullScreenSize
            .height * 0.15)
            return label
        }()

        @objc private func datePickerChanged(datePicker: UIDatePicker) {
            let formatter = DateFormatter()
            formatter.dateFormat = "yyyy-MM-dd HH:mm"
            myLabel.text = formatter.string(from: datePicker.date)
        }

        override func didReceiveMemoryWarning() {
            super.didReceiveMemoryWarning()
        }
    }
```

执行结果如图 11-18 所示。

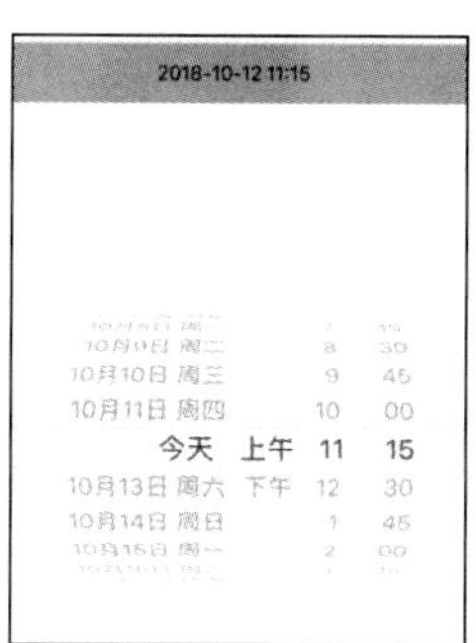

▲图 11-18　执行结果

11.3.2　实现日期选择器

实例 11-9	实现日期选择器
源码路径	daima\11\DateCalc

在本实例中，使用 UIDatePicker 实现了一个日期选择器，该选择器通过模态切换方式显示。本实例的初始场景包含一个输出标签以及一个工具栏，其中输出标签用于显示日期计算的结果，而工具栏包含一个按钮，用户触摸它将触发到第二个场景的手动切换。

要实现日期选择器，具体步骤如下。

（1）使用模板 Single View Application 创建一个项目，并将其命名为 DateCalc。根据模板创建的初始场景和视图控制器将包含日期计算逻辑，但我们还需添加一个场景和视图控制器，它们将用于显示日期选择器界面。

（2）为了使用日期选择器显示日期并在用户选择日期时做出响应，需要在项目中添加一个

DateChooserViewController 类。为此单击项目导航器左下角的“+”按钮，在弹出的对话框中选择 iOS Cocoa Touch 和图标 UIViewController subclass，再单击 Next 按钮。在下一个界面中，输入名称 DateChooserViewController。在最后一个界面中，从 Group 下拉列表中选择项目中存放代码的文件夹，然后单击 Create 按钮。

（3）打开文件 MainStoryboard.storyboard，打开 Object 库，并拖曳一个工具栏到该视图底部。在默认情况下，工具栏只包含一个名为 item 的按钮。双击 item，并将其改为“选择日期”。然后从 Object 库拖曳两个灵活间距栏按钮项（Flexible Space Bar Button Item）到工具栏中，并将它们分别放在按钮“选择日期”两边，这将让按钮 Data Chooser View Controller 位于工具栏中央。在视图中央添加一个标签，使用 Attributes Inspector 增大标签的字号，并且让文本居中显示，将标签扩大到至少能够容纳 5 行文本。将文本改为“没有选择”，最终的视图如图 11-19 所示。

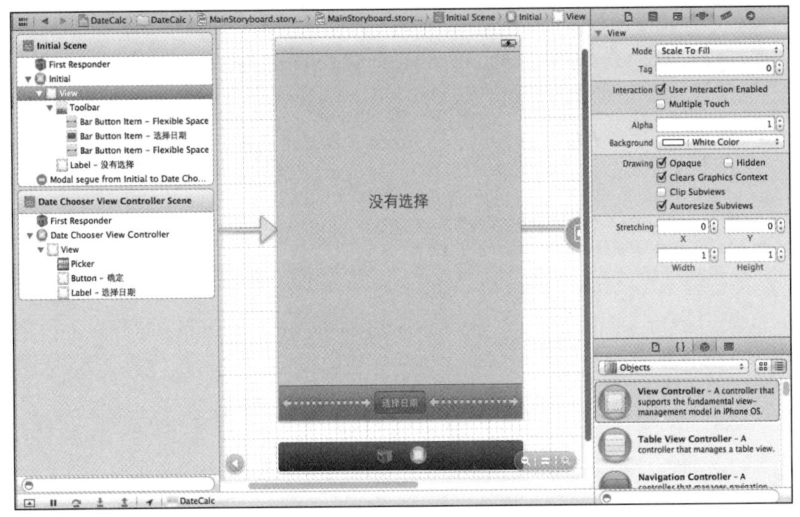

▲图 11-19　最终的视图

（4）选择该场景的视图，并将其背景色设置为 Scroll View Texted Background Color。拖曳一个日期选择器到视图顶部。如果创建的是该应用程序的 iPad 版，该视图最终将显示为弹出框，因此只有左上角部分可见。然后在日期选择器下方放置一个标签，并将其文本改为“选择日期”。如果创建的是该应用程序的 iPhone 版，拖曳一个按钮到视图底部，它将用于关闭日期选择场景。将该按钮的标签设置为“确定”。

（5）实例文件 ViewController.m 的功能是计算选择的日期和当前日期相差多少天，主要实现代码如下。

```
#import "ViewController.h"

@implementation ViewController
@synthesize outputLabel;
@synthesize dateChooserVisible;

- (void)didReceiveMemoryWarning
{
    [super didReceiveMemoryWarning];
}

#pragma mark - View lifecycle

- (void)viewDidLoad
```

```
{
    [super viewDidLoad];
}

- (void)viewDidUnload
{
    [self setOutputLabel:nil];
    [super viewDidUnload];
    //e.g. self.myOutlet = nil;
}

- (void)prepareForSegue:(UIStoryboardSegue *)segue sender:(id)sender {
    ((DateChooserViewController *)segue.destinationViewController).delegate=self;
}

- (IBAction)showDateChooser:(id)sender {
    if (self.dateChooserVisible!=YES) {
        [self performSegueWithIdentifier:@"toDateChooser" sender:sender];
        self.dateChooserVisible=YES;
    }
}

- (void)calculateDateDifference:(NSDate *)chosenDate {
    NSDate *todaysDate;
      NSString *differenceOutput;
      NSString *todaysDateString;
      NSString *chosenDateString;
      NSDateFormatter *dateFormat;
      NSTimeInterval difference;

      todaysDate=[NSDate date];
      difference = [todaysDate timeIntervalSinceDate:chosenDate] / 86400;

      dateFormat = [[NSDateFormatter alloc] init];
       [dateFormat setDateFormat:@"MMMM d, yyyy hh:mm:ssa"];
      todaysDateString = [dateFormat stringFromDate:todaysDate];
    chosenDateString = [dateFormat stringFromDate:chosenDate];

 differenceOutput=[[NSString alloc] initWithFormat:
            @"选择的日期 (%@) 和今天 (%@) 相差: %1.2f 天",
            chosenDateString,todaysDateString,fabs(difference)];
      self.outputLabel.text=differenceOutput;
}
```

执行结果如图 11-20 所示。

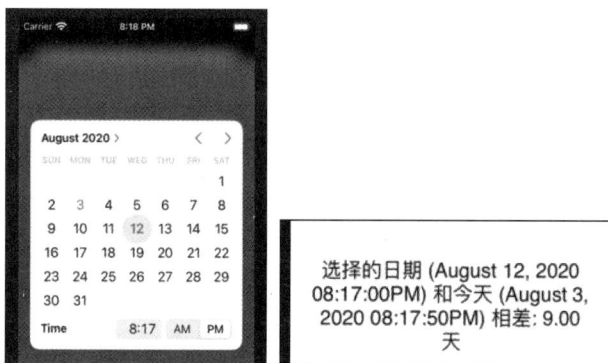

▲图 11-20　执行结果

11.3.3　使用日期选择器自动选择时间

实例 11-10	使用日期选择器自动选择时间
源码路径	daima\11\UIDatePickerEX

实例 11-10 的功能是在屏幕中显示一个日期选择器，选择日期后会弹出一个提醒框，显示当前选择的时间。要实现该实例，具体步骤如下。

（1）启动 Xcode，本项目的最终结构和故事板界面如图 11-21 所示。

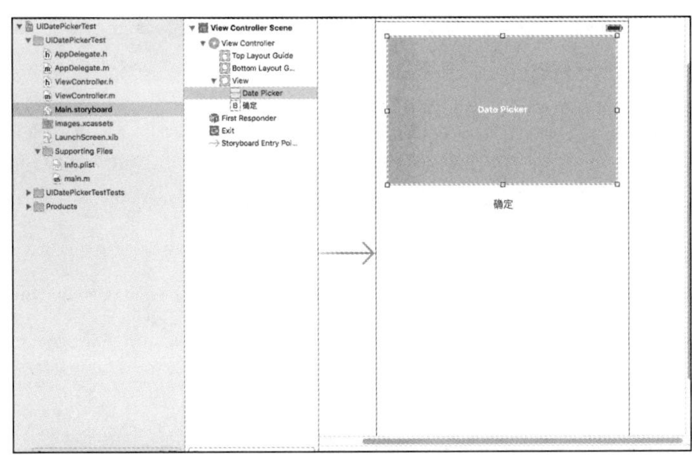

▲图 11-21　本项目的最终结构和故事板界面

（2）文件 ViewController.m 的具体代码如下。

```
#import "ViewController.h"
@implementation ViewController
- (void)viewDidLoad
{
      [super viewDidLoad];
}
- (IBAction)tapped:(id)sender {
      //获取用户通过 UIDatePicker 设置的日期和时间
      NSDate *selected = [self.datePicker date];
      //创建一个日期格式器
      NSDateFormatter *dateFormatter = [[NSDateFormatter alloc] init];
      //为日期格式器设置格式字符串
      [dateFormatter setDateFormat:@"yyyy年MM月dd日 HH:mm +0800"];
      //使用日期格式器格式化日期、时间
      NSString *destDateString = [dateFormatter stringFromDate:selected];
      NSString *message =  [NSString stringWithFormat:
        @"您选择的日期和时间是：%@", destDateString];
      //创建一个 UIAlertController 对象（警告框），并通过该警告框显示用户选择的日期、时间
    UIAlertController *actionSheetController = [UIAlertController
        alertControllerWithTitle:@"日期和时间"
        message:message

        preferredStyle:UIAlertControllerStyleAlert];
[self presentViewController:actionSheetController animated:YES completion:nil];

}
@end
```

执行结果如图 11-22 所示，单击“确定”按钮，显示当前选择日期和时间，如图 11-23 所示。

▲图 11-22　执行结果

▲图 11-23　显示当前选择的日期和时间

第12章　表　视　图

本章将介绍一个重要的 iOS 界面元素——表视图。表视图让用户能够有条不紊地在大量信息中导航，这种 UI 元素相当于分类列表，类似于浏览 iOS 通讯录时的情形。

12.1 表视图的基础知识

与本书前面介绍的其他视图一样，表视图（UITable）也用于放置信息。使用表视图可以在屏幕上显示一个单元格列表，每个单元格都可以包含多项信息，但这些信息仍然是一个整体。可以将表视图划分成多个区（section），以便从视觉上将信息分组。表视图控制器是一种只能显示表视图的标准视图控制器，可以在表视图占据整个视图时使用这种控制器。通过使用标准视图控制器，你可以根据需要在视图中创建任意尺寸的表。本节将讲解表视图的基本知识。

12.1.1　表视图的外观

在 iOS 中有两种基本的表视图样式——无格式表和分组表，如图 12-1（a）与（b）所示。无格式表不像分组表那样在视觉上将各个区分开，但通常带可触摸的索引（类似于通讯录）。因此，它们有时称为索引表。我们将使用 Xcode 指定的名称（无格式/分组）来表示它们。

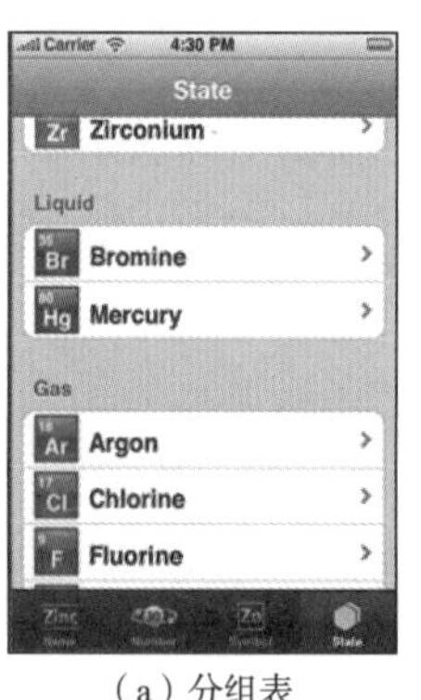

（a）分组表

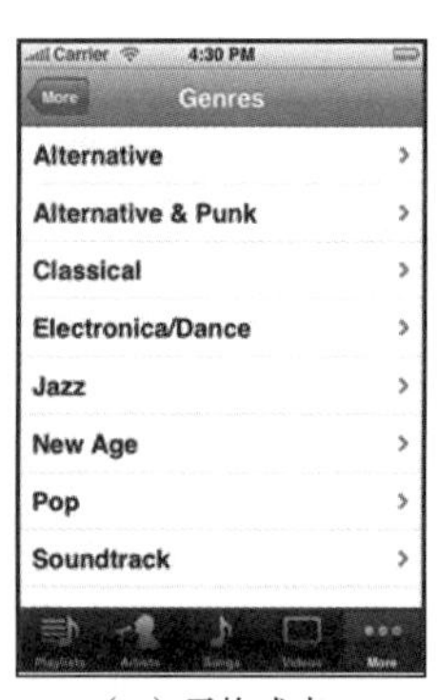

（b）无格式表

▲图 12-1　两种表视图格式

12.1.2　表单元格

表只是一个容器，要在表中显示内容，必须给表提供信息，这是通过配置表视图（UITableViewCell）实现的。在默认情况下，单元格可显示标题、详细信息标签（detail label）、图像和附属视图（accessory view）。其中附属视图通常是一个展开的箭头，告诉用户可通过压入切换和导航控制器挖掘更详细的信息。图 12-2 显示了一种单元格布局，其中包含前面说的所有元素。

▲图 12-2　一种单元格布局

其实除视觉方面的设计之外，每个单元格都有独特的标识符。这种标识符称为重用标识符（reuse identifier），用于在编码时引用单元格。在配置表视图时，必须设置这些标识符。

12.1.3 添加表视图

要在视图中添加表格，可以从 Object 库拖曳 UITableView 到视图中。添加表格后，调整大小，将其赋给整个视图或只占据视图的一部分。如果拖曳一个 UITableViewController 到编辑器中，将在故事板中新增一个场景，其中包含一个填满整个视图的表格。

1. 设置表视图的属性

添加表视图后，就可以设置其样式了。为此，在 IB 编辑器中选择表视图，再打开 Attributes Inspector，设置表视图的属性，如图 12-3 所示。

第一个属性是 Content，它默认被设置为 Dynamic Prototypes（动态原型），这表示可在 IB 编辑器中以可视化方式设计表格和单元格布局。使用下拉列表 Style 选择表格样式 Plain 或 Grouped，下拉列表 Separator 用于指定分区之间的分隔线的外观，而下拉列表 Color 用于设置单元格分隔线的颜色，下拉列表 Selection 和 Editing 用于设置表格被用户触摸时的行为。

2. 设置原型单元格的属性

设置好表格后，需要设计单元格原型。要控制表格中的单元格，必须配置要在应用程序中使用的原型单元格。在添加表视图时，默认只有一个原型单元格。要编辑原型，首先在文档大纲中展开 Table View，再选择其中的单元格（也可在编辑器中直接单击单元格）。单元格高亮显示后，使用选取手柄增大单元格的高度。其他属性设置需要在 Attributes Inspector 中完成，如图 12-4 所示。

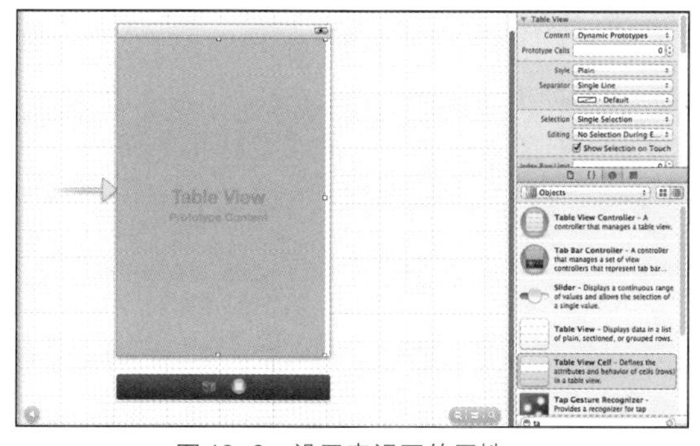

▲图 12-3　设置表视图的属性

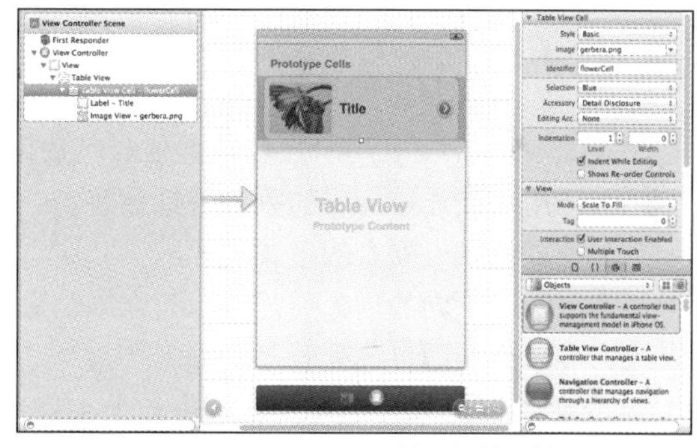

▲图 12-4　设置原型单元格的属性

在 Attributes Inspector 中，Style 属性用于设置单元格样式。要使用自定义样式，必须建一个 UITableViewCell 子类，大多数表格使用如下的标准样式之一。

- Basic：只显示标题。
- Right Detail：显示标题和详细信息标签，详细信息标签在右边。
- Left Detail：显示标题和详细信息标签，详细信息标签在左边。
- Subtitle：详细信息标签在标题下方。

设置单元格样式后，可以选择标题和详细信息标签。为此，可以在原型单元格中单击它们，也可以在文档大纲的单元格视图层次结构中单击它们。选择标题或详细信息标签后，就可以使用 Attributes Inspector 定制它们的外观。

使用下拉列表 Image 可以在单元格中添加图像。当然，项目中必须有需要显示的图像资源，在原型单元格中设置的图像以及标题/详细信息标签不过是占位符，将被替换为在代码中指定的实际数据。下拉列表 Selection 和 Accessory 分别用于配置选定单元格的颜色以及添加到单元格右边的附属图形（通常是展开箭头）。除 Identifier 之外，其他属性用于配置可编辑的单元格。

如果不设置 Identifier 属性，就无法在代码中引用原型单元格并显示内容。你可以将标识符设置为任何字符串，例如，苹果公司在其大部分示例代码中使用 Cell。如果添加了多个设计不同的原型单元格，则必须给每个原型单元格指定不同的标识符。这就是表格的外观设计。

3. 表视图数据源协议

表视图数据源协议（UITableViewDataSource）包含了描述表视图将显示多少信息的方法，并将 UITableViewCell 对象提供给应用程序进行显示。这与选择器视图不太一样，选择器视图的数据源协议方法只提供要显示的信息量。如下 4 个是有用的数据源协议方法。

- numberofSectionsInTableView：返回表视图将划分成多少个分区。
- tableView:numberOfRowsInSection：返回给定分区包含多少行。分区编号从 0 开始。
- tableView:titleForHeaderInSection：返回一个字符串，用作给定分区的标题。
- tableView:cellForRowAtIndexPath：返回一个经过正确配置的单元格对象，用于显示在表视图指定的位置。

4. 表视图委托协议

表视图委托协议包含多个对用户在表视图中执行的操作进行响应的方法，从选择单元格到触摸展开箭头，再到编辑单元格。此处若只关心用户触摸并对选择单元格感兴趣，将使用方法 tableView:didSelectRowAtIndexPath。通过向方法 tableView:didSelectRowAtIndexPath 传递一个 NSIndexPath 对象，指出触摸的位置。这表示需要根据触摸位置所属的分区和行做出响应。

12.1.4　UITableView 详解

UITableView 主要用于显示数据列表，数据列表中的每项都由行表示，其主要作用如下。

- 让用户能通过分层的数据进行导航。
- 把项以索引列表的形式展示。
- 用于对不同的项分类并展示其详细信息。
- 展示选项的可选列表。

UITableView 表中的每一行都由一个 UITableViewCell 表示，可以使用一个图像、一些文本、一个可选的辅助图标来配置每个 UITableViewCell 对象，其模型如图 12-5 所示。

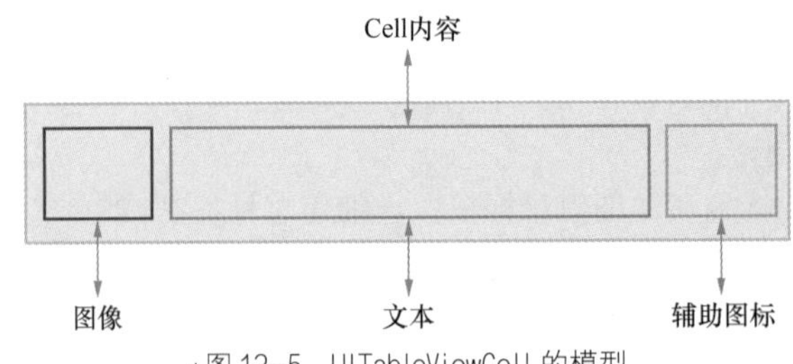

▲图 12-5　UITableViewCell 的模型

类 UITableViewCell 为每个 Cell 定义了如下属性。

- textLabel：Cell 的主文本标签（一个 UILabel 对象）。
- detailTextLabel：Cell 的二级文本标签（一个 UILabel 对象），当需要添加额外细节时使用。
- imageView：一个用来装载图片的图片视图（一个 UIImageView 对象）。

1. UITableView 的数据源

UITableView 依赖外部数据源为新表格单元格填上内容。这些数据源可以根据索引路径提供表格单元格，在 UITableView 中，索引路径是 NSIndexPath 的对象，可以选择分段或者分行，即编码中的 section 和 row。

UITableView 有 3 个必须实现的核心方法，分别如下。

```
-(NSInteger)numberOfSectionsInTableView:(UITableView*)tableView;
```

这个方法可以分区显示或者通过单个列表显示数据，如图 12-6 所示。其中，图 12-6（a）表示分区显示的数据，图 12-6（b）表示通过单个列表显示的数据。

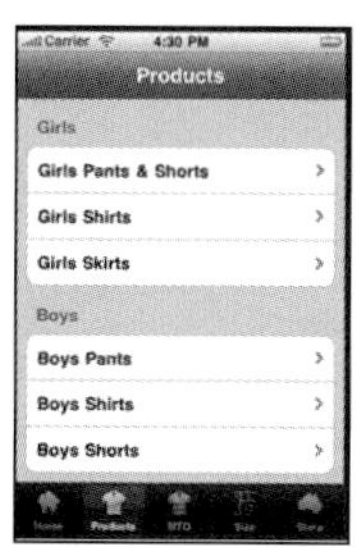

（a）分区显示的数据

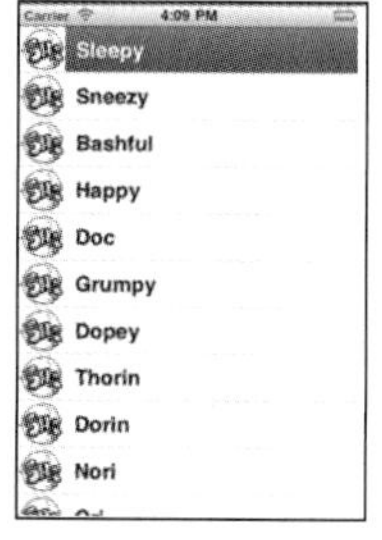

（b）通过单个列表显示的数据

▲图 12-6　显示的数据

```
-(NSInteger)tableView:(UITableView*)tableViewnumberOfRowsInSection:(NSInteger)section;
```

这个方法返回每个分区的行数，不同分区返回不同的行数，这是用 switch 实现的。如果使用单个列表，就直接返回单个用户想要的函数。

```
-(UITableViewCell*)tableView:(UITableView*)tableViewcellForRowAtIndexPath:(NSIndexPath *)
indexPath;
```

这个方法返回我们调用的每一个单元格。通过我们索引的路径的 section 和 row 来确定单元格。

2. UITableView 的委托方法

使用委托是为了响应用户的交互动作，比如下拉更新数据和选择某一行单元格，在 UITableView 中有很多这种方法供开发人员选择。请看下面的代码。

```
//设置分区的数量
- (NSArray *)sectionIndexTitlesForTableView:(UITableView *)tableView{
 return TitleData;
}
//设置每一个分区显示的标题
- (NSString *)tableView:(UITableView *)tableViewtitleForHeaderInSection:(NSInteger)
section{
 return @"Andy-11";
}
//指定有多少个分区
- (NSInteger)numberOfSectionsInTableView:(UITableView *)tableView { return 2;
}
//指定每个分区中有多少行
- (NSInteger)tableView:(UITableView *)tableViewnumberOfRowsInSection:(NSInteger)
section{
```

```
}
//设置每行调用的单元格
-(UITableViewCell *)tableView:(UITableView *)tableViewcellForRowAtIndexPath:
(NSIndexPath *)indexPath {
static NSString *SimpleTableIdentifier = @"SimpleTableIdentifier";

    UITableViewCell *cell = [tableViewdequeueReusableCellWithIdentifier:
                           SimpleTableIdentifier];
    if (cell == nil) {
        cell = [[[UITableViewCellalloc] initWithStyle:UITableViewCellStyleDefault
                          reuseIdentifier:SimpleTableIdentifier] autorelease];
 }
 cell.imageView.image=image;//未选单元格时的图片
 cell.imageView.highlightedImage=highlightImage;//选中单元格后的图片
 cell.text=@"Andy-清风";
 return cell;
}
//设置让 UITableView 行缩进
-(NSInteger)tableView:(UITableView *)tableViewindentationLevelForRowAtIndexPath:
(NSIndexPath *)indexPath{
 NSUInteger row = [indexPath row];
 return row;
}
//设置单元格每行间隔的高度
- (CGFloat)tableView:(UITableView *)tableViewheightForRowAtIndexPath:(NSIndexPath *)
indexPath{
    return 40;
}
//返回当前所选单元格
NSIndexPath *ip = [NSIndexPath indexPathForRow:row inSection:section];
[TopicsTable selectRowAtIndexPath:ip animated:YESscrollPosition:UITableViewScrollPosi
tionNone];
//设置 UITableView 的风格
[tableView setSeparatorStyle:UITableViewCellSelectionStyleNone];
//设置选中单元格的响应事件
- (void)tableView:(UITableView *)tableView didSelectRowAtIndexPath:(NSIndexPath*)
indexPath{
 [tableView deselectRowAtIndexPath:indexPath animated:YES];//选中后的反显颜色即刻消失
}
//设置选中的行所执行的动作
-(NSIndexPath *)tableView:(UITableView *)tableViewwillSelectRowAtIndexPath:
(NSIndexPath *)indexPath
{
    NSUInteger row = [indexPath row];
     return indexPath;
}
//设置滑动单元格是否出现 del 按钮，供删除数据时处理
- (BOOL)tableView:(UITableView *)tableView canEditRowAtIndexPath:(NSIndexPath*)
indexPath {
}
//设置删除时编辑状态
- (void)tableView:(UITableView *)tableView commitEditingStyle:(UITableViewCellEditing
Style)editingStyle
forRowAtIndexPath:(NSIndexPath *)indexPath
{
}
     //右侧添加一个索引表
     - (NSArray *)sectionIndexTitlesForTableView:(UITableView *)tableView{
}
```

12.2 实战演练

通过对本章前面内容的学习，我们已经了解了 iOS 中表格视图控件的基本知识。本节将通过几个具体实例的实现过程，详细讲解在 iOS 中使用表格视图的技巧。

12.2.1 循环创建多个 UITableViewCell

实例 12-1	循环创建多个 UITableViewCell
源码路径	daima\12\ZPUITableViewCellRecycling

在本实例中，我们使用纯代码循环创建了多个原生的 UITableViewCell 表格，实例文件 ViewController.m 的主要代码如下。

```
@interface ViewController ()<UITableViewDataSource>

@end

@implementation ViewController

#pragma mark ——— 生命周期 ———
- (void)viewDidLoad
{
    [super viewDidLoad];

    UITableView *tableView = [[UITableView alloc] init];
    //用 init 方法创建的 UITableView 控件默认是 plain 样式
    tableView.frame = self.view.bounds;
    tableView.rowHeight = 70;  //设置单元格的高度
    tableView.dataSource = self;
    [self.view addSubview:tableView];

    /**
     如果不在 cellForRowAtIndexPath 方法中撰写创建新单元格的代码，则应该在此方法中注册单元格的类型并且绑定特殊标识符，系统会根据注册的类型和绑定的特殊标识符而创建新的单元格，这种做法的缺点是只能创建默认样式的单元格
     */
    [tableView registerClass:[UITableViewCell class] forCellReuseIdentifier:@"a"];
}

#pragma mark ——— UITableViewDataSource ———
- (NSInteger)numberOfSectionsInTableView:(UITableView *)tableView
{
    return 1;
}

- (NSInteger)tableView:(UITableView *)tableView numberOfRowsInSection:(NSInteger)sect
ion
{
    return 50;
}

/**
 这个方法会被频繁地调用，因为每当有一个单元格进入用户的视野范围内，系统就会调用这个方法
*/
-(UITableViewCell *)tableView:(UITableView *)tableView cellForRowAtIndexPath:(NSIndex
Path *)indexPath
{
```

```
    /**
    设置重用标识
     被 static 关键字修饰的局部变量只会初始化一次，在整个程序运行过程中，只有一份内存
     */
    static NSString *ID = @"a";

    /**
    根据标识符去缓存池中寻找具有相同标识符的单元格
     */
    UITableViewCell *cell = [tableView dequeueReusableCellWithIdentifier:ID];

    /**
    如果系统在缓存池中没有找到可重复利用的单元格，则可以在此方法中通过撰写下面的代码来创建新的单元格，
    或者不写下面的代码，而在视图控制器类中的 viewDidLoad 方法中撰写相关注册的代码，也可以成功创建新的
    单元格
     */
    if (cell == nil)
    {
        cell = [[UITableViewCell alloc] initWithStyle:UITableViewCellStyleDefault
        reuseIdentifier:ID];
    }

    /**
     重新设置数据
     重新设置数据的代码必须要写在上面的 if 语句的外面，因为上面的 if 语句只会用到有限的几次，其他的代码
     会重复利用缓存池里面的单元格;
     int 用%d 表示，NSInteger 用%zd 表示
     */
    cell.textLabel.text = [NSString stringWithFormat:@"test - %zd", indexPath.row];

    return cell;
}
```

执行后的结果如图 12-7 所示。

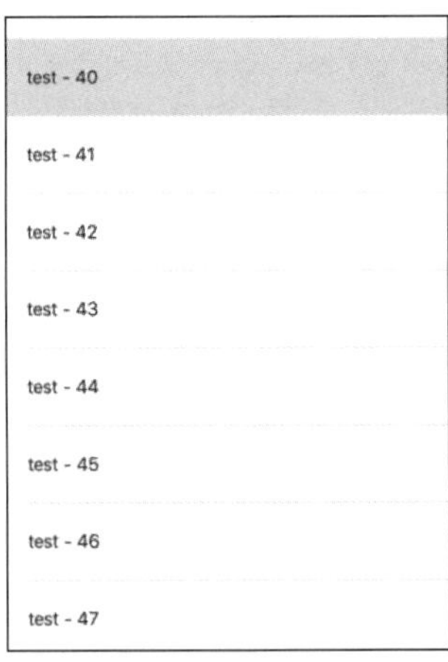

▲图 12-7　执行结果

12.2.2　实现单元格的圆角样式效果

实例 12-2	实现单元格的圆角样式效果
源码路径	daima\12\FilletDemo

在 iOS 应用程序中，我们可以自己定义单元格的显示效果，其原理就是向行中添加子视图。在

本实例的主界面中定义一个UIViewController主视图，然后在这个主视图下面定义两个子视图，并自定义两个子视图UITableViewCell的圆角样式。具体步骤如下。

（1）使用Xcode创建一个名为NoteDemo的项目，在Main.storyboard中分别设置一个主视图和两个子视图，如图12-8所示。

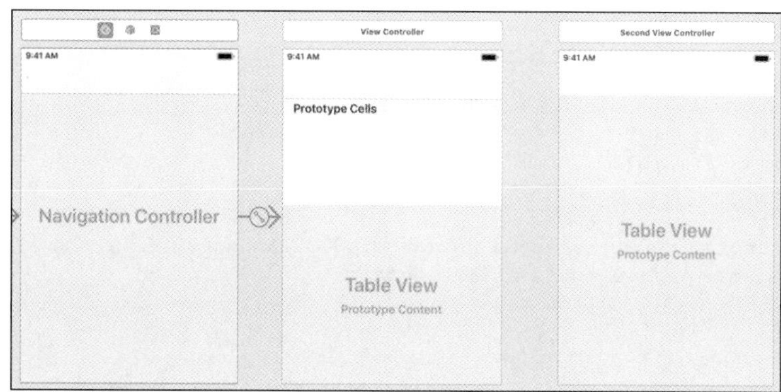

▲图12-8 在Main.storyboard中设置一个主视图和两个子视图

（2）文件ViewController.m实现主视图界面，该界面被切分为4个单元格，主要代码如下。

```
-(UITableViewCell *)tableView:(UITableView *)tableView
cellForRowAtIndexPath:(NSIndexPath *)indexPath
{
    if(indexPath.row % 2 == 0)
    {
        FristTableViewCell *cell = [tableView dequeueReusableCellWithIdentifier:
        @"FristTableViewCell" forIndexPath: indexPath];
        cell.selectionStyle = UITableViewCellSelectionStyleNone;
        cell.backgroundColor = [UIColor groupTableViewBackgroundColor];
        cell.RootView.backgroundColor = [UIColor whiteColor];
        cell.RootView.layer.cornerRadius = 5;
        cell.textLabel.text = @"FristTableViewCell";
        return cell;
    }else
    {
        ThridTableViewCell *cellthrid = [tableView
        dequeueReusableCellWithIdentifier:ThridTableViewCellID];
        [cellthrid setSelectionStyle:UITableViewCellSelectionStyleNone];
        if (!cellthrid)
        {
            cellthrid = [[ThridTableViewCell alloc] initWithStyle:UITableViewCellStyleDefault
            reuseIdentifier:ThridTableViewCellID];
        }
        cellthrid.textLabel.text = @"ThridTableViewCell";

        return cellthrid;
    }

}
-(CGFloat)tableView:(UITableView *)tableView heightForRowAtIndexPath:(NSIndexPath *)
indexPath
{
    return 120;
}

-(void)tableView:(UITableView *)tableView didSelectRowAtIndexPath:(NSIndexPath *)
indexPath
{
    SecondViewController *secondView = [[UIStoryboard storyboardWithName:@"Main"
```

```
    bundle:nil]instantiateViewControllerWithIdentifier:@"SecondViewController"];
    [self.navigationController pushViewController:secondView animated:YES];
}
@end
```

（3）文件 ThirdTableViewCell.m 实现其中的一个子视图，在子视图中实现单元格的圆角显示效果，主要代码如下。

```
@implementation ThirdTableViewCell

- (void)awakeFromNib {
    [super awakeFromNib];
}

- (void)setSelected:(BOOL)selected animated:(BOOL)animated {
    [super setSelected:selected animated:animated];

}

- (instancetype)initWithStyle:(UITableViewCellStyle)style reuseIdentifier:(NSString *)
reuseIdentifier
{
    self = [super initWithStyle:style reuseIdentifier:reuseIdentifier];
    if (self) {
        //设置圆角
        self.layer.cornerRadius = 5;
        self.layer.masksToBounds = YES;
        self.selectionStyle = UITableViewCellSelectionStyleNone;
        self.backgroundColor = [UIColor whiteColor];

    }
    return self;
}

- (void)setFrame:(CGRect)frame{

    frame.origin.x += 10;
    frame.origin.y += 10;
    frame.size.height -= 10;
    frame.size.width -= 20;
    [super setFrame:frame];
}
```

主视图界面中的执行结果如图 12-9 所示，子视图界面中的执行结果如图 12-10 所示。

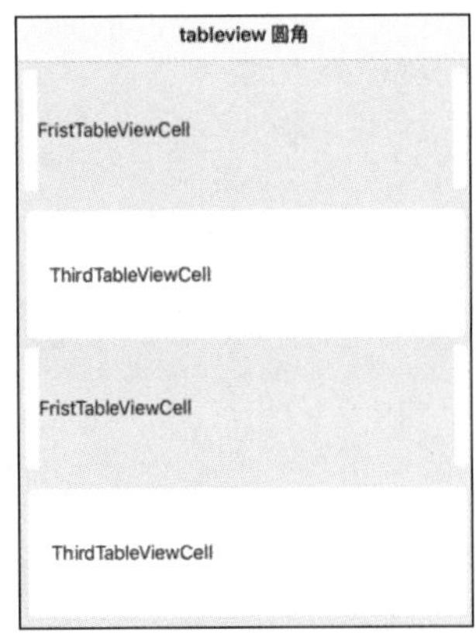

▲图 12-9　主视图界面中的执行结果

▲图 12-10　子视图界面中的执行结果

12.2.3 基于 Objective-C 使用表视图

实例 12-3	基于 Objective-C 使用表视图
源码路径	daima\12\biaoge-Obj

在本节的演示实例中将创建一个表视图，它包含两个分区，这两个分区的标题分别为“红”和“蓝”，且分别包含常见的红色和蓝色花朵的名称。除标题之外，每个单元格还包含一幅花朵图像和一个展开箭头。当用户触摸单元格时，将出现一个提醒视图，指出选定花朵的名称和颜色。

1. 创建项目

要创建项目，具体步骤如下。

（1）打开 Xcode，使用 iOS 模板 Single View Application 创建一个项目，并将其命名为 Table。把标准 ViewController 类用作表视图控制器，因为它在实现方面提供了极大的灵活性。

（2）添加图像资源。在创建的表视图中将显示每种花朵的图像。为了添加花朵图像，将本实例用到的素材图片保存在文件夹 Images 中，如图 12-11 所示。将文件夹 Images 拖曳到项目代码所在的文件夹中，在 Xcode 提示时选择复制文件并创建文件夹。

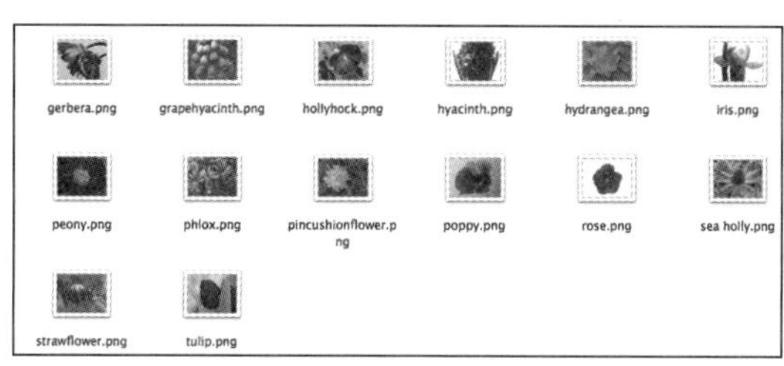

▲图 12-11　素材图片

（3）规划变量和连接。在这个项目中需要两个数组（redFlowers 和 blueFlowers）。顾名思义，它们分别包含一系列要在表视图中显示的红色花朵和蓝色花朵。每种花朵的图像文件名与花朵名相同，只需在这些数组中的花朵名后面加上.png 后缀，就可以访问相应的花朵图像。在此只需要建立两个连接，即将 UITableView 的输出口 delegate 和 dataSource 连接到 ViewController。

（4）添加表示分区的常量。为了以更抽象的方式来引用分区，特意在文件 ViewController.m 中添加了几个常量。在文件 ViewController.m 中，在#import 代码行下方添加如下代码行。

```
#define kSectionCount 2
#define kRedSection 0
#define kBlueSection 1
```

其中第一个常量 kSectionCount 指的是表视图将包含多少个分区，而其他两个常量（kRedSection 和 kBlueSection）将用于引用表视图中的分区。

2. 设计界面

打开文件 MainStoryboard.storyboard，并拖曳一个表视图（UITableView）实例到场景中。调整表视图的大小，使其覆盖整个场景。然后选择表视图并打开 Attributes Inspector，将表视图的 Style 设置为 Grouped，如图 12-12 所示。

然后，在编辑器中单击单元格以选择它，也可在文档大纲中展开表视图对象，再选择单元格对象。接下来，在 Attributes Inspector 中将单元格标识符设置为 flowerCell，如果不这样做，应用程序就无法正常运行。

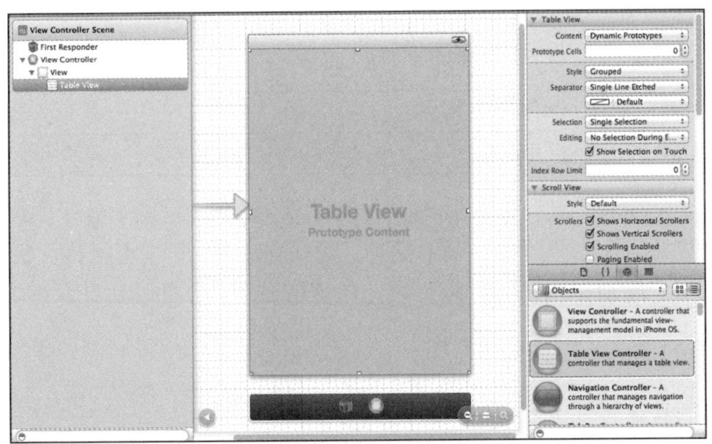

▲图 12-12　设置表视图的 Style

接下来，将样式设置为 Basic，并使用下拉列表 Image 选择前面添加的图像资源之一。使用下拉列表 Accessory 在单元格中添加 Detail Disclosure（详细信息展开箭头）。这样单元格已准备就绪，完成后的 UI 效果如图 12-13 所示。

3. 连接输出口 delegate 和 dataSource

要让表视图显示信息并在用户触摸时做出反应，它必须知道在哪里能够找到委托和数据源协议的方法，这些工作将在类 ViewController 中实现。首先，选择场景中的表视图对象，再打开 Connections Inspector。在 Connections Inspector 中，把输出口 delegate 连接到文档大纲中的 ViewController 对象，对输出口 dataSource 执行同样的操作。现在的 Connections Inspector 如图 12-14 所示。

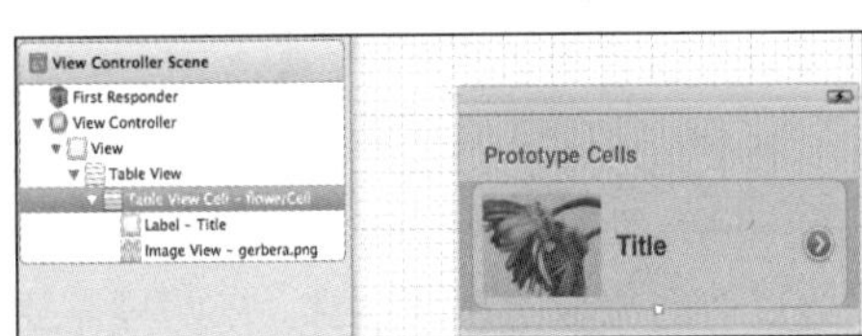

▲图 12-13　完成后的 UI 效果

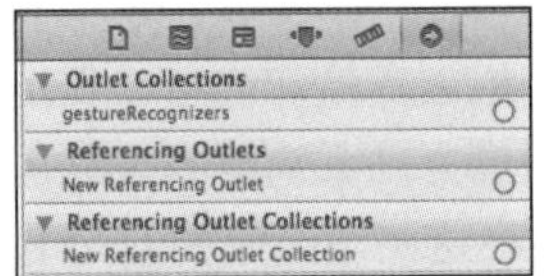

▲图 12-14　Connections Inspector

4. 实现应用程序逻辑

本实例需要实现两个协议，以便填充表视图（UITableViewDataSource）以及在用户选择单元格时做出响应（UITableViewDelegate）。

1）填充花朵数组

在此需要两个数组来填充表视图：一个包含红色花朵，另一个包含蓝色花朵。因为在整个类中都将访问这些数组，所以必须将它们声明为实例变量/属性。首先，打开文件 ViewController.h，在 @interface 下方声明属性 redFlowers 和 blueFlowers。

```
@property (nonatomic, strong) NSArray *redFlowers;
@property (nonatomic, strong) NSArray *blueFlowers;
```

然后，打开文件 ViewController.m，在@implementation 下方添加配套的编译指令。

```
@synthesize:
@synthesize redFlowers;
@synthesize blueFlowers;
```

在文件 ViewController.m 的方法 viewDidUnload 中，执行清理工作，将这两个属性设置为 nil。

```
[self setRedFlowers:nil];
[self setBlueFlowers:nil];
```

为了使用花朵名填充这些数组，在文件 ViewController.m 的方法 viewDidLoad 中，分配并初始化它们，具体代码如下。

```
- (void)viewDidLoad
{
    self.redFlowers = [[NSArray alloc]
                        initWithObjects:@"aa",@"bb",@"cc",
                        @"dd",nil];
    self.blueFlowers = [[NSArray alloc]
                         initWithObjects:@"ee",@"ff",
                         @"gg",@"hh",@"ii",nil];

    [super viewDidLoad];
}
```

这样，为实现表视图数据源协议所需的数据都准备就绪了——指定表视图布局的常量以及提供信息的花朵数组。

2）实现表视图数据源协议

为了给表视图提供信息，总共需要实现如下 4 个数据源协议方法。

- numberOfSectionsInTableView。
- tableView:numberOfRowsInSection。
- tableView:titleForHeaderInSection。
- tableView:cellForRowAtIndexPath。

下面依次实现这些方法，但首先需要将类 ViewController 声明为遵守协议 UITableViewDataSource。因此，打开文件 ViewController.h，将以开头的@interface 代码行修改为下面的代码。

```
@interface ViewController  :UIViewController <UITableViewDataSource>
```

然后，分别实现上述方法。其中，numberOfSectionsInTableView 方法用于返回表视图将包含的分区数，因为已经将其存储在 kSectionCount 中，所以只需返回该常量就大功告成了。此方法的具体代码如下。

```
- (NSInteger)numberOfSectionsInTableView:(UITableView *)tableView
{
    return kSectionCount;
}
```

方法 tableView:numberOfRowsInSection 用于返回分区包含的行数，即红色分区的红色花朵数和蓝色分区的蓝色花朵数。将参数 section 与表示红色分区和蓝色分区的常量进行比较，并使用 NSString 的方法 count 返回相应数组包含的元素数。此方法的具体代码如下。

```
- (NSInteger)tableView:(UITableView *)tableView
    numberOfRowsInSection:(NSInteger)section
{
    switch (section) {
        case kRedSection:
            return [self.redFlowers count];
        case kBlueSection:
            return [self.blueFlowers count];
```

```
        default:
            return 0;
    }
}
```

在上述代码中，switch 语句用于检查传入的参数 section，如果此参数与常量 kRedSection 匹配，则返回数组 redFlowers 包含的元素数；如果与常量 kBlueSection 匹配，则返回数组 BlueFlowers 包含的元素数。其中的 default 分支应该不会执行，因此返回 0，表示不会有任何问题。

而 tableView:titleForHeaderInSection 方法更简单，它必须将传入参数 section 与表示红色分区和蓝色分区的常量进行比较，但只需返回表示分区标题的字符串（红或蓝）。在项目中添加如下代码。

```
- (NSString *)tableView:(UITableView *)tableView
titleForHeaderInSection:(NSInteger)section {
    switch (section) {
        case kRedSection:
            return @"红";
        case kBlueSection:
            return @"蓝";
        default:
            return @"Unknown";
    }
}
```

再看最后一个数据源协议方法。在这个方法中，必须根据前面在 IB 中配置的标识符 flowerCell 创建一个新的单元格，再根据传入的参数 indexPath，使用相应的数据填充该单元格的属性 imageView 和 textLabel。在文件 ViewController.m 中通过如下代码创建这个方法。

```
- (UITableViewCell *)tableView:(UITableView *)tableView
         cellForRowAtIndexPath:(NSIndexPath *)indexPath
{
    UITableViewCell *cell = [tableView
                             dequeueReusableCellWithIdentifier:@"flowerCell"];
    switch (indexPath.section) {
        case kRedSection:
            cell.textLabel.text=[self.redFlowers
                                 objectAtIndex:indexPath.row];
            break;
        case kBlueSection:
            cell.textLabel.text=[self.blueFlowers
                                 objectAtIndex:indexPath.row];
            break;
        default:
            cell.textLabel.text=@"Unknown";
    }
    UIImage *flowerImage;
    flowerImage=[UIImage imageNamed:
                 [NSString stringWithFormat:@"%@%@",
                  cell.textLabel.text,@".png"]];
    cell.imageView.image=flowerImage;
    return cell;
}
```

3）实现表视图委托协议

表视图委托协议处理用户与表视图的交互。要在用户选择单元格时检测到这一点，必须实现委托协议方法 tableView:didSelectRowAtIndexPath。这个方法在用户选择单元格时自动被调用，且传递给它的参数 indexPath 包含属性 section 和 row，这些属性指出了用户触摸的是哪个单元格。

在编写这个方法前，需要再次修改文件 ViewController.h 中以@interface 开头的代码行，指出这个类要遵守协议 UITableViewDelegate。

```
@interface ViewController  :UIViewController
<UITableViewDataSource, UITableViewDelegate>
```

本实例将使用 UIAlertView 显示一条消息，将这个委托协议方法添加到文件 ViewController.m 中，具体代码如下。

```
- (void)tableView:(UITableView *)tableView
          didSelectRowAtIndexPath:(NSIndexPath *)indexPath {

    NSString    *flowerMessage;
    UIAlertView    *showSelection;

    switch (indexPath.section) {
        case kRedSection:
            flowerMessage=[[NSString alloc]
                          initWithFormat:
                          @"你选择了红色 - %@",
                          [self.redFlowers objectAtIndex: indexPath.row]];
            break;
        case kBlueSection:
            flowerMessage=[[NSString alloc]
                          initWithFormat:
                          @"你选择了蓝色 - %@",
                          [self.blueFlowers objectAtIndex: indexPath.row]];
            break;
        default:
            flowerMessage=[[NSString alloc]
                          initWithFormat:
                          @"我不知道选什么!?"];
            break;
    }

    UIAlertController* alert = [UIAlertController alertControllerWithTitle:
                              @"你已经选择了"
                              message:flowerMessage
                              preferredStyle:UIAlertControllerStyleAlert];

    UIAlertAction* defaultAction = [UIAlertAction actionWithTitle:@"OK"
    style:UIAlertActionStyleDefault
            handler:^(UIAlertAction * action) {
            //响应事件
            NSLog(@"action = %@", action);
   }];
    [alert addAction:defaultAction];
    [self presentViewController:alert animated:YES completion:nil];
}
```

在上述代码中，首先，声明了变量 flowerMessage 和 showSelection，它们分别是要向用户显示的消息字符串以及显示消息的 UIAlertView 实例。然后，使用 switch 语句和 indexPath.section 判断选择的单元格属于哪个花朵数组，并使用 indexPath.row 确定是数组中的哪个元素。接着，分配并初始化一个字符串 flowerMessage，其中包含选定花朵的信息。最后，创建并显示一个提醒视图（showSelection），其中包含消息字符串（flowerMessage）。

到此为止，整个实例介绍完毕。执行后能够在划分成分区的花朵列表中上下滚动。表中的每个单元格都显示一幅图像、一个标题和一个展开箭头，结果如图 12-15 所示。选择一个单元格将显示一个提醒视图，指出触摸的是哪个分区以及选择的是哪一项。

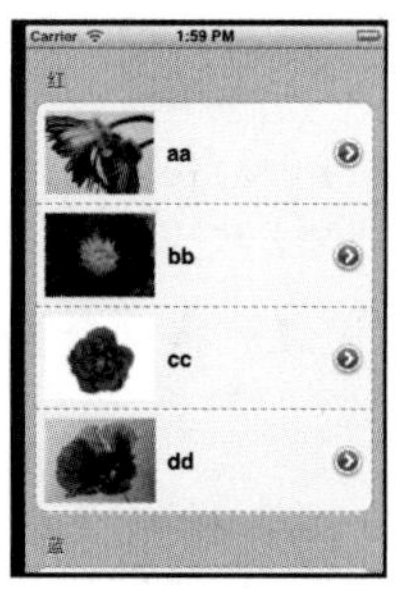

▲图 12-15　执行结果

12.2.4　基于 Swift 使用表视图

实例 12-4	基于 Swift 使用表视图
源码路径	daima\12\biaoge-Swift

实例 12-4 是实例 12-3 的 Swift 版本，具体功能和执行结果与实例 12-4 完全相同。

第 13 章　活动指示器、进度条和检索条

本章将介绍 3 个新的控件——活动指示器、进度条和检索条。在开发 iOS 应用程序的过程中，使用活动指示器可以实现一个轻型视图。通过使用进度条，你能够以动画的方式显示某个动作的进度，例如，播放进度和下载进度。而检索条可以实现搜索表单的效果。本章将详细讲解这 3 个控件。

13.1 活动指示器

在 iOS 应用程序中，使用控件 UIActivityIndicatorView 实现活动指示器的效果。本节将详细讲解 UIActivityIndicatorView 的基本知识和具体用法。

在开发过程中，使用 UIActivityIndicatorView 实例提供轻型视图，这些视图显示一个标准的旋转进度轮。当使用这些视图时，20×20 像素是大多数指示器样式获得清楚显示效果的最佳大小。只要稍大一点，指示器都会变得模糊。

iOS 提供了几种不同样式的 UIActivityIndicatorView 类。UIActivityIndicatorViewStyleWhite 和 UIActivityIndicatorViewStyleGray 是非常简洁的。黑色背景适合白色版本的外观，白色背景适合灰色外观。在选择白色还是灰色时要格外注意，全白外观在白色背景下将不能显示任何内容，而 UIActivityIndicatorViewStyleWhiteLarge 只能用于深色背景，它提供最大、最清晰的指示器。

13.1.1　实现不同外观的活动指示器效果

实例 13-1	实现不同外观的活动指示器效果
源码路径	daima\13\UIActivityIndicatorViewTest

本项目的最终结构和故事板界面如图 13-1 所示。

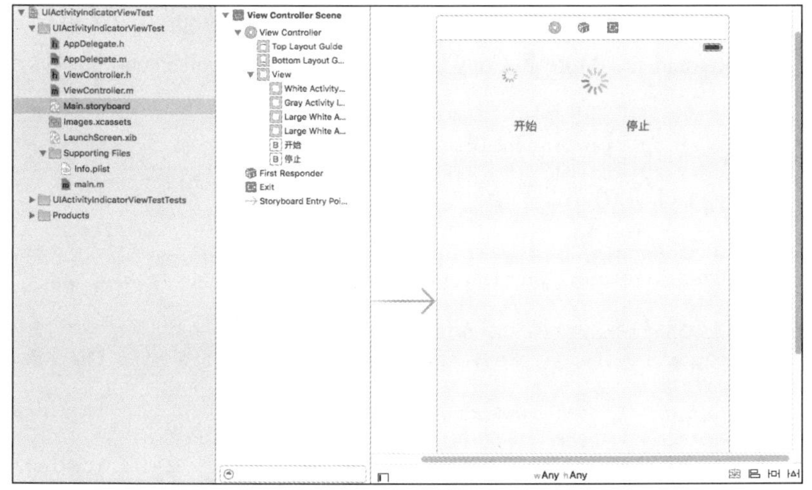

▲图 13-1　本项目的最终结构和故事板界面

文件 ViewController.m 的具体代码如下。

```
#import "ViewController.h"
@implementation ViewController
- (void)viewDidLoad
{
      [super viewDidLoad];
}
- (IBAction)start:(id)sender {
     //控制 4 个进度环开始转动
     for(int i = 0 ; i < self.indicators.count ; i++)
     {
       [self.indicators[i] startAnimating];
     }
}
- (IBAction)stop:(id)sender {
     //停止 4 个进度环的转动
     for(int i = 0 ; i < self.indicators.count ; i++)
     {
       [self.indicators[i] stopAnimating];
     }
}
@end
```

执行结果如图 13-2 所示，单击“停止”按钮后，4 个进度环会停止转动。

▲图 13-2　执行结果

13.1.2　基于 Swift 使用 UIActivityIndicatorView 控件

实例 13-2	基于 Swift 使用 UIActivityIndicatorView 控件
源码路径	daima\13\UIActivityViewController

首先，打开 Main.storyboard，在里面插入一个 Share 文本框，如图 13-3 所示。

然后，编写文件 ViewController.swift，功能是当用户单击屏幕中的 Share 文本框后会弹出一个新界面，在新界面中显示 Reminders、More 和 Copy 选项。文件 ViewController.swift 的具体代码如下。

```
import UIKit
class ViewController: UIViewController {
    override func viewDidLoad() {
        super.viewDidLoad()
    }
    override func didReceiveMemoryWarning() {
        super.didReceiveMemoryWarning()
    }
    @IBAction func shareSheet(sender: AnyObject){
        let firstActivityItem = "Hey, check out this mediocre site that sometimes posts
        about Swift!"
        let urlString = "****://www.dvdown*.***/"
        let secondActivityItem : NSURL = NSURL(string:urlString)!
        let activityViewController : UIActivityViewController = UIActivityViewController(
            activityItems: [firstActivityItem, secondActivityItem], applicationActivities:
            nil)
      activityViewController.excludedActivityTypes = [
```

```
            UIActivity.ActivityType.postToWeibo,
            UIActivity.ActivityType.print,
            UIActivity.ActivityType.assignToContact,
            UIActivity.ActivityType.saveToCameraRoll,
            UIActivity.ActivityType.addToReadingList,
            UIActivity.ActivityType.postToFlickr,
            UIActivity.ActivityType.postToVimeo,
            UIActivity.ActivityType.postToTencentWeibo
        ]
        self.presentViewController(activityViewController, animated: true, completion: nil)
    }
}
```

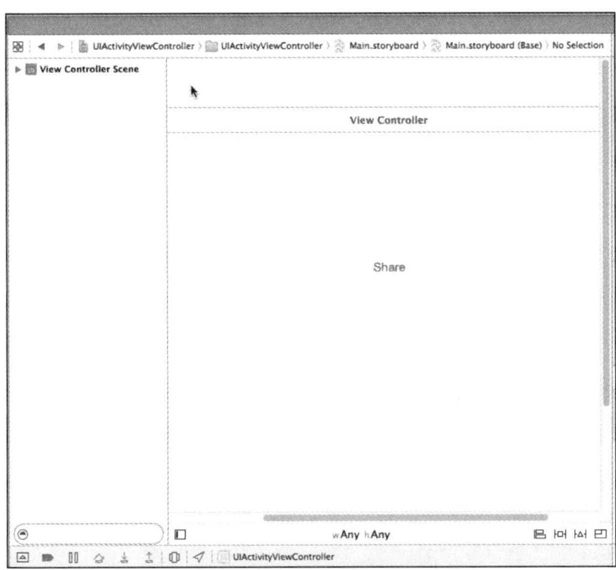

▲图 13-3　插入 Share 文本框

到此为止，整个实例介绍完毕。执行后的初始结果如图 13-4 所示。单击屏幕中的 Share 文本后会弹出一个新界面，如图 13-5 所示。

▲图 13-4　执行后的初始结果

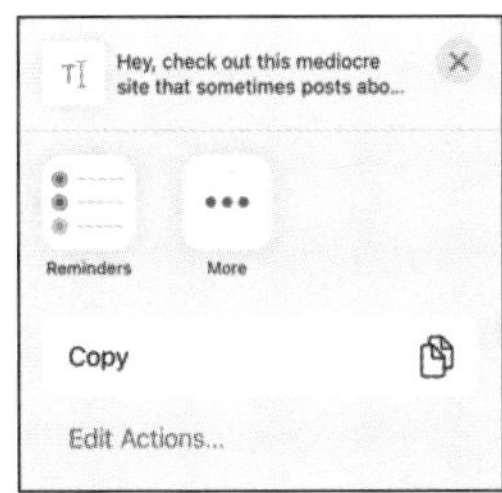

▲图 13-5　弹出一个新界面

13.2 进度条

在 iOS 应用程序中，使用 UIProgressView 显示进度效果，如音乐、视频的播放进度和文件的上传与下载进度等。本节将详细讲解 UIProgressView 的基本知识和具体用法。

在 iOS 应用程序中，UIProgressView 与 UIActivityIndicatorView 相似，只不过前者提供了一个接口，让我们可以显示一个进度条，这样就能让用户知道当前操作完成了多少。UIProgressView 包括如下几个属性。

- ❑ center 属性和 frame 属性：设置进度条的显示位置，并添加到显示画面中。
- ❑ UIProgressViewStyle 属性：设置进度条的样式，可以设置如下两种样式。
  - UIProgressViewStyleDefault：标准进度条。
  - UIProgressViewStyleBar：深灰色进度条，用于工具栏中。

13.2.1 自定义进度条的外观样式

实例 13-3	自定义进度条的外观样式
源码路径	daima\13\MCProgressView

实例文件 MCProgressBarView.m 的功能是定义一个金属质感样式的进度条效果，主要代码如下。

```
- (id)initWithFrame:(CGRect)frame backgroundImage:(UIImage *)backgroundImage for
egroundImage: (UIImage *)foregroundImage
{
    self = [super initWithFrame:frame];
    if (self) {
        _backgroundImageView = [[UIImageView alloc] initWithFrame:self.bounds];
        _backgroundImageView.image = backgroundImage;
        [self addSubview:_backgroundImageView];

        _foregroundImageView = [[UIImageView alloc] initWithFrame:self.bounds];
        _foregroundImageView.image = foregroundImage;
        [self addSubview:_foregroundImageView];
        UIEdgeInsets insets = foregroundImage.capInsets;
        minimumForegroundWidth = insets.left + insets.right;
        availableWidth = self.bounds.size.width - minimumForegroundWidth;

        self.progress = 0.5;
    }
    return self;
}
- (void)setProgress:(double)progress
{
    _progress = progress;
    CGRect frame = _foregroundImageView.frame;
    frame.size.width = roundf(minimumForegroundWidth + availableWidth * progress);
    _foregroundImageView.frame = frame;
}
@end
```

执行结果如图 13-6 所示。

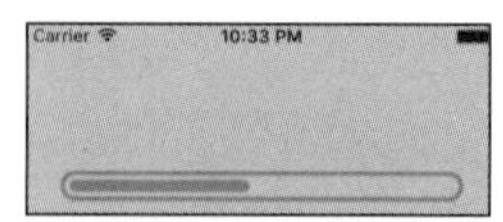

▲图 13-6 执行结果

13.2.2 实现多个具有动态条纹背景的进度条

实例 13-4	实现多个具有动态条纹背景的进度条
源码路径	daima\13\JGProgressView

本实例的功能是实现多个具有动态条纹背景的进度条（UIProgressView），我们可以自定义进

度条的条纹颜色和条纹移动速度。实例文件 JGProgressView.m 的功能是设置进度条的图像样式、动画样式和进度速率，具体代码如下。

```
#import "JGProgressView.h"
#import <QuartzCore/QuartzCore.h>
//共享对象
static NSMutableArray *_animationImages;
static UIImage *_masterImage;
static UIProgressViewStyle _currentStyle;
static BOOL _right;
#define kSignleElementWidth 28.0f
@interface UIImage (JGAddons)
- (UIImage *)attachImage:(UIImage *)image;
- (UIImage *)cropByX:(CGFloat)x;
@end
@implementation UIImage (JGAddons)
- (UIImage *)cropByX:(CGFloat)x {
    UIGraphicsBeginImageContextWithOptions(CGSizeMake(self.size.width-x, self.size.
    height), NO, 0.0);
    CGContextRef context = UIGraphicsGetCurrentContext();
    CGContextTranslateCTM(context, 0, self.size.height);
    CGContextScaleCTM(context, 1.0, -1.0);
    CGContextDrawImage(context, CGRectMake(0, 0, self.size.width, self.size.height),
    self.CGImage);
    CGImageRef image = CGBitmapContextCreateImage(context);
    UIImage *result = [UIImage imageWithCGImage:image scale:self.scale orientation:
    UIImageOrientationUp];
    CGImageRelease(image);
    UIGraphicsEndImageContext();
    return result;
}
//附加图片
- (UIImage *)attachImage:(UIImage *)image {
UIGraphicsBeginImageContextWithOptions(CGSizeMake(self.size.width+image.size.width,
self.size.height), NO, 0.0);
    CGContextRef context = UIGraphicsGetCurrentContext();
    CGContextTranslateCTM(context, 0, self.size.height);
    CGContextScaleCTM(context, 1.0, -1.0);
    CGContextDrawImage(context, CGRectMake(0, 0, self.size.width, self.size.height),
    self.CGImage);
    CGContextDrawImage(context, CGRectMake(self.size.width, 0, image.size.width,
    self.size.height), image.CGImage);
    UIImage *result = UIGraphicsGetImageFromCurrentImageContext();
    UIGraphicsEndImageContext();
    return result;
}
@end
//设置进度条动画向右
- (void)setAnimateToRight:(BOOL)_animateToRight {
    animateToRight = _animateToRight;
    [self reloopForInterfaceChange];
}

//动画图像
- (NSMutableArray *)animationImages {
    return (self.useSharedImages ? _animationImages : images);
}
//设置动画图像
- (void)setAnimationImages:(NSMutableArray *)imgs {
    if (self.useSharedImages) {
        _animationImages = imgs;
```

```
        }
        else {
            images = imgs;
        }
    }
    //主图像
    - (UIImage *)masterImage {
        return (self.useSharedImages ? _masterImage : master);
    }
    //设置主图像
    - (void)setMasterImage:(UIImage *)img {
        if (self.useSharedImages) {
            _masterImage = img;
        }
        else {
            master = img;
        }
    }
    //当前样式
    - (UIProgressViewStyle)currentStyle {
        return (self.useSharedImages ? _currentStyle : currentStyle);
    }
    //设置当前样式
    - (void)setCurrentStyle:(UIProgressViewStyle)_style {
        if (self.useSharedImages) {
            _currentStyle = _style;
        }
        else {
            currentStyle = _style;
        }
    }
    //当前动画向右
    - (BOOL)currentAnimateToRight {
        return (self.useSharedImages ? _right : absoluteAnimateRight);
    }
    //设置当前动画向右
    - (void)setCurrentAnimateToRight:(BOOL)right {
        if (self.useSharedImages) {
            _right = right;
        }
        else {
            absoluteAnimateRight = right;
        }
    }

    - (id)initWithFrame:(CGRect)frame
    {
        self = [super initWithFrame:frame];
        if (self) {
            [self setClipsToBounds:YES];
            self.animationSpeed = 0.5f;
        }
        return self;
    }
    //图像的当前样式
    - (UIImage *)imageForCurrentStyle {
        if (self.progressViewStyle == UIProgressViewStyleDefault) {
            return [UIImage imageNamed:@"Indeterminate.png"];
        }
        else {
            return [UIImage imageNamed:@"IndeterminateBar.png"];
```

```
        }
    }
    //设置动画播放速度
    - (void)setAnimationSpeed:(NSTimeInterval)_animationSpeed {
        if ([[UIScreen mainScreen] respondsToSelector:@selector(scale)]) {
            animationSpeed = _animationSpeed*[[UIScreen mainScreen] scale];
        }
        else {
            animationSpeed = _animationSpeed;
        }
        if (_animationSpeed >= 0.0f) {
            animationSpeed = _animationSpeed;
        }
        if (self.isIndeterminate) {
            [theImageView setAnimationDuration:self.animationSpeed];
        }
    }
    //设置进度条的样式
    - (void)setProgressViewStyle:(UIProgressViewStyle)progressViewStyle {
        if (progressViewStyle == self.progressViewStyle) {
            return;
        }

        [super setProgressViewStyle:progressViewStyle];

        if (self.isIndeterminate) {
            [self reloopForInterfaceChange];
        }
    }
```

执行结果如图 13-7 所示。

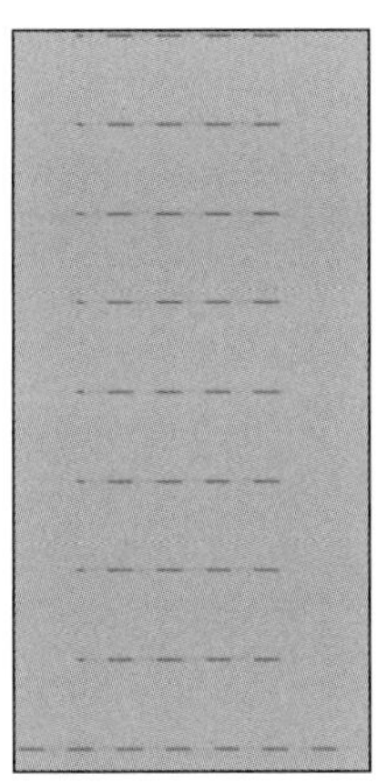

▲图 13-7 执行结果

13.2.3 基于 Swift 实现自定义进度条效果

实例 13-5	基于 Swift 实现自定义进度条效果
源码路径	daima\13\ProgressBar-Swift

要实现实例 13-5，具体步骤如下。

（1）使用 Xcode 创建一个名为 ProgressBar 的项目，在故事板中插入一个进度条控件，如图 13-8 所示。

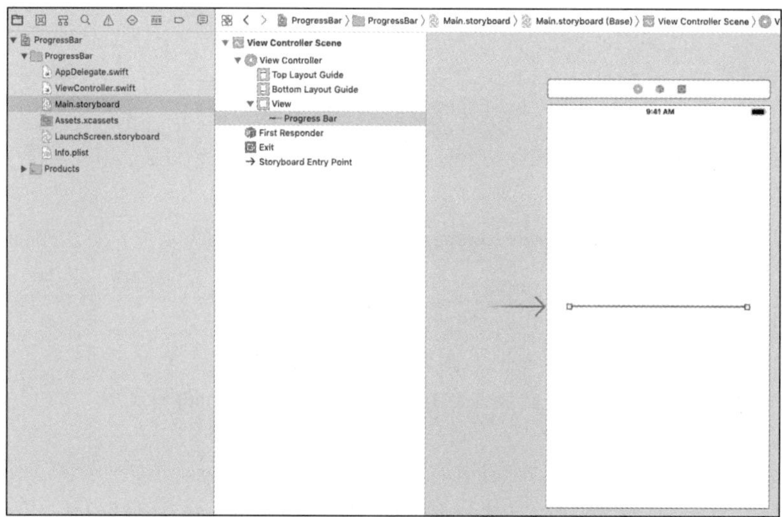

▲图 13-8　插入一个进度条控件

（2）编写文件 ViewController.swift，功能是在视图界面中设置进度条的颜色和完成时间，主要代码如下所示。

```
class ViewController: UIViewController {

    @IBOutlet var progressBar:UIProgressView!

    var progressTimer:Timer!

    override func viewDidLoad() {
        super.viewDidLoad()
        progressBar.progressTintColor = .green
        progressBar.trackTintColor = .blue
        self.progressTimer = Timer.scheduledTimer(timeInterval: 1.0, target: self,
selector: #selector(ViewController.updateProgressBar), userInfo: nil, repeats: true)
    }

    override func didReceiveMemoryWarning() {
        super.didReceiveMemoryWarning()
    }

    func updateProgressBar(){
        self.progressBar.progress += 0.1
        if(self.progressBar.progress == 1.0)
        {
            self.progressBar.removeFromSuperview()
        }
    }
```

执行后将在屏幕中显示进度条的效果，如图 13-9 所示。

▲图 13-9　进度条的效果

13.3 检索条

在 iOS 应用程序中，使用 UISearchBar（检索条）控件实现检索框。本节将详细讲解使用

UISearchBar 控件的基本知识和具体用法。

UISearchBar 控件的属性如表 13-1 所示。

表 13-1　　UISearchBar 控件的属性

属　性	作　用
UIBarStyle barStyle	设置控件的样式
id<UISearchBarDelegate> delegate	设置控件的委托
NSString *text	设置控件上面显示的文字
NSString *prompt	设置显示在顶部的单行文字，通常作为一个提示行
NSString *placeholder	设置半透明的提示文字，输入搜索内容后消失
BOOL showsBookmarkButton	设置是否在控件的右端显示一个图书按钮
BOOL showsCancelButton	设置是否显示 Cancel 按钮
BOOL showsSearchResultsButton	设置是否在控件的右端显示搜索结果按钮
BOOL searchResultsButtonSelected	设置搜索结果按钮是否被选中
UIColor *tintColor	设置检索条的颜色（具有渐变效果）
BOOL translucent	指定控件是否会有透视效果
UITextAutocapitalizationTypeautocapitalizationType	设置在什么的情况下自动大写
UITextAutocorrectionTypeautocorrectionType	设置对文本对象自动校正的风格
UIKeyboardTypekeyboardType	设置键盘的样式
NSArray *scopeButtonTitles	设置搜索栏下部的选择栏，数组里面的内容是按钮的标题
NSInteger selectedScopeButtonIndex	设置搜索栏下部的选择栏按钮的个数
BOOL showsScopeBar	控制搜索栏下部的选择栏是否显示出来

13.3.1　在查找信息输入关键字时实现自动提示功能

实例 13-6	在查找信息输入关键字时实现自动提示功能
源码路径	daima\13\AutocompletingSearch

本实例的功能是在查找信息输入关键字时实现自动提示功能。用户在搜索框中输入英文，Xcode 根据输入的字母出现文字提示，即类似电话本的首字母索引功能。具体步骤如下。

（1）启动 Xcode，本项目的最终结构和故事板界面如图 13-10 所示。

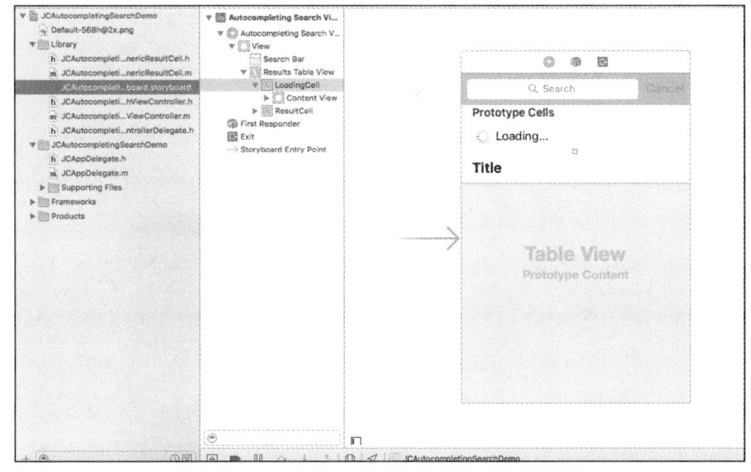

▲图 13-10　本项目的最终结构和故事板界面

（2）文件 JCAutocompletingSearchViewController.m 的功能是获取用户在文本框中输入的关键字，检索在 UITableView 中是否有对应的信息匹配。文件 JCAutocompletingSearchViewController.m 的具体代码如下。

```
+ (JCAutocompletingSearchViewController*) autocompletingSearchViewController {
  UIStoryboard* storyboard = [UIStoryboard storyboardWithName:@"JCAutocompletingSearc
hStoryboard" bundle:nil];
  return (JCAutocompletingSearchViewController*)[storyboard instantiateViewController
WithIdentifier:@"SearchViewController"];
}

- (id) initWithCoder:(NSCoder *)aDecoder {
  self = [super initWithCoder:aDecoder];
  if (self) {
    self.results = @[];
    self.loading = NO;
    loadingMutex = [NSObject new];
  }
  return self;
}

- (void) viewDidLoad {
  [super viewDidLoad];
  if ( self.delegate
       && [self.delegate respondsToSelector:@selector(searchControllerShouldPerform
BlankSearchOnLoad:)]
       && [self.delegate searchControllerShouldPerformBlankSearchOnLoad:self]) {
    [self searchBar:self.searchBar textDidChange:@""];
  }
}

- (void) viewDidUnload {
  [self setResultsTableView:nil];
  [self setSearchBar:nil];
  [super viewDidUnload];
}
//实现界面的自适应
- (BOOL) shouldAutorotateToInterfaceOrientation:(UIInterfaceOrientation)interfaceOrient
ation {
  if (self.delegate && [self.delegate respondsToSelector:@selector(searchController:
  shouldAutorotateToInterfaceOrientation:)]) {
    return [self.delegate searchController:self shouldAutorotateToInterfaceOrientation:
    interfaceOrientation];
  }
  return YES;
}

- (void) setDelegate:(NSObject<JCAutocompletingSearchViewControllerDelegate>*)
delegate {
  _delegate = delegate;
  if (delegate && [delegate respondsToSelector:@selector(searchControllerUsesCustom
  ResultTableViewCells:)]) {
    delegateManagesTableViewCells = [delegate searchControllerUsesCustomResultTable
    ViewCells:self];
  } else {
    delegateManagesTableViewCells = NO;
  }

  if (delegate && [delegate respondsToSelector:@selector(searchControllerSearchesPerformed
  Synchronously:)]) {
```

```
    searchesPerformedSynchronously = [delegate searchControllerSearchesPerformed
    Synchronously:self];
  } else {
    searchesPerformedSynchronously = NO;
  }
}


//---------------------------------------------------
- (void) viewWillAppear:(BOOL)animated {
  [super viewWillAppear:animated];
  //在搜索栏中的 Cancel 按钮
  for (id subview in [self.searchBar subviews]) {
    if ([subview isKindOfClass:[UIButton class]]) {
      [subview setEnabled:YES];
      [subview addObserver:self forKeyPath:@"enabled" options:NSKeyValueObservingOptionNew
 context:nil];
    }
  }
}
- (void) viewWillDisappear:(BOOL)animated {
  [super viewWillDisappear:animated];
  //删除 Cancel 按钮
  for (id subview in [self.searchBar subviews]) {
    if ([subview isKindOfClass:[UIButton class]]) {
      [subview removeObserver:self forKeyPath:@"enabled"];
    }
  }
}
//观察关键字路径
- (void) observeValueForKeyPath:(NSString*)keyPath ofObject:(id)object change:(NSDictionary*)
change context:(void*)context {
  if ([object isKindOfClass:[UIButton class]] && [keyPath isEqualToString:@"enabled"]) {
    UIButton *button = object;
    if (!button.enabled)
      button.enabled = YES;
  }
}
- (void) setLoading:(BOOL)loading {
  @synchronized(loadingMutex) {
    if (!searchesPerformedSynchronously) {
      NSArray* changedIndexPaths = @[[NSIndexPath indexPathForRow:0 inSection:0]];
      BOOL wasPreviouslyLoading = _loading;
      _loading = loading;
      if (wasPreviouslyLoading && !loading) {
        //删除加载信息
        [self.resultsTableView beginUpdates];
        [self.resultsTableView deleteRowsAtIndexPaths:changedIndexPaths withRowAnimation:
        UITableViewRowAnimationAutomatic];
        [self.resultsTableView endUpdates];
      } else if (!wasPreviouslyLoading && loading) {
        //添加加载信息
        [self.resultsTableView beginUpdates];
        [self.resultsTableView insertRowsAtIndexPaths:changedIndexPaths withRowAnimation:
        UITableViewRowAnimationAutomatic];
        [self.resultsTableView endUpdates];
      }
    } else {
      _loading = NO;
    }
```

```
    }
}
//重置选择
- (void) resetSelection {
  NSIndexPath* selectedRow = [self.resultsTableView indexPathForSelectedRow];
  if (selectedRow) {
    [self.resultsTableView deselectRowAtIndexPath:selectedRow animated:NO];
  }
}
//设置搜索栏文本并搜索
- (void) setSearchBarTextAndPerformSearch:(NSString*)query {
  self.searchBar.text = query;
  [self searchBar:self.searchBar textDidChange:query];
}
//单击搜索栏中的 Cancel 按钮
- (void) searchBarCancelButtonClicked:(UISearchBar*)searchBar {
  [self.delegate searchControllerCanceled:self];
}
#pragma mark - UITableViewDelegate Implementation
//在 UITableView 中显示搜索信息
- (CGFloat) tableView:(UITableView*)tableView heightForRowAtIndexPath:(NSIndexPath*)
indexPath {
  if (delegateManagesTableViewCells) {
    return [self.delegate searchController:self tableView:self.resultsTableView
    heightForRowAtIndexPath:indexPath];
  } else {
    return self.resultsTableView.rowHeight;
  }
}
//在 UITableView 表视图中选择索引行
- (void) tableView:(UITableView*)tableView didSelectRowAtIndexPath:(NSIndexPath*)
indexPath {
  NSUInteger row = indexPath.row;
  if (self.loading) {
    if (row == 0) {
      [tableView deselectRowAtIndexPath:indexPath animated:NO];
      return;
    } else {
      --row;
    }
  }

[self.delegate searchController:self
  tableView:self.resultsTableView
  selectedResult:[self.results objectAtIndex:row]];
}
#pragma mark - UITableViewDataSource Implementation
//在 UITableView 中显示系统中的数据信息
- (NSInteger) tableView:(UITableView*)tableView numberOfRowsInSection:(NSInteger)sect
ion {
  if (section == 0) {
    return self.results.count + (self.loading ? 1 : 0);
  } else {
    return 0;
  }
}
```

执行后的结果如图 13-11 所示。当输入关键字“A”时会在下方自动显示提示信息，如图 13-12 所示。选中单元格中的第一项时会弹出一个提醒框，如图 13-13 所示。

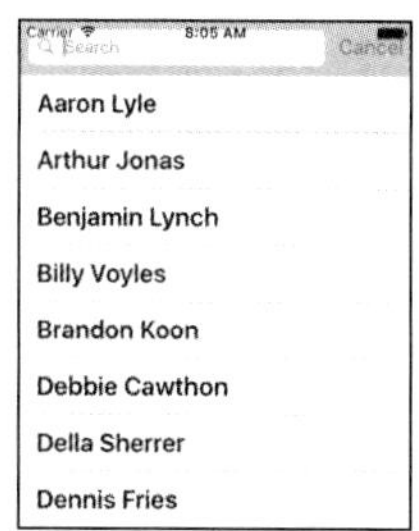

▲图 13-11 执行结果

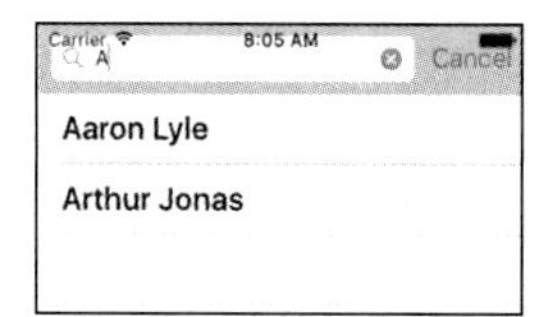

▲图 13-12 在下方自动显示提示信息

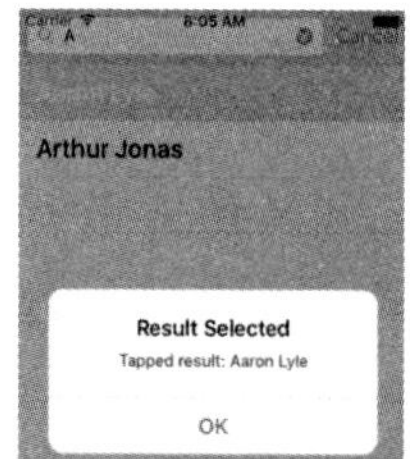

▲图 13-13 弹出提醒框

13.3.2 实现文字输入的自动填充和自动提示功能

实例 13-7	实现文字输入的自动填充和自动提示功能
源码路径	daima\13\AutocompletionTableView

本实例的功能是实现文字输入的自动填充和自动提示功能。当用户在 UITextField 中输入英文后，Xcode 会根据输入的字母出现文字提示，实现类似于电话本的首字母索引功能。具体步骤如下。

（1）启动 Xcode，本项目的最终结构和故事板界面如图 13-14 所示。

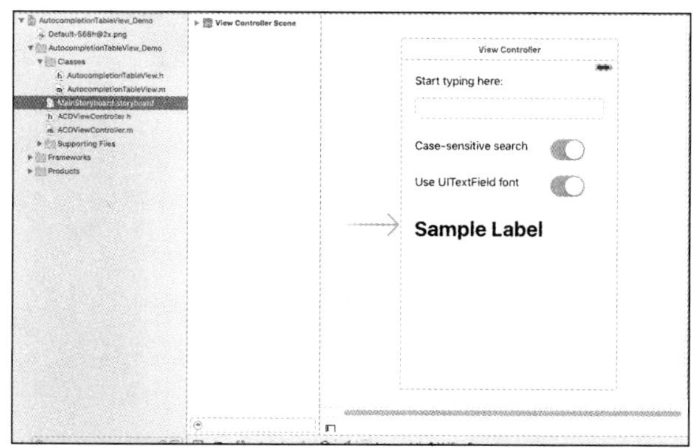

▲图 13-14 本项目的最终结构和故事板界面

（2）在文件 AutocompletionTableView.h 中定义接口和属性对象，具体实现代码如下。

```
#import <UIKit/UIKit.h>
//设置是否区分大小写，YES 表示区分
#define ACOCaseSensitive @"ACOCaseSensitive"
//UITextField 中的字体
#define ACOUseSourceFont @"ACOUseSourceFont"
#define ACOHighlightSubstrWithBold @"ACOHighlightSubstrWithBold"

//设置 UITextField 视图在顶部显示
#define ACOShowSuggestionsOnTop @"ACOShowSuggestionsOnTop"
@interface AutocompletionTableView : UITableView <UITableViewDataSource, UITableViewDelegate>
//文本字典
@property (nonatomic, strong) NSArray *suggestionsDictionary;
//字典完成选项
@property (nonatomic, strong) NSDictionary *options;
//初始化调用
- (UITableView *)initWithTextField:(UITextField *)textField inViewController:
(UIViewController *) parentViewController withOptions:(NSDictionary *)options;
@end
```

（3）文件 AutocompletionTableView.m 的功能是获取在文本框中输入的关键字，然后从字典中检索出对应的字符串，并在下方的单元格中显示出提示结果。

执行结果如图 13-15 所示。输入关键字“h”后的结果如图 13-16 所示。

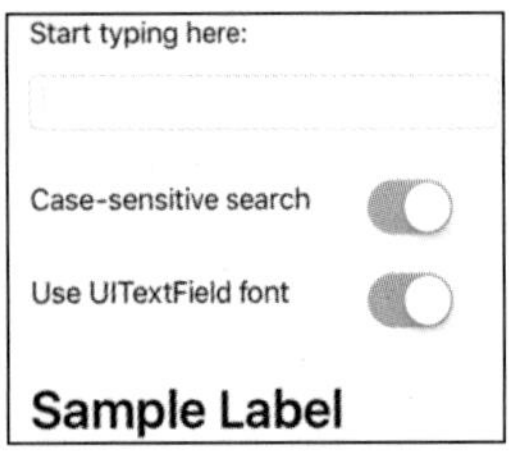

▲图 13-15　执行结果

▲图 13-16　输入关键字“h”后的结果

13.3.3　使用 UISearchBar 控件快速搜索信息

实例 13-8	使用 UISearchBar 控件快速搜索信息
源码路径	daima\13\UISearchBar

实例 13-8 的具体实现步骤如下。

（1）启动 Xcode，本项目的最终结构和故事板界面如图 13-17 所示。

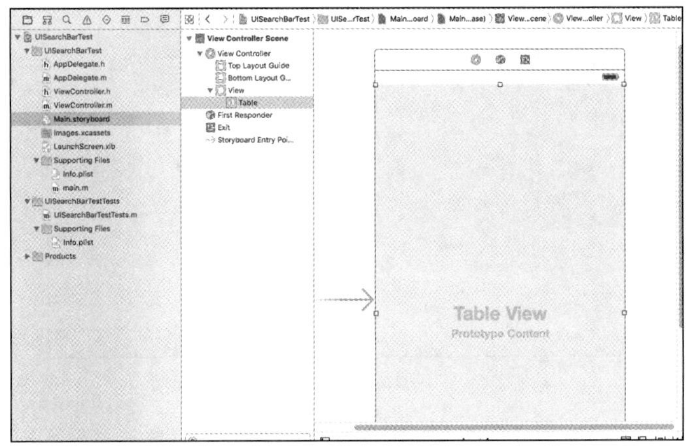

▲图 13-17　本项目的最终结构和故事板界面

（2）文件 ViewController.m 的具体代码如下。

```
#import "ViewController.h"
@implementation ViewController{
      UISearchBar * _searchBar;
      //保存原始表格数据的 NSArray 对象
      NSArray * _tableData;
      //保存搜索结果数据的 NSArray 对象
      NSArray* _searchData;
      BOOL _isSearch;
}
- (void)viewDidLoad
{
       [super viewDidLoad];
       _isSearch = NO;
       //初始化原始表格数据
       _tableData = @[@"Java 教程",
              @"Java EE 教程",
```

```
                @"Android 教程",
                @"Ajax 教程",
                @"HTML5/CSS3/JavaScript 教程",
                @"iOS 讲义",
                @"Swift 教程",
                @"Java EE 应用实战",
                @"Java 教程",
                @"Java 基础教程",
                @"学习 Java",
                @"Objective-C 教程" ,
                @"Ruby 教程",
                @"iOS 开发教程"];
    //设置 UITableView 控件的 delegate、dataSource 都是该控制器本身
    self.table.delegate = self;
    self.table.dataSource = self;
    //创建 UISearchBar 控件
    _searchBar = [[UISearchBar alloc] initWithFrame:
      CGRectMake(0, 0 , self.table.bounds.size.width, 44)];
    _searchBar.placeholder = @"输入字符";
    _searchBar.showsCancelButton = YES;
    self.table.tableHeaderView = _searchBar;
    //设置搜索栏的 delegate 是该控制器本身
    _searchBar.delegate   = self;
}
- (NSInteger)tableView:(UITableView *)tableView
numberOfRowsInSection:(NSInteger)section
{
    //如果处于搜索状态
    if(_isSearch)
    {
      //使用_searchData 作为表格显示的数据
      return _searchData.count;
    }
    else
    {
      //否则，使用原始的_tableData 作为表格显示的数据
      return _tableData.count;
    }
}

- (UITableViewCell*) tableView:(UITableView *)tableView
    cellForRowAtIndexPath: (NSIndexPath *)indexPath
{
    static NSString* cellId = @"cellId";
    //从可重用的表格行队列中获取表格行
    UITableViewCell* cell = [tableView
      dequeueReusableCellWithIdentifier:cellId];
    //如果表格行是空的
    if(!cell)
    {
      //创建表格行
      cell = [[UITableViewCell alloc] initWithStyle:
        UITableViewCellStyleDefault reuseIdentifier:cellId];
    }
    //获取当前正在处理的表格行的编号
    NSInteger rowNo = indexPath.row;
    //如果处于搜索状态
    if(_isSearch) {
```

```
        //使用_searchData 作为表格显示的数据
        cell.textLabel.text = _searchData[rowNo];
      }
      else {
        //否则，使用原始的_tableData 作为表格显示的数据
        cell.textLabel.text = _tableData[rowNo];
      }
      return cell;
}
//UISearchBarDelegate 定义的方法，用户单击 Cancel 按钮时触发该方法
- (void)searchBarCancelButtonClicked:(UISearchBar *)searchBar
{
      //取消搜索状态
      _isSearch = NO;
      [self.table reloadData];
}
//UISearchBarDelegate 定义的方法，当搜索文本框内的文本改变时触发该方法
- (void)searchBar:(UISearchBar *)searchBar
      textDidChange:(NSString *)searchText
{
      //调用 filterBySubstring 方法执行搜索
      [self filterBySubstring:searchText];
}
//UISearchBarDelegate 定义的方法，用户单击虚拟键盘上的 Search 按键时触发该方法
- (void)searchBarSearchButtonClicked:(UISearchBar *)searchBar
{
      //调用 filterBySubstring 方法执行搜索
      [self filterBySubstring:searchBar.text];
      //放弃作为第一个响应者，关闭键盘
      [searchBar resignFirstResponder];
}
- (void) filterBySubstring:(NSString*) subStr
{
      //设置为搜索状态
      _isSearch = YES;
      //定义搜索谓词
      NSPredicate* pred = [NSPredicate predicateWithFormat:
        @"SELF CONTAINS[c] %@" , subStr];
      //使用谓词过滤 NSArray
      _searchData = [_tableData filteredArrayUsingPredicate:pred];
      //让表格控件重新加载数据
     [self.table reloadData];
}
@end
```

执行结果如图 13-18 所示，输入关键字“Java”后的结果如图 13-19 所示。

▲图 13-18　执行结果

▲图 13-19　输入关键字“Java”后的结果

13.3.4 基于 Objective-C 在表视图中实现信息检索

实例 13-9	基于 Objective-C 在表视图中实现信息检索
源码路径	daima\13\Sections-Obj

本实例的功能是创建一个 ViewController 视图，在视图中以列表的样式显示文件 sortednames.plist 中的数据，在视图顶部通过搜索表单实现信息检索功能。

实例文件 SearchResultsController.m 的功能是根据用户输入的关键字检索结果，并将结果显示在屏幕中，主要代码如下。

```
static NSString *SectionsTableIdentifier = @"SectionsTableIdentifier";

@interface SearchResultsController ()

@property (strong, nonatomic) NSDictionary *names;
@property (strong, nonatomic) NSArray *keys;
@property (strong, nonatomic) NSMutableArray *filteredNames;

@end

@implementation SearchResultsController

- (instancetype)initWithNames:(NSDictionary *)names keys:(NSArray *)keys {
    if (self = [super initWithStyle:UITableViewStylePlain]) {
        self.names = names;
        self.keys = keys;
        self.filteredNames = [[NSMutableArray alloc] init];
    }
    return self;
}

- (void)viewDidLoad {
    [super viewDidLoad];

    [self.tableView registerClass:[UITableViewCell class]
           forCellReuseIdentifier:SectionsTableIdentifier];
}

- (void)didReceiveMemoryWarning {
    [super didReceiveMemoryWarning];
}

#pragma mark - UISearchResultsUpdating Conformance

static const NSUInteger longNameSize = 6;
static const NSInteger shortNamesButtonIndex = 1;
static const NSInteger longNamesButtonIndex = 2;

- (void)updateSearchResultsForSearchController:(UISearchController *)controller {
    NSString *searchString = controller.searchBar.text;
    NSInteger buttonIndex = controller.searchBar.selectedScopeButtonIndex;
    [self.filteredNames removeAllObjects];
    if (searchString.length > 0) {
        NSPredicate *predicate =
        [NSPredicate
         predicateWithBlock:^BOOL(NSString *name, NSDictionary *b) {
             NSUInteger nameLength = name.length;
             if ((buttonIndex == shortNamesButtonIndex && nameLength >= longNameSize)
                 || (buttonIndex == longNamesButtonIndex && nameLength < longNameSize)) {
```

```
                return NO;
            }
            NSRange range = [name rangeOfString:searchString
                                        options:NSCaseInsensitiveSearch];
            return range.location != NSNotFound;
        }];
        for (NSString *key in self.keys) {
            NSArray *matches = [self.names[key]
                               filteredArrayUsingPredicate: predicate];
            [self.filteredNames addObjectsFromArray:matches];
        }
    }
    [self.tableView reloadData];
}
#pragma mark - Table view data source

- (NSInteger)tableView:(UITableView *)tableView
          numberOfRowsInSection:(NSInteger)section {
    return [self.filteredNames count];
}

- (UITableViewCell *)tableView:(UITableView *)tableView
         cellForRowAtIndexPath:(NSIndexPath *)indexPath {
    UITableViewCell *cell =
    [tableView dequeueReusableCellWithIdentifier:SectionsTableIdentifier
                                    forIndexPath:indexPath];
    cell.textLabel.text = self.filteredNames[indexPath.row];
    return cell;
}
```

执行后可以快速过滤检索搜索信息，例如，输入“AAA”后的执行结果如图 13-20 所示。

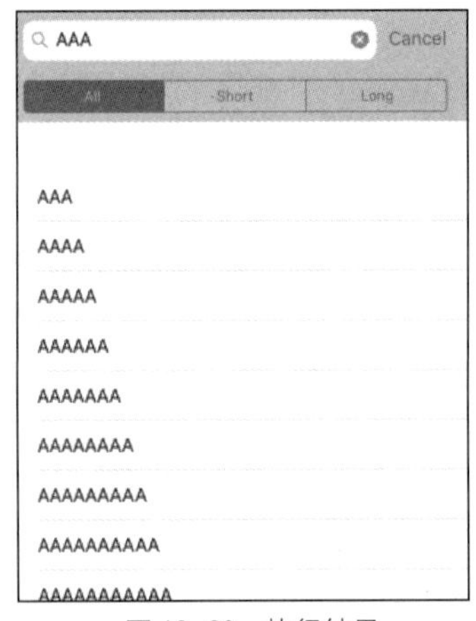

▲图 13-20　执行结果

13.3.5　基于 Swift 在表视图中实现信息检索

实例 13-10	基于 Swift 在表视图中实现信息检索
源码路径	daima\13\Sections-Swift

实例 13-10 的功能和实例 13-9 完全相同，只是实例 13-10 基于 Swift 语言实现而已。

第 14 章　UIView 详解

其实在 iOS 里看到的和触摸到的都是用 UIView 实现的，UIView 在 iOS 开发里具有非常重要的作用。本章将详细讲解 iOS 系统中 UIView 的基本知识和具体用法。

14.1 UIView 基础

UIView 是在 MVC 中非常重要的一层，是 iOS 下所有界面的基础。UIView 在屏幕上定义了一个矩形区域和管理区域内容的接口。在运行时，一个视图对象不仅控制该区域的渲染，还控制内容的交互。所以，UIView 不仅可以实现画图和动画，还可以管理内容的布局、控制事件。正是因为 UIView 具有这些功能，它才能发挥 MVC 中视图层的作用。视图和窗口展示了应用的用户界面，同时负责界面的交互。UIKit 和其他系统框架提供了很多视图，你可以就地使用而几乎不需要修改。当你需要展示的内容与标准视图允许的有很大的差别时，你也可以定义自己的视图。无论是使用系统的视图还是创建自己的视图，都需要理解类 UIView 和类 UIWindow 所提供的基本结构。这些类提供了复杂的方法来管理视图的布局和展示。理解这些方法的工作原理使我们在应用发生改变时可以确认视图有合适的行为。

14.1.1　UIView 的结构

官方 API 为 UIView 定义了各种函数接口。首先，看视图基本的功能——画图和动画，其实 UIView 所有的绘图和动画的接口都可以用 CALayer 和 CAAnimation 实现。也就是说，苹果公司把 CoreAnimation 的功能封装到了 UIView 中。每一个 UIView 都会包含一个 CALayer，并且 CALayer 里面可以加入各种动画。其次，UIView 管理布局的思想其实和 CALayer 是非常接近的。最后，控制事件的功能是因为 UIView 继承自 UIResponder。经过上面的分析，你很容易就可以得出 UIView 的本质。UIView 就相当于一块白墙，这块白墙只负责把加入里面的东西显示出来。

1. UIView 中的 CALayer

UIView 的一些几何特性 frame、bounds、center 都可以在 CALayer 中找到替代的属性，如果明白了 CALayer 的特点，自然 UIView 的图层中是如何显示的就会一目了然。

CALayer 就是图层，图层的功能是渲染图片和播放动画等。每当创建一个 UIView 的时候，系统会自动创建一个 CALayer，但是你不能改变这个 CALayer 对象，只能修改某些属性。通过修改 CALayer，不仅可以修饰 UIView 的外观，还可以给 UIView 添加各种动画。CALayer 属于 CoreAnimation 框架中的类，通过 *Core Animation Programming Guide* 就可以了解 CALayer 中的很多特点。假如掌握了这些特点，自然也就理解了 UIView 是如何显示和渲染的。

UIView 和 NSView 明显是 MVC 中的视图模型，Animation Layer 更像是模型对象。它们封装了几何、时间和一些可视的属性，并且提供了可以显示的内容，但是实际的显示并不是 Layer 的职责。每一个层树的后台都有两棵响应树——一棵呈现树和一棵渲染树。显然，Layer 封装了模型数据，每当更改 Layer 中的某些模型数据中的属性时，呈现树都会做一个动画代替，之后由渲染树负责渲染图片。

既然 Animation Layer 封装了对象模型中的几何属性，那么如何取得这些几何特性？首先，根据 Layer 中定义的属性（比如 bounds、authorPoint、frame 等属性）获取。其次，Core Animation 扩展了键值对协议，这样就允许开发者通过 get 和 set 方法，方便地得到 Layer 中的各种几何属性。

虽然 CALayer 与 UIView 十分相似，可以通过分析 CALayer 的特点理解 UIView 的特性，但是毕竟苹果公司不是用 CALayer 来代替 UIView 的，否则苹果公司也不会设计一个 UIView 类了。

2. UIView 继承的 UIResponder

UIResponder 是所有事件响应的基石，事件（UIEvent）是发给应用程序并告知用户的行动。在 iOS 中，事件有 3 种，分别是多点触摸事件、行动事件和远程控制事件。定义这 3 种事件的方式如下。

```
typedef enum {
    UIEventTypeTouches,
    UIEventTypeMotion,
    UIEventTypeRemoteControl,
} UIEventType;
```

UIResponder 中的事件传递过程如图 14-1 所示。

首先，由单击的视图响应事件处理函数。如果没有响应处理函数，则会逐级向上面传递，直到有响应处理函数，或者该消息被抛弃为止。关于 UIView 的触摸响应事件，一个常常容易迷惑的方法是 hitTest:WithEvent。通过发送 pointInside:withEvent 消息给每一个子视图，这个方法能够遍历视图层树，决定哪个视图应该响应此事件。如果 pointInside:withEvent 返回 YES，然后子视图的继承树就会被遍历；否则，视图的继承树就会被忽略。在 hitTest 方法中，要先调用 pointInside:withEvent，看是否要遍历子视图。如果我们不想让某个视图响应事件，只需要重载 pointInside:withEvent 方法，让此方法返回 NO 即可。其实 hitTest 的主要用途是确认哪个视图被触摸了。例如，下面的代码建立了一个 MyView，在里面重载了 hitTest 方法和 pointInside 方法。

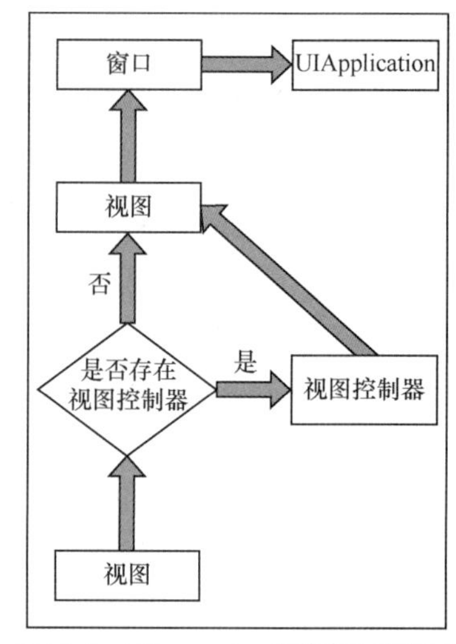

▲图 14-1　UIResponder 中的事件传递过程

```
- (UIView*)hitTest:(CGPoint)point withEvent:(UIEvent *)event{
[super hitTest:point withEvent:event];
return self;
}
- (BOOL)pointInside:(CGPoint)point withEvent:(UIEvent *)event{
NSLog(@"view pointInside");
return YES;
}
```

然后，在 MyView 中增加一个子视图 MySecondView，通过此视图也重载了上面两个方法。

```
- (UIView*)hitTest:(CGPoint)point withEvent:(UIEvent *)event{
[super hitTest:point withEvent:event];
return self;
}
- (BOOL)pointInside:(CGPoint)point withEvent:(UIEvent *)event{
NSLog(@"second view pointInside");
return YES;
}
```

在上述代码中，必须包括“[super hitTest:point withEvent:event];”，否则 hitTest 无法调用父类的方法，这样就没法使用 pointInside:withEvent 进行判断，就没法进行子视图的遍历。当去掉这条语句时，触摸事件就不可能进入子视图中了，除非在方法中直接返回子视图的对象。这样在调试的过程中就会发现，每单击一个视图，都会先进入这个视图的父视图中的 hitTest 方法，调用 super 的 hitTest 方法之后，就会查找 pointInside 是否返回 YES。如果返回 YES，就把消息传递给子视图，子视图用同样的方法递归查找自己的子视图。从这里的调试分析看，递归调用 hitTest 方法的方式就一目了然了。

14.1.2 视图架构

在 iOS 中，一个视图对象不仅定义了一个屏幕上的一个矩形区域，还负责处理该区域的绘制和触屏事件。一个视图不仅可以作为其他视图的父视图，还决定着这些子视图的位置和大小。UIView 类做了大量的工作去管理这些内部视图的关系。视图与 Core Animation 层共同负责视图内容的解释和动画过渡。每个 UIKit 框架里的视图都被一个层对象支持，这通常是一个 CALayer 类的实例，它管理后台的视图存储并处理与视图相关的动画。当需要对视图的解释和动画行为有更多的控制权时，可以使用层。

为了理解视图和层之间的关系，我们可以借助一些例子。图 14-2 显示了 ViewTransitions 例程的视图层次及其与 Core Animation 层的关系。应用中的视图包括一个 Window（同时也是一个视图）、一个通用的表现得像一个容器视图的 UIView 对象、一个图像视图、一个控制显示用的工具栏和一个工具栏按钮（它本身不是一个视图，但是在内部管理一个视图）。注意，这个应用包含了一个额外的图像视图，它是用来实现动画的。因为这个视图通常是隐藏的，所以没把它包含在下面的图中。每个视图都有一个相应的层对象，它可以通过视图属性访问。因为工具栏按钮不是视图，所以不能直接访问它的层对象。在它的层对象之后是 Core Animation 的解释对象，最后是用来管理屏幕上的位的硬件缓存。

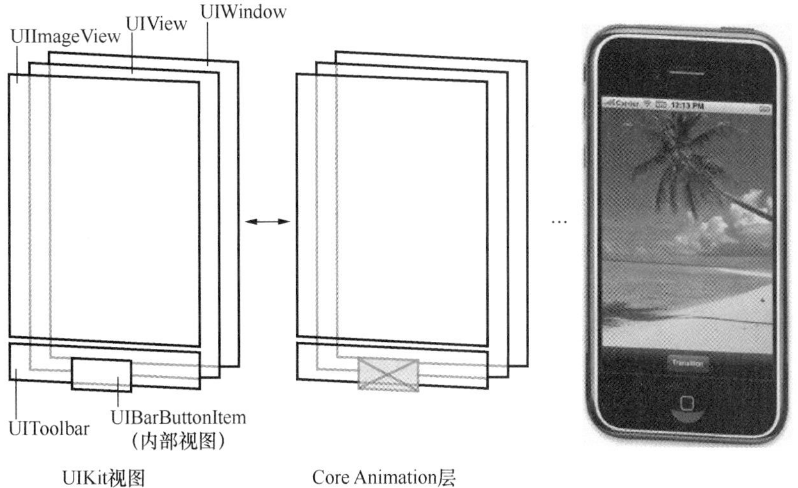

▲图 14-2 ViewTransitions 例程的视图层次及其与 Core Animation 层的关系

一个视图对象的绘制代码需要尽量地少被调用，当它被调用时，其绘制结果会被 Core Animation 缓存起来，并在往后被尽可能重用。重用已经解释过的内容消除了通常需要更新视图的开销昂贵的绘制周期。

14.1.3　视图层次和子视图管理

除提供自己的内容之外，一个视图也可以表现得像一个容器一样。当一个视图包含其他视图时，就在两个视图之间创建了一个父子关系。在这个关系中，孩子视图被当作子视图，父视图被当作超视图。创建这样一个关系对应用的可视化和行为都有重要的意义。在视觉上，子视图隐藏了父视图的内容。如果子视图是完全不透明的，那么子视图所占据的区域就完全隐藏了父视图的相应区域。如果子视图是部分透明的，那么两个视图在显示在屏幕上之前就混合在一起了。

每个父视图都用一个有序的数组存储它的子视图，存储的顺序会影响到每个子视图的显示效果。如果两个兄弟子视图重叠在一起，后来加入的那个（或者说是排在子视图数组后面的那个）出现在另一个上面。

父子视图关系也影响着一些视图行为。改变父视图的尺寸会连带着改变子视图的尺寸和位置。在这种情况下，可以适当地配置视图来重置子视图的尺寸。其他会影响到子视图的改变包括隐藏父视图，改变父视图的 alpha 值，或者转换父视图。

视图层次的安排也会决定着应用如何响应事件。在一个具体的视图内部发生的触摸事件通常会被直接发送到该视图并由它处理。然而，如果该视图没有处理，它会将该事件传递给它的父视图，在响应者链中以此类推。具体视图可能也会传递事件给一个干预响应者对象，例如，视图控制器。如果没有对象处理这个事件，它最终会到达应用对象，此时通常就丢弃该事件了。

14.1.4　视图绘制周期

UIView 类使用一个点播绘制模型来展示内容。当一个视图第一次出现在屏幕前，系统会要求它绘制自己的内容。在该流程中，系统会创建一张快照，这张快照是出现在屏幕中的视图内容的可见部分。如果你从来没有改变视图的内容，这个视图的绘制代码可能永远不会再被调用。这张快照在大部分涉及视图的操作中被重用。如果你确实改变了视图内容，也不会直接重新绘制视图内容。相反，使用 setNeedsDisplay 或者 setNeedsDisplayInRect 方法废止该视图，同时让系统在稍后重画内容。系统等待当前运行的循环结束，然后开始绘制操作。这个延迟给了你一个机会来废止多个视图，在层次中添加或者从中删除视图，隐藏、重定位视图并重设视图的大小。

改变一个视图的几何结构不会自动引起系统重画内容。视图的 contentMode 属性决定了改变几何结构应该如何解释。大部分内容模式在视图的边界内拉伸或者重定位已有快照，它不会重新创建一张新的快照。要详细了解内容模式如何影响视图的绘制周期，可查看 contentMode，当到了绘制视图内容的时候，真正的绘制流程会根据视图及其配置改变。对于定制的 UIView 子类，你通常可以覆盖 drawRect 方法并使用该方法来绘制视图内容。你也可以通过其他方法提供视图内容，像直接在底部的层设置内容，但是覆盖 drawRect 是最通用的技术。

14.1.5　UIView 的常用属性

使用 UIView 的属性 hidden 可以隐藏指定的区域。当属性 hidden 的值为 YES 时，隐藏 UIView；当属性 hidden 的值为 NO 时，显示 UIView。

使用 UIView 的属性 backgroundColor 可以改变背景颜色。

使用 UIView 的属性 alpha 可以改变指定视图的透明度。

14.2 实战演练

本章前面已经讲解了 UIView 视图控件的知识。本节将详细讲解使用 UIView 开发 iOS 程序的方法。

14.2.1 给任意 UIView 视图的四条边框加上阴影

实例 14-1	给任意 UIView 视图的四条边框加上阴影
源码路径	daima\14\UIView-Shadow

本实例的功能是给任意 UIView 视图的四条边框加上阴影，自定义阴影的颜色、粗细程度、透明程度以及位置（上下左右边框）。具体操作如下。

（1）在实例文件 UIView+Shadow.h 中定义接口和功能函数，具体代码如下。

```
#import <UIKit/UIKit.h>
#import <QuartzCore/QuartzCore.h>
@interface UIView (Shadow)
- (void) makeInsetShadow;
- (void) makeInsetShadowWithRadius:(float)radius Alpha:(float)alpha;
- (void) makeInsetShadowWithRadius:(float)radius Color:(UIColor *)color Directions:
(NSArray *)directions;
@end
```

（2）实例文件 UIView+Shadow.m 的功能是定义上、下、左、右 4 个方向的阴影样式，在左边 UIView 的四周加上黑色半透明阴影，为右边 UIView 的上下边框均加上绿色不透明阴影。

（3）实例文件 PYViewController.m 的功能是调用上面的样式显示阴影效果，具体代码如下。

```
#import "PYViewController.h"
#import "UIView+Shadow.h"
@interface PYViewController ()
@end
@implementation PYViewController
- (void)viewDidLoad
{
    [super viewDidLoad];

    UIView *sampleView1 = [[UIView alloc] initWithFrame:CGRectMake(10, 10, 100, 100)];
    [sampleView1 makeInsetShadowWithRadius:5.0 Alpha:0.8];
    [self.view addSubview:sampleView1];
    UIView *sampleView2 = [[UIView alloc] initWithFrame:CGRectMake(150, 100, 100, 200)];
    [sampleView2 makeInsetShadowWithRadius:8.0 Color:[UIColor colorWithRed:0.0 green:
    1.0 blue:0.0 alpha:1] Directions:[NSArray arrayWithObjects:@"top", @"bottom", nil]];
    [self.view addSubview:sampleView2];
}
@end
```

执行后在左边 UIView 的四周加上了黑色半透明阴影，为右边 UIView 的上下边框均加上了绿色不透明阴影，结果如图 14-3 所示。

▲图 14-3 执行结果

14.2.2 给 UIView 加上各种圆角、边框效果

实例 14-2	给 UIView 加上各种圆角、边框效果
源码路径	daima\14\TKRoundedView

本实例的功能是不通过加载图片的方式给 UIView 加上各种圆角、边框效果。要给 UIView 的一个角或者两个角加上圆角效果，并且自定义圆角的直径以及边框的宽度和颜色，具体步骤如下。

（1）在实例文件 TKRoundedView.h 中定义样式接口和属性对象，具体实现代码如下。

```
typedef NS_OPTIONS(NSUInteger, TKRoundedCorner) {
    TKRoundedCornerNone            = 0,
    TKRoundedCornerTopRight        = 1 <<  0,
    TKRoundedCornerBottomRight     = 1 <<  1,
    TKRoundedCornerBottomLeft      = 1 <<  2,
    TKRoundedCornerTopLeft         = 1 <<  3,
};

typedef NS_OPTIONS(NSUInteger, TKDrawnBorderSides) {
    TKDrawnBorderSidesNone         = 0,
    TKDrawnBorderSidesRight        = 1 <<  0,
    TKDrawnBorderSidesLeft         = 1 <<  1,
    TKDrawnBorderSidesTop          = 1 <<  2,
    TKDrawnBorderSidesBottom       = 1 <<  3,
};
extern const TKRoundedCorner TKRoundedCornerAll;
extern const TKDrawnBorderSides TKDrawnBorderSidesAll;
@interface TKRoundedView : UIView
/*绘制边界线，但是不绘制不圆的边界*/
@property (nonatomic, assign) TKDrawnBorderSides drawnBordersSides;
/*绘制圆形区域*/
@property (nonatomic, assign) TKRoundedCorner roundedCorners;
/*填充颜色，默认使用白色*/
@property (nonatomic, strong) UIColor *fillColor;
/*画笔颜色，默认使用淡灰色*/
@property (nonatomic, strong) UIColor *borderColor;
/*边线宽度，默认为 1.0f*/
@property (nonatomic, assign) CGFloat borderWidth;
/*圆角半径，默认为 15.0f*/
@property (nonatomic, assign) CGFloat cornerRadius;
@end
```

（2）实例文件 TKRoundedView.m 的功能是绘制指定样式的圆角和边界线，并用指定的颜色填充图形。文件 TKViewController.m 的功能是调用上面的样式，在屏幕中绘制不同的圆角图形。

开关处于 on 状态时的效果如图 14-4 所示，开关处于 off 状态时的效果如图 14-5 所示。

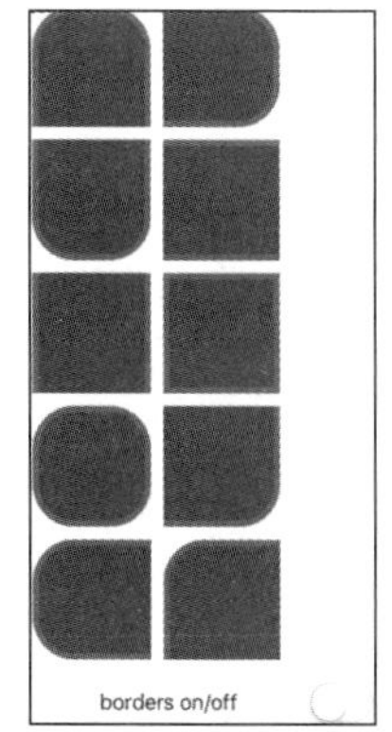

▲图 14-4 开关处于 on 状态时的效果

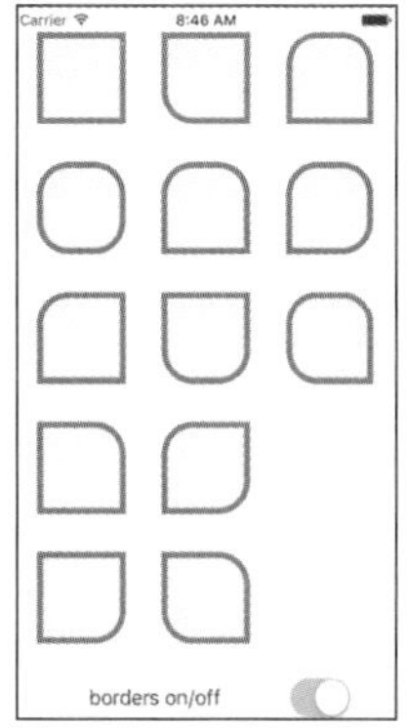

▲图 14-5 开关处于 off 状态时的效果

14.2.3 使用 UIView 控件实现弹出式动画表单效果

实例 14-3	使用 UIView 控件实现弹出式动画表单效果
源码路径	daima\14\UIView-animations

实例 14-3 的实现方式如下。

（1）启动 Xcode，本项目的最终结构和故事板界面如图 14-6 所示。

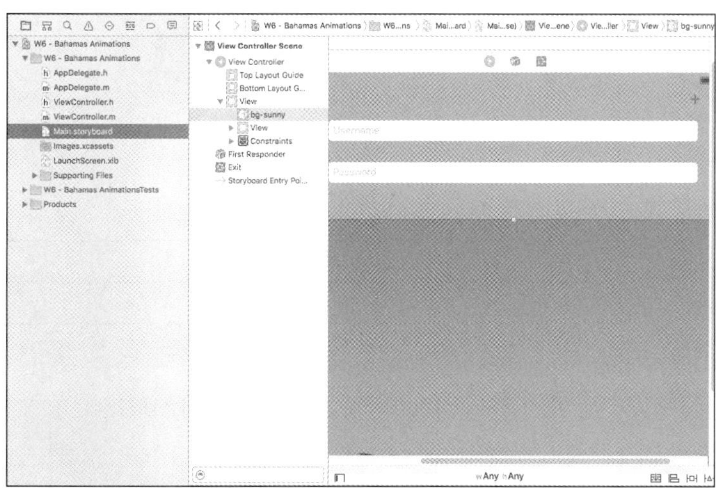

▲图 14-6 本项目的最终结构和故事板界面

（2）实例文件 ViewController.m 的具体代码如下。

```
#import "ViewController.h"
@interface ViewController ()
@property (weak, nonatomic) IBOutlet UIButton *plusButton;
@property (weak, nonatomic) IBOutlet NSLayoutConstraint *loginViewHeightConstraint;
@property (nonatomic) BOOL logInIsOpen;
@end
@implementation ViewController
- (void)viewDidLoad {
    [super viewDidLoad];
    self.logInIsOpen = YES;
    self.plusButton.transform = CGAffineTransformMakeRotation(M_PI_4);
}
- (void)didReceiveMemoryWarning {
```

```
    [super didReceiveMemoryWarning];
}
- (IBAction)plusButtonPressed:(UIButton *)sender {
    self.logInIsOpen = !self.logInIsOpen;
    self.loginViewHeightConstraint.constant = self.logInIsOpen ?200 : 50;
    [UIView animateWithDuration:2.0 delay:0.0 usingSpringWithDamping:0.8 initialSpringVelocity:
    0.5 options:UIViewAnimationOptionCurveLinear animations:^{
            [self.view layoutIfNeeded];
        } completion:nil];
    CGFloat angle = self.logInIsOpen ? M_PI_4 : 0;
    self.plusButton.transform = CGAffineTransformMakeRotation(angle);
}
@end
```

执行后的结果如图 14-7 所示。单击右上角的“×”按钮后，表单将消失，如图 14-8 所示。单击“+”按钮后，表单将再次显示。

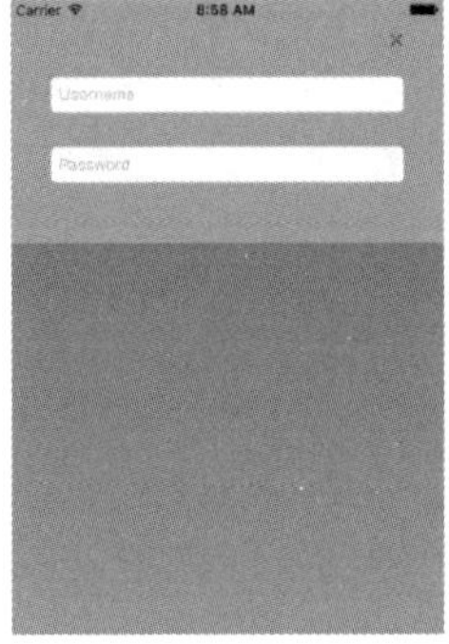

▲图 14-7　执行结果

▲图 14-8　表单消失

14.2.4　基于 Swift 创建滚动图片的浏览器界面

实例 14-4	基于 Swift 创建滚动图片的浏览器界面
源码路径	daima\14\ZSocialPullView

实例 14-4 的实现方式如下。

（1）使用 Xcode 新建一个名为 ZSocialPullView 的项目，项目的最终结构如图 14-9 所示。

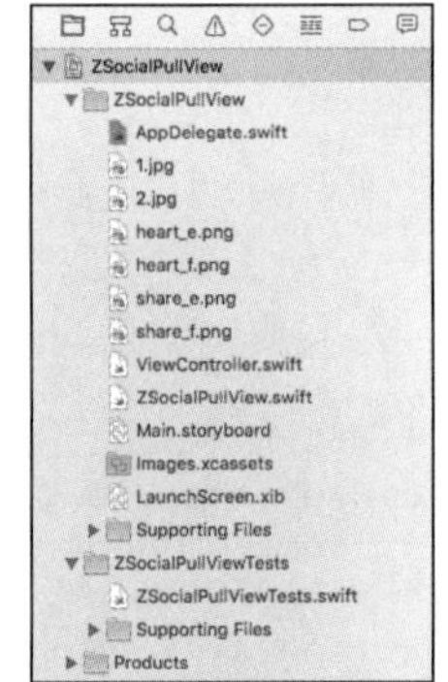

▲图 14-9　项目的最终结构

（2）编写文件 ViewController.swift，加载视图中的图片控件，通过 CGRect 绘制不同的图片层次，在视图中可以随意添加需要的图片素材，并使 backgroundcolororiginal 属性的 zsocialpullview 采用与父视图相同的颜色。文件 ViewController.swift 的具体代码如下。

```
import UIKit

class ViewController: UIViewController, ZSocialPullDelegate {
override func viewDidLoad() {
super.viewDidLoad()
        //加载视图中的图片控件
var he = UIImage(named: "heart_e.png")
var hf = UIImage(named: "heart_f.png")
var se = UIImage(named: "share_e.png")
var sf = UIImage(named: "share_f.png")
        self.view.backgroundColor = UIColor.blackColor
```

```
var v = UIView(frame: CGRect(x: 0, y: 0, width: 250, height: 375))
var img1 = UIImageView(frame: CGRect(x: 0, y: 0, width: 250, height: 375))
        img1.image = UIImage(named: "1.jpg")
v.addSubview(img1)

var socialPullPortrait = ZSocialPullView(frame: CGRect(x: 0, y: 22, width: self.view.
frame.width, height: 400))
socialPullPortrait.setLikeImages(he!, filledImage: hf!)
socialPullPortrait.setShareImages(se!, filledImage: sf!)
        socialPullPortrait.backgroundColorOriginal = UIColor.blackColor
        socialPullPortrait.Zdelegate = self
socialPullPortrait.setUIView(v)
self.view.addSubview(socialPullPortrait)

        ////////////////////////////////////////////////////////////////////////////

var v2 = UIView(frame: CGRect(x: 0, y: 0, width: self.view.frame.width, height: 200))
var img2 = UIImageView(frame: CGRect(x: 0, y: 0, width: v2.frame.width, height: 200))
        img2.image = UIImage(named: "2.jpg")
v2.addSubview(img2)

var socialPullLandscape = ZSocialPullView(frame: CGRect(x: 0, y: 450, width: self.view.
frame.width, height: 200))
socialPullLandscape.setLikeImages(he!, filledImage: hf!)
socialPullLandscape.setShareImages(se!, filledImage: sf!)
        socialPullLandscape.backgroundColorOriginal = UIColor.blackColor
        socialPullLandscape.Zdelegate = self
socialPullLandscape.setUIView(v2)
self.view.addSubview(socialPullLandscape)

    }

func ZSocialPullAction(view: ZSocialPullView, action: String) {
println(action)
    }
override func didReceiveMemoryWarning() {
super.didReceiveMemoryWarning()
    }
}
```

执行后将实现滚动图片的浏览器界面效果，如图 14-10 所示。

▲图 14-10　滚动图片的浏览器界面效果

14.2.5　基于 Objective-C 创建产品展示列表

实例 14-5	基于 Objective-C 创建产品展示列表
源码路径	daima\14\TableCells-Obj

本实例的功能是在屏幕中创建一个 IT 产品展示列表，实例文件 ViewController.m 的主要代码如下。

```
#import "ViewController.h"
#import "NameAndColorCell.h"

static NSString *CellTableIdentifier = @"CellTableIdentifier";

@interface ViewController ()

@property (copy, nonatomic) NSArray *computers;
@property (weak, nonatomic) IBOutlet UITableView *tableView;

@end

@implementation ViewController

- (void)viewDidLoad {
    [super viewDidLoad];

    self.computers = @[@{@"Name" : @"AA", @"Color" : @"红色"},
                       @{@"Name" : @"BB", @"Color" : @"红色"},
                       @{@"Name" : @"CC", @"Color" : @"红色"},
                       @{@"Name" : @"DD", @"Color" : @"红色"},
                       @{@"Name" : @"EE", @"Color" : @"红色"}];

    [self.tableView registerClass:[NameAndColorCell class]
forCellReuseIdentifier:CellTableIdentifier];
}

- (void)didReceiveMemoryWarning {
    [super didReceiveMemoryWarning];
}

- (NSInteger)tableView:(UITableView *)tableView
numberOfRowsInSection:(NSInteger)section {
return [self.computers count];
}

- (UITableViewCell *)tableView:(UITableView *)tableView
cellForRowAtIndexPath:(NSIndexPath *)indexPath {
    NameAndColorCell *cell =
           [tableView dequeueReusableCellWithIdentifier:CellTableIdentifier
forIndexPath:indexPath];
    NSDictionary *rowData = self.computers[indexPath.row];
    cell.name = rowData[@"Name"];
    cell.color = rowData[@"Color"];
return cell;
}

@end
```

执行结果如图 14-11 所示。

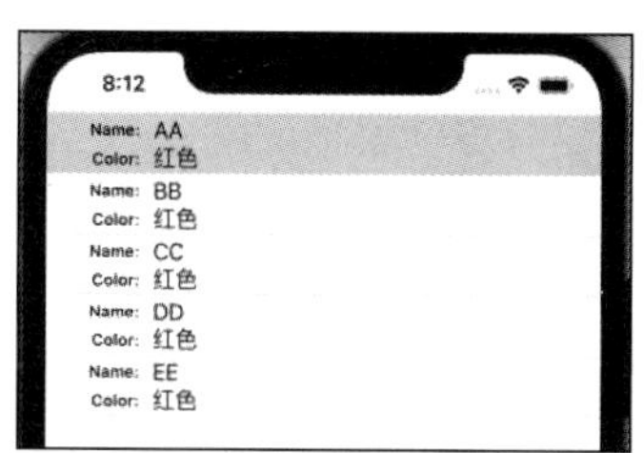

▲图 14-11 执行结果

14.2.6 基于 Swift 创建产品展示列表

实例 14-6	基于 Swift 创建产品展示列表
源码路径	daima\14\TableCells-Swift

实例 14-6 的功能和实例 14-5 完全相同，只是实例 14-6 基于 Swift 语言实现而已。

第 15 章　视图控制器

在 iOS 应用程序中，可以采用结构化程度更高的场景进行布局，其中两种流行的应用程序布局方式分别是使用导航控制器和选项卡栏控制器。导航控制器让用户能够从一个屏幕切换到另一个屏幕，这样可以显示更多细节，例如，Safari 书签。选项卡栏控制器常用于开发包含多个功能屏幕的应用程序，其中每个选项卡都显示一个不同的场景，让用户能够与一组控件交互。本章将详细介绍这两种控制器的基本知识。

15.1 UIViewController 的基础知识

在本书前面的内容中，你其实已经多次用到了 UIViewController。UIViewController 的主要功能是控制画面的切换，其中的 view 属性（UIView 类型）管理整个画面的外观。在开发 iOS 应用程序时，其实不使用 UIViewController 也能编写出 iOS 应用程序，但是这样整个代码看起来将非常凌乱。如果可以将不同外观的画面进行整体切换，显然更合理，UIViewController 正是用于实现这种画面切换方式的。本节将详细讲解 UIViewController 的基本知识。

15.1.1 UIViewController 的常用属性和方法

UIViewController 类提供了一个显示用的 View 界面，同时包含 View 加载、卸载事件的重定义功能。注意，在自定义其子类实现时，必须在 IB 中手动关联 view 属性。UIViewController 类的常用属性如下。

- @property(nonatomic, retain) UIView *view：表示 ViewController 类的默认显示界面，可以使用自定义的 View 类替换。
- @property(nonatomic, copy) NSString *title：当 View 中包含 NavBar 时，当前 NavItem 显示标题。当 NavBar 前进或后退时，此 title 则变为后退或前进的尖头按钮中的文字。

UIViewController 类的常用方法如下。

- - (id)initWithNibName:(NSString *)nibName bundle:(NSBundle *)nibBundle：最常用的初始化方法，其中 nibName 名称必须与要调用的 Interface Builder 文件名一致，但不包括文件扩展名，比如要使用“aa.xib”，则应写为[[UIViewController alloc] initWithNibName:@"aa" bundle:nil]。nibBundle 指定在哪个文件树中搜索指定的 nib 文件，如果在项目主目录下，则可直接使用 nil。
- - (void)viewDidLoad：在 ViewController 实例中的 View 被加载完毕后调用，如需要重定义某些要在 View 加载后立刻执行的动作或者界面修改，则应把代码写在此函数中。
- - (void)viewDidUnload：在 ViewController 实例中的 View 被卸载完毕后调用，如需要重定义某些要在 View 卸载后立刻执行的动作或者释放内存等动作，则应把代码写在此函数中。
- - (BOOL)shouldAutorotateToInterfaceOrientation:(UIInterfaceOrientation)interfaceOrientation：iPhone 的重力感应装置感应到屏幕由横向变为纵向或者由纵向变为横向时调用此方法。如果返回结果为 NO，则不自动调整显示方式；如果返回结果为 YES，则自动调整显示方式。

15.1.2 实现可以移动切换的视图效果

实例 15-1	实现可以移动切换的视图效果
源码路径	daima\15\iOSCourse_UIViewController

本实例的功能是实现可以移动切换的视图效果。当手指往上或往下划动当前视图时，实现在两个视图界面之间的切换。本实例的具体实现方式如下。

（1）实例文件 AppDelegate.m 的功能是创建一个根视图控制器，绘制一个指定颜色的矩形区域，主要代码如下。

```
- (BOOL)application:(UIApplication *)application didFinishLaunchingWithOptions:
(NSDictionary *)launchOptions {
    //创建一个 window 对象
    self.window = [[UIWindow alloc] initWithFrame:[UIScreen mainScreen].bounds];
    //创建视图控制器
    ViewController* vcRoot = [[ViewController alloc] init];
    //对窗口根视图控制器进行赋值操作
    self.window.rootViewController = vcRoot;
    //添加背景颜色
    self.window.backgroundColor = [UIColor orangeColor];
    //显示 window
    [self.window makeKeyAndVisible];
    UIView* view = [[UIView alloc] init];
    view.frame = CGRectMake(140, 100, 100, 100);
    view.backgroundColor = [UIColor redColor];
    [self.window addSubview:view];
    return YES;
}
```

（2）编写文件 ViewController.m，创建第一个视图控制器界面，绘制指定大小的矩形区域，主要代码如下。

```
@implementation ViewController

//当屏幕被单击时调用此函数
-(void) touchesBegan:(NSSet<UITouch *> *)touches withEvent:(UIEvent *)event{
    //创建视图控制器 2
    ViewController02* vc = [[ViewController02 alloc] init];
    //在屏幕上显示一个新的视图控制器
    [self presentViewController:vc animated:YES completion:nil];

}

//当视图控制器第一次加载、显示视图的时候，调用此函数
- (void)viewDidLoad {
    [super viewDidLoad];
    //Do any additional setup after loading the view, typically from a nib.
    NSLog(@"第一次加载视图");

    UIView* view = [[UIView alloc] init];
    view.frame = CGRectMake(140, 100, 100, 100);
    view.backgroundColor = [UIColor redColor];

    [self.view addSubview:view];

    self.view.backgroundColor = [UIColor greenColor];
```

```
}
```

（3）编写文件 ViewController02.m，实现第二个视图控制器界面，设置背景颜色为红色。执行后的结果如图 15-1 所示。

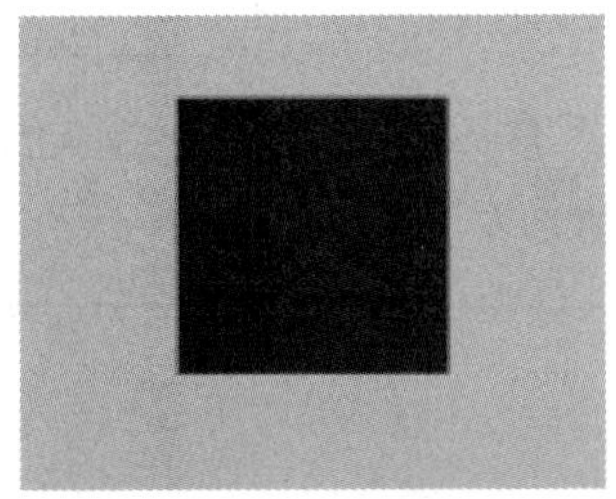

▲图 15-1　执行结果

15.1.3　实现手动旋转屏幕的效果

实例 15-2	实现手动旋转屏幕的效果
源码路径	daima\15\TestLandscape

本实例的功能是在竖屏的 NavigationController 中推送一个横屏的 UIViewController，实现手动旋转屏幕的效果。具体实现方式如下。

（1）启动 Xcode，本项目的最终结构和故事板界面如图 15-2 所示。

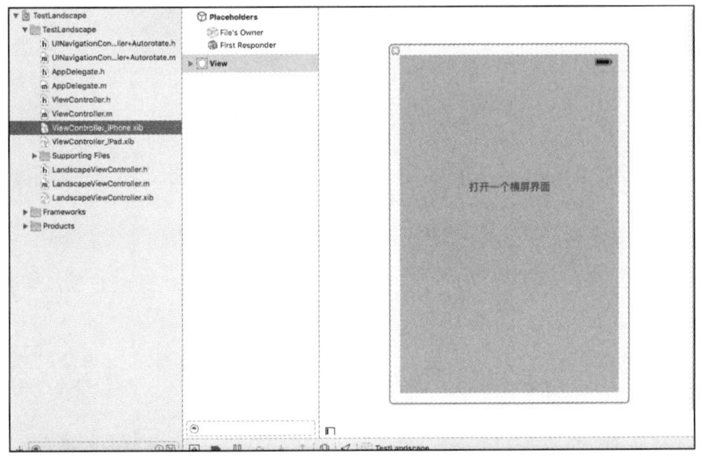

▲图 15-2　本项目的最终结构和故事板界面

（2）文件 UINavigationController+Autorotate.m 的功能是实现屏幕旋转功能，具体代码如下。

```
#import "UINavigationController+Autorotate.h"
@implementation UINavigationController (Autorotate)
//返回最上层的子 Controller 的 shouldAutorotate
//子类要实现屏幕旋转需重写该方法
- (BOOL)shouldAutorotate{
    return self.topViewController.shouldAutorotate;
}
//返回最上层的子 Controller 的 supportedInterfaceOrientations
- (NSUInteger)supportedInterfaceOrientations{
    return self.topViewController.supportedInterfaceOrientations;
}
@end
```

（3）文件 AppDelegate.m 的功能是使程序兼容 iPhone 和 iPad 设备。

执行结果如图 15-3 所示。旋转至横屏界面后的效果如图 15-4 所示。

▲图 15-3　执行结果

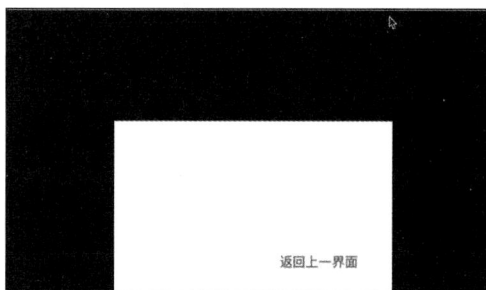

▲图 15-4　横屏界面效果

15.2 使用 UINavigationController

在 iOS 应用中，导航控制器（UINavigationController）可以管理一系列显示层次型信息的场景。也就是说，第一个场景显示有关特定主题的高级视图，第二个场景用于进一步描述，第三个场景再进一步描述，以此类推。例如，iPhone 应用程序“通讯录”可以显示一个联系人分组列表。触摸分组将打开其中的联系人列表，而触摸联系人将显示其详细信息。另外，用户可以随时返回上一级，甚至直接回到起点（根）。通过导航控制器可以管理这种场景间的过渡，它会创建一个视图控制器“栈”，栈底是根视图控制器。当用户在场景之间进行切换时，依次将视图控制器压入栈中，并且当前场景的视图控制器位于栈顶。要返回上一级，导航控制器将弹出栈顶的控制器，从而回到它下面的控制器。

15.2.1 UINavigationController 详解

UINavigationController 是 iOS 编程中比较常用的一种视图控制器容器，很多系统的控件（如 UIImagePickerViewController）以及很多有名的应用（如 QQ、系统相册等）用到了它。

1. navigationItem

navigationItem 是 UIViewController 的一个属性，此属性是为 UINavigationController 服务的。navigationItem 在 navigationBar 中代表一个 viewController，每一个添加到 navigationController 中的 viewController 都会有一个对应的 navigationItem，该对象由 viewController 以懒加载的方式创建，后面就可以在对象中对 navigationItem 进行配置。可以设置 leftBarButtonItem、rightBarButtonItem、backBarButtonItem、title 以及 prompt 等属性。其中前 3 个都是 UIBarButtonItem 对象，最后两个属性是 NSString 类型的描述。注意，添加该描述以后，navigationBar 的高度会增加 30，总的高度会变成 74（不管当前方向是 Portrait 还是 Landscape，此模式下 navigationBar 都使用高度 44 加上 prompt 30 的方式进行显示）。如果觉得只是设置文字的 title 不够好，还可以通过 titleview 属性指定一个定制的 titleview。注意，指定的 titleview 的 frame 大小，不要显示出界。

2. titleTextAttributes

属性 titleTextAttributes 的功能是设置 title 部分的字体，此属性的定义如下。

```
@property(nonatomic,copy) NSDictionary *titleTextAttributes __OSX_AVAILABLE_STARTING
(__MAC_NA,__IPHONE_5_0) UI_APPEARANCE_SELECTOR;
```

3. wantsFullScreenLayout

属性 wantsFullScreenLayout 的默认值是 NO，当设置为 YES 时，如果 statusBar、navigationBar、toolbar 是半透明的，viewController 的 View 就会缩放延伸到它们下面。但注意一点，tabBar 不在范围内，即无论该属性是否为 YES，View 都不会覆盖到 tabBar 的下方。

4. navigationBar 中的 stack 属性

属性 stack 是 UINavigationController 的灵魂之一，它维护了一个和 UINavigationController 中 viewController 对应的 navigationItem 的 stack 属性，该 stack 负责 navigationBar 的刷新。注意，navigationBar 中 navigationItem 的 stack 属性和其 NavigationController 中 viewController 的 stack 属性是一一对应的关系，若两个 stack 不同步，就会抛出异常。

5. navigationBar 的刷新

通过前面介绍的内容，我们知道 navigationBar 中包含了 leftBarButtonItem、rightBarButtonItem、backBarButtonItem 和 title 这几个重要组成部分。当一个 viewController 添加到 navigationController 以后，navigationBar 的显示遵循相关的原则。

关于 leftBarButtonItem 的约定如下。

- 如果当前的 viewController 设置了 leftBarButtonItem，则显示当前 VC 自带的 leftBarButtonItem。
- 如果当前的 viewController 没有设置 leftBarButtonItem，且当前 VC 不是 rootVC，则显示前一层 VC 的 backBarButtonItem。如果前一层的 VC 没有显示指定 backBarButtonItem，系统将会根据前一层 VC 的 title 属性自动生成一个 back 按钮，并显示出来。
- 如果当前的 viewController 没有设置 leftBarButtonItem，且当前 VC 已是 rootVC，左边将不显示任何东西。

在此需要注意，从 iOS 5.0 开始便新增加了一个属性 leftItemsSupplementBackButton，通过指定该属性为 YES，可以让 leftBarButtonItem 和 backBarButtonItem 同时显示，其中 leftBarButtonItem 显示在 backBarButtonItem 的右边。

关于 titleView 的约定如下。

- 如果当前应用通过 navigationItem.titleView 指定了自定义的 titleView，系统将会显示指定的 titleView，此处要注意自定义 titleView 的高度不要超过 navigationBar 的高度；否则，会显示出界。
- 如果当前 VC 没有指定 titleView，系统则会根据当前 VC 的 title 或者当前 VC 的 navigationItem.title 的内容创建一个 UILabel 并显示。其中如果指定了 navigationItem.title，则优先显示 navigationItem.title 的内容。

关于 rightBarButton 的约定如下。

- 如果指定了 rightBarButtonItem，则显示指定的内容。
- 如果没有指定 rightBarButtonItem，则不显示任何东西。

6. Toolbar

navigationController 自带了一个工具栏，设置 self.navigationController.toolbarHidden = NO 来显示工具栏。工具栏中的内容可以通过 viewController 的 toolbarItems 来设置，显示的顺序和设置的 NSArray 中存放的顺序一致。其中每一个数据都是一个 UIBarButtonItem 对象，可以使用系统提供的很多常用风格的对象，也可以根据需求进行自定义。

15.2.2 实现界面导航栏

实例 15-3	实现界面导航栏
源码路径	daima\15\UINavigationBarTest

实例 15-3 的具体实现方式如下。

（1）启动 Xcode，本项目的最终结构和故事板界面如图 15-5 所示。

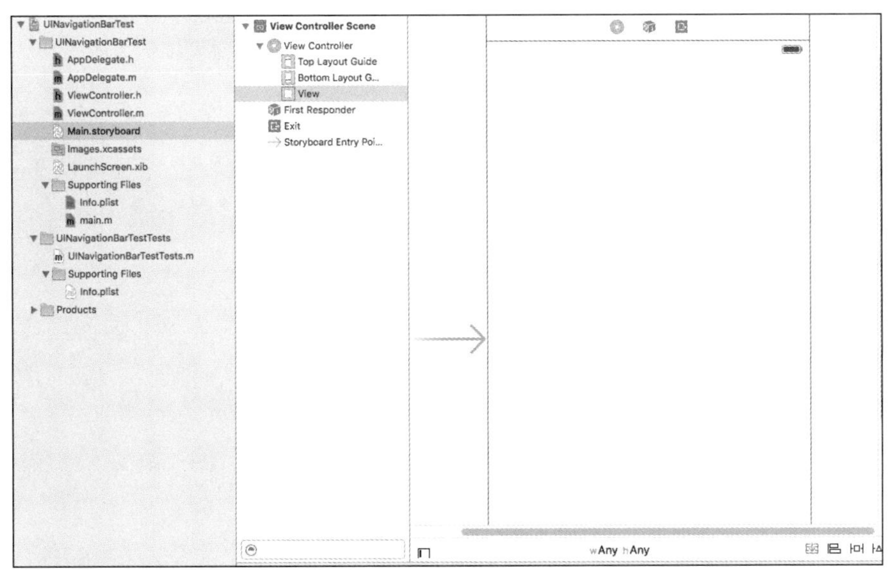

▲图 15-5 本项目的最终结构和故事板界面

（2）文件 ViewController.m 的具体代码如下。

```
#import "ViewController.h"
@implementation ViewController{
      //记录当前添加第几个 UINavigationItem 的计数器
      NSInteger _count;
      UINavigationBar * _navigationBar;
}
- (void)viewDidLoad
{
      [super viewDidLoad];
      _count = 1;
      //创建一个导航栏
      _navigationBar = [[UINavigationBar alloc]
        initWithFrame:CGRectMake(0, 20, self.view.bounds.size.width, 44)];
      //把导航栏添加到视图中
      [self.view addSubview:_navigationBar];
      //调用 push 方法添加一个 UINavigationItem
      [self push];
}
-(void)push
{
      //把导航项集合添加到导航栏中，打开动画
      [_navigationBar pushNavigationItem:
        [self makeNavItem] animated:YES];
      _count++;
}
```

```
-(void)pop
{
        //如果还有超过两个的 UINavigationItem
        if(_count > 2)
        {
          _count--;
          //弹出顶层的 UINavigationItem
          [_navigationBar popNavigationItemAnimated:YES];
        }
        else
        {
          //使用 UIAlertView 提示用户
          UIAlertView* alert = [[UIAlertView alloc]
            initWithTitle:@"提示"
            message:@"只剩下最后一个导航项，再出栈就没有了"
            delegate:nil cancelButtonTitle:@"OK"
            otherButtonTitles: nil];
          [alert show];
        }
}
- (UINavigationItem*) makeNavItem
{
        //创建一个导航项
        UINavigationItem *navigationItem = [[UINavigationItem alloc]
          initWithTitle:nil];
        //创建一个左边按钮
        UIBarButtonItem *leftButton = [[UIBarButtonItem alloc]
          initWithBarButtonSystemItem:UIBarButtonSystemItemAdd
          target:self action:@selector(push)];
        //创建一个右边按钮
        UIBarButtonItem *rightButton = [[UIBarButtonItem alloc]
          initWithBarButtonSystemItem:UIBarButtonSystemItemCancel
          target:self action:@selector(pop)];
        //设置导航栏内容
        navigationItem.title = [NSString stringWithFormat:
          @"第【%ld】个导航项" , _count];
        //把左右两个按钮添加到导航项集合中
        [navigationItem setLeftBarButtonItem:leftButton];
        [navigationItem setRightBarButtonItem:rightButton];
        return navigationItem;
}
@end
```

执行结果如图 15-6 所示。

▲图 15-6　执行结果

15.2.3　基于 Objective-C 使用导航控制器展现 3 个场景

实例 15-4	基于 Objective-C 使用导航控制器展现 3 个场景
源码路径	daima\15\daohang-Obj

在本实例中，将通过导航控制器显示 3 个场景。每个场景都有一个“前进”按钮，它将计数器加 1，再切换到下一个场景。该计数器存储在一个自定义的导航控制器子类中。在具体实现时，首先

使用模板 Single View Application 创建一个项目，然后删除初始场景和视图控制器，再添加一个导航控制器和两个自定义类。导航控制器子类的功能是让应用程序场景能够共享信息，而视图控制器子类负责处理场景中的用户交互。除随导航控制器添加的默认根场景之外，还需要添加另外两个场景。每个场景的视图包含一个“前进”按钮，该按钮连接到一个将计数器加 1 的操作方法，它还负责切换到下一个场景。

实例文件 GenericViewController.m 的主要代码如下。

```
#import "GenericViewController.h"

@implementation GenericViewController
@synthesize countLabel;

- (id)initWithNibName:(NSString *)nibNameOrNil bundle:(NSBundle *)nibBundleOrNil
{
    self = [super initWithNibName:nibNameOrNil bundle:nibBundleOrNil];
    if (self) {
        //视图初始化
    }
    return self;
}

- (void)didReceiveMemoryWarning
{
    [super didReceiveMemoryWarning];
}

-(void)viewWillAppear:(BOOL)animated {
    NSString *pushText;
    pushText=[[NSString alloc] initWithFormat:@"%d",((CountingNavigationController *)
 self.parentViewController).pushCount];
    self.countLabel.text=pushText;
}

- (void)viewDidUnload
{
    [self setCountLabel:nil];
    [super viewDidUnload];
}

- (BOOL)shouldAutorotateToInterfaceOrientation:(UIInterfaceOrientation)interfaceOrien
tation
{
    return (interfaceOrientation == UIInterfaceOrientationPortrait);
}

- (IBAction)incrementCount:(id)sender {
    ((CountingNavigationController *)self.parentViewController).pushCount++;
}

@end
```

在上述代码中，首先声明了一个字符串变量（pushText），用于存储计数器的字符串表示。然后给这个字符串变量分配空间，并使用 NSString 的方法 initWithFormat 初始化它。格式字符串%d 将被替换为 pushCount 的内容，而访问该属性的方式与方法 incrementCount 相同。最后使用字符串变量 pushText 更新 countLabel。执行后可以实现 3 个界面的转换，结果如图 15-7 所示。

▲图 15-7　执行结果

15.2.4　基于 Swift 使用导航控制器展现 3 个场景

实例 15-5	基于 Swift 使用导航控制器展现 3 个场景
源码路径	daima\15\daohang-Swift

实例 15-5 的功能和实例 15-4 完全相同，只是实例 15-5 基于 Swift 语言实现而已。

15.3 选项卡栏控制器

选项卡栏控制器（UITabBarController）与导航控制器一样，也被广泛用于各种 iOS 应用程序。选项卡栏控制器在屏幕底部显示一系列选项卡，这些选项卡表示为图标和文本，用户触摸它们后将在场景间切换。和 UINavigationController 类似，UITabBarController 也可以用来控制多个页面导航，用户可以在多个视图控制器之间移动，并可以定制屏幕底部的选项卡栏。图 15-8 演示了选项卡栏控制器的 View 层级，当用户触摸选项卡中的按钮时会在场景间进行切换，我们无须以编程方式处理选项卡栏事件，也无须手工在视图控制器之间切换。

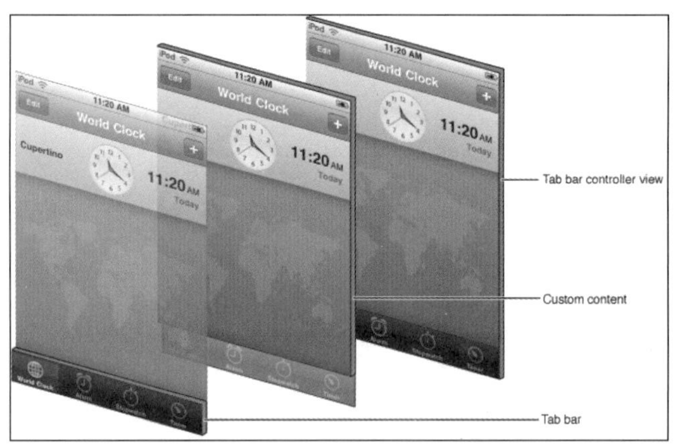

▲图 15-8　选项卡栏控制器的 View 层级

15.3.1　选项卡栏和选项卡栏项

在故事板中，选项卡栏（UITabBarItem）的实现与导航控制器很像，它包含一个 UITabBar，类似于工具栏。选项卡栏控制器管理的每个场景都将继承这个导航栏。选项卡栏控制器管理的场景必须包含一个选项卡栏项，它包含标题、图像和徽章。

1. 设置选项卡栏项的属性

要编辑场景对应的选项卡栏项，可以在文档大纲中展开场景的视图控制器，选择其中的选项卡栏项，再打开 Attributes Inspector，如图 15-9 所示。

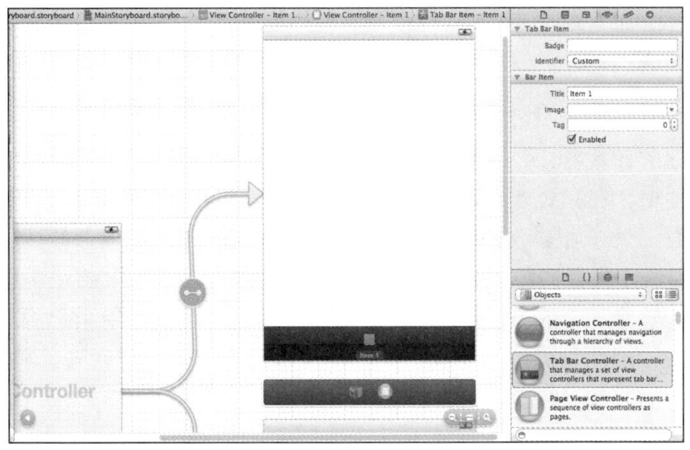

▲图 15-9　编辑场景对应的选项卡栏项

在 Tab Bar Item 部分，指定要在选项卡栏项的徽章中显示的值，但是通常应在代码中通过选项卡栏项的属性 badgeValue（其类型为 NSString）进行设置。我们还可以通过下拉列表 Identifier 从十几种预定义的图标/标签中进行选择；如果选择使用预定义的图标/标签，就不能进一步定制了，因为苹果公司希望这些图标/标签在整个 iOS 中保持不变。

可使用 Bar Item 部分设置自定义图像和标题，其中文本框 Title 用于设置选项卡栏项的标签，而下拉列表 Image 能够将项目中的图像资源关联到选项卡栏项。

2. 添加额外的场景

选项卡栏明确指定了用于切换到其他场景的对象——选项卡栏项。其中的场景过渡甚至不叫切换，而是选项卡栏控制器和场景之间的关系。要建立视图控制器之间的关系，首先在故事板中添加一个视图控制器，拖曳一个视图控制器实例到文档大纲或编辑器中，然后按住 Control 键，并把这个视图实例控制器连接到新场景的视图控制器（见图 15-10）。在 Xcode 提示时，选择 Relationship -viewControllers。

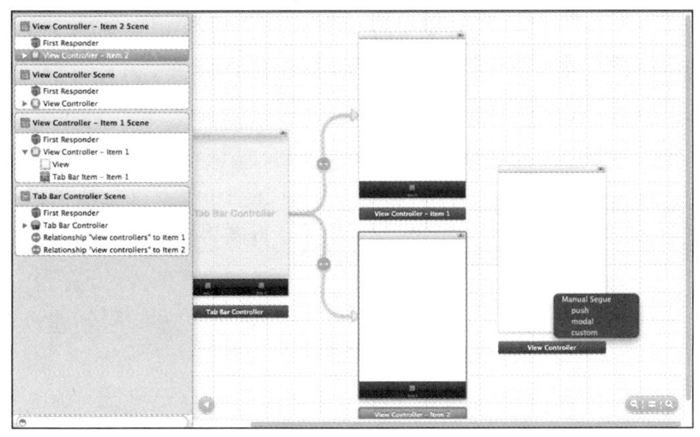

▲图 15-10　在视图控制器之间建立关系

只需要创建关系就行了，这将自动在新场景中添加一个选项卡栏项，我们可以对其进行配置。重复上述操作，根据需要创建任意数量的场景，并在选项卡栏中添加选项卡。

15.3.2　使用选项卡栏控制器构建 3 个场景

实例 15-6	使用选项卡栏控制器构建 3 个场景
源码路径	daima\15\xuan

在本实例中，使用选项卡栏控制器来管理 3 个场景，每个场景都包含一个将计数器加 1 的按钮，但每个场景都有独立的计数器，并且显示在其视图中。另外，还将设置选项卡栏项的徽章，使其包含相应场景的计数器值。在具体实现时，先使用模板 Single View Application 创建一个项目，并对其进行清理，再添加一个选项卡栏控制器和两个自定义类：一个是选项卡栏控制器子类，负责管理应用程序的属性；另一个是视图控制器子类，负责显示其他 3 个场景。每个场景都有一个按钮，它触发将当前场景的计数器加 1 的方法。由于这个项目要求每个场景都有自己的计数器，而每个按钮触发的方法差别不大，因此我们能够在视图之间共享相同的代码（更新徽章和输出标签的代码），但每个将计数器递增的方法又稍有不同，并且不需要切换。

实例 15-6 的实现方式如下。

（1）使用模板 Single View Application 创建一个项目，并将其命名为“xuan”，然后删除 ViewController 类文件和初始视图，构建一个没有视图控制器而只有一个空的故事板的文件。

（2）选项卡栏控制器管理的每个场景都需要一个图标，用于在选项卡栏中表示该场景。在本项目的文件夹中，包含一个 Images 文件夹，其中有 3 幅 png 格式的素材图片——1.png、2.png 和 3.png，将该素材图片文件夹拖放到项目代码所在文件夹中，在 Xcode 询问时选择创建新文件夹并复制图像资源。

（3）添加选项卡栏控制器类和通用的视图控制器类。本项目需要两个类，第一个是 UITabBarController 子类，它将存储 3 个属性，它们分别是这个项目的场景的计数器。该类将被命名为 CountingTabBarController。第二个是 UIViewController 子类，该类将被命名为 GenericViewController，它包含一个操作，该操作在用户单击按钮时将相应场景的计数器加 1。单击项目导航器左下角的“+”按钮，分别选择类别 iOS Cocoa Touch 和 UIViewController subClass 的子类，再单击 Next 按钮。将新类命名为 CountingTabBarController，将其设置为 UITabBar Controller 的子类，再单击 Next 按钮。务必在项目代码所在文件夹中创建这个类，也可在创建后将其拖曳到这个地方。重复上述过程，创建一个名为 GenericViewController 的 UIViewController 子类。

（4）添加选项卡栏控制器。打开故事板文件，将一个选项卡栏控制器拖曳到 IB 编辑器的空白区域（或文档大纲）中。项目中将出现一个选项卡栏控制器场景和另外两个场景。将选项卡栏控制器关联到 CountingTabBarController 类，方法是选择文档大纲中的 Tab BarController，再打开 Identity Inspector，并从下拉列表 Class 中选择 CountingTabBarController。

（5）添加场景并关联视图控制器。选项卡栏控制器会默认在项目中添加两个场景。添加额外的场景后，使用 Identity Inspector 将每个场景的视图控制器都设置为 GenericViewController，并指定标签以方便区分。选择对应于选项卡栏中第一个选项卡的场景 Item 1，在 Identity Inspector 中从下拉列表 Class 中选择 GenericViewController，再将文本框 Label 的内容设置为“第一个”。切换第二个场景，并重复上述操作，但将标签设置为“第二个”。最后，选择所创建场景的视图控制器，将类设置为 GenericViewController，并将标签设置为“第三个”。

（6）在本项目中需要定义两个输出口和 3 个操作，每个输出口都将连接到所有场景，但是每个操作只连接到对应的场景。需要的输出口如下。

- outputLabel (UILabel)：用于显示所有场景的计数器，必须连接到每个场景。
- barItem (UITabBarItem)：指向选项卡栏控制器自动给每个场景添加的选项卡栏项，必须连接到每个场景。

需要的操作如下。

- incrementCountFirst：连接到第一个场景的 Count 按钮，更新第一个场景的计数器。
- incrementCountSecond：连接到第二个场景的 Count 按钮，更新第二个场景的计数器。
- incrementCountThird：连接到第三个场景的 Count 按钮，更新第三个场景的计数器。

（7）在 IB 中滚动，以便你能够看到第一个场景（也可使用文档大纲来达到这个目的），再切换到助手编辑器模式。本实例的核心方法是 incrementCountFirst、incrementCountSecond 和 incrementCountThird。因为更新标签和徽章的代码包含在独立的方法中，所以这 3 个方法都只有 3 行代码，且除设置的属性不同之外，其他的代码相同。这些方法必须更新 CountingTabBarController 类中相应的计数器，然后调用方法 updateCounts 和 updateBadge 以更新界面。下面的代码演示了这 3 个方法的具体实现。

```
- (IBAction)incrementCountFirst:(id)sender {
    ((CountingTabBarController *)self.parentViewController).firstCount++;
    [self updateBadge];
    [self updateCounts];
}
- (IBAction)incrementCountSecond:(id)sender {
    ((CountingTabBarController *)self.parentViewController).secondCount++;
    [self updateBadge];
    [self updateCounts];
}
- (IBAction)incrementCountThird:(id)sender {
    ((CountingTabBarController *)self.parentViewController).thirdCount++;
    [self updateBadge];
    [self updateCounts];
}
```

到此为止，整个实例介绍完毕。运行后可以在不同场景之间切换，执行结果如图 15-11 所示。

▲图 15-11　执行结果

15.3.3　使用动态单元格定制表格行

实例 15-7	使用动态单元格定制表格行
源码路径	daima\15\DynaCell

实例文件 ViewController.m 的具体代码如下。

```
#import "ViewController.h"
@implementation ViewController{
    NSArray* _books;
}
- (void)viewDidLoad
{
    [super viewDidLoad];
    self.tableView.dataSource = self;
    _books = @[@"Android", @"iOS", @"Ajax",
    @"Swift"];
}
- (NSInteger)tableView:(UITableView *)tableView
numberOfRowsInSection:(NSInteger)section
{
    return _books.count;
}
- (UITableViewCell *)tableView:(UITableView *)tableView
cellForRowAtIndexPath:(NSIndexPath *)indexPath
{
    NSInteger rowNo = indexPath.row;  //获取行号
    //根据行号的奇偶性使用不同的标识符
    NSString* identifier = rowNo % 2 == 0 ? @"cell1" : @"cell2";
    //根据identifier获取表格行(identifier要么是cell1,要么是cell2)
    UITableViewCell *cell = [tableView dequeueReusableCellWithIdentifier:
    identifier forIndexPath:indexPath];
    //获取cell内包含的Tag为1的UILabel
    UILabel* label = (UILabel*)[cell viewWithTag:1];
    label.text = _books[rowNo];
    return cell;
}
@end
```

执行结果如图 15-12 所示。

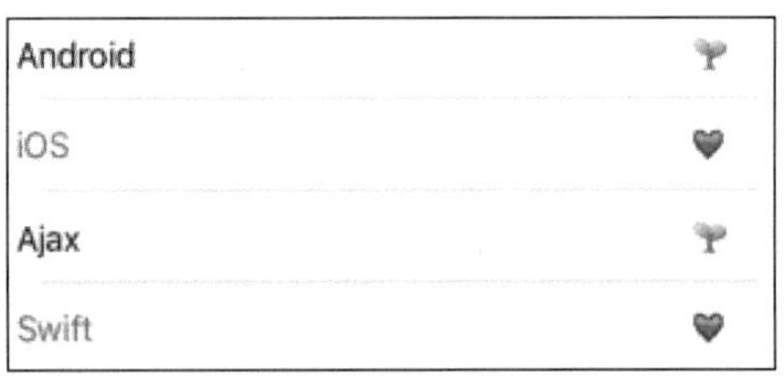

▲图 15-12　执行结果

15.3.4　基于 Swift 开发界面选择控制器

实例 15-8	基于 Swift 开发界面选择控制器
源码路径	daima\15\UITabBarTransition

实例 15-8 的实现方式如下。

（1）使用 Xcode 创建一个名为 UITabBarTransition 的项目，打开 Main.storyboard，为本项目设计一个主视图界面和两个子视图界面，在主视图界面中添加 UITabBarController 控件，如图 15-13 所示。

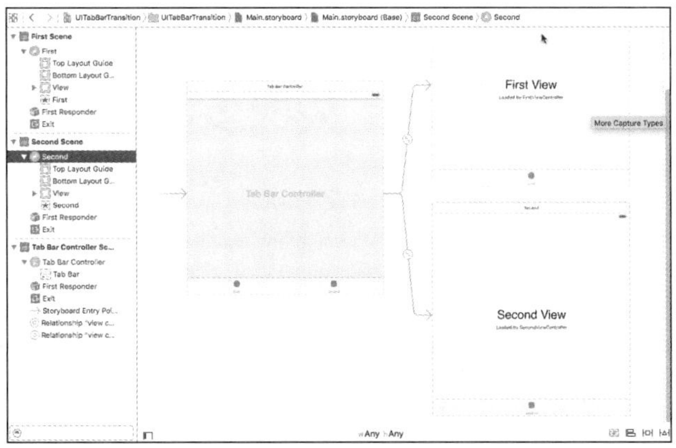

▲图 15-13　添加 UITabBarController 控件

（2）第一个子视图文件 FirstViewController.swift 的具体代码如下。

```
import UIKit
class FirstViewController: UIViewController {
    override func viewDidLoad() {
        super.viewDidLoad()
    }
    override func didReceiveMemoryWarning() {
        super.didReceiveMemoryWarning()
    }
}
```

（3）第二个子视图文件 SecondViewController.swift 的具体代码如下。

```
import UIKit
class SecondViewController: UIViewController {
    override func viewDidLoad() {
        super.viewDidLoad()
    }
    override func didReceiveMemoryWarning() {
        super.didReceiveMemoryWarning()
            }
}
```

执行后将默认显示第一个子视图，如图 15-14 所示。通过底部的 UITabBarController 控件，你可以在两个子视图之间实现灵活切换。第二个子视图的效果如图 15-15 所示。

▲图 15-14　第一个子视图

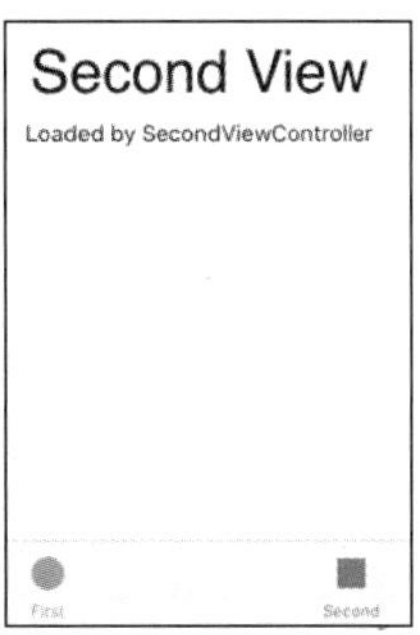

▲图 15-15　第二个子视图的效果

第 16 章　实现多场景

通过对本书前面章节的学习，你已经了解了提醒视图和操作表等 UI 元素，它们可充当独立视图，用户可以和这些程序实现交互。但是所有这些都是在一个场景中发生的，这意味着不管屏幕上包含多少内容，都将使用一个视图控制器和一个初始视图来处理它们。本章将详细讲解 iOS 中的多场景和切换等知识，让开发的应用程序从单视图工具型程序变成功能齐备的软件。通过对本章内容的学习，你能以可视化和编程方式实现模态切换和处理场景之间的交互。

16.1 多场景故事板

在 iOS 中，虽然使用单个视图可以创建功能众多的应用程序，但很多应用程序不适合使用单视图。在我们下载的应用程序中，几乎都有配置屏幕的例子。

16.1.1　多场景故事板的基础知识

要在 iOS 应用程序中实现多场景的功能，需要在故事板文件中创建多个场景。通常简单的项目只有一个视图控制器和一个视图，如果能够不受限制地添加场景（视图和视图控制器），就会增加很多功能，这些功能可以通过故事板实现，并且还可以在场景之间建立连接。图 16-1 显示了一个包含切换功能的多场景应用程序的设计。

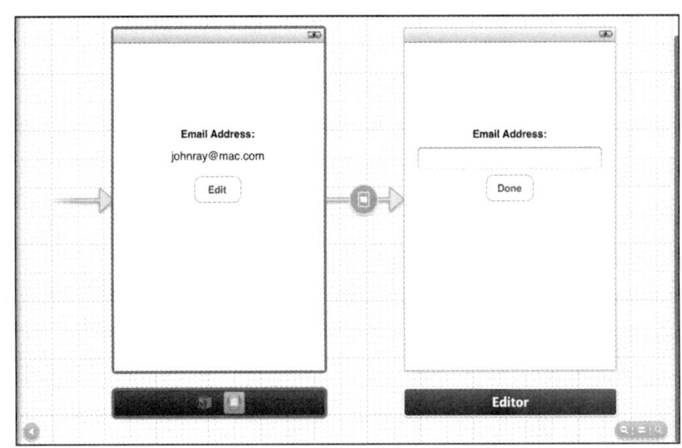

▲图 16-1　一个包含切换功能的多场景应用程序的设计

在讲解多场景开发的知识之前，本节先介绍一些术语。

- 视图控制器（view controller）：负责管理用户与其 iOS 设备交互的类。本书的很多示例使用单视图控制器来处理大部分应用程序逻辑，但存在其他类型的控制器。接下来的几章中，我们将使用它们。
- 视图（view）：用户在屏幕上看到的布局。本书前面的章节中，我们一直在视图控制器中创建视图。

- ❑ 场景（scene）：视图控制器和视图的独特组合。假设用户要开发一个图像编辑程序，我们可能创建用于选择文件的场景、实现编辑器的场景、应用滤镜的场景等。
- ❑ 切换（segue）：切换是场景间的过渡，常使用视觉过渡效果。有多种切换类型，具体使用哪些类型取决于使用的视图控制器类型。
- ❑ 模态视图（modal view）：在需要进行用户交互时，通过模态视图显示在另一个视图上。
- ❑ 关系（relationship）：类似于切换，用于某些类型的视图控制器，如选项卡栏控制器。关系是在主选项卡栏的按钮之间创建的，当用户触摸这些按钮时会显示独立的场景。
- ❑ 故事板（storyboard）：包含项目中场景、切换和关系定义的文件。

要在应用程序中包含多个视图控制器，必须创建相应的类文件，并且需要掌握在 Xcode 中添加新文件的方法。除此之外，还需要知道如何按住 Control 键进行拖曳操作。

16.1.2 创建多场景项目

要创建包含多个场景和切换功能的 iOS 应用程序，需要知道如何在项目中添加新视图控制器和视图。对于每对视图控制器和视图来说，还需要提供支持的类文件，并在其中使用编写的代码实现场景的逻辑。

为了让大家对这一点有更深入的认识，接下来将以模板 Single View Application 为例进行讲解，假设创建了一个名为 duo 的项目，如图 16-2 所示。

众所周知，模板 Single View Application 只包含一个视图控制器和一个视图，也就是说，只包含一个场景。但是这并不表示必须使用这种配置，我们可以对其进行扩展，以支持任意数量的场景。由此可见，这个模板只是给我们提供了一个起点而已。

▲图 16-2 创建项目

1. 在故事板中添加场景

为了在故事板中添加场景，在 IB 编辑器中打开故事板文件 MainStoryboard.storyboard。然后确保打开了 Object 库，如图 16-3 所示。

在搜索文本框中输入 view controller，以列出可用的视图控制器对象（见图 16-4）。

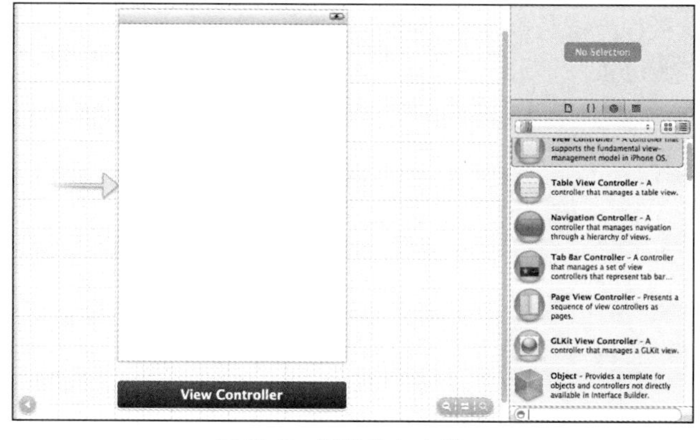

▲图 16-3 打开 Object 库

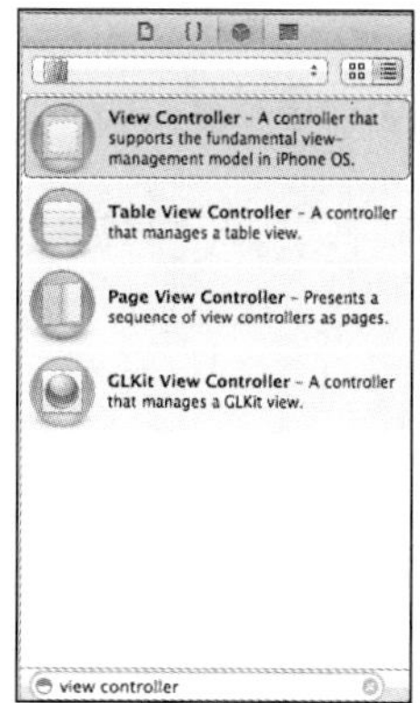

▲图 16-4 可用的视图控制器对象

接下来，将 View Controller 拖曳到 IB 编辑器的空白区域，在故事板中添加一个视图控制器和相应的视图，从而新增加了一个场景，如图 16-5 所示。在故事板编辑器中拖曳新增的视图，并将其放到合适的地方。

▲图 16-5　添加新视图控制器/视图

如果发现在编辑器中拖曳视图比较困难，可使用它下方的对象栏，这样可以方便地移动对象。

2. 给场景命名

当新增加一个场景后，你会发现在默认情况下，每个场景都会根据其视图控制器类来命名。现在已经存在一个名为 ViewController 的类了，所以在文档大纲中，默认场景名为 View Controller Scene。而现在新增场景还没有为其指定视图控制器类，所以该场景名为 View Controller Scene。如果继续添加更多的场景，这些场景也会被命名为 View Controller Scene。

为了避免这种同名的问题，可以用以下两种办法解决。

- ❑ 添加视图控制器类，并将其指定给新场景。
- ❑ 根据自己的喜好给场景指定名称，例如，对于视图控制器类来说，GUAN Image Editor Scene 是一个糟糕的名字。要根据自己的喜好给场景命名，可以在文档大纲中选择其视图控制器，再打开 Identity Inspector 并展开 Identity 部分，然后在 Label 文本框中输入场景名，如图 16-6 所示。Xcode 将自动在指定的名称后面添加 Scene，并不需要我们手工输入它。

3. 添加提供支持的视图控制器子类

在故事板中添加新场景后，需要将其与代码关联起来。在模板 Single View Application 中，已经将初始视图的视图控制器配置成了类 ViewController 的一个实例，你可以通过编辑文件 ViewController.h 和 ViewController.m 来实现这个类。为了支持新增的场景，还需要创建类似的文件。所以要在项目中添加 UIViewController 的子类，方法是确保项目导航器可见（按 Command+1 快捷键），再单击其左下角的“+”按钮，然后选择 File 选项，如图 16-7 所示。

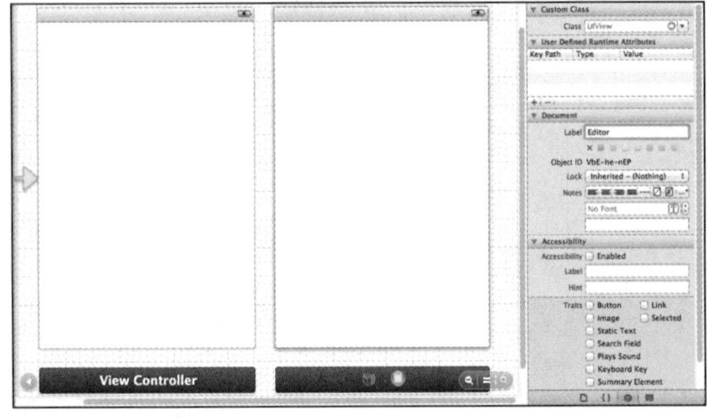

▲图 16-6　在 Label 文本框中输入场景名

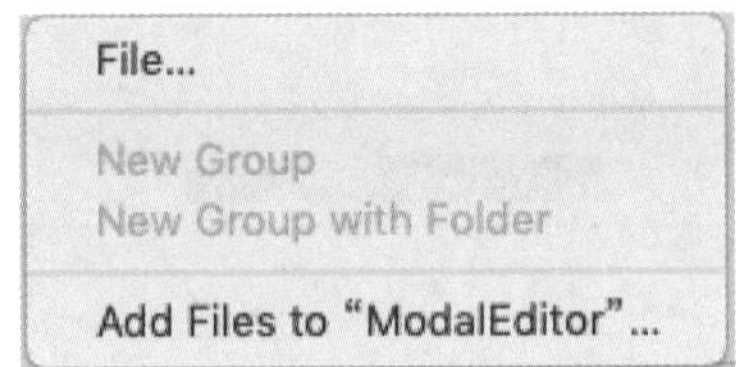

▲图 16-7　选择 File 选项

在打开的对话框中，选择模板类别 iOS Source，再选择图标 Cocoa Touch Class，如图 16-8 所示。此时弹出一个新界面，在 Subclass of 文本框中填写 UIViewController，如图 16-9 所示，这样可以方便地区分不同的场景。

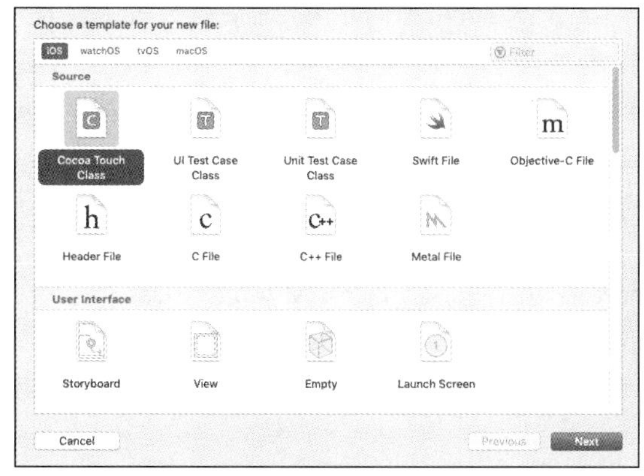

▲图 16-8 选择 Cocoa Touch Class

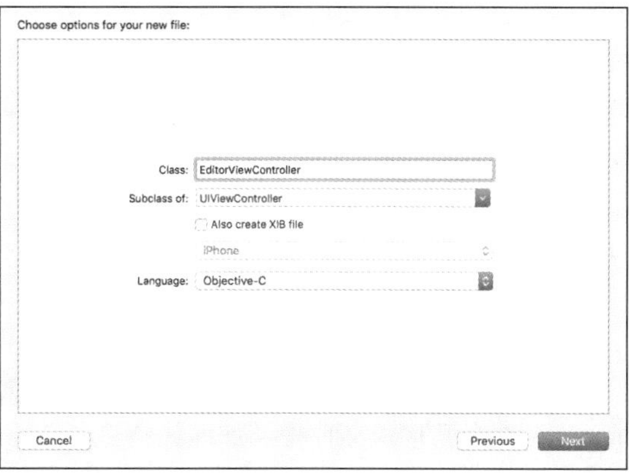

▲图 16-9 在 Subclass of 文本框中填写 UIViewController

如果添加的场景将显示静态内容（如 Help 或 About 页面），则无须添加自定义子类，可使用给场景指定的默认类 UIViewController。如果这样，我们就不能在场景中添加互动性。

在图 16-9 中，Xcode 会提示我们给类命名，在命名时需要遵循将这个类与项目中的其他视图控制器区分开来的原则。例如，图 16-9 中的 EditorViewController 就比 ViewControllerTwo 要好。然后单击 Next 按钮，Xcode 会提示我们指定新类的存储位置，如图 16-10 所示。

在对话框底部，从下拉列表 Group 中选择项目代码所在文件夹，再单击 Create 按钮，将这个新类加入项目中后就可以编写代码了。要将场景的视图控制器关联到 UIViewController 子类，需要在文档大纲中选择新场景的 View Controller，再打开 Identity Inspector。在 Custom Class 部分，从下拉列表中选择刚创建的类（如 EditorViewController），将视图控制器同新创建的类关联起来，如图 16-11 所示。

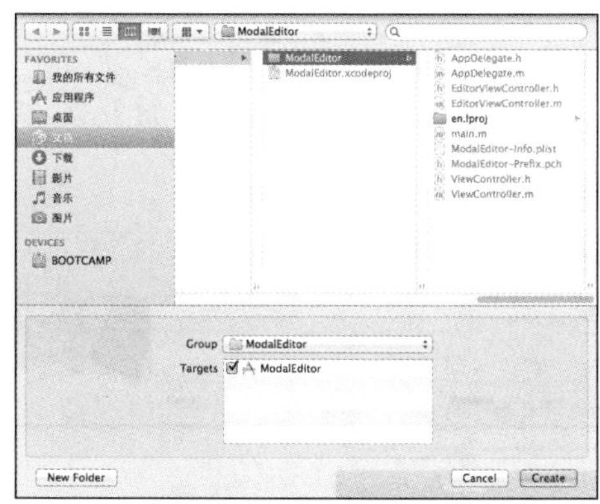

▲图 16-10 指定存储位置

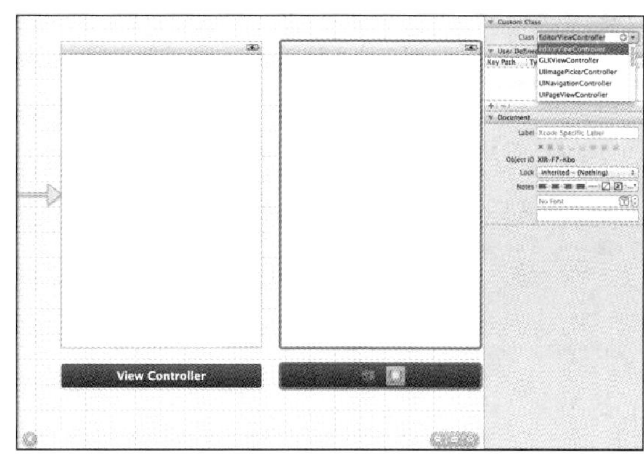

▲图 16-11 将视图控制器同新创建的类关联起来

给视图控制器指定类以后，便可以像开发初始场景那样开发新场景了，并在新的视图控制器类中编写代码。至此，创建多场景应用程序的大部分流程就完成了，但这两个场景还是彼此独立的。此时的新场景就像是一个新应用程序，不能在该场景和原来的场景之间交换数据，也不能在它们之间过渡。

4. 使用#import 和@class 共享属性和方法

要以编程方式让这些类"知道对方的存在"，需要导入对方的接口文件。例如，如果 MyEditorClass

需要访问 MyGraphicsClass 的属性和方法，则需要在 MyEditorClass.h 的开头包含语句#import "MyGraphicsClass"。

如果两个类需要彼此访问，而我们在这两个类中都导入对方的接口文件，则此时很可能会出现编译错误，因为这些 import 语句将导致循环引用，即一个类引用另一个类，而后者又引用前者。为了解决这个问题，需要添加编译指令@class，编译指令@class 可以避免接口文件引用其他类时导致循环引用。要将 MyGraphicsClass 和 MyEditorClass 彼此导入对方，可以按照如下过程添加引用。

（1）在文件 MyEditorClass.h 中，添加#import MyGraphicsClass.h。在其中一个类中，只需使用#import 来引用另一个类，而无须做任何特殊处理。

（2）在文件 MyGraphicsClsss.h 中，在现有#import 语句后面添加@class MyEditorClass。

（3）在文件 MyGraphicsClsss.m 中，在现有#import 语句后面添加#import "MyEditorClass.h"。

在第一个类中，像通常那样添加#import，为了避免循环引用，在第二个类的实现文件中添加#import，并在其接口文件中添加编译指令@class。

16.1.3　实现多个视图之间的切换

实例 16-1	实现多个视图之间的切换
源码路径	daima\16\Storyboard Test

在本实例的编辑区域中设计了多个视图，并通过可视化的方法进行各个视图之间的切换。具体实现流程如下。

（1）使用 Xcode 创建一个 Single Application，命名为 Storyboard Test。

（2）打开 AppDelegate.m，找到 didFinishLaunchingWithOptions 方法，删除其中的代码，使得只有 return YES 语句。

（3）删除系统自动创建的故事板，从菜单栏中依次选择 File→New→New File 命令，在弹出的窗口的顶部，选择 iOS 组中的 User Interface，在下方选择 Storyboard，如图 16-12 所示。然后单击 Next 按钮，输入名称 MainStoryboard，并设好 Group。单击 Create 按钮后便创建了一个故事板。

（4）为了使程序从 MainStoryboard 启动，先单击左边带蓝色图标的 Storyboard Test，然后选择 General，接下来在 Main 中选择上面创建的 MainStoryboard，并设置 Devices 为 iPhone，如图 16-13 所示。此时运行程序，就会加载 MainStoryboard 的内容了。

▲图 16-12　选择 Storyboard

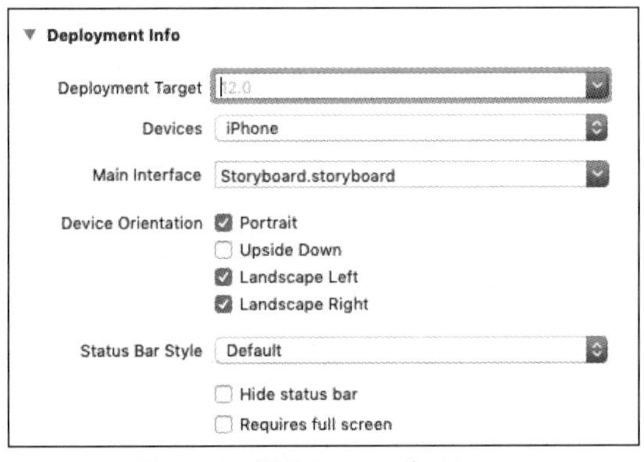

▲图 16-13　设置 Devices 为 iPhone

（5）单击 MainStoryboard.storyboard，会发现编辑区域是空的。拖曳一个 Navigation Controller 到编辑区域，如图 16-14 所示。

（6）选中右边的 View Controller，然后按 Delete 键删除它。之后拖曳一个 Table View Controller 到编辑区域，如图 16-15 所示。

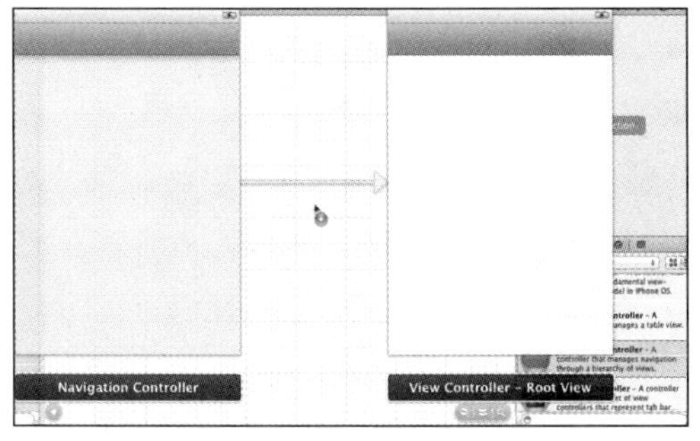

▲图 16-14　拖曳一个 Navigation Controller 到编辑区域

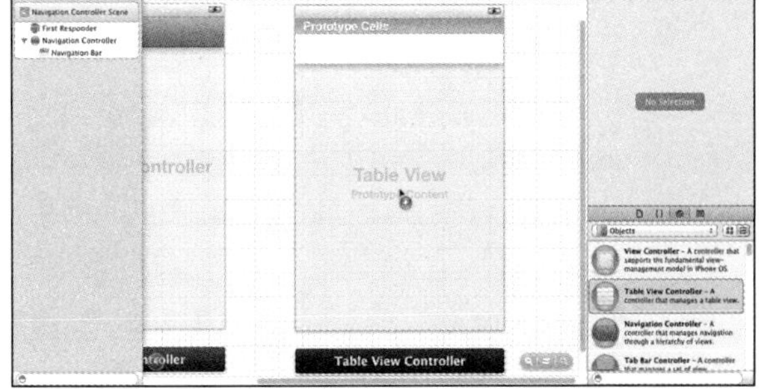

▲图 16-15　拖曳一个 Table View Controller 到编辑区域

（7）为了在这个 Table View Controller 中创建静态表格，需要先将其设置为左边 Navigation Controller 的 Root Controller，方法是选中 Navigation Controller，按住 Control 键，向 Table View Controller 画线。当松开鼠标按钮后，在弹出菜单中选择 Relationship - rootViewController。这样在两个框之间会出现一条连线，这就可以称为 Segue。

（8）选中 Table View Controller 中的 Table View，然后打开 Attributes Inspector，设置其 Content 属性为 Static Cells，如图 16-16 所示。此时，会发现 Table View 中出现了 3 行单元格。在图 16-16 所示界面中可以设置很多属性，如 Style 等。

（9）设置行数。选中 Table View Section，在 Attributes Inspector 中设置 Rows 为 2，如图 16-17 所示。然后选中每一行，设置其 Style 为 Basic，如图 16-18 所示。设置第一行中的 Label 为 Date and Time，设置第二行中的 Label 为 List。然后选中下方的 Navigation Item，在 Attributes Inspector 中设置 Title 为 Root View，设置 Back Button 为 Root，如图 16-19 所示。

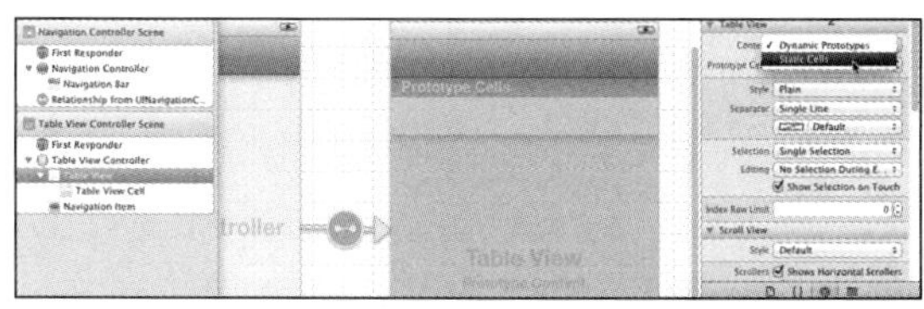

▲图 16-16　设置 Content 属性为 Static Cells

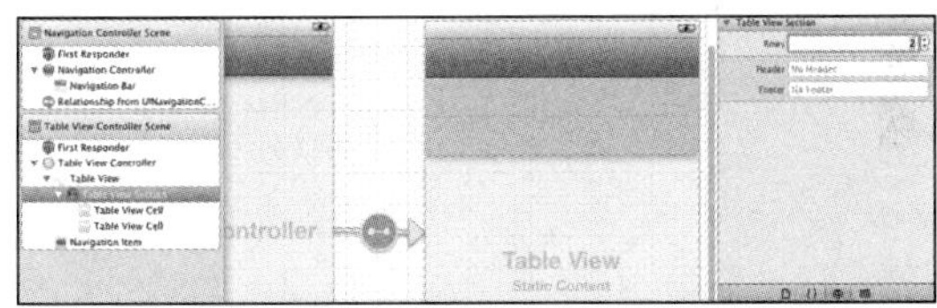

▲图 16-17　设置 Rows 为 2

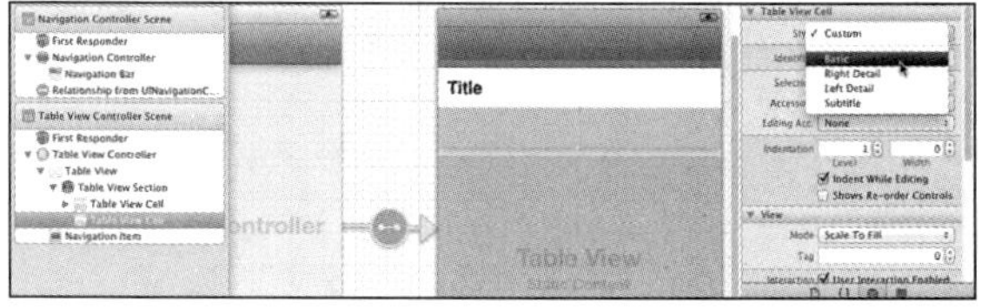

▲图 16-18　设置 Style 为 Basic

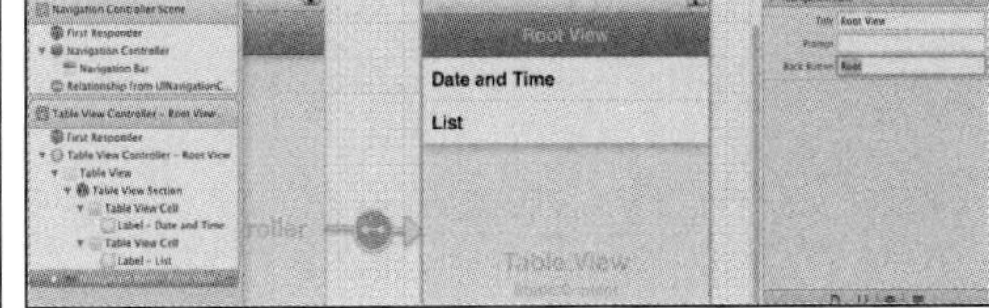

▲图 16-19　设置 Title 为 Root View，设置 Back Button 为 Root

（10）单击表格中的 Date and Time 这一行实现页面转换，在新页面显示切换的时间。从菜单栏中依次选择 File→New→New File，创建一个新的 UIViewController subclass，设置名称为 DateAndTimeViewController。

（11）再次打开 MainStoryboard.storyboard，拖曳一个 View Controller 到编辑区域，然后选中这个 View Controller，打开 Identity Inspector，设置 Class 属性为 DateAndTimeViewController，如图 16-20 所示，这样就可以为 DateAndTimeViewController 创建映射了。

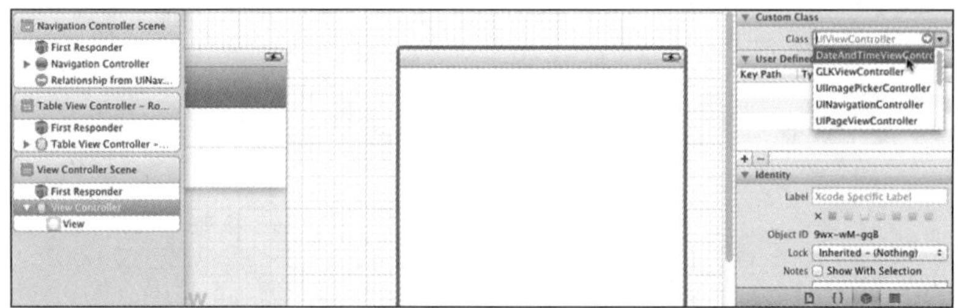
▲图 16-20　设置 Class 属性为 DateAndTimeViewController

（12）为新拖入的 View Controller 添加控件，如图 16-21 所示。然后在 DateAndTimeViewController.h 中为显示为 Label 的两个标签创建映射，名称分别是 dateLabel、timeLabel，如图 16-22 所示。

▲图 16-21　添加控件

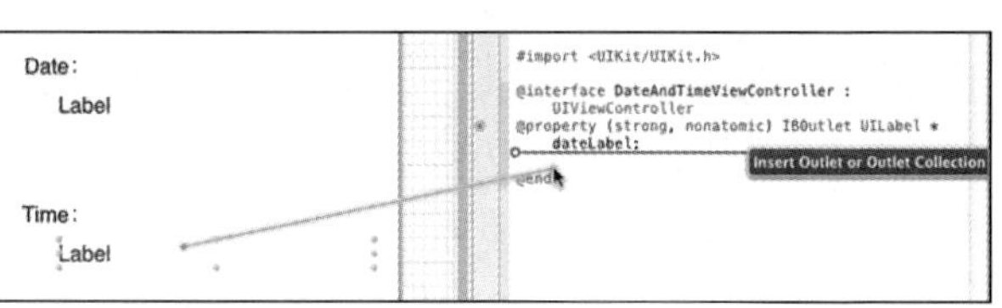

▲图 16-22　创建映射

（13）打开 DateAndTimeViewController.m，在 ViewDidUnload 方法之后添加如下代码。

```
//每次切换到这个视图，显示切换的日期和时间
- (void)viewWillAppear:(BOOL)animated {
    NSDate *now = [NSDate date];
    dateLabel.text = [NSDateFormatter
                      localizedStringFromDate:now
                      dateStyle:NSDateFormatterLongStyle
                      timeStyle:NSDateFormatterNoStyle];
    timeLabel.text = [NSDateFormatter
                      localizedStringFromDate:now
                      dateStyle:NSDateFormatterNoStyle
                      timeStyle:NSDateFormatterLongStyle];
}
```

（14）打开 MainStoryboard.storyboard，选中表格的行 Date and Time，按住 Control 键并向 View Controller 绘线，如图 16-23 所示。在弹出的菜单中选择 Push，如图 16-24 所示。这样，Root View Controller 与 DateAndTimeViewController 之间就出现了箭头，运行时单击表格中的那一行，视图就会切换到 DateAndTimeViewController。

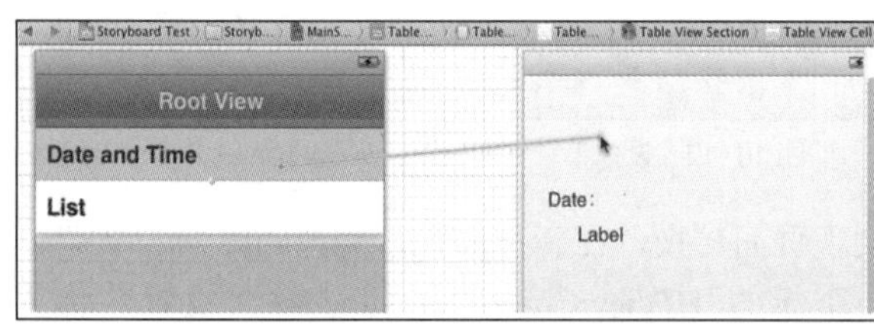

▲图 16-23　向 View Controller 绘线

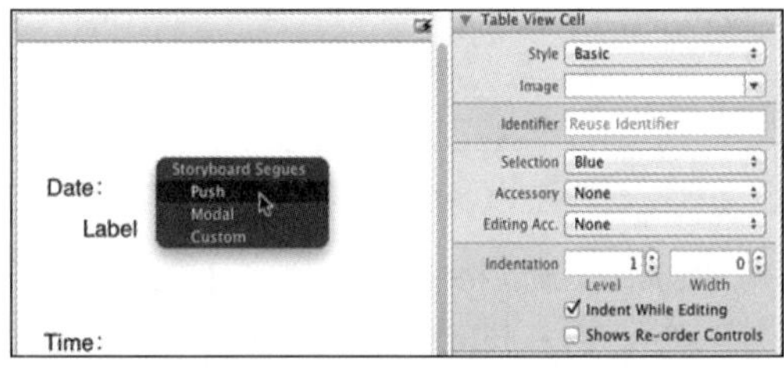

▲图 16-24　选择 Push

（15）选中 DateAndTimeViewController 中的 Navigation Item，在 Attributes Inspector 中设置其 Title 为 Date and Time，如图 16-25 所示。

到此为止，整个实例全部完成。运行后程序首先将加载静态表格，在表格中显示两行——Date and

Time 和 List。如果单击 Date and Time，就会切换到相应视图。如果单击左上角的 Root 按钮，视图会回到 Root View。每当进入 Date and Time 视图时，会显示不同的时间。执行结果如图 16-26 所示。

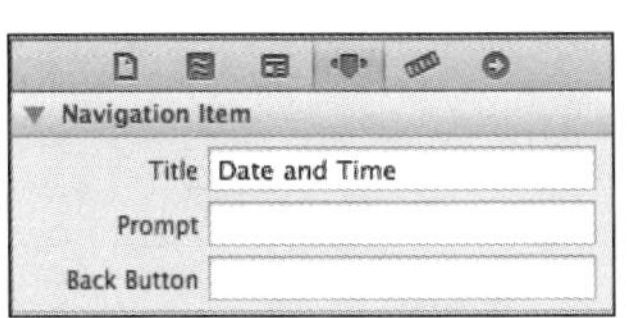

▲图 16-25　设置 Title 为 Date and Time

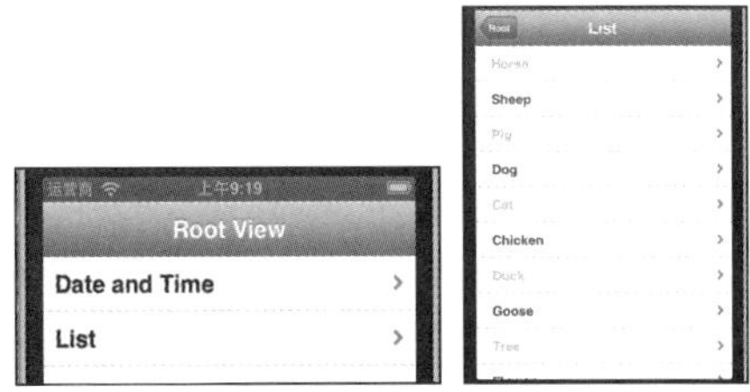

▲图 16-26　执行结果

16.2　基于 Objective-C 使用第二个视图来编辑第一个视图中的信息

实例 16-2	基于 Objective-C 使用第二个视图来编辑第一个视图中的信息
源码路径	daima\16\ModalEditor-Obj

本实例将演示如何使用第二个视图来编辑第一个视图中的信息。这个项目显示一个屏幕，其中包含电子邮件地址和 Edit 按钮。当用户单击 Edit 按钮时会出现一个新场景，让用户能修改电子邮件地址。关闭编辑器视图后，原始场景中的电子邮件地址将相应地更新。

实例 16-2 的实现方式如下。

（1）使用模板 Single View Application 创建一个项目，并将其命名为 ModalEditor，如图 16-27 所示。

（2）添加一个名为 EditorViewController 的类，此类用于编辑电子邮件地址的视图。在创建项目后，单击项目导航器左下角的“+”按钮，在出现的对话框中，选择类别 iOS 下的 Cocoa Touch Class，如图 16-28 所示，再选择图标 UIViewController subclass，然后单击 Next 按钮，创建一个 UIViewController 子类。

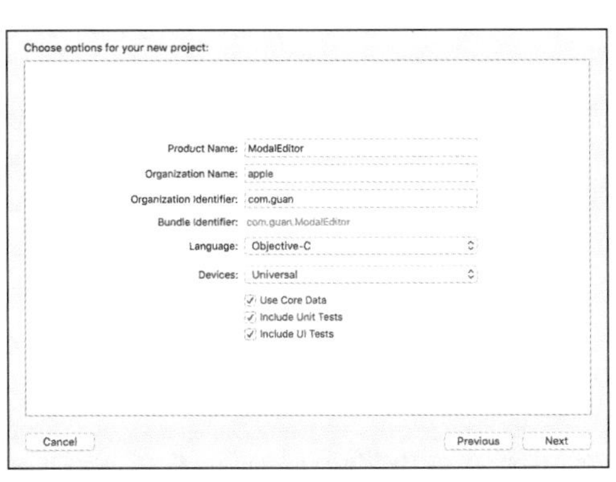

▲图 16-27　创建项目

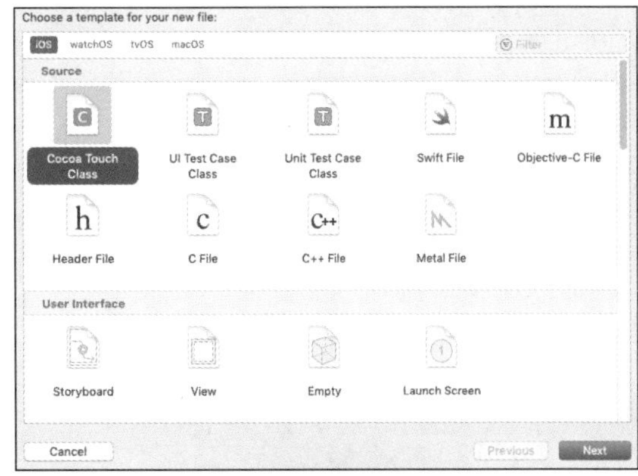

▲图 16-28　选择 Cocoa Touch Class

（3）在新出现的对话框中，将名称设置为 EditorView Controller。如果创建的是 iPad 项目，则需要选中复选框 Targeted for iPad，再单击 Next 按钮。在最后一个对话框中，必须从下拉列表 Group 中选择项目代码所在文件夹，再单击 Create 按钮。这样，此新类便添加到了项目中。

（4）开始添加新场景并将其关联到 EditorViewController。在 IB 编辑器中，打开文件 MainStoryboard.storyboard，打开 Object 库，并拖曳 View Controller 到 IB 编辑器的空白区域，添加视图控制器，如图 16-29 所示。为了将新的视图控制器关联到添加到项目中的 EditorViewController，在文档大纲中选择第二个场景中的 View Controller 图标，再打开 Identity Inspector，从下拉列表 Class 中选择 EditorViewController，如图 16-30 所示。建立上述关联后，在更新后的文档大纲中会显示一个名为 View Controller Scene 的场景和一个名为 Editor View Controller Scene 的场景。

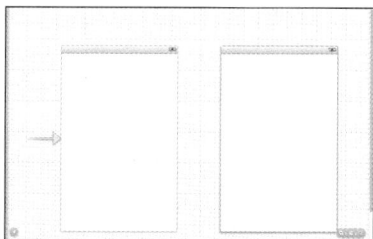

▲图 16-29　添加视图控制器

（5）重新设置视图控制器标签。首先，选择第一个场景中的视图控制器图标，确保打开了 Identity Inspector。然后，在该检查器的 Identity 部分，将第一个视图的标签设置为 Initial，对第二个场景也重复进行上述操作，将其视图控制器标签设置为 Editor，如图 16-31 所示。在文档大纲中，场景将显示为 Initial Scene 和 Editor Scene。

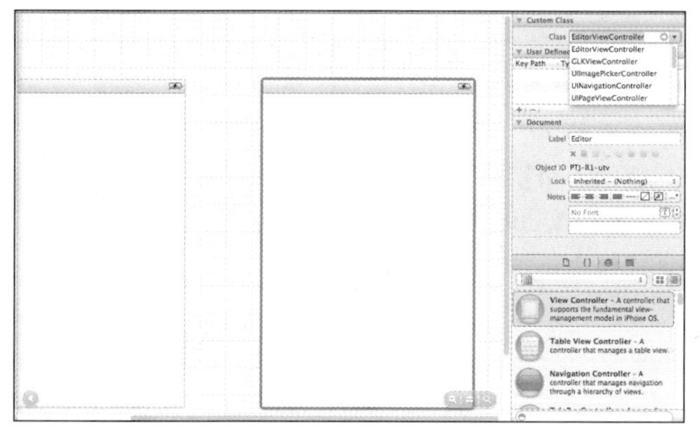

▲图 16-30　将视图控制器关联到 EditorViewController

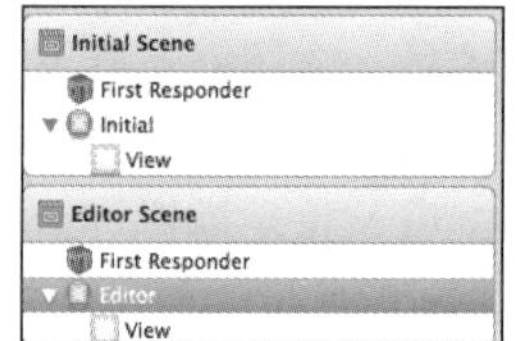

▲图 16-31　设置视图控制器标签

（6）开始规划变量和连接。在初始场景中有一个标签，它包含了当前的电子邮件地址。我们需要创建一个实例变量来指向该标签，并将其命名为 emailLabel。该场景还包含一个触发模态切换的按钮，但是无须为此定义任何输出口和操作。在编辑器场景中包含了一个文本框，将通过一个名为 emailField 的属性来引用它，它还包含了一个按钮，通过调用操作 dismissEditor 来关闭该模态视图。就本实例而言，一个文本框和一个按钮就是这个项目中需要连接到代码的全部对象。

（7）为了给初始场景和编辑器场景创建界面，打开文件 MainStoryboard.storyboard，在编辑器中滚动，以便能够将注意力放在创建初始场景上。使用 Object 库将两个标签和一个按钮拖放到视图中。将其中一个标签的文本设置为“邮箱地址”，并将其放在屏幕顶部中央。在下方放置第二个标签，并将其文本设置为用户的电子邮件地址。增大第二个标签，使其边缘和视图的边缘参考对齐，这样做的目的是防止遇到非常长的电子邮件地址。

（8）将按钮放在两个标签下方，并根据自己的喜好在 Attributes Inspector 中设置其文本样式，本实例的初始场景如图 16-32 所示。

（9）切换到编辑器场景，该场景与第一个场景很像，但将显示电子邮件地址的标签替换为空文本框（UITextField）。本场景也包含一个按钮，但是其标签不是“修改”，而是“好”，图 16-33 显示了设计的编辑器场景。

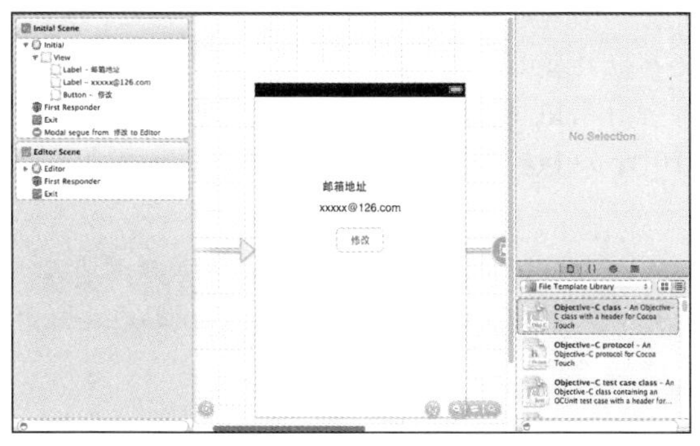

▲图 16-32　初始场景

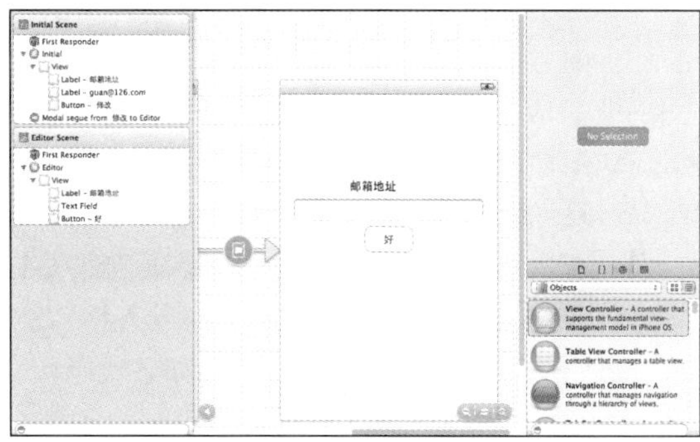

▲图 16-33　编辑器场景

（10）开始创建模态切换（见图 16-34）。为了创建从初始场景到编辑器场景的切换，按住 Control 键并连接 IB 编辑器中的 Edit 按钮与文档大纲中编辑器场景的视图控制器图标（现在名为 Editor），如图 16-34 所示。

（11）当 Xcode 要求指定故事板切换类型时，选择 Modal，这样在文档大纲的初始场景中将新增一行，其内容为 Segue from UIButton to Editor。选择该行并打开 Attributes Inspector，以配置该切换。

（12）给切换设置一个标识符，如 toEditor。接下来，选择过渡样式，例如，Partial Curl。如果这是一个 iPad 项目，还可以设置显示样式。图 16-35 显示了这个模态切换的设置。

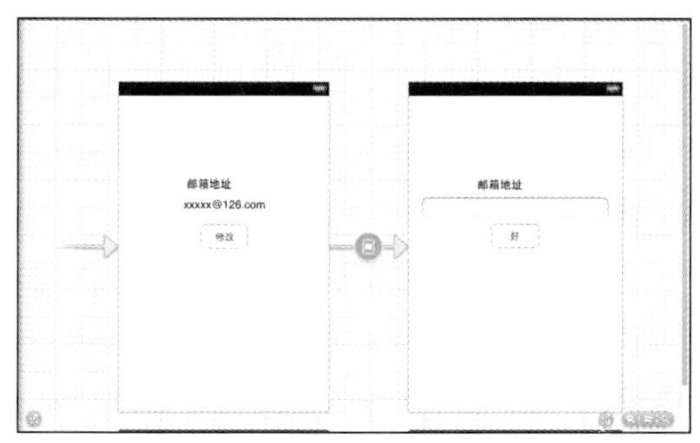

▲图 16-34　创建模态切换

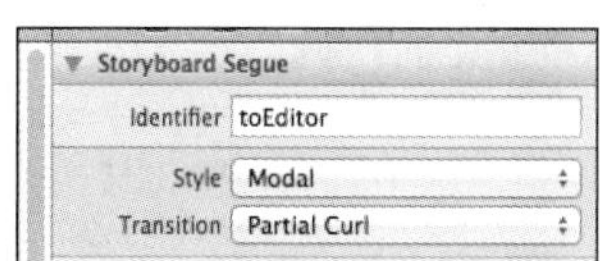

▲图 16-35　模态切换的设置

（13）开始创建并连接输出口和操作。现在我们需要处理的是两个视图控制器，初始场景中的 UI 对象需要连接到文件 ViewController.h 中的输出口，而编辑器场景中的 UI 对象需要连接到文件 EditorViewController.h。有时 Xcode 在助手编辑器模式下会有点混乱，如果你没有看到期望的东西，请单击另一个文件，再单击原来的文件。

（14）添加输出口。先选择初始场景中包含电子邮件地址的标签，并切换到助手编辑器。按住 Control 键，从该标签插入文件 ViewController.h 中编译指令@interface 下方。在 Xcode 提示时，创建一个名为 emailLabel 的输出口。

（15）移到编辑器场景，并选择其中的文本框。助手编辑器应更新，在右边显示文件 EditorViewController.h。按住 Control 键，从该文本框插入文件 EditorViewController.h 中编译指令@interface 下方，并将该输出口命名为 emailField 。

（16）开始添加操作。这个项目只需要 dismissEditor 这一个操作，它由编辑器场景中的 Done 按钮触发。为了创建该操作，按住 Control 键，并从 Done 按钮插入文件 EditorViewController.h 中属性定义的下方。在 Xcode 提示时，新增一个名为 dismissEditor 的操作。至此为止，整个界面就设计好了。

（17）开始实现应用程序逻辑。当显示编辑器场景时，应用程序应从源视图控制器的属性 emailLabel 中获取内容，并将其放在编辑器场景的文本框 emailField 中。当用户单击“好”按钮时，应用程序应采取相反的措施——使用文本框 emailField 的内容更新 emailLabel。我们在 EditorViewController 类中进行这样的修改，在这个类中，可以通过属性 presentingViewController 访问初始场景的视图控制器。

① 在执行这些修改工作之前，必须确保类 EditorViewController 知道类 ViewController 的属性，所以应该在 EditorViewController.h 中导入接口文件 ViewController.h。在文件 EditorViewController.h 中，在现有的#import 语句后面添加如下代码行。

```
#import"ViewController.h"
```

② 编写余下的代码。要在编辑器场景加载时设置 emailField 的值，可以实现 EditorViewController 类的方法 viewDidLoad。实现此方法的代码如下。

```
- (void)viewDidLoad
{
    self.emailField.text=((ViewController
    *)self.presentingViewController).emailLabel.text;
    [super viewDidLoad];
}
```

③ 在默认情况下此方法会被注释掉，因此，请务必删除它周围的“/*”和“*/”。通过上述代码，会将编辑器场景中文本框 emailField 的 text 属性设置为初始视图控制器的 emailLabel 的 text 属性。要访问初始场景的视图控制器，可以使用当前视图的属性 presentingViewController，但是必须将其强制转换为 ViewController 对象，否则它将不知道 ViewController 类暴露的属性 emailLabel。接下来，需要实现方法 dismissEditor，使其执行相反的操作并关闭模态视图。所以，将方法 dismissEditor 的代码修改为如下所示的格式。

```
- (IBAction)dismissEditor:(id)sender {
    ((ViewController *)self.presentingViewController).emailLabel.text=self.emailField.text;
    [self dismissViewControllerAnimated:YES completion:nil];
}
```

在上述代码中，第二行代码的作用与上一段代码中设置文本框内容的代码相反。而第三行代码调用方法 dismissViewControllerAnimated:completion 关闭模态视图，并返回初始场景。

（18）开始生成应用程序。在本测试实例中，有两个按钮和一个文本框，执行后可以在场景间切换并在场景间交换数据，初始执行结果如图 16-36 所示。单击“修改”按钮后来到第二个场景，在此可以输入新的邮箱，如图 16-37 所示。

▲图 16-36　初始执行结果

▲图 16-37　第二个场景

16.3 基于 Swift 使用第二个视图来编辑第一个视图中的信息

实例 16-3	基于 Swift 使用第二个视图来编辑第一个视图中的信息
源码路径	daima\16\ModalEditor-Swift

实例 16-3 的功能和实例 16-2 完全相同，只是实例 16-3 基于 Swift 语言实现而已。

第 17 章　UICollectionView 控件和 UIVisualEffectView 控件

UICollectionView 是从 iOS 6 开始出现的控件，是一种新的数据展示方式，你可以把它理解成多列的 UITableView。当然，这只是 UICollectionView 最简单的形式。UIVisualEffectView 是从 iOS 8 开始出现的控件，功能是创建毛玻璃（blur）效果，也就是实现模糊效果。本章将详细讲解在 iOS 系统中使用 UICollectionView 和 UIVisualEffectView 控件的基本知识。

17.1 UICollectionView 控件

如果读者用过 iBooks，应该会对书架布局有一定的印象，一个虚拟书架上放着下载的和购买的各类图书，整齐排列，效果如图 17-1 所示。

其实书架布局就是一个 UICollectionView 的表现形式。iPad 的 iOS 6 中内置的原生时钟应用中的各个时钟，也是 UICollectionView 的一个简单的布局表现，如图 17-2 所示。

▲图 17-1　书架布局

▲图 17-2　iOS 6 内置的原生时钟应用

17.1.1　UICollectionView 的构成

在 iOS 应用中，最简单的 UICollectionView 就是一个 GridView，它可以以多列的方式展示数据。标准的 UICollectionView 包含如下 3 个部分，它们都是 UIView 的子类。

- Cells：用于展示内容的主体，对于不同的 Cell，可以指定不同的尺寸和不同的内容。
- Supplementary Views：用于追加视图，如果读者对 UITableView 比较熟悉，可以认为该部分是每个 Section 的 Header 或者 Footer，用来标记每个 Section 的 View。
- Decoration Views：用于装饰视图，该部分是每个 Section 的背景，比如 iBooks 中的书架就是由该部分实现的。

不管一个 UICollectionView 的布局如何变化，上述 3 个部件都是存在的，和 iBooks 书架的对应关系如图 17-3 所示。

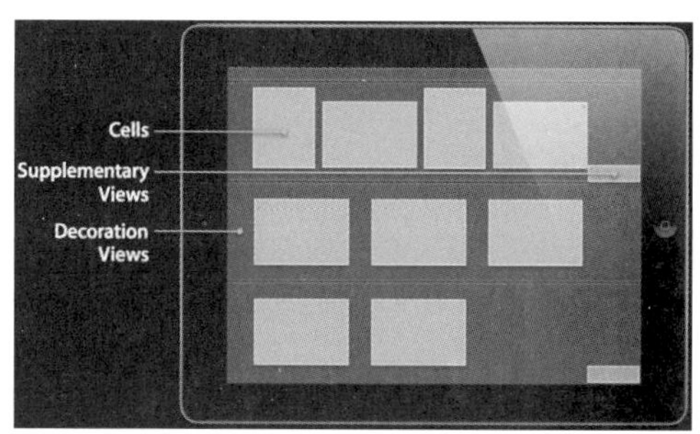

▲图 17-3 UICollectionView 的 3 个部分和 iBooks 书架的对应关系

17.1.2 自定义的 UICollectionViewLayout

在 UICollectionView 控件中，UICollectionViewLayout 的功能是为 UICollectionView 提供布局信息，不仅包括单元格的布局信息，还包括追加视图和装饰视图的布局信息。实现一个自定义布局的常规做法是继承 UICollectionViewLayout 类，然后重载如下方法。

- -(CGSize)collectionViewContentSize：返回 collectionView 的内容的大小。
- -(NSArray *)layoutAttributesForElementsInRect:(CGRect)rect：返回 rect 中所有元素的布局属性，返回的是包含 UICollectionViewLayoutAttributes 的 NSArray。UICollectionViewLayoutAttributes 可以是单元格、追加视图或装饰视图的信息，通过不同的 UICollectionViewLayoutAttributes 初始化方法可以得到如下不同类型的 UICollectionViewLayoutAttributes。
  - layoutAttributesForCellWithIndexPath。
  - layoutAttributesForSupplementaryViewOfKind:withIndexPath。
  - layoutAttributesForDecorationViewOfKind:withIndexPath。
- -(UICollectionViewLayoutAttributes)layoutAttributesForItemAtIndexPath:(NSIndexPath)indexPath：返回对应 indexPath 位置的单元格的布局属性。
- -(UICollectionViewLayoutAttributes)layoutAttributesForSupplementaryViewOfKind:(NSString)kindatIndexPath: (NSIndexPath *)indexPath：返回对应 indexPath 位置的追加视图的布局属性，如果没有追加视图，可不重载。
- -(UICollectionViewLayoutAttributes *)layoutAttributesForDecorationViewOfKind:(NSString)decorationViewKind atIndexPath:(NSIndexPath)indexPath：返回对应 indexPath 位置的装饰视图的布局属性，如果没有装饰视图，可不重载。
- -(BOOL)shouldInvalidateLayoutForBoundsChange:(CGRect)newBounds：当边界发生改变时，确定是否应该刷新布局。如果要刷新布局，则在边界变化（一般是滚动到其他地方）时，将重新计算需要的布局信息。

17.1.3 使用 UICollectionView 控件实现网格效果

实例 17-1	使用 UICollectionView 控件实现网格效果
源码路径	daima\17\UICollectionViewTest

实例 17-1 的实现方式如下。

（1）启动 Xcode，单击 Creat a new Xcode project，创建一个 iOS 项目。本项目的最终结构和故事板界面如图 17-4 所示。

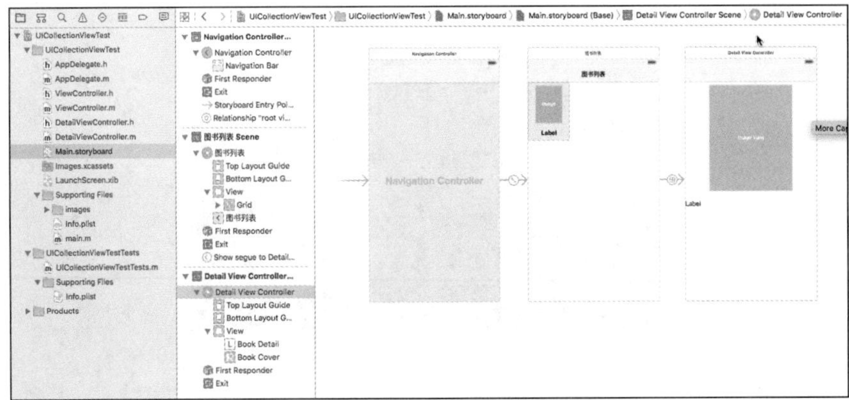

▲图 17-4　本项目的最终结构和故事板界面

（2）主视图文件 ViewController.m 的具体实现代码如下。

```
#import "ViewController.h"
#import "DetailViewController.h"
@implementation ViewController{
    NSArray* _books;
    NSArray* _covers;
}
- (void)viewDidLoad
{
      [super viewDidLoad];
      //创建并初始化 NSArray 对象
      _books = @[@"Ajax",
               @"Android",
               @"HTML5/CSS3/JavaScript" ,
               @"Java",
               @"Java 程序员",
               @"Java EE",
               @"Java EE",
               @"Swift"];
      //创建并初始化 NSArray 对象
      _covers = [NSArray arrayWithObjects:@"ajax.png",
          @"android.png",
          @"html.png" ,
          @"java.png",
          @"java2.png",
          @"javaee.png",
          @"javaee2.png",
          @"swift.png", nil];
      //为当前导航项设置标题
      self.navigationItem.title = @"图书列表";
      //为 UICollectionView 设置 dataSource 和 delegate
      self.grid.dataSource = self;
      self.grid.delegate = self;
      //创建 UICollectionViewFlowLayout 布局对象
      UICollectionViewFlowLayout *flowLayout =
      [[UICollectionViewFlowLayout alloc] init];
      //设置 UICollectionView 中各单元格的大小
      flowLayout.itemSize = CGSizeMake(120, 160);
      //设置该 UICollectionView 只支持水平滚动
      flowLayout.scrollDirection = UICollectionViewScrollDirectionVertical;
      //设置各分区中上、下、左、右空白的大小
      flowLayout.sectionInset = UIEdgeInsetsMake(0, 0, 0, 0);
```

```
        //设置两行单元格之间的行距
        flowLayout.minimumLineSpacing = 5;
        //设置两个单元格之间的间距
        flowLayout.minimumInteritemSpacing = 0;
        //为 UICollectionView 设置布局对象
        self.grid.collectionViewLayout = flowLayout;
}
//该方法的返回值决定各单元格的控件
- (UICollectionViewCell *)collectionView:(UICollectionView *)
        collectionView cellForItemAtIndexPath:(NSIndexPath *)indexPath
{
        //为单元格定义一个静态字符串作为标识符
        static NSString* cellId = @"bookCell";
        //从可重用单元格的队列中取出一个单元格
        UICollectionViewCell* cell = [collectionView
            dequeueReusableCellWithReuseIdentifier:cellId
            forIndexPath:indexPath];
        //设置圆角
        cell.layer.cornerRadius = 8;
        cell.layer.masksToBounds = YES;
        NSInteger rowNo = indexPath.row;
        //通过 tag 属性获取单元格内的 UIImageView 控件
        UIImageView* iv = (UIImageView*)[cell viewWithTag:1];
        //为单元格内的图片控件设置图片
        iv.image = [UIImage imageNamed:_covers[rowNo]];
        //通过 tag 属性获取单元格内的 UILabel 控件
        UILabel* label = (UILabel*)[cell viewWithTag:2];
        //为单元格内的 UILabel 控件设置文本
        label.text = _books[rowNo];
        return cell;
}
//该方法的返回值决定 UICollectionView 包含多少个单元格
- (NSInteger)collectionView:(UICollectionView *)collectionView
        numberOfItemsInSection:(NSInteger)section
{
      return _books.count;
}
//当用户单击单元格跳转到下一个视图控制器时触发该方法
- (void)prepareForSegue:(UIStoryboardSegue *)segue sender:(id)sender
{
        //获取触发该跳转的单元格
        UICollectionViewCell* cell = (UICollectionViewCell*)sender;
        //获取该单元格所在的 NSIndexPath
        NSIndexPath* indexPath = [self.grid indexPathForCell:cell];
        NSInteger rowNo = indexPath.row;
        //获取跳转的目标视图控制器——DetailViewController 控制器
        DetailViewController *detailController = segue.destinationViewController;
        //将选中单元格内的数据传给 DetailViewController 控制器对象
        detailController.imageName = _covers[rowNo];
        detailController.bookNo = rowNo;
}
@end
```

（3）详情视图接口文件 DetailViewController.m 的具体代码如下。

```
#import "DetailViewController.h"
@implementation DetailViewController{
    NSArray* _bookDetails;
}
```

```
- (void)viewDidLoad
{
        [super viewDidLoad];
        _bookDetails = @[
           @"前端开发知识",
           @"Android 销量排行榜榜首",
           @"介绍 HTML 5、CSS3、JavaScript 知识" ,
           @"Java 图书，值得仔细阅读的图书",
           @"重点图书",
           @"Java3 大框架整合开发",
           @"EJB 3",
           @"图书"];
}
- (void)viewWillAppear:(BOOL)animated
{
        //设置 bookCover 控件显示的图片
        self.bookCover.image = [UIImage imageNamed:self.imageName];
        //设置 bookDetail 显示的内容
        self.bookDetail.text = _bookDetails[self.bookNo];
}
@end
```

主视图文件的执行结果如图 17-5 所示，详情视图接口文件的执行结果如图 17-6 所示。

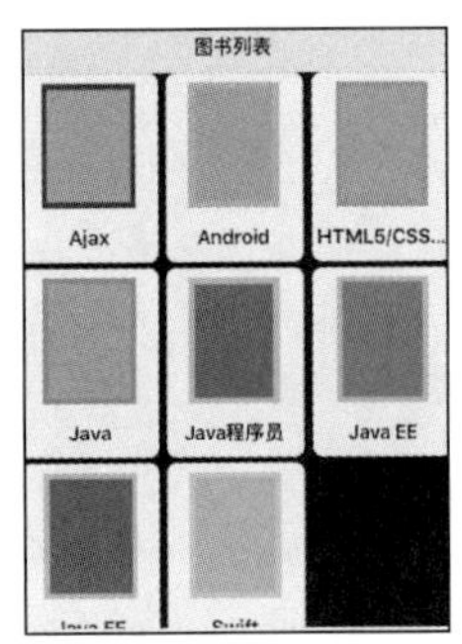

▲图 17-5　主视图文件的执行结果

▲图 17-6　详情视图接口文件的执行结果

17.1.4　使用 UICollectionView 控件实现大小不相同的网格效果

实例 17-2	使用 UICollectionView 控件实现大小不相同的网格效果
源码路径	daima\17\DelegateFlowLayoutTest

实例 17-2 的实现方式如下。

（1）本项目的最终结构和故事板界面如图 17-7 所示。

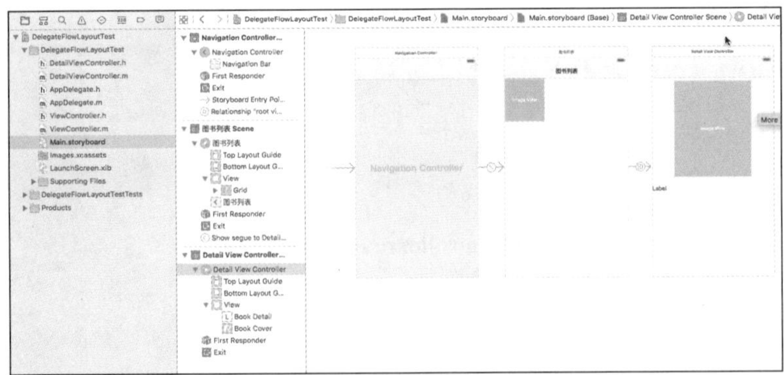

▲图 17-7　本项目的最终结构和故事板界面

（2）主视图文件 ViewController.m 的具体实现代码如下。

```
#import "ViewController.h"
#import "DetailViewController.h"
@implementation ViewController{
     NSArray* _books;
     NSArray* _covers;
}
- (void)viewDidLoad
{
     [super viewDidLoad];
     //创建并初始化 NSArray 对象
     _books = @[@"Ajax",
               @"Android",
               @"HTML5/CSS3/JavaScript" ,
               @"Java 讲义",
               @"Java",
               @"Java EE",
               @"Java EE",
               @"Swift"];
     //创建并初始化 NSArray 对象
     _covers = [NSArray arrayWithObjects:@"ajax.png",
                 @"android.png",
                 @"html.png" ,
                 @"java.png",
                 @"java2.png",
                 @"javaee.png",
                 @"javaee2.png",
                 @"swift.png", nil];
      //为当前导航项设置标题
      self.navigationItem.title = @"图书列表";
      //为 UICollectionView 设置 dataSource 和 delegate
      self.grid.dataSource = self;
      self.grid.delegate = self;
      //创建 UICollectionViewFlowLayout 布局对象
      UICollectionViewFlowLayout *flowLayout =
      [[UICollectionViewFlowLayout alloc] init];
      //设置 UICollectionView 中各单元格的大小
      flowLayout.itemSize = CGSizeMake(120, 160);
      //设置该 UICollectionView 只支持水平滚动
      flowLayout.scrollDirection = UICollectionViewScrollDirectionVertical;
      //设置各分区中上、下、左、右空白的大小
      flowLayout.sectionInset = UIEdgeInsetsMake(0, 0, 0, 0);
      //设置两行单元格之间的行距
      flowLayout.minimumLineSpacing = 5;
      //设置两个单元格之间的间距
      flowLayout.minimumInteritemSpacing = 0;
      //为 UICollectionView 设置布局对象
      self.grid.collectionViewLayout = flowLayout;
}
//该方法的返回值决定各单元格的控件
- (UICollectionViewCell *)collectionView:(UICollectionView *)
      collectionView cellForItemAtIndexPath:(NSIndexPath *)indexPath
{
      //为单元格定义一个静态字符串作为标识符
      static NSString* cellId = @"bookCell";
      //从可重用单元格的队列中取出一个单元格
      UICollectionViewCell* cell = [collectionView
          dequeueReusableCellWithReuseIdentifier:cellId
          forIndexPath:indexPath];
```

```
        //设置圆角
        cell.layer.cornerRadius = 8;
        cell.layer.masksToBounds = YES;
        NSInteger rowNo = indexPath.row;
        //通过 tag 属性获取单元格内的 UIImageView 控件
        UIImageView* iv = (UIImageView*)[cell viewWithTag:1];
        //为单元格内的图片控件设置图片
        iv.image = [UIImage imageNamed:_covers[rowNo]];
        //通过 tag 属性获取单元格内的 UILabel 控件
        UILabel* label = (UILabel*)[cell viewWithTag:2];
        //为单元格内的 UILabel 控件设置文本
        label.text = _books[rowNo];
        return cell;
}
//该方法的返回值决定 UICollectionView 包含多少个单元格
- (NSInteger)collectionView:(UICollectionView *)collectionView
        numberOfItemsInSection:(NSInteger)section
{
        return _books.count;
}
//当用户单击单元格跳转到下一个视图控制器时触发该方法
- (void)prepareForSegue:(UIStoryboardSegue *)segue sender:(id)sender
{
        //获取触发该跳转的单元格
        UICollectionViewCell* cell = (UICollectionViewCell*)sender;
        //获取该单元格所在的 NSIndexPath
        NSIndexPath* indexPath = [self.grid indexPathForCell:cell];
        NSInteger rowNo = indexPath.row;
        //获取跳转的目标视图控制器——DetailViewController 控制器
        DetailViewController *detailController = segue.destinationViewController;
        //将选中单元格内的数据传给 DetailViewController 控制器对象
        detailController.imageName = _covers[rowNo];
        detailController.bookNo = rowNo;
}
- (CGSize)collectionView:(UICollectionView *)collectionView layout:
        (UICollectionViewLayout*)collectionViewLayout
        sizeForItemAtIndexPath:(NSIndexPath *)indexPath
{
        //获取 indexPath 对应的单元格将要显示的图片
        UIImage* image = [UIImage imageNamed:
            _covers[indexPath.row]];
        //控制该单元格的大小为它显示的图片大小的 1/4
        return CGSizeMake(image.size.width / 2
            , image.size.height / 2);
}
@end
```

主视图文件执行后的结果如图 17-8 所示，详情界面文件执行后的结果如图 17-9 所示。

▲图 17-8　主视图文件执行后的结果

▲图 17-9　详情界面文件执行后的结果

17.1.5 基于 Swift 实现不同颜色方块的布局效果

实例 17-3	基于 Swift 实现 Pinterest 样式的布局效果
源码路径	daima\17\UICollectionViewController

实例 17-3 的功能是使用 UICollectionView 控件实现不同颜色方块的布局效果，在程序文件 MyViewController.swift 中通过数组 colorsArray 设置不同方块的颜色，然后通过方法 collectionView 加载、实现不同颜色的方块。文件 MyViewController.swift 的主要代码如下。

```
class MyViewController: UICollectionViewController {
    let colorsArray : [UIColor] = [.blue, .red, .green, .cyan, .brown, .yellow, .gray,
    .orange, .purple]
    override func viewDidLoad() {
        super.viewDidLoad()
        collectionView?.delegate = self
        collectionView?.dataSource = self
        collectionView?.register(UICollectionViewCell.self,
        forCellWithReuseIdentifier: "cell")
    }
    override func collectionView(_ collectionView: UICollectionView,
    numberOfItemsInSection section: Int) -> Int {
        return colorsArray.count
    }
    override func collectionView(_ collectionView: UICollectionView, cellForItemAt
    indexPath: IndexPath) -> UICollectionViewCell {
        let cell = collectionView.dequeueReusableCell(withReuseIdentifier: "cell", for:
        indexPath)
        cell.backgroundColor = colorsArray[indexPath.item]
        return cell
    }
```

执行结果如图 17-10 所示。

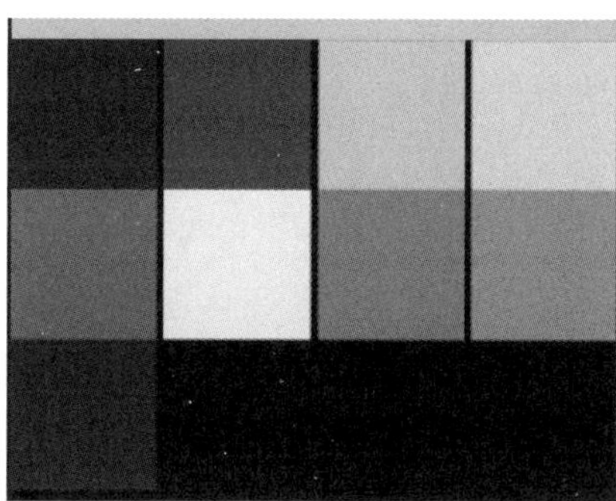

▲图 17-10　执行结果

17.2 UIVisualEffectView 控件

从 iOS 7 开始，苹果公司改变了 App 的 UI 风格和动画效果，例如，导航栏出现在屏幕上的效果。尤其是在 iOS 7 中，苹果公司使用了全新的模糊（毛玻璃）效果。除导航栏之外，通知中心和控制中心还采用了这个特殊的视觉效果。但是苹果公司并没有在 SDK 中放入这个特效，程序员不得不使用自己的方法模拟这个效果，一直到 iOS 8 的出现。在 iOS 8 中，SDK 中终于正式加入了这个特效，该特效不但让程序员易于上手，而且性能很好，苹果公司将之称为 Visual Effects。在 iOS

中，通过控件 UIVisualEffectView 可以创建毛玻璃效果，也就是实现模糊效果。

17.2.1　UIVisualEffectView 的基础知识

Visual Effects 是一整套的视觉特效，包括了 UIBlurEffect 和 UIVibrancyEffect。这两者都是 UIVisualEffect 的子类，前者允许在应用程序中动态地创建实时的雾玻璃效果，而后者则允许在雾玻璃上"写字"。

为了创建一个特殊效果（如模糊效果），先创建一个 UIVisualEffectView 视图对象，这个对象提供了一种简单的方式来实现复杂的视觉效果。我们可以把这个对象看作效果的一个容器，实际的效果会影响到该视图对象底下的内容，或者添加到该视图对象的 contentView 中的内容。

下面通过例子介绍如果使用 UIVisualEffectView。

```
let bgView: UIImageView = UIImageView(image: UIImage(named: "visual"))
bgView.frame = self.view.bounds
self.view.addSubview(bgView)
let blurEffect: UIBlurEffect = UIBlurEffect(style: .Light)
let blurView: UIVisualEffectView = UIVisualEffectView(effect: blurEffect)
blurView.frame = CGRectMake(50.0, 50.0, self.view.frame.width - 100.0, 200.0)
self.view.addSubview(blurView)
```

上述代码的功能是在当前视图控制器上添加一个 UIImageView 作为背景图，然后在视图的一小部分中使用模糊效果。由此可见，UIVisualEffectView 是非常简单的。需要注意的是，不应该直接添加子视图到 UIVisualEffectView 视图中，而是应该添加到 UIVisualEffectView 对象的 contentView 中。

另外，尽量避免将 UIVisualEffectView 对象的 alpha 值设置为小于 1.0 的值，因为创建半透明的视图会导致系统在离屏渲染时对 UIVisualEffectView 对象及所有相关的子视图做混合操作。这不仅消耗 CPU/GPU，还可能会导致许多效果显示不正确或者根本不显示。

初始化一个 UIVisualEffectView 对象的方法是 UIVisualEffectView(effect: blurEffect)，其定义如下。

```
init(effect effect: UIVisualEffect)
```

这个方法的参数是一个 UIVisualEffect 对象。我们从官方文档中可以看到，在 UIKit 中，定义了几个专门用来创建视觉特效的类，它们分别是 UIVisualEffect、UIBlurEffect 和 UIVibrancyEffect。它们的继承层次如下。

```
NSObject
| -- UIVisualEffect
     | -- UIBlurEffect
     | -- UIVibrancyEffect
```

UIVisualEffect 是一个继承自 NSObject 的创建视觉效果的基类。然而，除继承自 NSObject 的属性和方法之外，这个类没有提供任何新的属性和方法。其主要目的是初始化 UIVisualEffectView，在这个初始化方法中可以传入 UIBlurEffect 或者 UIVibrancyEffect 对象。

一个 UIBlurEffect 对象用于将模糊效果应用于 UIVisualEffectView 视图下面的内容。如上面的示例所示。不过，这个对象的效果并不影响 UIVisualEffectView 对象的 contentView 中的内容。

UIBlurEffect 主要定义了 3 种效果，这些效果由枚举 UIBlurEffectStyle 来确定，该枚举的定义如下。

```
enum UIBlurEffectStyle : Int {
    case ExtraLight
    case Light
    case Dark
}
```

它主要根据色调（hue）来确定特效视图与底部视图的混合。

与 UIBlurEffect 不同的是，UIVibrancyEffect 主要用于放大和调整 UIVisualEffectView 视图下面的内容的颜色，同时让 UIVisualEffectView 的 contentView 中的内容看起来更加生动。通常 UIVibrancyEffect 对象与 UIBlurEffect 一起使用，主要用于处理在 UIBlurEffect 特效上的一些显示效果。接上面的代码，看看在 blur 的视图上添加一些新特效的方法，代码如下。

```
let vibrancyView: UIVisualEffectView = UIVisualEffectView(effect: UIVibrancyEffect
(forBlurEffect: blurEffect))
vibrancyView.setTranslatesAutoresizingMaskIntoConstraints(false)
blurView.contentView.addSubview(vibrancyView)
var label: UILabel = UILabel()
label.setTranslatesAutoresizingMaskIntoConstraints(false)
label.text = "Vibrancy Effect"
label.font = UIFont(name: "HelveticaNeue-Bold", size: 30)
label.textAlignment = .Center
label.textColor = UIColor.whiteColor()
vibrancyView.contentView.addSubview(label)
```

特效 Vibrancy 是取决于颜色值的，所有添加到 contentView 中的子视图都必须实现 tintColorDidChange 方法并更新自己。需要注意的是，我们使用 UIVibrancyEffect(forBlurEffect:)方法创建 UIVibrancyEffect 时，参数 blurEffect 必须设置为我们想要的效果，否则可能得不到我们想要的效果。

另外，UIVibrancyEffect 还提供了一个类方法 notificationCenterVibrancyEffect，其声明如下。

```
class func notificationCenterVibrancyEffect() -> UIVibrancyEffect!
```

这个方法创建一个用于通知中心的 Today 扩展的 Vibrancy 特效。

17.2.2 使用 UIVisualEffectView 控件实现模糊特效

在 Xcode 中，使用 UIVisualEffectView 控件实现模糊特效的流程如下。

（1）打开 Main.storyboard，出现右边的 Object Library 面板，在搜索栏中输入“visual”，这将迅速定位到两个 UIVisualEffectView 控件，如图 17-11 所示。

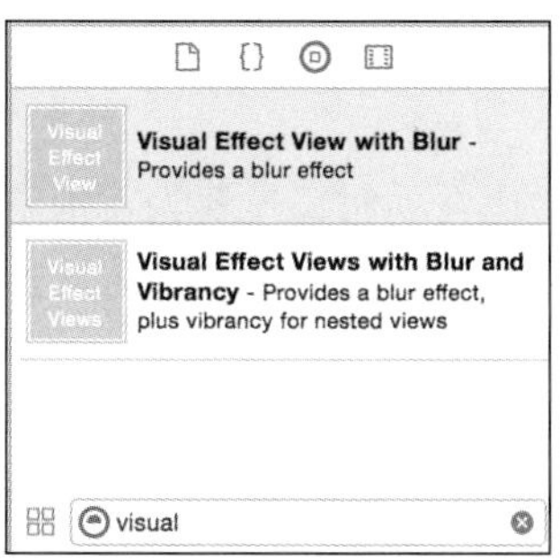

▲图 17-11 Object Library 中的 UIVisualEffectView 控件

（2）拖曳一个 Visual Effect View with Blur 到 View 上。在 Document Outline 窗口中，调整 Visual Effect View with Blur 的位置，使它位于两个按钮之上，如图 17-12 所示。

（3）调整 Visual Effect View 的自动布局，使它占据整个 View 大小，如图 17-13 所示。

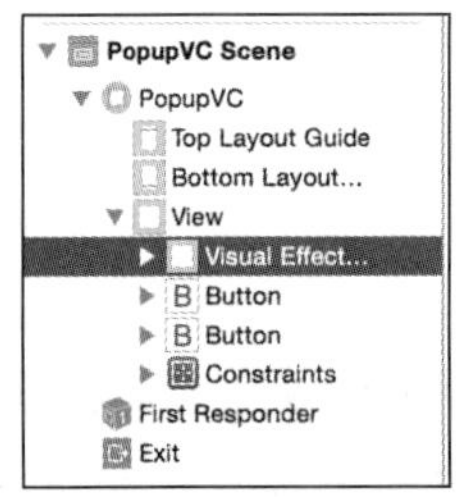

▲图 17-12　将 Visual Effect View with Blur 插入最底层

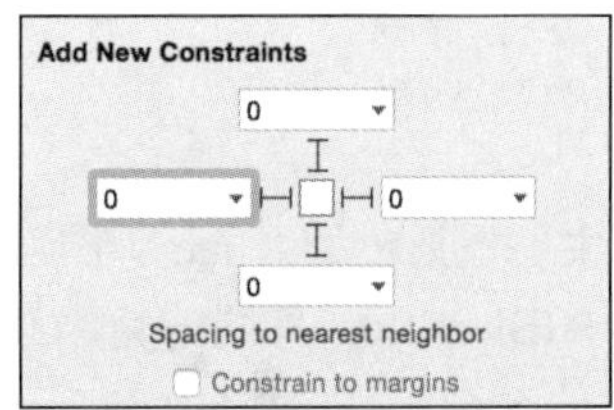

▲图 17-13　调整 Visual Effect View 的自动布局

（4）在属性面板中，设置 Visual Effect View 的 Blur Style 属性为 Light。Blur Style 可以有 3 个值——Extra Light、Light、Dark，分别有 3 种不同的模糊效果——很亮、亮、暗色。如果看不到丝毫模糊效果（添不添加 Visual Effect View 都一样），则你可能要将 View 设置为背景透明的。

17.2.3　使用 UIVisualEffectView 控件实现 Vibrancy 效果

Vibrancy 效果是一种专门应用在模糊效果上的特殊效果，它会在模糊效果的基础上留下一些特殊的空洞，使得这些地方的内容看起来更加生动。你可以想象一下雾玻璃效果是什么。它就好像是冬天的时候，你在玻璃上哈气。原本透明的玻璃哈上气后，会结上一层水汽，看起来就像是“雾玻璃”一样。如果你伸手在这层水汽上写字，则会在雾气上留下明显的字迹，这就是 Vibrancy 效果。

在 iOS 应用中，使用 Visual Effect View 来实现 Vibrancy 效果。Vibrancy 效果使用 Object 库中的 Visual Effect Views with Blur and Vibrancy 来实现。从名称上看，Visual Effect Views with Blur and Vibrancy 包括了两个 Visual Effect View——Blur Visual Effect View 和 Vibrancy Visual Effect View。事实上，Vibrancy 效果并不能单独应用，它必须应用到 Blur 效果之上。Vibrancy 效果是一种“雾玻璃上写字”的效果，我们只能在有了“雾玻璃”的情况下写字。

打开 Main.storyboard，先删除里面的 Visual Effect View。然后从 Object 库中拖一个 Visual Effect Views with Blur and Vibrancy 到 PopupVC 中。同样，需要在 Document Outline 窗口中将 Visual Effect View 调整至 View 中的最下面一层，如图 17-14 所示。

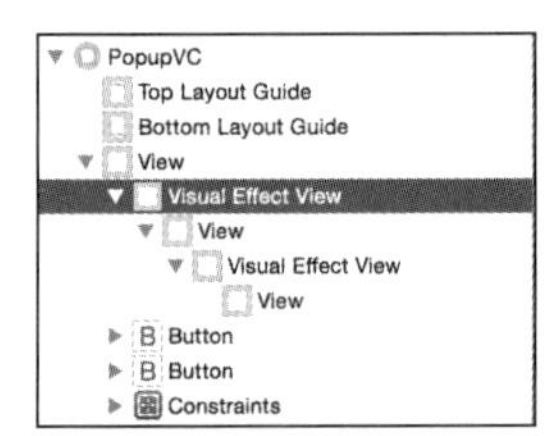

▲图 17-14　调整 Visual Effect View

此时 Visual Effect Views with Blur and Vibrancy 包含了两个 Visual Effect View。第二个 Visual Effect View 位于第一个 Visual Effect View 的 View 中。为了方便起见，我们不妨把第一个 Visual Effect View 称为 Blur 层，把第二个 Visual Effect View 称为 Vibrancy 层。

将 Blur 层作为“雾玻璃”，将它的自动布局设置为占据整个 View，同时把 Blur Style 设置为 Light，如图 17-15 所示。同时，将 Blur 层下面的 View 的背景设置为透明的。第二层用于实现 Vibrancy。同样，将它的自动布局设置为占据整个 View，同时设置它的 Blur Style 为 Light，勾选 Vibrancy 复选框，如图 17-16 所示。

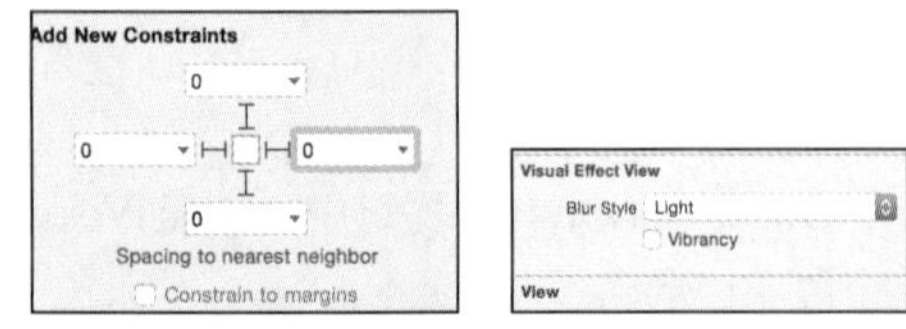

▲图 17-15　设置 Blur Style

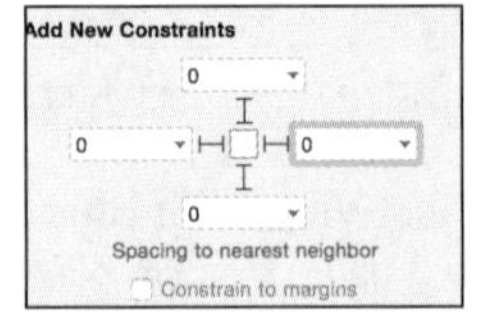

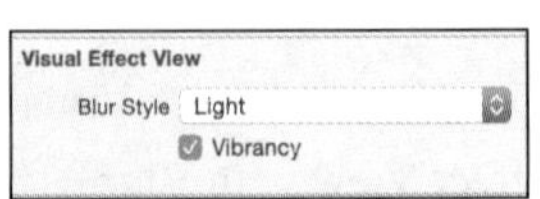

▲图 17-16　设置 Blur 层的布局和 Vibrancy 效果

同时，设置 Vibrancy 层的 View 的背景为透明的。接下来，我们要在 Vibrancy 层的 View 上写字。拖一个 UILabel 到 Vibrancy 层的 View 上，设置 Label 的 Text 为“Vibrancy”，并设置自动布局约束，如图 17-17 所示。

注意： Label 必须位于 Vibrancy 层的 View 之中。也就是说，把 Vibrancy 层放到 Blur 层的 View 中，再把 UILabel（要写的字）放到 Vibrancy 层的 View 中。

运行程序，我们可以在 UILabel 上看出 Vibrancy 最终的效果，如图 17-18 所示。此时通过单词“Vibrancy”，我们隐隐约约看到了背景图片的内容（运行后可看到效果），这就是“雾玻璃写字”的效果。实际上，我们不仅能在文字上显示 Vibrancy 效果，还可以在图片上应用 Vibrancy 效果。当然，它必须是透明图片。

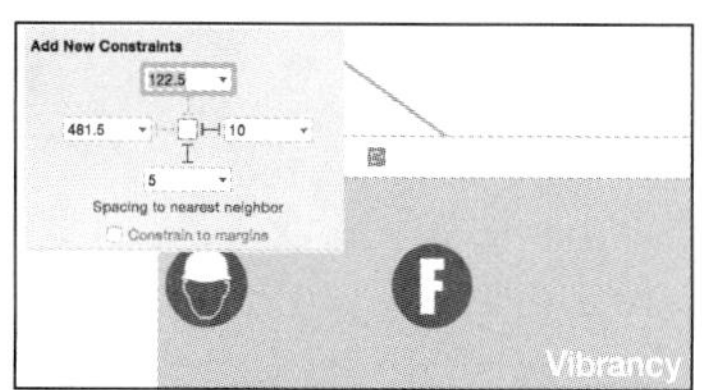

▲图 17-17 设置 Label 的自动布局约束

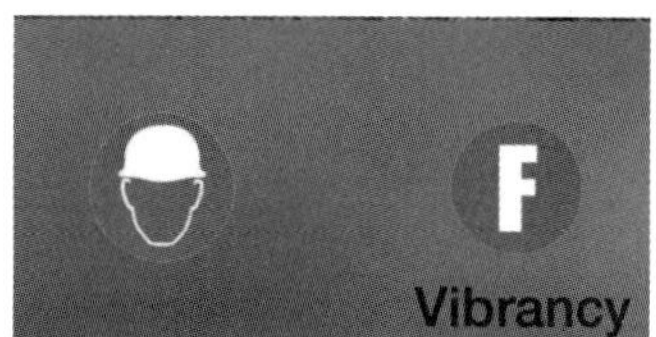

▲图 17-18 Vibrancy 最终的效果

17.2.4 使用 UIVisualEffectView 控件在屏幕中实现模糊效果

实例 17-4	使用 UIVisualEffectView 控件在屏幕中实现模糊效果
源码路径	daima\17\BlurTest

实例 17-4 的实现方式如下。

（1）本项目的最终结构和故事板界面如图 17-19 所示。

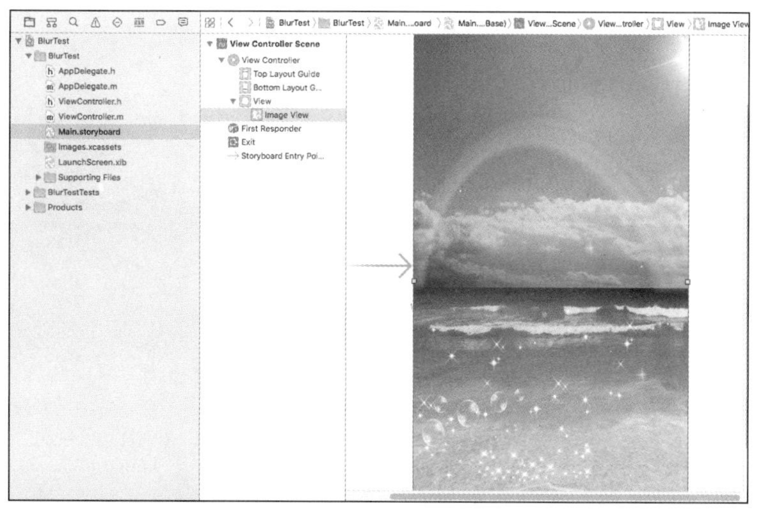

▲图 17-19 本项目的最终结构和故事板界面

（2）视图界面控制器文件 ViewController.m 的具体实现代码如下。

```
#import "ViewController.h"
@implementation ViewController{
    NSMutableArray* _list;
```

```
}
- (void)viewDidLoad
{
    [super viewDidLoad];
    //初始化 NSMutableArray 集合
    _list = [[NSMutableArray alloc] initWithObjects:@"AA",
                                                    @"BB",
                                                    @"CC",
                                                    @"DD",
                                                    @"EE",
                                                    @"FF" , nil];
    //设置 refreshControl 属性，该属性值应该是 UIRefreshControl 控件
    self.refreshControl = [[UIRefreshControl alloc] init];
    //设置 UIRefreshControl 控件的颜色
    self.refreshControl.tintColor = [UIColor grayColor];
    //设置该控件的提示标题
    self.refreshControl.attributedTitle = [[NSAttributedString alloc]
    initWithString:@"下拉刷新"];
    //为 UIRefreshControl 控件的刷新事件设置事件处理方法
     [self.refreshControl addTarget:self action:@selector(refreshData)
    forControlEvents:UIControlEventValueChanged];
}
//该方法返回该表格的各部分包含多少行
- (NSInteger) tableView:(UITableView *)tableView numberOfRowsInSection:
(NSInteger)section
{
    return [_list count];
}
//该方法的返回值将作为指定表格行的 UI 控件
- (UITableViewCell*) tableView:(UITableView *)tableView
cellForRowAtIndexPath:(NSIndexPath *)indexPath
{
    static NSString *myId = @"moveCell";
    //获取可重用的单元格
    UITableViewCell *cell = [tableView
    dequeueReusableCellWithIdentifier:myId];
    //如果单元格为 nil
    if(cell == nil)
    {
        //创建 UITableViewCell 对象
        cell = [[UITableViewCell alloc] initWithStyle:
        UITableViewCellStyleDefault reuseIdentifier:myId];
    }
    NSInteger rowNo = [indexPath row];
    //设置 textLabel 显示的文本
    cell.textLabel.text = _list [rowNo];
    return cell;
}
//刷新数据的方法
- (void) refreshData
{
    //延迟 2s 来模拟远程获取数据
    [self performSelector:@selector(handleData) withObject:nil
    afterDelay:2];
}
- (void) handleData
{
    NSString* randStr = [NSString stringWithFormat:@"%d"
    , arc4random() % 10000];  //获取一个随机数字符串
    [_list addObject:randStr];  //将随机数字符串添加到_list 集合中
```

```
    self.refreshControl.attributedTitle = [[NSAttributedString alloc]
    initWithString:@"正在刷新..."];
     [self.refreshControl endRefreshing];  //停止刷新
     [self.tableView reloadData];  //控制表格重新加载数据
}
@end
```

执行结果如图 17-20 所示。

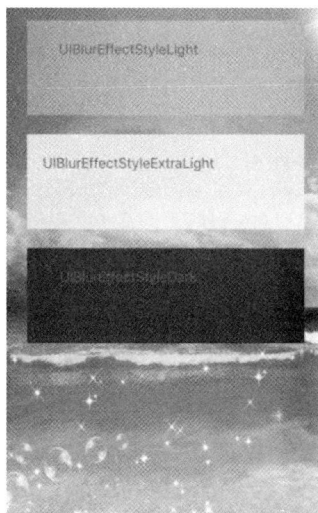

▲图 17-20 执行结果

17.2.5 基于 Swift 编码实现指定图像的模糊效果

实例 17-5	基于 Swift 编码实现指定图像的模糊效果
源码路径	daima\17\VisualEffectsmaster

实例 17-5 的实现方式如下。

（1）本项目的最终结构和故事板界面如图 17-21 所示。

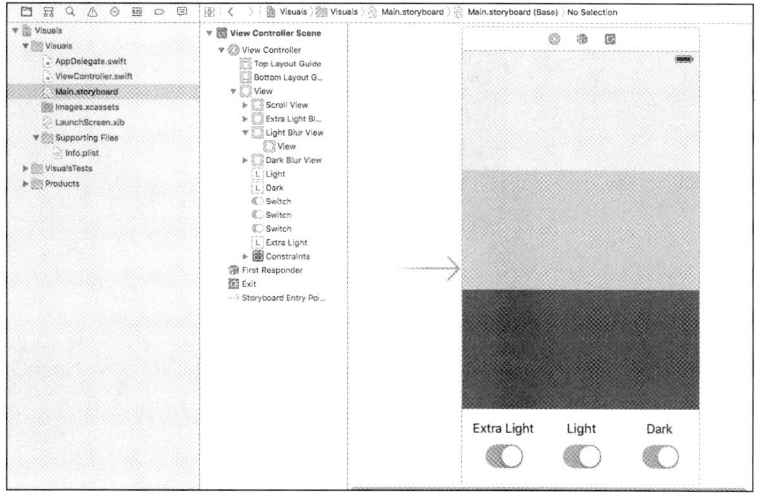

▲图 17-21 本项目的最终结构和故事板界面

（2）视图界面控制器文件 ViewController.swift 的具体代码如下。

```
import UIKit
class ViewController: UIViewController {
    let animationDuration = 0.5
    @IBOutlet var imageView: UIImageView!
    @IBOutlet var extraLightBlurView: UIVisualEffectView!
    @IBOutlet var lightBlurView: UIVisualEffectView!
    @IBOutlet var darkBlurView: UIVisualEffectView!
    override func viewDidLoad() {
        super.viewDidLoad()
    }
    override func didReceiveMemoryWarning() {
        super.didReceiveMemoryWarning()
    }
    @IBAction func extraLightSwitchChanged(sender: UISwitch) {
        UIView .animateWithDuration(self.animationDuration, animations: { () -> Void in
            self.extraLightBlurView.alpha = sender.on ? 1.0:0.0
        })
    }

    @IBAction func lightSwitchChanged(sender: UISwitch) {
        UIView .animateWithDuration(self.animationDuration, animations: { () -> Void in
            self.lightBlurView.alpha = sender.on ? 1.0:0.0
        })
    }

    @IBAction func darkSwitchChanged(sender: UISwitch) {
        UIView .animateWithDuration(self.animationDuration, animations: { () -> Void in
            self.darkBlurView.alpha = sender.on ? 1.0:0.0
        })
    }
}
```

例如，打开 Extra Light 后的效果如图 17-22 所示。

▲图 17-22　打开 Extra Light 后的效果

第 18 章　iPad 弹出框和 iPad 分割视图控制器

本章将详细讲解 iPad 弹出框和 iPad 分割视图控制器的基本知识，这是两个重要的 iOS 界面元素。弹出框是 iPad 特有的 UI 元素，iPad 还提供了分割视图控制器（SplitViewController），能够将表、弹出框和详细视图融为一体，让用户获得类似于使用 iPad 应用程序 Mail（电子邮件）的体验。

18.1 iPad 弹出框

弹出框是 iPad 中一个独有的 UI 元素，能够在现有视图上显示内容，并通过一个小箭头指向一个屏幕对象（如按钮）以提供上下文。弹出框在 iPad 应用程序中无处不在，例如，在 Mail 和 Safari 中都用到过。通过使用弹出框，你不仅可在不离开当前屏幕的情况下向用户显示新信息，还可在用户使用完毕后隐藏这些信息。几乎没有与弹出框对应的桌面元素，但弹出框大致类似于工具面板、检查器面板和配置对话框。也就是说，它们在 iPad 屏幕上提供了与内容交互的用户界面，但不永久性占据空间。与前面介绍的模态场景一样，弹出框的内容也由一个视图和一个视图控制器决定，不同之处在于，弹出框还需要另一个控制器对象——弹出框控制器（UIPopoverPresentationController），这是从 iOS 8 才开始提供的，能够指定弹出框的大小及箭头指向。用户使用完弹出框后，只要触摸弹出框外面就可自动关闭它。与模态场景一样，你也可以在 IB 编辑器中直接配置弹出框，而无须编写一行代码。

18.1.1　创建弹出框

弹出框的创建方法与创建模态场景的方法基本相同。除显示方式之外，弹出框与其他视图完全相同。首先在项目的故事板中新增一个场景，再创建并指定提供支持的视图控制器类。这个类将为弹出框提供内容，因此称为弹出框的“内容视图控制器”。在初始故事板场景中，创建一个用于触发弹出框的 UI 元素。不同点在于，不是在该 UI 元素和要在弹出框中显示的场景之间添加模态切换，而是创建弹出切换。

在 iOS 程序中，UIPopoverPresentationController 控件的常用属性如下。

- sourceRect：指定箭头所指区域的矩形框范围，以 sourceview 的左上角为坐标原点。
- permittedArrowDirections：设置箭头方向。
- sourceView：sourceRect 以这个 View 的左上角为原点。
- barButtonItem：如果有 navigationController，并且从 right/leftBarButtonItem 单击后出现 popover，则可以把 right/leftBarButtonItem 看作 sourceView。默认箭头指向 up。因为 up 是最合适的方向，所以在这种情况下可以不设置箭头方向。

18.1.2　创建弹出切换

要创建弹出切换，需要先按住 Control 键，并从用于显示弹出框的 UI 元素拖曳到为弹出框提供内容的视图控制器中。在 Xcode 中指定故事板切换的类型时选择 popover，如图 18-1 所示。此时将发现要在弹出框中显示的场景发生了细微的变化——IB 编辑器将该场景顶部的状态栏删除了，视图显示为一个平淡的矩形。这是因为弹出框显示在另一个视图上面，所以状态栏没有意义。

1. 设置弹出框大小

另一个不那么明显的变化是可调整视图的大小。通常与视图控制器相关联的视图的大小被锁定，与 iOS 设备（这里是 iPad）屏幕相同。然而，当显示弹出框时，其场景必须更小。

对于弹出框来说，苹果公司允许的最大宽度为 600 点，而允许的最大高度与 iPad 屏幕相同，但是建议宽度不要超过 320 点。要设置弹出框的大小，需要选择给弹出框提供内容的场景中的视图，再打开 Size Inspector。然后，在文本框 Width 和 Height 中输入对应值，设置弹出框的大小，如图 18-2 所示。

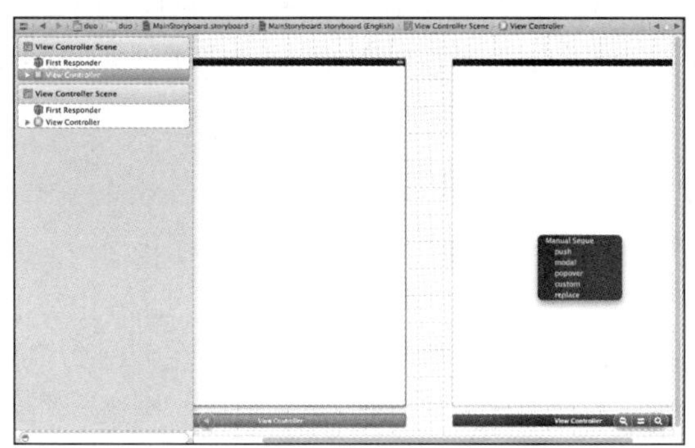

▲图 18-1　将切换类型设置为 popover

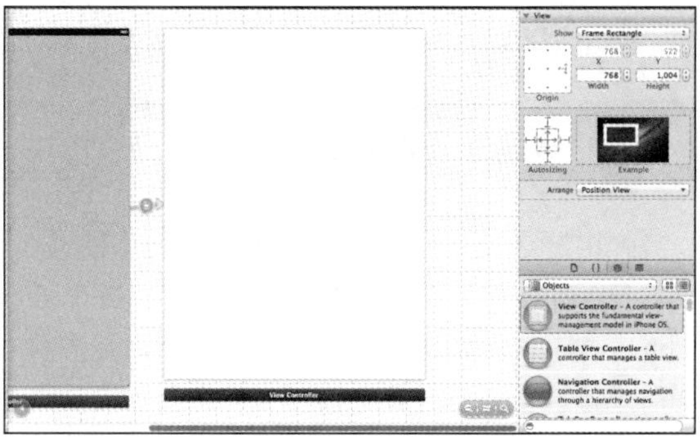

▲图 18-2　设置弹出框的大小

设置视图的大小后，IB 编辑器中场景的可视化界面会显示相应的变化，这使得创建内容视图容易得多。

2. 配置箭头方向以及要忽略的对象

设置弹出框的大小后，还可以配置切换的几个属性。选择启动场景中的弹出切换，再打开 Attributes Inspector。

在 Storyboard Segue 部分，首先为该弹出切换指定标识符。通过指定标识符能够以编程方式启动该弹出切换。然后指定弹出框箭头可指向的方向，这个方向决定了 iOS 将把弹出框显示在屏幕的什么地方。显示弹出框后，用户通过触摸弹出框外面可以让它消失。如果要在用户触摸某些 UI 元素时弹出框不消失，只需从文本框 Passthrough 中拖曳到这些对象即可，如图 18-3 所示。

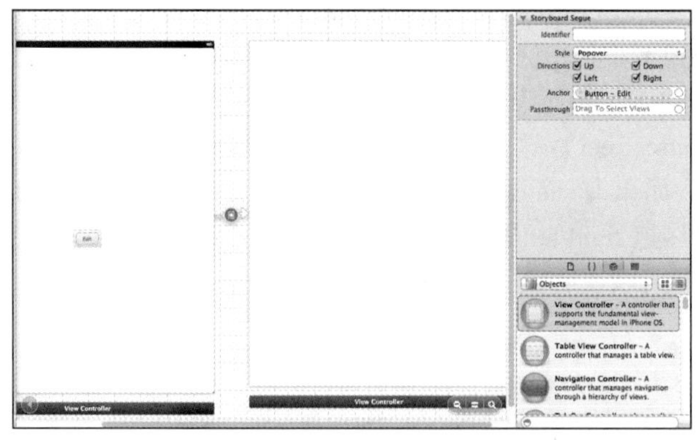

▲图 18-3　通过编辑切换的属性配置弹出框的行为

注意：在默认情况下，弹出框的“锚”在按住 Control 键并从 UI 元素拖曳到视图控制器时设置。锚为弹出框的箭头将指向的对象。与前面介绍的模态切换一样，可创建不锚定的通用弹出切换。为此，可按住 Control 键，从初始视图控制器拖曳到弹出框内容视图控制器，并在提示时选择弹出切换。

18.1.3 弹出模态视图

实例 18-1	弹出模态视图
源码路径	daima\18\UIPopoverPresentationController

本实例实现了 iPad 中模态视图的效果，如果在视图 ControllerA 中单击某个按钮，会弹出一个模态视图，显示视图 ControllerB 的内容。这里弹出主动视图界面的功能就是通过 UIPopoverPresentationController 控件实现的。

实例 18-1 的实现方式如下。

（1）创建一个单视图 iOS 项目，项目的最终结构如图 18-4 所示。

（2）在 Main.storyboard 中只设计一个视图界面，如图 18-5 所示。

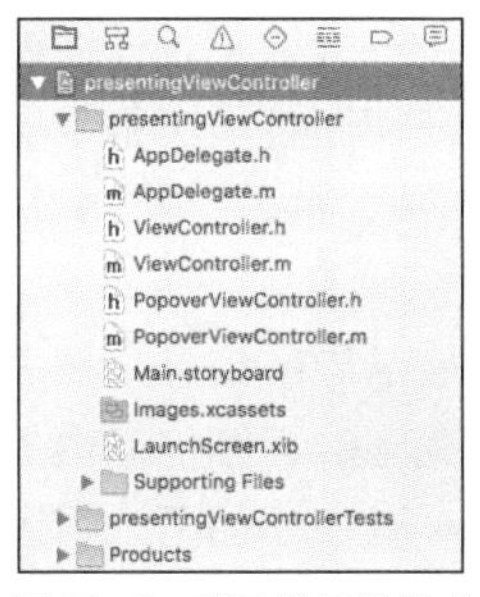

▲图 18-4　项目的最终结构

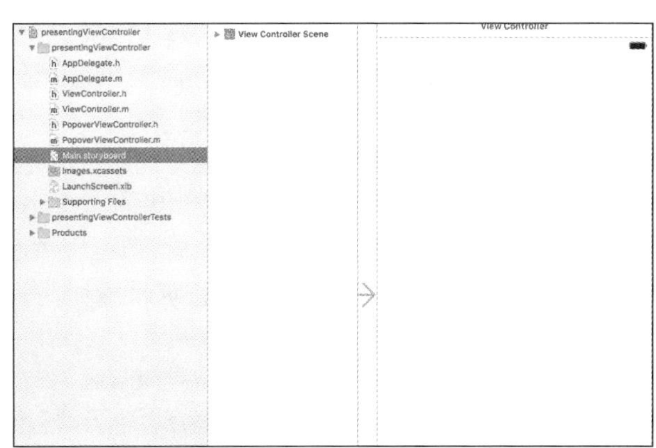

▲图 18-5　在 Main.storyboard 中只设计一个视图界面

（3）文件 ViewController.m 实现主视图界面功能，设置在屏幕中只显示一个 button 按钮，单击按钮后将弹出一个主视图界面。

（4）文件 PopoverViewController.m 实现弹出主视图界面，从中你可以选择 5 种背景颜色，主要代码如下。

```
- (void)viewDidLoad {
    [super viewDidLoad];
    self.tableView = [[UITableView alloc] initWithFrame:self.view.frame];
    [self.view addSubview:self.tableView];
    self.tableView.dataSource = self;
    self.tableView.delegate = self;
    self.tableView.scrollEnabled = NO;

    self.colorArray = [[NSMutableArray alloc] initWithObjects:@"green",@"gray",@"blue",
    @"purple", @"yellow", nil];
}
```

执行后的结果如图 18-6 所示。

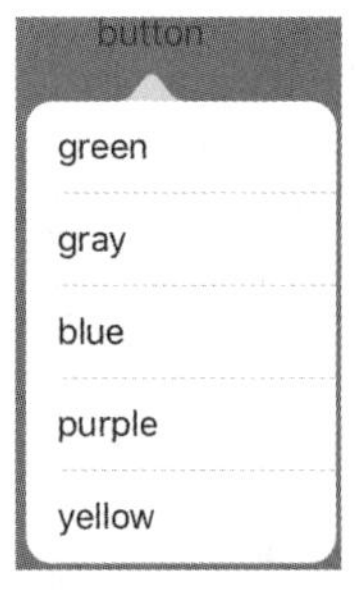

▲图 18-6　执行结果

18.2 iPad 分割视图控制器

本节将要讲解的分割视图控制器（SplitViewController）只能用于 iPad，它不但是一种可以在应用程序中添加的功能，还是一种可用来创建完整应用程序的结构。分割视图控制器让我们能够在一个 iPad 屏幕中显示两个不同的场景。在横向模式下，屏幕左边的三分之一为主视图控制器的场景，而右边包含详细视图控制器场景。在这两个区域可以根据需要使用任何类型的视图和控件，例如，选项卡栏控制器和导航控制器等。在纵向模式下，详细视图控制器管理的场景将占据整个屏幕。

18.2.1　分割视图控制器的基础知识

大多数使用分割视图控制器的应用程序将表、弹出框和视图组合在一起。分割视图控制器的工作方式如下。

在横向模式下，左边显示一个表，让用户能够做出选择；用户选择表中的元素后，详细视图将显示该元素的详细信息。如果 iPad 被旋转到纵向模式，表将消失，而详细视图将填满整个屏幕。要进行导航，用户可触摸一个工具栏按钮，这将显示一个包含表的弹出框。这可以让用户轻松地在大量信息中导航，并在需要时将重点放在特定元素上。

分割视图控制器是 iPad 专用的全屏控制器，它使用一小部分屏幕来显示导航信息，然后使用剩下的大部分屏幕来显示相关的详细信息。导航信息由一个视图控制器来管理，详细信息由另一个视图控制器来管理。在创建分割视图控制器后，应当给它的 viewControllers 属性添加两个视图控制器。分割视图控制器本身只负责协调两个视图控制器的关系以及处理设备旋转事件。

分割视图控制器有如下 3 个代理方法。

- splitViewController:willHideViewController:withBarButtonItem:forPopoverController：用于通知代理一个视图控制器即将被隐藏。这通常发生在设备由横向旋转到纵向时。
- splitViewController:willShowViewController:invalidatingBarButtonItem：用于通知代理一个视图控制器即将被呈现。这通常发生在设备由纵向旋转到横向时。
- splitViewController:popoverController:willPresentViewController：用于通知代理一个弹出控制器即将被呈现。这发生在纵向模式下，用户单击屏幕上方的按钮弹出导航信息时。

无论是苹果公司提供的 iPad 应用程序，还是第三方开发的 iPad 应用程序，都广泛地使用了这种应用程序结构。例如，应用程序 Mail（电子邮件）使用分割视图显示邮件列表和选定邮件的内容。在诸如 Dropbox 等流行的文件管理应用程序中，也在左边显示文件列表，并在详细视图中显示选定文件的内容，如图 18-7 所示。

1. 实现分割视图控制器

要在项目中添加分割视图控制器，将其从 Object 库拖曳到故事板中。在故事板中，它必须是初始视图，我们不能从其他任何视图切换到它。添加后会包含多个与主视图控制器和详细视图控制器相关联的默认视图，如图 18-8 所示。

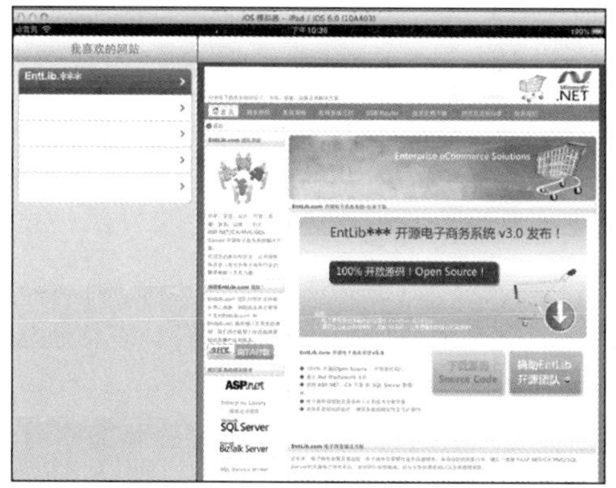

▲图 18-7　左边是一个列表，右边是详细信息

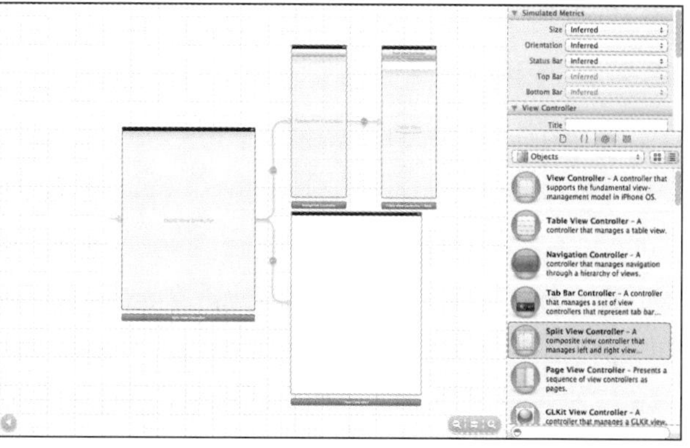

▲图 18-8　添加分割视图控制器

你可以将这些默认视图删除，添加新场景，再在分割视图控制器和“主/详细”场景之间重新建立关系。因此，按住 Control 键，将分割视图控制器对象拖曳到主场景或详细场景，再在 Xcode 提示时选择 Relationship - masterViewController 或 Relationship - detailViewController。

在 IB 编辑器中，分割视图控制器默认以纵向模式显示。这让它看起来好像只包含一个场景（详细信息场景）。要切换到横向模式，以便同时看到主视图和详细信息视图，首先选择分割视图控制器对象，再打开 Attributes Inspector，并从下拉列表 Orientation 中选择 Landscape。这将改变分割视图控制器在编辑器中的显示方式，且不会对应用程序的功能有任何影响。在设置好分割视图控制器后，就可以像通常那样创建应用程序了，但是会有如下两个彼此独立的部分。

- 主场景。
- 详细场景。

另外，还需要在它们之间实现信息共享，使每部分的视图控制器都可以通过管理它的分割视图控制器来访问另一部分。主视图控制器可以通过如下代码获取详细视图控制器。

```
[self .splitViewController.viewControllers  lastObject]
```

而详细视图控制器可使用如下代码获取主视图控制器。

```
[self.splitViewController.viewControllers objectAtIndex:0]
```

属性 splitViewController 包含了一个名为 viewControllers 的数组。使用 NSArray 的方法 lastObject 获取该数组的最后一个元素（详细信息视图）。调用方法 objectAtIndex，并将索引传递给它，以获取该数组的第一个元素（主视图）。这样两个视图控制器就可以交换信息了。

2. 模板 Master-Detail Application

开发人员可以根据自己的喜好使用分割视图控制器，并且苹果公司为开发人员提供了模板 Master- Detail Application，这样可以很容易地完成这种工作。其实，苹果公司在有关分割视图控制器的文档中也推荐使用该模板，而不是从零开始。该模板自动提供了所有功能，无须处理弹出框，无须设置视图控制器，也无须在用户旋转 iPad 后重新排列视图。我们只需给表和详细视图提供内容即可，这些分别是在模板的 MasterViewController（表视图控制器）类和 DetailViewController 类中实现的。更重要的是，使用模板 Master-Detail Application 可轻松地创建通用应用程序，在 iPhone 和 iPad 上都能运行。在 iPhone 上，这种应用程序将 MasterViewController 管理的场景显示为一个可滚动的表，并在用户触摸单元格时使用导航控制器显示 DetailViewController 管理的场景。

模板 Master-Detail Application 提供了一个主应用程序的起点。它提供了一个配置有导航控制器的用户界面，显示项目清单和一个能在 iPad 上拆分的视图。

18.2.2　使用分割视图控制器

实例 18-2	使用分割视图控制器
源码路径	daima\18\iOS_ObjectiveC_SplitViewController

实例 18-2 的实现方式如下。

（1）打开 Xcode，创建一个名为 MySplitView 的工程。在故事版中分别设置主视图、左侧视图和右侧视图。

（2）编写文件 LeftViewController.m，实现左侧视图功能，在屏幕中显示 1～5 对应的英文单词，主要代码如下所示。

```
- (void)viewDidLoad {
    [super viewDidLoad];
    self.animals = [NSMutableArray arrayWithObjects:@"one", @"two", @"three", @"four",
    @"five", nil];


}

- (void)didReceiveMemoryWarning {
    [super didReceiveMemoryWarning];
}

#pragma mark - Table view data source

- (NSInteger)numberOfSectionsInTableView:(UITableView *)tableView {
    return 1;
}

- (NSInteger)tableView:(UITableView *)tableView
numberOfRowsInSection:(NSInteger)section {
    return [self.animals count];
}
```

（3）在文件 RightViewController.m 中定义右侧视图的内容，并设置主菜单标签为 Menu，主要代码如下所示。

```
- (void)viewDidLoad {
    [super viewDidLoad];
}

-(void)viewWillAppear:(BOOL)animated
{
    [super viewWillAppear:animated];

    if (self.splitViewController.displayMode == UISplitViewControllerDisplayMode
    PrimaryHidden)
    {
        self.navBarItem.leftBarButtonItem =
            [[UIBarButtonItem alloc] initWithTitle:@"Menu"
                      style:self.splitViewController.displayModeButtonItem.style
                      target:self.splitViewController.displayModeButtonItem.target
                      action:self.splitViewController.displayModeButtonItem.action];
```

```
        }
        else
        {
            self.navBarItem.leftBarButtonItem = nil;
        }
    }
```

执行结果如图 18-9 所示。

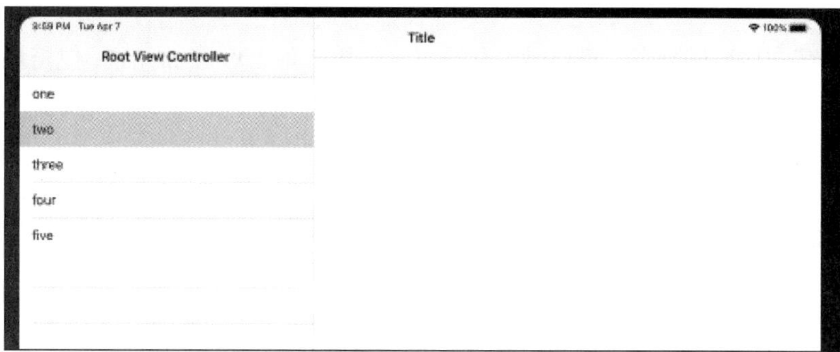

▲图 18-9　执行结果

第 19 章　界面旋转、大小和全屏处理

通过对本书前面内容的学习，我们已经几乎可以使用任何 iOS 界面元素，但是还不能实现可旋转界面的效果。无论 iOS 设备的朝向如何，用户界面都应看起来是正确的，这是用户期望应用程序具备的一个重要特征。本章将详细讲解在 iOS 应用程序中实现界面旋转和调整大小的方法。

19.1 启用界面旋转

iPhone 是第一款可以动态旋转界面的消费型手机，使用起来既自然又方便。在创建 iOS 应用程序时，务必考虑用户将如何与其交互。本节将详细讲解启用界面旋转的基本知识。

19.1.1 界面旋转的基础知识

前面创建的项目仅仅支持有限的界面旋转功能，此功能是由视图控制器的一个方法中的一行代码实现的。当我们使用 iOS 模板创建项目时，默认将添加这行代码。当 iOS 设备要确定是否应旋转界面时，它向视图控制器发送消息 shouldAutorotateToInterfaceOrientation，并提供一个参数来指出它要检查哪个朝向。

在 iOS 应用程序中，shouldAutorotateToInterfaceOrientation 会对传入的参数与 iOS 定义的各种朝向常量进行比较，并对要支持的朝向返回 TRUE（或 YES）。在 iOS 应用程序中，你会用到如下 4 个基本的屏幕朝向常量。

- UIInterfaceOrientationPortrait：纵向。
- UIInterfaceOrientationPortraitUpsideDown：纵向倒转。
- UIInterfaceOrientationLandscapeLeft：主屏幕按钮在左边的横向。
- UIInterfaceOrientationLandscapeRight：主屏幕按钮在右边的横向。

例如，要让界面在纵向模式或主屏幕按钮位于左边的横向模式下都旋转，在视图控制器中添加如下代码，即用 shouldAutorotateToInterfaceOrientation 方法启用界面旋转。

```
-  ( BOOL) shouldAutorotateToInterfaceOrientation:
    (UIInterfaceOrientation)interfaceOrientation
    {
    return (interfaceOrientation==UIInterfaceOrientationPortrait ||
interfaceOrientation==UIInterfaceOrientationLandscapeLeft);
   }
```

只需一条 return 语句，就会返回一个表达式的结果，该表达式将传入的朝向参数 interfaceOrientation 与 UIInterfaceOrientationPortrait 和 UIInterfaceOrientationLandscapeLeft 进行比较。只要任何一项的比较结果为真，就会返回 TRUE。如果检查的是其他朝向，该表达式的结果为 FALSE。只要在视图控制器中添加这个简单的方法，应用程序就能够在纵向和主屏幕按钮位于左边的横向模式下自动旋转界面。

如果使用 Apple iOS 模板指定创建 iOS 应用程序，方法 shouldAutorotateToInterfaceOrientation 将默认支持除纵向倒转之外的其他朝向。iPad 模板支持所有朝向。为了在所有可能的朝向下都旋转

界面，你可以使方法 shouldAutorotateToInterfaceOrientation 返回 YES，这也是 iPad 模板的默认实现方式。

通过 Xcode 可以很方便地设置项目的界面旋转属性，方法是在项目面板的 Device Orientation 选项组中实现，如图 19-1 所示。

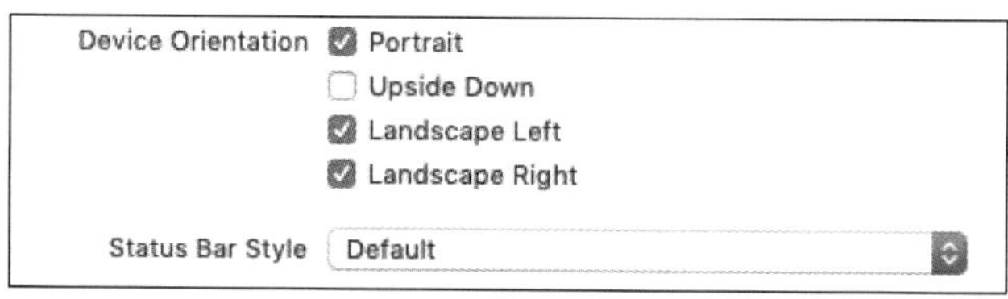

▲图 19-1　设置 Xcode 的 Device Orientation 选项组

19.1.2　基于 Swift 实现界面自适应

实例 19-1	基于 Swift 实现界面自适应
源码路径	daima\19\test

实例 19-1 的实现方式如下。

（1）打开 Xcode，在 Main.storyboard 中为本项目设计一个视图界面，如图 19-2 所示。

（2）在 Media.xcassets 中实现 AppIcon 和 cloud 的自适应处理，分别如图 19-3 和图 19-4 所示。

▲图 19-2　本项目视图界面

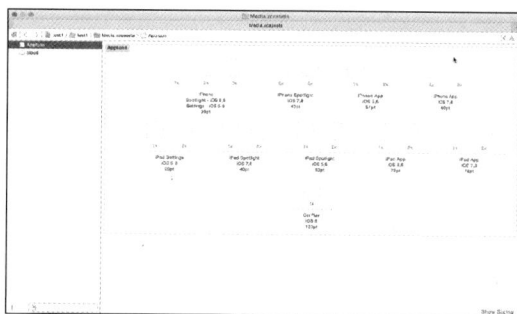

▲图 19-3　实现 AppIcon 的自适应

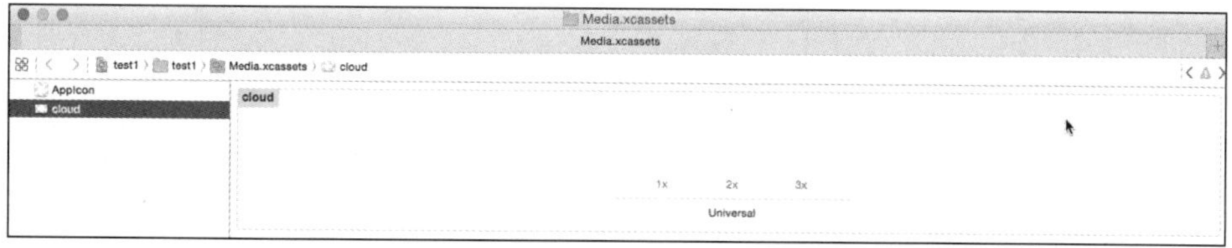

▲图 19-4　实现 cloud 的自适应

（3）视图界面文件 ViewController.swift 非常简单，具体实现代码如下。

```
import UIKit
Class ViewController: UIViewController {
    @IBOutletvar b1: [UIButton]!
    Override func viewDidLoad() {
    super.viewDidLoad()
    }
    override func didReceiveMemoryWarning() {
    super.didReceiveMemoryWarning()
    }
}
```

执行结果如图 19-5 所示。

▲图 19-5　执行结果

19.1.3　基于 Objective-C 实现界面元素自适应

实例 19-2	基于 Objective-C 实现界面元素自适应
源码路径	daima\19\Layout-Obj

实例 19-2 的实现方式如下。

（1）创建一个 Xcode 项目，勾选 Device Orientation 选项组中的第 1、3、4 个复选框，如图 19-6 所示。

（2）设计 Main.storyboard 的界面元素，如图 19-7 所示。

（3）执行结果如图 19-8 所示。

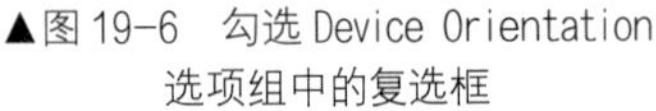

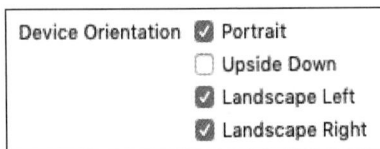

▲图 19-6　勾选 Device Orientation 选项组中的复选框

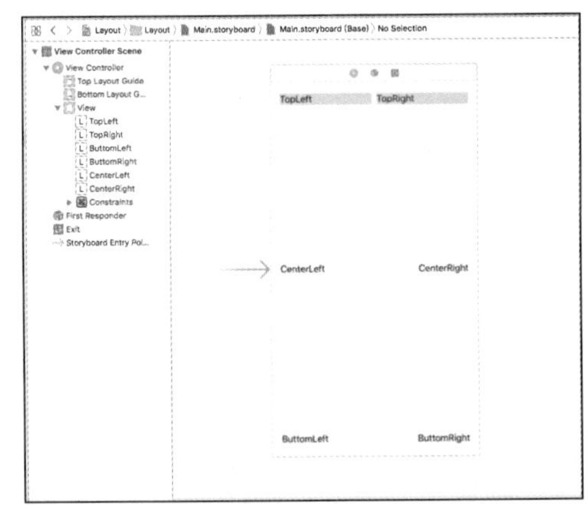
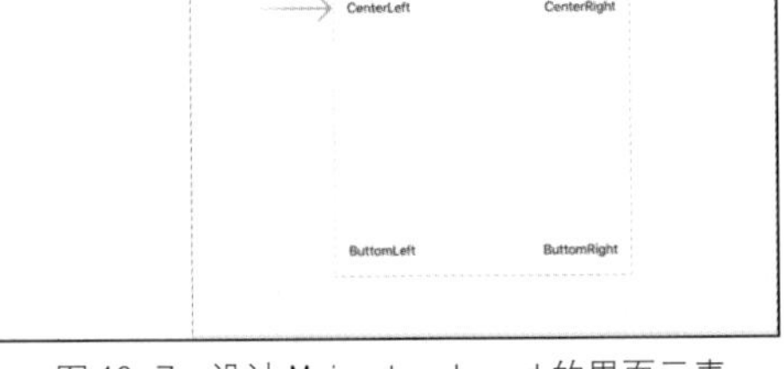

▲图 19-7　设计 Main.storyboard 的界面元素

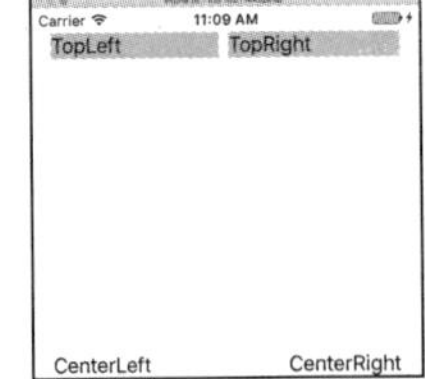

▲图 19-8　执行结果

19.1.4　基于 Swift 实现界面元素自适应

实例 19-3	基于 Swift 实现界面元素自适应
源码路径	daima\19\Layout-Swift

实例 19-3 的功能和实例 19-2 完全一样，并且实现过程完全一致，只是用 Swift 语言实现而已。

19.2 设计可旋转和可调整大小的界面

本章接下来的几节将详细讲解 3 种创建可旋转和调整大小的界面的方法。

19.2.1 自动旋转和自动调整大小

IB 编辑器提供了描述界面在设备旋转时如何反应的工具，无须编写任何代码就可以在 IB 中定义一个这样的视图，在设备旋转时相应地调整其位置和大小。在设计任何界面时，你都应首先考虑这种方法，即在 IB 编辑器中定义单个视图的纵向和横向模式。但是在有众多排列不规则的界面元素时，自动旋转/自动调整大小的效果不佳。如果只有一行按钮，这是没问题的；如果大量文本框、开关和图像混合在一起，这种方法可能根本就不管用。

19.2.2 调整框架

每个 UI 元素都由屏幕上的一个矩形区域定义，这个矩形区域就是 UI 元素的 frame 属性。要调整视图中 UI 元素的大小或位置，你可以使用 Core Graphics 中的 C 语言函数 CGRectMake 来重新定义 frame 属性。该函数以 x 和 y 坐标以及宽度和高度（单位都是点）作为参数，并返回一个框架对象。

通过重新定义视图中每个 UI 元素的框架，你便可以全面控制它们的位置和大小。要跟踪每个对象的位置并不难，但当需要将一个对象向上或向下移动几个点时，你可能需要调整它上方或下方所有对象的坐标，这就会比较复杂。

19.2.3 切换视图

为了让视图适合不同的朝向，另一种方法是给横向和纵向模式提供不同的视图。当用户旋转手机时，当前视图将替换为另一个布局适合该朝向的视图。虽然这可以在单个场景中定义两个布局符合需求的视图，但是需要为每个视图设置独立的输出口。虽然不同视图中的元素可调用相同的操作，但它们不能共享输出口，因此在视图控制器中需要跟踪的 UI 元素数量可能翻倍。为了获悉何时需要修改框架或切换视图，在视图控制器中实现方法 willRotateToInterfaceOrientation: toInterfaceOrientation:duration，这个方法要在改变朝向前调用。

19.2.4 使用 IB 创建可旋转和调整大小的界面

实例 19-4	使用 IB 创建可旋转和调整大小的界面
源码路径	daima\19\xuanzhuan

在本节中，我们将使用 IB 内置的工具来指定视图如何适应旋转。因为本实例完全依赖 IB 来支持界面旋转和大小调整，所以几乎所有的功能都是在 Size Inspector 中使用自动调整大小和锚定工具完成的。本实例将使用一个标签（UILabel）和几个按钮（UIButton）。

1. 创建项目

首先，启动 Xcode，并使用 Apple 模板 Single View Application 创建一个名为 xuanzhuan 的项目，如图 19-9 所示。

打开视图控制器的实现文件 ViewController.m，找到方法 shouldAutorotateToInterfaceOrientation。该方法返回 YES，以支持所有的 iOS 屏幕朝向，具体代码如下。

```
-(BOOL)
shouldAutorotateToInterfaceOrientation:
    (UIInterfaceOrientation)
interfaceOrientation
{
    return YES;
}
```

2. 设计灵活的界面

在创建可旋转和调整大小的界面时，开头与创建其他 iOS 界面一样，只需拖放即可实现。然后依次选择菜单栏中的 View→Utilities→Show Object Library，打开 Object 库，拖曳一个标签（UILabel）和 4 个按钮（UIButton）到视图 SimpleSpin 中。将标签放在视图顶端居中，并将其标题改为“我不怕旋转”。将按钮命名为“点我 1”“点我 2”“点我 3”和“点我 4”，并将它们放在标签下方，如图 19-10 所示。

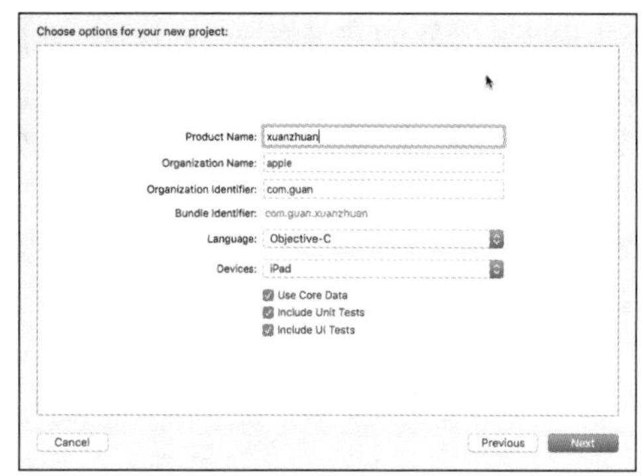

▲图 19-9　创建项目

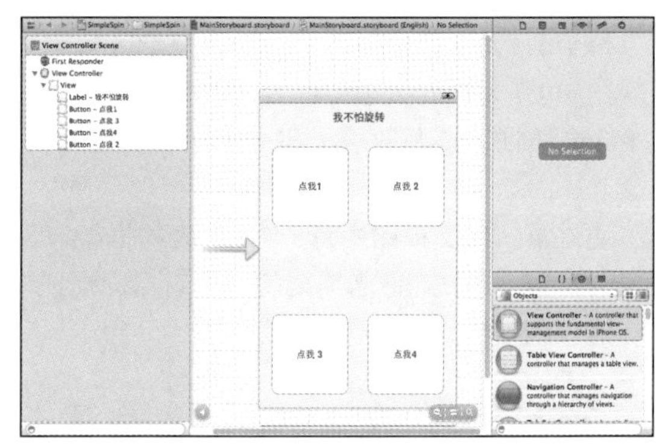

▲图 19-10　命名按钮并放置按钮

1）测试旋转

为了查看旋转后该界面是什么样的，模拟横向效果。在文档大纲中，选择视图控制器，再打开 Attributes Inspector，在 Simulated Metrics 部分，将 Orientation 的设置改为 Landscape，IB 编辑器将相应地调整，如图 19-11 所示。查看完毕后，务必将 Orientation 改回 Portrait 或 Inferred。

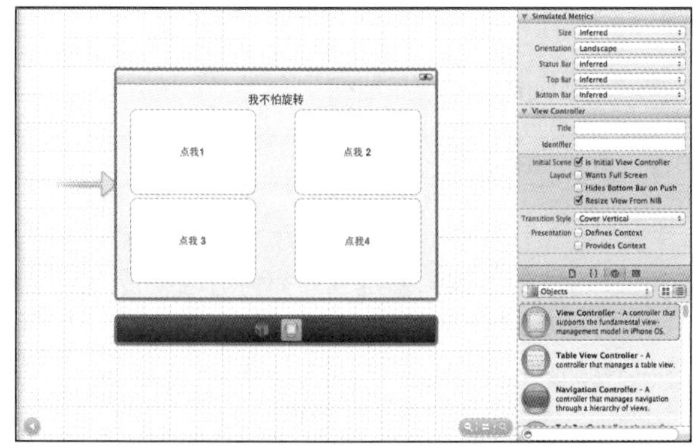

▲图 19-11　修改模拟朝向以测试界面旋转

此时旋转后的视图不太正确，原因是加入视图中的对象默认锚定其左上角。这说明无论屏幕的朝向如何，对象左上角相对于视图左上角的距离都保持不变。另外，在默认情况下，对象不能在视图中调整大小。因此，无论是在纵向还是横向模式下，所有元素的大小都保持不变，哪怕它们不适合视图。为了修复这种问题并创建出与 iOS 设备相称的界面，需要使用 Size Inspector。

2）Size Inspector 中的 Autosizing 设置

自动旋转和自动调整大小功能是通过 Size Inspector 中的 Autosizing 设置实现的，如图 19-12 所示。

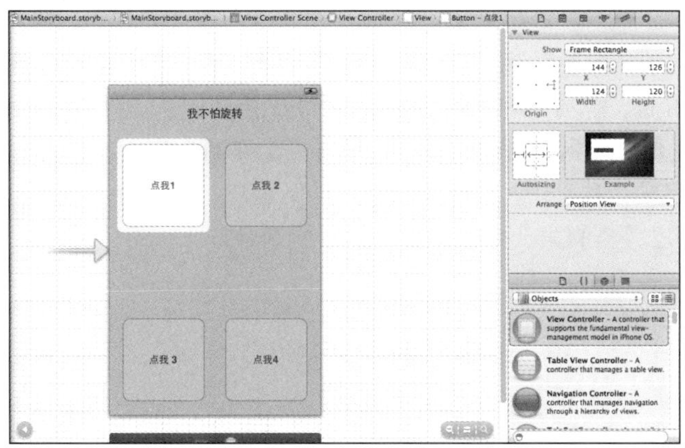

▲图 19-12　设置 Autosizing

3）指定界面的 Autosizing 设置

为了使用合适的 Autosizing 属性来修改 SimpleSpin 界面，需要选择每个界面元素，打开 Size Inspector，再按下面的描述配置其 Anchor 与 Resizing 属性。

- 我不怕旋转：这个标签应显示在视图顶端并居中，因此其上边缘与视图上边缘的距离应保持不变，大小也应保持不变（Anchor 设置为 Top，Resizing 设置为 None）。
- 点我 1：该按钮的左边缘与视图左边缘的距离应保持不变，但应让它在需要时上下浮动。它应能够水平调整大小以填满更大的水平空间（Anchor 设置为 Left，Resizing 设置为 Horizontal）。
- 点我 2：该按钮右边缘与视图右边缘之间的距离应保持不变，但应允许它在需要时上下浮动。它应能够水平调整大小以填满更大的水平空间（Anchor 设置为 Right，Resizing 设置为 Horizontal）。
- 点我 3：该按钮左边缘与视图左边缘之间的距离应保持不变，其下边缘与视图下边缘之间的距离也应如此。它应能够水平调整大小以填满更大的水平空间（Anchor 设置为 Left 和 Bottom，Resizing 设置为 Horizontal）。
- 点我 4：该按钮右边缘与视图右边缘之间的距离应保持不变，其下边缘与视图下边缘之间的距离也应如此。它应能够水平调整大小以填满更大的水平空间（Anchor 设置为 Right 和 Bottom，Resizing 设置为 Horizontal）。

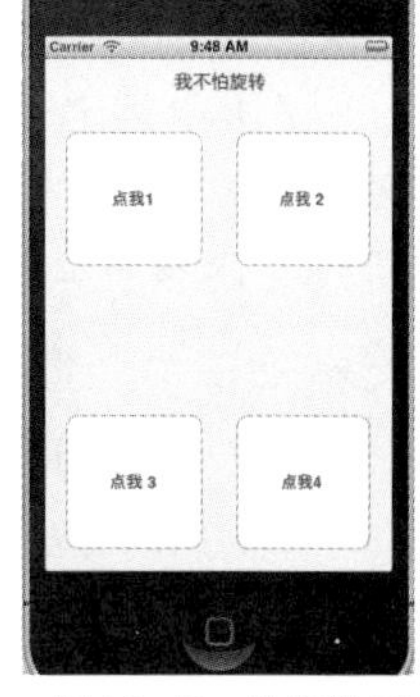

▲图 19-13　执行结果

当处理一两个 UI 对象后，你会意识到描述需要的设置所需的时间比实际进行设置长。指定 Anchor 与 Resizing 属性后就可以旋转视图了。此时运行该应用程序（或模拟横向模式）并预览结果，随着设备的移动，界面元素将自动调整大小，如图 19-13 所示。

19.2.5　在旋转时调整控件

实例 19-5	在旋转时调整控件
源码路径	daima\19\kuang

实例 19-4 已经演示了如何使用 IB 编辑器快速创建在横向和纵向模式下都能正确显示的界面。但是在很多情况下，使用 IB 难以满足项目的需求，如果界面包含间距不规则的控件且布局紧密，将难以按预期的方式显示。另外，我们还可能想在不同朝向下调整界面，使其看起来截然不同，例如，将原本位于视图顶端的对象放到视图底部。在这两种情况下，我们可能想调整控件的框架以适合旋转后的 iOS 设备屏幕。实例 19-5 演示了旋转时调整控件的框架的方法，整个实现逻辑很简单。当设备旋转时，判断它将旋转到哪个朝向，然后设置每个要调整其位置或大小的 UI 元素的 frame 属性。下面就介绍如何完成这种工作。

在 IB 编辑器中创建界面的第一个版本后，将使用 Size Inspector 获取其中每个元素的位置和大小，然后旋转该界面，并调整所有控件的大小和位置，使其适合新朝向，接着收集所有的框架值，最后通过一个方法在设备朝向发生变化时自动设置每个控件的框架值。

1. 创建项目

本实例不能依赖单击来完成所有工作，因此需要编写一些代码。首先，使用模板 Single View Application 创建一个项目，并将其命名为 kuang。

在本实例中，你将手工调整 3 个 UI 元素——两个按钮（UIButton）和 1 个标签（UILabel）的大小和位置。首先，需要编辑头文件和实现文件，在其中包含对应每个 UI 元素的输出口——buttonOne、buttonTwo 和 viewLabel。然后，我们需要实现一个方法，但它不是由 UI 触发的操作。我们将编写 willRotateToInterfaceOrientation:toInterfaceOrientation:duration，每当界面需要旋转时都将自动调用它。

因为必须在方法 shouldAutorotateToInterfaceOrientation 中启用旋转，所以需要修改文件 ViewController.m，使其包含在实例 19-4 中添加的实现，具体代码如下。

```
- (BOOL)shouldAutorotateToInterfaceOrientation:(UIInterfaceOrientation) interfaceOrientation
{
    return YES;
}
```

2. 设计界面

单击文件 MainStoryboard.storyboard，开始设计视图，具体流程如下。

（1）单击视图以选择它，并打开 Attributes Inspector。在 View 部分，取消选中复选框 Autoresize Subviews，如图 19-14 所示，禁用自动调整大小功能。如果没有禁用视图的自动调整大小功能，则应用程序代码调整 UI 元素的大小和位置的同时，iOS 也将尝试这样做，但是结果可能极其混乱。

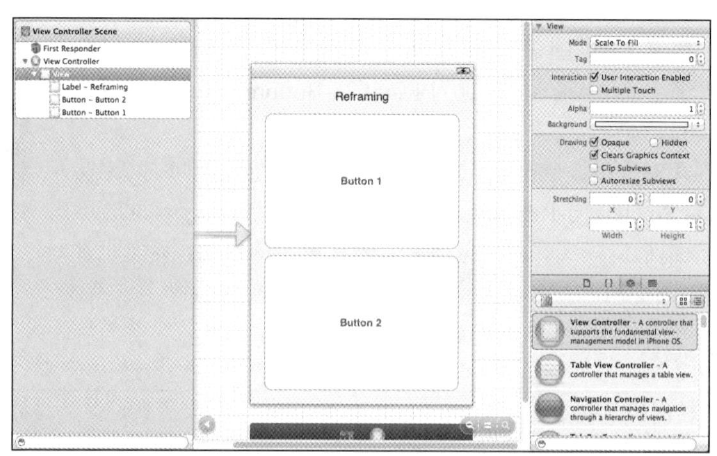

▲图 19-14　禁用自动调整大小

（2）第一次设计视图。

① 像创建其他应用程序一样设计视图，在 Object 库中单击并拖曳这些元素到视图中。将标签的文本设置为“改变框架”，并将其放在视图顶端；将按钮的标题分别设置为“点我 1”和“点我 2”，并将它们放在标签下方，最终的布局如图 19-15 所示。

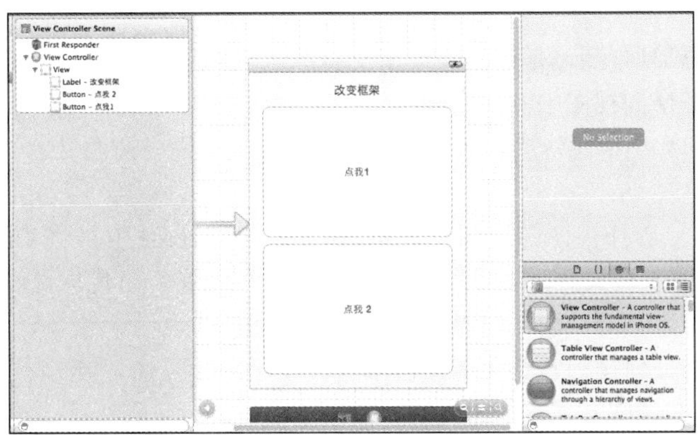

▲图 19-15　最终的布局

② 通过 Size Inspector 获取每个 UI 元素的 frame 属性值。首先，选择标签，并打开 Size Inspector。单击 Origin 方块左上角，将其设置为度量坐标的原点。然后，确保在 Show 下拉列表中选择 Frame Rectangle，如图 19-16 所示。

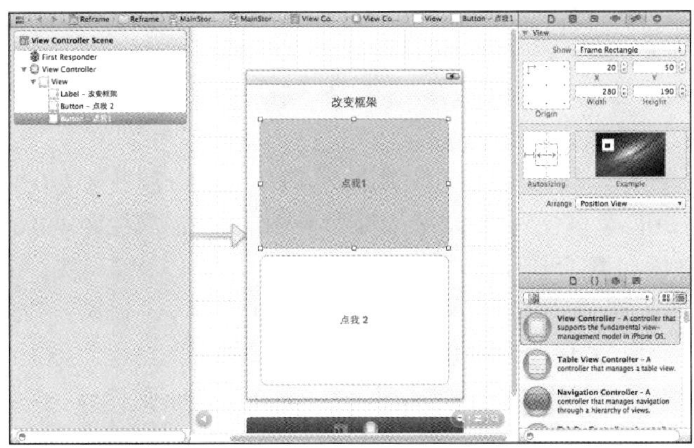

▲图 19-16　在 Show 下拉列表中选择 Frame Rectangle

③ 将该标签的 X、Y、W（宽度）和 Height（高度）属性值记录下来，它们表示视图中对象的 frame 属性。对两个按钮重复上述过程。对于每个 UI 元素都将获得 4 个值，其中 iPhone 项目中的属性值如下。

- 对于“改变框架”标签，X 属性为 95.0，Y 属性为 19.0，Width 属性为 130.0，Height 属性为 19.0。
- 对于“点我 1”按钮，X 属性为 19.0，Y 属性为 50.0，Width 属性为 280.0，Height 属性为 190.0。
- 对于“点我 2”按钮，X 属性为 19.0，Y 属性为 250.0，Width 属性为 280.0，Height 属性为 190.0。

iPad 项目中的属性值如下。

- 对于“改变框架”标签，X 属性为 275.0，Y 属性为 19.0，Width 属性为 225.0，Height 属性为 60.0。

- ❑ 对于“点我 1”按钮，X 属性为 19.0，Y 属性为 168.0，Width 属性为 728.0，Height 属性为 400.0。
- ❑ 对于“点我 2”按钮，X 属性为 19.0，Y 属性为 584.0，Width 属性为 728.0，Height 属性为 400.0。

（3）重新排列视图。

① 之所以要重新排列视图，是因为收集了配置纵向视图所需要的所有 frame 属性值，但是还没有定义标签和按钮在横向视图中的大小和位置。为了获取这些信息，需要以横向模式重新排列视图，收集所有的位置和大小信息，然后撤销所做的修改。此过程与前面做的类似，但是必须将设计视图切换到横向模式。

② 在文档大纲中，选择视图控制器，在 Attributes Inspector 中，将 Orientation 的设置改为 Landscape。当切换到横向模式后，调整所有元素的大小和位置，使其与我们希望它们在设备处于横向模式时的大小和位置相同。由于将以编程方式来设置位置和大小，因此对如何排列它们没有任何限制。在此将“点我 1”按钮放在顶端，并使其宽度比视图稍小；将“点我 2”按钮放在底部，并使其宽度比视图稍小；将标签“改变框架”放在视图中央，如图 19-17 所示。

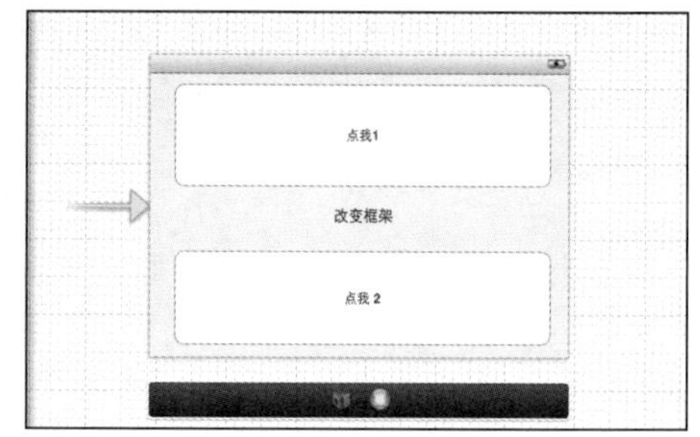

▲图 19-17　排列视图

③ 与前面一样，使用 Size Inspector 收集每个 UI 元素的 *X* 和 *Y* 坐标以及宽度和高度。这里列出作者在横向模式下使用的框架值供大家参考。

iPhone 项目中的属性值如下。

- ❑ 对于“改变框架”标签，X 属性为 175.0，Y 属性为 140.0，Width 属性为 130.0，Height 属性为 19.0。
- ❑ 对于“点我 1”按钮，X 属性为 19.0，Y 属性为 19.0，Width 属性为 440.0，Height 属性为 100.0。
- ❑ 对于“点我 2”按钮，X 属性为 19.0，Y 属性为 180.0，Width 属性为 440.0，Height 属性为 100.0。

iPad 项目中的属性值如下。

- ❑ 对于“改变框架”标签，X 属性为 400.0，Y 属性为 340.0，Width 属性为 225.0，Height 属性为 60.0。
- ❑ 对于“点我 1”按钮，X 属性为 19.0，Y 属性为 19.0，Width 属性为 983.0，Height 属性为 185.0。
- ❑ 对于“点我 2”按钮，X 属性为 19.0，Y 属性为 543.0，Width 属性为 983.0，Height 属性为 185.0。

收集横向模式下的 frame 属性值后，撤销对视图所做的修改。为此，可不断选择菜单栏中的 Edit→Undo，一直到恢复为纵向模式设计的界面。保存文件 MainStoryboard.storyboard。

3. 创建并连接输出口

在编写调整框架的代码前，还需将标签和按钮连接到我们在这个项目开头规划的输出口。所以需要切换到助手编辑器模式，然后按住 Control 键，从每个 UI 元素拖曳到接口文件 ViewController.h，并正确地命名输出口（viewLabel、buttonOne 和 buttonTwo）。图 19-18 显示了从“改变框架”标签到输出口 viewLabel 的连接。

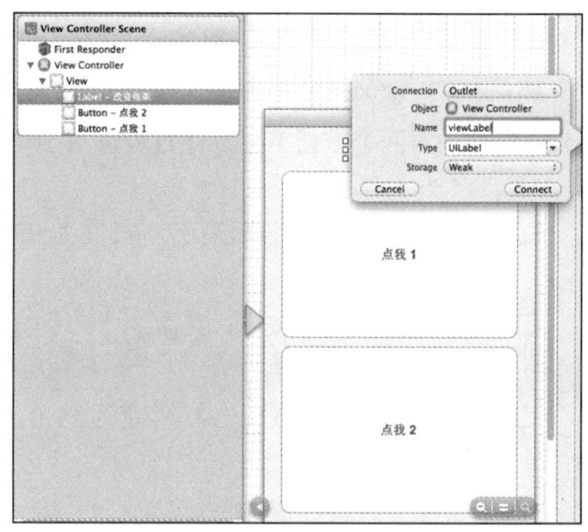

▲图 19-18　从“改变框架”标签到输出口 ViewLabel 的连接

4. 实现应用程序逻辑

每当需要旋转 iOS 界面时，都会自动调用方法 willRotateToInterfaceOrientation:toInterfaceOrientation: duration，把参数 toInterfaceOrientation 同各种 iOS 朝向常量进行比较，以确定应使用横向还是纵向视图的属性值。

在 Xcode 中，打开文件 ViewController.m，并添加如下代码。

```
-(void)willRotateToInterfaceOrientation:
        (UIInterfaceOrientation)toInterfaceOrientation
        duration:(NSTimeInterval)duration {

    [super willRotateToInterfaceOrientation:toInterfaceOrientation
    duration:duration];

    if (toInterfaceOrientation == UIInterfaceOrientationLandscapeRight ||
        toInterfaceOrientation == UIInterfaceOrientationLandscapeLeft) {
        self.viewLabel.frame=CGRectMake(175.0,140.0,130.0,19.0);
        self.buttonOne.frame=CGRectMake(19.0,19.0,440.0,100.0);
        self.buttonTwo.frame=CGRectMake(19.0,180.0,440.0,100.0);
    } else {
        self.viewLabel.frame=CGRectMake(95.0,19.0,130.0,19.0);
        self.buttonOne.frame=CGRectMake(19.0,50.0,280.0,190.0);
        self.buttonTwo.frame=CGRectMake(19.0,250.0,280.0,190.0);
    }
}
```

到此为止，整个实例介绍完毕，运行后并旋转 iOS 模拟器，就会自动重新排列界面，执行结果如图 19-19 所示。

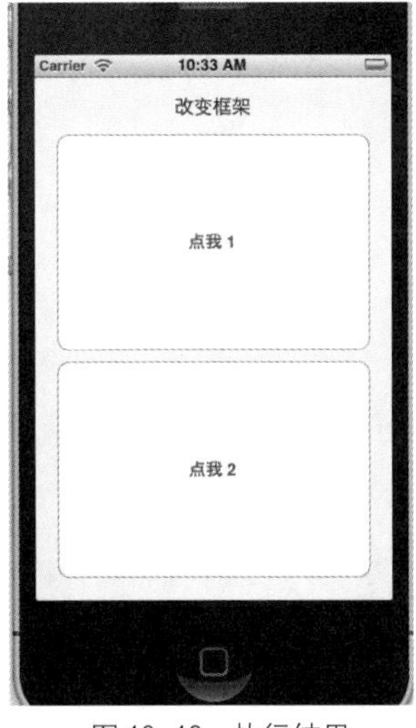

▲图 19-19　执行结果

19.2.6　基于 Swift 实现屏幕视图的自动切换

实例 19-6	基于 Swift 实现屏幕视图的自动切换
源码路径	daima\19\SwiftFormatTest

实例 19-6 的实现方式如下。

（1）使用 Xcode 创建一个名为 SwiftTest01 的项目，打开 Main.storyboard，为本项目设计一个视图界面，在里面添加文本、选项卡等控件，如图 19-20 所示。

▲图 19-20　Main.storyboard 界面

（2）通过设置 Images.xcassets 实现不同设备的界面切换自适应功能，如图 19-21 所示。

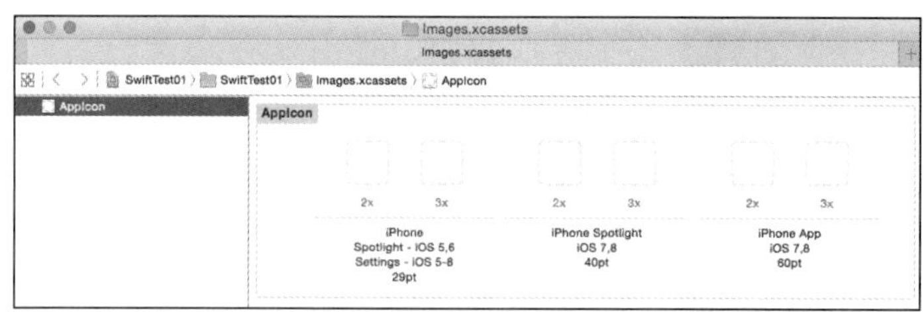

▲图 19-21　设置 Images.xcassets

（3）视图文件 ViewController.swift 的具体实现代码如下。

```
import UIKit
Class ViewController: UIViewController {

    Override func viewDidLoad() {
    super.viewDidLoad()
    }
    override func didReceiveMemoryWarning() {
    super.didReceiveMemoryWarning()
    }
}
```

执行后将在不同的设备中顺利运行，结果如图 19-22 所示。

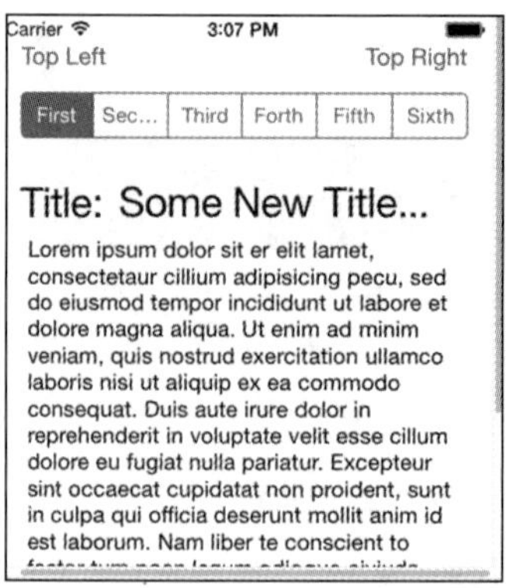

▲图 19-22　执行结果

第 20 章　图形绘制、图像处理、图层和动画

本书前面已经详细讲解了 iOS 中的常用控件，本章将开始详细讲解 iOS 中的典型应用。本章将讲解 iOS 应用中的图形绘制、图像处理、图层和动画。

20.1 图形绘制

本节将首先讲解在 iOS 中处理图形的基本知识（包括 iOS 的绘图机制），然后通过具体实例讲解绘图的方法。

20.1.1　iOS 的绘图机制

iOS 的视图可以通过 drawRect 绘制，每个视图的 Layer（CALayer）就像一个视图的投影，我们可以操作它以定制一个视图，例如，半透明圆角背景的视图。本节介绍在 iOS 中绘图的两种方式。

1. 采用 iOS 的核心图形库

iOS 的核心图形库是 Core Graphics，缩写为 CG。它主要通过核心图形库和 UIKit 进行封装，更加贴近我们经常操作的视图（UIView）或者窗体（UIWindow）。例如，对于我们前面提到的 drawRect，我们只负责在其中进行绘图即可，没有必要去关注界面的刷新频率。

在 Core Graphics 中，常用的绘图方法如下。

- drawAsPatternInRect：在矩形中绘制图像，不缩放，但是在必要时平铺。
- drawAtPoint：利用 CGPoint 作为左上角，绘制完整的不缩放的图像。
- drawAtPoint:blendMode:alpha：drawAtPoint 的一种更复杂的形式。
- drawInRect：在 CGRect 中绘制完整的图像，适当地缩放。
- drawInRect:blendMode:alpha：drawInRect 的一种更复杂的形式。

2. 采用 OpenGL ES

OpenGL ES 经常用在游戏等需要对界面进行高频刷新和自由控制的场景中。在很多游戏编程中，我们不需要一层一层的框框，而是直接在界面上绘制，并且通过多个内存缓存绘制来让画面更加流畅。由此可见，OpenGL ES 完全可以作为视图机制的底层图形引擎。

20.1.2　在屏幕中绘制三角形

实例 20-1	在屏幕中绘制三角形
源码路径	daima\20\ThreePointTest

本实例要求在屏幕中绘制一个三角形。当触摸屏幕中的 3 点后，会在这 3 点绘制一个三角形。在具体实现时，定义三角形的 3 个 CGPoint 点对象——firstPoint、secondPoint 和 thirdPoint，然后使用 drawRect 方法将这 3 个点连接起来。具体操作如下。

（1）编写文件 ViewController.h，此文件的功能是布局视图界面中的元素，本实例比较简单，只用到了 UIViewController。

（2）编写头文件 TestView.h，此文件定义了三角形的 3 个 CGPoint 点对象——firstPoint、secondPoint 和 thirdPoint。文件 TestView.m 是文件 TestView.h 的实现，主要代码如下。

```
- (id)initWithFrame:(CGRect)frame
{
    self = [super initWithFrame:frame];
    if (self) {
        //初始化代码
        self.backgroundColor = [UIColor whiteColor];
        pointArray = [[NSMutableArray alloc]initWithCapacity:3];
        UILabel *label = [[UILabel alloc]initWithFrame:CGRectMake(0, 0, 320, 40)];
        label.text = @"任意点击屏幕内的 3 点以确定一个三角形";
        [self addSubview:label];
        [label release];
    }
    return self;
}
//如果执行了自定义绘制，则只覆盖 drawRect:
//一个空的实现产生的不利影响会表现在动画上
- (void)drawRect:(CGRect)rect
{
    //绘制代码
    CGContextRef context = UIGraphicsGetCurrentContext();
    CGContextSetRGBStrokeColor(context, 0.5, 0.5, 0.5, 1.0);
    //绘制更加明显的线条
    CGContextSetLineWidth(context, 2.0);
    //画一条连接起来的线条
    CGPoint addLines[] =
    {
        firstPoint,secondPoint,thirdPoint,firstPoint,
    };
    CGContextAddLines(context, addLines, sizeof(addLines)/sizeof(addLines[0]));
    CGContextStrokePath(context);
}
```

执行结果如图 20-1 所示。

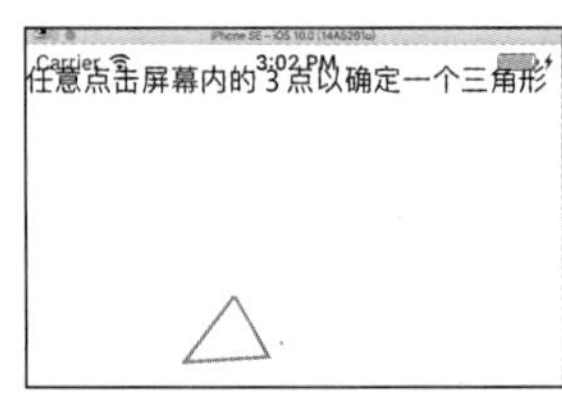

▲图 20-1　执行结果

20.1.3　使用 Core Graphics 实现绘图操作

实例 20-2	使用 Core Graphics 实现绘图操作
源码路径	daima\20\CGContextObject

编写文件 KView.m，在里面定义绘制各种常见形状的功能函数，例如，矩形、文字、图片、直线和椭圆等。主要代码如下。

```
- (void)type_One {
    CGFloat height = self.frame.size.height;
    //获取操作句柄
    _contextObject = [[CGContextObject alloc]
    initWithCGContext:UIGraphicsGetCurrentContext()];
    //开始绘图
    for (int count = 0; count < 6; count++) {
        //获取随机高度
        CGFloat lineHeight = arc4random() % (int)(height - 20);
        //绘制矩形
        [_contextObject drawFillBlock:^(CGContextObject *contextObject) {
            _contextObject.fillColor = [RGBColor randomColorWithAlpha:1];
            [contextObject addRect:CGRectMake(count * 30, height - lineHeight, 15, lineHeight)];

        }];
        //绘制文字
        [_contextObject drawString:[NSString stringWithFormat:@"%.f", lineHeight]
                    atPoint:CGPointMake(2 + count * 30, height - lineHeight - 12)
                  withAttributes:@{NSFontAttributeName : [UIFont fontWithName:
                  @"AppleSDGothicNeo-UltraLight" size:10.f], NSForegroundColor
                  AttributeName : [UIColor grayColor]}];
        //绘制图片
        [_contextObject drawImage:[UIImage imageNamed:@"source"] inRect:CGRectMake
        (count * 30, height - lineHeight, 15, 15)];
    }
}
- (void)type_two {
    CGFloat height = self.frame.size.height;
     _contextObject = [[CGContextObject alloc]
     initWithCGContext:UIGraphicsGetCurrentContext()];
    //绘制直线
    [_contextObject drawStrokeBlock:^(CGContextObject *contextObject) {
        _contextObject.strokeColor = [RGBColor randomColorWithAlpha:1];
        _contextObject.lineWidth   = 2;
        [_contextObject moveToStartPoint:CGPointMake(10, 10)];
        [_contextObject addLineToPoint:CGPointMake(height, height)];
    }];
    //绘制矩形
    [_contextObject drawStrokeBlock:^(CGContextObject *contextObject) {
        _contextObject.strokeColor = [RGBColor randomColorWithAlpha:1];
        _contextObject.lineWidth   = 1.f;
        [_contextObject addRect:CGRectMake(0, 0, 100, 100)];
    }];
    //绘制椭圆
    [_contextObject drawStrokeBlock:^(CGContextObject *contextObject) {
        _contextObject.strokeColor = [RGBColor randomColorWithAlpha:1];
        _contextObject.lineWidth   = 1.f;
        _contextObject.fillColor   = [RGBColor randomColorWithAlpha:1];
        [_contextObject addEllipseInRect:CGRectMake(0, 0, 100, 100)];
    }];
    //绘制椭圆
    [_contextObject drawFillBlock:^(CGContextObject *contextObject) {

        _contextObject.fillColor = [RGBColor randomColorWithAlpha:1];
        [_contextObject addEllipseInRect:CGRectMake(10, 10, 30, 30)];
    }];
    //绘制椭圆
    [_contextObject drawStrokeAndFillBlock:^(CGContextObject *contextObject) {
```

```
        _contextObject.fillColor   = [RGBColor randomColorWithAlpha:1];
        _contextObject.strokeColor = [RGBColor randomColorWithAlpha:1];
        _contextObject.lineWidth   = 4.f;
        [_contextObject addEllipseInRect:CGRectMake(70, 70, 100, 100)];
    }];
    //绘制文本
    [_contextObject drawString:@"YouXianMing" atPoint:CGPointZero withAttributes:nil];
}
- (void)type_Three {
    //获取操作句柄
    _contextObject = [[CGContextObject alloc]
    initWithCGContext:UIGraphicsGetCurrentContext()];
    //绘制二次贝塞尔曲线
    [_contextObject drawStrokeBlock:^(CGContextObject *contextObject) {
        _contextObject.strokeColor = [RGBColor randomColorWithAlpha:1];
        _contextObject.lineWidth   = 2;
        [_contextObject moveToStartPoint:CGPointMake(0, 100)];
        [_contextObject addCurveToPoint:CGPointMake(200, 100)
        controlPointOne:CGPointMake(50, 0) controlPointTwo:CGPointMake(150, 200)];
    } closePath:NO];
    //绘制一次贝塞尔曲线
    [_contextObject drawStrokeBlock:^(CGContextObject *contextObject) {
        _contextObject.strokeColor = [RGBColor randomColorWithAlpha:1];
        _contextObject.lineWidth   = 1;

        [_contextObject moveToStartPoint:CGPointMake(100, 0)];
        [_contextObject addQuadCurveToPoint:CGPointMake(100, 200)
        controlPoint:CGPointMake(0, arc4random() % 200)];
    } closePath:NO];
    //绘制图片
    [_contextObject drawImage:[UIImage imageNamed:@"source"] atPoint:CGPointZero];
}
- (void)type_Four {
    //获取操作句柄
    _contextObject = [[CGContextObject alloc]
    initWithCGContext:UIGraphicsGetCurrentContext()];
    //绘制彩色矩形 1
    GradientColor *color1 = [GradientColor createColorWithStartPoint:CGPointMake(100,
    100) endPoint:CGPointMake(200, 200)];
    [_contextObject drawLinearGradientAtClipToRect:CGRectMake(100, 100, 100, 100)
    gradientColor:color1];
    //绘制彩色矩形 2
    GradientColor *color2 = [RedGradientColor createColorWithStartPoint:CGPointMake(0,
    0) endPoint:CGPointMake(0, 100)];
    [_contextObject drawLinearGradientAtClipToRect:CGRectMake(0, 0, 100, 100)
    gradientColor:color2];
}
- (void)type_Five {
    CGFloat height = self.frame.size.height;
    //获取操作句柄
    _contextObject = [[CGContextObject alloc]
    initWithCGContext:UIGraphicsGetCurrentContext()];
    //开始绘图
    for (int count = 0; count < 50; count++) {
        //获取随机高度
        CGFloat lineHeight = arc4random() % (int)(height - 20);
        if (lineHeight > 100) {
            GradientColor *color = [RedGradientColor createColorWithStartPoint:
```

```
            CGPointMake(count * 4, height - lineHeight) endPoint:CGPointMake(count *
            4, height)];
            [_contextObject drawLinearGradientAtClipToRect:CGRectMake(count * 4,
            height - lineHeight, 2, lineHeight) gradientColor:color];

        } else {
            GradientColor *color = [GradientColor createColorWithStartPoint:CGPoint
            Make(count * 4, height - lineHeight) endPoint:CGPointMake(count * 4, height)];
            [_contextObject drawLinearGradientAtClipToRect:CGRectMake(count * 4,
            height - lineHeight, 2, lineHeight) gradientColor:color];
        }
    }
}
@end
```

执行结果如图 20-2 所示。

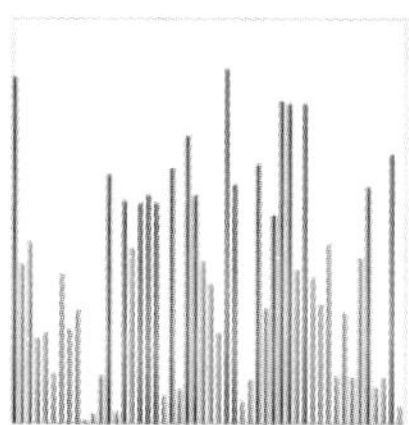

▲图 20-2　执行结果

20.2 图像处理

在 iOS 应用程序中，使用 UIImageView 来处理图像。其实除 UIImageView 之外，你还可以使用 Core Graphics 实现对图像的绘制处理。

20.2.1　实现颜色选择器/调色板功能

实例 20-3	实现颜色选择器/调色板功能
源码路径	daima\20\ColorPicker

本实例的功能是实现颜色选择器/调色板功能。在本实例中没有用到任何图片素材，在颜色选择器上面可以根据饱和度（saturation）和亮度（brightness）来选择某个色系。

实例 20-3 的实现方式如下。

（1）编写文件 ILColorPickerDualExampleController.m，此文件的功能是实现一个随机颜色效果。

（2）编写文件 UIColor+GetHSB.m，此文件通过 CGColorSpaceModel 设置了颜色模式值，具体代码如下。

```
#import "UIColor+GetHSB.h"
@implementation UIColor(GetHSB)
-(HSBType)HSB
{
    HSBType hsb;
    hsb.hue=0;
    hsb.saturation=0;
    hsb.brightness=0;
    CGColorSpaceModel model=CGColorSpaceGetModel(CGColorGetColorSpace([self CGColor]));
if ((model==kCGColorSpaceModelMonochrome) || (model==kCGColorSpaceModelRGB))
    {
```

```
        const CGFloat *c = CGColorGetComponents([self CGColor]);
       float x = fminf(c[0], c[1]);
        x = fminf(x, c[2]);
        float b = fmaxf(c[0], c[1]);
        b = fmaxf(b, c[2]);
       if (b == x)
        {
            hsb.hue=0;
            hsb.saturation=0;
            hsb.brightness=b;
        }
        else
        {
            float f = (c[0] == x) ? c[1] - c[2] : ((c[1] == x) ? c[2] - c[0] : c[0] - c[1]);
            int i = (c[0] == x) ? 3 : ((c[1] == x) ? 5 : 1);

            hsb.hue=((i - f /(b - x))/6);
            hsb.saturation=(b - x)/b;
            hsb.brightness=b;
        }
    }
return hsb;
}
```

执行结果如图 20-3 所示。

▲图 20-3　执行结果

20.2.2　在屏幕中绘制图像

实例 20-4	在屏幕中绘制图像
源码路径	daima\20\CoreGraphics

实例 20-4 的实现方式如下。

（1）编写视图文件 ViewController.m，在加载时通过动画样式显示屏幕中的图像，主要代码如下。

```
-(void)touchesBegan:(NSSet *)touches withEvent:(UIEvent *)event
{
    /*开始动画*/
    [UIView beginAnimations:@"clockwiseAnimation" context:NULL];
    [UIView setAnimationDuration:3];
    [UIView setAnimationRepeatCount:100];
    [UIView setAnimationDelegate:self];
    [UIView setAnimationRepeatAutoreverses:NO];
    //停止动画时调用 clockwiseRotationStopped 方法
    [UIView setAnimationDidStopSelector:@selector(clockwiseRotationStopped:finished:
    context:)];
    //顺时针旋转 90°
    circle.transform = CGAffineTransformMakeRotation( M_PI*1.75);
```

```
    /* 结束动画 */
    [UIView commitAnimations];

}
```

（2）编写文件 HumanView.m，功能是创建并实现小黄人对象，在屏幕中分别绘制小黄人身体的各个部分。本实例的执行结果如图 20-4 所示。

▲图 20-4 执行结果

20.3 图层

UIView 与图层（CALayer）相关，UIView 实际上不是将其自身绘制到屏幕上，而是将自身绘制到图层中，然后图层在屏幕上显示出来。iOS 不会频繁地重画视图，而是将绘图缓存起来，这个缓存的绘图在需要时就被使用，缓存版本的绘图实际上就是图层。

20.3.1 视图和图层

CALayer 不是 UIKit 的一部分，它是 QuartzCore 框架的一部分，该框架默认情况下不会链接到项目模板。因此，如果要使用 CALayer，我们应该导入<QuartzCore/QuartzCore.h>，并且必须将 QuartzCore 框架链接到项目中。

UIView 实例有配套的 CALayer 实例，通过视图的 layer 属性即可访问。在默认情况下，当 UIView 被实例化后，它的图层是 CALayer 的一个实例。如果要为 UIView 添加子类，并且要使子类的图层是 CALayer 子类的实例，那么需要实现 UIView 子类的 layerClass 类方法。

每个视图都有一个图层，两者紧密联系。图层在屏幕上显示并且描绘所有界面。视图是图层的委托，并且视图是通过绘制图层实现的。通过视图的属性，你可以控制图层的属性。例如，当你设置视图的背景色时，实际上是在设置图层的背景色，并且如果你直接设置图层的背景色，视图的背景色会自动匹配。类似地，视图框架实际上就是图层框架。

视图在图层中绘图，在图层中缓存绘图，然后我们可以修改图层来改变视图的外观，无须视图重新绘图。这是图形系统高效的一方面。它解释了前面遇到的现象：当视图边界尺寸改变时，图形系统仅仅伸展或重定位保存的图层图像。

图层可以有子图层，并且一个图层最多只有一个超图层，形成一棵图层树。这与前面提到的视图树类似。实际上，视图和它的图层关系非常紧密，它们的层次结构几乎是一样的。对于一个视图和它的图层，图层的超图层就是超视图的图层；图层有子图层，即该视图的子视图的图层。确切地说，图层完成视图的具体绘图。视图层次结构实际上就是图层层次结构。图层层次结构可以超出视图层次结构，一个视图只有一个图层，但一个图层可以拥有不属于任何视图的子图层。

20.3.2　实现图片、文字以及翻转效果

实例 20-5	实现图片、文字以及翻转效果
源码路径	daima\20\CA_LayerPractise

实例 20-5 的实现方式如下。

（1）编写视图文件 ViewController.m，利用函数 setImage 设置一幅指定的图片，并监听用户对屏幕的操作动作，监听到滑动动作时将实现翻转操作。主要代码如下。

```
- (void)setImage
{
    UIImage *image = [UIImage imageNamed:@"pushing"];
    self.view.layer.contentsScale = [[UIScreen mainScreen] scale];
    self.view.layer.contentsGravity = kCAGravityCenter;
    self.view.layer.contents = (id)[image CGImage];

    UITapGestureRecognizer *tap = [[UITapGestureRecognizer alloc] initWithTarget:self
    action:@selector(performFlip)];
    [self.view addGestureRecognizer:tap];
}

- (void)performFlip
{
    self.delegateView = [[DelegateView alloc] initWithFrame:self.view.frame];
    [UIView transitionFromView:self.view toView:self.delegateView duration:1
    options:UIViewAnimationOptionTransitionFlipFromRight completion:nil];
    UITapGestureRecognizer *tap = [[UITapGestureRecognizer alloc] initWithTarget:self
    action:@selector(performFlipBack)];
    [self.delegateView addGestureRecognizer:tap];
}
```

（2）编写接口对象文件 DelegateView.m，通过函数 drawLayer 在屏幕中绘制一幅图像。本实例的执行结果如图 20-5 所示。

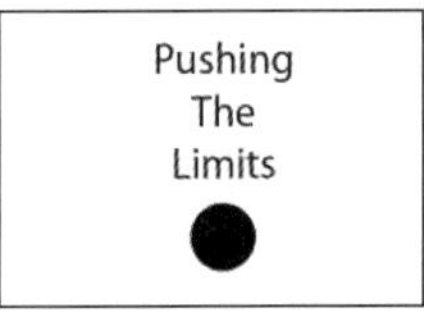

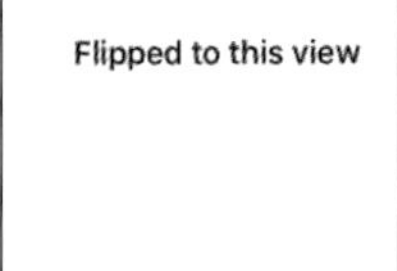

▲图 20-5　执行结果

20.3.3　滑动展示不同的图片

实例 20-6	滑动展示不同的图片
源码路径	daima\20\pushAnimationWithCALayer

首先，在 controller 目录下，打开视图文件 ViewController.m，创建一个视图控制器，在里面设置引用两个视图容器。当 alpha 值为 1 时表明下面几层的内容，当值为 0 时表示隐藏 α 值。文件 ViewController.m 的主要代码如下。

```
- (IBAction)didTap:(id)sender {
    if (self.navigationController.viewControllers.count>1) {
        [self.navigationController popViewControllerAnimated:YES];
        return;
    }
     ViewController * vc2 =[[ViewController alloc]initWithNibName:@"ViewController"
```

```
        bundle:[NSBundle mainBundle]];
    vc2.view.backgroundColor =[UIColor colorWithRed:1.000 green:0.000 blue:0.502
    alpha:1.000];
    vc2.imageView.image = [UIImage imageNamed:@"b.jpg"];
    [self.navigationController pushViewController:vc2 animated:YES];
}
@end
```

然后，在 viewModel 目录下，打开文件 CircleTransitionAnimator.m，设置一个圆来激活动画视图，并自定义实现动画效果。本实例执行程序后，通过滑动屏幕的方式浏览图片，执行结果如图 20-6 所示。

▲图 20-6 执行结果

20.3.4 基于 Swift 演示 CALayer 图层的用法

实例 20-7	基于 Swift 演示 CALayer 图层的用法
源码路径	daima\20\CALayer

实例 20-7 的实现方式如下。

（1）使用 Xcode 创建一个名为 CALayer 的项目，在 Main.storyboard 中为本项目设计一个视图界面。

（2）视图文件 ViewController.swift 分别实现圆角、边框、阴影和动画效果，主要代码如下。

```
    func setup(){
        let redLayer = CALayer()
        redLayer.frame = CGRectMake(50, 50, 300, 50)
        redLayer.backgroundColor = UIColor.redColor().CGColor

        //圆角
        redLayer.cornerRadius = 15

        //设置边框
        redLayer.borderColor = UIColor.blackColor().CGColor
        redLayer.borderWidth = 2.5

        //设置阴影
        redLayer.shadowColor = UIColor.blackColor().CGColor
        redLayer.shadowOpacity = 0.8
        redLayer.shadowOffset = CGSizeMake(5, 5)
        redLayer.shadowRadius = 3

        self.view.layer.addSublayer(redLayer)
```

```
        let imageLayer = CALayer()
        let image = UIImage(named: "ButterflySmall.jpg")!
        imageLayer.contents = image.CGImage

        imageLayer.frame = CGRect(x: 50, y: 150, width: image.size.width, height:
        image.size.height)
        imageLayer.contentsGravity = kCAGravityResizeAspect
        imageLayer.contentsScale = UIScreen.mainScreen().scale

        imageLayer.shadowColor = UIColor.blackColor().CGColor
        imageLayer.shadowOpacity = 0.8
        imageLayer.shadowOffset = CGSizeMake(5, 5)
        imageLayer.shadowRadius = 3
        self.view.layer.addSublayer(imageLayer)
        //使用"cornerRadius"创建一个空白动画
        let animation = CABasicAnimation(keyPath: "cornerRadius")
        //设置初始值
        animation.fromValue = redLayer.cornerRadius
        //完成值
        animation.toValue = 0
        //设置动画重复值
        animation.repeatCount = 10
        //添加动画层
        redLayer.addAnimation(animation, forKey: "cornerRadius")
    }
```

执行后的结果如图 20-7 所示。

▲图 20-7　执行结果

20.4 动画

动画随着时间的推移而改变界面上的显示。例如，视图的背景颜色从红逐步变为绿，而视图的不透明属性可以从不透明逐步变成透明。一个动画涉及很多内容，包括定时、屏幕刷新、线程化等。在 iOS 中，不需要自己完成一个动画，而只需描述动画的各个步骤，让系统执行这些步骤，从而获得动画的效果。

20.4.1 UIImageView 动画

使用 UIImageView 实现动画效果。UIImageView 的 animationImages 属性或 highlighted AnimationImages 属性是一个 UIImage 数组，这个数组代表一帧帧的动画。当发送 startAnimating 消息时，图像就轮流显示，animationDuration 属性确定帧的速率（间隔时间），animationRepeatCount 属性（默认为 0，表示一直重复，直到收到 stopAnimating 消息为止）指定重复的次数。

在 UIImageView 中，和动画相关的方法和属性如下。

- animationDuration 属性：指定多长时间运行一次动画循环。
- animationImages 属性：识别图像的 NSArray，以加载到 UIImageView 中。
- animationRepeatCount 属性：指定运行多少次动画循环。
- image 属性：识别单个图像，以加载到 UIImageView 中。
- startAnimating 方法：开启动画。
- stopAnimating 方法：停止动画。

20.4.2 UIView

通过使用 UIView 的动画功能，可以在更新或切换视图时放缓节奏，产生流畅的动画效果，进而改善用户体验。

1. UIView 中的方法

UIView 中的常用方法如下。

- areAnimationsEnabled：返回一个布尔值，表示动画是否结束。如果动画结束，则返回 YES；否则，返回 NO。
- beginAnimations:context：表示开始一个动画块。
- layerClass：用来创建类的 layer 实例对象。返回值是一个用来创建视图 layer 的类，在创建视图 layer 时调用。默认的值是 CALayer 类对象。
- setAnimationBeginsFromCurrentState：用于设置动画从当前状态开始播放。如果动画没有运行或者没有在动画块外调用，这个方法将不会做任何事情。
- setAnimationCurve：用于设置动画块中的动画属性变化的曲线。动画曲线是动画运行过程中相对的速度。如果在动画块外调用这个方法将会无效。
- setAnimationDelay：用于在动画块中设置动画的延迟属性（以秒为单位）。这个方法在动画块外无效。
- setAnimationDelegate：用于设置动画消息的代理。这个方法在动画块外没有任何效果。
- setAnimationDidStopSelector：用于在动画停止时设置消息给动画代理。
- setAnimationDuration：用于设置动画块中的动画持续时间（秒）。这个方法在动画块外没有效果。
- setAnimationRepeatAutoreverses：用于设置动画块中的动画效果是否自动重复播放。
- setAnimationRepeatCount：用于设置动画在动画模块中的重复次数。
- setAnimationsEnabled：用于设置是否激活动画。
- setAnimationStartDate：用于设置在动画块内部动画属性改变的开始时间。
- setAnimationTransition:forView:cache：用于在动画块中为视图设置过渡。
- setAnimationWillStartSelector：用于在动画开始时发送一条消息到动画代理。

2. 创建 UIView 动画的方式

创建 UIView 动画的方式如下。

- 使用 UIView 类的 UIViewAnimation 扩展。UIView 动画是成块运行的。发出 beginAnimations: context 请求标志着动画块的开始，commitAnimations 标志着动画块的结束。把这两个类方法发送给 UIView，而不是发送给单独的视图。在这两个调用之间可定义动画的展现方式并更新视图。
- Block 方式：使用 UIView 类的 UIViewAnimationWithBlocks 扩展实现。
- Core 方式：使用 CATransition 类实现。iPhone 还支持以 Core Animation 作为其 QuartzCore 架构的一部分，CA API 为 iPhone 应用程序提供了高度灵活的动画解决方案。注意，CATransition 只针对图层，不针对视图。图层是 Core Animation 与每个 UIView 产生联系的工作层面。在使用 Core Animation 时，应该将 CATransition 应用到视图的默认图层（[myView layer]），而不是视图本身。

要使用 CATransition 类实现动画，只需要建立一个 Core Animation 对象，设置它的参数，然后把这个带参数的过渡添加到图层中即可。在使用时要导入 QuartzCore.framework。

```
#import <QuartzCore/QuartzCore.h>
```

CATransition 动画使用了类型（type）和子类型（subtype）两个概念。type 属性指定了过渡的种类（淡化、推挤、揭开、覆盖）。subtype 设置了过渡的方向（从上、从下、从左、从右）。另外，CATransition 私有的动画类型有立方体、吸收、翻转、波纹、翻页、反翻页、镜头开、镜头关。

20.4.3　Core Animation 详解

Core Animation 即核心动画，开发人员可以为应用创建动态用户界面，而无须使用低级别的图形 API，例如，使用 OpenGL 来获取高效的动画性能。Core Animation 负责所有的滚动、旋转、缩小和放大以及所有的 iOS 动画效果。其中 UIKit 类通常都有 animated 参数部分，它可以决定是否使用动画。另外，Core Animation 还与 Quartz 紧密结合在一起，每个 UIView 都关联到一个 CALayer 对象，CALayer 是 Core Animation 中的图层。

Core Animation 提供了许多或具体或抽象的动画类，常用的动画类如下。

- CATransition：提供了作用于整个层的转换效果。可以通过自定义的 Core Image filter 扩展转换效果。
- CAAnimationGroup：可以打包多个动画对象并让它们同时执行。
- CAPropertyAnimation：支持基于属性关键路径的动画。
- CABasicAnimation：对属性做简单的插值。
- CAKeyframeAnimation：对关键帧动画提供支持。指定需要动画属性的关键路径，一个表示每一个阶段对应的值的数组，还有一个关键帧时间和时间函数的数组。动画运行时，依次设置每一个值的指定插值。

20.4.4　基于 Swift 处理图形图像的人脸检测

实例 20-8	基于 Swift 处理图形图像的人脸检测
源码路径	daima\20\UIImageView

本实例用到了 UIImageView 控件、Label 控件和 Toolbar 控件，具体实现流程如下。

（1）打开 Xcode，创建一个名为 bfswift 的项目，项目的最终结构如图 20-8 所示。

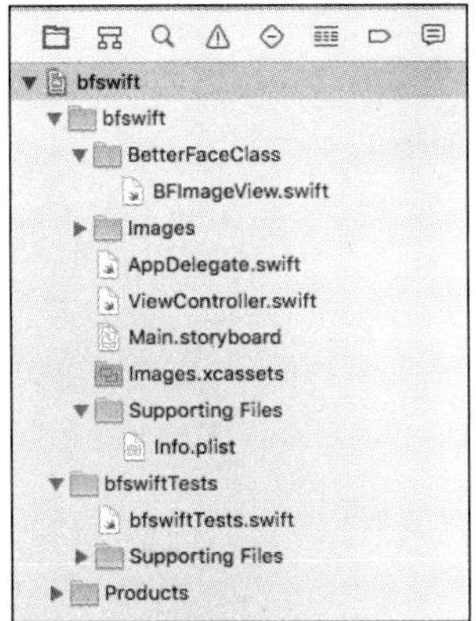

▲图 20-8　项目的最终结构

（2）在 Main.storyboard 中设计 UI，在上方插入两个 UIImageView 控件来展示图片，在下方插入 Toolbar 控件实现选择控制，如图 20-9 所示。

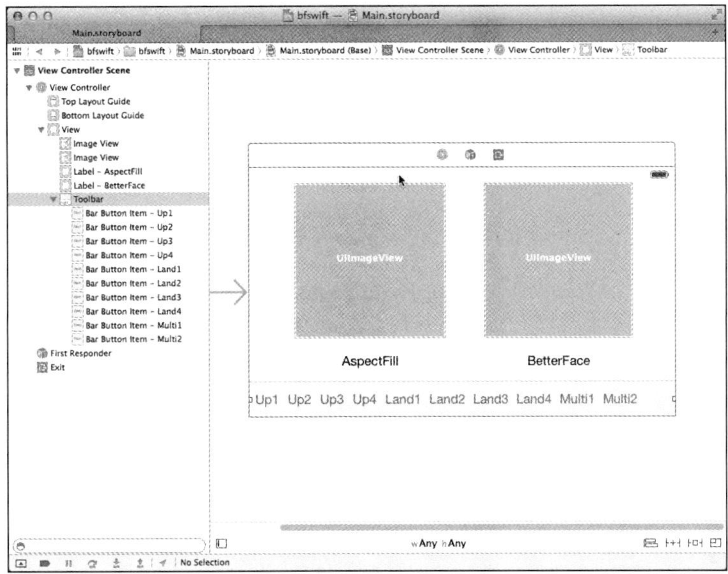

▲图 20-9　插入控件

（3）文件 BFImageView.swift 的功能是实现人脸检测和对应的标记处理，根据用户操作实现水平移动或垂直移动，并设置对应的图像图层处理。

（4）文件 ViewController.swift 的功能是，根据用户的选择，在 UIImageView 控件中加载显示不同的图片。文件 ViewController.swift 的主要代码如下。

```
import UIKit

class ViewController: UIViewController {
    @IBOutlet var view0 : UIImageView
    @IBOutlet var view1 : BFImageView

    override func viewDidLoad() {
        super.viewDidLoad()

        self.view0.layer.borderColor = UIColor.grayColor.CGColor
        self.view0.layer.borderWidth = 0.5
```

```
        self.view0.contentMode = UIViewContentMode.ScaleAspectFill
        self.view0.clipsToBounds = true

        self.view1.layer.borderColor = UIColor.grayColor.CGColor
        self.view1.layer.borderWidth = 0.5
        self.view1.contentMode = UIViewContentMode.ScaleAspectFill
        self.view1.clipsToBounds = true
        self.view1.needsBetterFace = true
        self.view1.fast = true
    }

    override func didReceiveMemoryWarning() {
        super.didReceiveMemoryWarning()
    }

    @IBAction func tabPressed(sender : AnyObject) {
        var imageStr:String = ""
        switch sender.tag {
        case Int(0):
            imageStr = "up1.jpg"
        case Int(1):
            imageStr = "up2.jpg"
        case Int(2):
            imageStr = "up3.jpg"
        case Int(3):
            imageStr = "up4.jpg"
        case Int(4):
            imageStr = "l1.jpg"
        case Int(5):
            imageStr = "l2.jpg"
        case Int(6):
            imageStr = "l3.jpg"
        case Int(7):
            imageStr = "l4.jpg"
        case Int(8):
            imageStr = "m1.jpg"
        case Int(9):
            imageStr = "m2.jpg"
        default:
            imageStr = ""
        }
        self.view0.image = UIImage(named: imageStr)
        self.view1.image = UIImage(named: imageStr)
    }
}
```

（5）执行程序，在下方单击不同的选项，可以在上方展示不同的对应图像。执行结果如图 20-10 所示。

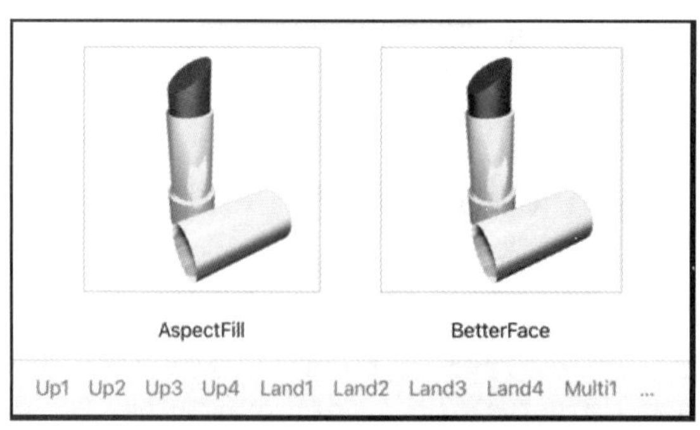

▲图 20-10　执行结果

20.4.5 基于 Objective-C 联合使用图像动画、滑块和步进控件

实例 20-9	基于 Objective-C 联合使用图像动画、滑块和步进控件
源码路径	daima\20\lianhe-Obj

1. 实现概述

图像视图可以显示图像文件和简单动画，而滑块让用户能够以可视化方式从指定范围内选择一个值。我们将在一个名为 lianhe 的应用程序中结合使用它们。在这个项目中，我们将使用一系列图像和一个图像视图（UIImageView）实例创建一个循环动画，还将使用一个滑块（UISlider）让用户能够设置动画的播放速度。动画的内容是一只跳跃的小兔子，我们可以控制它每秒跳多少次。跳跃速度通过滑块设置，并显示在一个标签（UILabel）中；步进控件提供了另一种以特定的步长调整速度的途径。用户还可使用按钮（UIButton）开始或停止播放动画。

在具体实现之前，需要说明以下两点。

（1）动画是使用一系列图像创建的。在这个项目中提供了一个 20 帧的动画。当然，读者也可以使用自己的图像。

（2）虽然滑块和步进控件让用户能够以可视化方式输入指定范围内的值，但用户对该值的设置没有太大的控制权。例如，最小值必须小于最大值，但是我们无法控制沿哪个方向拖曳滑块将增大或减小设置的值。这些局限性并非障碍，而只是意味着我们可能需要做一些计算（或试验）才能获得所需的效果。

2. 创建项目

启动 Xcode，创建一个简单的应用程序结构，它包含一个应用程序委托、一个窗口、一个视图（在故事板场景中定义的）和一个视图控制器。几秒后将打开项目，如图 20-11 所示。

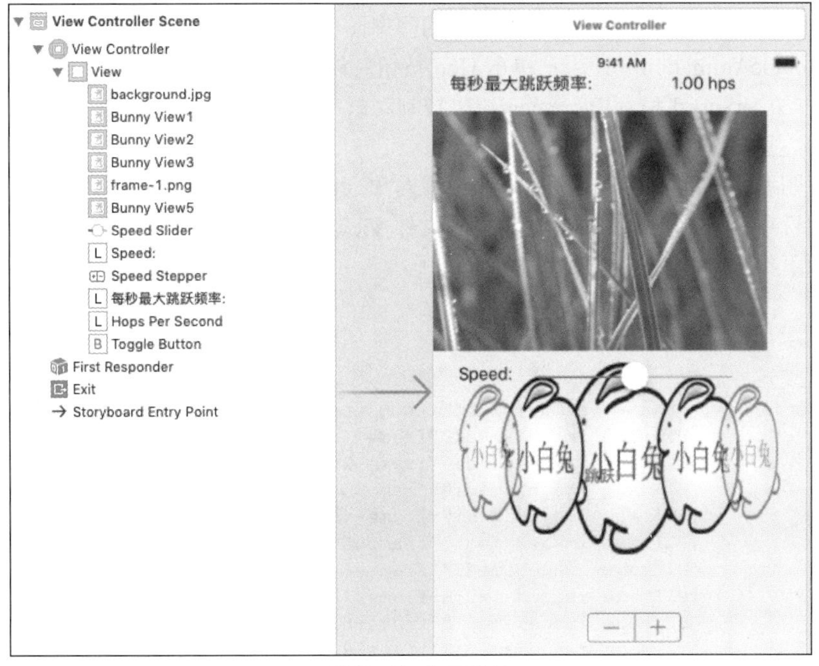

▲图 20-11　打开项目

3. 添加动画资源

这个项目使用了 20 帧存储为 PNG 文件的动画，这些动画帧包含在项目的 lianhe 文件夹下的 Images 文件夹中，如图 20-12 所示。

我们预先知道需要这些图像，因此可立即将其加入项目中。为此，在 Xcode 的项目导航器中，找到文件夹 lianhe，然后将文件夹 Images 拖放到同一级目录中。

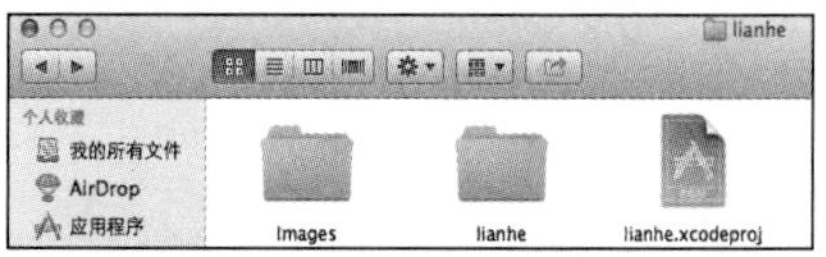

▲图 20-12　动画帧的存放位置

现在可以在 IB 编辑器中轻松地访问这些图像文件了，而无须编写代码。

4. 连接输出口

在本项目中，需要为多个对象提供输出口。

使用 5 个图像视图（UIImageView），它们包含动画的 5 个副本，分别通过输出口 bunnyView1、bunnyView2、bunnyView3、bunnyView4 和 bunnyView5 引用这些图像视图。

使用滑块控件（UISlider）设置播放速度，将其连接到输出口 speedSlider，而播放速度本身将输出到一个名为 hopsPerSecond 的标签（UILabel）中。

使用步进控件（UIStepper），它提供了另一种设置动画播放速度的途径，将通过输出口 speedStepper 来访问它。

用于开始和停止播放动画的按钮（UIButton）将连接到输出口 toggleButton。

5. 实现应用程序逻辑

为了让这个应用程序按期望的那样运行，要执行如下操作。

- ❑ 为每个图像视图（bunnyView1、bunnyView2、bunnyView3、bunnyView4 和 bunnyView5）加载动画。
- ❑ 在 IB 编辑器中，指定要图像视图显示的静态图像，但这不足以让它显示动画。
- ❑ 实现 toggleAnimation，让用户单击 Hop 按钮时能够开始和停止播放动画。
- ❑ 编写方法 setSpeed 和 setIncrement，以控制动画的最大播放速度。

1）让图像视图显示动画

为了使用图像制作动画，需要创建一个图像对象（UIImage）数组，并将它们传递给图像视图对象。使用项目导航器打开视图控制器的实现文件 ViewController.m，找到 ViewDidLoad 方法，并在其中添加如下代码。

```
- (void)viewDidLoad
{
    NSArray *hopAnimation;
    hopAnimation=[[NSArray alloc] initWithObjects:
                 [UIImage imageNamed:@"frame-1.png"],
                 [UIImage imageNamed:@"frame-2.png"],
                 [UIImage imageNamed:@"frame-3.png"],
                 [UIImage imageNamed:@"frame-4.png"],
                 [UIImage imageNamed:@"frame-5.png"],
                 [UIImage imageNamed:@"frame-6.png"],
                 [UIImage imageNamed:@"frame-7.png"],
                 [UIImage imageNamed:@"frame-8.png"],
                 [UIImage imageNamed:@"frame-9.png"],
                 [UIImage imageNamed:@"frame-10.png"],
                 [UIImage imageNamed:@"frame-11.png"],
                 [UIImage imageNamed:@"frame-12.png"],
```

```
                 [UIImage imageNamed:@"frame-13.png"],
                 [UIImage imageNamed:@"frame-14.png"],
                 [UIImage imageNamed:@"frame-15.png"],
                 [UIImage imageNamed:@"frame-16.png"],
                 [UIImage imageNamed:@"frame-17.png"],
                 [UIImage imageNamed:@"frame-18.png"],
                 [UIImage imageNamed:@"frame-19.png"],
                 [UIImage imageNamed:@"frame-20.png"],
                 nil
                 ];
    self.bunnyView1.animationImages=hopAnimation;
    self.bunnyView2.animationImages=hopAnimation;
    self.bunnyView3.animationImages=hopAnimation;
    self.bunnyView4.animationImages=hopAnimation;
    self.bunnyView5.animationImages=hopAnimation;
    self.bunnyView1.animationDuration=1;
    self.bunnyView2.animationDuration=1;
    self.bunnyView3.animationDuration=1;
    self.bunnyView4.animationDuration=1;
    self.bunnyView5.animationDuration=1;
     [super viewDidLoad];
}
```

2）开始和停止播放动画

属性 animationDuration 可以修改动画速度，但还需要如下 3 个“属性/方法”才能完成所需的工作。

- isAnimating：如果图像视图正在以动画方式播放其内容，该属性将返回 True。
- startAnimating：开始播放动画。
- stopAnimating：如果正在播放动画，则停止播放。

打开视图控制器的实现文件，在方法 toggleAnimation 中添加如下代码。

```
- (IBAction)toggleAnimation:(id)sender {
   if (bunnyView1.isAnimating) {
         [self.bunnyView1 stopAnimating];
         [self.bunnyView2 stopAnimating];
         [self.bunnyView3 stopAnimating];
         [self.bunnyView4 stopAnimating];
         [self.bunnyView5 stopAnimating];
         [self.toggleButton setTitle:@"跳跃!"
                             forState:UIControlStateNormal];
    } else {
         [self.bunnyView1 startAnimating];
         [self.bunnyView2 startAnimating];
         [self.bunnyView3 startAnimating];
         [self.bunnyView4 startAnimating];
         [self.bunnyView5 startAnimating];
         [self.toggleButton setTitle:@"停下!"
                             forState:UIControlStateNormal];
    }
}
```

3）设置动画播放速度

为了使用户调整滑块控件时触发操作 setSpeed，修改动画的播放速度（animationDuration）。如果当前没有播放动画，应开始播放它。同时，修改按钮（toggleButton）的标题以表明正在播放动画。在标签 hopsPerSecond 中显示播放速度。

打开视图控制器的实现文件，在方法 setSpeed 的存根中添加如下代码。

```
- (IBAction)setSpeed:(id)sender {
    NSString *hopRateString;

    self.bunnyView1.animationDuration=2-self.speedSlider.value;
    self.bunnyView2.animationDuration=
      self.bunnyView1.animationDuration+((float)(rand()%11+1)/10);
    self.bunnyView3.animationDuration=
      self.bunnyView1.animationDuration+((float)(rand()%11+1)/10);
    self.bunnyView4.animationDuration=
      self.bunnyView1.animationDuration+((float)(rand()%11+1)/10);
    self.bunnyView5.animationDuration=
      self.bunnyView1.animationDuration+((float)(rand()%11+1)/10);

    [self.bunnyView1 startAnimating];
    [self.bunnyView2 startAnimating];
    [self.bunnyView3 startAnimating];
    [self.bunnyView4 startAnimating];
    [self.bunnyView5 startAnimating];

    [self.toggleButton setTitle:@"Sit Still!"
                       forState:UIControlStateNormal];

    hopRateString=[[NSString alloc]
                    initWithFormat:@"%1.2f hps",1/(2-self.speedSlider.value)];
    self.hopsPerSecond.text=hopRateString;
}
```

4）调整动画速度

如果要在用户单击滑块时设置滑块的速度，可以设置步进控件的取值范围与滑块的相同，这样只需将滑块的 value 属性设置成步进控件的 value 属性，然后手工调用方法 setSpeed。要对视图控制器视图文件中方法 setIncrement 的存根进行修改，具体代码如下。

```
- (IBAction)setIncrement:(id)sender {
    self.speedSlider.value=self.speedStepper.value;
    [self setSpeed:nil];
}
```

在上述代码中，将滑块的 value 属性设置为步进控件的 value 属性。虽然这将导致界面中的滑块相应地更新，但不会触发其 Value Changed 事件，进而调用方法 setSpeed。因此，我们手工给 self（视图控制器对象）发送 setSpeed 消息。

到此为止，整个实例介绍完毕。单击 Xcode 工具栏中的 Run 按钮，几秒后，应用程序 lianhe 将启动，初始效果如图 20-13 所示，跳跃后的效果如图 20-14 所示。

▲图 20-13　初始效果

▲图 20-14　跳跃后的效果

20.4.6 基于 Swift 联合使用图像动画、滑块和步进控件

实例 20-10	基于 Swift 联合使用图像动画、滑块和步进控件
源码路径	daima\20\lianhe-Swift

实例 20-10 的功能和实例 20-9 完全相同，只是实例 20-10 用 Swift 语言实现而已。

第 21 章　多媒体开发

在 iOS 应用中，当提供反馈或获取重要输入时，通过视觉方式进行通知比较合适。但是有时为了引起用户注意，通过声音可以更好地实现提醒效果。作为一款智能设备的操作系统，iOS 提供了功能强大的多媒体功能，例如，视频播放、音频播放等。通过这些多媒体应用，吸引了广大用户的眼球。在 iOS 中，这些多媒体功能是通过专用的框架实现的，通过这些框架可以实现如下功能。

- 播放本地或远程（流式）文件中的视频。
- 在 iOS 设备中录制和播放视频。
- 在应用程序中访问内置的音乐库。
- 显示和访问内置照片库或相机中的图像。
- 使用 Core Image 过滤器轻松地操纵图像。
- 检索并显示有关当前播放的多媒体内容的信息。

21.1 使用 AudioToolbox 框架

在当前的设备中，声音几乎在每个计算机系统中都扮演了重要角色，而不管其平台和用途如何。它们告知用户发生了错误或完成了操作。声音在用户没有紧盯屏幕时仍可提供有关应用程序在做什么的反馈。而在移动设备中，振动的应用比较常见。当设备能够振动时，即使用户不能看到或听到，设备也能够与用户交流。对于 iPhone 来说，振动意味着即使它在口袋里或附近的桌子上，应用程序也可将事件告知用户。我们可通过简单的代码处理声音和振动，从而在应用程序中轻松地实现它们。

21.1.1 声音服务的基础知识

通过 AudioToolbox.framework 框架，你可以将短声音注册到 System Sound（系统声音）服务上，被注册到系统声音服务上的声音称为 System Sounds。它必须满足下面几个条件。

- 播放的时间不能超过 30s。
- 数据是 PCM 或者 IMA4 流格式。
- 打包成 Core Audio Format (.caf)或者 Waveform Audio (.wav)或者 Audio Interchange File Format(.aiff)。
- 声音文件放到设备的本地文件夹下面。通过 AudioServicesCreateSystemSoundID 方法注册这个声音文件。

在 AudioToolbox 框架下，各个类的具体说明如下。

- AudioFile 类：一个 C 语言编程接口，使用 AudioFile 可以从内存或硬盘中读取或写入多种格式的音频数据。
- AudioFileStream 类：提供了一个接口，用来解析流音频文件。
- AudioSession 类：一个 C 语言接口，用来管理应用中 Audio 的行为。
- AudioQueue 类：一个 C 语言编程接口，是 Core Audio 的一部分，功能是录音和播放音频。当 AudioQueue 类播放音频时，在内存中维护着一个缓冲区队列。只要缓冲区中有数据就可以播放，因此，一般使用 AudioQueue 对象来播放音频流，这样可以实现“边下载边播放”功能。在 AudioToolbox 框架下，各个方法的具体说明如下。

- ❑ NSFileHandle：用来从文件、套接字中读取数据。
- ❑ CFReadStream：用来读取一个字节流（byte stream），该字节流可以来自内存、文件、套接字。在读字节流之前，流需要打开。
- ❑ CFWriteStream：用来写一个字节流。
- ❑ AudioQueueRef：用于定义一个不透明的数据类型，专门代表一个 Audio 队列。
- ❑ AudioQueueBufferRef：AudioQueueBuffer 的别名，表示一个 AudioQueueBuffer 对象。
- ❑ AudioFileID：定义一个不透明的数据类型，代表一个 AudioFile 的对象。
- ❑ AudioStreamBasicDescription ：音频数据流格式的描述。
- ❑ AudioFileStream_PropertyListenerProc：当在 Audio Stream 中找到一个 Property Value（属性值）后，回调该方法。
- ❑ AudioFileStream_PacketsProc：当在 Stream 中找到 Audio Data 后，回调该方法。

21.1.2 播放指定的声音文件

实例 21-1	播放指定的声音文件
源码路径	daima\21\AudioToolBoxDemo

实例 21-1 的实现方式如下。

（1）打开 Xcode，创建一个名为 AudioToolBoxDemo 的项目，然后准备两个音频素材文件，如图 21-1 所示。

（2）实例文件 ViewController.m 的主要代码如下。

▲图 21-1 音频素材文件

```
@implementation ViewController

- (void)viewDidLoad {
    [super viewDidLoad];
    [self playShortAudio];
}

//短音频播放完成的回调方法
void callBack(SystemSoundID ID, void  * clientData){
    NSLog(@"test");
}

//播放短音频(<30s)
-(void)playShortAudio{

    //获取短音频文件路径
    NSURL *audioURL=[[NSBundle mainBundle] URLForResource:@"音效" withExtension:@"caf"];

    //创建 ID
    SystemSoundID soundID;
    //在系统中为短音频创建唯一的 ID

    AudioServicesCreateSystemSoundID((__bridge CFURLRef)(audioURL), &soundID);
    //将创建的短音频添加到系统服务中，委托系统来播放短音频

    /**
     *  <#Description#>
     *
     *  @param soundID                ID
```

```
    *   @param NULL                    播放的线程
    *   @param inRunLoopMode#>          播放的线程
    description#>
    *   @param inCompletionRoutine#>回调
    description#>
    *   @param inClientData#>
    description#>
    *
    *   @return <#return value description#>
    */
   AudioServicesAddSystemSoundCompletion(soundID, NULL, NULL, &callBack, NULL);
   //播放短音频
   AudioServicesPlayAlertSound(soundID);

   //NSRunLoop 消息循环

}
```

执行后将播放指定的音频素材文件。

21.1.3　播放任意位置的音频

实例 21-2	播放任意位置的音频
源码路径	daima\21\AudioManager

编写文件 ViewController.m，功能是播放用户指定位置的音频文件，主要实现代码如下。

```
@interface ViewController ()
@end

@implementation ViewController
- (void)viewDidLoad {
    [super viewDidLoad];
}
- (void)touchesBegan:(NSSet<UITouch *> *)touches withEvent:(UIEvent *)event
{
    [[ZGDAudioManger shareAudioManger] playAudioSystemSoundWithFile:@"此处输入你要播放的
    音频文件路径"];
}
@end
```

21.2 提醒和振动

在 iOS 中，提醒和振动功能也是通过 AudioToolbox.framework 框架实现的。提醒音和系统声音之间的差别在于，如果手机处于静音状态，提醒音将自动触发振动。提醒音的设置和用法与系统声音相同，如果要播放提醒音，只需使用函数 AudioServicesPlayAlertSound 即可实现，而不是使用 AudioServicesPlaySystemSound。实现振动的方法更加容易，只要在支持振动的设备（当前为 iPhone）中调用 AudioServicesPlaySystemSound 即可，并将常量 kSystemSoundID_Vibrate 传递给它，例如，下面的代码。

```
AudioServicesPlaySystemSound( kSystemSoundID_Vibrate);
```

如果是不支持振动的设备（如 iPad2），则不会成功。这些实现振动的代码将留在应用程序中，而不会有任何害处，不管目标设备是什么。

21.2.1 播放提醒音并振动

本章前面已经介绍了播放声音的方法，如果我们想播放或停止系统中的声音文件，可以通过如下代码实现。注意，下面的代码只会播放一次，不会循环播放。

```
#import <AudioToolbox/AudioToolbox.h>
//播放声音
AudioServicesPlaySystemSound(1007);
//停止播放
AudioServicesRemoveSystemSoundCompletion(1007);
```

如果要实现震动功能，则可以使用下面的代码。

```
//振动前提是允许振动
AudioServicesPlaySystemSound(kSystemSoundID_Vibrate);
//停止振动
AudioServicesRemoveSystemSoundCompletion(kSystemSoundID_Vibrate);
```

当然，也可以首先把下载好的声音文件拖入 Xcode 项目中，然后通过如下代码播放自定义的声音。

```
@interface Tools : NSObject
/**
 播放系统来电声音
 @param name 文件名
 @param type 文件类型
 @param isAlert 是否伴随振动
 */
+ (SystemSoundID)playSystemSoundWithName:(NSString *)name type:(NSString *)type
isAlert:(BOOL)isAlert;

//停止播放来电声音
+ (void)stopPlaySystemSound:(SystemSoundID)soundID;
@end
```

21.2.2 基于 Swift 实现两种类型的振动效果

实例 21-3	实现两种类型的振动效果
源码路径	daima\21\Swift-Vibrate

实例 21-3 的实现方式如下。

（1）使用 Xcode 新建一个名为 VibrateTutorial 的项目，打开 Main.storyboard，为本项目设计一个视图界面，在里面添加标签“1”和“2”，如图 21-2 所示。

（2）在视图界面文件 ViewController.swift 中，导入 AudioToolbox 框架以实现振动功能，定义函数 vib1 和 vib2 分别实现两种振动效果，主要代码如下。

```
@IBAction func vib1(sender: AnyObject) {
    AudioServicesPlayAlertSound(SystemSoundID(kSystemSoundID_Vibrate))
}
@IBAction func vib2(sender: AnyObject) {
    AudioServicesPlaySystemSound(SystemSoundID(kSystemSoundID_Vibrate))
}
```

执行结果如图 21-3 所示，分别按下标签“1”和“2”后会发出两种振动。

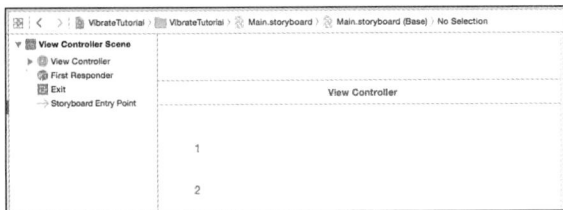

▲图 21-2　添加标签

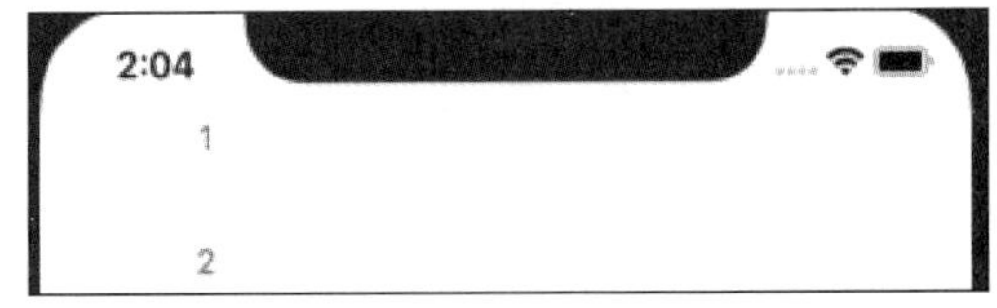

▲图 21-3　执行结果

21.3 AV Foundation 框架

虽然使用 Media Player 框架可以满足所有普通多媒体播放需求，但是苹果公司推荐使用 AV Foundation 框架来实现大部分系统声音服务不支持的、超过 30s 的音频播放功能。另外，AV Foundation 框架还提供了录音功能，用于在应用程序中直接录制声音文件。整个编程过程非常简单，只需 4 条语句就可以实现录音工作。本节将详细讲解 AV Foundation 框架的基本知识。

21.3.1　准备工作

要在应用程序中添加音频播放和录音功能，需要添加如下两个新类。

- AVAudioRecorder：以各种不同的格式将声音录制到内存或设备本地文件中。录音过程可在应用程序执行其他功能时持续进行。
- AVAudioPlayer：播放任意长度的音频。使用这个类可实现游戏配乐和其他复杂的音频应用程序。用户可全面控制播放过程，包括同时播放多个音频。

要使用 AV Foundation 框架，必须将其加入项目中，再导入两个接口文件。

```
#import <AVFoundation/AVFoundation.h>
#import <CoreAudio/CoreAudioTypes.h>
```

文件 CoreAudioTypes.h 定义了多种音频类型，因为我们希望能够通过名称引用它们，所以必须先导入这个文件。

21.3.2　基于 Swift 使用 AVAudioPlayer 播放和暂停指定的 MP3

实例 21-4	基于 Swift 使用 AVAudioPlayer 播放和暂停指定的 MP3
源码路径	daima\21\Audio

实例 21-4 的实现方式如下。

（1）打开故事板 Main.storyboard，在里面添加文本框控件和滑动条控件，构建播放界面，如图 21-4 所示。

（2）实现视图界面文件 ViewController.swift，以载入要播放的文件 beethoven-2-1-1-pfaul.mp3，主要代码如下。

```
@IBAction func pause(sender: AnyObject) {
    player.pause()
}
@IBAction func sliderChanged(sender: AnyObject) {
    player.volume = sliderValue.value
}
@IBOutlet var sliderValue: UISlider!
override func viewDidLoad() {
```

```
        super.viewDidLoad()
    }
    override func didReceiveMemoryWarning() {
        super.didReceiveMemoryWarning()
    }
```

执行结果如图 21-5 所示。

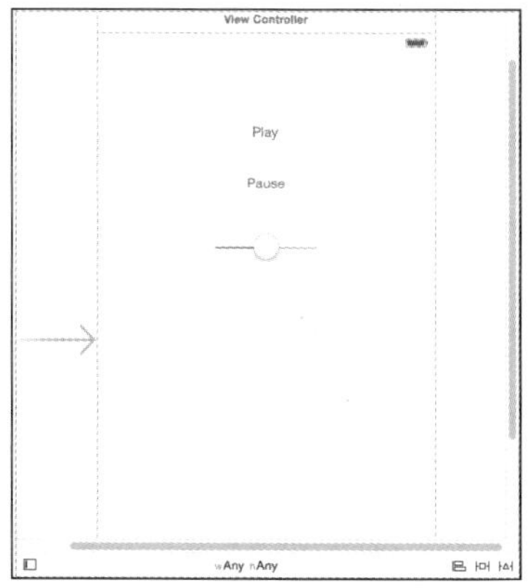

▲图 21-4 构建播放界面

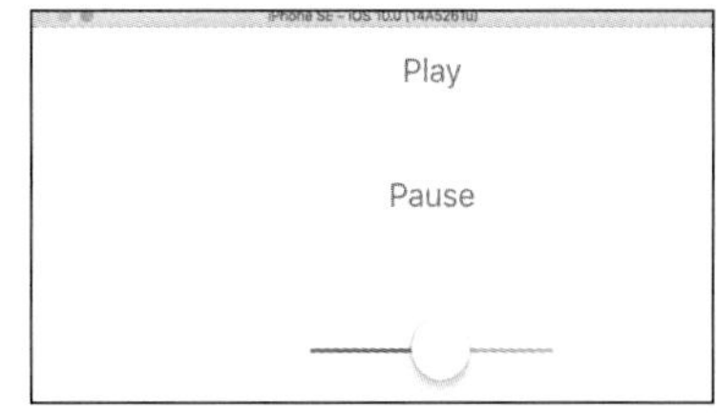

▲图 21-5 执行结果

21.3.3 使用 AVKit 框架播放列表中的视频

实例 21-5	使用 AVKit 播放列表中的视频
源码路径	daima\21\AVKitPlayer

实例 21-5 的实现方式如下。

（1）编写文件 VideoTableVC.m，功能是在单元格视图中列表显示预先准备的视频文件。

（2）编写文件 PlaybackVC.m，功能是监听用户动作，根据用户动作控制列表中视频的播放，主要代码如下。

```
- (IBAction)onSwitchButtonTapped:(UIButton *)sender {

    CMTime topVideoTime = self.topVideoPlayer.currentTime;
    CMTime bottomVideoTime = self.bottomVideoPlayer.currentTime;

    AVPlayerItem *topPlayerItem = [AVPlayerItem playerItemWithURL:self.topVideo];
    AVPlayerItem *bottomPlayerItem = [AVPlayerItem playerItemWithURL:self.bottomVideo];

    [self.bottomVideoPlayer replaceCurrentItemWithPlayerItem:topPlayerItem];
    [self.bottomVideoPlayer seekToTime:topVideoTime];
    [self.bottomVideoPlayer play];

    [self.topVideoPlayer replaceCurrentItemWithPlayerItem:bottomPlayerItem];
    [self.topVideoPlayer seekToTime:bottomVideoTime];
    [self.topVideoPlayer play];

    NSURL *topVideoCopy = [self.topVideo copy];
    NSURL *bottomVideoCopy = [self.bottomVideo copy];
    self.bottomVideo = topVideoCopy;
    self.topVideo = bottomVideoCopy;
}

- (IBAction)onAudioButtonTapped:(UIButton *)sender {

    if ([sender.titleLabel.text isEqualToString:@"Audio 🔇"]) {
```

```
        [self.audioButton setTitle:@"Audio 🔊" forState:UIControlStateNormal];
        self.topVideoPlayer.muted = false;
        self.bottomVideoPlayer.muted = false;

    } else if ([sender.titleLabel.text isEqualToString:@"Audio 🔊"]) {

        [self.audioButton setTitle:@"Audio ⤴️" forState:UIControlStateNormal];
        self.bottomVideoPlayer.muted = true;

    } else if ([sender.titleLabel.text isEqualToString:@"Audio ⤴️"]) {

        [self.audioButton setTitle:@"Audio ⤵️" forState:UIControlStateNormal];
        self.topVideoPlayer.muted = true;
        self.bottomVideoPlayer.muted = false;

    } else {

        [self.audioButton setTitle:@"Audio 🔇" forState:UIControlStateNormal];
        self.topVideoPlayer.muted = true;
        self.bottomVideoPlayer.muted = true;
    }
}

- (IBAction)onLoopButtontapped:(UIButton *)sender {


}

#pragma mark - Navigation

- (void)prepareForSegue:(UIStoryboardSegue *)segue sender:(id)sender {

    if ([segue.identifier isEqualToString:@"playTopVideo"]) {

        AVPlayerViewController *topVideoVC = segue.destinationViewController;
        topVideoVC.player = [AVPlayer playerWithURL:self.topVideo];
        topVideoVC.player.muted = true;
        [topVideoVC.player play];

        self.topVideoPlayer = topVideoVC.player;
    }

    if ([segue.identifier isEqualToString:@"playBottomVideo"]) {

        AVPlayerViewController *bottomVideoVC = segue.destinationViewController;
        bottomVideoVC.player = [AVPlayer playerWithURL:self.bottomVideo];
        bottomVideoVC.player.muted = true;
        [bottomVideoVC.player play];

        self.bottomVideoPlayer = bottomVideoVC.player;
    }
}
```

执行结果如图 21-6 所示。

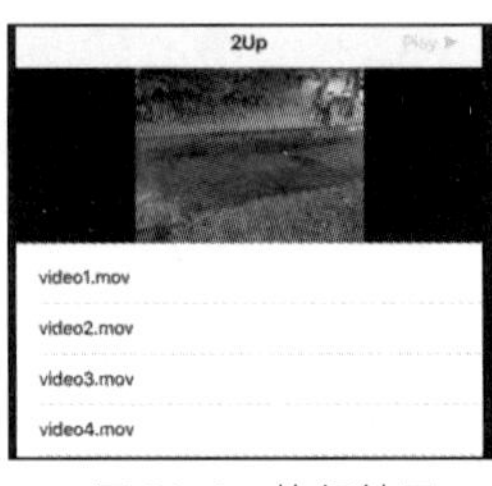

▲图 21-6　执行结果

21.3.4　使用 AVKit 框架播放本地视频

实例 21-6	使用 AVKit 播放本地视频
源码路径	daima\21\AVKitDemo

实例 21-6 实现方式如下。

（1）编写文件 KWTableViewController.m，功能是在单元格视图中显示本地视频文件。

（2）编写文件 KWMediaPlayerViewController.m，功能是当用户按下屏幕列表后开始播放本地视频，主要代码如下。

```
-(void)viewDidDisappear:(BOOL)animated {

    [super viewDidDisappear:animated];

    if ([self isPlaying]) {
        [self stopPlayback];
    }
}

-(void)stopPlayback {

    [self.player setRate:0];
    self.player = nil;
}

-(BOOL)isPlaying {

    if (self.player.currentItem && self.player.rate > 0) {
        return YES;
    }
        return NO;
}

-(void)setupVideoPlayback {
    NSURL *url = [[NSBundle mainBundle] URLForResource:self.videofile withExtension:@"mp4"];
    AVURLAsset *asset    = [AVURLAsset URLAssetWithURL:url options:nil];
    AVPlayerItem *item   = [AVPlayerItem playerItemWithAsset:asset];
    self.player = [AVPlayer playerWithPlayerItem:item];
    [self.player seekToTime:kCMTimeZero];
    [self.player play];
}
```

执行结果如图 21-7 所示。

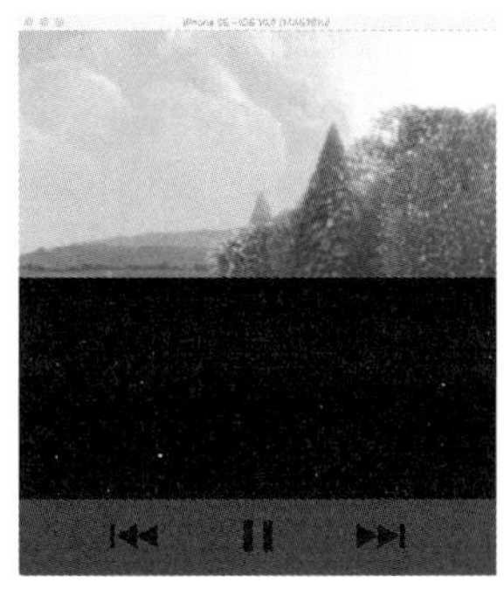

▲图 21-7　执行结果

21.3.5　使用 AVKit 框架播放网络视频

实例 21-7	使用 AVKit 播放网络视频
源码路径	daima\21\AVKitTests

编写实例文件 ViewController.m，功能是当用户单击“播放视频”按钮后开始播放指定 URL 的视频，主要代码如下。

```
-(void)prepareForSegue:(UIStoryboardSegue *)segue sender:(id)sender {

  AVPlayerViewController *destination = segue.destinationViewController;
  NSURL *videoURL = [NSURL URLWithString:@"****//***.
  ebookfrenzy***/ios_book/movie/movie.mov"];
  destination.player = [AVPlayer playerWithURL:videoURL];
}
```

执行结果如图 21-8 所示。

▲图 21-8　执行结果

21.4 图像选择器

图像选择器（UIImagePickerController）的工作原理与 MPMediaPickerController 类似，但不是显示一个可用于选择歌曲的视图，而是显示用户的照片库。用户选择照片后，图像选择器会返回一个相应的 UIImage 对象。与 MPMediaPickerController 一样，图像选择器也以模态方式出现在应用程序中。因为这两个对象都实现了自己的视图和视图控制器，所以几乎只需调用 presentModalViewController 就能显示它们。本节将详细讲解图像选择器的基本知识。

21.4.1　使用图像选择器

要显示图像选择器，先分配并初始化一个 UIImagePickerController 实例，后设置属性 sourceType，以指定用户可从哪些地方选择图像。此属性有以下 3 个值。

- ❑ UIImagePickerControllerSourceTypeCamera：使用设备的相机拍摄一张照片。
- ❑ UIImagePickerControllerSourceTypePhotoLibrary：从设备的照片库中选择一张图片。
- ❑ UIImagePickerControllerSourceTypeSavedPhotosAlbum：从设备内置的相机中选择一张图片。

接下来，应设置图像选择器的属性 delegate，功能是设置在用户选择（拍摄）照片或按 Cancel 按钮后做出响应的对象。最后，使用 presentModalViewController:animated 显示图像选择器。例如，下面的演示代码配置并显示了一个将相机作为图像源的图像选择器。

```
UIImagePickerController *imagePicker;
imagePicker=[[UIImagePickerController alloc]  init];
```

```
imagePicker.sourceType=UIImagePickerControllerSourceTypeCamera;
imagePicker.delegate=self;
[[UIApplication sharedApplication]setStatusBarHidden:YES];
[self presentModalViewController:imagePicker animated:YES];
```

在上述代码中，方法 setStatusBarHidden 的功能是隐藏应用程序的状态栏，因为照片库和相机界面需要以全屏模式显示。倒数第 2 行代码获取应用程序对象，再调用方法 setStatusBarHidden 以隐藏状态栏。

要判断设备是否装备了特定类型的相机，使用 UIImagePickerController 的 isCameraDeviceAvailable 方法，它返回一个布尔值。

```
[UIImagePickerController isCameraDeviceAvailable:<camera type>]
```

其中，camera type（相机类型）为 UIImagePickerControllerCameraDeviceRear 或 UIImagePickerController CameraDeviceFront。

21.4.2 基于 Objective-C 获取照片库中的图片

实例 21-8	获取照片库中的图片
源码路径	daima\21\UIImagePickerControllerExample

实例 21-8 的实现方式如下。

（1）启动 Xcode，在故事板中插入文本控件，用于显示文本 Choose Image，插入一个 ImageView 控件，显示图片。本项目的最终结构和故事板界面如图 21-9 所示。

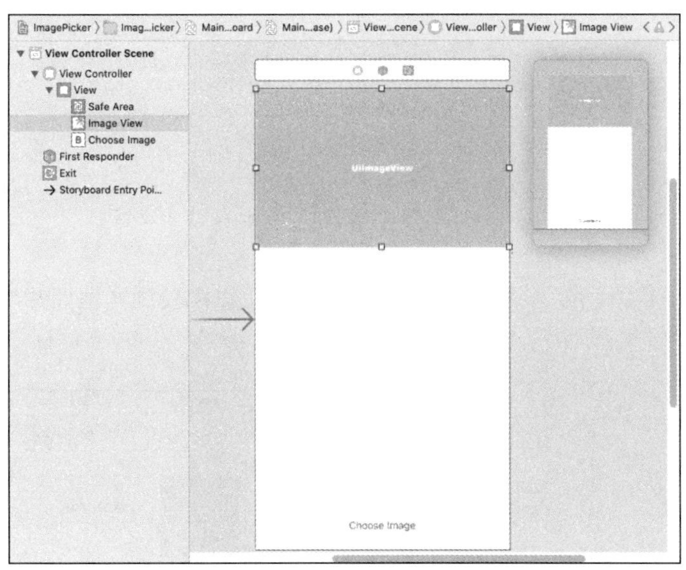

▲图 21-9 项目的最终结构和故事板界面

（2）编写文件 ViewController.m，当用户单击 Choose Image 后会跳转到照片库界面，主要代码如下。

```
- (void)viewDidLoad {
    [super viewDidLoad];
    // Do any additional setup after loading the view.
}
```

```
- (IBAction)chooseImage:(id)sender {
    UIImagePickerController *imagePicker = [UIImagePickerController new];
    imagePicker.delegate = self;

    UIAlertController *controller = [UIAlertController
    alertControllerWithTitle:@"Photo source" message:@"Choose a source"
    preferredStyle:UIAlertControllerStyleActionSheet];

    [controller addAction:[UIAlertAction actionWithTitle:@"Camera"
    style:UIAlertActionStyleDefault handler:^(UIAlertAction * _Nonnull action) {
        BOOL isCameraAvailable = [UIImagePickerController
    isCameraDeviceAvailable:UIImagePickerControllerCameraDeviceRear];

        if(isCameraAvailable) {
            imagePicker.sourceType = UIImagePickerControllerSourceTypeCamera;
            [self presentViewController:imagePicker animated:YES completion:nil];
        }

    }]];

    [controller addAction:[UIAlertAction actionWithTitle:@"Photo Library"
style:UIAlertActionStyleDefault handler:^(UIAlertAction * _Nonnull action) {
        imagePicker.sourceType = UIImagePickerControllerSourceTypePhotoLibrary;
        [self presentViewController:imagePicker animated:YES completion:nil];
    }]];

    [controller addAction:[UIAlertAction actionWithTitle:@"Cancel"
style:UIAlertActionStyleCancel handler:nil]];

    [self presentViewController:controller animated:YES completion:nil];
}

- (void)imagePickerController:(UIImagePickerController *)picker
didFinishPickingMediaWithInfo:(NSDictionary<UIImagePickerControllerInfoKey,id> *)info {
    UIImage *image = info[UIImagePickerControllerOriginalImage];

    _imageView.image = image;

    [picker dismissViewControllerAnimated:YES completion:nil];
    }
```

执行结果如图 21-10 所示。单击 Choose Image 后可以跳转到本地照片库系统，如图 21-11 所示。

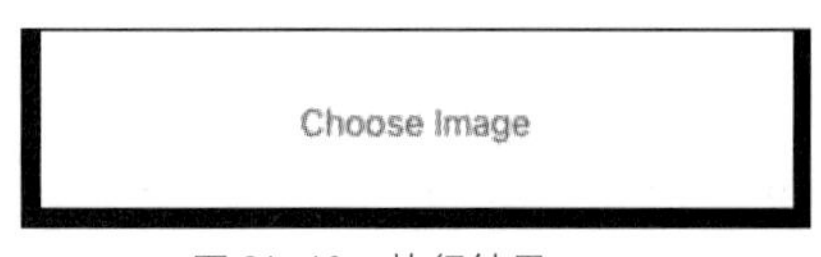

▲图 21-10　执行结果

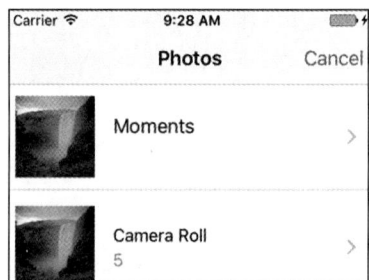

▲图 21-11　本地照片库系统

单击照片库系统列表中的某个选项，显示这个相册的详情信息，如图 21-12 所示。单击相册中的某幅照片后，此照片将会在主界面中显示，如图 21-13 所示。

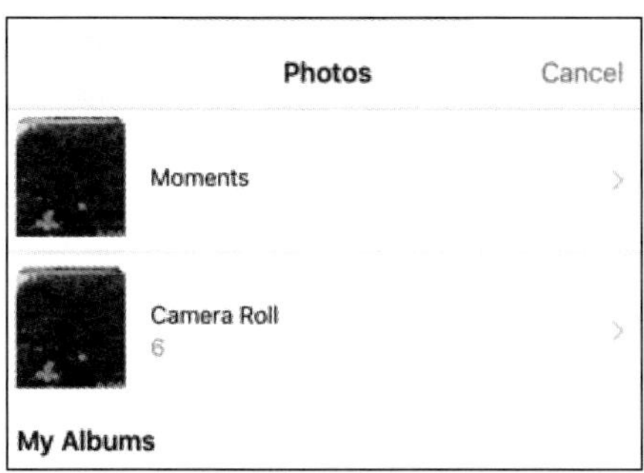

▲图 21-12　某相册详情

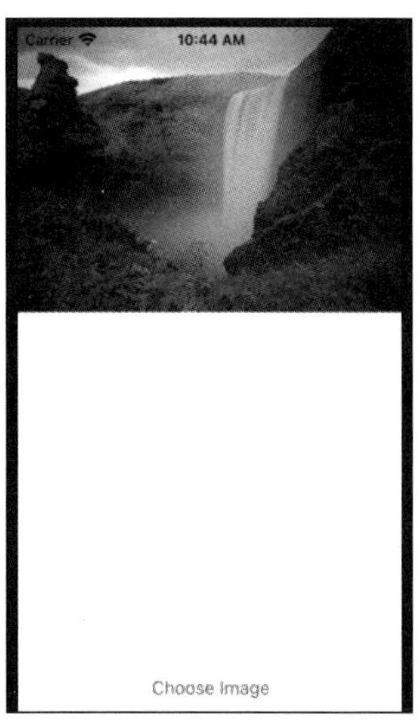

▲图 21-13　在主界面中显示照片

21.4.3　基于 Swift 获取照片库中的图片

实例 21-9	基于 Swift 获取照片库中的图片
源码路径	daima\21\Photos

实例 21-9 的实现方式如下。

（1）在故事板下方设置两个图片按钮（见图 21-14），用于分别跳转到拍照界面和本地照片库。

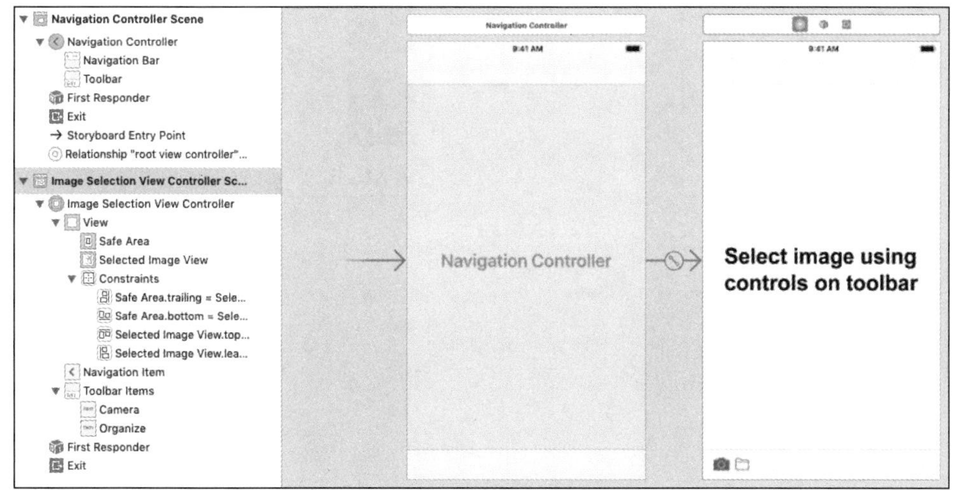

▲图 21-14　两个图片按钮

（2）文件 ImageSelectionViewController.swift 的功能是监听用户在屏幕中的操作，根据用户操作跳转到拍照界面或本地照片库，主要代码如下。

```
class ImageSelectionViewController: UIViewController, UIImagePickerControllerDelegate,
UINavigationControllerDelegate {
    @IBOutlet weak var selectedImageView: UIImageView!

    let imagePickerController = UIImagePickerController()
```

```
    override func viewDidLoad() {
        super.viewDidLoad()

        imagePickerController.delegate = self
    }

    @IBAction func cameraSelected(_ sender: UIBarButtonItem) {
        takePhotoWithCamera()
    }

    @IBAction func photoLibrarySelected(_ sender: Any) {
        selectPhotoFromLibrary()
    }

    func takePhotoWithCamera() {
        if (!UIImagePickerController.isSourceTypeAvailable(.camera)) {
            presentAlert(title: "No Camera", message: "This device has no camera.")
        } else {
            imagePickerController.allowsEditing = false
            imagePickerController.sourceType = .camera
            present(imagePickerController, animated: true, completion: nil)
        }
    }
}
```

执行结果如图 21-15 所示。按下🗀按钮，跳转到本地照片库，如图 21-16 所示。

▲图 21-15　执行结果

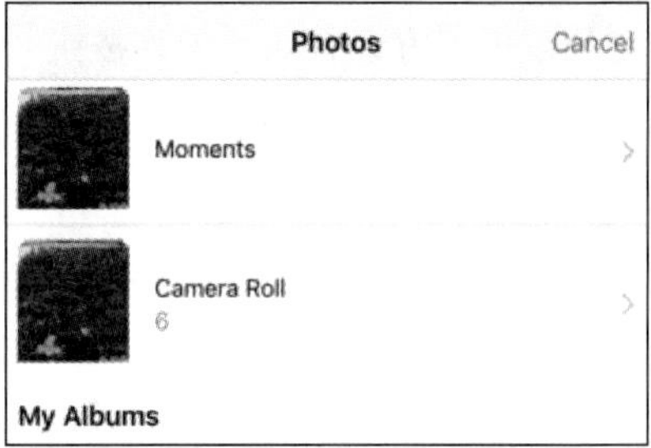

▲图 21-16　本地照片库

第 22 章　分屏多任务

分屏多任务是指在一个屏幕中可以同时执行其他操作，并且在相互不影响的前提下各自展示自己的内容。例如，现实中常见的画中画就是分屏多任务的一种应用体现，通过画中画，你可以在一个屏幕界面中同时播放多个视频。从 iOS 9 开始，苹果公司便推出了分屏多任务功能。本章将详细讲解分屏多任务的基本知识和具体用法。

22.1 分屏多任务基础

iOS 9 提供了多任务处理功能。具体来说，iOS 分屏多任务包括如下 3 个方面。

- ❑ Slide Over：用户可通过该功能调出屏幕右侧的悬浮视图（在从右到左的语言环境下位于屏幕的左侧），从而查看次要应用程序并与其进行交互。
- ❑ Split View（分屏视图）：展示两个并行的应用，用户可以查看、调整其大小，并与其进行交互。
- ❑ 画中画（Picture in Picture）：让用户在多个应用中悬浮播放视频，并移动视频窗口以及调整窗口大小。

22.1.1 分屏多任务的开发环境

对于开发者来说，大多数应用应该采用 Slide Over 和 Split View。从用户的角度来说，一个 iOS 应用不支持这两项特性是有点格格不入的。如果应用符合以下情况之一，那么它可以不支持多任务处理功能。

- ❑ 以相机为中心的应用，使用整个屏幕预览和以快速捕捉瞬间为主要功能。
- ❑ 使用全设备屏幕的应用，比如游戏使用 iPad 的传感器作为游戏核心操控的一部分。

除此之外，苹果公司和用户都希望采用 Slide Over 和 Split View。如果不使用 Slide Over 和 Split View，需将 UIRequiresFullScreen 关键字添加到 Xcode 项目的 Info.plist 文件中，并且设置其 Boolean 值为 YES。

注意： 不使用 Slide Over 和 Split View，表示应用不能出现在 Slide Over 区域中，尽管应用运行在多任务环境中。

Xcode 支持的多任务增强功能如下。

- ❑ 在每个 iOS 应用模板中预先配置支持 Slide Over 和 Split View。例如，模板中包括 LaunchScreen.storyboard 文件和预先设置的 Info.plist 文件。
- ❑ IB 中的 Storyboards 可以很容易实现自动布局约束。
- ❑ 通过 IB 预览助手能立即看到在 Slide Over 和 Split View 场景中，布局如何适配不同的 Size Class。

- Xcode 中的模拟器可让我们使用与在真实设备中相同的手势调出 Slide Over 和 Split View。可以使用模拟器测试所有 Slide Over 和 Split View 布局表现，也可测试画中画。然而，模拟器不能模拟真实 iOS 设备的内存、CPU、GPU、磁盘 I/O 或 iOS 设备的其他资源特性。
- Instrument 中的内存分配、Time Profiler、内存泄漏分析模板能让开发者监测应用的行为和资源使用情况。
- Xcode 提供了可视化界面，用于全面支持资源目录（asset catalog）。为可视化资源使用资源目录，如图片和应用图标。另外，也可以以编程的方式使用资源目录。

22.1.2　Slide Over 和 Split View

当新建一个 Xcode 模板项目时，是默认支持 Slide Over 和 Split View 功能的。如果从旧的项目升级到 iOS 9 及其以后的版本，需要通过以下的步骤配置 Xcode 项目，从而让应用支持 Slide Over 和 Split View。

（1）按照 App Distribution Guide 中 Setting the Base SDK 的描述，将 Base SDK 设置为 Latest iOS。提供 LaunchScreen.storyboard 文件（而不是 iOS 7 以及更早版本中的.png 图片文件）。

（2）在项目的 Info.plist 文件中的 Supported interface orientations (iPad)数组，声明支持 4 个设备方向，如图 22-1 所示。

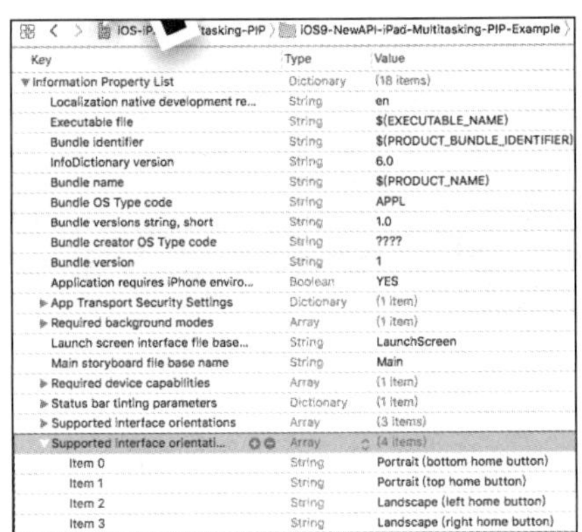

Key	Type	Value
▼Information Property List	Dictionary	(18 items)
Localization native development re...	String	en
Executable file	String	$(EXECUTABLE_NAME)
Bundle identifier	String	$(PRODUCT_BUNDLE_IDENTIFIER)
InfoDictionary version	String	6.0
Bundle name	String	$(PRODUCT_NAME)
Bundle OS Type code	String	APPL
Bundle versions string, short	String	1.0
Bundle creator OS Type code	String	????
Bundle version	String	1
Application requires iPhone enviro...	Boolean	YES
▶App Transport Security Settings	Dictionary	(1 item)
▶Required background modes	Array	(1 item)
Launch screen interface file base...	String	LaunchScreen
Main storyboard file base name	String	Main
▶Required device capabilities	Array	(1 item)
▶Status bar tinting parameters	Dictionary	(1 item)
▶Supported interface orientations	Array	(3 items)
▼Supported interface orientati...	Array	(4 items)
Item 0	String	Portrait (bottom home button)
Item 1	String	Portrait (top home button)
Item 2	String	Landscape (left home button)
Item 3	String	Landscape (right home button)

▲图 22-1　声明支持 4 个设备方向

注意：选择 Settings→General→Multitasking，以禁用 Slide Over 和 Split View 功能。如果已经把一切都设置正确后，仍无法使用这些特性，你可以检查这项设置。

在 Slide Over 和 Split View 中，主要和次要应用同时运行在前台，大多数情况下它们是平等的。但只有主要应用具有以下功能。

- 拥有自己的状态栏。
- 有资格使用辅助物理屏幕工作。
- 可使用画中画自动调用。
- 可以占用横屏下 2/3 的屏幕面积，并且在分屏视图中，水平方向上是 regular Size Class（在横屏 Split View 中，次要应用最多占用 1/2 的屏幕，并且在水平方向上是 compact Size Class）。

在 Split View 中，控制应用程序窗口的大小。用户通过旋转设备（如在 iOS 的早期版本中），或者水平滑动主要应用和次要应用的垂直分割线进行操作。当两种类型的变化发生时，系统以同样的方式通知用户的应用程序：窗口范围的改变会改变根视图控制器的 Size Class。在以前，iPad 的水平和垂直 Size Class 总是 regular 类型的。随着 Slide Over 和 Split View 的出现，这些都已经有很大的改变。图 22-2 显示了应用在用户操作 iPad 屏幕后不同的 Size Class。

为了使应用的内容能够正确显示，开发的应用必须是自适应的。这要求应用中的 LaunchScreen.storyboard 文件必须支持 Auto Layout。使用 Xcode 中的应用模板创建的新项目会自动生成 LaunchScreen.storyboard 文件。

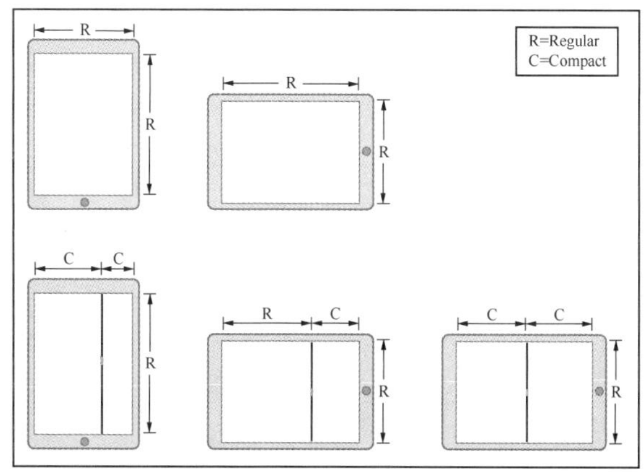

▲图 22-2 不同的 Size Class

在 Split View 上下文中，每当用户移动 Split View 分割器时，屏幕上的两个应用程序都将移动到屏幕之外。甚至当用户改变主意并将分割器返回起点时，这种情况也会发生。当用户移动分割器时，系统会使用 ApplicationWillResignActive 协议方法调用应用委托对象。

系统会重新调整应用（屏幕外）以捕捉到一张或多张快照，确保当用户最终释放分割器时能提供流畅的用户体验。这是因为在用户最终释放分割器时无法预测应用窗口的最终边界。更复杂的场景是同时旋转设备和移动分割器。

开发者需要保证应用在大小改变、快照获取处理中不丢失数据状态或导航状态。当用户改变应用大小时，移动分割器将其移动到初始位置，最后释放这个分割器，这一系列的情况下，用户期望应用的状态、导航位置（包括视图、选择、滚动位置以及其他等）能与最初触摸分割器时一样。充分使用 ApplicationWillResignActive 调用保存用户的状态。如果用户移动分割器直到屏幕边界，让应用消失，那么系统会调用 ApplicationDidEnterBackground 协议方法。

22.1.3 画中画

在 iOS 程序中，要在视频播放时支持画中画模式，首先，需要确保 Xcode 7 及其以上版本的项目和 App 的配置如下。

- ❑ 设置 Base SDK 为 Latest iOS。
- ❑ 在 Capabilities 中查看项目的目标，将 Background Modes 的 Audio and AirPlay 勾选上（在 Xcode 新版本中，该选项被命名为 Audio、AirPlay）。
- ❑ 确保应用程序的音频会话采用了适当的类别，如 AVAudioSessionCategoryPlayback。

然后，为视频播放选择合适的 AVKit、AV Foundation 或 WebKit 框架。这取决于应用程序的特性和你想要提供的用户体验。例如，AVKit 框架提供了 AVPlayerViewController 类，它会为用户自动显示画中画按钮。如果使用 AVKit 支持画中画功能，但要退出特定的画中画视频，需要将播放器视图控制器的 allowsPictureInPicturePlayback 属性设置为 NO。

AVKit 还提供了 AVPictureInPictureController 类，可以和 AV Foundation 框架的 AVPlayerLayer 类一同使用。如果要为视频播放提供自己的视图控制器和自定义用户界面，可使用这个方法。如果支持画中画这种方式，但要退出特定视频画中画功能，请不要将视频的 AVPlayerLayer 与 AVPictureInPicture Controller 对象关联。只要用播放层实例化一个画中画控制器，这个播放视频层就有画中画的功能，选择退出的方式，不执行该实例化。

在 iOS 的 WebKit 框架中，类 WKWebView 支持画中画功能。如果使用 WebKit 支持画中画功能，但要退出特定视频的画中画，需要设定关联 View 实例的 allowsPictureInPictureMediaPlayback 属性为 NO。

如果有一个旧的应用，使用已弃用的 MPMoviePlayerViewController 或 MPMoviePlayerController 播放视频，那你必须采用高级的 iOS 视频播放框架来支持画中画。

注意： 通过选择 Settings→General→Multitasking，打开 Persistent Video Overlay，用户可以让禁用的画中画自动唤起。如果认为一切已设置妥当，但当按下 Home 键时发现视频不会进入画中画，请检查此项设置。当应用播放的视频转到画中画播放时，系统将管理视频内容的呈现，而应用会继续在后台运行。当应用在后台运行时，请确保丢弃不需要的资源，如视图控制器、视图、图像和数据缓存。在这种情况下，如果期望执行适当且必需的操作，如视频合成、音频处理、下载接下来播放的内容等，必须注意尽可能少地消耗资源。如果应用在后台消耗太多的资源，系统将终止它。

22.2　实战演练

本章前面已经讲解了 iOS 分屏多任务的基本知识。本节将通过具体实例的实现过程详细讲解开发分屏多任务程序的方法。

22.2.1　基于 Swift 使用 SlideOver 多任务

实例 22-1	基于 Swift 使用 SlideOver 多任务
源码路径	daima\22\SlideOverMenuSwift

实例 22-1 的实现方式如下。

（1）在故事板文件 Main.storyboard 中设置 3 种不同背景颜色的分视图，如图 22-3 所示。

（2）在项目的 Info.plist 文件的 Supported interface orientations (iPad)数组中，声明支持 4 个设备方向，如图 22-4 所示。

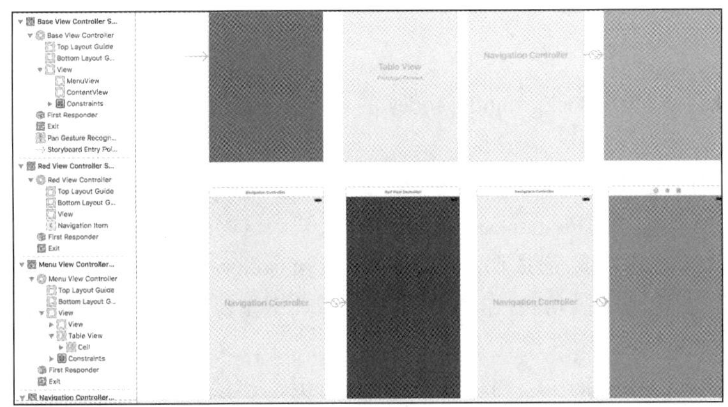

▲图 22-3　设置不同背景颜色的分视图

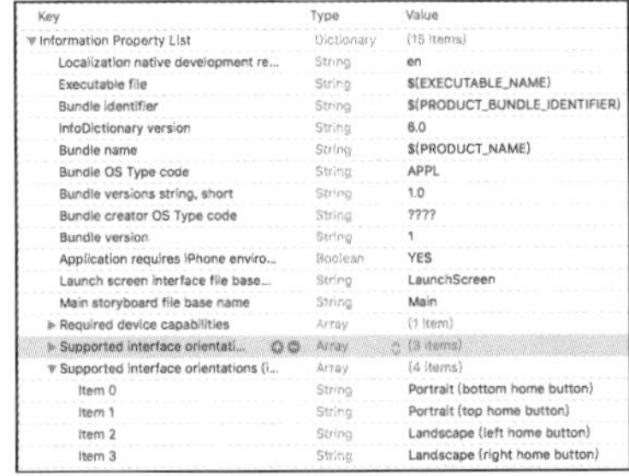

Key	Type	Value
▼Information Property List	Dictionary	(15 items)
Localization native development re...	String	en
Executable file	String	$(EXECUTABLE_NAME)
Bundle identifier	String	$(PRODUCT_BUNDLE_IDENTIFIER)
InfoDictionary version	String	6.0
Bundle name	String	$(PRODUCT_NAME)
Bundle OS Type code	String	APPL
Bundle versions string, short	String	1.0
Bundle creator OS Type code	String	????
Bundle version	String	1
Application requires iPhone enviro...	Boolean	YES
Launch screen interface file base...	String	LaunchScreen
Main storyboard file base name	String	Main
▶Required device capabilities	Array	(1 item)
▶Supported interface orientati...	Array	(3 items)
▼Supported interface orientations (i...	Array	(4 items)
Item 0	String	Portrait (bottom home button)
Item 1	String	Portrait (top home button)
Item 2	String	Landscape (left home button)
Item 3	String	Landscape (right home button)

▲图 22-4　声明支持 4 个设备方向

（3）系统默认主视图是 Base View Controller，对应文件 BaseViewController.swift，主要代码如下。

```
import UIKit

class BaseViewController: UIViewController {
```

```
    var menuVC:UIViewController!{
        didSet{
            view.layoutIfNeeded()
            menuView.addSubview(menuVC.view)

        }
    }

    var contentVC:UIViewController!{
        didSet{
            contentVC!.willMove(toParentViewController: contentVC)
            view.layoutIfNeeded()
            contentView.addSubview(contentVC.view)
        }
    }

    var originLeftMargin:CGFloat?

    @IBOutlet weak var leftMargin: NSLayoutConstraint!

    @IBOutlet weak var menuView: UIView!

    @IBOutlet weak var contentView: UIView!


    @IBAction func onPanContentView(_ panGestureRecognizer: UIPanGestureRecognizer) {

        let transition = panGestureRecognizer.translation(in: self.view)
        let velocity = panGestureRecognizer.velocity(in: self.view)

        if panGestureRecognizer.state == UIGestureRecognizerState.began {
            originLeftMargin = leftMargin.constant
        } else if panGestureRecognizer.state == UIGestureRecognizerState.changed {
            leftMargin.constant = originLeftMargin! + transition.x
        } else if panGestureRecognizer.state == UIGestureRecognizerState.ended {
            if(velocity.x > 0){
                leftMargin.constant = UIScreen.main().bounds.width - 100
            }else{
                leftMargin.constant = 0
            }
        }
    }
}
```

（4）第二个视图是滑动后的菜单视图如图 22-5 所示。对应的实现文件是 MenuViewController.swift，主要代码如下。

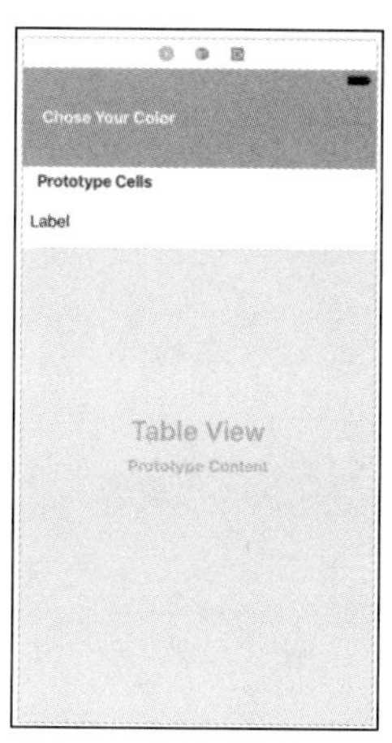

▲图 22-5　滑动后的菜单视图

```
import UIKit

class MenuViewController: UIViewController {

    var listItems = ["Red","Green","Blue"]
    var listViewController:[UIViewController] = []

    var baseVC:BaseViewController?

    override func viewDidLoad() {
        super.viewDidLoad()

        createListViewConroller()
    }
```

```
    override func didReceiveMemoryWarning() {
        super.didReceiveMemoryWarning()
    }

    func createListViewConroller(){
        let redVC = storyboard?.instantiateViewController(withIdentifier: "RedNavigation")
        let greenVC = storyboard?.instantiateViewController(withIdentifier: "GreenNavigation")
        let blueVC = storyboard?.instantiateViewController(withIdentifier: "BlueNavigation")
        listViewController.append(redVC!)
        listViewController.append(greenVC!)
        listViewController.append(blueVC!)
    }

}

extension MenuViewController:UITableViewDelegate, UITableViewDataSource{
func numberOfSections(in tableView: UITableView) -> Int {
        return 1
    }
    func tableView(_ tableView: UITableView, numberOfRowsInSection section: Int) -> Int {
        return listItems.count
    }
    func tableView(_ tableView: UITableView, cellForRowAt indexPath: IndexPath) ->
    UITableViewCell {
        let cell = tableView.dequeueReusableCell(withIdentifier: "Cell", for: indexPath) as!
        MenuCell
        cell.lblMenu.text = listItems[(indexPath as NSIndexPath).row]
        return cell
    }

    func tableView(_ tableView: UITableView, didSelectRowAt indexPath: IndexPath) {
        baseVC!.contentVC = listViewController[(indexPath as NSIndexPath).row]
        baseVC?.leftMargin.constant = 0
    }
}
```

（5）视图 Red View Controller 对应的程序文件是 RedViewController.swift，视图 Green View Controller 对应的程序文件是 GreenViewController.swift，视图 Blue View Controller 对应的程序文件是 BlueViewController.swift。上述 3 个文件的实现原理完全一样，为节省篇幅本书将不再一一列出。执行后将实现分屏多任务功能，如图 22-6 所示。

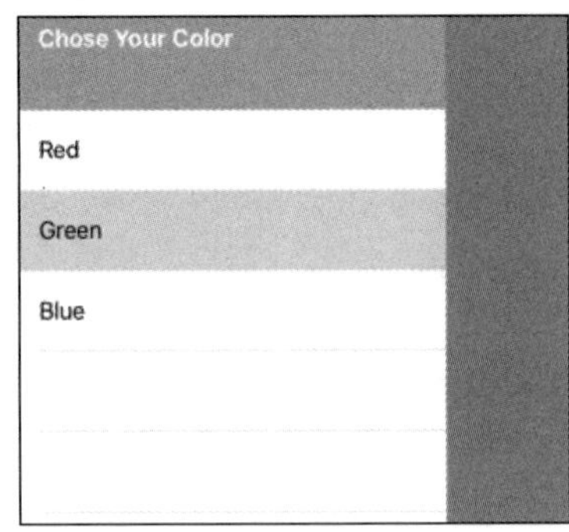

▲图 22-6　执行结果

22.2.2 基于 Objective-C 使用 SplitView 多任务

实例 22-2	基于 Objective-C 使用 SplitView 多任务
源码路径	daima\22\iOS_ObjectiveC_SplitViewController

实例 22-2 的实现方式如下。

（1）启动 Xcode，在 Main.storyboard 中设置多个分视图，如图 22-7 所示。

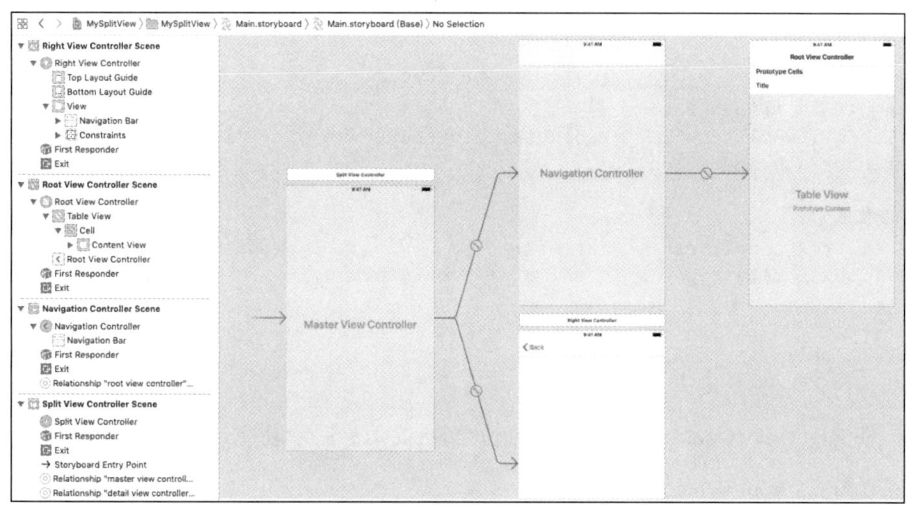

▲图 22-7 设置多个分视图

（2）在项目的 Info.plist 文件的 Supported interface orientations (iPad)数组中，声明支持 4 个设备方向，如图 22-8 所示。

▼Supported interface orientations (iPad)	Array	(4 items)
Item 0	String	Portrait (bottom home button)
Item 1	String	Portrait (top home button)
Item 2	String	Landscape (left home button)
Item 3	String	Landscape (right home button)

▲图 22-8 声明支持 4 个设备方向

（3）文件 LeftViewController.m 实现左侧分割栏的列表信息，主要代码如下。

```
- (void)viewDidLoad {
    [super viewDidLoad];

    //取消下面的注释行以保留列表之间的选择
    //self.clearsSelectionOnViewWillAppear = NO;
    //取消注释以下行，以便在该视图控制器的导航栏中显示一个编辑按钮
    //self.navigationItem.rightBarButtonItem = self.editButtonItem;
    self.animals = [NSMutableArray arrayWithObjects:@"Cat", @"Dog", @"Ayam", @"Lembu",
    @"Kuda", nil];


}

- (void)didReceiveMemoryWarning {
    [super didReceiveMemoryWarning];
    //处理可重新创建的任何资源
}
```

```
#pragma mark - Table view data source

- (NSInteger)numberOfSectionsInTableView:(UITableView *)tableView {
    return 1;
}

- (NSInteger)tableView:(UITableView *)tableView numberOfRowsInSection:(NSInteger)
   section {
//return 10;
    return [self.animals count];
}


- (UITableViewCell *)tableView:(UITableView *)tableView cellForRowAtIndexPath:
  (NSIndexPath *)indexPath {
    UITableViewCell *cell = [tableView dequeueReusableCellWithIdentifier:@"Cell"
    forIndexPath:indexPath];

    //配置单元格
    //cell.textLabel.text = @"Hello";
    cell.textLabel.text = self.animals[indexPath.row];


    return cell;
}
```

（4）文件 RightViewController.m 实现右侧分割栏的信息展示功能，主要代码如下。

```
-(void)viewWillAppear:(BOOL)animated
{
    [super viewWillAppear:animated];

    if (self.splitViewController.displayMode ==
        UISplitViewControllerDisplayModePrimaryHidden)
    {
        self.navBarItem.leftBarButtonItem =
            [[UIBarButtonItem alloc] initWithTitle:@"Menu"
                     style:self.splitViewController.displayModeButtonItem.style
                    target:self.splitViewController.displayModeButtonItem.target
                    action:self.splitViewController.displayModeButtonItem.action];
    }
    else
    {
        self.navBarItem.leftBarButtonItem = nil;
    }
}


-(void)splitViewController:(UISplitViewController *)svc
  willChangeToDisplayMode:(UISplitViewControllerDisplayMode)displayMode
{
    if (displayMode == UISplitViewControllerDisplayModePrimaryHidden)
    {
        //纵向模式
        self.navBarItem.leftBarButtonItem =
            [[UIBarButtonItem alloc] initWithTitle:@"Menu"
                     style:self.splitViewController.displayModeButtonItem.style
                    target:self.splitViewController.displayModeButtonItem.target
                    action:self.splitViewController.displayModeButtonItem.action];
    }
    else
    {
```

```
        //横向模式
        self.navBarItem.leftBarButtonItem = nil;

    }
}
```

执行结果如图 22-9 所示。

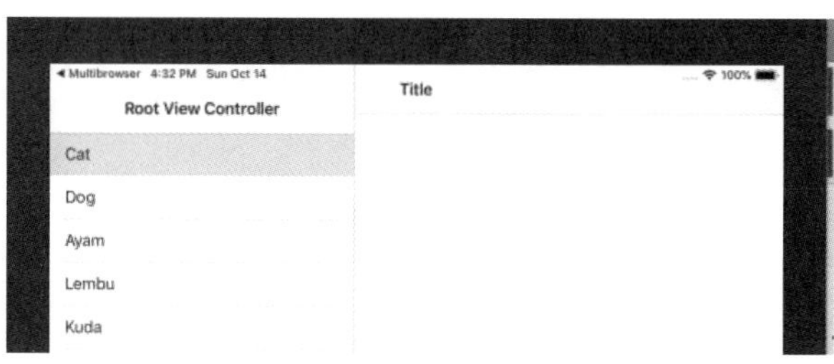

▲图 22-9 执行结果

22.2.3 基于 Swift 使用 SplitView 多任务

实例 22-3	基于 Swift 使用 SplitView 多任务
源码路径	daima\22\SplitViewController

实例 22-3 的实现方式如下。

（1）启动 Xcode，在故事板文件 Main.storyboard 中设置多个分视图，如图 22-10 所示。

（2）在项目的 Info.plist 文件的 Supported interface orientations (iPad)数组中，声明支持 4 个设备方向，如图 22-11 所示。

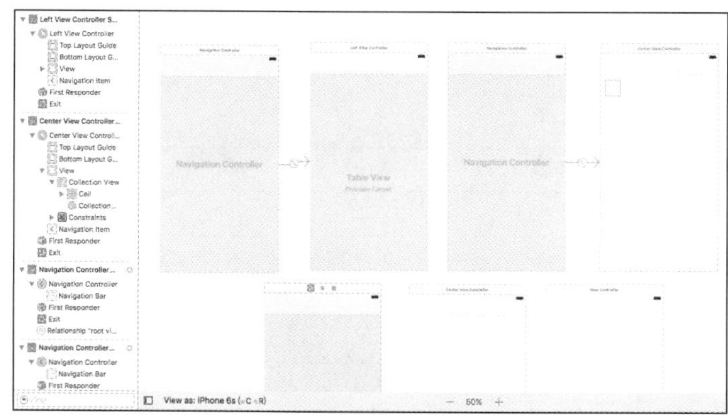

▲图 22-10 设置多个分视图

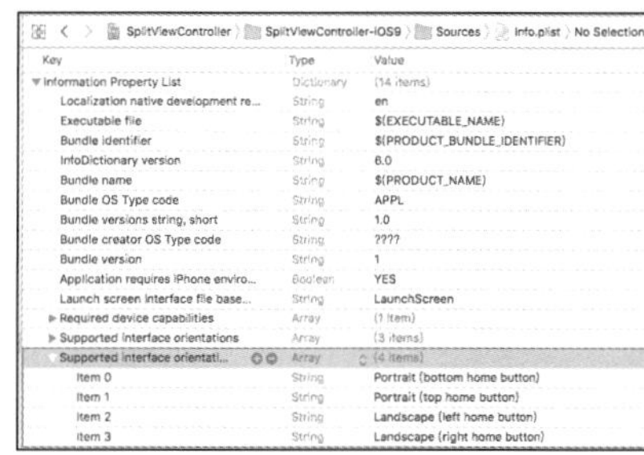

▲图 22-11 声明支持 4 个设备方向

（3）文件 AppDelegate.swift 的功能是设置故事板的总体界面布局，主要代码如下。

```
import UIKit

@UIApplicationMain
class AppDelegate: UIResponder, UIApplicationDelegate {

  var window: UIWindow?
  func application(_ application: UIApplication, didFinishLaunchingWithOptions laun-
chOptions: [NSObject: AnyObject]?) -> Bool {
    let splitViewController = AZSplitController()

    window = UIWindow(frame: UIScreen.main().bounds)
    window?.makeKeyAndVisible()
```

```
        window?.rootViewController = splitViewController

        splitViewController.sideController = (UIStoryboard(name: "Main", bundle: nil).
        instantiateViewController(withIdentifier: "Left") as! UINavigationController)
        splitViewController.mainController = (UIStoryboard(name: "Main", bundle: nil).
        instantiateViewController(withIdentifier: "Center") as! UINavigationController)
        splitViewController.templateViewController = (UIStoryboard(name: "Main", bundle:
        nil).instantiateViewController(withIdentifier: "AnotherCenter") as! UINavigationC-
        ontroller).viewControllers.first

        return true
    }
}
```

（4）文件 AZSplitViewController.swift 的功能是实现多视图布局（程序见配套资源）。

（5）文件 LeftViewController.swift 的功能是分割左侧视图（程序见配套资源）。

（6）文件 CenterViewController.swift 的功能是分割中间视图（程序见配套资源）。

执行后的分屏效果如图 22-12 所示，单击左侧 Collection VC 后的效果如图 22-13 所示。

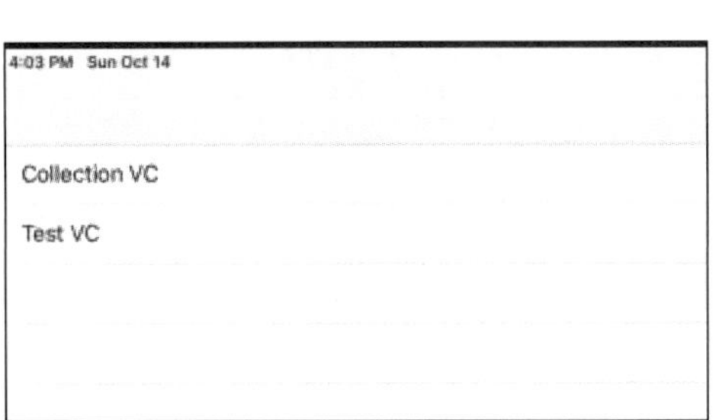

▲图 22-12　分屏效果

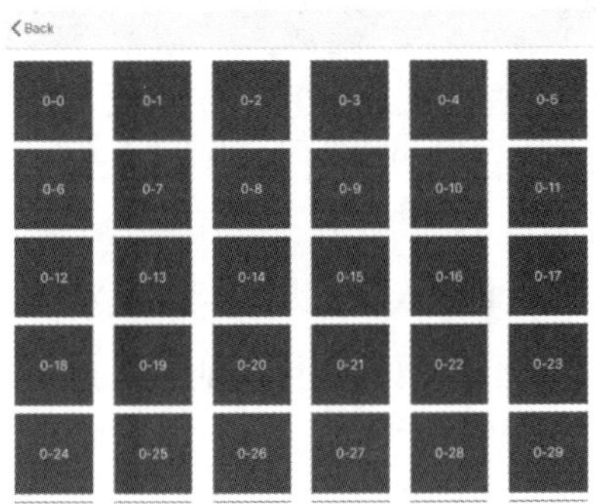

▲图 22-13　单击左侧 Collection VC 后的效果

22.2.4　基于 Swift 开发一个分割多视图的浏览器

实例 22-4	基于 Swift 开发一个分割多视图的浏览器
源码路径	daima\22\Multibrowser

实例 22-4 的实现方式如下。

（1）在故事板文件 Main.storyboard 中设置一个具有文本框的浏览器视图，如图 22-14 所示。

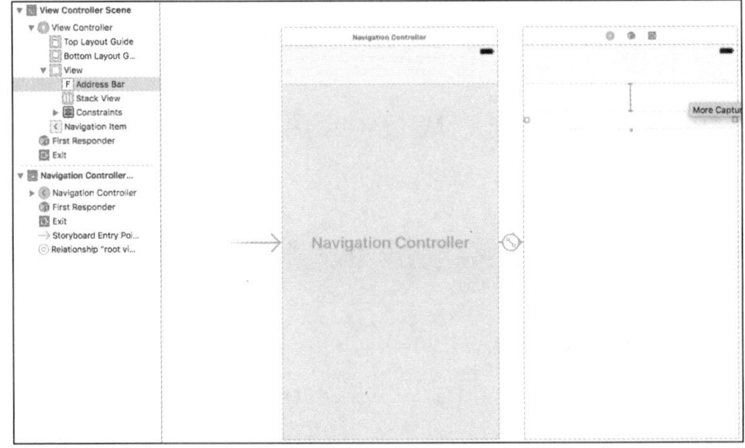

▲图 22-14　设置一个具有文本框的浏览器视图

（2）编写实例文件 ViewController.swift，功能是监听用户端屏幕上的按钮，根据监听结果增加分割视图或删除分割视图。主要代码如下。

```
import UIKit

class ViewController: UIViewController, UIWebViewDelegate, UITextFieldDelegate,
UIGestureRecognizerDelegate {
    weak var activeWebView: UIWebView?
    @IBOutlet weak var addressBar: UITextField!
    @IBOutlet weak var stackView: UIStackView!
    override func viewDidLoad() {
        super.viewDidLoad()
        self.setDefaultTitle()
        let addWebViewBarButtonItem = UIBarButtonItem(barButtonSystemItem: .add,
        target: self, action: #selector(ViewController.addWebView))
        let deleteWebViewBarButtonItem = UIBarButtonItem(barButtonSystemItem: .trash,
        target: self, action: #selector(ViewController.deleteWebView))
        self.navigationItem.rightBarButtonItems = [addWebViewBarButtonItem,
        deleteWebViewBarButtonItem]
    }
    override func didReceiveMemoryWarning() {
        super.didReceiveMemoryWarning()
    }

    override func traitCollectionDidChange(_ previousTraitCollection: UITraitCollection?) {
        self.stackView.axis = self.traitCollection.horizontalSizeClass ==
        UIUserInterfaceSizeClass.compact ? .vertical : .horizontal

    }

    func gestureRecognizer(_ gestureRecognizer: UIGestureRecognizer, should
    RecognizeSimultaneouslyWith otherGestureRecognizer: UIGestureRecognizer) -> Bool {
        return true
    }

    func textFieldShouldReturn(_ textField: UITextField) -> Bool {
        guard let webView = self.activeWebView, address = self.addressBar.text!.hasPrefix
        ("https://") ? self.addressBar.text : "https://\(self.addressBar.text!)"  else
        { return false }
        guard let url = URL(string: address) else { return false }
        webView.loadRequest(URLRequest(url: url))

        textField.resignFirstResponder()
        return true
    }

    func webViewDidFinishLoad(_ webView: UIWebView) {
        if webView == self.activeWebView { self.updateUIUsingWebView(webView) }
    }


    func addWebView() {
        let webView = UIWebView()
        webView.delegate = self

        self.stackView.addArrangedSubview(webView)

        let url = URL(string: "*****//***.apple***")!
        webView.loadRequest(URLRequest(url: url))
```

```
        webView.layer.borderColor = UIColor.blue().cgColor
        self.selectWebView(webView)

        let tapGR = UITapGestureRecognizer(target: self, action:
        #selector(ViewController.webViewTapped(_:)))
        tapGR.delegate = self
    }

    func deleteWebView() {
        guard let currentWebView = self.activeWebView else { return }
        guard let index = self.stackView.arrangedSubviews.index(of: currentWebView)
        else { return }
        self.stackView.removeArrangedSubview(currentWebView)
        currentWebView.removeFromSuperview()

        if self.stackView.arrangedSubviews.count == 0 {
            self.setDefaultTitle()
        }
        else {
            var currentIndex = Int(index)
            if currentIndex == self.stackView.arrangedSubviews.count {
                currentIndex = self.stackView.arrangedSubviews.count - 1
            }
            if let newSelectedWebView = self.stackView.arrangedSubviews[currentIndex]
            as? UIWebView {
                self.selectWebView(newSelectedWebView)
            }
        }
    }

    func updateUIUsingWebView(_ webView: UIWebView) {
        self.title = webView.stringByEvaluatingJavaScript(from: "document.title")
        self.addressBar.text = webView.request?.url?.absoluteString ?? ""

    }

    func selectWebView(_ webView: UIWebView) {
        for view in self.stackView.arrangedSubviews {
            view.layer.borderWidth = 0
        }

        self.activeWebView = webView
        webView.layer.borderWidth = 3

        self.updateUIUsingWebView(webView)
    }

    func setDefaultTitle() {
        self.title = "Multibrowser"
    }

    func webViewTapped(_ recognizer: UITapGestureRecognizer) {
        if let selectedWebView = recognizer.view as? UIWebView {
            self.selectWebView(selectedWebView)
        }
    }
}
```

执行后在文本框中可以输入网址，默认是苹果公司主页，我们可以输入别的网址进行浏览。单击“+”按钮会增加分割视图，单击按钮会减少分割视图，执行结果如图 22-15 所示。

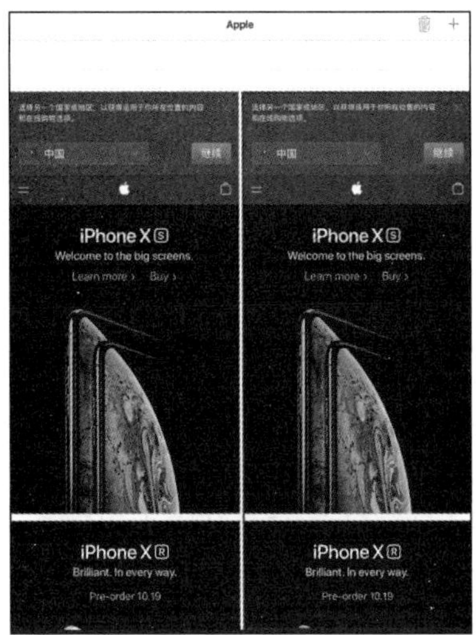

▲图 22-15　执行结果

第23章　定 位 处 理

随着当代科学技术的发展，移动导航和定位处理技术已经成为人们生活中的一部分，大大方便了人们的生活。利用 iOS 设备中的 GPS 功能，可以精确地获取位置数据。本章将分别讲解 iOS 位置检测硬件、如何读取并显示位置信息、如何使用指南针确定方向，介绍使用 Core Location 和磁性指南针的基本流程。

23.1 通过 iOS 模拟器调试定位程序的方法

在真机中调试具有定位功能的应用程序十分简单，只需打开 GPS 即可。其实在 iOS 模拟器中也可以调试定位程序，开发者可以在应用程序运行时设置模拟的位置。一种方法是在 Xcode 中启动应用程序时，选择菜单栏中的 View→Debug Area→Activate Console，如图 23-1 所示。

此时在下方出现调试面板，如图 23-2 所示。单击图标，在弹出的界面中，选择一个当前位置，如图 23-3 所示。

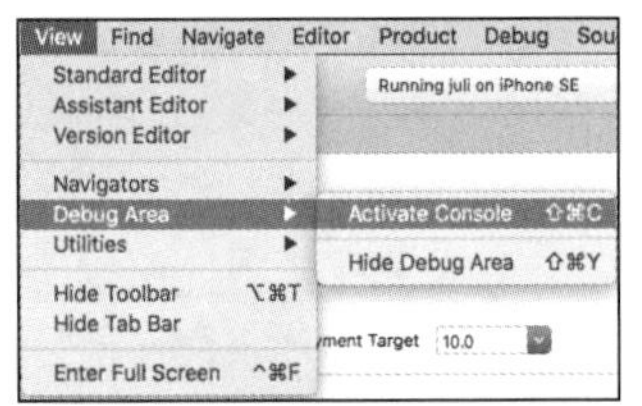

▲图 23-1　选择 Activate Console 菜单

▲图 23-2　调试面板

另外一种方法是在 iOS 模拟器中依次选择菜单栏中的 Debug→Simulate Location，在弹出的子菜单中可以选择一个当前位置，如图 23-4 所示。

▲图 23-3　选择一个当前位置

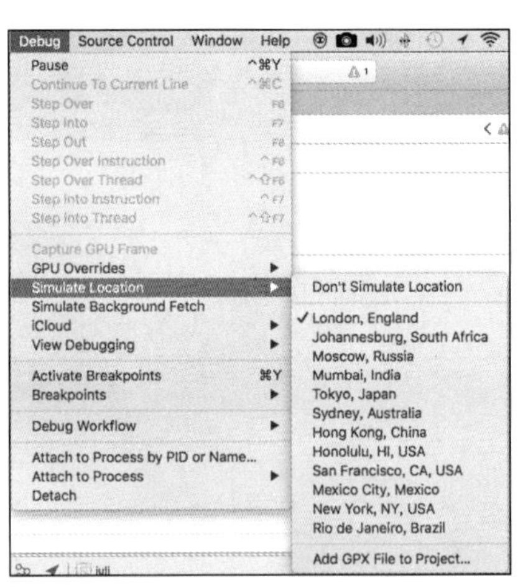

▲图 23-4　选择Debug→Simulate Location

注意，要让应用程序使用你的当前位置，你必须设置位置；否则，当单击 OK 按钮时，它将提示无法获取位置。如果你犯了这种错误，可在 Xcode 中停止执行应用程序，将应用程序从 iOS 模拟器中卸载，然后再次运行它，这样它将再次提示输入位置信息。

23.2 Core Location 框架

Core Location 是 iOS SDK 中一个提供设备位置的框架，通过这个框架可以实现定位处理。本节将简要介绍 Core Location 框架的基本知识。

23.2.1 Core Location 的基础知识

根据设备的当前位置（在服务区、在大楼内等），你可以选择如下 3 种定位方法。

- 使用 GPS。使用这种方法可以精确地定位你当前所在的地理位置，但由于 GPS 接收机需要对准天空才能工作，因此在室内环境中基本无用。
- 使用手机基站。当手机开机时会与周围的基站保持联系，如果你知道这些基站的身份，就可以使用各种数据库（包含基站的身份和它们的确切地理位置）计算出手机的物理位置。基站不需要卫星，和 GPS 不同，它在室内环境中也可用。但它没有 GPS 那样精确，它的精度取决于基站的密度，它在基站密集型区域中的精确度很高。
- 使用 Wi-Fi 网络。当使用这种方法时，将设备连接到 Wi-Fi 网络，通过检查服务提供商的数据确定位置，它既不依赖卫星，也不依赖基站，因此这个方法对于可以连接到 Wi-Fi 网络的区域有效，但它的精确度是这 3 种方法中最低的。

在这些方法中，GPS 最精准，如果有 GPS 硬件，Core Location 将优先使用它。如果设备没有 GPS 硬件或使用 GPS 获取当前位置时失败，Core Location 将退而求其次，选择使用蜂窝网络或 Wi-Fi 网络。

在 Core Location 框架中，涉及定位处理的类有 CLLocationManager、CLLocation、CLLocationManagerDelegate、CLLocationCoordinate2D 和 CLLocationDegrees。

23.2.2 使用流程

首先，实例化一个 CLLocationManager，同时设置委托及准确度等。

```
CCLocationManager *manager = [[CLLocationManager alloc] init];      //初始化定位器
[manager setDelegate: self];                                         //设置委托
[manager setDesiredAccuracy: kCLLocationAccuracyBest];               //设置准确度
```

其中，DesiredAccuracy 属性表示准确度，它有 5 种值，如表 23-1 所示。

表 23-1 DesiredAccuracy 属性的值

DesiredAccuracy 属性的值	描　述
kCLLocationAccuracyBest	准确度最佳
kCLLocationAccuracyNearestTenMeters	准确度在 10m 以内
kCLLocationAccuracyHundredMeters	准确度在 100m 以内
kCLLocationAccuracyKilometer	准确度在 1000m 以内
kCLLocationAccuracyThreeKilometers	准确度在 3000m 以内

定位的准确度要根据实际情况而定。

```
manager.distanceFilter = 250;//表示在地图上每隔 250m 才更新一次定位信息
[manager startUpdateLocation];//用于启动定位器
stopUpdateLocation //关闭定位功能
```

CCLocation 对象包含着定位的相关信息，其属性主要包括 coordinate、location、altitude、horizontalAccuracy、verticalAccuracy、timestamp 等，具体说明如下。

- coordinate：用来存储地理位置的 latitude 和 longitude，分别表示纬度和经度，都是 float 类型。
- location：CCLocation 的实例，它其实属于 double 类型，在 Core Location 框架中用来存储 CLLocationCoordinate2D 实例 coordinate 的 latitude 和 longitude。
- altitude：表示位置的海拔，这个值是极不准确的。
- horizontalAccuracy：表示水平准确度，是以 coordinate 为圆心的半径，返回的值越小，证明准确度越好。如果它是负数，则表示 Core Location 定位失败。
- verticalAccuracy：表示垂直准确度，它的返回值与 altitude 相关，所以不准确。
- timestamp：用于返回定位的时间，是 NSDate 类型。

要使用 CLLocationManagerDelegate 协议，我们只需实现如下两个方法即可。

```
- (void)locationManager:(CLLocationManager *)manager
didUpdateToLocation:(CLLocation *)newLocation
   fromLocation:(CLLocation *)oldLocation ;
- (void)locationManager:(CLLocationManager *)manager
   didFailWithError:(NSError *)error;
```

其中第一个方法在定位时调用，第二个方法在定位出错时调用。

最后，编写实现定位的代码，通过上述流程实现简单的定位功能。

23.2.3　基于 Swift 通过定位显示当前的位置信息

实例 23-1	基于 Swift 通过定位显示当前的位置信息
源码路径	daima\23\CoreLocationStarter

实例 23-1 的实现方式如下。

（1）启动 Xcode，在故事板中设置显示两个视图界面的控件，如图 23-5 所示。

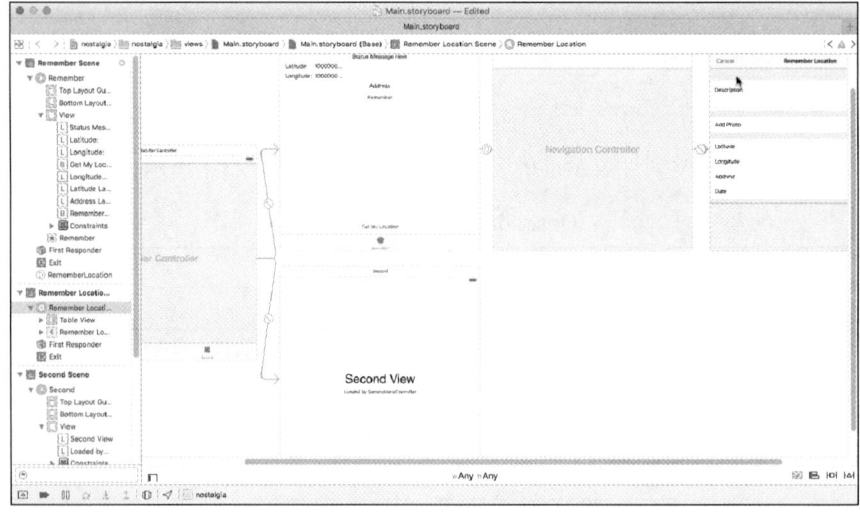

▲图 23-5　设置控件

（2）视图控制器文件 LocationViewController.swift 的功能是调用 CLLocationManager 获取当前的位置，通过函数 updateUI 及时更新 UI 视图，这样可以及时显示位置更新信息。其主要代码如下。

```
@IBAction func getMyLocationButtonPressed(_ sender: UIButton) {
     let authStatus = CLLocationManager.authorizationStatus()

     if authStatus == .notDetermined {
        locationManager.requestWhenInUseAuthorization()
        return
     } else if authStatus == .denied || authStatus == .restricted {
         showLocationServicesDeniedAlert()
         return
     }
        //位置更新
        if updatingLocation {
            stopLocationManager()
        } else {
            location = nil
            lastLocationError = nil
            placemark = nil
            lastGeocodingError = nil
            startLocationManager()
        }

        updateUI()
    }
    //属性
    let locationManager = CLLocationManager()
    var location: CLLocation?
    var updatingLocation = false
    var lastLocationError: NSError?
    //可以执行地理编码的对象
    let geocoder = CLGeocoder()
    //对象的地址以及结果
    var placemark: CLPlacemark?
    var performingReverseGeocoding = false
    var lastGeocodingError: NSError?
    //更新 UI 函数，及时获取当前的地址信息
    func updateUI() {
        if let location = location {
            latitudeLabel.text = String(format: "%.8f", location.coordinate.latitude)
            longitudeLabel.text = String(format: "%.8f", location.coordinate.longitude)
            if updatingLocation {
                statusMessageLabel.text = "Getting more accurate coordinates..."
                addressLabel.text = ""
            } else {
                statusMessageLabel.text = ""
            }

            if let placemark = placemark {
                addressLabel.text = stringFromPlacemark(placemark)
                rememberButton.setTitle("Remember", forState: .Normal)
                rememberButton.hidden = false
            } else if performingReverseGeocoding {
                addressLabel.text = "Searching for Address..."
            } else if lastGeocodingError != nil {
                addressLabel.text = "Error Finding Address"
            } else if updatingLocation {
                addressLabel.text = "Waiting for accurate GPS coordinates"
```

```
            } else {
                addressLabel.text = "No Address Found"
            }
        } else {
            latitudeLabel.text = ""
            longitudeLabel.text = ""
            addressLabel.text = ""
            rememberButton.hidden = true
            var statusMessage = ""
            if let error = lastLocationError {
                if error.domain == kCLErrorDomain && error.code == CLError.Denied.rawValue {
                    statusMessage = "Location Services Disabled"
                }
            } else if !CLLocationManager.locationServicesEnabled() {
                statusMessage = "Location Services Disabled"
            } else if updatingLocation {
                statusMessage = "Searching..."
            } else {
                statusMessage = "Tap 'Get My Location' to Start"
            }
            statusMessageLabel.text = statusMessage
        }
        configureGetButton()
    }
    //开始定位处理
    func startLocationManager() {
        if CLLocationManager.locationServicesEnabled() {
            locationManager.delegate = self
            locationManager.desiredAccuracy = kCLLocationAccuracyNearestTenMeters
            locationManager.startUpdatingLocation()
            updatingLocation = true
        }
    }
    //结束定位处理
    func stopLocationManager() {
        if updatingLocation {
            locationManager.stopUpdatingLocation()
            locationManager.delegate = nil
            updatingLocation = false
        }
    }

    func locationManager(manager: CLLocationManager, didUpdateLocations locations:
    [AnyObject]) {
        let newLocation = locations.last as! CLLocation
        print("didUpdateLocations \(newLocation)")
        //忽略缓存的位置
        if newLocation.timestamp.timeIntervalSinceNow < -5 {
            return
        }
        //负数无效
        if newLocation.horizontalAccuracy < 0 {
            return
        }
        if location == nil || location!.horizontalAccuracy >
        newLocation.horizontalAccuracy {
            //清除以前的任何错误和更新 UI
            lastLocationError = nil
            location = newLocation
            updateUI()
            //如果新的位置的准确度等于或优于所需的准确度，则停止定位
```

```
            if newLocation.horizontalAccuracy <= locationManager.desiredAccuracy {
                print("done")
                stopLocationManager()
                if !performingReverseGeocoding {
                    self.updateUI()
                    print("*** Going to geocode")
                    performingReverseGeocoding = true
                    geocoder.reverseGeocodeLocation(location!, completionHandler: {
                        placemarks, error in

                        print("*** Found placemarks: \(placemarks), error: \(error)")

                        self.performingReverseGeocoding = false
                        self.updateUI()
                    })
                }
                self.updateUI()
            }
        }
    }
    //位置服务权限
    func showLocationServicesDeniedAlert() {
        let alert = UIAlertController(title: "Location Services Disabled", message:
        "Please enable location services for this app in Settings", preferredStyle: .Alert)
        let okAction = UIAlertAction(title: "Ok", style: .Default, handler: nil)
        alert.addAction(okAction)
        presentViewController(alert, animated: true, completion: nil)
    }
}
```

执行结果如图 23-6 所示。

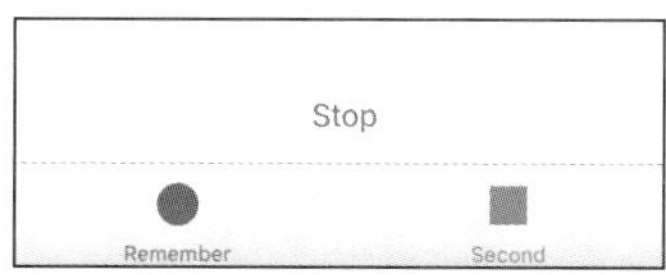

▲图 23-6　执行结果

23.3 获取位置

Core Location 的大多数功能是由位置管理器提供的，后者是 CLLocationManager 类的一个实例。我们使用位置管理器来指定位置更新的频率和精度，以及何时开始和停止接收这些更新。要使用位置管理器，必须首先将框架 Core Location 加入项目中，再导入其如下接口文件。

```
#import <CoreLocation/CoreLocation.h>
```

接下来，需要分配并初始化一个位置管理器实例，指定将接收位置更新的委托并启动更新，代码如下。

```
CLLocationManager *locManager=  [[CLLocationManager alloc]  init ];
locManager.delegate=self;
[locManager startUpdatingLocation];
```

应用程序接收完更新（通常一个更新就够了）后，使用位置管理器的 stopUpdatingLocation 方法停止接收更新。

23.3.1　位置管理器委托

位置管理器委托协议定义了用于接收位置更新的方法。对于被指定为委托以接收位置更新的类，必须遵守协议 CLLocationManagerDelegate。该委托有如下两个与位置相关的方法。

- locationManager:didUpdateToLocation:fromLocation。
- locationManager:didFailWithError。

方法 locationManager:didUpdateToLocation:fromLocation 的参数为一个位置管理器对象和两个 CLLocation 对象（其中一个表示新位置，另一个表示以前的位置）。CLLocation 实例有一个 coordinate 属性，该属性是一个包含 longitude 和 latitude 的结构，而 longitude 和 latitude 的类型为 CLLocationDegrees。CLLocationDegrees 是类型为 double 的浮点数的别名。对于不同的地理位置，定位方法的准确度也不同，而同一种方法的准确度随计算时可用的点数（卫星、蜂窝基站和 Wi-Fi 热点）而异。CLLocation 通过属性 horizontalAccuracy 指出了测量准确度。

位置准确度通过一个圆表示，实际位置可能位于这个圆内的任何地方。这个圆是由属性 coordinate 和 horizontalAccuracy 表示的，其中前者表示圆心，而后者表示半径。属性 horizontalAccuracy 的值越大，它定义的圆就越大，因此位置准确度越低。如果属性 horizontalAccuracy 的值为负值，则表明 coordinate 的值无效，应忽略它。

除经度和纬度之外，CLLocation 还以米为单位提供了海拔（altitude 属性）。该属性是一个 CLLocationDistance 实例，而 CLLocationDistance 也是 double 型浮点数的别名。正数表示在海平面之上，零表示在海平面上，而负数表示在海平面之下。还有另一种准确度——verticalAccuracy，它表示海拔的准确度。若 verticalAccuracy 为正数或零，表示海拔的误差为相应的米数；若为负数，表示 altitude 的值无效。

另外，CLLocation 还有一个 speed 属性，该属性是通过比较当前位置和前一个位置，并比较它们之间的时间差异和距离计算得到的。由于 Core Location 更新的频率，speed 属性的值不是非常精确，除非移动速度的变化很小。

23.3.2　获取航向

位置管理器中的 headingAvailable 属性能够指出设备是否装备了磁性指南针。如果该属性的值为 YES，便可以使用 Core Location 来获取航向（heading）信息。接收航向更新与接收位置更新极其相似，要开始接收航向更新，你可以指定位置管理器委托，设置属性 headingFilter 以指定要以什么样的频率（以航向变化的度数度量）接收更新，并对位置管理器调用方法 startUpdatingHeading，例如下面的代码。

```
locManager.delegate=self;
locManager.headingFilter=10
 [locManager startUpdatingHeading];
```

其实并没有准确的北方，地理学意义上的北方是固定的，即北极；而磁北每天都在移动。磁性指南针总是指向磁北，但对于有些电子指南针（如 iPhone 和 iPad 中的指南针），你可通过编程使其指向地理学意义上的北方。通常，当我们同时使用地图和指南针时，地理学意义上的北方更有用。请务必理解地理学意义上的北方和磁北之间的差别，并知道在应用程序中使用哪个。如果你使用相对于地理学意义上的北方的航向（属性 trueHeading），请同时向位置管理器请求位置更新和航向更新；否则，trueHeading 将不正确。

位置管理器委托协议定义了用于接收航向更新的方法。该协议有如下两个与航向相关的方法。

- ❑ locationManager:didUpdateHeading：其参数是一个 CLHeading 对象。
- ❑ locationManager:ShouldDisplayHeadingCalibration：通过一组属性来提供航向读数（magnetic Heading 和 trueHeading），这些值的单位为度，类型为 CLLocationDirection，即双精度浮点数。具体说明如下。
  - 如果航向为0.0°，则前进方向为北。
  - 如果航向为90.0°，则前进方向为东。
  - 如果航向为180.0°，则前进方向为南。
  - 如果航向为270.0°，则前进方向为西。

另外，CLHeading 对象还包含属性 headingAccuracy（准确度）、timestamp（读数的测量时间）和 description（描述更新）。

注意：iOS 模拟器将报告航向数据可用，并且只提供一次航向更新。

23.3.3　定位当前的位置信息

实例 23-2	定位当前的位置信息
源码路径	daima\23\MMLocationManager

实例 23-2 的实现方式如下。

（1）编写文件 MMLocationManager.h 定义定位接口，在文件 MMLocationManager.m 中使用 MapView 实现定位功能，获取当前位置的坐标和地址信息，以精确获取街道信息。

（2）编写视图控制器文件 TestViewController.m，在屏幕上设置 4 个按钮，分别用于获取当前所在的坐标、城市、地址以及所有信息。文件 TestViewController.m 的主要代码如下。

```
#define IS_IOS7 ([[[UIDevice currentDevice] systemVersion] floatValue] >= 7)
#import "TestViewController.h"
#import "MMLocationManager.h"
@interface TestViewController ()
@property(nonatomic,strong)UILabel *textLabel;
@end
@implementation TestViewController
- (id)initWithNibName:(NSString *)nibNameOrNil bundle:(NSBundle *)nibBundleOrNil
{
    self = [super initWithNibName:nibNameOrNil bundle:nibBundleOrNil];
    if (self) {
    }
    return self;
}
- (void)viewDidLoad
{
    [super viewDidLoad];
    _textLabel = [[UILabel alloc] initWithFrame:CGRectMake(0, IS_IOS7 ? 30 : 10, 320, 60)];
    _textLabel.backgroundColor = [UIColor clearColor];
    _textLabel.font = [UIFont systemFontOfSize:15];
    _textLabel.textColor = [UIColor blackColor];
    _textLabel.textAlignment = NSTextAlignmentCenter;
    _textLabel.numberOfLines = 0;
    _textLabel.text = @"测试位置";
    [self.view addSubview:_textLabel];
    UIButton *latBtn = [UIButton buttonWithType:UIButtonTypeRoundedRect];
    latBtn.frame = CGRectMake(100,IS_IOS7 ? 100 : 80, 120, 30);
    [latBtn setTitle:@"获取坐标" forState:UIControlStateNormal];
```

```
    [latBtn setTitleColor:[UIColor blackColor] forState:UIControlStateNormal];
    [latBtn addTarget:self action:@selector(getLat) forControlEvents:UIControlEventTouchUpInside];
    [self.view addSubview:latBtn];

    UIButton *cityBtn = [UIButton buttonWithType:UIButtonTypeRoundedRect];
    cityBtn.frame = CGRectMake(100,IS_IOS7 ? 150 : 130, 120, 30);
    [cityBtn setTitle:@"获取城市" forState:UIControlStateNormal];
    [cityBtn setTitleColor:[UIColor blackColor] forState:UIControlStateNormal];
    [cityBtn addTarget:self action:@selector(getCity) forControlEvents:UIControlEventTouchUpInside];
    [self.view addSubview:cityBtn];

    UIButton *addressBtn = [UIButton buttonWithType:UIButtonTypeRoundedRect];
    addressBtn.frame = CGRectMake(100,IS_IOS7 ? 200 : 180, 120, 30);
    [addressBtn setTitle:@"获取地址" forState:UIControlStateNormal];
    [addressBtn setTitleColor:[UIColor blackColor] forState:UIControlStateNormal];
    [addressBtn addTarget:self action:@selector(getAddress)
    forControlEvents:UIControlEventTouchUpInside];
    [self.view addSubview:addressBtn];

    UIButton *allBtn = [UIButton buttonWithType:UIButtonTypeRoundedRect];
    allBtn.frame = CGRectMake(100,IS_IOS7 ? 250 : 230, 120, 30);
    [allBtn setTitle:@"获取所有信息" forState:UIControlStateNormal];
    [allBtn setTitleColor:[UIColor blackColor] forState:UIControlStateNormal];
    [allBtn addTarget:self action:@selector(getAllInfo)
    forControlEvents:UIControlEventTouchUpInside];
    [self.view addSubview:allBtn];
}
```

执行结果如图 23-7 所示。

▲图 23-7　执行结果

23.4 基于 Objective-C 创建支持定位的应用程序

实例 23-3	基于 Objective-C 创建支持定位的应用程序
源码路径	daima\23\juli-obj

本实例的功能是，得到当前位置距离苹果公司总部的距离。在创建该应用程序时，将分两步进行。首先使用 Core Location 指出当前位置离苹果公司总部有多少英里。然后，使用设备指南针显示一个箭头，在用户偏离轨道时指明正确方向。在具体实现时，先创建一个位置管理器实例，并使用其方法计算当前位置离苹果公司总部有多远。在计算距离期间，我们将显示一条消息，让用户耐心等待。如果用户位于苹果公司总部，我们将表示祝贺；否则，以英里为单位显示离苹果公司总部有多远。

23.4.1 创建项目

在 Xcode 中，使用模板 Single View Application 创建一个项目，并将其命名为 juli，如图 23-8 所示。

▲图 23-8 命名项目

1. 添加 Core Location 框架

因为在默认情况下并没有链接 Core Location 框架，所以需要添加它。选择项目 Cupertino 的根目录，并确保编辑器中当前显示的是 Summary 选项卡。接下来，在该选项卡中向下滚动到 Linked Libraries and Frameworks 部分，单击列表下方的“+”按钮，在出现的列表中选择 CoreLocation.framework，再单击 Add 按钮，如图 23-9 所示。

2. 添加背景图像资源

将素材文件夹 Images（它包含 apple.png）拖曳到项目导航器的 juli 文件夹中（见图 23-10），在 Xcode 提示时选择复制文件并创建文件夹，如图 23-10 所示。

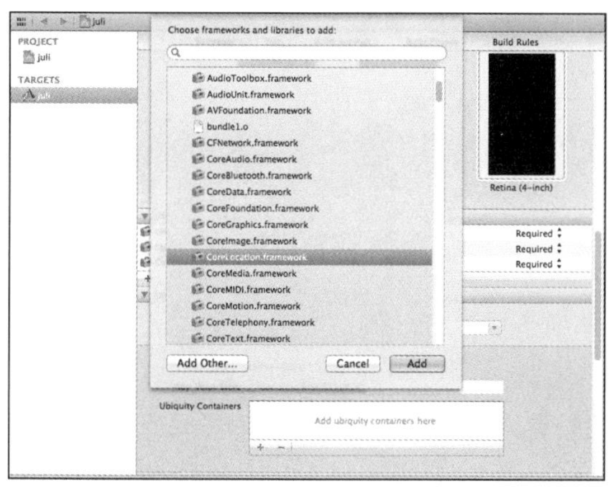

▲图 23-9 选择 CoreLocation.framework

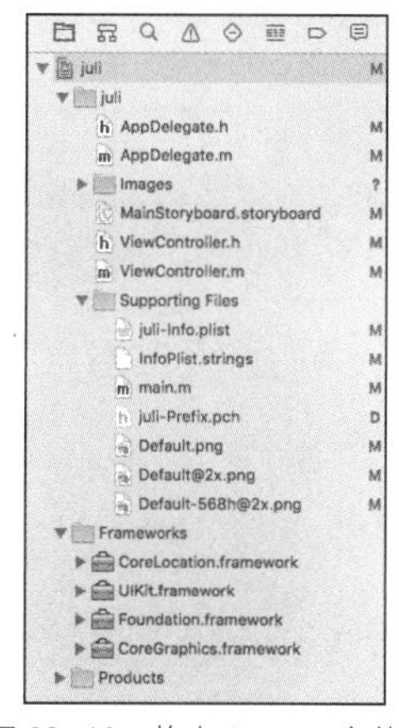

▲图 23-10 拖曳 Images 文件夹

3. 规划变量和连接

ViewController 将充当位置管理器委托，它接收位置更新，并更新用户界面以指出当前位置。在这个视图控制器中，需要一个实例变量/属性（但不需要相应的输出口），它指向位置管理器实例。我们将把这个属性命名为 locMan。

在本实例的界面中，需要一个标签（distanceLabel）和两个子视图（distanceView 和 waitView）。其中标签将显示到苹果公司总部的距离；子视图 distanceView 包含标签 distanceLabel，仅当获取了当前位置并计算出距离后才显示；而子视图 waitView 将在 iOS 设备获取航向时显示。

4. 添加表示苹果公司总部位置的常量

要计算到苹果公司总部的距离，显然，需要知道苹果公司总部的位置，以便将其与用户的当前位置进行比较。根据 gpsvisualizer 网站提供的信息，苹果公司总部的纬度为 37.3229978°，经度为 −122.0321823°。在实现文件 ViewController.m 中的#import 代码行后面，添加两个表示这些值的常量（kCupertinoLatitude 和 kCupertinoLongitude）。

```
#define kCupertinoLatitude 37.3229978
#define kCupertinoLongitude -122.0321823
```

23.4.2　实现应用程序逻辑

根据刚才设计的界面可知，应用程序将在启动时显示一条消息和转盘，让用户知道应用程序正在等待 Core Location 提供初始位置数据。在加载视图后将立即在视图控制器的 viewDidLoad 方法中请求这种数据。位置管理器委托获得数据后，将立即计算到苹果公司总部的距离、更新标签、隐藏活动指示器视图并显示距离视图。

1. 准备位置管理器

首先，在文件 ViewController.h 中导入框架 Core Location 的头文件。然后，在以@interface 开头的代码行中，添加协议 CLLocationManagerDelegate。这让我们能够创建位置管理器实例并实现委托方法，但还需要一个指向位置管理器的实例变量/属性（locMan）。

完成上述修改后，文件 ViewController.h 的代码如下。

```
#import <UIKit/UIKit.h>
#import <CoreLocation/CoreLocation.h>
@interface ViewController : UIViewController <CLLocationManagerDelegate>

@property (strong, nonatomic) CLLocationManager *locMan;
@property (strong, nonatomic) IBOutlet UILabel *distanceLabel;
@property (strong, nonatomic) IBOutlet UIView *waitView;
@property (strong, nonatomic) IBOutlet UIView *distanceView;
@end
```

当声明属性 locMan 后，还需修改文件 ViewController.h，在其中添加配套的编译指令@synthesize。

```
@synthesize locMan;
```

同时，在方法 viewDidUnload 中将该实例变量设置为 nil。

```
[self setLocMan: nil];
```

现在，该实现位置管理器并编写距离计算代码了。

2. 创建位置管理器实例

在文件 ViewController.m 的方法 viewDidLoad 中，实例化一个位置管理器，将视图控制器指定为委托，将属性 desiredAccuracy 和 distanceFilter 分别设置为 kCLLocationAccuracyThreeKilometers 和 1609m。使用方法 startUpdatingLocation 启动更新。主要代码如下。

```
- (void)viewDidLoad
{
    locMan = [[CLLocationManager alloc] init];
    locMan.delegate = self;
    locMan.desiredAccuracy = kCLLocationAccuracyThreeKilometers;
    locMan.distanceFilter = 1609;
    [locMan startUpdatingLocation];

    [super viewDidLoad];
}
```

3. 实现位置管理器委托

在文件 ViewController.m 中，方法 locationManager:didFailWithError 的代码如下。

```
- (void)locationManager:(CLLocationManager *)manager
     didFailWithError:(NSError *)error {

    if (error.code == kCLErrorDenied) {
        [self.locMan stopUpdatingLocation];
        [self setLocMan:nil];
    }
    self.waitView.hidden = YES;
    self.distanceView.hidden = NO;
}
```

在上述错误处理程序中，只考虑了位置管理器不能提供数据的情形。第 4 行检查错误编码，判断是否是用户禁止访问。如果禁止，则停止位置管理器（第 5 行）并将其设置为 nil（第 6 行）。第 8 行隐藏 waitView，而第 9 行显示 distanceView。

方法 locationManager:didUpdateToLocation:fromLocation 能够计算离苹果公司总部有多远，这需要使用 CLLocation 的另一个功能。在此无须编写根据经度和纬度计算距离的代码，因为使用 distanceFromLocation 计算两个 CLLocation 之间的距离。在 locationManager:didUpdateToLocation:fromLocation 的实现中，将创建一个表示苹果公司总部的 CLLocation 实例，并将其与从 Core Location 获得的 CLLocation 实例进行比较，以获得以米为单位的距离，然后将米转换为英里。如果距离大于或等于 3 英里，则显示它，并使用 NSNumberFormatter 在超过 1000 英里的距离中添加逗号；如果小于 3 英里，则停止位置更新，并输出祝贺用户信息“欢迎成为我们的一员”。方法 locationManager:didUpdateToLocation:fromLocation 的完整实现代码如下。

```
- (void)locationManager:(CLLocationManager *)manager
    didUpdateToLocation:(CLLocation *)newLocation
           fromLocation:(CLLocation *)oldLocation {

    if (newLocation.horizontalAccuracy >= 0) {
        CLLocation *Cupertino = [[CLLocation alloc]
                                 initWithLatitude:kCupertinoLatitude
                                 longitude:kCupertinoLongitude];
        CLLocationDistance delta = [Cupertino
                                    distanceFromLocation:newLocation];
        long miles = (delta * 0.000621371) + 0.5;
        if (miles < 3) {
            [self.locMan stopUpdatingLocation];
            self.distanceLabel.text = @"欢迎你\n 成为我们的一员!";
        } else {
            NSNumberFormatter *commaDelimited = [[NSNumberFormatter alloc]
                                                 init];
            [commaDelimited setNumberStyle:NSNumberFormatterDecimalStyle];
            self.distanceLabel.text = [NSString stringWithFormat:
                                       @"%@ 英里\n 到 Apple",
                                       [commaDelimited stringFromNumber:
                                        [NSNumber numberWithLong:miles]]];
        }
        self.waitView.hidden = YES;
        self.distanceView.hidden = NO;
    }
}
```

执行结果如图 23-11 所示。

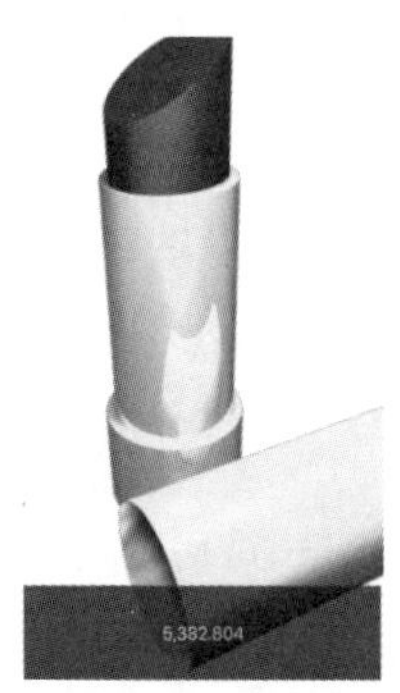

▲图 23-11 执行结果

23.5 基于 Swift 创建支持定位的应用程序

实例 23-4	基于 Swift 创建支持定位的应用程序
源码路径	daima\23\juli-swift

实例 23-4 的功能和实例 23-3 完全相同，只是实例 23-4 用 Swift 语言实现而已。

第 24 章　读写应用程序的数据

无论是在计算机还是移动设备中，大多数重要的应用程序允许用户根据其需求和愿望来定制操作。我们可以删除某个应用程序中的某些内容，也可以根据需要对喜欢的应用程序进行定制。本章将详细介绍 iOS 应用程序使用首选项（首选项是苹果公司使用的术语，和用户默认设置、用户首选项或选项是同一个意思）进行定制的方法，并介绍应用程序如何在 iOS 设备中存储数据。

24.1 iOS 应用程序和数据存储

在 iOS 中对数据实现持久性存储一般有 5 种方式，分别是文件写入、对象归档、SQLite 数据库、CoreData、NSUserDefaults。

iPhone/iPad 设备上包含闪存（flash memory），它的功能和一个硬盘功能等价。当设备断电后数据还能保存下来。应用程序可以将文件保存到闪存上，并能从闪存中读取它们。应用程序不能访问整个闪存。闪存上的一部分专门用来存储用户的应用程序，这就是用户应用程序的沙箱（sandbox）。每个应用程序只能看到自己的沙箱，这就防止对其他应用程序的文件进行读取活动。你的应用程序也能看见系统拥有的一些高级别目录，但不能对它们进行写操作。

在沙箱中创建目录（文件夹）。此外，沙箱包含一些标准目录。例如，访问 Documents 目录，在 Documents 目录下存放文件，或在 Application Support 目录下存放。在配置应用程序后，用户可通过 iTunes 看见和修改应用程序的 Documents 目录。因此，我们推荐使用 Application Support 目录。在 iOS 中，每个应用程序在它自己的沙箱中有其自己私有的 Application Support 目录，因此，你可以安全地直接将文件放入其中。该目录也许还不存在，你可以创建它。

在那之后，如果你需要一个文件路径引用（一个 NSString），只要调用 suppurl path 就可得到。另外，在苹果公司的 Settings（设置）应用程序中显示应用程序首选项，如图 24-1 所示。Settings 应用程序是 iOS 内置的，让用户能够在单个地方定制设备。在 Settings 应用程序中，你可定制一切——从硬件和苹果公司内置的应用程序到第三方应用程序。

▲图 24-1　Settings 应用程序

设置束（settings bundle）能够让我们对应用程序首选项进行声明，让 Settings 应用程序提供用于编辑这些首选项的用户界面。如果让 Settings 处理应用程序首选项，需要编写的代码将更少，但这并非主要的考虑因素。设置后就很少修改的首选项（如用于访问 Web 服务的用户名和密码），非常适合在 Settings 中配置；而用户每次使用应用程序时都可能修改的选项（如游戏的难易等级），则并不适合在 Settings 中设置。

如果用户不得不反复退出应用程序才能启动 Settings 以修改首选项，然后重新启动应用程序，那么需要确定将每个首选项放在 Settings 中还是放在自己的应用程序中，但是将它们放在这两者中通常是不好的做法。另外，请记住，Settings 提供的用于编辑应用程序首选项的用户界面有限。如果首选项要求使用自定义界面组件或自定义有效验证代码，将无法在 Settings 中设置，而必须在应用程序中设置。

24.2 用户默认设置

苹果公司将整个首选项系统称为应用程序首选项，用户可通过它定制应用程序。应用程序首选项系统负责如下低级别的任务：将首选项持久化到设备中；将各个应用程序的首选项彼此分开；通过 iTunes 将应用程序首选项备份到计算机，以免在需要恢复设备时用户丢失其首选项。通过易于使用的一个 API 与应用程序首选项交互，该 API 主要由单例（singleton）类 NSUserDefaults 组成。

类 NSUserDefaults 的工作原理类似于 NSDirectionary，主要差别在于 NSUserDefaults 是单例类，且在它可存储的对象类型方面受到更多的限制。应用程序的所有首选项都以“键-值”对的方式存储在 NSUserDefaults 单例中。

注意：单例是单例模式的一个实例，而模式单例是一种常见的编程方式。在 iOS 中，单例模式很常见，它用于确保特定类只有一个实例（对象）。单例最常用于表示硬件或操作系统向应用程序提供的服务。

要访问应用程序首选项，首先获取指向应用程序 NSUserDefaults 单例的引用。

```
NSUserDefaults *userDefaults=  [NSUserDefaults standardUserDefaults];
```

然后，读写默认设置数据库，方法是指定要写入的数据类型以及以后用于访问该数据的键（任意字符串）。要指定类型，使用 setBool:forKey、setFloat:forKey、setInteger:forKey、setObject:forKey、setDouble:forKey、setURL:forKey 函数中的一个。

具体使用哪一个函数取决于要存储的数据类型。函数 setObject:forKey 可以存储 NSString、NSDate、NSArray 以及其他常见的对象类型。例如，要使用键 age 存储一个整数，并使用键 name 存储一个字符串，使用下面的代码。

```
[userDefaults setInteger:10 forKey:@"age"];
[userDefaults setObject:@"John"  forKey:@"name"];
```

当我们将数据写入默认设置数据库时，并不一定会立即保存这些数据。如果你认为已经存储了首选项，而 iOS 还没有“抽出”时间完成这项工作，这将会导致问题。为了确保所有数据都写入了用户默认设置，使用方法 synchronize。

```
[userDefaults synchronize];
```

要将这些值读入应用程序，使用根据键读取并返回相应值或对象的函数，例如：

```
float myAge=[userDefaults integerForKey:@"age"];
NSString *myName=[userDefaults stringForKey:@"name"];
```

不同于 set 函数，要读取值，必须使用专门用于字符串、数组等的方法，这让我们能够轻松地将存储的对象赋给特定类型的变量。请根据要读取的数据类型，选择 arrayForKey、boolForKey、dataForKey、dictionaryForKey、floatForKey、integerForKey、objectForKey、stringArrayForKey、doubleForKey 或 URLForKey。

24.3 设置束

另一种处理应用程序首选项的方法是使用设置束。从开发的角度看，设置束的优点在于，它们完全是通过 Xcode plist 编辑器创建的，无须设计 UI 或编写代码，而只需定义要存储的数据及其键即可。

24.3.1 设置束基础

在默认情况下，应用程序没有设置束。要在项目中添加它们，可从菜单栏中选择 File→New File，再在 iOS Resource 类别中选择 Settings Bundle，如图 24-2 所示。

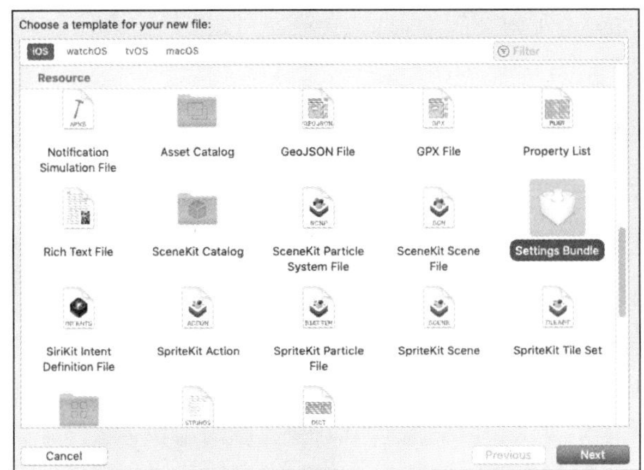

▲图 24-2　手工在项目中添加设置束

设置束中的文件 Root.plist 决定了应用程序首选项如何出现在应用程序 Settings 中。有 7 种首选项，如表 24-1 所示，Settings 应用程序可读取并解释它们，以便向用户提供用于设置应用程序首选项的 UI。

表 24-1　　7 种首选项

类　　型	键	描　　述
Text Field（文本框）	PSTextFieldSpecifier	可以编辑的文本字符串
Toggle Switch（开关）	PSToggleSwitchSpecifier	开关按钮
Slider（滑块）	PSSliderSpecifier	取值位于特定范围内的滑块
Multivalue（多值）	PSMultiValueSpecifier	下拉式列表
Title（标题）	PSTitleValueSpecifier	只读文本字符串
Group（编组）	PSGroupSpecifier	首选项逻辑编组的标题
Child Pane（子窗格）	PSChildPaneSpecifier	子首选项页

要创建自定义设置束，只需要在文件 Root.plist 中定义 UI（见图 24-3）。我们只要遵循 iOS Reference Library（参考库）中的 Settings Application Schema Reference（应用程序“设置”架构指南）中的简单架构来设置每个首选项的必需属性和一些可选属性即可。

创建好设置束后，就可以通过应用程序 Settings 修改用户的默认设置了，而开发人员可以使用 24.2 节介绍的方法访问这些设置。

Key	Type	Value
▼PreferenceSpecifiers	Array	(4 items)
▼Item 0 (Group - 基本信息)	Diction...	(2 items)
Title	String	基本信息
Type	String	PSGroupSpecifier
▼Item 1 (Text Field - 姓名：)	Diction...	(5 items)
Type	String	PSTextFieldSpecifier
Title	String	姓名:
Key	String	username
AutocapitalizationType	String	None
AutocorrectionType	String	No
▼Item 2 (Text Field - 密码：)	Diction...	(6 items)
Type	String	PSTextFieldSpecifier
Title	String	密码:
Key	String	password
AutocapitalizationType	String	None
AutocorrectionType	String	No
IsSecure	Boolean	YES
▼Item 3 (Multi Value - 性别：)	Diction...	(6 items)
Type	String	PSMultiValueSpecifier
Title	String	性别:
Key	String	gender
DefaultValue	String	
▼Titles	Array	(2 items)
Item 0	String	男
Item 1	String	女
▼Values	Array	(2 items)
Item 0	String	男
Item 1	String	女
StringsTable	String	Root

▲图 24-3　在文件 Root.plist 中定义 UI

24.3.2　基于 Objective-C 通过隐式首选项实现手电筒程序

实例 24-1	基于 Objective-C 通过隐式首选项实现手电筒程序
源码路径	daima\24\shoudian-obj

在本节的演示项目中，你将创建一个手电筒应用程序，它包含一个开关，并在这个开关开启时由手电筒射出一束光线。另外，使用一个滑块来控制光线的强度。我们将使用首选项来恢复到用户保存的最后状态。本实例总共需要 3 个界面元素。首先是一个视图，它从黑色变成白色以发射光线；其次是一个控制手电筒状态的开关；最后是一个调整亮度的滑块。它们都将连接到输出口，以便能够在代码中访问它们。手电筒状态和亮度发生变化时，将被存储到用户默认设置中。应用程序重新启动时会自动恢复存储的值。

1. 创建项目

在 Xcode 中，使用 iOS 模板 Single View Application 创建一个项目，并将其命名为 shoudian，如图 24-4 所示。在此只需编写一个方法并修改另一个方法，因此需要做的设置工作很少。

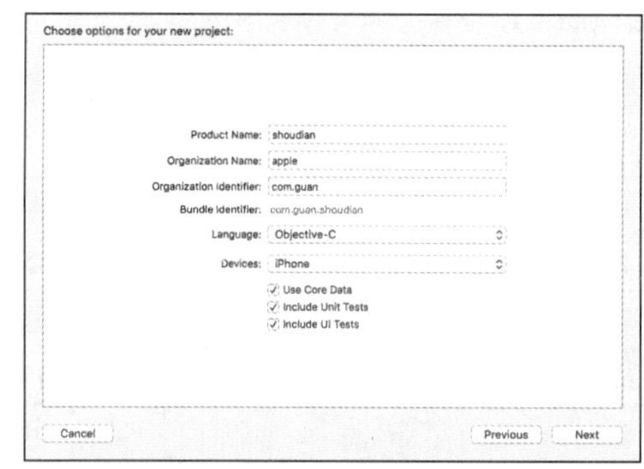

▲图 24-4　命名项目

1）规划变量和连接

本实例总共需要 3 个输出口和 1 个操作。开关将连接到输出口 toggleSwitch，视图将连接到 lightSource，而滑块将连接到 brightnessSlider。当滑块或开关的设置发生变化时，将触发操作方法 setLightSourceAlpha。为了控制亮度，在黑色背景上放置一个白色视图。为了修改亮度，调整视图的 Alpha 值（透明度）。视图的透明度越低，光线越暗；透明度越高，光线越亮。

2）添加用作键的常量

要访问用户默认的首选项，必须给要存储的数据指定键，在存储或获取存储的数据时，都需要用到这些字符串。由于它们将在多个地方使用且是静态值，因此它们很适合定义为常量。在这个项目中，我们将定义 kOnOffToggle 和 kBrightnessLevel 两个常量，前者是用于存储手电筒状态的键，而后者是用于存储手电筒亮度的键。

2. 实现应用程序逻辑

当开关手电筒及调整亮度时，应用程序将通过调整视图 lightSource 的 Alpha 属性来做出响应。视图的 Alpha 属性决定了视图的透明度，其值为 0.0 时视图完全透明，其值为 1.0 时视图完全不透明。视图 lightSource 为白色，且位于黑色背景之上。该视图越透明，透过它显示的黑色就越多，而手电筒就越暗。如果要将手电筒关掉，只需将 Alpha 属性设置为 0.0，这样将不会显示视图 lightSource 的白色背景。

在文件 ViewController.m 中，修改方法 setLightSourceAlphaValue 后的代码如下。

```
-(IBAction) setLightSourceAlphaValue{
    if (self.toggleSwitch.on){
    self.lightSource.alpha=self.brightnessSlider.value;
    } else{
    self.lightSource.alpha=0.0;
    }
}
```

上述方法能够检查对象 toggleSwitch 的 on 属性，如果为 on，则将视图 lightSource 的 Alpha 属性设置为滑块的 value 属性的值。滑块的 value 属性返回 0～100 的一个浮点数，因此这些代码足以让手电筒正常工作。我们可以运行该应用程序，并查看结果。

1）存储 Flashlight 首选项

在此把开关状态和亮度存储为隐式首选项，修改方法 setLightSourceAlphaValue，在其中添加如下代码。

```
- (IBAction)setLightSourceAlphaValue:(id)sender {
    NSUserDefaults *userDefaults = [NSUserDefaults standardUserDefaults];
    [userDefaults setBool:self.toggleSwitch.on forKey:kOnOffToggle];
    [userDefaults setFloat:self.brightnessSlider.value
                 forKey:kBrightnessLevel];
    [userDefaults synchronize];

    if (self.toggleSwitch.on) {
        self.lightSource.alpha = self.brightnessSlider.value;
    } else {
        self.lightSource.alpha = 0.0;
    }
}
```

在上述代码的第 2 行中，使用方法 standardUserDefaults 获取 NSUserDefaults 单例，第 3 行以及第 4～5 行分别使用方法 setBool 和 setFloat 存储首选项。第 6 行调用 NSUserDefaults 的方法 synchronize，这样可以确保立即存储设置。

2）读取 Flashlight 首选项

每当用户修改设置时，该应用程序都将保存两个控件的状态。为了获得所需的行为，还需做相反的操作，即每当应用程序启动时，都读取首选项并使用它们来设置两个控件的状态。为此将使用方法 viewDidLoad 以及 NSUserDefaults 的方法 floatForKey 和 boolForKey。编辑 viewDidLoad，并使用前面的方式获取 NSUserDefaults 单例，但这次将使用首选项来设置控件的值，而不是相反。

在文件 ViewController.m 中，实现方法 viewDidLoad 的代码如下。

```
- (void)viewDidLoad
{
    NSUserDefaults *userDefaults = [NSUserDefaults standardUserDefaults];
```

```
    self.brightnessSlider.value = [userDefaults
    floatForKey:kBrightnessLevel];
    self.toggleSwitch.on = [userDefaults
    boolForKey:kOnOffToggle];
    if ([userDefaults boolForKey: kOnOffToggle]) {
        self.lightSource.alpha = [userDefaults
        floatForKey:kBrightnessLevel];
    } else {
        self.lightSource.alpha = 0.0;
    }
    [super viewDidLoad];
}
```

在上述代码中，第 3 行用于获取 NSUserDefaults 单例，并使用它来获取首选项，再设置滑块（第 4～5 行）和开关（第 6～7 行）。第 8～13 行检查手电筒的状态。如果它是开的，则将视图的 Alpha 属性设置为存储的滑块值；否则，将 Alpha 属性设置为 0（完全透明的），这导致视图看起来完全是黑的。

3. 运行应用程序

运行该应用程序，结果如图 24-5 所示。

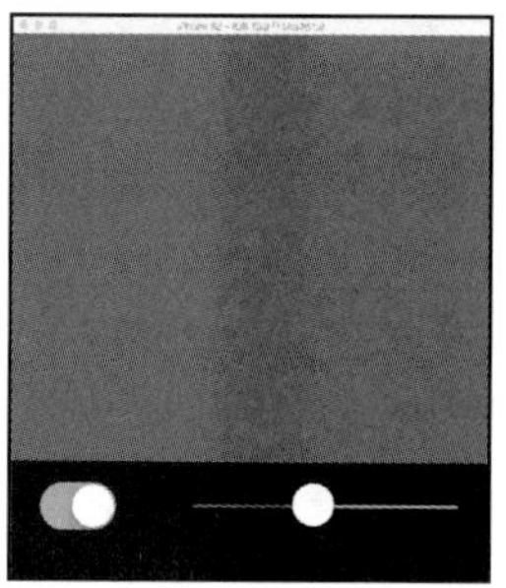

▲图 24-5　执行结果

注意：如果运行该应用程序，并按主屏幕（Home）按钮，应用程序并不会退出，而在后台挂起。要全面测试应用程序 Flashlight，务必使用 Xcode 中的 Stop 按钮停止该应用程序，再使用 iOS 任务管理器（task manager）关闭该应用程序，然后重新启动并检查设置是否恢复了。

24.3.3　基于 Swift 通过隐式首选项实现手电筒程序

实例 24-2	基于 Swift 通过隐式首选项实现手电筒程序
源码路径	daima\24\shoudian-swift

实例 24-2 的功能和实例 24-1 完全相同，只是实例 24-2 用 Swift 语言实现而已。

24.4 直接访问文件系统

直接访问文件系统是指打开文件并读写其内容。这种方法可用于存储任何数据，例如，从 Internet 下载的文件、应用程序创建的文件等，但并非能存储到任何地方。在开发 iOS SDK 时，苹果公司增加了各种限制，旨在防止用户设备受恶意应用程序的伤害。这些限制统称为应用程序沙箱。使用 iOS SDK 创建的任何应用程序都被限制在沙箱内——无法离开沙箱，也无法消除沙箱的限制。其中一些限制指定了应用程序数据将如何存储以及应用程序能够访问哪些数据。给每个应用程序都指定了一个位于设备文件系统中的目录，应用程序只能读写该目录中的文件。这意味着一些应用程序最多只能删除自己的数据，而不能删除其他应用程序的数据。

另外，这些限制也不是非常严格。在很大程度上，通过 iOS SDK 中的 API 暴露了苹果应用程序（如通讯录、日历、照片库和音乐库）的信息。

在每个 iOS SDK 版本中，苹果公司都在不断降低应用程序沙箱的限制，但是有些沙箱限制是通过策略而不是技术实现的。即使在文件系统中找到了位于应用程序沙箱外且可读写其中文件的地方，也并不意味着应该这样做。如果应用程序违反了应用程序沙箱限制，肯定无法进入 iTunes 商店。

24.4.1 应用程序数据的存储位置

在应用程序的目录中，有 4 个位置——目录 Library/Preferences、Library/Caches、Documents 和 tmp 是专门为存储应用程序数据提供的。

在 iPhone 模拟器中运行应用程序时，该应用程序的目录位于 Mac 目录/Users/<your user>/Library/Applications Support/iPhone Simulator/<Device OS Version>/Applications 中。该目录可包含任意数量的应用程序的目录，其中每个目录都根据 Xcode 的唯一应用程序 ID（一系列字符和短画线）命名。要找到当前在 iOS 模拟器中运行的应用程序的目录，最简单的方法是查找最近修改的应用程序目录。现在请花几分钟查找本章前面创建的两个应用程序的目录。如果使用的是 Lion，目录 Library 默认被隐藏。要访问它，可按住 Option 键，并单击 Finder 的 Go 菜单。

通常不直接读写 Library/Preferences 目录，而是使用 NUSuperDefault API。然而，通常直接操纵 Library/Caches、Documents 和 tmp 目录中的文件，它们之间的差别在于其中存储的文件的生命周期。

Documents 目录是应用程序数据的主要存储位置，设备与 iTunes 同步时，该目录将备份到计算机中，因此将这样的数据存储到该目录很重要——它们丢失时用户将很沮丧。

Library/Caches 缓存用户从网络获取的数据或通过大量计算得到的数据。该目录中的数据将在应用程序关闭时得以保留，将数据缓存到该目录是一种改善应用程序性能的重要方法。对于不需要在应用程序关闭后得以保留的数据，如果不把它们存储在设备有限的易失性内存中，可以将其存储到 tmp 目录中。tmp 目录是 Library/Caches 的临时版本，可将其视为应用程序的便笺本。

24.4.2 获取文件路径

iOS 设备中的每个文件都有路径，这指的是文件在文件系统中的准确位置。要让应用程序能够读写其沙箱中的文件，需要指定该文件的完整路径。Core Foundation 提供了一个名为 NSSearchPathForDirectoriesInDomains 的 C 函数，它返回指向应用程序的目录 Documents 或 Library/Caches 的路径。该函数可返回多个目录，因此该函数调用的结果为一个 NSArray 对象。当使用该函数来获取指向目录 Documents 或 Library/Caches 的路径时，它返回的数组将只包含一个 NSString；要从数组中提取该 NSString，可以使用 NSArray 的 objectAtIndex 方法，并将索引指定为 0。

NSString 提供了一个名为 stringByAppendingPathComponent 的方法，可用于合并两个路径段。通过把调用 NSSearchPathForDirectoriesInDomains 的结果与特定文件名合并起来，获取一条完整的路径，它指向应用程序的 Documents 或 Library/Caches 目录中相应的文件。

24.4.3　基于 Objective-C 实现用户信息收集器

实例 24-3	基于 Objective-C 实现收集用户信息的程序
源码路径	daima\24\shouji-obj

在本节的演示实例中，将创建一个调查应用程序。该应用程序收集用户的姓、名和电子邮件地址，然后将其存储到 iOS 设备文件系统的一个 CSV 文件中。触摸另一个按钮，检索并显示该文件的内容。本实例的界面非常简单，它包含 3 个收集数据的文本框和一个存储数据的按钮，以及一个按钮（用于读取累积的调查结果），并将调查结果显示在一个可滚动的文本视图中。为了存储信息，首先生成一条路径，它指向当前应用程序的 Documents 目录中的一个新文件，然后创建一个指向该路径的文件句柄，并以格式化字符串的方式输出调查结果。从文件读取数据的过程与此相似，获取文件句柄，将文件的全部内容读取到一个字符串中，并在只读的文本视图中显示该字符串。

1. 创建项目

打开 Xcode，使用 iOS 的 Single View Application 模板新建一个项目，命名为“shouji”，如图 24-6 所示。因为本项目需要通过代码与多个 UI 元素交互，所以需要确定它们是哪些 UI 元素以及如何给它们命名，规划变量和连接。另外，本项目是一个调查应用程序，用于收集信息，因此需要数据输入区域。这些数据输入区域是文本框，用于收集姓、名和电子邮件地址。我们将把它们分别命名为 firstName、lastName 和 email。为了验证是否将数据正确地存储到了一个 CSV 文件中，将读取该文件并将其输出到一个文本视图中，我们把这个文本视图命名为 resultsView。

本演示项目总共需要 3 个操作。首先需要存储数据，因此添加一个按钮，它触发操作 storeResults。其次，需要读取并显示结果，因此还需要一个按钮，它触发操作 showResults。另外，还需要第 3 个操作 hideKeyboard，这样用户触摸视图的背景或微型键盘上的“好”按钮时，将隐藏屏幕键盘。

2. 设计界面

单击 MainStoryboard.storyboard 切换到设计模式，再打开 Object 库（选择 View→Utilities→Show Object Library）。拖曳 3 个文本框（UITextField）到视图中，并将它们放在视图顶部附近。在这些文本框旁边添加 3 个标签，将其文本分别设置为“姓”“名”“邮箱”。

依次选择每个文本框，再使用 Attributes Inspector 设置合适的 Keyboard 属性（例如，对于电子邮件文本框，将该属性设置为 E-mail）、Return Key 属性（例如，“好”）和 Capitalization 属性，并根据喜好设置其他功能。这样数据输入表单就完成了。然后拖曳一个文本视图到视图中，将它放在输入文本框下方，用于显示调查结果文件的内容。使用 Attributes Inspector 将文本视图设置成只读的，因为不能让用户使用它来编辑显示的调查结果。此时在文本视图下方添加两个按钮，并将它们的标题分别设置为“存储”和“显示信息”。这些按钮将触发两个与文件交互的操作。为了在用户轻按背景时隐藏键盘，接下来添加一个覆盖整个视图的按钮，使用 Attributes Inspector 将按钮类型设置为 Custom，这样它将不可见。最后，选择菜单栏中的 Editor→Arrange，将这个按钮放到其他 UI 部分的后面，方便在文档大纲中将自定义按钮拖曳到对象列表顶部。

最终的应用程序 UI 如图 24-7 所示。

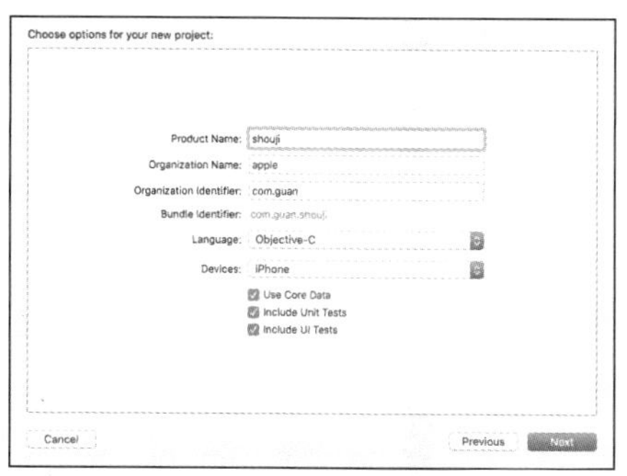

▲图 24-6 新建项目并命名

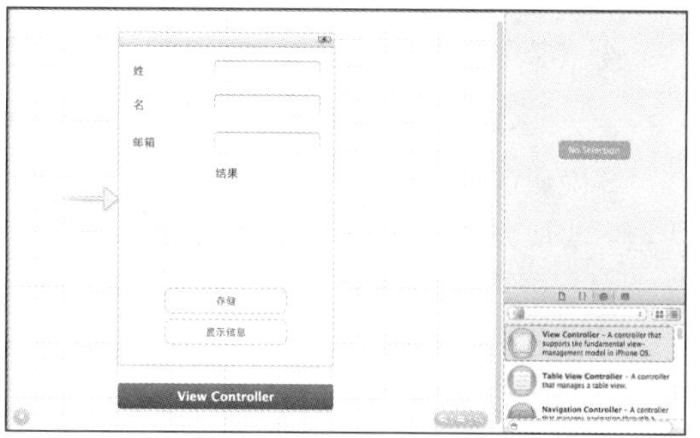

▲图 24-7 最终应用程序的 UI

3. 创建并连接输出口和操作

在本实例中需要建立多个连接，以便与用户界面交互。其中输出口如下。

- lastName：收集名字的文本框。
- firstName：收集姓的文本框。
- email：收集电子邮件地址的文本框。
- resultsView：显示调查结果的文本视图。

需要的操作如下。

- 存储信息：storeResults。
- 显示信息：showResults。
- 触摸背景按钮或从任何文本框那里接收事件“Did End On Exit:hideKeyboard”。

切换到助手编辑器模式，以便添加输出口和操作。确保文档大纲可见（选择 Editor→Show Document Outline），以便能够轻松地处理不可见的自定义按钮。

按住 Control 键，把视图中的 UI 元素插入文件 ViewController.h 中代码行@interface 下方，以添加必要的输出口。将标签 First Name 旁边的文本框连接到输出口 firstName，如图 24-8 所示。对其他文本框和文本视图重复上述操作，并按前面指定的方式给输出口命名。其他对象不需要输出口。

输出口准备就绪后，就可开始添加输出口到操作的连接了。按住 Control 键，连接“存储”按钮和接口文件 ViewController.h 中的属性定义，并创建一个名为 storeResults 的操作，如图 24-9 所示。对“显示信息”按钮做同样的处理，新建一个名为 showResults 的操作。

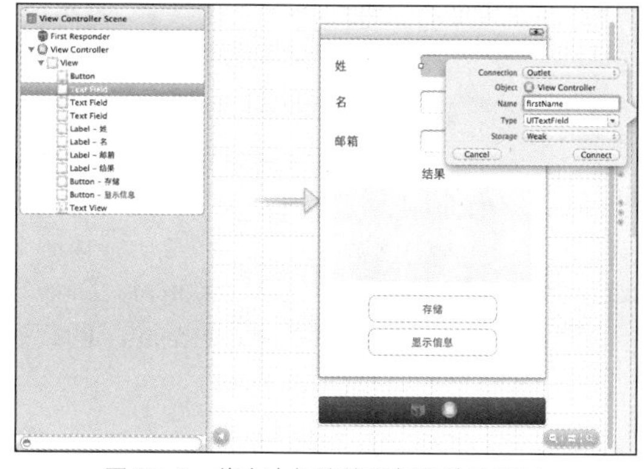

▲图 24-8 将文本框连接到相应的输出口

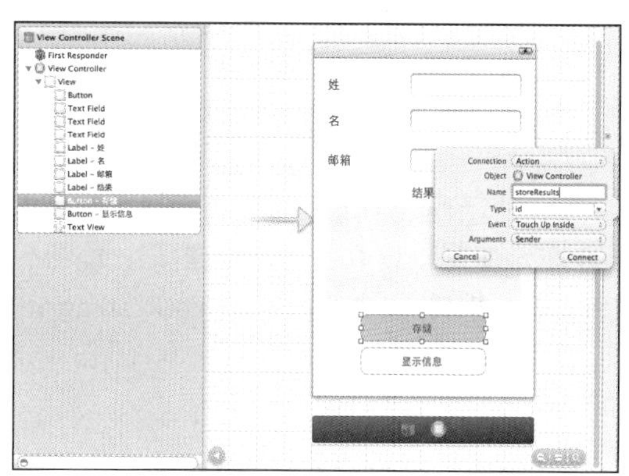

▲图 24-9 将按钮连接到相应的操作

4. 实现应用程序逻辑

首先编写 hideKeyboard 的代码，然后实现 storeResults 和 showResults。

要隐藏键盘，必须使用方法 resignFirstResponder 让当前对键盘有控制权的对象放弃第一响应者状态。实现方法 hideKeyboard 的代码如下。

```
- (IBAction)hideKeyboard:(id)sender {
    [self.lastName resignFirstResponder];
    [self.firstName resignFirstResponder];
    [self.email resignFirstResponder];
}
```

为了存储调查结果，需要设置输入数据的格式，建立一条路径（它指向用于存储结果的文件），并在必要时新建一个文件，然后将调查结果存储到该文件末尾，再关闭该文件并清空调查表单。实现方法 storeResults 的代码如下。

```
- (IBAction)storeResults:(id)sender {

    NSString *csvLine=[NSString stringWithFormat:@"%@,%@,%@\n",
                       self.firstName.text,
                       self.lastName.text,
                       self.email.text];

    NSString *docDir = [NSSearchPathForDirectoriesInDomains(
    NSDocumentDirectory, NSUserDomainMask, YES) objectAtIndex: 0];
    NSString *surveyFile = [docDir
                            stringByAppendingPathComponent:
                            @"surveyresults.csv"];

    if  (![[NSFileManager defaultManager] fileExistsAtPath:surveyFile]) {
        [[NSFileManager defaultManager]
         createFileAtPath:surveyFile contents:nil attributes:nil];
    }

    NSFileHandle *fileHandle = [NSFileHandle
                                fileHandleForUpdatingAtPath:surveyFile];
    [fileHandle seekToEndOfFile];
    [fileHandle writeData:[csvLine
                           dataUsingEncoding:NSUTF8StringEncoding]];
    [fileHandle closeFile];

    self.firstName.text=@"";
    self.lastName.text=@"";
    self.email.text=@"";
}
```

为了显示调查结果，首先需要建立一条指向文件的路径。然后，检查指定的文件是否存在。如果存在，便可以读取并显示结果了；如果不存在，则什么都不用做。如果文件存在，则使用类 NSFileHandle 的方法 fileHandleForReadingAtPath 创建一个文件句柄，再使用方法 availableData 读取文件的内容。最后一步是将文本视图的内容设置为读取的数据。实现方法 showResults 的代码如下。

```
- (IBAction)showResults:(id)sender {
    NSString *docDir = [NSSearchPathForDirectoriesInDomains(
    NSDocumentDirectory, NSUserDomainMask, YES) objectAtIndex: 0];
    NSString *surveyFile = [docDir
```

```
                        stringByAppendingPathComponent:
                        @"surveyresults.csv"];

    if  ([[NSFileManager defaultManager] fileExistsAtPath:surveyFile]) {
        NSFileHandle *fileHandle = [NSFileHandle
                                  fileHandleForReadingAtPath:surveyFile];
        NSString *surveyResults=[[NSString alloc]
                               initWithData:[fileHandle availableData]
                               encoding:NSUTF8StringEncoding];
        [fileHandle closeFile];
        self.resultsView.text=surveyResults;
    }
}
```

在上述代码中，先创建字符串变量 surveyFile，然后使用该变量来检查指定的文件是否存在。如果存在，则打开以便读取它，然后使用方法 availableData 获取该文件的全部内容，并将其存储到字符串变量 surveyResults 中。最后，关闭文件并使用字符串变量 surveyResults 的内容更新用户界面中显示结果的文本视图。

到此为止，这个应用程序就创建好了。执行后的初始结果如图 24-10 所示，输入信息并存储后可以显示收集的信息，如图 24-11 所示。

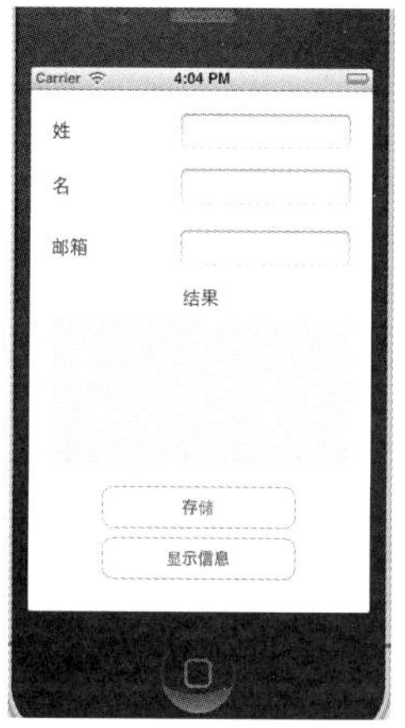

▲图 24-10　初始结果

▲图 24-11　显示收集的信息

24.4.4　基于 Swift 实现用户信息收集器

实例 24-4	基于 Swift 实现收集用户信息的程序
源码路径	daima\24\shouji-swift

实例 24-4 的功能和实例 24-3 完全相同，只是实例 24-4 用 Swift 语言实现而已。

24.5 核心数据

Core Data 框架使用 SQLite 作为一种存储格式。你可以把应用程序数据放在手机的核心数据库上。然后，你可以使用 NSFetchedResultsController 来访问核心数据库，并在表视图上显示。

24.5.1　Core Data 的基础知识

Core Data 是一个 Cocoa 框架，用于为管理对象图提供基础实现，以及为多种文件格式的持久化提供支持。管理对象图包含的工作有撤销（undo）和重做（redo）、有效性检查以及保证对象关系的完整性等。对象的持久化意味着 Core Data 可以将模型对象保存到持久化存储中，并在需要的时候将它们取出。Core Data 应用程序的持久化存储（也就是对象数据的最终归档形式）的范围可以从 XML 文件到 SQL 数据库。Core Data 适合用在关系数据库的前端应用程序中，所有的 Cocoa 应用程序都可以利用它的能力。

通过 Core Data 管理应用程序的数据模型，你可以大幅度减少编写的代码数量。Core Data 还具有下述特征。

- 将对象数据存储在 SQLite 数据库中以获得性能优化。
- 提供 NSFetchedResultsController 类，用于管理表视图的数据，即将 Core Data 的持久化存储显示在表视图中，并对这些数据进行增、删、改。
- 管理 undo/redo 操作。
- 检查托管对象的属性值是否正确。

Core Data 中的常用内置方法如下。

- fetchedResultsController：objectAtIndexPath：返回指定位置的数据。
- fetchedResultsController：sections：获取 section 数据，返回 NSFetchedResultsSectionInfo 数据。

NSFetchedResultsSectionInfo 是一个协议，定义了下述方法。

- numberOfSectionsInTableView：返回表视图上的 section 数目。
- tableView:numberOfRowsInSection：返回一个 section 的行数。
- tableView:cellForRowAtIndexPath：返回 cell 信息。
- NSEntityDescription 类：用于往核心数据库上存放数据。

24.5.2　使用 Core Data 动态添加、删除数据

实例 24-5	使用 Core Data 动态添加、删除数据
源码路径	daima\24\CoreDataDemo

实例 24-5 的实现方式如下。

（1）编写视图控制器文件 ViewController.m，功能是获取 Core Data 中存储的数据信息，并将这些信息显示在单元格控件中。

（2）编写文件 AddPersonController.m，功能是构建添加数据控制器界面，在添加界面中设置 3 个文本框控件供用户分别输入“姓”“名”和“年龄”，并将文本框中的合法数据添加到数据库中。

（3）编写文件 Person.m（此文件是数据对象文件），设置 3 个对象 age、firstName 和 lastName，分别和数据库中的数据相对应（程序见配套资源）。

（4）编写实例文件 Manager.m，功能是管理数据库中的数据，主要代码如下。

```
#import "Manager.h"
#import "Employee.h"
@implementation Manager
@dynamic firstName;
@dynamic lastName;
@dynamic age;
@dynamic fkManagerToEmployees;
@end
```

（5）数据库文件是 CoreDataDemo.xcdatamodeld，如图 24-12 所示。

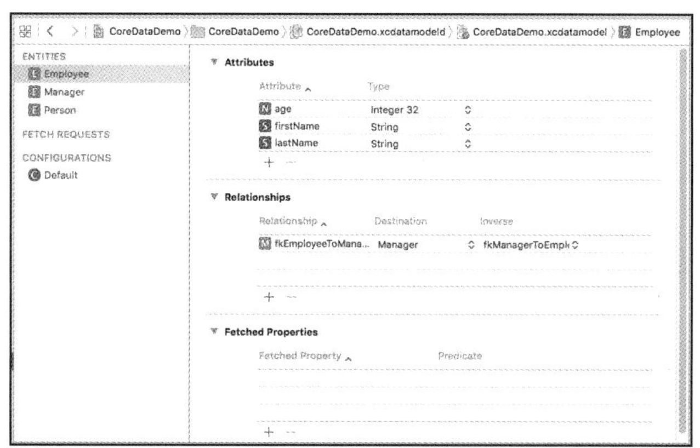

▲图 24-12　数据库文件 CoreDataDemo.xcdatamodeld

（6）执行后会列表显示系统中存在的数据，如图 24-13 所示。单击“ + ”按钮，会弹出添加数据文本框的界面，如图 24-14 所示。

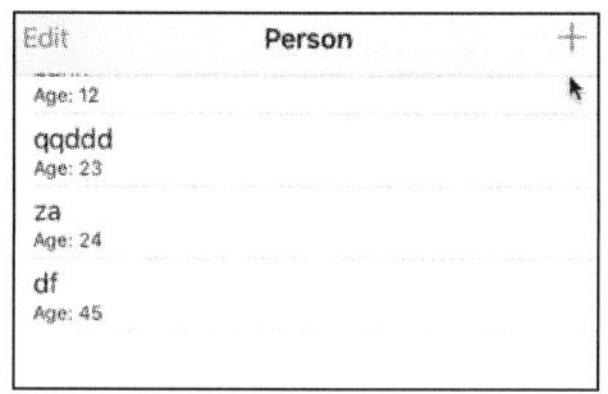

▲图 24-13　执行结果

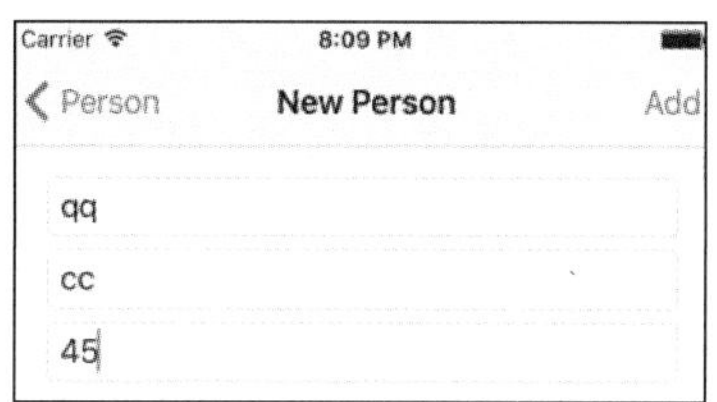

▲图 24-14　添加数据文本框的界面

（7）在文本框中输入合法数据并单击 Add 后，会将新数据添加到系统库中，如图 24-15 所示。单击 Edit 后的效果如图 24-16 所示。

（8）单击某条数据前面的⊖图标，会在后面显示 Delete 按钮，如图 24-17 所示。单击 Delete 按钮后会删除这条数据。

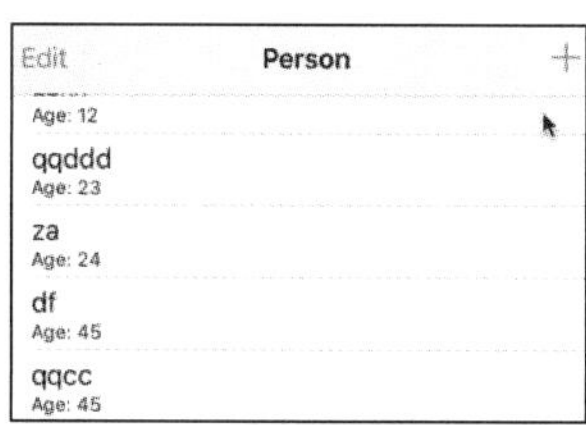

▲图 24-15　添加的新数据

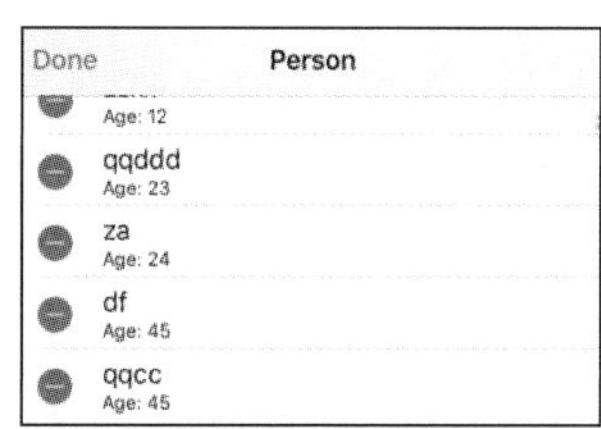

▲图 24-16　单击 Edit 按钮后的效果

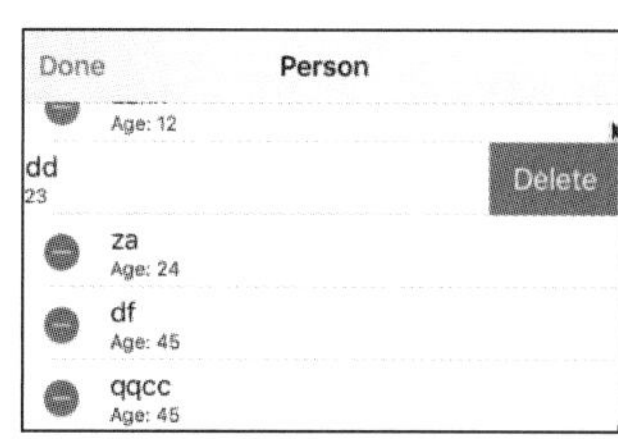

▲图 24-17　显示 Delete 按钮

第 25 章　触摸、手势识别和 Force Touch

iOS 在推出之时，最吸引用户的便是多点触摸功能，通过对屏幕的触摸实现了良好的用户体验。通过多点触摸屏技术，用户能够使用大量的自然手势来完成原本只能通过菜单、按钮和文本来完成的操作。另外，iOS 还提供了高级手势识别功能，我们可以在应用程序中轻松实现它们。本章将详细讲解 iOS 多点触摸和手势识别的基本知识。

25.1 多点触摸和手势识别的基础知识

iPad 和 iPhone 无键盘的设计为屏幕争取到了更多的显示空间，用户不再通过键盘发出指令。触摸屏的典型操作有轻按（tap）某个图标来启动一个应用程序，向上或向下（也可以左右）拖移来滚动屏幕，将手指合拢或张开（pinch）来进行放大和缩小等。在邮件应用中，如果你决定删除收件箱中的某个邮件，只需轻扫（swipe）要删除的邮件的标题，邮件应用程序会弹出一个删除按钮，然后轻击这个删除按钮，这样就删除了邮件。UIView 能够响应多种触摸操作。例如，UIScrollView 就能响应手指合拢或张开来进行放大或缩小。在程序代码上，我们可以监听某一个具体的触摸操作，并做出响应。

为了简化编程工作，我们在应用程序中可能要实现所有常见手势，简单来说，我们需要创建一个 UIGestureRecognizer 类的对象，或者是它的子类的对象来实现。苹果公司创建了如下“手势识别器”类。

- 轻按（UITapGestureRecognizer）：用一个或多个手指在屏幕上轻按。
- 按住（UILongPressGestureRecognizer）：用一个或多个手指在屏幕上按住。
- 长时间按住（UILongPressGestureRecogrlizer）：用一个或多个手指在屏幕上按住到指定时间。
- 张合（UIPinchGestureRecognizer）：张合手指以缩放对象。
- 旋转（UIRotationGestureRecognizer）：沿圆形滑动两个手指。
- 轻扫（UISwipeGestureRecognizer）：用一个或多个手指沿特定方向轻扫。
- 平移（UIPanGestureRecognizer）：触摸并拖曳。

上述类都能准确地检测到某一个动作。在创建了上述的对象之后，使用 addGesture Recognizer 方法把它传递给视图。当用户在这个视图上进行相应操作时，上述对象中的某一个方法就被调用。本章将阐述如何编写代码来响应上述触摸操作。

25.2 触摸处理

触摸就是用户把手指放到屏幕上。系统和硬件一起工作，知道手指什么时候触碰屏幕以及在屏幕中的触碰位置。UIView 是 UIResponder 的子类，触摸发生在 UIView 上。用户看到的和触摸到的是视图（用户也许能看到图层，但图层不是一个 UIResponder，它不参与触摸）。触摸是一个 UITouch 对象，该对象被放在一个 UIEvent 中，然后系统将 UIEvent 发送到应用程序上。最后，应用程序将 UIEvent 传递给一个适当的 UIView。一般不需要关心 UIEvent 和 UITouch。大多数系统视图会处理这些低级别的触摸，并且通知高级别的代码。例如，当 UIButton 发送一个动作消息并报告一个 Touch

Up Inside 事件时，它已经汇总了一系列复杂的触摸动作。用户将手指放到按钮上，也许还移来移去，最后手指抬起来了，UITableView 报告用户选择了一个表单元，当滚动 UIScrollView 时，它报告滚动事件。另外，有些界面视图只是自己响应触摸动作，而不通知代码。例如，当拖动 UIWebView 时，它仅滚动而已。然而，知道怎样直接响应触摸是有用的，这样可以实现自己的可触摸视图，并且充分理解 Cocoa 的视图在做些什么。

25.2.1 iOS 中的手势操作

在 iOS 应用中，最常见的触摸操作是通过 UIButton 按钮实现的，这也是最简单的一种方式。iOS 中包含如下操作手势。

- 单击（tap）：作为最常用的手势，单击用于按下或选择一个控件或条目（类似于普通的鼠标单击）。
- 拖动（drag）：用于实现一些页面的滚动，以及对控件的移动功能。
- 滑动（flick）：用于实现页面的快速滚动和翻页的功能。
- 横扫（swipe）：用于激活列表项的快捷操作菜单。
- 双击（double tap）：可以放大并居中显示图片，或恢复原大小（如果当前已经放大）。同时，双击能够激活文字编辑菜单。
- 放大（pinch open）：可以打开订阅源，打开文章。在查看照片的时候，放大手势也可实现放大图片的功能。
- 缩小（pinch close）：可以实现与放大手势相反的功能：关闭订阅源退出首页，关闭文章退出至索引页。在查看照片的时候，缩小手势也可实现缩小图片的功能。
- 长按（touch&hold）：如果针对文字长按，将出现放大镜辅助功能。松开后，则出现编辑菜单。如果针对图片长按，将出现编辑菜单。
- 摇晃（shake）：摇晃手势，将出现撤销与重做菜单，主要针对用户文本输入。

25.2.2 使用触摸的方式移动视图

实例 25-1	使用触摸的方式移动视图
源码路径	daima\25\UITouch

视图控制器文件 ViewController.m 的功能是，通过函数 touchesMoved 监听用户触摸屏幕的手势，根据触摸的位置移动当前视图到指定的位置。文件 ViewController.m 的主要代码如下。

```
- (void)touchesMoved:(NSSet *)touches withEvent:(UIEvent *)event{
    //获取触摸的手指
    UITouch *touch = [touches anyObject]; //获取集合中的对象
    //获取开始时的触摸点
    CGPoint previousPoint = [touch previousLocationInView:self.view];
    //获取当前的触摸点
    CGPoint latePoint = [touch locationInView:self.view];
    //获取当前点的位移量
    CGFloat dx = latePoint.x - previousPoint.x;
    CGFloat dy = latePoint.y - previousPoint.y;
    //获取当前视图的 center
    CGPoint center = self.view.center;
    //根据位移量修改 center 的值
    center.x += dx;
    center.y += dy;
```

```
    //把新的 center 赋给当前视图
    self.view.center = center;
}
@end
```

执行后可以用触摸的方式移动当前的视图。

25.2.3　基于 Swift 触摸挪动彩色方块

实例 25-2	基于 Swift 触摸挪动彩色方块
源码路径	daima\25\Touches_Responder

实例 25-2 的实现方式如下。

（1）打开 Main.storyboard，为本项目设计一个视图界面，在里面添加 Lable 文本控件，然后绘制 3 个方块图片，如图 25-1 所示。另外，在项目中导入图 25-2 所示的框架。

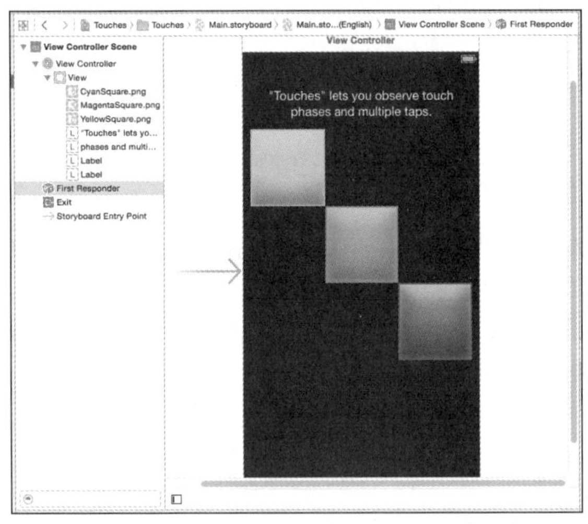

▲图 25-1　添加 Label 文本控件并绘制方块图片

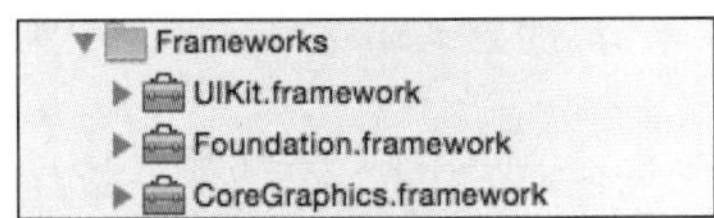

▲图 25-2　导入框架

（2）实现视图界面文件 APLViewController.swift，构建一个用户可以移动的视图界面，实现触摸移动事件处理，主要代码如下。

```
class APLViewController: UIViewController {
private var piecesOnTop: Bool = false  //跟踪两个或多个片段是否在上面
    private var startTouchPosition: CGPoint = CGPoint()

    //用户可以移动视图
    @IBOutlet private var firstPieceView: UIImageView!
    @IBOutlet private var secondPieceView: UIImageView!
    @IBOutlet private var thirdPieceView: UIImageView!

    @IBOutlet private var touchPhaseText: UILabel! //显示触摸阶段
    @IBOutlet private var touchInfoText: UILabel! //显示多个点的触摸信息
    @IBOutlet private var touchTrackingText: UILabel! //显示触摸跟踪信息
    @IBOutlet private var touchInstructionsText: UILabel! //显示如何分割彼此顶部的指令
    //确定一个块在移动时有多快
private final let GROW_ANIMATION_DURATION_SECONDS = 0.15
//确定当一个块停止移动时，一个块的大小缩小的速度
    private final let SHRINK_ANIMATION_DURATION_SECONDS = 0.15
```

```
//MARK: -触摸处理

/**
开始处理触摸
*/
override func touchesBegan(touches: Set<NSObject>, withEvent event: UIEvent) {
    let numTaps = (touches.first! as! UITouch).tapCount
    self.touchPhaseText.text = NSLocalizedString("Phase: Touches began", comment:
    "Phase label text for touches began")
    self.touchInfoText.text = ""
    if numTaps >= 2 {
        let infoFormatString = NSLocalizedString("%d taps", comment: "Format string
        for info text for number of taps")
        self.touchInfoText.text = String(format: infoFormatString, numTaps)
        if numTaps == 2 && piecesOnTop {
            if self.firstPieceView.center.x == self.secondPieceView.center.x {
                self.secondPieceView.center = CGPointMake(self.firstPieceView.
                center.x - 50, self.firstPieceView.center.y - 50)
            }
            if self.firstPieceView.center.x == self.thirdPieceView.center.x {
                self.thirdPieceView.center  = CGPointMake(self.firstPieceView.
                center.x + 50, self.firstPieceView.center.y + 50)
            }
            if self.secondPieceView.center.x == self.thirdPieceView.center.x {
                self.thirdPieceView.center  = CGPointMake(self.secondPieceView.
                center.x + 50, self.secondPieceView.center.y + 50)
            }
            self.touchInstructionsText.text = ""
        }
    } else {
        self.touchTrackingText.text = ""
    }
    //枚举所有的触摸对象
    var touchCount = 0
    for touch in touches as! Set<UITouch> {
        //发送的调度方法，在触摸后这将确保提供适当的子视图
        self.dispatchFirstTouchAtPoint(touch.locationInView(self.view), forEvent: nil)
        touchCount++
    }
}

/**检查视图界面，调用一个方法来执行开场动画*/
private func dispatchFirstTouchAtPoint(touchPoint: CGPoint, forEvent event: UIEvent?) {
    if CGRectContainsPoint(self.firstPieceView.frame, touchPoint) {
        self.animateFirstTouchAtPoint(touchPoint, forView: self.firstPieceView)
    }
    if CGRectContainsPoint(self.secondPieceView.frame, touchPoint) {
        self.animateFirstTouchAtPoint(touchPoint, forView: self.secondPieceView)
    }
    if CGRectContainsPoint(self.thirdPieceView.frame, touchPoint) {
        self.animateFirstTouchAtPoint(touchPoint, forView: self.thirdPieceView)
    }

}

/**
处理一个触摸的延续
*/
override func touchesMoved(touches: Set<NSObject>, withEvent event: UIEvent) {
    var touchCount = 0
    self.touchPhaseText.text = NSLocalizedString("Phase: Touches moved", comment:
```

```
        "Phase label text for touches moved")
        //枚举所有触摸对象
        for touch in touches as! Set<UITouch> {
            self.dispatchTouchEvent(touch.view, toPosition: touch.locationInView(self.view))
            touchCount++
        }

        //发生多个触摸动作后，报告触摸次数
        if touchCount > 1 {
            let trackingFormatString = NSLocalizedString("Tracking %d touches",
            comment: "Format string for tracking text for number of touches being tracked")
            self.touchTrackingText.text = String(format: trackingFormatString,
            Int32(touchCount))
        } else {
            self.touchTrackingText.text = NSLocalizedString("Tracking 1 touch",
            comment: "String for tracking text for 1 touch being tracked")
        }
    }


    /**
   检查视图界面中的移动位置点，然后将其移动到中心点
    */
    private func dispatchTouchEvent(theView: UIView, toPosition position: CGPoint) {
        //移动到一个位置上
        if CGRectContainsPoint(self.firstPieceView.frame, position) {
            self.firstPieceView.center = position
        }
        if CGRectContainsPoint(self.secondPieceView.frame, position) {
            self.secondPieceView.center = position
        }
        if CGRectContainsPoint(self.thirdPieceView.frame, position) {
            self.thirdPieceView.center = position
        }
    }

    /**
   处理触摸事件结束
    */
    override func touchesEnded(touches: Set<NSObject>, withEvent event: UIEvent) {
        self.touchPhaseText.text = NSLocalizedString("Phase: Touches ended", comment:
        "Phase label text for touches ended")
        //枚举所有触摸对象
        for touch in touches as! Set<UITouch> {
            self.dispatchTouchEndEvent(touch.view, toPosition: touch.locationInView(self.view))
        }
    }


    /**
   调用一个方法来关闭动画，返回其原始位置
    */
    private func dispatchTouchEndEvent(theView: UIView, toPosition position: CGPoint) {
        if CGRectContainsPoint(self.firstPieceView.frame, position) {
            self.animateView(self.firstPieceView, toPosition: position)
        }
        if CGRectContainsPoint(self.secondPieceView.frame, position) {
            self.animateView(self.secondPieceView, toPosition: position)
        }
        if CGRectContainsPoint(self.thirdPieceView.frame, position) {
            self.animateView(self.thirdPieceView, toPosition: position)
        }
```

```
        //如果一个掩盖了另一个，则显示一个消息，用户可以通过移动将两者分开
        if CGPointEqualToPoint(self.firstPieceView.center, self.secondPieceView.center) ||
            CGPointEqualToPoint(self.firstPieceView.center, self.thirdPieceView.center) ||
            CGPointEqualToPoint(self.secondPieceView.center, self.thirdPieceView.center)
        {

            self.touchInstructionsText.text = NSLocalizedString("Double tap the
            background to move the pieces apart.", comment: "Instructions text string.")
            piecesOnTop = true
        } else {
            piecesOnTop = false
        }
    }
    override func touchesCancelled(touches: Set<NSObject>, withEvent event: UIEvent) {
        self.touchPhaseText.text = NSLocalizedString("Phase: Touches cancelled",
        comment: "Phase label text for touches cancelled")
        //枚举所有触摸对象
        for touch in touches as! Set<UITouch> {
            //确保提供合适的子视图
            self.dispatchTouchEndEvent(touch.view, toPosition: touch.locationInView(self.view))
        }
    }

    //MARK: - 动画视图
    private func animateFirstTouchAtPoint(touchPoint: CGPoint, forView theView: UIImageView) {
        UIView.beginAnimations(nil, context: nil)
        UIView.setAnimationDuration(GROW_ANIMATION_DURATION_SECONDS)
        theView.transform = CGAffineTransformMakeScale(1.2, 1.2)
        UIView.commitAnimations()
    }

    /**
   缩小视图并将其移动到新的位置
    */
    private func animateView(theView: UIView, toPosition thePosition: CGPoint) {
        UIView.beginAnimations(nil, context: nil)
        UIView.setAnimationDuration(SHRINK_ANIMATION_DURATION_SECONDS)
        //Set the center to the final postion.
        theView.center = thePosition
        //Set the transform back to the identity, thus undoing the previous scaling effect.
        theView.transform = CGAffineTransformIdentity
        UIView.commitAnimations()
    }
}
```

执行结果如图 25-3 所示，用户可以用触摸的方式移动界面中的 3 个方块，如图 25-4 所示。

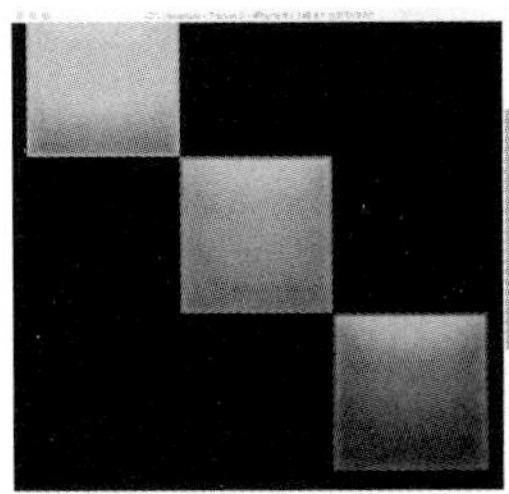

▲图 25-3　执行结果

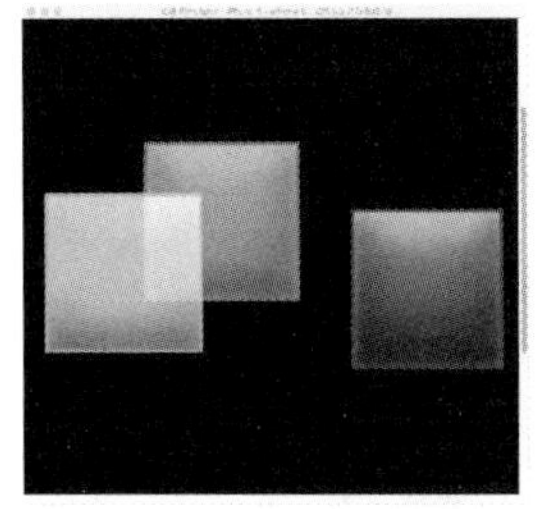

▲图 25-4　移动方块

25.3 手势处理

不管是单击、双击、轻扫，还是使用更复杂的操作，都是在操作触摸屏。iPad/iPhone 屏幕可以同时检测出多个触摸，并跟踪这些触摸。例如，通过两个手指的捏合控制图片的放大和缩小。所有这些功能都拉近了用户与界面的距离，这也使我们之前的习惯随之改变。

25.3.1　手势处理的基础知识

在 Cocoa 中，代表触摸对象的类是 UITouch。当用户触摸屏幕时，产生相应的事件。在处理触摸事件时，还需要关注触摸所在的窗口和视图。UITouch 类中包含 LocationInView、previousLocationInView 等方法。

- LocationInView：返回一个 CGPoint 类型的值，表示触摸（手指）在视图上的位置。
- previousLocationInView：和上面的方法一样，但除当前坐标之外，还能记录前一个坐标值。
- CGRect：一个结构，它包含一个矩形的位置（CGPoint）和尺寸（CGSize）。
- CGPoint：一个结构，它包含一个点的二维坐标。
- CGSize：包含长和宽。
- CGFloat：所有浮点值的基本类型。

手势识别器是 UIGestureRecognizer 的子类，定义了所有手势的基本行为。接下来，介绍处理具体手势的子类。

UITapGestureRecognizer 表示任意手指任意次数的单击。其属性如下。

- numberOfTapsRequired：单击次数。
- numberOfTouchesRequired：手指个数。

UIPinchGestureRecognizer 表示两个手指捏合动作。其属性如下。

- scale：手指捏合。若大于 1，表示两个手指之间的距离变大；若小于 1，表示两个手指之间的距离变小；若等于 1，表示两个手指之间的距离不变。
- velocity：手指捏合动作的速率（加速度）。

UIPanGestureRecognizer 表示摇动或拖曳。其属性如下。

- minimumNumberOfTouches：最少的手指个数。
- maximumNumberOfTouches：最多的手指个数。

UISwipeGestureRecognizer 表示手指在屏幕上滑动操作。其属性如下。

- numberOfTouchesRequired：滑动手指的个数。
- direction：手指滑动的方向，取值有 Up、Down、Left 和 Right。

UIRotationGestureRecognizer 表示手指在屏幕上旋转操作。其属性如下。

- rotation：旋转方向。若小于 0，为逆时针旋转手势；若大于 0，为顺时针旋转手势；若等于零，不旋转。
- velocity：旋转速率。

UILongPressGestureRecognizer 表示长按手势。其属性如下。

- numberOfTapsRequired：需要长按时的单击次数。
- numberOfTouchesRequired：需要长按的手指的个数。
- minimumPressDuration：需要长按的时间，最短为 0.5s。
- allowableMovement：手指按住时允许移动的距离。

25.3.2 基于 Swift 识别手势并移动屏幕中的方块

实例 25-3	基于 Swift 识别手势并移动屏幕中的方块
源码路径	daima\25\Touches_GestureRecognizers

实例 25-3 的实现方式如下。

（1）打开 Main.storyboard，为本项目设计一个视图界面，在里面插入 3 种颜色的方块，如图 25-5 所示。

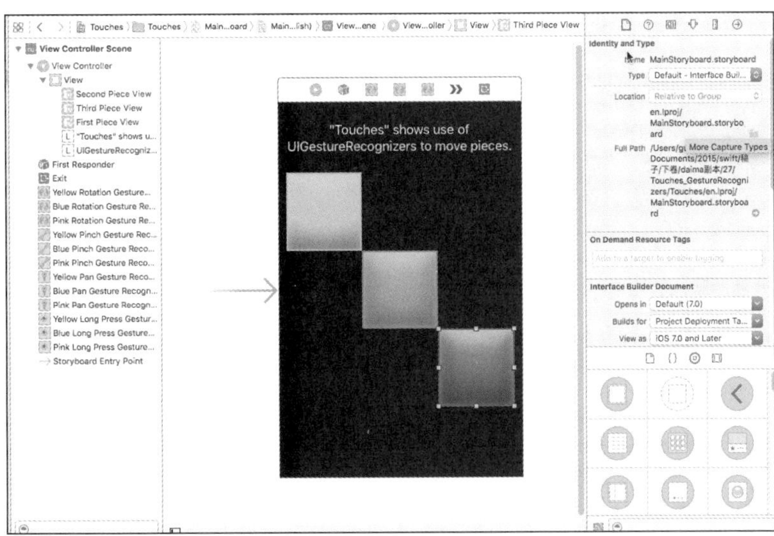

▲图 25-5　插入方块

（2）文件 APLViewController.swift 的功能是实现手势识别，获取手势触摸的位置，通过函数 panPiece 移动方块到指定的位置。文件 APLViewController.swift 的主要代码如下。

```
class APLViewController: UIViewController, UIGestureRecognizerDelegate {
    //可以移动 3 幅图片
    @IBOutlet private weak var firstPieceView: UIImageView!
    @IBOutlet private weak var secondPieceView: UIImageView!
    @IBOutlet private weak var thirdPieceView: UIImageView!

    private weak var pieceForReset: UIView?


    /**
     旋转变换层，移动一个手势识别的尺度
    */
    private func adjustAnchorPointForGestureRecognizer(gestureRecognizer:
    UIGestureRecognizer) {
        if gestureRecognizer.state == .Began {
            let piece = gestureRecognizer.view!
            let locationInView = gestureRecognizer.locationInView(piece)
            let locationInSuperview = gestureRecognizer.locationInView(piece.superview)
            piece.layer.anchorPoint = CGPointMake(locationInView.x /
            piece.bounds.size.width, locationInView.y / piece.bounds.size.height)
            piece.center = locationInSuperview
        }
    }
    /**
   显示一个菜单，该菜单有一个项目，允许该区域转换被重置
```

```
*/
@IBAction private func showResetMenu(gestureRecognizer: UILongPressGestureRecognizer) {
    if gestureRecognizer.state == .Began {
        self.becomeFirstResponder()
        self.pieceForReset = gestureRecognizer.view
        /*
        设置重置菜单
        */
        let menuItemTitle = NSLocalizedString("Reset", comment: "Reset menu item title")
        let resetMenuItem = UIMenuItem(title: menuItemTitle, action: "resetPiece:")

        let menuController = UIMenuController.sharedMenuController()
        menuController.menuItems = [resetMenuItem]

        let location = gestureRecognizer.locationInView(gestureRecognizer.view)
        let menuLocation = CGRectMake(location.x, location.y, 0, 0)
        menuController.setTargetRect(menuLocation, inView: gestureRecognizer.view!)

        menuController.setMenuVisible(true, animated: true)
    }
}
/**
以动画方式返回默认的锚点
*/
func resetPiece(controller: UIMenuController) {
    let pieceForReset = self.pieceForReset!

    let centerPoint = CGPointMake(CGRectGetMidX(pieceForReset.bounds),
    CGRectGetMidY(pieceForReset.bounds))
    let locationInSuperview = pieceForReset.convertPoint(centerPoint, toView:
    pieceForReset.superview)
    pieceForReset.layer.anchorPoint = CGPointMake(0.5, 0.5)
    pieceForReset.center = locationInSuperview

    UIView.beginAnimations(nil, context: nil)
    pieceForReset.transform = CGAffineTransformIdentity
    UIView.commitAnimations()
}
//UIMenuController 要求成为第一个响应者，否则不会显示
override func canBecomeFirstResponder() -> Bool {
    return true
}
//MARK: - 开始触摸处理
/**
平移方块中心
*/
@IBAction private func panPiece(gestureRecognizer: UIPanGestureRecognizer) {
    let piece = gestureRecognizer.view!

    self.adjustAnchorPointForGestureRecognizer(gestureRecognizer)

    if gestureRecognizer.state == .Began || gestureRecognizer.state == .Changed {
        let translation = gestureRecognizer.translationInView(piece.superview!)

        piece.center = CGPointMake(piece.center.x + translation.x, piece.center.y +
        translation.y)
        gestureRecognizer.setTranslation(CGPointZero, inView: piece.superview)
    }
}


/**
旋转方块
```

```
    */
    @IBAction private func rotatePiece(gestureRecognizer: UIRotationGestureRecognizer) {
        self.adjustAnchorPointForGestureRecognizer(gestureRecognizer)

        if gestureRecognizer.state == .Began || gestureRecognizer.state == .Changed {
            gestureRecognizer.view!.transform = CGAffineTransformRotate
            (gestureRecognizer.view!.transform, gestureRecognizer.rotation)
            gestureRecognizer.rotation = 0
        }
    }
    /**
    按比例缩放
    */
    @IBAction private func scalePiece(gestureRecognizer: UIPinchGestureRecognizer) {
        self.adjustAnchorPointForGestureRecognizer(gestureRecognizer)

        if gestureRecognizer.state == .Began || gestureRecognizer.state == .Changed {
            gestureRecognizer.view!.transform = CGAffineTransformScale (gesture
            Recognizer.view!.transform, gestureRecognizer.scale, gestureRecognizer.scale)
            gestureRecognizer.scale = 1
        }
    }

    /**
     实现手势识别
    */
    func gestureRecognizer(gestureRecognizer: UIGestureRecognizer, shouldRecognize
    SimultaneouslyWithGestureRecognizer otherGestureRecognizer: UIGestureRecognizer) -> Bool {
        if gestureRecognizer.view !== self.firstPieceView && gestureRecognizer.view !==
        self.secondPieceView && gestureRecognizer.view != self.thirdPieceView {
            return false
        }
        if gestureRecognizer.view !== otherGestureRecognizer {
            return false
        }

        if gestureRecognizer is UILongPressGestureRecognizer || otherGestureRecognizer
        is UILongPressGestureRecognizer {
            return false
        }

        return true
    }

}
```

执行结果如图 25-6 所示，移动后的效果如图 25-7 所示。

▲图 25-6 执行结果

▲图 25-7 移动后的效果

25.3.3　基于 Objective-C 实现手势识别器

实例 25-4	基于 Objective-C 实现手势识别器
源码路径	daima\25\shoushi-obj

本实例将实现 5 种手势（轻按、轻扫、张合、旋转和摇动）识别器以及这些手势的反馈。每种手势都会更新标签，指出有关该手势的信息。在张合、旋转和摇动的基础上更进一步，当用户执行这些手势时，将缩放、旋转或重置一个图像视图。为了给手势输入提供空间，这个应用程序显示的屏幕中包含 4 个嵌套的视图，在故事板场景中，直接给每个嵌套视图指定一个手势识别器。当在视图中执行操作时，将调用视图控制器中相应的方法，在标签中显示有关手势的信息。另外，根据执行的手势，还可能更新屏幕上的一个图像视图（UIImageView）。

1. 创建项目

启动 Xcode，使用模板 Single View Application 创建一个名为 shoushi 的应用程序。本项目需要很多输出口和操作，并且还需要通过 IB 直接在对象之间建立连接。

本应用程序的界面包含一幅可旋转或缩放的图像，这旨在根据用户的手势提供视觉反馈。在本章的项目文件夹中，子文件夹 Images 包含一幅名为 flower.png 的图像。将文件夹 Images 拖放到项目中存放代码的文件夹中，必要时选择复制资源并创建编组。

2. 给视图添加手势识别器

首先，在项目中添加一个 UITapGestureRecognizer 实例，在 Object 库中找到轻按手势识别器，将其拖放到包含标签“Tap 我”的 UIView 实例中，如图 25-8 所示。无论将其放在哪里，识别器将作为一个对象出现在文档大纲底部。

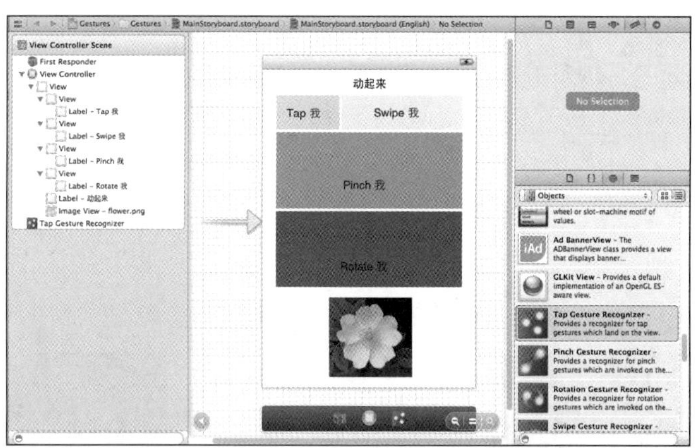

▲图 25-8　将手势识别器拖放到将使用它的视图上

把轻按手势识别器拖放到视图中，就创建了一个手势识别器对象，并将其关联到了该视图。接下来需要配置该识别器，让其知道要检测哪种手势。轻按手势识别器有如下两个属性。

- ❑ Taps：需要轻按对象多少次才能识别出轻按手势。
- ❑ Touches：需要有多少个手指在屏幕上才能识别出轻按手势。

在本实例中，将轻按手势定义为用一个手指轻按屏幕一次，因此指定一次轻按和一个触点。选择轻按手势识别器，再打开 Attributes Inspector，将文本框 Taps 和 Touches 都设置为 1，如图 25-9 所示。

这样就在项目中添加了第一个手势识别器，并对其进行了配置。

实现轻扫手势识别器的方式几乎与轻按手势识别器完全相同。但是不是指定轻按次数，而是指定轻扫的方向（上、下、左、右），还需指定多少个手指触摸屏幕（触点数）时才能视为轻扫手势。同样，在 Object 库中找到轻扫手势识别器（UISwipeGestureRecognizer），并将其拖放到包含标签“Swipe 我”的视图上。接下来，选择该识别器，并打开 Attributes Inspector 配置轻扫方向和触点数，使其监控用一个手指向右轻扫的手势，如图 25-10 所示。

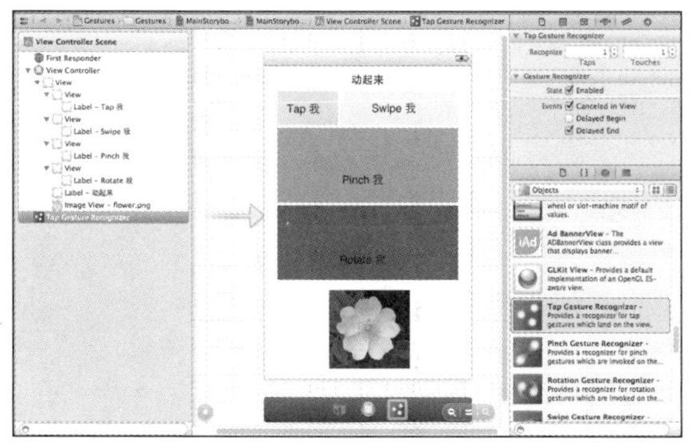

▲图 25-9　使用 Attributes Inspector 配置轻按手势识别器

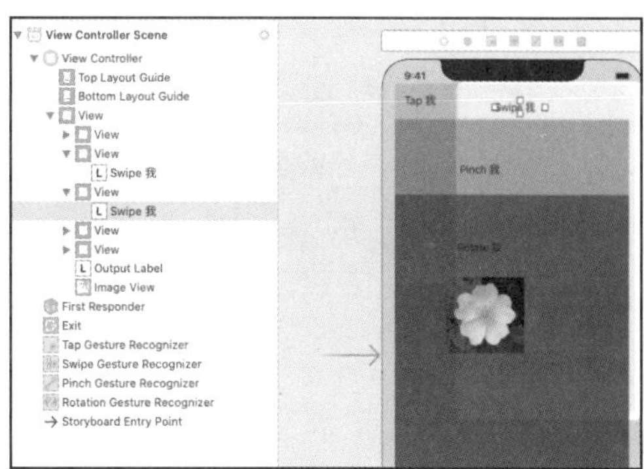

▲图 25-10　配置轻扫手势识别器

在 Object 库中，找到张合手势识别器（UIPinchGestureRecognizer），并将其拖放到包含标签“Pinch 我”的视图上。

旋转手势指的是两个手指沿圆圈移动，与张合手势识别器一样，旋转手势识别器也无须做任何配置，只需诠释结果——旋转的角度（单位为弧度）和速度。在 Object 库中，找到旋转手势识别器（UIRotation GestureRecognizer），并将其拖放到包含标签“Rotate 我”的视图上，这样就在故事板中添加了最后一个对象。

3. 创建并连接输出口和操作

为了在主视图控制器中响应手势并访问反馈对象，需要创建前面确定的输出口和操作。需要的输出口如下。

- imageView：图像视图。
- outputLabel：提供反馈的标签。

需要的操作如下。

- foundTap：响应轻按手势。
- foundSwipe：响应轻扫手势。
- foundPinch：响应张合手势。
- foundRotation：响应旋转手势。

4. 实现应用程序逻辑

为了实现手势识别器逻辑，首先实现轻按手势识别器。实现一个识别器后，将发现其他识别器的实现方式类似，唯一不同的是摇动手势，这就是将它留在最后的原因。切换到标准编辑器模式，并打开视图控制器实现文件 ViewController.m。

轻按和轻扫都是简单手势，它们只存在发不发生的问题。而张合手势和旋转手势更加复杂一些，它们返回更多的值，能够更好地控制用户界面。例如，张合手势包含属性 velocity（张合手势移动的速度）和 scale（与手指间距离变化成正比的小数）。如果手指间距离缩小了 50%，则缩放比例

（scale）将为 0.5；如果手指间距离为原来的两倍，则缩放比例为 2。使用方法 foundPinch 重置 UIImageView 的旋转角度（以免受旋转手势带来的影响），使用张合手势识别器返回的缩放比例和速度值创建一个反馈字符串，并缩放图像视图，以便立即向用户提供可视化反馈。实现方法 foundPinch 的代码如下。

```
- (IBAction)foundPinch:(id)sender {
    UIPinchGestureRecognizer *recognizer;
    NSString *feedback;
    double scale;

    recognizer=(UIPinchGestureRecognizer *)sender;
    scale=recognizer.scale;
    self.imageView.transform = CGAffineTransformMakeRotation(0.0);
    feedback=[[NSString alloc]
              initWithFormat:@"Pinched, Scale:%1.2f, Velocity:%1.2f",
              recognizer.scale,recognizer.velocity];
    self.outputLabel.text=feedback;
    self.imageView.frame=CGRectMake(kOriginX,
                                    kOriginY,
                                    kOriginWidth*scale,
                                    kOriginHeight*scale);
}
```

如果现在生成并运行该应用程序，能够在 pinchView 视图中使用张合手势缩放图像，甚至可以将图像放大到超越屏幕边界。执行后的结果如图 25-11 所示。

▲图 25-11　执行结果

25.3.4　基于 Swift 实现手势识别器

实例 25-5	基于 Swift 实现手势识别器
源码路径	daima\25\shoushi-swift

实例 25-5 的功能和实例 25-4 完全相同，只是实例 25-5 用 Swift 语言实现而已。

25.4　全新感应功能——Force Touch

Force Touch 是苹果公司用于 Apple Watch、全新 MacBook 及全新 MacBook Pro 的一项触摸传感技术。通过 Force Touch，设备可以感知轻压以及重压的力度，并调出对应的不同功能。苹果公司声称，Force Touch 是研发 Multi-Touch 以来最重要的全新感应功能。本节将详细讲解 Force Touch

技术的基本知识。

25.4.1 Force Touch 的基础知识

通过使用 Force Touch，设备可以感知用户单击的力度，根据力度的不同调出相应的功能。这一技术的推出，让 Apple Watch 在如此小的操作空间中也能够实现更多的互动。比如，轻触的作用可能和平时的简单单击一样，而当你在使用 Safari 浏览器时，一个加重力度的单击可能会为你弹出一个显示 Wikipedia（维基）入口的窗口。

全新 MacBook 和全新 MacBook Pro 通过全面改造触控板的工作方式得到了现在的 Force Touch 触控板，苹果公司抛弃了传统的跳板（diving board）结构设计，取而代之的则是拥有 4 个传感器的 Force Sensor。这些 Force Sensor 让用户可以在 Force Touch 触控板的任意地方单击，且操作效果毫无差异。对于以往触控板的“跳板”设计，用户很难在触控板的顶部（即靠近键盘的地方）操作，只能转移到底部。而现在全新设计的触控板让触感更轻松便捷。

在全新的 Force Touch 中，提供了如下的 API 类型。

- Pressure sensitivity（压力感应）：例如，通过对压力的感应，在绘图过程中使线条变粗或改变画刷的风格。
- Accelerator（加速器）：通过感应对触控板的压力为用户提供更多的控制。例如，随着压力的增大来快速播放多媒体文件。
- Drag and drop（拖曳）：感应用户手势的拖曳过程，根据拖曳距离执行对应的操作。
- Force click（单击力度）：应用程序可以感应对按钮、控制区域或在屏幕上进行的单击操作，根据单击的压力大小分别提供对应的功能，这样能够提供极强的用户体验。

有关 Force Touch API 的更多基本语法，读者可以参考苹果公司的官网，如图 25-12 所示。

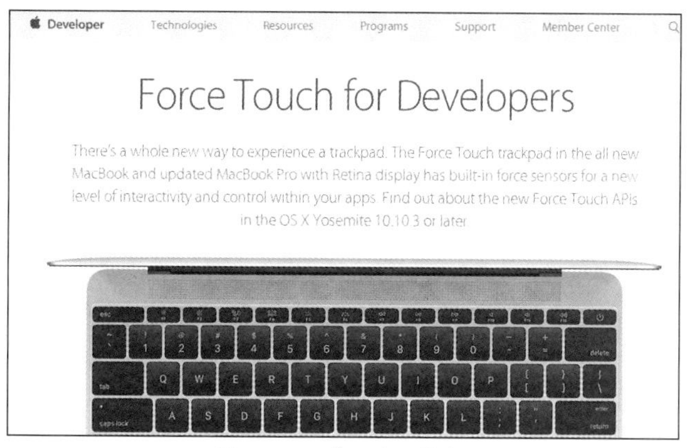

▲图 25-12　苹果公司的官网

25.4.2 使用 Force Touch

实例 25-6	使用 CoreMotion 和 Tap Gestures 演示 Force Touch
源码路径	daima\25\HGForceTouchView

实例文件 ViewController.m 的功能是，在屏幕中设置 UILabel 对象 label，通过 label 文本显示对 Force Touch 的使用。主要代码如下。

```
#import "ViewController.h"
@interface ViewController ()
@end
```

```
@implementation ViewController
- (void)viewDidLoad {
    [super viewDidLoad];
    [self.forceTouchView setForceTouchDelegate:self];
}
- (void)viewDidForceTouched:(HGForceTouchView*)forceTouchView {
    for (UIView *views in self.forceTouchView.subviews) {
        [views removeFromSuperview];
    }
    UILabel *label = [[UILabel alloc] initWithFrame:CGRectMake(0, 0, self.view.
    frame.size.width, 44)];
    [label setText:@"FORCE TOUCHED!"];
    [label setTextAlignment:NSTextAlignmentCenter];
    [label setCenter:CGPointMake(self.view.frame.size.width/2, self.view.frame.size.height/2)];
    [self.forceTouchView addSubview:label];
    [self performSelector:@selector(removeFrom) withObject:nil afterDelay:1];
}
- (void)removeFrom {
    for (UIView *views in self.forceTouchView.subviews) {
        [views removeFromSuperview];
    }
}
- (void)didReceiveMemoryWarning {
    [super didReceiveMemoryWarning];
}
@end
```

文件 ForceTouchSurface.m 的功能是，在函数 start 中通过 motionManager 监听对屏幕的触摸位置，通过函数 outputAccelertionData 输出加速度，通过函数 touchesBegan 实现触摸开始时的操作事件，通过函数 touchesEnded 实现触摸结束时的操作事件。主要代码如下。

```
- (void)start {
    self.motionManager = [[CMMotionManager alloc] init];
    self.motionManager.accelerometerUpdateInterval = .1;
    self.lastX = 0;
    self.lastY = 0;
    self.lastZ = 0;
    self.timePressing = 0;
    countPressing = FALSE;
    [self.motionManager startAccelerometerUpdatesToQueue:[NSOperationQueue
    currentQueue] withHandler:^(CMAccelerometerData  *accelerometerData, NSError
    *error) { [self outputAccelertionData:accelerometerData.acceleration];
          if(error){

              NSLog(@"%@", error);
          }
    }];
}

-(void)outputAccelertionData:(CMAcceleration)acceleration
{
    if (self.lastX == 0.00 && self.lastY == 0.00 && self.lastZ == 0.00) {
        self.lastX = acceleration.x;
        self.lastY = acceleration.y;
        self.lastZ = acceleration.z;
    }

    if (countPressing) {
        countPressing = FALSE;

        if (((-self.lastZ) + acceleration.z) >= 0.05 || ((-self.lastZ) + acceleration.z) <=
        -0.05) {
            AudioServicesPlayAlertSound(kSystemSoundID_Vibrate);
```

```
            [self.forceTouchDelegate viewDidForceTouched:self];
        }
    }

    self.lastX = acceleration.x;
    self.lastY = acceleration.y;
    self.lastZ = acceleration.z;

}

- (void)countTime {
    countPressing = TRUE;
    self.timePressing += 0.01;
}

- (void)touchesBegan:(NSSet *)touches withEvent:(UIEvent *)event {
    mainTimer = [NSTimer scheduledTimerWithTimeInterval:0.01 target:self selector:@se
lector(countTime) userInfo:nil repeats:TRUE];
    [mainTimer fire];

}

- (void)touchesEnded:(NSSet *)touches withEvent:(UIEvent *)event {
    self.timePressing = 0.00f;
    [mainTimer invalidate];
    countPressing = FALSE;
}

- (void)touchesCancelled:(NSSet *)touches withEvent:(UIEvent *)event {
    self.timePressing = 0.00f;
    [mainTimer invalidate];
    countPressing = FALSE;
}
@end
```

建议本项目在真机中测试运行结果，当在模拟器中测试本项目时，需要设置模拟器中的 Touch Pressure 选项。

25.4.3 基于 Swift 为应用程序添加 3D Touch 手势

实例 25-7	基于 Swift 为应用程序添加 3D Touch 手势
源码路径	daima\25\ModalEditor

本实例的功能是为一个现有的 iOS 程序添加 3D Touch 手势，具体流程如下。

（1）使用 Xcode 打开名为 ModalEditor 的项目，项目结构和故事板界面如图 25-13 所示。

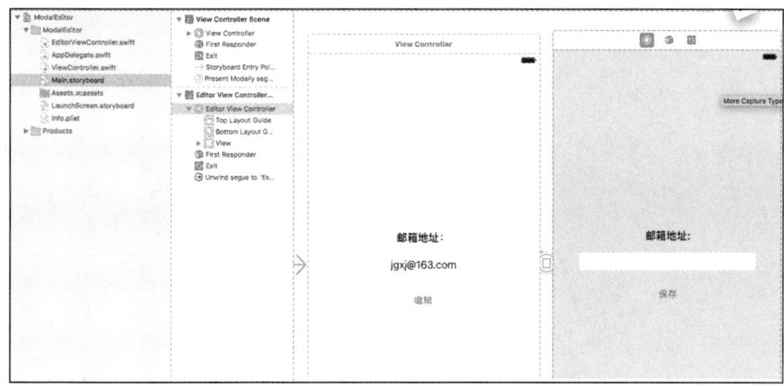

▲图 25-13　项目结构和故事板界面

（2）在故事板界面选中主视图，然后弹出对应的属性面板，在此勾选 Preview & Commit Segues 复选框，激活 3D Touch 预览并打开手势功能，然后设置 Preview 选项为 Same as Commit Segue，表示设置预览切换；设置 Commit 选项为 Same as Action Segue，表示设置提交切换，如图 25-14 所示。

现在虽然代码没有变化，但是程序已经支持 3D Touch 预览和打开手势功能。执行结果如图 25-15 所示。

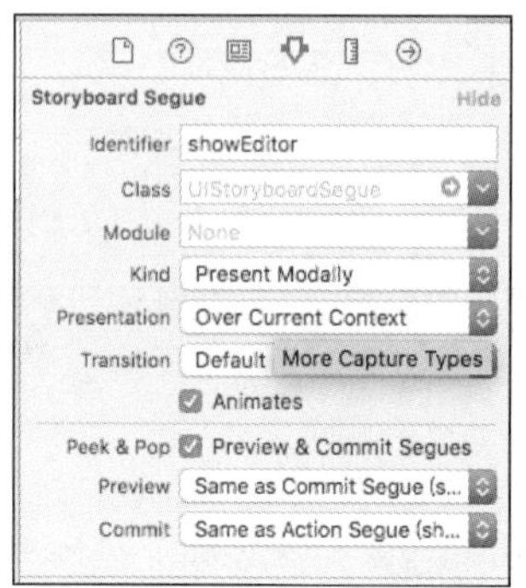

▲图 25-14　激活 3D Touch 预览并设置相关选项

▲图 25-15　执行结果

第 26 章　和硬件之间的交互

对于智能手机用户来说，已经习惯了通过手机摆动来控制手机游戏，手机可以根据其设备的朝向自动显示屏幕的信息，通过和硬件之间的交互来实现我们需要的功能。本章将详细讲解 iOS 和硬件结合的基本知识。

26.1 加速计和陀螺仪

在当前应用中，Nintendo Wii 将运动检测作为一种有效的输入技术引入主流消费电子设备中，而苹果公司将这种技术应用到了 iPhone、iPod Touch 和 iPad 中，并获得了巨大成功。在苹果公司设备中配备了加速计，可用于确定设备的朝向、移动和倾斜。通过 iPhone 加速计，用户只需调整设备的朝向并移动它，便可以控制应用程序。另外，在 iOS 设备中，苹果公司还引入了陀螺仪，这样设备能够检测到不与重力方向相反的旋转。总之，如果用户移动支持陀螺仪的设备，应用程序就能够检测到移动并做出相应的反应。

在 iOS 中，通过 Core Motion 框架将这种移动输入机制暴露给第三方应用程序，并且可以使用加速计来检测摇动手势。本章将详细讲解如何直接从 iOS 中获取数据，以检测朝向、加速和旋转。

注意：对本书中的大多数应用程序来说，使用 iOS 模拟器是完全可行的，但模拟器无法模拟加速计和陀螺仪硬件。因此在本章中，读者可能需要一台用于开发的设备，要在该设备中运行本章的应用程序。

26.1.1　加速计

生活中人们通常不会注意到 1g 的重力，但当失足坠落时，1g 将带来严重的伤害。如果坐过过山车，那就一定熟悉高于和低于 1g 的力。在过山车底部，被紧紧按在座椅上的力超过 1g，而在过山车顶部，感觉要飘出座椅，这是负重力在起作用。

加速计以相对于自由落体的方式量度加速度。这意味着如果将 iOS 设备在能够持续自由落体的地方丢下，在下落过程中，其加速计测量到的加速度将为 0g。另外，放在桌面上的设备的加速计测量出的加速度为 1g，且方向朝上。设备静止时受到的地球引力为 1g，这是加速计用于确定设备朝向的基础。加速计可以测量 3 条轴（x 轴、y 轴和 z 轴）上的值。

通过感知特定方向的惯性力总量，加速计可以测量出加速度和重力。iPhone 内的加速计是一个三轴加速计，这意味着它能够检测到三维空间中的运动或地球引力。因此，加速计不但可以指示握持电话的方式（如自动旋转功能），如果电话放在桌子上，还可以指示电话的正面朝下还是朝上。加速计可以测量地球引力，因此加速计返回值为 1.0 时，表示在特定方向上感知到 1g。如果静止握持 iPhone 而没有任何运动，那么地球引力对其施加的力大约为 1g。如果纵向地握持 iPhone，那么 iPhone 会检测并报告其 y 轴上施加的力大约为 1g。如果以一定角度握持 iPhone，那么 1g 的力会分布到不同的轴上，这取决于握持 iPhone 的方式。在以 45°角握持时，1*g* 的力会均匀地分解到两条轴上。

如果检测到的加速计值远大于 1*g*，即可以判断这是突然运动。正常使用时，加速计在任意轴上都不会检测到远大于 1*g* 的值。如果摇动、坠落或投掷 iPhone，加速计便会在一条或多条轴上检测到很大的力。对于 iPhone 加速计，iPhone 长边的左右是 *x* 轴（右为正），短边的上下是 *y* 轴（上为正），垂直于 iPhone 屏幕的是 *z* 轴（正面为正）。需要注意的是，加速计对 *y* 轴使用了更标准的惯例，即 *y* 轴上大于零的值表示向上的力，这与 Quartz 2D 的坐标系相反。如果加速计使用 Quartz 2D 作为控制机制，那么必须要转换 *y* 坐标轴。使用 OpenGL ES 时则不需要转换。

根据设备的放置方式，1*g* 的重力将以不同的方式分布到这 3 条轴上。如果设备垂直放置，且其一边、屏幕或背面呈水平状态，则整个 1*g* 都分布在一条轴上。如果设备倾斜，1*g* 将分布到多条轴上。

加速计通常用作游戏控制器，在游戏中使用加速计控制对象的移动。在简单情况下，可能只需获取一个轴的值，乘上某个数（灵敏度），然后添加到所控制对象的坐标系中。在复杂的游戏中，因为所建立的物理模型更加真实，所以必须根据加速计返回的值调整所控制对象的速度。

26.1.2　陀螺仪

很多初学者误以为，使用加速计提供的数据好像能够准确地猜测到用户在做什么，其实并非如此。加速计可以测量重力在设备上的分布情况，假设设备正面朝上放在桌子上，将可以使用加速计检测出这种情形，但如果在玩游戏时水平旋转设备，加速计测量到的值不会发生任何变化。

当设备通过一边直立着并旋转时，情况也如此。仅当设备的朝向相对于重力的方向发生变化时，加速计才能检测到；而无论设备处于什么朝向，只要它在旋转，陀螺仪就能检测到。陀螺仪是一个利用高速回转体的动量矩敏感壳体相对于惯性空间、绕正交于自转轴的一条或两条轴的角运动检测装置。另外，利用其他原理制成的具有同样功能的角运动检测装置也称陀螺仪。

当我们查询设备的陀螺仪时，它将报告设备绕 *x* 轴、*y* 轴和 *z* 轴的旋转速度，单位为弧度/秒。2π弧度相当于 360°，因此陀螺仪返回的读数 2 表示设备绕相应的轴每秒转 360°。

26.1.3　基于 Swift 使用 Motion 传感器

实例 26-1	基于 Swift 使用 Motion 传感器
源码路径	daima\26\Swift-Motion

实例 26-1 的实现方式如下。

（1）使用 Xcode 中新创建一个名为 Swift-Motion 的项目，然后打开 Main.storyboard，为本项目设计一个视图界面，在里面添加 Label 控件来展示 Motion 传感器的各个数值，如图 26-1 所示。

（2）编写文件 ViewController.swift，调用 iOS 中的 Motion 传感器在屏幕中分别显示如下数据。

- ❑ Acceleration：*x* 轴、*y* 轴和 *z* 轴 3 个方向的加速度值。
- ❑ Gyro：*x* 轴、*y* 轴和 *z* 轴 3 个方向的陀螺值。
- ❑ Attitude：姿态传感器值。
- ❑ Quaternion：旋转传感器，在 Unity 中由 *x*、*y*、*z* 和 *w* 表示 4 个值。

文件 ViewController.swift 的主要代码如下。

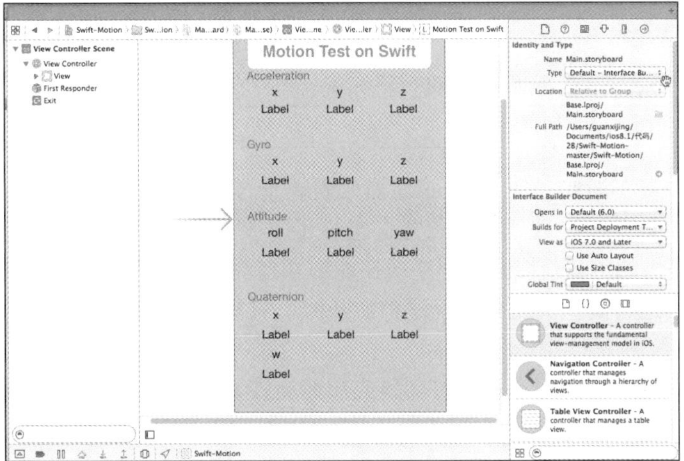

▲图 26-1 添加 Label 控件

```
override func viewDidLoad() {
    super.viewDidLoad()
    motionManager.deviceMotionUpdateInterval = 0.05 // 20Hz

    motionManager.startDeviceMotionUpdatesToQueue( NSOperationQueue.currentQueue(),
    withHandler:{
        deviceManager, error in
        var accel: CMAcceleration = deviceManager.userAcceleration
        self.acc_x.text = String(format: "%.2f", accel.x)
        self.acc_y.text = String(format: "%.2f", accel.y)
        self.acc_z.text = String(format: "%.2f", accel.z)
        var gyro: CMRotationRate = deviceManager.rotationRate
        self.gyro_x.text = String(format: "%.2f", gyro.x)
        self.gyro_y.text = String(format: "%.2f", gyro.y)
        self.gyro_z.text = String(format: "%.2f", gyro.z)
        var attitude: CMAttitude = deviceManager.attitude
        self.attitude_roll.text = String(format: "%.2f", attitude.roll)
        self.attitude_pitch.text = String(format: "%.2f", attitude.pitch)
        self.attitude_yaw.text = String(format: "%.2f", attitude.yaw)
        var quaternion: CMQuaternion = attitude.quaternion
        self.attitude_x.text = String(format: "%.2f", quaternion.x)
        self.attitude_y.text = String(format: "%.2f", quaternion.y)
        self.attitude_z.text = String(format: "%.2f", quaternion.z)
        self.attitude_w.text = String(format: "%.2f", quaternion.w)
    })
}
```

执行结果如图 26-2 所示。

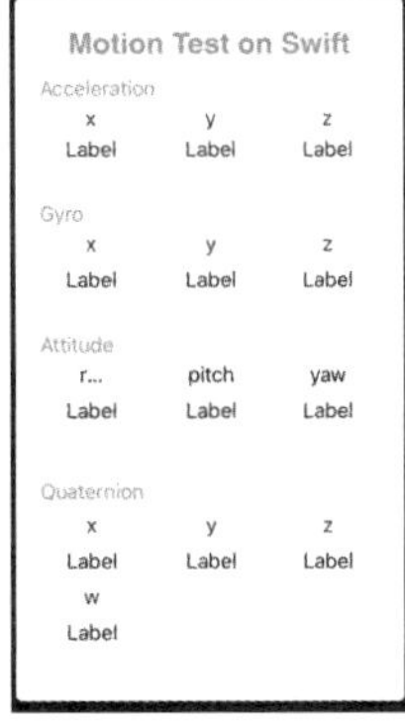

▲图 26-2 执行结果

26.1.4　基于 Objective-C 检测手机的倾斜和旋转

实例 26-2	基于 Objective-C 检测手机的倾斜和旋转
源码路径	daima\26\xuan-obj

假设要创建一个赛车游戏，使 iPhone 左右倾斜表示方向盘，而前后倾斜表示油门和制动，则为了让游戏做出正确的响应，知道玩家将方向盘转了多少以及将油门制动踏板踏下了多少会很有用。考虑到陀螺仪提供的测量值，应用程序现在能够知道设备是否在旋转，即使其倾斜角度没有变化。对于在玩家之间进行切换的游戏，玩这种游戏时，只需将 iPhone 或 iPad 放在桌面上并旋转它即可。

在本实例的应用程序中，用户在左右倾斜或加速旋转设备时，设置将纯色逐渐转换为透明色。在视图中添加两个开关（UISwitch），用于启用/禁用加速计和陀螺仪。

1. 创建项目

启动 Xcode，使用模板 Single View Application 创建一个项目，并将其命名为 xuan。

1）添加框架 Core Motion

本项目依赖 Core Motion 来访问加速计和陀螺仪，因此首先必须将框架 Core Motion 添加到项目中。为此选择项目 xuan 的根目录，并确保编辑器区域显示的是 Summary 选项卡。

接下来，向下滚动到 Linked Frameworks and Libraries 部分。单击列表下方的“+”按钮，从出现的列表中选择 CoreMotion.framework，再单击 Add 按钮，将框架 Core Motion 添加到项目中，如图 26-3 所示。

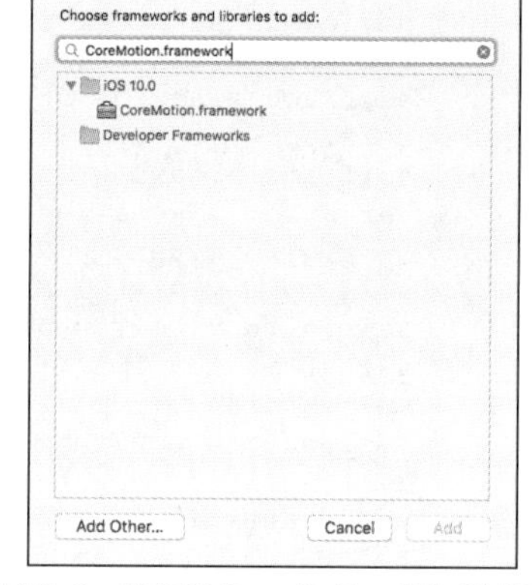

▲图 26-3　将框架 Core Motion 添加到项目中

在将框架 Core Motion 添加到项目时，它可能不会位于现有项目编组中。出于整洁性考虑，将其拖曳到编组 Developer Frameworks 中。并非必须这样做，但这让项目更整洁有序。

2）规划变量和连接

接下来，需要确定所需的变量和连接。具体地说，需要为一个改变颜色的 UIView 创建输出口（colorView），还需为两个 UISwitch 实例创建输出口（toggleAccelerometer 和 toggleGyroscope），这两个开关指出了是否要监视加速计和陀螺仪。另外，这些开关还触发操作方法 controlHardware，这个方法可以开启/关闭硬件监控。

另外，还需要一个指向 CMMotionManager 对象的实例变量/属性，我们将其命名为 motionManager。实例 motionManager 不直接关联到故事板中的对象，而是实现逻辑的一部分，我们将在控制器逻辑实现中添加它。

2. 设计界面

与实例 26-1 一样，应用程序的界面非常简单，只包含两个开关、两个标签和一个视图。首先，选择文件 MainStoryboard.storyboard，打开界面。然后，从 Object 库拖曳两个 UISwitch 实例到视图右上角，将其中一个放在另一个上方。使用 Attributes Inspector 将每个开关的默认状态都设置为 OFF。接下来，在视图中添加两个标签（UILabel），将它们分别放在开关的左边，并将其文本分别设置为“加速计”和“陀螺仪”。最后，拖曳一个 UIView 实例到视图中，并调整其大小，使其适合开关和标签下方的区域。使用 Attributes Inspector 将视图的背景改为绿色。最终的 UI 视图如图 26-4 所示。

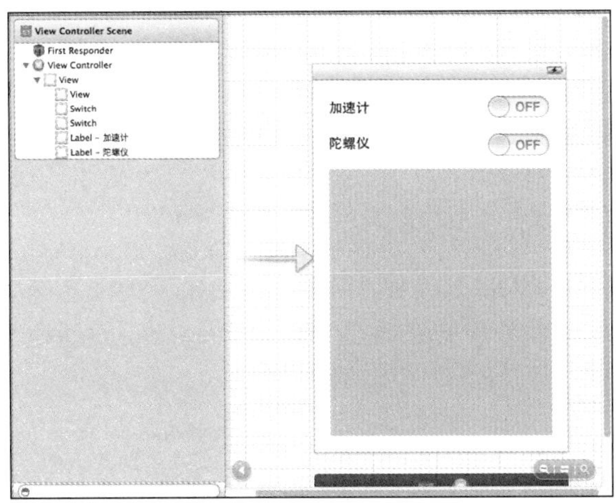

▲图 26-4 最终的 UI 视图

3. 创建并连接输出口和操作

在这个项目中，使用的输出口和操作不多，但并非所有的连接都是显而易见的。下面列出要使用的输出口和操作，其中需要的输出口如下。

- colorView：将改变颜色的视图。
- toggleAccelerometer：禁用/启用加速计的开关。
- toggleGyroscope：禁用/启用陀螺仪的开关。

在此需要根据开关的设置开始或停止监视加速计/陀螺仪，并确保选择了文件 MainStoryboard.storyboard，再切换到助手编辑器模式。如果有必要，在工作区中腾出一些空间。

按住 Control 键，从视图拖曳到文件 ViewController.h 中@interface 的下方。在 Xcode 提示时将输出口命名为 colorView，然后对两个开关重复上述过程，将加速计旁边的开关连接到 toggleAccelerometer，并将陀螺仪旁边的开关连接到 toggleGyroscope。

为了完成连接，需要对这两个开关进行配置，使其 Value Changed 事件发生时调用方法 controlHardware。为此，首先按住 Control 键，从加速计开关拖曳到文件 ViewController.h 中最后一个@property 下方。在 Xcode 提示时，新创建一个名为 controlHardware 的操作，并将响应的开关事件指定为 Value Changed。这就处理好了第一个开关，但这里要将两个开关连接到同一个操作。最准确的方式是，选择第二个开关，从 Connections Inspector 中的输出口 Value Changed 拖曳到刚在文件 ViewController.h 中创建的代码行 controlHardware IBAction。但也可按 Control 键，并从第二个开关拖曳到代码行 controlHardware IBAction，这是因为当建立从开关出发的连接时，IB 编辑器将默认使用事件 Value Changed。

4. 实现应用程序逻辑

要让应用程序正常运行，需要处理如下工作。

- 初始化 Core Motion 运动管理器（CMMotionManager）并对其进行配置。
- 管理事件以启用/禁用加速计和陀螺仪（controlHardware），并在启用这些硬件时注册一个处理程序块。
- 响应加速计/陀螺仪更新，修改背景色和透明度值。

- 放置界面旋转，旋转将干扰反馈显示。

下面来编写实现这些功能的代码。

1）初始化 Core Motion 运动管理器

应用程序 ColorTilt 启动时，需要分配并初始化一个 Core Motion 运动管理器实例。我们将框架 Core Motion 添加到了项目中，但代码还不知道它。因为我们将在 ViewController 类中调用 CoreMotion 方法，所以需要在文件 ViewController.h 中导入 Core Motion 接口文件。为此，在 ViewController.h 中现有的#import 语句下方添加如下代码行。

```
#import.<CoreMotion/CoreMotion.h>
```

接下来，需要声明运动管理器。其生命周期将与视图相同，因此需要在视图控制器中将其声明为实例变量和相应的属性。我们将把它命名为 colorView。为声明该实例变量/属性，在文件 ViewController.h 中现有属性声明的下方添加如下代码行。

```
@property (strong, nonatomic) CMMotionManager *motionManager;
```

每个属性都必须有配套的编译指令@synthesize，因此打开文件 ViewController.m，并在现有的编译指令@synthesize 下方添加如下代码行。

```
@synthesize motionManager;
```

处理运动管理器生命周期的最后一步是，在视图不再存在时妥善地清理它。对所有实例变量（它们通常是自动添加的）都必须进行清理，方法是在视图控制器的方法 viewDidUnload 中添加如下代码行。

```
[self setMOtionManager:nil];
```

接下来，初始化运动管理器，并根据要以什么样的频率（单位为秒）从硬件那里获得更新来设置两个属性——accelerometerUpdateInterval 和 gyroUpdateInterval。我们希望每秒更新 100 次，即更新间隔为 0.01s。这将在方法 viewDidLoad 中进行，这样 UI 显示到屏幕上后将开始监控。

方法 viewDidUnload 的具体代码如下。

```
- (void)viewDidUnload
{
    [self setColorView:nil];
    [self setToggleAccelerometer:nil];
    [self setToggleGyroscope:nil];
    [self setMotionManager:nil];
    [super viewDidUnload];
}
```

2）管理加速计和陀螺仪更新

方法 controlHardware 的实现比较简单，如果加速计开关是开的，则请求 CMMotionManager 实例 motionManager，开始监视加速计。每次更新都将由一个处理程序块进行处理，为了简化工作，该处理程序块调用方法 doAcceleration。如果这个开关是关的，则停止监视加速计。陀螺仪的实现与此类似，但每次更新时陀螺仪处理程序块都将调用方法 doRotation。方法 controlHardware 的具体代码如下。

```
- (IBAction)controlHardware:(id)sender {
    if ([self.toggleAccelerometer isOn]) {
        [self.motionManager
          startAccelerometerUpdatesToQueue:[NSOperationQueue currentQueue]
          withHandler:^(CMAccelerometerData *accelData, NSError *error) {
```

```
                [self doAcceleration:accelData.acceleration];
            }];
    } else {
        [self.motionManager stopAccelerometerUpdates];
    }

    if ([self.toggleGyroscope isOn] && self.motionManager.gyroAvailable) {
        [self.motionManager
          startGyroUpdatesToQueue:[NSOperationQueue currentQueue]
          withHandler:^(CMGyroData *gyroData, NSError *error) {
              [self doRotation:gyroData.rotationRate];
         }];
    } else {
        [self.toggleGyroscope setOn:NO animated:YES];
        [self.motionManager stopGyroUpdates];
    }
}
```

3）响应加速计更新

首先要实现 doAcceleration，因为它更复杂。这个方法需要完成两项任务。如果用户急剧移动设备，它将修改 colorView 的颜色；如果用户绕 x 轴慢慢倾斜设备，它应让当前背景色逐渐变得不透明。为了在设备倾斜时改变透明度值，这里只考虑 x 轴。x 轴离垂直方向（读数为 1.0 或–1.0）越近，就将颜色设置得越不透明（alpha 值越接近 1.0）；x 轴的读数越接近 0，就将颜色设置得越透明（alpha 值越接近 0）。将使用 C 语言函数 fabs()获取读数的绝对值，因为在本实例中，不关心设备向左还是向右倾斜。在实现文件 ViewController.m 中实现这个方法前，先在接口文件 ViewController.h 中声明它。为此，在操作声明下方添加如下代码行。

```
- (void)doAcceleration: (CMAcceleration) acceleration;
```

并非必须这样做，但这样可以让类中的其他方法（具体地说，是需要使用这个方法的 controlHardware）知道这个方法存在。如果不这样做，必须在实现文件中确保 doAcceleration 在 controlHandware 前面。实现方法 doAcceleration 的代码如下。

```
- (void)doAcceleration:(CMAcceleration)acceleration {
    if (acceleration.x > 1.3) {
        self.colorView.backgroundColor = [UIColor greenColor];
    } else if (acceleration.x < -1.3) {
        self.colorView.backgroundColor = [UIColor orangeColor];
    } else if (acceleration.y > 1.3) {
        self.colorView.backgroundColor = [UIColor redColor];
    } else if (acceleration.y < -1.3) {
        self.colorView.backgroundColor = [UIColor blueColor];
    } else if (acceleration.z > 1.3) {
        self.colorView.backgroundColor = [UIColor yellowColor];
    } else if (acceleration.z < -1.3) {
        self.colorView.backgroundColor = [UIColor purpleColor];
    }

    double value = fabs(acceleration.x);
    if (value > 1.0) { value = 1.0;}
    self.colorView.alpha = value;
}
```

4）响应陀螺仪更新

响应陀螺仪更新比响应加速计更新更容易，因为用户旋转设备时不需要修改颜色，只修改 colorView 的 alpha 属性即可。这里不是指用户沿特定方向旋转设备时修改透明度，而检测 3 个方向的综合旋转速度。这是在一个名为 doRotation 的新方法中实现的。

同样，实现方法 doRotation 前需要先在接口文件 ViewController.h 中声明它，否则必须在文件 ViewController.m 中确保这个方法在 controlHardware 前面。为此在文件 ViewController.h 中的最后一个方法声明下方添加如下代码行。

```
-(void) doRotation: (CMRotationRate) rotation;
```

方法 doRotation 的代码如下。

```
- (void)doRotation:(CMRotationRate)rotation {
    double value = (fabs(rotation.x)+fabs(rotation.y)+fabs(rotation.z))/8.0;
    if (value > 1.0) { value = 1.0;}
    self.colorView.alpha = value;
}
```

5）禁止界面旋转

现在可以运行这个应用程序了，但是编写的方法可能不能提供很好的视觉反馈。因为当用户旋转设备时界面也将在必要时发生变化，同时受界面旋转动画的干扰，用户无法看到视图颜色快速改变。为了禁用界面旋转，在文件 ViewController.m 中找到方法 shouldAutorotate ToInterfaceOrientation，并将其修改成只包含下面一行代码。

```
return NO;
```

这样无论设备朝向哪里，界面都不会旋转，从而让界面变成静态的。到此为止，本实例就完成了。本实例需要真实的 iOS 设备来演示，模拟器不支持演示。在 Xcode 工具栏的 Scheme 下拉列表中选择插入的设备，再单击 Run 按钮。尝试倾斜和旋转，结果如图 26-5 所示。在此需要注意，请首先尝试同时启用加速计和陀螺仪，然后尝试每次启用其中的一个。

▲图 26-5　执行结果

26.1.5　基于 Swift 检测手机的倾斜和旋转

实例 26-3	基于 Swift 检测手机的倾斜和旋转
源码路径	daima\26\xuan-swift

实例 26-3 的功能和实例 26-2 的功能完全一样，但实例 26-3 用 Swift 语言实现。实例文件 ViewController.swift 的主要代码如下。

```
class ViewController: UIViewController {

    let kRad2Deg:Double = 57.2957795

    @IBOutlet weak var toggleMotion: UISwitch!
    @IBOutlet weak var colorView: UIView!
    @IBOutlet weak var toggleAccelerometer: UISwitch!
    @IBOutlet weak var toggleGyroscope: UISwitch!
    @IBOutlet weak var rollOutput: UILabel!
    @IBOutlet weak var pitchOutput: UILabel!
```

```
    @IBOutlet weak var yawOutput: UILabel!

    var motionManager: CMMotionManager = CMMotionManager()

    @IBAction func controlHardware(_ sender: AnyObject) {
        if toggleMotion.isOn {
            motionManager.startDeviceMotionUpdates(to: OperationQueue.current()!,
            withHandler: {
                (motion: CMDeviceMotion?, error: NSError?) in
                self.doAttitude(motion!.attitude)
                if self.toggleAccelerometer.isOn {
                    self.doAcceleration(motion!.userAcceleration)
                }
                if self.toggleGyroscope.isOn {
                    self.doRotation(motion!.rotationRate)
                }
            })
        } else {
            toggleGyroscope.isOn=false
            toggleAccelerometer.isOn=false
            motionManager.stopDeviceMotionUpdates()
        }
    }

    func doAttitude(_ attitude: CMAttitude) {
        rollOutput.text=String(format:"%.0f",attitude.roll*kRad2Deg)
        pitchOutput.text=String(format:"%.0f",attitude.pitch*kRad2Deg)
        yawOutput.text=String(format:"%.0f",attitude.yaw*kRad2Deg)
        if !toggleGyroscope.isOn {
            colorView.alpha=CGFloat(fabs(attitude.pitch))
        }
    }

    func doAcceleration(_ acceleration: CMAcceleration) {
        if (acceleration.x > 1.3) {
            colorView.backgroundColor = UIColor.green
        } else if (acceleration.x < -1.3) {
            colorView.backgroundColor = UIColor.orange
        } else if (acceleration.y > 1.3) {
            colorView.backgroundColor = UIColor.red
        } else if (acceleration.y < -1.3) {
            colorView.backgroundColor = UIColor.blue
        } else if (acceleration.z > 1.3) {
            colorView.backgroundColor = UIColor.yellow
        } else if (acceleration.z < -1.3) {
            colorView.backgroundColor = UIColor.purple
        }
    }

    func doRotation(_ rotation: CMRotationRate) {
        var value: Double = fabs(rotation.x)+fabs(rotation.y)+fabs(rotation.z)/12.5;
        if (value > 1.0) { value = 1.0;}
        colorView.alpha = CGFloat(value)
    }

    override func viewDidLoad() {
        super.viewDidLoad()
        motionManager.deviceMotionUpdateInterval = 0.01
    }
}
```

26.2 访问朝向和运动数据

要访问朝向和运动信息，可使用两种不同的方法。其一，要检测朝向变化并做出反应，可以请求 iOS 设备在朝向发生变化时向编写的代码发送通知，然后将收到的消息与表示各种设备朝向的常量（包括正面朝上和正面朝下）进行比较，从而判断出用户做了什么。其二，可以利用框架 Core Motion 定期地直接访问加速计和陀螺仪数据。

26.2.1 两种方法

1. 通过 UIDevice 请求朝向通知

虽然可以直接查询加速计并使用它返回的值判断设备的朝向，但苹果公司为开发人员简化了这项工作。单例 UIDevice 表示当前设备，它包含方法 beginGeneratingDeviceOrientationNotifications，该方法命令 iOS 将朝向通知发送到通知中心（NSNotificationCenter）。启动通知后，就可以注册一个 NSNotificationCenter 实例，以便设备的朝向发生变化时自动调用指定的方法。

除获悉发生了朝向变化事件之外，你还需要获悉当前朝向，为此可使用 UIDevice 的属性 orientation。该属性的类型为 UIDeviceOrientation，其可能取值为下面 6 个预定义值。

- UIDeviceOrientationFaceUp：设备正面朝上。
- UIDeviceOrientationFaceDown：设备正面朝下。
- UIDeviceOrientationPortrait：设备处于“正常”朝向，主屏幕按钮位于底部。
- UIDeviceOrientationPortraitUpsideDown：设备处于纵向状态，主屏幕按钮位于顶部。
- UIDeviceOrientationLandscapeLeft：设备侧立着，左边朝下。
- UIDeviceOrientationLandscapeRight：设备侧立着，右边朝下。

通过将属性 orientation 与上述每个值进行比较，你可以判断出朝向并做出相应的反应。

2. 使用 Core Motion 读取加速计和陀螺仪数据

当直接使用加速计和陀螺仪时，方法稍有不同。首先，需要将框架 Core Motion 添加到项目中。在代码中需要创建 Core Motion 运动管理器的实例，应该将运动管理器视为单例——由其一个实例向整个应用程序提供加速计和陀螺仪运动服务。单例是在应用程序的整个生命周期内只能实例化一次的类。向应用程序提供的 iOS 设备硬件服务通常是以单例方式提供的。由于设备中只有一个加速计和一个陀螺仪，因此以单例方式提供它们合乎逻辑。在应用程序中包含多个 CMMotionManager 对象不会带来任何额外的好处，而只会让内存和生命周期的管理更复杂，而使用单例可避免这两种情况发生。

不同于朝向通知，Core Motion 运动管理器能够指定从加速计和陀螺仪那里接收更新的频率（单位为秒），还能够直接指定一个处理程序块（handler block），每当更新就绪时都将执行该处理程序块。

我们需要判断以什么样的频率接收运动更新对应用程序有好处。为此，可尝试不同的更新频率，直到获得最佳的频率。如果更新频率超过了最佳频率，可能带来一些负面影响：应用程序将使用更多的系统资源，这将影响应用程序其他部分的性能。当然，还有电池的寿命。由于可能需要非常频繁地接收更新以便应用程序能够平滑地响应，因此应花时间优化与 CMMotionManager 相关的代码。

让应用程序使用 CMMotionManager 很容易，这个过程包含 3 个步骤。

（1）分配并初始化运动管理器。

（2）设置更新频率。

（3）使用 startAccelerometerUpdatesToQueue:withHandler 请求开始更新并将更新发送给一个处理程序块。

请看如下所示的代码。

```
motionManager=[[CMMotionManager alloc]  init];
motionManager.accelerometerUpdateInterval=  .01;
[motionManager
startAccelerometerUpdatesToQueue:  [NSOperationQueue currentQueue]
withHandler:^(CMAccelerometerData *accelData, NSError *error){
}];
```

在上述代码中，第 1 行分配并初始化运动管理器。第 2 行请求加速计每隔 0.01s 发送一次更新，即每秒发送 100 次更新。第 3～6 行启动加速计更新，并指定每次更新时都将调用的处理程序块。

上述代码看起来令人迷惑，为了更好地理解其格式，建议读者阅读 CMMotionManager 文档。基本上，它像是在 startAccelerometerUpdatesToQueue:withHandler 调用中定义的一个新方法。

给这个处理程序传递了 accelData 和 error 两个参数，其中前者是一个 CMAccelerometerData 对象，而后者的类型为 NSError。对象 accelData 包含一个 acceleration 属性，其类型为 CMAcceleration，这是我们感兴趣的信息，包含沿 x 轴、y 轴和 z 轴的加速度。要使用这些输入数据，可以在处理程序中编写相应的代码。

陀螺仪更新的工作原理几乎与此相同，但需要设置 Core Motion 运动管理器的 gyroUpdateInterval 属性，并使用 startGyroUpdatesToQueue:withHandler 开始接收更新。陀螺仪的处理程序接收一个类型为 CMGyroData 的对象 gyroData。与加速计处理程序一样，该处理程序还接收一个 NSError 对象。我们感兴趣的是 gyroData 的 rotation 属性，其类型为 CMRotationRate，这个属性提供了绕 x 轴、y 轴和 z 轴的旋转速度。

注意：只有 2010 年后的设备支持陀螺仪。要检查设备是否提供这种支持，可以使用 CMMotionManager 的布尔属性 gyroAvailable，如果其值为 YES，则表明当前设备支持陀螺仪，可使用它。

处理完加速计和陀螺仪更新后，便可停止接收这些更新，为此可分别调用 CMMotionManager 的方法 stopAccelerometerUpdates 和 stopGyroUpdates。

注意：前面没有解释包含 NSOperationQueue 的代码。操作队列（operation queue）是一个需要处理的操作（如加速计和陀螺仪读数）列表。需要使用的队列已经存在，因此可使用代码[NSOperationQueue currentQueue]。只要这样做，就无须手工管理操作队列。

26.2.2 基于 Objective-C 检测当前设备的朝向

实例 26-4	基于 Objective-C 检测当前设备的朝向
源码路径	daima\26\chao-obj

本实例能够检测朝向正立、倒立、左立、右立以及正面朝上和正面朝下。在实例中将设计一个

只包含一个标签的界面，然后编写一个方法，每当朝向发生变化时都调用这个方法。为了让这个方法被调用，必须向 NSNotificationCenter 注册，以便在合适的时候收到通知。对于本实例，需改变界面，才能够处理倒立和左立朝向。

1. 创建项目

启动 Xcode 并创建一个项目，在此使用模板 Single View Application，并将新项目命名为“chao”。

在这个项目中，主视图只包含一个标签，它可通过代码进行更新。该标签名为 orientationLabel，将显示一个指出设备当前朝向的字符串。

2. 实现应用程序逻辑

解决如下两个问题。

- 告诉 iOS，希望在设备朝向发生变化时得到通知。
- 对设备朝向发生变化做出响应。由于这是第一次接触通知中心，它可能看起来有点不同寻常，但是请将重点放在结果上。当你能够看到结果时，处理通知的代码就不难理解。

1）注册朝向更新

当这个应用程序的视图显示时，需要指定一个方法，以接收来自 iOS 的 UIDeviceOrientationDidChangeNitification 通知。另外，还应该告诉设备本身应该生成这些通知，以便我们做出响应。所有这些工作都可在文件 ViewController.m 的方法 viewDidLoad 中完成。实现方法 viewDidLoad 的代码如下。

```
- (void)viewDidLoad
{
    [[UIDevice currentDevice]beginGeneratingDeviceOrientationNotifications];

    [[NSNotificationCenter defaultCenter]
     addObserver:self selector:@selector(orientationChanged:)
     name:@"UIDeviceOrientationDidChangeNotification"
     object:nil];

    [super viewDidLoad];
}
```

2）判断朝向

为了判断设备的朝向，需要使用 UIDevice 的属性 orientation。属性 orientation 的类型为 UIDeviceOrientation，这是简单常量，而不是对象，这意味着可以使用一条简单的 switch 语句检查每种可能的朝向，并在需要时更新界面中的标签 orientationLabel。实现方法 orientationChanged 的代码如下。

```
- (void)orientationChanged:(NSNotification *)notification {

    UIDeviceOrientation orientation;
    orientation = [[UIDevice currentDevice] orientation];

    switch (orientation) {
        case UIDeviceOrientationFaceUp:
            self.orientationLabel.text=@"Face Up";
            break;
        case UIDeviceOrientationFaceDown:
            self.orientationLabel.text=@"Face Down";
            break;
        case UIDeviceOrientationPortrait:
```

```
            self.orientationLabel.text=@"Standing Up";
            break;
        case UIDeviceOrientationPortraitUpsideDown:
            self.orientationLabel.text=@"Upside Down";
            break;
        case UIDeviceOrientationLandscapeLeft:
            self.orientationLabel.text=@"Left Side";
            break;
        case UIDeviceOrientationLandscapeRight:
            self.orientationLabel.text=@"Right Side";
            break;
        default:
            self.orientationLabel.text=@"Unknown";
            break;
    }
}
```

上述实现代码的逻辑非常简单，每当收到设备朝向更新时都会调用这个方法。将通知作为参数传递给了这个方法，但没有使用它。到此为止，整个实例介绍完毕，执行后的结果如图 26-6 所示。

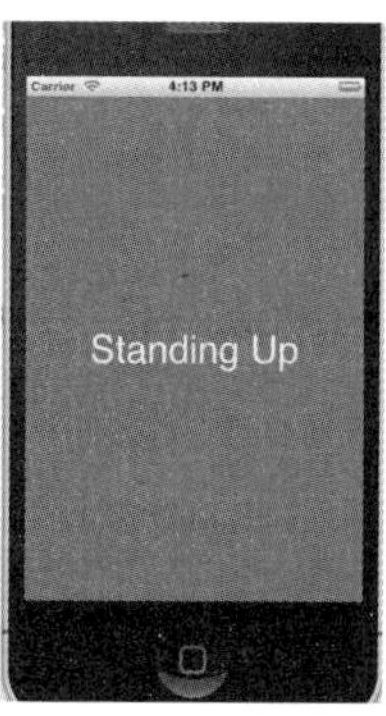

▲图 26-6　执行结果

如果在 iOS 模拟器中运行该应用程序，可以旋转虚拟硬件（从菜单 Hardware 中选择 Rotate Left 或 Rotate Right），但无法切换到正面朝上和正面朝下这两种朝向。

26.2.3　基于 Swift 检测当前设备的朝向

实例 26-5	基于 Swift 检测当前设备的朝向
源码路径	daima\26\chao-swift

实例 26-5 的功能和实例 26-4 的完全相同，但实例 26-5 用 Swift 语言实现。

第 27 章　地址簿和邮件

本书前面详细讲解了与 iOS 设备的硬件和软件的各个部分进行交互的知识，例如，访问音乐库和使用加速计、陀螺仪等。苹果公司通过 iOS 让开发人员能够访问这些功能。除本书前面介绍过的功能之外，开发的 iOS 应用程序还可利用其他内置功能。本章将讲解如下知识。

- 使用 Mail 应用程序创建并发送电子邮件。
- 使用 Contacts 框架。

27.1 Contacts 框架

Contacts 框架是一个全新的联系人框架，简单易用，使用它可以很容易地查找、创建和更新联系人信息，而且这个框架在线程安全等方面进行了优化。iOS 和 OS X 平台都可用，用来代替之前的 AddressBook Framework。

27.1.1 Contacts 框架中的主要类

Contacts 框架中的主要类如下。

- CNContact：表示一个联系人,包含联系人的 name、image、phone number，不可变。
- CNMutableContact：CNContact 的子类，表示具有可变属性的联系人。
- CNContactFetchRequest：用于获取联系人。
- CNContactProperty：关于联系人的属性的类，含有 contact、key、value、label 及 identifier。
- CNContactRelation：表示一个联系人与另一个关系的不可变值对象。
- CNContactStore：联系人仓库，可以获取、保存联系人，与群组、容器有关。
- CNContactVCardSerialization：提供 vCard，表示给定的一系列的联系人。
- CNContactsUserDefaults：联系人 user defaults 使用过的属性。
- CNContainer：联系人容器，不可变。
- CNGroup：联系人群组，不可变。
- CNMutableGroup：CNGroup 的子类，表示可变的联系人群组。;
- CNInstantMessageAddress：表示一个当前消息地址。
- CNLabeledValue：联合一个 label 的联系人属性值。
- CNPhoneNumber：表示一个联系人的电话号码。
- CNPostalAddress：表示一个联系人的邮政地址。
- CNMutablePostalAddress：CNPostalAddress 的子类，表示可变的联系人邮政地址。
- CNSaveRequest：表示一个联系人的保存操作请求。
- CNSocialProfile：表示社会简况。
- CNContactFormatter：NSFormatter 的子类，定义不同的联系人格式。

27.1.2 ContactsUI 框架

也许我们希望当前应用程序可以让用户自己选择联系人，并且展示详细信息给我们，但是这可能需要编写很多代码。如果这些功能已经实现了，会让开发变得更加简单。这正是 ContactsUI 框架的功能。它提供了一套视图控制器，这些视图控制器可以用在应用中，以展示联系人的信息。

ContactsUI 框架是一组用户界面类，向用户提供了使用联系人信息的标准方式，如图 27-1 所示。

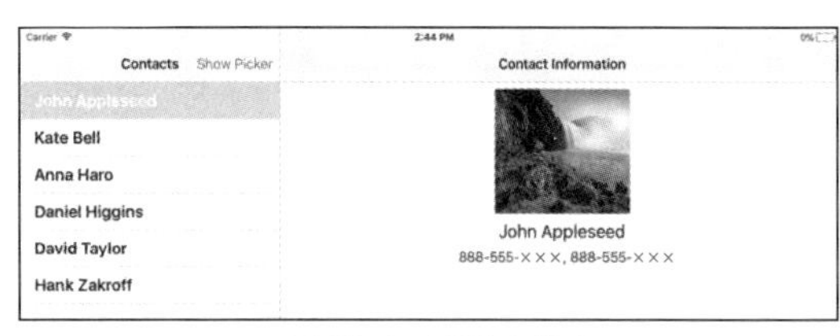

▲图 27-1　联系人信息

通过使用 ContactsUI 框架的界面，用户可以在地址簿中浏览、搜索和选择联系人，显示并编辑选定联系人的信息，以及创建新的联系人。在 iPhone 中，地址簿以模态视图的方式显示在现有视图上面；而在 iPad 中，也可以选择这样做，还可以编写代码让地址簿显示在弹出框中。

在使用框架 Contacts 之前，首先要在头部导入 Contacts 和 ContactsUI 框架。

```
import Contacts
import ContactsUI
```

27.1.3 用 Contacts 框架获取通讯录信息

实例 27-1	使用 Contacts 框架获取通讯录信息
源码路径	daima\27\ContactsUIDemo

编写实例文件 ViewController.m，功能是当用户单击“从通讯录获取”按钮后，会来到本机的通讯录联系人列表界面，点选列表中的一个联系人后会进入该联系人的详细内容页，点选详情页中的电话号码后会返回系统主页面，并显示刚才单击人的姓名、电话和照片（如果有照片的话）。文件 ViewController.m 的主要代码如下。

```
#import "ViewController.h"

@interface ViewController () {
    UILabel *nameLabel;
    UILabel *phoneNumberLabel;
    UIImageView *imgView;
}

-(void) openContacts:(UIButton *) sender;
@end

@implementation ViewController

- (void)viewDidLoad {
    [super viewDidLoad];

    UIButton *btn = [[UIButton alloc] initWithFrame:CGRectMake(10, 50, [UIScreen
    mainScreen].bounds.size.width - 20, 50)];
    [btn setImage:[UIImage imageNamed:@"contacts"] forState:UIControlStateNormal];
    btn.backgroundColor = [UIColor blueColor];
    [btn setTitle:@"从通讯录获取" forState:UIControlStateNormal];
    btn.layer.cornerRadius = 5;
```

```
    btn.clipsToBounds = YES;
    [btn addTarget:self action:@selector(openContacts:)
    forControlEvents:UIControlEventTouchUpInside];
    [self.view addSubview:btn];

    nameLabel = [[UILabel alloc] initWithFrame:CGRectMake(10, 120, [UIScreen
    mainScreen].bounds.size.width - 20, 50)];
    nameLabel.text = @"姓名";
    [self.view addSubview:nameLabel];

    phoneNumberLabel = [[UILabel alloc] initWithFrame:CGRectMake(10, 200, [UIScreen
    mainScreen].bounds.size.width - 20, 50)];
    phoneNumberLabel.text = @"电话";
    [self.view addSubview:phoneNumberLabel];

    imgView = [[UIImageView alloc] initWithFrame:CGRectMake(10, 300, [UIScreen
    mainScreen].bounds.size.width - 20, 200)];
    imgView.hidden = YES;
    [self.view addSubview:imgView];
}

//通讯录，点选一个联系人后会进入该联系人详细内容页
- (void)contactPicker:(CNContactPickerViewController *)picker  didSelectContactProperty:
(CNContactProperty *)contactProperty {
    CNPhoneNumber *thisnumber = contactProperty.value;
    CNContact *contact = contactProperty.contact;

    //姓名
    NSString *name = [NSString stringWithFormat:@"%@ %@", contact.givenName, contact.familyName];
    nameLabel.text = [NSString stringWithFormat:@"姓名 : %@", name];

    //电话
    phoneNumberLabel.text = [NSString stringWithFormat:@"电话 : %@", thisnumber.stringValue];

    //照片
    if (contact.imageDataAvailable) {
        imgView.hidden = NO;
        imgView.image = [UIImage imageWithData:contact.imageData];
    } else {
        imgView.hidden = YES;
    }

}

//按下“从通讯录获取”按钮
-(void) openContacts:(UIButton *) sender {
    CNContactPickerViewController * picker = [[CNContactPickerViewController alloc]init];
    picker.delegate = self;
    picker.displayedPropertyKeys = @[CNContactPhoneNumbersKey];
    [self presentViewController:picker animated:YES completion:nil];
}
```

执行后的初始结果如图 27-2 所示。当用户单击“从通讯录获取”按钮后，会弹出本机的通讯录联系人列表界面，如图 27-3 所示。点选列表中的一个联系人后，会进入该联系人的详细内容页，如图 27-4 所示。点选详情页中的电话号码后，会返回系统主页面，并显示刚才点选人的姓名、电话和照片（如果有照片的话），如图 27-5 所示。

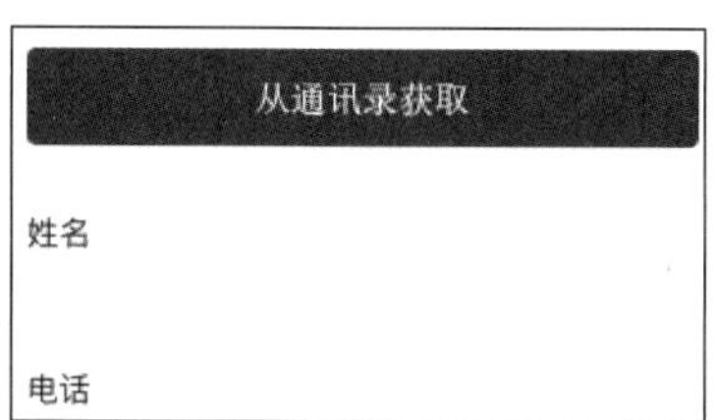

▲图 27-2　初始执行结果

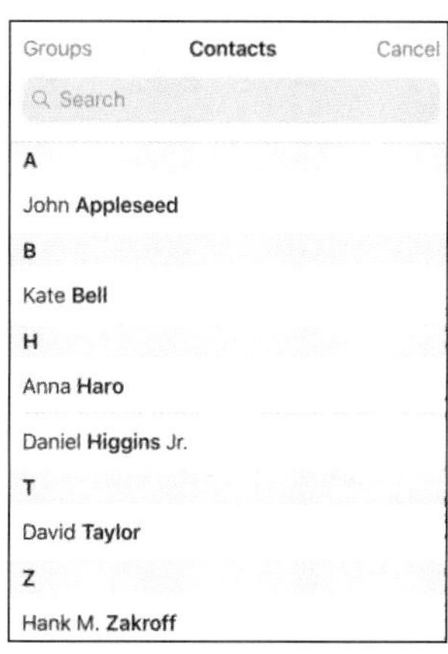

▲图 27-3　通讯录联系人列表界面

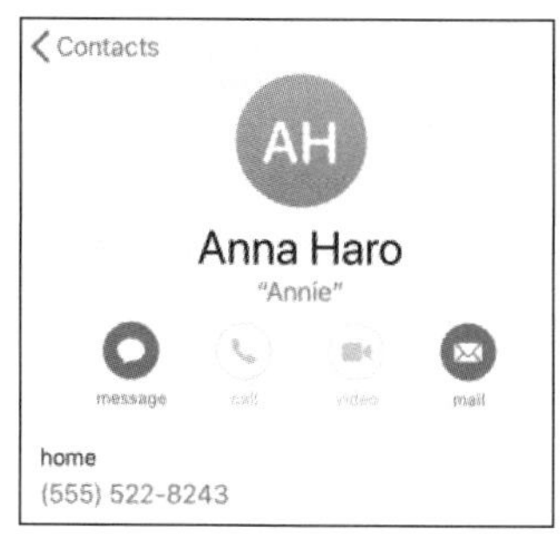

▲图 27-4　联系人的详细内容页

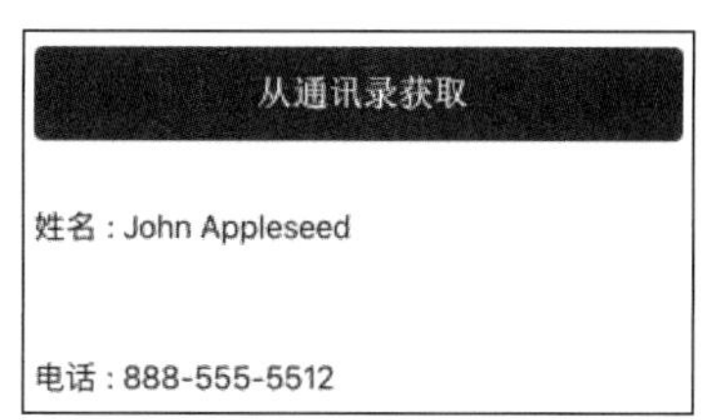

▲图 27-5　系统主页面

27.2 Message UI 电子邮件

本书前面讲解了显示 iOS 提供的一个模态视图的方法，让用户能够从图像选择器界面中选择照片的方法。显示系统提供的模态视图控制器是 iOS 常用的一种方式，Message UI 框架也使用这种方式来提供用于发送电子邮件的界面。

27.2.1　Message UI 基础

在使用框架 Message UI 之前，首先必须将其添加到项目中，并在要使用该框架的类（可能是视图控制器）中导入其接口文件。

```
#import <MessageUI/MessageUI.h>
```

要显示邮件书写窗口，首先分配并初始化一个 MFMailComposeViewController 对象，它负责显示电子邮件。然后创建一个表示收件人的电子邮件地址的数组，并使用方法 setToRecipients 给邮件书写视图控制器配置收件人。最后，指定一个委托，它负责在用户发送邮件后做出响应，再使用 presentModalViewController 显示邮件书写视图。

与联系人选择器一样，要使用电子邮件书写视图控制器，也必须遵守 MFMailComposeViewControllerDelegate 协议。该协议定义了一个清理方法——mailComposeController:didFinishWithResult:error，该方法将在用户使用完邮件书写窗口后被调用。在大多数情况下，在这个方法中只需关闭邮件书写视图控制器的模态视图即可。

如果要获悉邮件书写视图关闭的原因，可以查看 result（其类型为 MFMailComposeResult）的值。其取值为下述常量之一。

```
MFMailComposeResultCancelled
MFMailComposeResultSaved
MFMailComposeResultSent
MFMailComposeResultFailed
```

27.2.2　基于 Swift 使用 Message UI 发送邮件

实例 27-2	基于 Swift 使用 Message UI 发送邮件
源码路径	daima\27\MessageUI

实例 27-2 的实现方式如下。

（1）启动 Xcode，创建一个 iOS 项目，在故事板中插入一个文本框控件用于输入发送邮件的内容，在下方通过文本控件分别显示文本 Send via Email 和 Send via Massage，如图 27-6 所示。

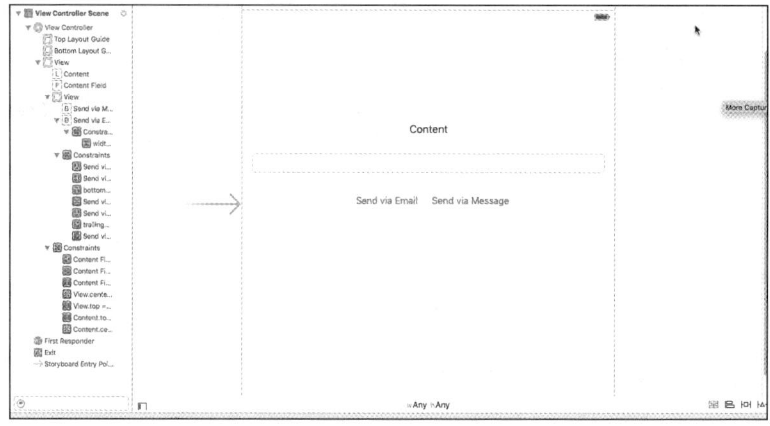

▲图 27-6　插入控件

（2）视图控制器文件 ViewController.swift 的功能是，根据主题和收件人信息发送邮件，主要代码如下。

```
private func configureMailComposer() -> MFMailComposeViewController {
    let mailComposer = MFMailComposeViewController()
    mailComposer.mailComposeDelegate = self
    mailComposer.setToRecipients(["macbaszii@gmail.com"]) //默认收件人（可选）
    mailComposer.setSubject("****//***.macbaszii***") //默认主题(可选)
    mailComposer.setMessageBody(contentField.text!, isHTML: false) //默认内容(可选)
    return mailComposer
}
private func configureMessageComposer() -> MFMessageComposeViewController {
    let messageComposer = MFMessageComposeViewController()
    messageComposer.messageComposeDelegate = self;
    messageComposer.body = contentField.text //默认内容(可选)
    messageComposer.recipients = ["11223344"] //默认收件人（可选）
    return messageComposer
}

private func showError(title: String) {
    let alert = UIAlertController(title: title, message: nil, preferredStyle: .Alert)
    alert.addAction(UIAlertAction(title: "Try Again", style: .Default, handler: nil))
```

```
        presentViewController(alert, animated: true, completion: nil)
    }
}

extension ViewController: MFMailComposeViewControllerDelegate {
    func mailComposeController(controller: MFMailComposeViewController,
    didFinishWithResult result: MFMailComposeResult, error: NSError?) {
        dismissViewControllerAnimated(true, completion: nil)
    }
}

extension ViewController: MFMessageComposeViewControllerDelegate {
    func messageComposeViewController(controller: MFMessageComposeViewController,
    didFinishWithResult result: MessageComposeResult) {
        dismissViewControllerAnimated(true, completion: nil)
    }
}
```

执行结果如图 27-7 所示。

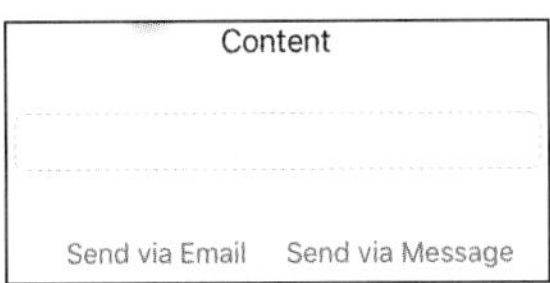

▲图 27-7　执行结果

第 28 章　开发通用的应用程序

在当前的众多 iOS 设备中，iPhone、iPod Touch 和 iPad 都取得了无可否认的成功，让苹果产品得到了消费者的认可。但是这些产品的屏幕大小是不一样的，这给开发人员带来了难题：开发的程序能在不同屏幕上成功运行吗？在本书前面的内容中，开发都是针对一种平台的，其实完全可以针对两种平台。本章将介绍如何创建在 iPhone 和 iPad 上都能运行的应用程序。

28.1 开发通用应用程序的方法

通用应用程序包含在 iPhone 和 iPad 上运行所需的资源。虽然 iPhone 应用程序可以在 iPad 上运行，但是有时候看起来不那么美观。要让应用程序向 iPad 用户提供独特的体验，需要使用不同的故事板和图像，甚至完全不同的类。在编写代码时，可能需要动态地判断运行应用程序的设备类型。

从 iOS 7 开始，开发通用应用程序的方法发生了变化。具体步骤如下。

（1）使用 Xcode 创建一个应用程序，从 Devices 下拉列表中选择 Universal（通用），如图 28-1 所示。

▲图 28-1　从 Devices 下拉列表中选择 Universal

（2）项目的结构如图 28-2 所示。在 iOS 7 及其以上版本中，创建的项目文件中不会包含如下的故事板文件。

- ❑ MainStoryboard_iPhone.storyboard。
- ❑ MainStoryboard_iPad.storyboard。

（3）向下滚动项目目录的属性窗口，可以看到比 iOS 6 及以前版本增加了图标和应用程序图像设置属性，如图 28-3 所示。Images.xcassets 是 Xcode 5 的一个新特性，引入它的一个主要目的是使应用程序同时支持 iOS 6 和 iOS 7。

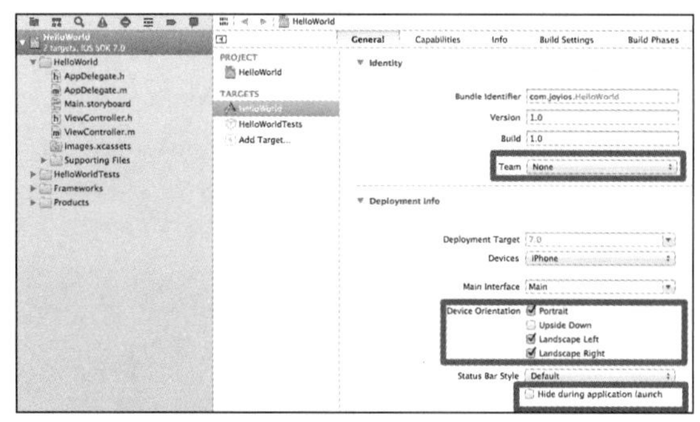

▲图 28-2　项目的目录结构

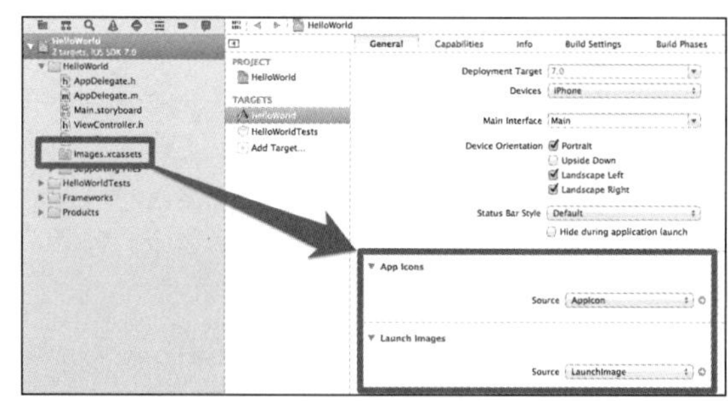

▲ 图 28-3　新增了图标和应用程序图像设置属性

（4）打开导航区域中的 Images.xcassets，查看里面的具体内容，如图 28-3 所示。

（5）在图 28-4 中，你可以看到中间位置有两个虚线框，可以直接将图片文件资源拖入其中。在此先准备一些图片文件资源，如图 28-5 所示。

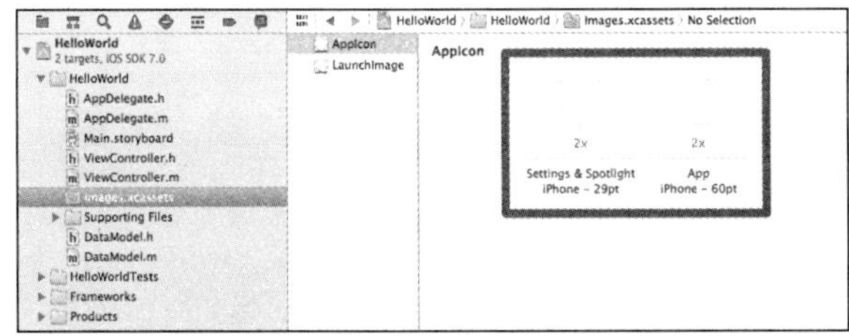

▲图 28-4 Images.xcassets 的具体内容

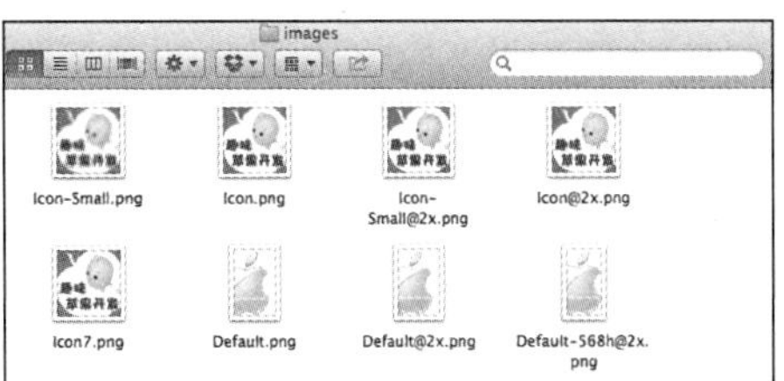

▲图 28-5 图片文件资源

注意：为方便编程，除 Icon7.png 之外，其他图标的文件名均沿袭了以往 iOS 图标的命名规则。

（6）将图片 Icon-Small@2x.png 拖曳到第一个虚线框中，将图片 Icon7.png 拖曳到第二个虚线框中，如图 28-6 所示。Icon-Small@2x.png 的尺寸是 58×58 像素，而 Icon7.png 的尺寸是 120×120 像素。如果拖入的图片尺寸不正确，Xcode 会提示警告信息。

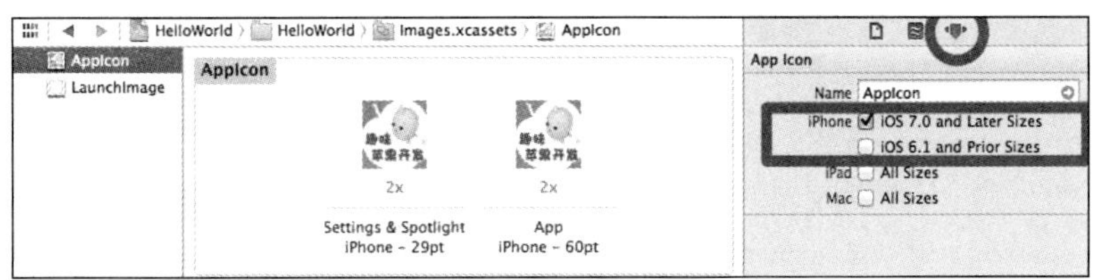

▲图 28-6 拖入图片文件到虚线框

（7）在图 28-6 所示的界面中，单击实用工具区域最右侧的 Show the Attributes inspector（显示属性检查器）图标，能够看到图像集的属性。勾选 iOS 6.1 and Prior Sizes 复选框后，显示的界面如图 28-7 所示。

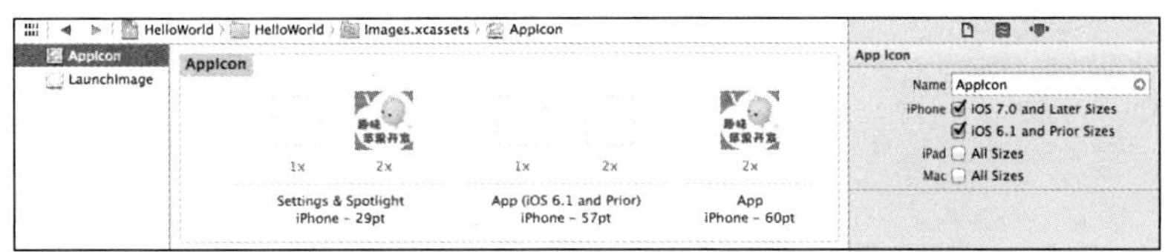

▲图 28-7 勾选 iOS 6.1 and Prior Sizes 复选框后显示的界面

（8）分别将 Icon-Small.png、Icon.png 和 Icon@2x.png 顺序拖曳到 3 个空白的虚线框中，完成之后的效果如图 28-8 所示。

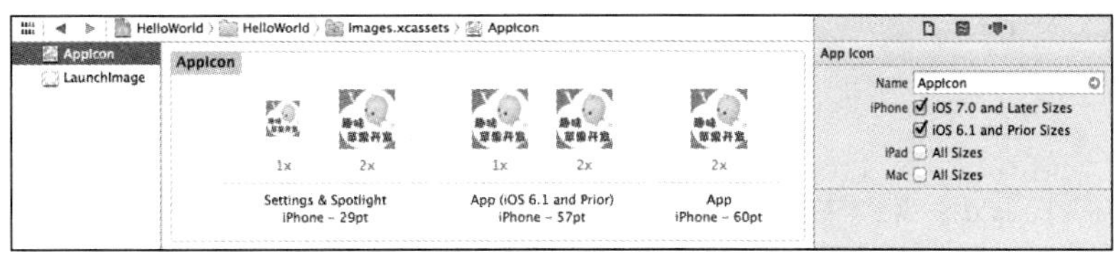

▲图 28-8 将图片拖曳到 3 个空白的虚线框中之后的效果

（9）右击左侧的 AppIcon 按钮，在弹出的辅助菜单中选择 Show in Finder 选项，如图 28-9 所示。此时可以查看刚才拖曳都做了哪些工作，如图 28-10 所示。

▲图 28-9　选择 Show in Finder 选项

▲图 28-10　Finder 中的文件

由此可见，除 Contents.json 是一个陌生文件之外，其他文件是刚拖曳进 Xcode 的。双击 Contents.json 文件，可以看到其内容。

```
{
 "images" : [
    {
     "size" : "29x29",
     "idiom" : "iphone",
     "filename" : "Icon-Small.png",
     "scale" : "1x"
   },
    {
     "size" : "29x29",
     "idiom" : "iphone",
     "filename" : "Icon-Small@2x.png",
     "scale" : "2x"
   },
    {
     "size" : "57x57",
     "idiom" : "iphone",
     "filename" : "Icon.png",
     "scale" : "1x"
   },
    {
     "size" : "57x57",
     "idiom" : "iphone",
     "filename" : "Icon@2x.png",
     "scale" : "2x"
   },
    {
     "size" : "60x60",
     "idiom" : "iphone",
     "filename" : "Icon7.png",
     "scale" : "2x"
    }
  ],
 "info" : {
   "version" : 1,
   "author" : "xcode"
  }
}
```

从上述代码可以看出，能够根据不同的 iOS 设备设置图片的显示大小。

（10）设置素材图标的工作完成后，设置启动图片的工作就变得十分简单了，具体操作步骤差别不大，完成之后的界面如图 28-11 所示。

（11）再次在 Finder 中查看具体内容，如图 28-12 所示。

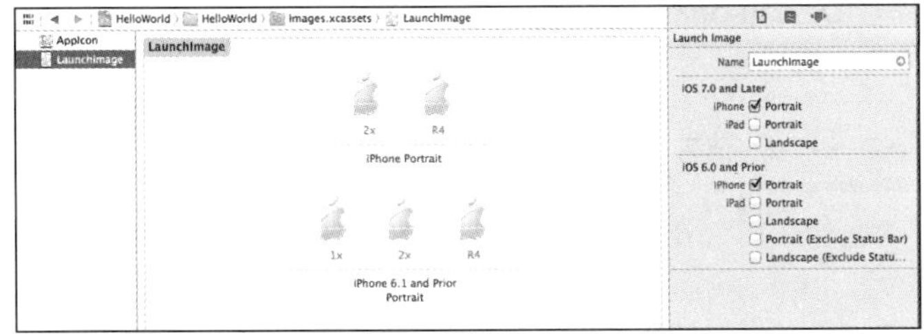

▲图 28-11　设置启动图片

▲图 28-12　在 Finder 中查看具体内容

在 Finder 中会发现多出了两个文件，分别是 Default@2x-1.png 和 Default-568h@2x-1.png，双击打开对应的 Contents.json 文件，具体内容如下。

```
{
 "images" : [
    {
     "orientation" : "portrait",
     "idiom" : "iphone",
     "extent" : "full-screen",
     "minimum-system-version" : "7.0",
     "filename" : "Default@2x.png",
     "scale" : "2x"
   },
    {
     "extent" : "full-screen",
     "idiom" : "iphone",
     "subtype" : "retina4",
     "filename" : "Default-568h@2x.png",
     "minimum-system-version" : "7.0",
     "orientation" : "portrait",
     "scale" : "2x"
   },
    {
     "orientation" : "portrait",
      "idiom" : "iphone",
     "extent" : "full-screen",
     "filename" : "Default.png",
     "scale" : "1x"
   },
    {
     "orientation" : "portrait",
     "idiom" : "iphone",
     "extent" : "full-screen",
     "filename" : "Default@2x-1.png",
      "scale" : "2x"
   },
    {
     "orientation" : "portrait",
     "idiom" : "iphone",
     "extent" : "full-screen",
     "filename" : "Default-568h@2x-1.png",
     "subtype" : "retina4",
     "scale" : "2x"
    }
  ],
 "info" : {
   "version" : 1,
   "author" : "xcode"
  }
}
```

（12）将其中的"filename": "Default@2x-1.png"和"filename" : "Default-568h@2x-1.png"分别改为"filename": "Default@2x.png"和"filename" : "Default-568h@2x.png"，保存并返回 Xcode 界面后的效果如图 28-13 所示。

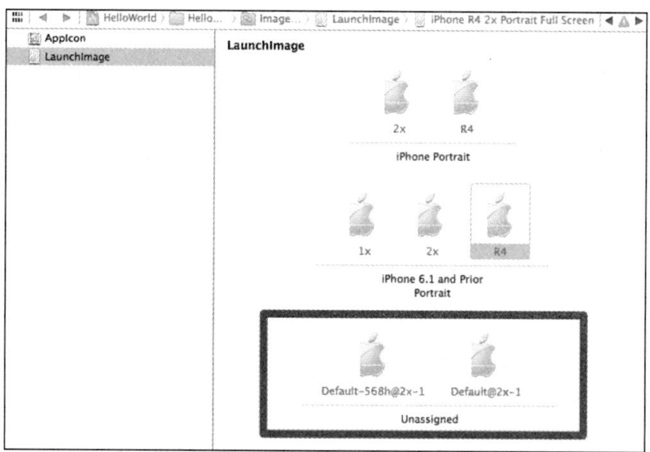

▲图 28-13　返回 Xcode 界面后的效果

修改后的 Contents.json 文件的内容如下。

```
{
 "images" : [
    {
     "orientation" : "portrait",
     "idiom" : "iphone",
     "extent" : "full-screen",
     "minimum-system-version" : "7.0",
     "filename" : "Default@2x.png",
     "scale" : "2x"
   },
    {
     "extent" : "full-screen",
     "idiom" : "iphone",
     "subtype" : "retina4",
     "filename" : "Default-568h@2x.png",
     "minimum-system-version" : "7.0",
     "orientation" : "portrait",
     "scale" : "2x"
   },
    {
     "orientation" : "portrait",
      "idiom" : "iphone",
     "extent" : "full-screen",
     "filename" : "Default.png",
     "scale" : "1x"
   },
    {
     "orientation" : "portrait",
     "idiom" : "iphone",
     "extent" : "full-screen",
     "filename" : "Default@2x.png",
      "scale" : "2x"
   },
    {
     "orientation" : "portrait",
     "idiom" : "iphone",
```

```
        "extent" : "full-screen",
        "filename" : "Default-568h@2x.png",
        "subtype" : "retina4",
        "scale" : "2x"
      }
    ],
    "info" : {
      "version" : 1,
      "author" : "xcode"
    }
}
```

（13）选中下方的 Default@2x-1.png 和 Default-568h@2x-1.png，按 Delete 键删除这两个文件，删除之后的效果如图 28-14 所示。

（14）创建 3 个背景图片作为素材文件，如图 28-15 所示。为了方便在运行时看出不同分辨率的设备使用的背景图片不同，在素材图片中增加了文字标识。

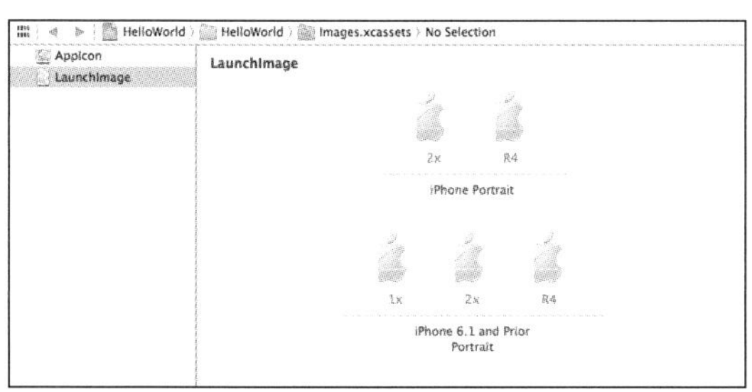

▲图 28-14　删除文件之后的效果

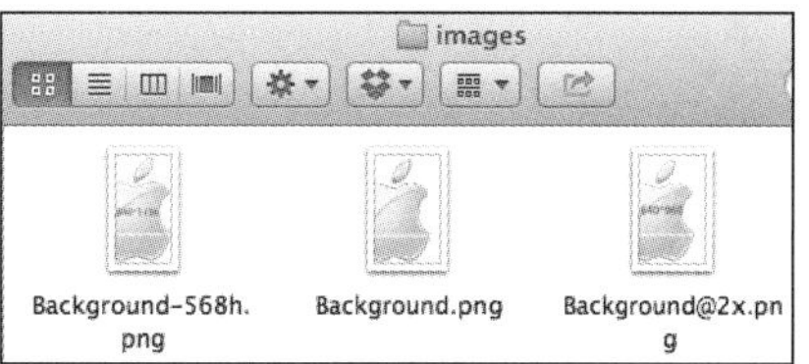

▲图 28-15　素材文件

（15）将准备好的 3 个背景图片直接拖曳到 Xcode 中，结果如图 28-16 所示。

（16）在右侧的下拉列表 Devices 中选择 Device Specific 选项，然后在下方勾选 iPhone 和 Retina 4-inch 复选框，同时取消勾选 iPad 复选框，如图 28-17 所示。

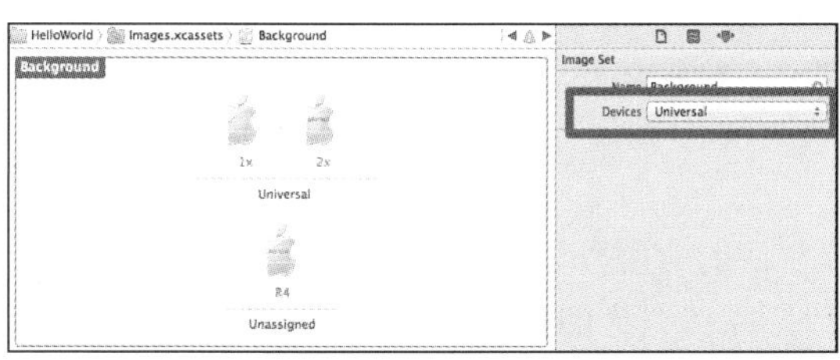

▲图 28-16　将背景图片直接拖曳到 Xcode 中

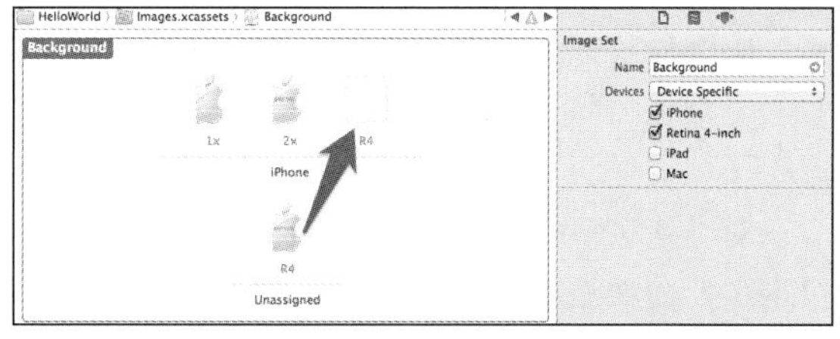

▲图 28-17　设置 Devices

（17）将下方 Unassigned 中的图片直接拖曳到右上角 R4 的位置，设置视网膜屏使用的背景图片，如图 28-18 所示。

（18）单击并打开 Main.storyboard，选中左侧的 View Controller，然后在右侧的 File Inspector 中，取消勾选 Use Autolayout 复选框，如图 28-19 所示。

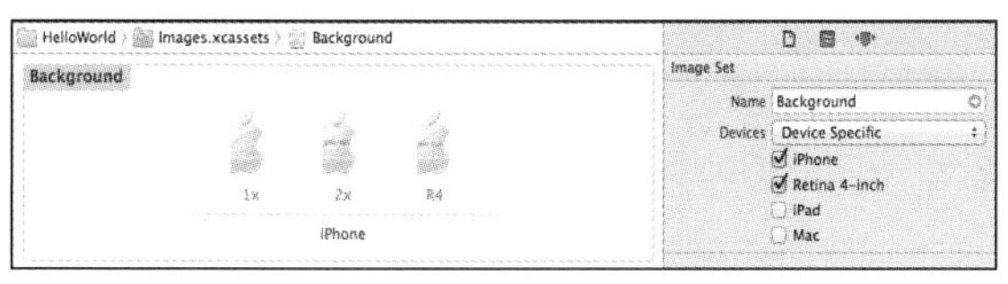

▲图 28-18　设置视网膜屏使用的背景图片

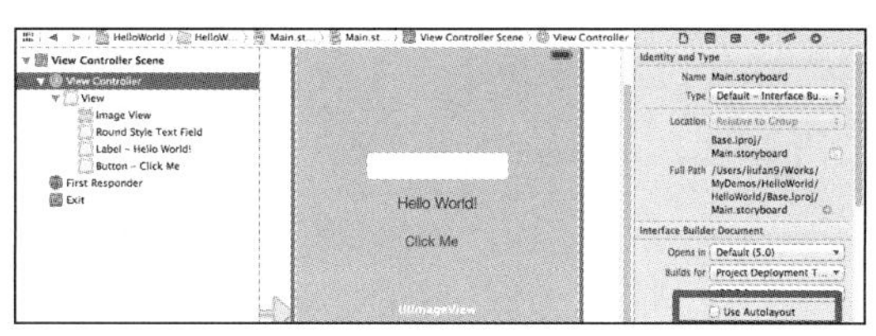

▲图 28-19　取消勾选 Use Autolayout 复选框

（19）从右侧工具栏中拖曳一个 UIImageView 至 View Controller 主视图中，处于其他控件的最底层。同时调整该 UIImageView 的尺寸属性，如图 28-20 所示。

（20）设置该 UIImageView 使用的图像，如图 28-21 所示。

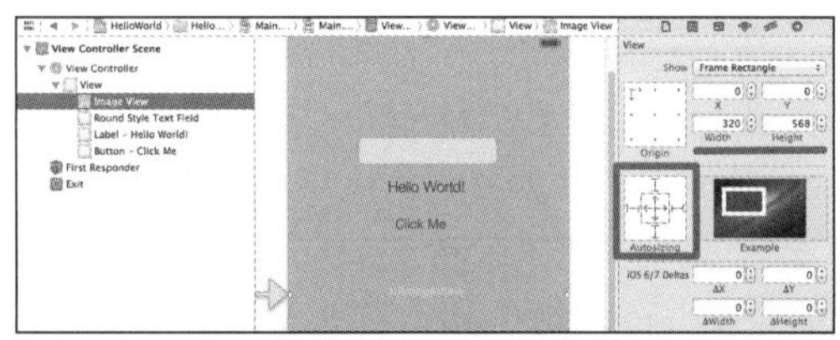

▲图 28-20　调整 UIImageView 的尺寸属性

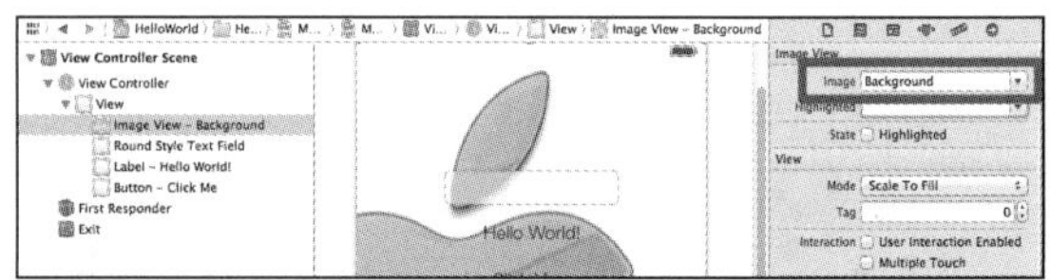

▲图 28-21　设置 UIImageView 使用的图像

（21）在不同屏幕的模拟器上运行上面创建的应用程序，可以看到图 28-22 所示的 3 种效果。

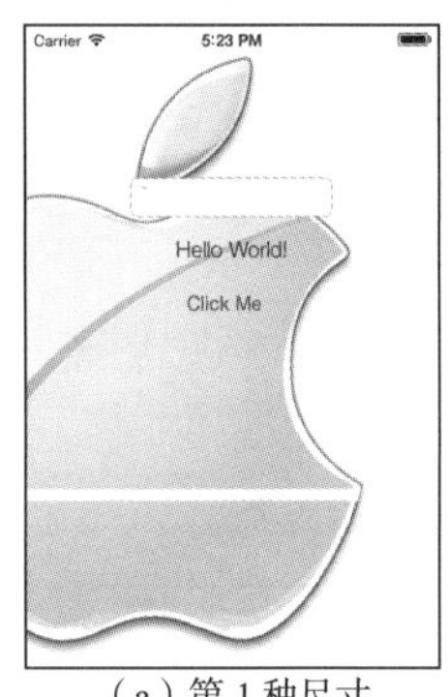

（a）第 1 种尺寸

（b）第 2 种尺寸

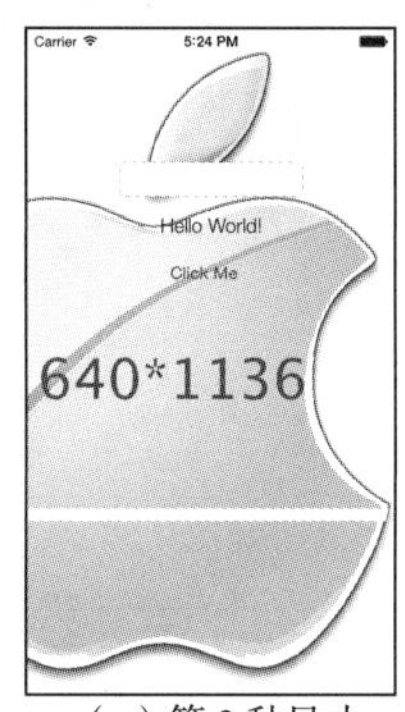

（c）第 3 种尺寸

▲图 28-22　执行结果

由此可见，从 iOS 7 开始，开发通用程序的方法更加简洁方便。并非所有开发人员都认为开发通用应用程序是最佳的选择。很多开发人员创建应用程序的 HD 或 XL 版本，其售价比 iPhone 版稍高。如果开发者的应用程序在这两种平台上差别很大，可能应采取这种方式。即便如此，也可只开发一个项目，但生成两个不同的可执行文件，这些文件称为目标（target）文件。本章后面将介绍可用于完成这种任务的 Xcode 工具。

对于跨 iPhone 和 iPad 平台的项目，在如何处理它们的应用程序方面没有对错之分。对开发人员来说，需要根据编写的代码、营销计划和目标用户判断什么样的处理方式是合适的。

如果预先知道应用程序需要能够在任何设备上运行，开始开发时就应将 Devices 设置为 Universal，而不是 iPhone 或 iPad。本章将使用 Single View Application 模板来创建通用应用程序，在使用其他模板时，方法完全相同。

注意：要检测当前运行应用程序的设备，可使用 UIDevice 类的方法 currentDevice 获取指向当前设备的对象，再访问其 model 属性，model 属性是一个描述当前设备的 NSString（如 iPhone、Pad Simulator 等）。返回该字符串的代码如下。

```
[UIDevice currentDevice].model
```

由此可见，无须执行任何实例化和配置工作，只需检查 model 属性的内容即可。如果它包含 iPhone，则说当前设备为 iPhone；如果它包含 iPod，则说明当前设备为 iPod Touch；如果它包含 iPad，则说明当前设备为 iPad。

通用项目的设置信息也有一些不同。如果查看通用项目的 Summary 选项卡，将发现其中包含 iPhone 和 iPad 部署信息，在其中每个部分都可设置相应设备的故事板文件。当启动应用程序时，将根据当前平台打开相应的故事板文件，并实例化初始场景中的每个对象。

28.2 基于 Objective-C 使用通用程序模板创建通用应用程序

实例 28-1	基于 Objective-C 使用通用程序模板创建通用应用程序
源码路径	daima\28\first-obj

本节将通过一个具体实例来讲解使用通用程序模板创建通用应用程序的过程。本实例将实例化一个视图控制器，根据当前设备加载相应的视图，然后显示一个字符串，它指出当前设备的类型。

本实例使用苹果公司的通用模板，并使用单个视图控制器管理 iPhone 和 iPad 视图。这种方法比较简单，但对于 iPhone 和 iPad 界面差别很大的大型项目，可能不可行。在实例中创建了两个（除尺寸不同之外）类似的视图——每种设备一个，它包含一个内容可修改的标签。这些标签将连接到同一个视图控制器。在这个视图控制器中，将判断当前设备为 iPhone 还是 iPad，并显示相应的消息。

28.2.1 创建项目

打开 Xcode，使用模板 Single View Application 新创建一个项目，将 Devices 设置为 Universal，并将其命名为 first。本实例只需要一个连接，即到标签的连接，把它命名为 deviceType，在加载视图时将使用它动态地指出当前设备的类型。

28.2.2 实现应用程序逻辑

在文件 ViewController.m 的方法 viewDidLoad 中设置标签 deviceType，难点是如何根据当前的设备类型修改该标签。通过使用 UIDevice 类，可以同时为两个用户界面提供服务。

此模块的功能是获悉并显示当前设备的名称，为此可使用下述代码返回的字符串。

```
[UIDevice currentDevice].model
```

要在视图中指出当前设备，需要将标签 deviceType 的属性 text 设置为属性 model 的值。所以需要切换到标准编辑器模式，并按如下代码修改方法 viewDidLoad。

```
- (void)viewDidLoad
{
    self.deviceType.text=[UIDevice currentDevice].model;
    [super viewDidLoad];
}
```

此时每个视图都将显示 UIDevice 提供的属性 model 的值。通过使用该属性，可以根据当前设备有条件地执行代码，甚至修改应用程序的运行方式——如果在 iOS 模拟器上执行它。

到此为止，整个实例设计完成，此时可以在 iPhone 或 iPad 上运行该应用程序，并查看结果，执行结果分别如图 28-23 和图 28-24 所示。

▲图 28-23　iPhone 设备上的执行结果

▲图 28-24　iPad 设备上的执行结果

注意：要使用模拟器模拟不同的平台，最简单的方法是使用 Xcode 工具栏右边的下拉列表 Scheme，选择 iPad Simulator 将模拟在 iPad 中运行应用程序，而选择 iPhone Simulator 将模拟在 iPhone 上运行应用程序。但是，当通用应用程序的 iPhone 界面和 iPad 界面差别很大时，这种方法就不适合使用了。在这种情况下，使用不同的视图控制器来管理每个界面可能更合适。

28.3 基于 Swift 使用通用程序模板创建通用应用程序

实例 28-2	基于 Swift 使用通用程序模板创建通用应用程序
源码路径	daima\28\first-swift

实例 28-2 的功能和实例 28-1 完全一样，只是实例 28-2 用 Swift 语言实现而已。

28.4 使用视图控制器

实例 28-3	使用视图控制器
源码路径	daima\28\second

在实例 28-3 中，我们将创建一个和实例 28-1 功能一样的应用程序，但是两者有一个重要的差别：实例 28-3 不是原封不动地使用通用应用程序模板，而是添加了一个名为 iPadViewController 的视图控制器，它专门负责管理 iPad 视图，并使用默认的 ViewController 管理 iPhone 视图。这样整个项目将包含两个视图控制器，这让我们能够根据需要实现类似或截然不同的实例，且无须检查当前的设备类型，因为应用程序启动时将选择故事板，从而自动实例化用于当前设备的视图控制器。

28.4.1　创建项目

打开 Xcode，使用模板 Single View Application 创建一个应用程序，将应用程序命名为 second。接下来，需要创建 iPad 视图控制器类，它将负责所有的 iPad 用户界面管理工作。

1. 添加 iPad 视图控制器

该应用程序已经包含了一个视图控制器子类（ViewController），还需要新建 UIViewController 子类。首先，依次选择菜单栏中的 File→New→File。然后，在出现的对话框中选择 Cocoa Touch Class，再单击 Next 按钮，新建 UIViewController 子类，如图 28-25 所示。

将新类命名为 iPadViewController，如图 28-26 所示。接下来，单击 Next 按钮，在新界面中指定要在什么地方创建类文件。

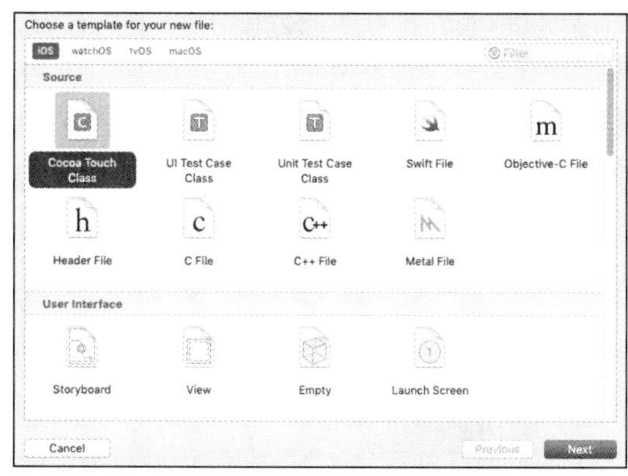

▲图 28-25 新建 UIViewController 子类

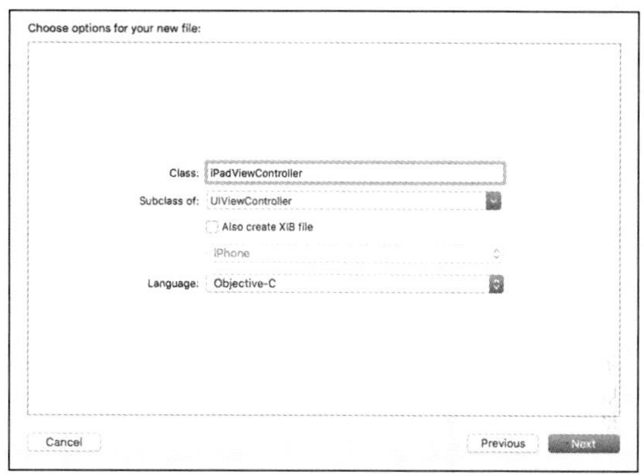

▲图 28-26 将新类命名为 iPadViewController

请将新视图控制器类文件存储到文件 ViewController.h 和 ViewController.m 所在的位置，再单击 Create 按钮。此时在项目导航器中会看到类 iPadViewController 的实现文件和接口文件。为让项目组织有序，将它们拖曳到项目中存放代码的文件夹中。

2. 将 iPadViewController 关联到 iPad 视图

此时在项目中有一个用于 iPad 的视图控制器类，但是文件 MainStoryboard_iPad.storyboard 中的初始视图仍由 ViewController 管理。为了修复这种问题，必须设置 iPad 故事板中初始场景的视图控制器对象的身份。为此，单击项目导航器中的文件 MainStoryboard_iPad.storyboard，选择文档大纲中的视图控制器对象，再打开 Identity Inspector。为将该视图控制器的身份设置为 iPadViewController，从检查器顶部的 Class 下拉列表中选择 iPadViewController，如图 28-27 所示。

在设置身份后，与通用应用程序相关的工作就完成了。接下来，就可以继续开发应用程序，就像它是两个独立的应用程序一样——视图和视图控制器都是分开的。视图和视图控制器是分开的并不意味着不能共享代码。例如，你可创建额外的工具类来实现应用程序逻辑和核心功能，并在 iPad 和 iPhone 之间共享它们。

▲图 28-27 设置初始视图的视图控制器类

28.4.2 实现应用程序逻辑

在本实例中，唯一需要实现的逻辑是在标签 deviceType 中显示当前设备的名称。你可以像实例 28-1 中那样做，但是需要在文件 ViewController.m 和 iPadViewController.m 中都这样做。文件

ViewController.m 将用于 iPhone，而文件 iPadViewController.m 将用于 iPad，因此可在这些类的方法 viewDidLoad 中添加不同的代码行。对于 iPhone，添加如下代码行。

```
self.deviceType.text=@"iPhone";
```

对于 iPad，添加如下代码行。

```
self.deviceType.text=@"iPad";
```

当采用这种方法时，你可以将 iPad 和 iPhone 版本作为独立的应用程序进行开发：在合适时共享代码，但将其他部分分开。在项目中添加新的 UIViewController 子类（iPadViewController）时，不要指望其内容与 iOS 模板中的视图控制器文件相同。就 iPadViewController 而言，你可能需要取消对方法 viewDidLoad 的注释，因为这个方法默认被禁用。

执行结果与 28.2 节的应用程序完全相同，分别如图 28-28 和图 28-29 所示。

▲图 28-28　iPhone 设备上的执行结果

▲图 28-29　iPad 设备上的执行结果

28.5 创建基于主-从视图的应用程序

实例 28-4	创建基于主-从视图的应用程序
源码路径	daima\28\fuhe

本实例可以同时在 iPad 和 iPhone 上运行。本项目将包含两个故事板，一个用于 iPhone（MainStoryboard_iPhone.storyboard），另一个用于 iPad（MainStoryboard_iPad.storyboard）。

28.5.1　创建项目

启动 Xcode，使用模板 Master-Detail Application 创建一个项目，并将其命名为 fuhe，在下拉列表 Devices 中选择 Universal，如图 28-30 所示。

模板 Master-Detail Application 用于实现 3 个工作任务——设置场景、显示表视图的视图控制器、显示详细信息的视图控制器。

1. 添加图像资源

这里需要在表视图中显示花朵的图像。将素材文件夹 Images 拖曳到项目中存放代码的文件夹中，并在 Xcode 提示时选择复制文件并创建组。

2. 了解分割视图控制器层次结构

新创建项目后，查看文件 MainStoryboard_iPad.storyboard，会看到图 28-31 所示的层次结构。

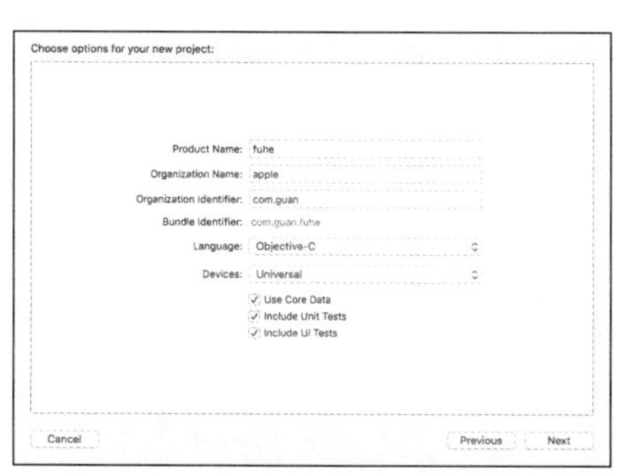

▲图 28-30　命名项目并指定设备

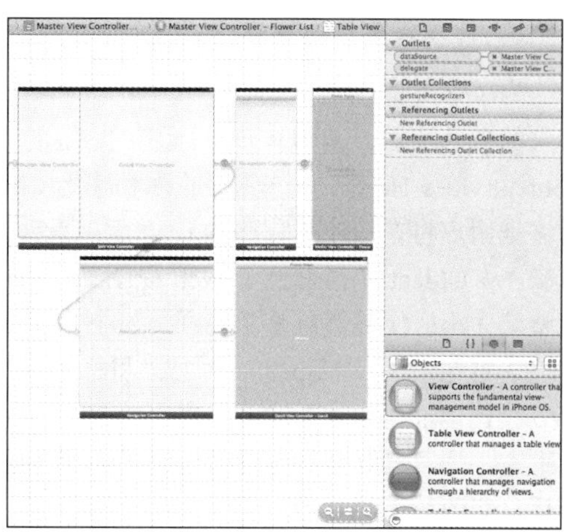

▲图 28-31　iPad 故事板中的视图控制器层次结构

分割视图控制器连接到两个导航控制器（UINaviagtionController）。主导航控制器连接到一个包含表视图（UITabView）的场景，这是主场景，由 MasterViewController 类处理。现在打开并查看文件 Main Storyboard_iPhone.storyboard，它看起来要简单得多。其中有一个导航控制器，它连接到两个场景，第一个是主场景（MasterViewController），第二个是详细信息场景（DetailViewController）。

3. 规划变量和连接

在 MasterViewController 类中添加两个类型为 NSArray 的属性——flowerData 和 flowerSections。其中第一个属性存储描述每种花朵的字典对象，而第二个存储我们将在表视图中创建的分区的名称。通过使用这种结构，你很容易实现表视图的数据源方法和委托方法。在文件 DetailViewController 中添加一个输出口（detailWebView），它指向我们将添加到界面中的 UIWebView。该 UIWebView 用于显示所选定花朵的详细信息。这是我们需要添加的唯一一个对象。

28.5.2　调整 iPad 界面

1. 修改主场景

首先，显示 iPad 故事板的右上角，在此将看到主场景的表视图，其导航栏中的标题为 Master。双击该标题，将其改为 Flower Types。

然后，在主场景层次结构中，选择表视图（最好在文档大纲中选择），并打开 Attributes Inspector。从 Content 下拉列表中，选择 Dynamic Prototypes，也可将表样式改为 Grouped。

现在将注意力转向单元格本身。将单元格标识符设置为 flowerCell，将样式设置为 Subtitle。这种样式包含标题和详细信息标签，且详细信息标签（子标题）显示在标题下方，将在详细信息标签中显示每种花朵的 Wikipedia URL。选择添加到项目中的图像资源之一，让其显示在原型单元格预览中，也可以使用下拉列表 Accessory 指定一种展开箭头。在此选择不显示展开箭头，因为在模板 Master-Detail Application 的 iPad 版中，它的位置看起来不太合适。

为了完成主场景的修改，选择子标题标签，将其字号设置为 9（或更小）。再选择单元格本身，使用手柄增大其高度，使其更有吸引力，图 28-32 显示了修改后的主场景。

2. 修改详细信息场景

为了修改详细信息场景，从主场景向下滚动后将看到一个很大的白色场景，其中有一个标签，标签的内容为 Detail View Content Goes Here。将该标签的内容改为 Choose a Flower，因为这是用户将在该应用程序的 iPad 版中看到的第一项内容。接下来，从 Object 库拖曳一个 Web 视图（UIWebView）到场景中，调整其大小，使其覆盖整个视图。整个 Web 视图用于显示一个描述选定花朵的 Wikipedia 页面。将标签“选择吧，亲”放到 Web 视图前面，此时不仅可以在文档大纲中将其拖曳到 Web 视图上方，还可在文档大纲中将标签拖放到视图层次结构顶端。最后，修改导航栏标题，修改详细信息场景。双击该标题，将其修改为 Flower Detail。到此为止，iPad 版的 UI 就准备好了。

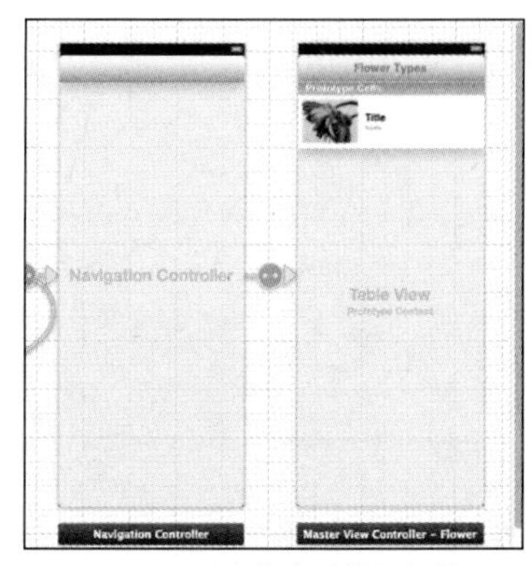

▲图 28-32　修改后的主场景

3. 创建并连接输出口

考虑到已经在 IB 编辑器中，与其在修改 iPhone 界面后再回来，还不如现在就将 Web 视图连接到代码。为此，在 IB 编辑器中选择 Web 视图，再切换到助手编辑器模式，此时将显示文件 DetailViewController.h。按住 Control 键，从 Web 视图拖曳到现有属性声明下方，并创建一个名为 detailWebView 的输出口。接下来，以类似的方式修改 iPhone 版界面，所以需要返回标准编辑器模式，再单击项目导航器中的文件 MainStoryboard_iPhone.storyboard。

28.5.3　调整 iPhone 界面

1. 修改主场景

首先，执行修改 iPad 主场景时所执行的所有步骤。给场景指定新标题，配置表视图，将 Content 设置为 Dynamic Prototypes，再修改原型单元格，使其使用样式 Subtitle（并将子标题的字号设置为 9 磅），显示一幅图像并使用标识符 flowerCell。在作者的设计中，与 iPad 主场景唯一的差别是添加了展开箭头，其他方面完全相同。

2. 修复受损的切换

修改表视图，使其使用动态原型时，将会破坏应用程序。不管出于什么原因，做这样的修改都将破坏单元格到详细信息场景的切换。在进行其他修改前，应当先修复这种问题，方法是按住 Control 键，从单元格（不是表）拖曳到详细信息场景，并在 Xcode 提示时选择 Push 。这样就一切正常了。如果不修复该切换，该应用程序的 iPad 版本不受影响，但 iPhone 版将不会显示详细信息视图。

3. 修改详细信息场景

为结束对 iPhone 版 UI 的修改，在详细信息场景中添加一个 Web 视图，调整其大小，使其覆盖整个视图。将标签 Detail View Content Goes Here 放到 Web 视图后面。为什么放到 Web 视图后面呢？因为在 iPhone 版本中，这个标签永远都看不到，没有必要修改其内容，也无须担心其显示。在模板 Master-Detail Application 中，引用了该标签，不能随便将它删除，因此退而求其次，将其放到 Web 视图后面。最后，将详细信息场景的导航栏标题改为 Flower Detail，图 28-33 显示了最终的

iPhone 界面。

4. 创建并连接输出口

与 iPad 版一样，需要将详细信息场景中的 Web 视图连接到输出口 detailWebView。当在前面为 iPad 界面建立连接时，已经创建了输出口 detailWebView，因此只需将这个 Web 视图连接到该输出口即可。为此，在 IB 编辑器中选择该 Web 视图，并切换到助手编辑器模式。按住 Control 键，从 Web 视图拖曳到输出口 detailWebView。当鼠标指针指向输出口时，它将高亮显示，此时松开鼠标键即可。至此，界面和连接都准备就绪了。

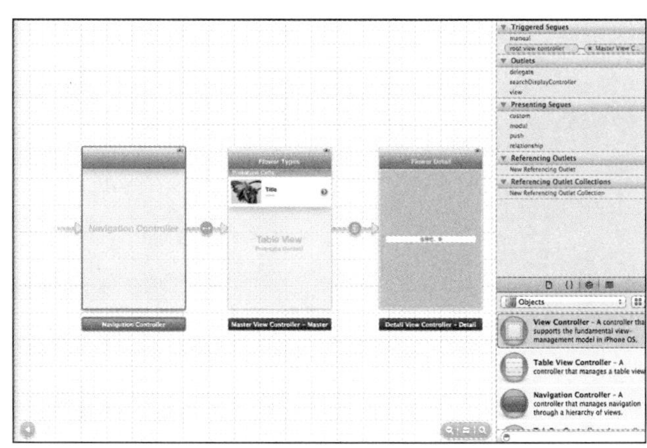

▲图 28-33　最终的 iPhone 界面

28.5.4　实现应用程序数据源

1. 创建应用程序数据源

这个应用程序需要存储的数据较多，无法用简单数组存储。这里将使用一个元素为 NSDictionary 的 NSArray 来存储每朵花的属性，并使用另一个数组来存储每个分区的名称。我们将使用当前要显示的分区/行作为索引，因此不需要 switch 语句。

首先，在文件 MasterViewController.h 中，声明属性 flowerData 和 flowerSections。为此在现有属性下方添加如下代码行。

```
@property (strong, nonatomic) NSArray  *flowerData;
@property (strong, nonatomic) NSArray *flowerSections;
```

然后，在文件 MasterViewController.m 中，在编译指令@implementation 下方添加配套的编译指令@synthesize。

```
@synthesize flowerData;
@synthesize flowerSections;
```

接下来，在文件 MasterViewController.m 的方法 viewDidUnload 中，添加如下代码行以执行清理工作。

```
[self setFlowerData:nil];
[self setFlowerSections:nil];
```

添加了两个 NSArray——flowerData 和 flowerSections，它们将分别用于存储花朵信息和分区信息。我们还需声明方法 createFlowerData，它用于将数据添加到数组中。为此，在文件 MasterViewController.h

中，在属性下方添加如下方法原型。

```
-(void)createFlowerData;
```

接下来，开始加载数据，在文件 MasterViewController.m 中，实现方法 createFlowerData 的代码如下。

```
- (void)createFlowerData {

    NSMutableArray *redFlowers;
    NSMutableArray *blueFlowers;

    self.flowerSections=[[NSArray alloc] initWithObjects:
                        @"红花",@"B 蓝花",nil];

    redFlowers=[[NSMutableArray alloc] init];
    blueFlowers=[[NSMutableArray alloc] init];

     [redFlowers addObject:[[NSDictionary alloc]
                         initWithObjectsAndKeys:@"罂粟目",@"name",
                         @"poppy.png",@"picture",
                         @"*****//zh.wikipedia****/wiki/罂粟目",@"url",nil]];
     [redFlowers addObject:[[NSDictionary alloc]
                         initWithObjectsAndKeys:@"郁金香",@"name",
                         @"tulip.png",@"picture",
                         @"*****//zh.wikipedia****/wiki/郁金香",@"url",nil]];
     [redFlowers addObject:[[NSDictionary alloc]
                         initWithObjectsAndKeys:@"非洲菊",@"name",
                         @"gerbera.png",@"picture",
                         @"*****//zh.wikipedia****/wiki/非洲菊",@"url",nil]];
    [redFlowers addObject:[[NSDictionary alloc]
                         initWithObjectsAndKeys:@"芍药属",@"name",
                         @"peony.png",@"picture",
                         @"*****//zh.wikipedia****/wiki/芍药属",@"url",nil]];
    [redFlowers addObject:[[NSDictionary alloc]
                         initWithObjectsAndKeys:@"蔷薇属",@"name",
                         @"rose.png",@"picture",
                         @"*****//zh.wikipedia****/wiki/蔷薇属",@"url",nil]];
    [redFlowers addObject:[[NSDictionary alloc]
                         initWithObjectsAndKeys:@"Hollyhock",@"name",
                         @"hollyhock.png",@"picture",
                         @"*****//en.wikipedia****/wiki/Hollyhock",
                         @"url",nil]];
    [redFlowers addObject:[[NSDictionary alloc]
                         initWithObjectsAndKeys:@"Straw Flower",@"name",
                         @"strawflower.png",@"picture",
                         @"*****//en.wikipedia****/wiki/Strawflower",
                         @"url",nil]];

    [blueFlowers addObject:[[NSDictionary alloc]
                          initWithObjectsAndKeys:@"Hyacinth",@"name",
                          @"hyacinth.png",@"picture",
                          @"*****//en.m.wikipedia****/wiki/Hyacinth_(flower)",
                          @"url",nil]];
    [blueFlowers addObject:[[NSDictionary alloc]
                          initWithObjectsAndKeys:@"Hydrangea",@"name",
                          @"hydrangea.png",@"picture",
                          @"*****//en.m.wikipedia****/wiki/Hydrangea",
                          @"url",nil]];
```

```
    [blueFlowers addObject:[[NSDictionary alloc]
                            initWithObjectsAndKeys:@"Sea Holly",@"name",
                            @"sea holly.png",@"picture",
                            @"*****//en.wikipedia****/wiki/Sea_holly",
                            @"url",nil]];
    [blueFlowers addObject:[[NSDictionary alloc]
                            initWithObjectsAndKeys:@"Grape Hyacinth",@"name",
                            @"grapehyacinth.png",@"picture",
                            @"*****//en.wikipedia****/wiki/Grape_hyacinth",
                            @"url",nil]];
    [blueFlowers addObject:[[NSDictionary alloc]
                            initWithObjectsAndKeys:@"Phlox",@"name",
                            @"phlox.png",@"picture",
                            @"*****//en.wikipedia****/wiki/Phlox",@"url",nil]];
    [blueFlowers addObject:[[NSDictionary alloc]
                            initWithObjectsAndKeys:@"Pin Cushion Flower",@"name",
                            @"pincushionflower.png",@"picture",
                            @"*****//en.wikipedia****/wiki/Scabious",
                            @"url",nil]];
    [blueFlowers addObject:[[NSDictionary alloc]
                            initWithObjectsAndKeys:@"Iris",@"name",
                            @"iris.png",@"picture",
                            @"*****//en.wikipedia****/wiki/Iris_(plant)",
                            @"url",nil]];

    self.flowerData=[[NSArray alloc] initWithObjects:
                     redFlowers,blueFlowers,nil];

}
```

在上述代码中，首先分配并初始化数组 flowerSections。将分区名添加到数组中，以便能够将分区号作为索引。例如，首先添加的是 redFlowers，因此可以使用索引（和分区号）0 来访问它，接下来，添加 blueFlowers，可以通过索引 1 访问它。当需要分区的标签时，只需使用[flowerSectionsobjectAtIndex:section]。

在上述代码中声明了两个 NSMutableArray——redFlowers 和 blueFlowers，它们分别用于填充每朵花的信息，并使用表示花朵名称（name）、图像文件（picture）和 Wikipedia 参考资料（URL）的“键/值”对来初始化它，然后将它插入两个数组之一中。在最后的代码中，使用数组 redFlowers 和 blueFlowers 创建 NSArray flowerData。对于应用程序来说，这意味着可以使用[flowerData objectAtIndex:0]和[flowerData objectAtIndex:l]来分别引用红花数组与蓝花数组。

2. 填充数据结构

准备好方法 createFlowerData 后，便可以在 MasterViewController 的 viewDidLoad 方法中调用它了。在文件 MasterViewController.m 中，在这个方法的开头添加如下代码行。

```
[self createFlowerData];
```

28.5.5 实现主视图控制器

现在可以修改 MasterViewController 控制的表视图了，其实现方式几乎与常规表视图控制器相同。同样，需要遵守合适的数据源和委托协议以提供访问与处理数据的接口。

1. 创建表视图数据源协议方法

首先，在文件 MasterViewController.m 中实现 3 个基本的数据源方法。这些方法（numberOf

SectionsInTableView、tableView:numberOfRowsInSection 和 tableView:titleForHeaderInSection）必须分别返回分区数、每个分区的行数以及分区标题。

要返回分区数，只需计算数组 flowerSections 包含的元素数。

```
return[self.flowerSections count];
```

由于数组 flowerData 包含两个对应分区的数组，因此首先必须访问对应指定分区的数组，然后返回其包含的元素数。

```
return[[self.flowerData objectAtIndex:sectionJ count];
```

最后通过方法 tableView:titleForHeaderInSection 给指定分区提供标题，应用程序应使用分区编号作为索引来访问数组 flowerSections，并返回该索引对应的字符串。

```
return[self .flowerSections  obj ectAtIndex:section];
```

在文件 MasterViewController.m 中添加合适的方法，让它们返回这些值。正如你看到的，这些方法现在都只有一行代码，这是使用复杂的结构存储数据获得的补偿。

2. 创建单元格

这里需要深入挖掘数据结构以取回正确的结果。首先，必须声明一个单元格对象，并使用前面给原型单元格指定的标识符 flowerCell 初始化。

```
UITableViewCell kcell=[tableView
dequeueReusableCellWithIdentifier:@ "flowerCell"]:
```

要设置单元格的标题、详细信息标签（子标题）和图像，需要使用类似于下面的代码。

```
Cell.textLabel.text=@"Title String";
cell.detailTextLabel.text=@"Detail String";
cell.imageView.image=[UIImage imageNamed:@"MyPicture.png"];
```

这样所有的信息都有了，只需取回即可。快速复习一下 flowerData 结构的三级层次结构。

```
flowerData (NSArray)-----NSArray-----NSDictionary
```

第一级是顶层的 flowerData 数组，它对应表中的分区；第二级是 flowerData 包含的另一个数组，它对应分区中的行；在第三级，NSDictionary 提供了每行的信息。

为了向下挖掘 3 层以获得各项数据，首先使用 indexPath.section 返回正确的数组，再使用 indexPath.row 从该数组中返回正确的字典，最后使用键从字典中返回正确的值。根据同样的逻辑，要将单元格对象的详细信息标签设置为给定分区和行中与键 url 对应的值，可以使用如下代码。

```
cell.detailTextLabel.text=[[[self.flowerData  obj ectAtIndex:indexPath.section]
objectAtIndex: indexPath.row] objectForKey:@"name"]
```

同样，可以使用如下代码返回并设置图像。

```
cell.imageView.image=[UlImage imageNamed:
[[[self .flowerData  obj ectAtIndex:indexPath.section]
    objectAtIndex: indexPath.row] objectForKey:@ "picture"]];
```

最后一步是返回单元格。在文件 MasterViewController.m 中添加这些代码。现在，主视图能够显示一个表，但开发者还需要在用户选择单元格时做出响应——相应地修改详细信息视图。

3. 使用委托协议处理导航事件

为了与 DetailViewController 通信，将使用其属性 detailItem（该属性的类型为 id）。因为 detailItem 可指向任何对象，所以将把它设置为选定花朵的 NSDictionary，这让我们能够在详细视图控制器中直接访问 name、url 和其他键。

在文件 MasterViewController.m 中，实现方法 tableView:didSelectRowAtIndexPath。

```
- (void)tableView:(UITableView *)aTableView didSelectRowAtIndexPath:(NSIndexPath *)
indexPath {
    self.detailViewController.detailItem=[[flowerData
                                              objectAtIndex:indexPath.section]
                                              objectAtIndex: indexPath.row];
}
```

当用户选择花朵后，detailViewController 的属性 detailItem 将被设置为相应的值。

28.5.6 实现细节视图控制器

当用户选择花朵后，应该让 UIWebView 实例（detailWebView）加载存储在属性 detailItem 中的 Web 地址。为了实现这种逻辑，使用方法 configureView。每当详细视图需要更新时，在本实例中都将自动调用这个方法。由于 configureView 和 detailItem 都已就绪，因此只需添加一些代码。

1. 显示详细信息视图

由于 detailItem 存储的是对应选定花朵的 NSDictionary，因此需要使用 url 键来获取 URL 字符串，然后将其转换为 NSURL。完成这项任务的代码非常简单，如下所示。

```
NSURLrdetailURL;
detailURL=[[NSURL alloc] initWithString:[self.detailItem objectForKey:@ "url"]];
```

这样首先声明了一个名为 detailURL 的 NSURL 对象，然后分配它，并使用存储在字典中的 URL 对其进行初始化。

要在 Web 视图中加载网页，可以使用方法 loadRequest，它以一个 NSURLRequest 对象作为输入参数。由于我们只有 NSURL（detailURL），因此还需使用 NSURLRequest 的类方法 requestWithURL 返回类型合适的对象。为此，只需再添加如下一行代码。

```
[self.detailWebView loadRequest:[NSURLRequest requestWithURL:detailURL]];
```

前面已经将详细信息场景的导航栏标题改为 Flower Detail，接下来需要将其设置为当前显示的花朵的名称（[detailItem objectForKey:@ "name"]）。此时使用 navigationItem.title 可以将导航栏标题设置为任何值。使用如下代码来设置详细视图顶部的导航栏标题。

```
self.navigationItem.title=  [self.detailItem objectForKey:@ "name"];
```

当用户选择花朵后，应隐藏消息“选择吧，亲”。模板包含一个指向该标签的属性 detailDescriptionLabel，将其 hidden 属性设置为 YES 就可隐藏该标签。

```
self .detailDescriptionLabel.hidden=YES;
```

在一个方法中实现这些逻辑。文件 DetailViewController.m 中实现 configureView 方法的代码如下。

```
- (void)configureView
{
    if (self.detailItem) {
        NSURL *detailURL;
        detailURL=[[NSURL alloc] initWithString:[self.detailItem objectForKey:@"url"]];
        [self.detailWebView loadRequest:[NSURLRequest requestWithURL:detailURL]];
        self.navigationItem.title = [self.detailItem objectForKey:@"name"];
        self.detailDescriptionLabel.hidden=YES;
    }
}
```

2. 设置详细视图中的弹出框按钮

为让这个实例正常运行，还需做最后一项调整。在纵向模式下，分割视图中有一个按钮，此按钮用于显示包含详细视图的弹出框，其标题默认为 Root List。开发者可以对其进行修改。

28.5.7　调试运行

开始测试应用程序，执行结果如图 28-34 所示。选择一种花后的效果如图 28-35 所示。

▲图 28-34　执行结果

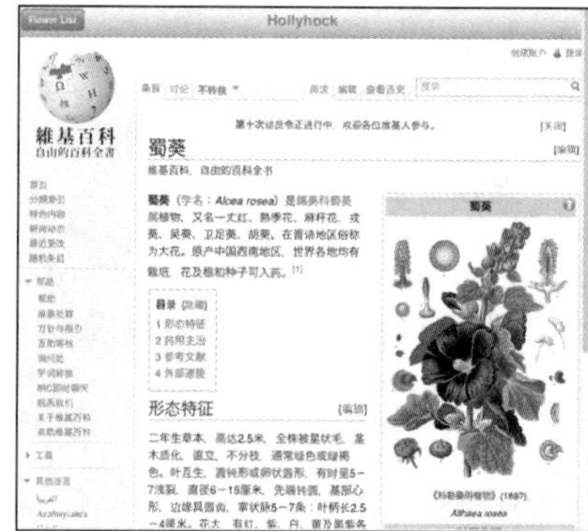

▲图 28-35　选择一种花后的效果

第 29 章　Touch ID 详解

苹果公司在 iPhone 5S 手机中推出了指纹识别功能，这一功能提高了手机设备的安全性，方便了用户对设备的管理操作，增强了对个人隐私的保护。iPhone 5S 的指纹识别功能是通过 Touch ID 实现的，从 iOS 8 开始，苹果公司开发了一些 Touch ID 的 API，开发人员可以在自己的应用程序中调用指纹识别功能。本章将详细讲解在 iOS 中使用 Touch ID 技术的基本知识。

29.1 开发 Touch ID 应用程序

在 iPhone 5S 及其以后的手机设备中有一项 Touch ID 功能，也就是指纹识别密码。要使用指纹识别功能，首先需要开启该功能，并且录入自己的指纹信息。Touch ID 可以在 iPhone 5S 激活的时候设置，也可以在后期设置。令众多开发者兴奋的是，从 iOS 8 开始开放了 Touch ID 的验证接口功能，在应用程序中可以判断输入的 Touch ID 是否为设置持有者的 Touch ID。虽然我们无法获取关于 Touch ID 的任何信息，但是可以在应用程序中调用 Touch ID 的验证功能。本节将详细讲解开发 Touch ID 应用程序的基本知识。

29.1.1 Touch ID 的验证

通过 iOS 中的本地验证框架的验证接口，你可以调用并使用 Touch ID 的认证机制。例如，通过如下代码调用并进行 Touch ID 验证。

```
LAContext *myContext = [[LAContextalloc] init];
NSError *authError = nil;
NSString *myLocalizedReasonString = <#String explaining why app needs authentication#>;
    if ([myContext canEvaluatePolicy:LAPolicyDeviceOwnerAuthenticationWithBiometrics
    error:&authError]) {
        [myContext evaluatePolicy:LAPolicyDeviceOwnerAuthenticationWithBiometrics
        localizedReason:myLocalizedReasonString
        reply:^(BOOL succes, NSError *error) {
            if (success) {
            //用户身份验证成功，请采取适当的操作
            } else {
            //用户未成功通过身份验证，请查看错误并采取适当的操作
        }
        }];
    } else {
    //无法评估，请查看 authError 并向用户显示适当的消息
    }
```

在调用 Touch ID 功能之前，需要先在自己的应用程序中导入 SDK 库 LocalAuthentication.framework，并导入关键模块 LAContext。

由此可见，苹果公司并没有对 Touch ID 完全开放，只开放了如下两个接口。

- canEvaluatePolicy:error：用于判断是否能够认证 Touch ID。
- evaluatePolicy:localizedReason:reply：认证 Touch ID。

29.1.2 开发 Touch ID 应用程序的步骤

要开发 Touch ID 应用程序，具体步骤如下。

（1）使用 Xcode 创建一个 iOS 项目，打开项目的 Link Frameworks and Libraries 面板，单击"+"按钮，添加 LocalAuthentication.framework 框架，如图 29-1 所示。

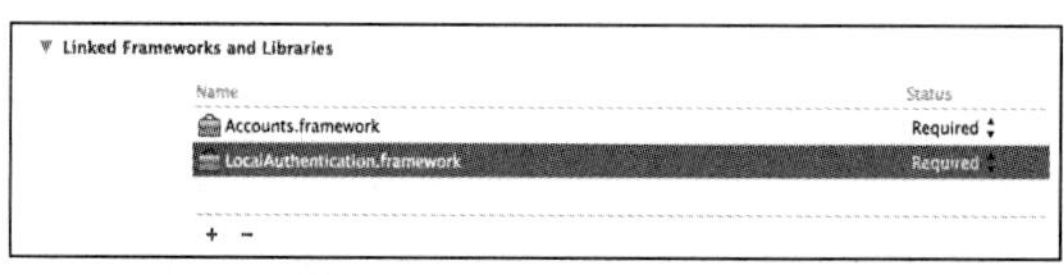

▲图 29-1 添加 LocalAuthentication.framework 框架

（2）开始编写调用 Touch ID 的应用程序文件，在程序开头需要导入 LocalAuthentication.framework 框架中的头文件。

```
#import <LocalAuthentication/LocalAuthentication.h>
```

下面是一段完整演示了调用 Touch ID 验证的实例代码。

```
#import "ViewController.h"
#import <LocalAuthentication/LocalAuthentication.h>

@interface ViewController ()

@end

@implementation ViewController

- (void)viewDidLoad
{
    [super viewDidLoad];
}

- (IBAction)authenticationButton
{
LAContext *myContext = [[LAContextalloc] init];
NSError *authError = nil;
NSString *myLocalizedReasonString = @"请继续扫描你的指纹.";

    if ([myContext canEvaluatePolicy:LAPolicyDeviceOwnerAuthenticationWithBiometrics
    error:&authError]) {
        [myContextevaluatePolicy:LAPolicyDeviceOwnerAuthenticationWithBiometrics
        localizedReason:myLocalizedReasonString
                              reply:^(BOOL success, NSError *error) {
                                  if (success) {
                                      //认证成功，采取适当的行动
                                      NSLog(@"authentication success");
                                      if (!success) {
                                              NSLog(@"%@", error);
                                      }
                                  } else {
                                      //认证失败，则执行错误处理操作
                                      NSLog(@"authentication failed");
                                      if (!success) {
                                              NSLog(@"%@", error);
                                      }
                                  }
                              }];
    } else {
        //无法验证成功，可以查看出错信息
        NSLog(@"发生一个错误");
        if (!success) {
```

```
            NSLog(@"%@", error);
        }
    }
}

@end
```

29.2 使用 Touch ID 认证

实例 29-1	使用 Touch ID 认证
源码路径	daima\29\TouchIDDemo-easy

实例 29-1 的实现方式如下。

（1）打开 Xcode，创建一个名为 TouchIDDemo 的项目，并导入 LocalAuthentication.framework 框架，项目的最终结构如图 29-2 所示。

（2）在 Main.storyboard 中设计 UI，本实例比较简单，只使用了基本的视图，如图 29-3 所示。

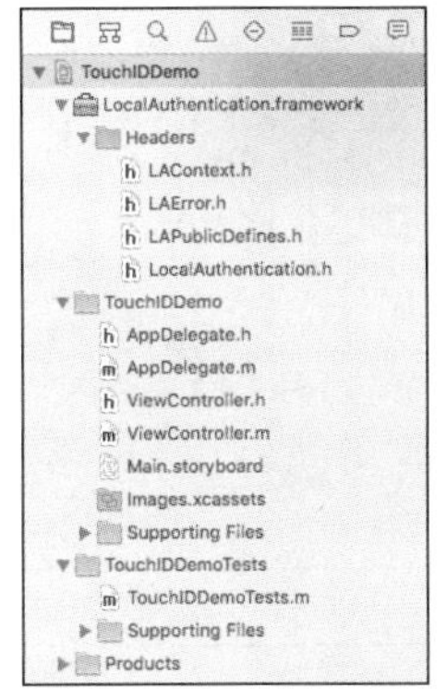

▲图 29-2　项目的最终结构

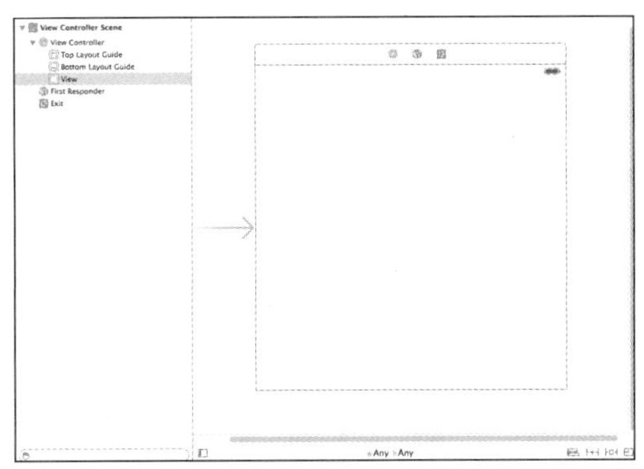

▲图 29-3　基本的视图

（3）文件 ViewController.m 的功能是调用开发的 Touch ID API 进行验证，在窗口中显示是否验证成功的提示信息。文件 ViewController.m 的主要代码如下。

```
#pragma mark - event

- (void)authBtnTouch:(UIButton *)sender {
    //初始化验证上下文
LAContext *context = [[LAContextalloc] init];

NSError *error = nil;
    //验证的原因，应该会显示在会话窗中
NSString *reason = @"测试：验证 touchID";

    //判断是否能够进行验证
    if ([context canEvaluatePolicy:LAPolicyDeviceOwnerAuthenticationWithBiometrics
    error:&error]) {
        [context
        evaluatePolicy:LAPolicyDeviceOwnerAuthenticationWithBiometricslocalized
        Reason:reason reply:^(BOOL succes, NSError *error)
         {
             NSString *text = nil;
             if (succes) {
                 text = @"验证成功";
             } else {
```

```
                    text = error.domain;
                }
UIAlertView *alert = [[UIAlertViewalloc] initWithTitle:@"提示
" message:textdelegate:nilcancelButtonTitle:@"确定" otherButtonTitles: nil];
                [alert show];
            }];
        }
        else
        {
            UIAlertView *alert = [[UIAlertViewalloc] initWithTitle:@"提示" message:[error
            domain] delegate:nilcancelButtonTitle:@"确定" otherButtonTitles: nil];
             [alert show];
        }
}

@end
```

执行结果如图 29-4 所示。

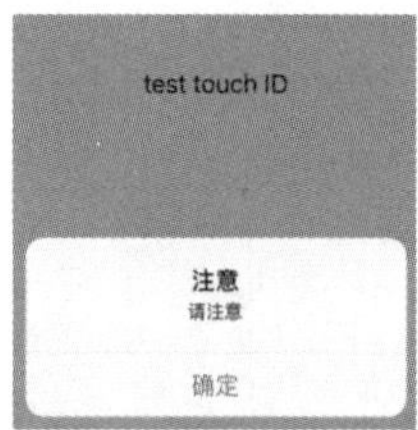

▲图 29-4　执行结果

29.3 使用 Touch ID 密码和指纹认证

实例 29-2	使用 Touch ID 密码和指纹认证
源码路径	daima\29\TouchID

实例 29-2 的实现方式如下。

（1）打开 Xcode，创建一个名为 TouchID 的项目，并导入 LocalAuthentication.framework 框架。

（2）在 Main.storyboard 中设计 UI，如图 29-5 所示。

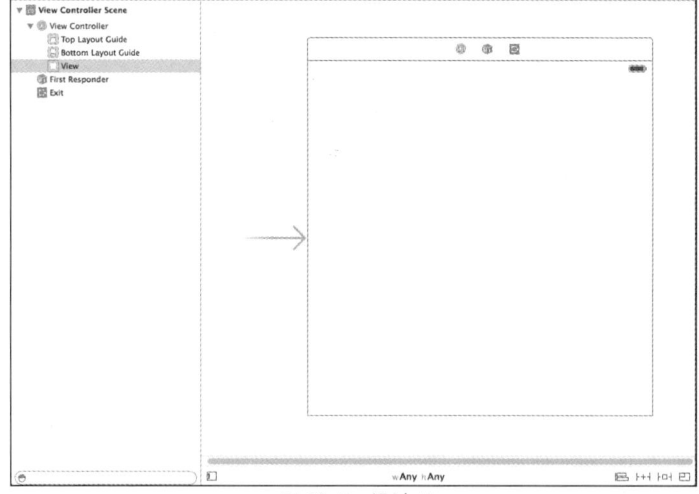

▲图 29-5　设计 UI

（3）文件 ViewController.m 的功能是调用开发的 Touch ID API 进行验证，分别实现取消验证、删除验证和添加密码功能。文件 ViewController.m 的主要代码如下。

```
@interface ViewController ()<NSURLSessionDelegate,UITextViewDelegate>
@property (nonatomic, retain) UIButton *dropButton;
@property (nonatomic, retain) NSURLSession *mySession;
@property (nonatomic, retain) UIButton *dropButton1;
@property (nonatomic, retain) UITextView *textView;
@property (nonatomic, retain) UIButton *dropButton2;
@property (nonatomic, retain) NSString *strBeDelete;
@end
@implementation ViewController

@synthesize dropButton = _dropButton;
@synthesize dropButton1 = _dropButton1;
@synthesize textView = _textView;
@synthesize dropButton2 = _dropButton2;
@synthesize strBeDelete = _strBeDelete;

-(void)viewDidAppear:(BOOL)animated
{
//TODO:其实只需要加载一次就可以了
CFErrorRef error = NULL;
SecAccessControlRefsacObject;
sacObject = SecAccessControlCreateWithFlags(kCFAllocatorDefault,
kSecAttrAccessibleWhenPasscodeSetThisDeviceOnly,
kSecAccessControlUserPresence, &error);
    if(sacObject == NULL || error != NULL)
    {
NSLog(@"can't create sacObject: %@", error);
self.textView.text = [_textView.textstringByAppendingString:[NSString stringWithFormat:
NSLocalizedString(@"SEC_ITEM_ADD_CAN_CREATE_OBJECT", nil), error]];
        return;
    }

NSDictionary *attributes = @{
      (__bridge id)kSecClass: (__bridge id)kSecClassGenericPassword,
                               (__bridge id)kSecAttrService: @"SampleService",
                               (__bridge id)kSecValueData:
[@"SECRET_PASSWORD_TEXT" dataUsingEncoding:NSUTF8StringEncoding],
                               (__bridge id)kSecUseNoAuthenticationUI: @YES,
                               (__bridge id)kSecAttrAccessControl: (__bridge id)sacObject
                               };

dispatch_async(dispatch_get_global_queue( DISPATCH_QUEUE_PRIORITY_DEFAULT, 0), ^(void){
OSStatus status =  SecItemAdd((__bridge CFDictionaryRef)attributes, nil);

NSString *msg = [NSStringstringWithFormat:NSLocalizedString (@"SEC_ITEM_ADD_STATUS",
nil), [self keychainErrorToString:status]];
        [self printResult:self.textViewmessage:msg];
    });
}

- (void)viewDidLoad {
    [super viewDidLoad];

self.dropButton = [UIButtonbuttonWithType:UIButtonTypeCustom];
self.dropButton.frame = CGRectMake(self.view.frame.size.width - 60, 100, 60, 60);
self.dropButton.backgroundColor = [UIColorpurpleColor];
    [self.dropButtonsetTitle:@"指纹" forState:UIControlStateNormal];
self.dropButton.layer.borderColor = [UIColorclearColor].CGColor;
self.dropButton.layer.borderWidth = 2.0;
self.dropButton.layer.cornerRadius = 5.0;
```

```
    [self.dropButtonsetTitleColor:[UIColorwhiteColor]
    forState:UIControlStateNormal];
    [self.dropButton.titleLabelsetFont:[UIFont systemFontOfSize:14.0]];
    [self.dropButton addTarget:self action:@selector(dropDown:)
    forControlEvents:UIControlEventTouchDown];
    [self.viewaddSubview:self.dropButton];

    self.dropButton1 = [UIButtonbuttonWithType:UIButtonTypeCustom];
    self.dropButton1.frame = CGRectMake(0, 100, 60, 60);
    self.dropButton1.backgroundColor = [UIColorpurpleColor];
    [self.dropButton1 setTitle:@"密码" forState:UIControlStateNormal];
    self.dropButton1.layer.borderColor = [UIColorclearColor].CGColor;
    self.dropButton1.layer.borderWidth = 2.0;
    self.dropButton1.layer.cornerRadius = 5.0;
    [self.dropButton1 setTitleColor:[UIColorwhiteColor]
    forState:UIControlStateNormal];
    [self.dropButton1.titleLabel setFont:[UIFont systemFontOfSize:14.0]];
    [self.dropButton1 addTarget:self action:@selector(tapkey)
    forControlEvents:UIControlEventTouchDown];
    [self.view addSubview:self.dropButton1];

    self.dropButton2 = [UIButtonbuttonWithType:UIButtonTypeCustom];
    self.dropButton2.frame=CGRectMake(self.view.frame.size.width/2 - 30, 100, 60, 60);
    self.dropButton2.backgroundColor = [UIColorpurpleColor];
    [self.dropButton2 setTitle:@"清除" forState:UIControlStateNormal];
    self.dropButton2.layer.borderColor = [UIColorclearColor].CGColor;
    self.dropButton2.layer.borderWidth = 2.0;
    self.dropButton2.layer.cornerRadius = 5.0;
    [self.dropButton2 setTitleColor:[UIColorwhiteColor] forState:
    UIControlStateNormal];
    [self.dropButton2.titleLabel setFont:[UIFont systemFontOfSize:14.0]];
    [self.dropButton2 addTarget:self action:@selector(delete) forControlEvents:
    UIControlEventTouchDown];
    [self.view addSubview:self.dropButton2];

self.textView = [[UITextViewalloc] initWithFrame:CGRectMake(0, 200, self.view.frame.
size.width, self.view.frame.size.height - 200)];
self.textView.backgroundColor = [UIColorredColor];
self.textView.userInteractionEnabled = NO;
    [self.viewaddSubview:self.textView];
}

-(void)dropDown:(id)sender
{
LAContext *lol = [[LAContextalloc] init];

NSError *hi = nil;
NSString *hihihihi = @"验证××××××";
//TODO:Touch ID是否存在
    if ([lol canEvaluatePolicy:LAPolicyDeviceOwnerAuthenticationWithBiometrics error:&hi]) {
//TODO:Touch ID开始运作
        [lolevaluatePolicy:LAPolicyDeviceOwnerAuthenticationWithBiometricslocalizedReason:
        hihihihi reply:^(BOOL succes, NSError *error)
         {
             if (succes) {
             NSLog(@"yes");
             }
             else
             {
NSString *str = [NSStringstringWithFormat:@"%@",error.
localizedDescription];
                 if ([strisEqualToString:@"Tapped UserFallback button."]) {
```

```
                    if ([self.strBeDeleteisEqualToString:@"SEC_ITEM_DELETE_ STATUS"])
{
        NSLog(@"密码被清空了");
                    }
                    else
                    {
                        [self tapkey];
                    }
                }
                else
                {
                  NSLog(@"你取消了验证");
                }
            }
        }];

    }
    else
    {
        NSLog(@"没有开启 TOUCHID 设备自行解决");
    }
}

-(void)delete
{
NSDictionary *query = @{
        (__bridge id)kSecClass: (__bridge id)kSecClassGenericPassword,
                            (__bridge id)kSecAttrService: @"SampleService"
                            };

    dispatch_async(dispatch_get_global_queue(DISPATCH_QUEUE_PRIORITY_DEFAULT, 0), ^(void){
OSStatus status = SecItemDelete((__bridge CFDictionaryRef)(query));

NSString *msg = [NSStringstringWithFormat:NSLocalizedString(@"SEC_ ITEM_DELETE_STATUS",
nil), [self keychainErrorToString:status]];
        [self printResult:self.textViewmessage:msg];
self.strBeDelete = [NSStringstringWithFormat:@"%@",msg];
    });
}

-(void)tapkey
{
NSDictionary *query = @{
                            (__bridge id)kSecClass: (__bridge id)kSecClassGenericPassword,
                            (__bridge id)kSecAttrService: @"SampleService",
                            (__bridge id)kSecUseOperationPrompt:@"用你本机密码验证登录"
                            };

NSDictionary *changes = @{
                              (__bridge id)kSecValueData: [@"UPDATED_SECRET_PASSWORD_
TEXT" dataUsingEncoding:NSUTF8StringEncoding]
                              };

dispatch_async(dispatch_get_global_queue( DISPATCH_QUEUE_PRIORITY_DEFAULT, 0), ^(void){
OSStatus status = SecItemUpdate((__bridge CFDictionaryRef)query, (__bridge CFDictionaryRef)
changes);
NSString *msg = [NSStringstringWithFormat:NSLocalizedString(@"SEC_ITEM_UPDATE_STATUS",
nil), [self keychainErrorToString:status]];
        [self printResult:self.textViewmessage:msg];
        if (status == -26276) {
        NSLog(@"按了取消键");
        }
```

```
            else if (status == 0)
            {
            NSLog(@"验证成功之后 cauozuo");
            }
            else
            {
            NSLog(@"其他操作");
            }
            NSLog(@"------ (%d) ",(int)status);
        });
}

- (void)didReceiveMemoryWarning {
        [super didReceiveMemoryWarning];
}

- (void)printResult:(UITextView*)textView message:(NSString*)msg
{
dispatch_async(dispatch_get_main_queue(), ^{
textView.text = [textView.textstringByAppendingString:[NSStringstringWithFormat:@"%@\
n",msg]];
            [textViewscrollRangeToVisible:NSMakeRange([textView.text length], 0)];
        });
}

- (NSString *)keychainErrorToString: (NSInteger)error
{

NSString *msg = [NSStringstringWithFormat:@"%ld",(long)error];

        switch (error) {
            case errSecSuccess:
msg = NSLocalizedString(@"SUCCESS", nil);
                break;
            case errSecDuplicateItem:
msg = NSLocalizedString(@"ERROR_ITEM_ALREADY_EXISTS", nil);
                break;
            case errSecItemNotFound :
msg = NSLocalizedString(@"ERROR_ITEM_NOT_FOUND", nil);
                break;
            case -26276:
msg = NSLocalizedString(@"ERROR_ITEM_AUTHENTICATION_FAILED", nil);

            default:
                break;
        }

        return msg;
}
@end
```

执行结果如图 29-6 所示。

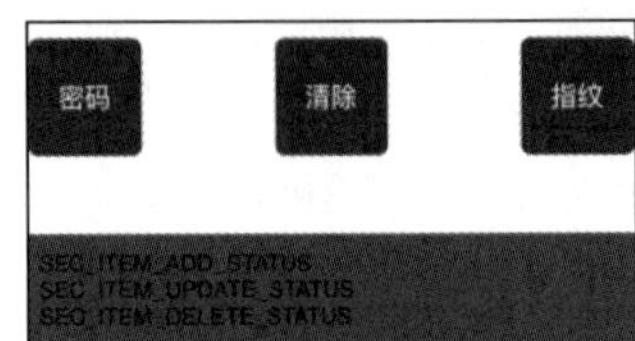

▲图 29-6　执行结果

29.4 关于 Touch ID 认证的综合演练

实例 29-3	关于 Touch ID 认证的综合演练
源码路径	daima\29\KeychainTouchID

实例 29-3 的实现方式如下。

（1）打开 Xcode，创建一个名为 KeychainTouchID 的项目，并导入 LocalAuthentication.framework 框架。

（2）在 Xcode 的 Main.storyboard 中设计 UI，在第一个界面中以列表显示系统的验证选项，在第二个界面中设置密钥，在第三个界面中设置指纹验证。

（3）系统的公用文件是 AAPLTest.h 和 AAPLTest.m，功能是定义变量，主要代码如下。

```
@interface AAPLTest : NSObject
- (instancetype)initWithName:(NSString *)name details:(NSString *)details selector:
(SEL)method;
@property (nonatomic) NSString *name;
@property (nonatomic) NSString *details;
@property (nonatomic) SEL method;

@end
```

（4）文件 AAPLBasicTestViewController.m 的功能是，通过 UITableViewCell 控件显示 SELECT_TEST 等和 Touch ID 操作相关的列表项。文件 AAPLBasicTestViewController.m 的主要代码如下。

```
#import "AAPLBasicTestViewController.h"
#import "AAPLTest.h"
@interface AAPLBasicTestViewController ()
@end
@implementation AAPLBasicTestViewController

- (instancetype)initWithNibName:(NSString *)nibNameOrNil bundle:(NSBundle *)nibBundle
OrNil
{
    self = [super initWithNibName:nibNameOrNilbundle:nibBundleOrNil];
    return self;
}
- (void)viewDidLoad
{
    [super viewDidLoad];
}
#pragma mark - UITableViewDataSource

- (NSInteger)numberOfSectionsInTableView:(UITableView *)aTableView
{
    return 1;
}
- (NSInteger)tableView:(UITableView *)tableViewnumberOfRowsInSection:(NSInteger)section
{
    return [self.tests count];
}
- (NSString *)tableView:(UITableView *)aTableViewtitleForHeaderInSection:(NSInteger)section
{
    return NSLocalizedString(@"SELECT_TEST", nil);
}
```

```
- (AAPLTest*)testForIndexPath:(NSIndexPath *)indexPath
{
    if (indexPath.section> 0 || indexPath.row>= self.tests.count) {
        return nil;
    }

    return [self.testsobjectAtIndex:indexPath.row];
}
- (void)tableView:(UITableView *)tableViewdidSelectRowAtIndexPath:(NSIndexPath *)indexPath
{
AAPLTest *test = [self testForIndexPath:indexPath];

    [self performSelector:test.methodwithObject:nil afterDelay:0.0f];
    [tableViewdeselectRowAtIndexPath:indexPathanimated:YES ];
}
- (UITableViewCell *)tableView:(UITableView *)tableViewcellForRowAtIndexPath:(NSIndex
Path *)indexPath
{
    static NSString *cellIdentifier = @"TestCell";

UITableViewCell *cell = [tableView
dequeueReusableCellWithIdentifier:cellIdentifier];
    if (cell == nil) {
        cell = [[UITableViewCellalloc] initWithStyle:UITableViewCellStyleSubtitle
reuseIdentifier:cellIdentifier];
    }

AAPLTest *test = [self testForIndexPath:indexPath];
cell.textLabel.text = test.name;
cell.detailTextLabel.text = test.details;

    return cell;
}

- (void)printResult:(UITextView*)textView message:(NSString*)msg
{
dispatch_async(dispatch_get_main_queue(), ^{
textView.text = [textView.textstringByAppendingString:[NSString
stringWithFormat:@"%@\n",msg]];
        [textViewscrollRangeToVisible:NSMakeRange([textView.text length], 0)];
    });
}
@end
```

（5）编写文件 AAPLKeychainTestsViewController.m，用于提供 Touch ID 的远程服务器的密钥验证、SEC 密钥复制匹配状态、密钥更新、SEC 密钥状态更新和密钥删除功能。

（6）编写文件 AAPLLocalAuthenticationTestsViewController.m，在项目中展示并调用 Local Authentication 指纹验证功能，显示验证界面，成功获取指纹后，将实现指纹验证功能。

注意：要验证调试本章中的实例代码，必须在 iPhone 5S 及其以上型号的真机中进行测试。

初始执行结果如图 29-7 所示。

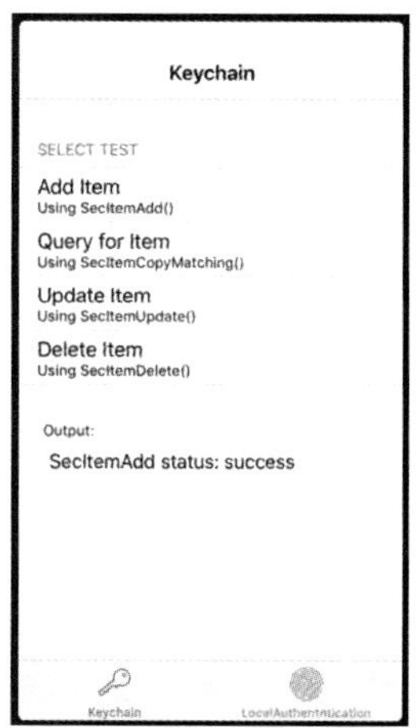

▲图 29-7　初始执行结果

29.5 一个封装好的指纹验证库

实例 29-4	一个封装好的指纹验证库
源码路径	daima\29\TDTouchID

实例 29-4 的实现方式如下。

（1）打开 Xcode，创建一个名为 TDTouchID 的项目，并导入 LocalAuthentication.framework 框架，项目的最终结构如图 29-8 所示。

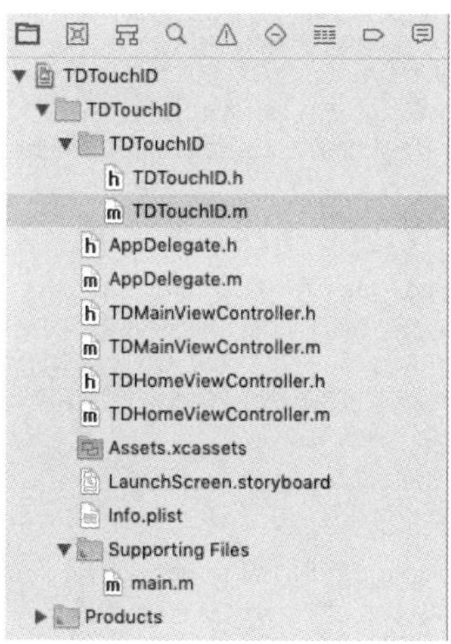

▲图 29-8　项目的最终结构

（2）文件 TDTouchID.m 是我们定义好的指纹验证库，首先确保 iOS 在 8.0 以上，然后对用户的指纹进行验证，根据验证结果显示对应的提示信息。主要实现代码如下。

```
-(void)td_showTouchIDWithDescribe:(NSString *)desc BlockState:(StateBlock)block{

    if (NSFoundationVersionNumber < NSFoundationVersionNumber_iOS_8_0) {

        dispatch_async(dispatch_get_main_queue(), ^{
            NSLog(@"系统版本不支持TouchID (必须高于iOS 8.0才能使用)");
```

```
            block(TDTouchIDStateVersionNotSupport,nil);
        });

        return;
    }

    LAContext *context = [[LAContext alloc]init];

    context.localizedFallbackTitle = desc;

    NSError *error = nil;

    if ([context canEvaluatePolicy:LAPolicyDeviceOwnerAuthenticationWithBiometrics
    error:&error]) {

        [context evaluatePolicy:LAPolicyDeviceOwnerAuthenticationWithBiometrics
        localizedReason:desc == nil ? @"通过 Home 键验证已有指纹":desc reply:^(BOOL
        success, NSError * _Nullable error) {

            if (success) {
                dispatch_async(dispatch_get_main_queue(), ^{
                    NSLog(@"TouchID 验证成功");
                    block(TDTouchIDStateSuccess,error);
                });
            }else if(error){

                switch (error.code) {
                    case LAErrorAuthenticationFailed:{
                        dispatch_async(dispatch_get_main_queue(), ^{
                            NSLog(@"TouchID 验证失败");
                            block(TDTouchIDStateFail,error);
                        });
                        break;
                    }
                    case LAErrorUserCancel:{
                        dispatch_async(dispatch_get_main_queue(), ^{
                            NSLog(@"TouchID 被用户手动取消");
                            block(TDTouchIDStateUserCancel,error);
                        });
                    }
                        break;
                    case LAErrorUserFallback:{
                        dispatch_async(dispatch_get_main_queue(), ^{
                            NSLog(@"用户不使用 TouchID,选择手动输入密码");
                            block(TDTouchIDStateInputPassword,error);
                        });
                    }
                        break;
                    case LAErrorSystemCancel:{
                        dispatch_async(dispatch_get_main_queue(), ^{
                            NSLog(@"TouchID 被系统取消 (如遇到来电,锁屏,按了 Home 键等)");
                            block(TDTouchIDStateSystemCancel,error);
                        });
                    }
                        break;
                    case LAErrorPasscodeNotSet:{
                        dispatch_async(dispatch_get_main_queue(), ^{
                            NSLog(@"TouchID 无法启动,因为用户没有设置密码");
                            block(TDTouchIDStatePasswordNotSet,error);
                        });
                    }
                        break;
                    case LAErrorTouchIDNotEnrolled:{
                        dispatch_async(dispatch_get_main_queue(), ^{
```

```
                        NSLog(@"TouchID 无法启动,因为用户没有设置 TouchID");
                        block(TDTouchIDStateTouchIDNotSet,error);
                    });
                }
                    break;
                case LAErrorTouchIDNotAvailable:{
                    dispatch_async(dispatch_get_main_queue(), ^{
                        NSLog(@"TouchID 无效");
                        block(TDTouchIDStateTouchIDNotAvailable,error);
                    });
                }
                    break;
                case LAErrorTouchIDLockout:{
                    dispatch_async(dispatch_get_main_queue(), ^{
                        NSLog(@"TouchID 被锁定(连续多次验证 TouchID 失败,系统需要用户手动
                        输入密码)");
                        block(TDTouchIDStateTouchIDLockout,error);
                    });
                }
                    break;
                case LAErrorAppCancel:{
                    dispatch_async(dispatch_get_main_queue(), ^{
                        NSLog(@"当前软件被挂起并取消了授权 (如 App 进入了后台等)");
                        block(TDTouchIDStateAppCancel,error);
                    });
                }
                    break;
                case LAErrorInvalidContext:{
                    dispatch_async(dispatch_get_main_queue(), ^{
                        NSLog(@"当前软件被挂起并取消了授权 (LAContext 对象无效)");
                        block(TDTouchIDStateInvalidContext,error);
                    });
                }
                    break;
                default:
                    break;
            }
        }
    }];

}else{

    dispatch_async(dispatch_get_main_queue(), ^{
        NSLog(@"当前设备不支持 TouchID");
        block(TDTouchIDStateNotSupport,error);
    });

}
}
```

（3）文件 TDMainViewController.m 是一个测试文件，调用上面的指纹验证库实现指纹验证，主要实现代码如下。

```
- (void)viewDidLoad {
    [super viewDidLoad];
    self.view.backgroundColor = [UIColor whiteColor];
    self.title = @"验证指纹";
    //使用 TDButton 更方便
    UIButton *touchIDButton = [[UIButton alloc] init];
    [touchIDButton setBackgroundImage:[UIImage imageNamed:@"touchID"] forState:
    UIControlStateNormal];
    [touchIDButton addTarget:self action:@selector(touchVerification)
```

```
    forControlEvents:UIControlEventTouchDown];
    touchIDButton.frame = CGRectMake((self.view.frame.size.width / 2) - 30, (self.view
    .frame.size.height / 2) - 30, 60, 60);
    [self.view addSubview:touchIDButton];

    [self touchVerification];

}
/**
 验证 TouchID
 */
- (void)touchVerification {

    TDTouchID *touchID = [[TDTouchID alloc] init];

    [touchID td_showTouchIDWithDescribe:nil BlockState:^(TDTouchIDState state,
    NSError *error) {

        if (state == TDTouchIDStateNotSupport) {     //不支持 TouchID

            UIAlertView *alertview = [[UIAlertView alloc] initWithTitle:@"当前设备不支
            持 TouchID" message:@"请输入密码" delegate:nil cancelButtonTitle:@"确定"
            otherButtonTitles:nil];
            alertview.alertViewStyle = UIAlertViewStyleSecureTextInput;
            [alertview show];


        } else if (state == TDTouchIDStateSuccess) {     //TouchID 验证成功

            NSLog(@"jump");
            TDHomeViewController *homeVc = [[TDHomeViewController alloc] init];
            [self.navigationController pushViewController:homeVc animated:YES];

        } else if (state == TDTouchIDStateInputPassword) { //用户选择手动输入密码

            UIAlertView *alertview = [[UIAlertView alloc] initWithTitle:nil message:@
            "请输入密码" delegate:nil cancelButtonTitle:@"确定" otherButtonTitles:nil];
            alertview.alertViewStyle = UIAlertViewStyleSecureTextInput;
            [alertview show];

        }

        //以上的状态处理并没有写完全
        //在使用中你需要根据回调的状态进行处理，需要处理什么就处理什么

    }];

}
```

在真机中执行后的结果如图 29-9 所示。

▲图 29-9　执行结果

第30章 使用扩展

开发者可以通过系统提供的扩展接入点（extension point）来为系统特定的服务提供某些附加的功能。本章将详细讲解在iOS中使用扩展的基本知识。

30.1 扩展的基础

在使用Xcode创建iOS应用程序时，在iOS模板下有一个Application Extension选项，在里面列出了可以创建的扩展程序类型，如图30-1所示。

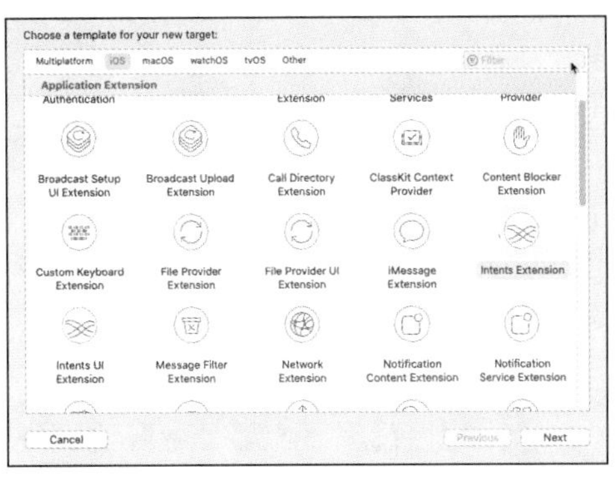

▲图30-1　Application Extension下的模板

对于iOS应用程序来说，常用的扩展类型如下。

- ❑ Today扩展：在通知中心的Today面板中添加一个组件。
- ❑ 分享扩展：单击“分享”按钮后，将网站或者照片通过应用分享。
- ❑ 动作扩展：单击Action按钮后，通过判断上下文来将内容发送到应用。
- ❑ 照片编辑扩展：在系统的照片应用中提供照片编辑的能力。
- ❑ 文档扩展：提供和管理文件内容。
- ❑ 自定义键盘：提供一个可以用在所有应用的替代系统键盘的自定义键盘或输入法。
- ❑ 信息模板：可以为短信发送提供扩展。
- ❑ Siri：可以将Siri作为扩展添加到应用程序中。

到目前为止，iOS为开发者提供的接入点虽然还比较有限，但是通过利用这些接入点提供的功能，可以极大地丰富系统的功能。

扩展在iOS中不能以单独的形式存在，也就是说，不能直接在应用商店提供一个扩展的下载，扩展一定是随着一个应用一起打包提供的。用户在安装了带扩展的应用后，可以在通知中心的Today面板中，或者系统的设置中，来选择开启还是关闭这个扩展。对于开发者来说，提供扩展的方式是在应用的项目中加入相应的扩展的Target。因为扩展一般是展现在系统级别的UI或者其他应用中的，苹果公司特别指出，扩展应该保持轻巧迅速，并且专注功能单一，在不打扰或者中断用户使用当前应用的前提下完成自己的功能。用户是可以自己选择禁用扩展的，如果你的扩展表现欠佳，很可能会遭到用户弃用，甚至导致将应用一并卸载。

30.1.1 扩展的生命周期

扩展的生命周期和包含该扩展的容器应用（containerApp）本身的生命周期是独立的，它们是两个独立的进程，默认情况下两者知道对方的存在。扩展需要对宿主应用（即调用该扩展的应用）的请求做出响应。通过配置和一些手段，你可以在扩展中访问和共享一些容器应用的资源。

由于扩展是依赖调用其宿主应用的，因此其生命周期也是由用户在宿主应用中的行为所决定的。

一般来说，用户在宿主应用中触发了该扩展后，扩展的生命周期就开始了。比如在分享选项中选择了你的扩展，或者向通知中心中添加了你的组件等。而所有的扩展都是由 ViewController 定义的，在用户决定使用某个扩展时，其对应的 ViewController 就会被加载，因此可以像编写传统应用的 ViewController 那样获取诸如 viewDidLoad 这样的方法，并进行界面构建。扩展应该保持功能的单一专注，并且迅速处理任务，在执行完必要的任务或者在后台预约完成任务后，一般需要尽快通过回调将控制权交回给宿主应用，至此生命周期结束。

苹果公司声称，扩展可以使用的内存是远远低于应用可以使用的内存的。当内存不足的时候，系统可能会优先终止扩展，而不会终止宿主应用。因此在开发扩展应用程序时，一定要注意内存占用的限制。另外，你的扩展可能会和其他开发人员的扩展共存，比如通知中心扩展，这样如果扩展阻塞了主线程，就会引起整个通知中心失去响应。在这种情况下，你的扩展和应用将会被用户抛弃。

30.1.2　扩展和容器应用的交互

扩展和容器应用本身并不共享一个进程，但是扩展其实是主体应用功能的延伸，会避免用到应用本身的逻辑甚至界面。在这种情况下，你可以使用从 iOS 8 新引入的自制框架来组织需要重用的代码，这样在链接框架后，应用和扩展就都能使用相同的代码了。

另一个常见需求就是数据共享，即扩展和应用互相希望访问对方的数据。这可以通过开启 App Groups 和进行相应的配置来开启在两个进程间的数据共享。这包括使用 NSUserDefaults 进行小数据的共享，或者使用 NSFileCoordinator 和 NSFilePresenter，甚至是 CoreData 和 SQLite 来进行更大的文件或者更复杂的数据交互。

30.2　使用 Photo Editing Extension

Photo Editing Extension 允许用户在 Photos 应用程序中使用第三方应用编辑照片或视频。在此之前，用户不得不先在相机应用里拍摄照片，然后切换到照片编辑应用里编辑，或者必须从相册里导入照片。现在，应用间的切换可以省略了，用户不从照片应用切换出去就能编辑照片了。在 Photo Editing Extension 中编辑完成并确认修改后，Photos 应用中的图片也会获得同样的调整。照片的初始版本也保存下来，这样用户可以随时恢复在扩展应用里做出的修改。

实例 30-1	使用 Photo Editing Extension
源码路径	daima\30\PhotoEditingExtension

实例 30-1 的实现方式如下。

（1）在 Xcode 中，创建一个名为 MKPhotoEditingExtension 的项目，如图 30-2 所示。

（2）依次选择 Xcode 菜单栏中的 File→New→Target 命令，开始添加一个扩展，如图 30-3 所示。

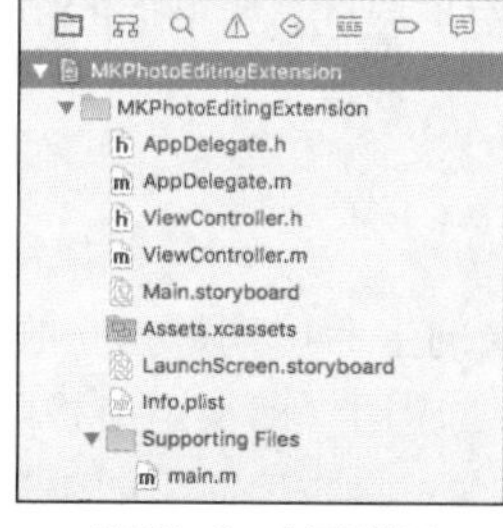

▲图 30-2　创建项目

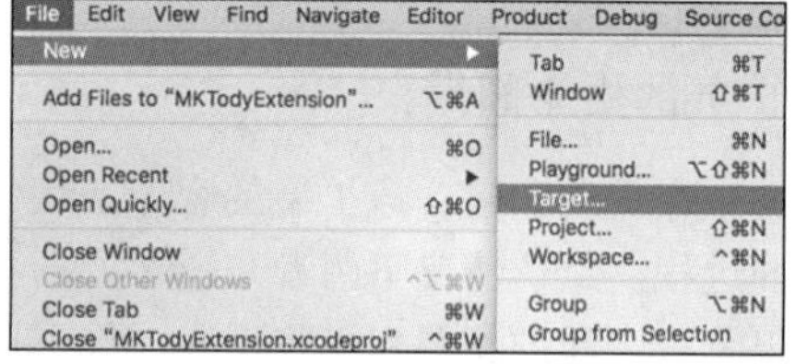

▲图 30-3　依次选择 File→New→Target 命令

（3）在弹出的选择模板对话框中，选择 Photo Editing Extension 模板，如图 30-4 所示。

（4）添加扩展程序后系统会自动生成一些代码，我们直接运行扩展将会显示一个 Hello World 界面，如图 30-5 所示。

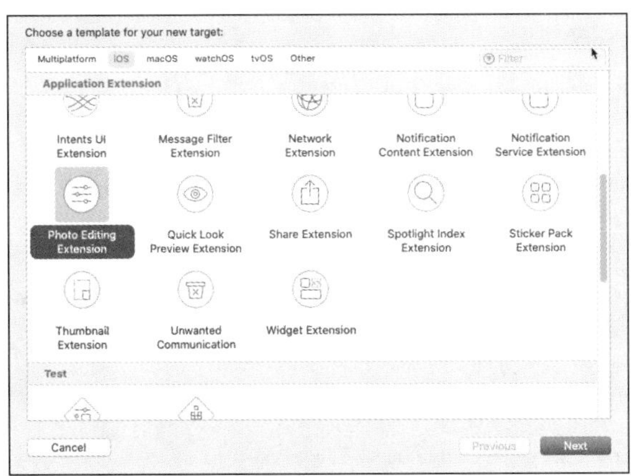

▲图 30-4　选择 Photo Editing Extension 模板

▲图 30-5　Hello World 界面

（5）设置可编辑数据类型。打开扩展下的文件 Info.plist 并找到 NSExtension 属性，按照图 30-6 设置该属性的结构。

▼NSExtension	Dictionary	(3 items)
▼NSExtensionAttributes	Dictionary	(1 item)
▼PHSupportedMediaTypes	Array	(2 items)
Item 0	String	Video
Item 1	String	Image
NSExtensionMainStoryboard	String	MainInterface
NSExtensionPointIdentifier	String	com.apple.photo-editing

▲图 30-6　设置 NSExtension 属性的结构

（6）编写文件 PhotoEditingViewController.m，主要代码如下。

```
@implementation PhotoEditingViewController
{
    __weak IBOutlet UIImageView *editImageView;
    __weak IBOutlet UIScrollView *btnContentView;

    UIImage *displayImage;
    NSArray<NSString *> *filterNameArray;

    //当前编辑的滤镜名称
    NSString *currentFilterName;
}
- (void)viewDidLoad {
    [super viewDidLoad];

}

- (void)setupBasicWithOriginalImage:(UIImage *)image
{
    NSMutableArray<UIButton *> *btnArray = @[].mutableCopy;
    //滤镜名称都在这里 [CIFilter filterNamesInCategory:kCICategoryBuiltIn]
    filterNameArray = @[@"CIPhotoEffectInstant", //怀旧
                        @"CIPhotoEffectNoir", //黑白
                        @"CIPhotoEffectTransfer", //岁月
                        @"CIPhotoEffectMono", //单色
                        @"CIPhotoEffectFade", //褪色
                        @"CIPhotoEffectTonal", //色调
                        @"CIPhotoEffectProcess", //冲印
                        @"CIPhotoEffectChrome", //珞黄
                        @"CIBoxBlur", //均值模糊
```

```
                          @"CIGaussianBlur", //高斯模糊
                          @"CIDiscBlur", //环形卷积模糊
                          @"CIMedianFilter", //中值模糊
                          @"CIMotionBlur", //运动模糊
                          ];
    NSInteger count = filterNameArray.count;
    CGFloat btnWidth = 60;
    CGFloat btnHeight = btnContentView.frame.size.height-10;

    CGFloat scale = [UIScreen mainScreen].scale;
    CGFloat imgWidth = image.size.width;
    CGFloat imgHeight = image.size.height;

    UIImage *compressImage = [MKImageUtil compressOriginalImage:image
     toSize:CGSizeMake(btnWidth * scale,(btnWidth * imgHeight/imgWidth) * scale)]; //压缩图片

    for(NSInteger i=0; i<filterNameArray.count; i++){
        UIButton *btn = [[UIButton alloc] initWithFrame:CGRectMake(i * (btnWidth+8), 5,
        btnWidth, btnHeight)];
        [btn setImage: compressImage forState:UIControlStateNormal];

        btn.imageView.contentMode = UIViewContentModeScaleAspectFit;
        btn.tag = i;
        [btn addTarget:self action:@selector(filterInputImage:) forControlEvents:
        UIControlEventTouchUpInside];
        [btnContentView addSubview:btn];
        [btnArray addObject:btn];
    }

    btnContentView.contentSize = CGSizeMake(count * (btnWidth + 8)-8, btnContentView.
    frame.size.height);

    //延时处理
    dispatch_time_t start = dispatch_time(DISPATCH_TIME_NOW, (int64_t)(1.0 * NSEC_PER_
    SEC));
    dispatch_after(start, dispatch_get_main_queue(), ^{

        [self setBtnFilterImageToArray:btnArray InIndex:0];
    });

}

- (void)setBtnFilterImageToArray:(NSArray<UIButton *> *)btnArray InIndex:(NSInteger)
index
{
    __block CIImage *filterCIImage = nil;
    UIButton *btn = btnArray[index];
    CIImage *ciImage = [[CIImage alloc] initWithImage: [btn imageForState:UIControlStateNormal]];

    //为照片加上滤镜
    filterCIImage = [MKImageUtil filterWithOriginalImage:ciImage filterName:filter
    NameArray[index]];
    [btn setImage: [MKImageUtil imageFromCIImage: filterCIImage] forState:UIControl
    StateNormal];
    if(![[btnArray lastObject] isEqual:btn]){
        [self setBtnFilterImageToArray:btnArray InIndex:index+1];
    }
}

- (void)filterInputImage:(UIButton *)btn
{
```

```
    currentFilterName = filterNameArray[btn.tag];

    CIImage *ciImage = [MKImageUtil filterWithOriginalImage:[[CIImage alloc] initWithImage:
    displayImage] filterName: currentFilterName];
    editImageView.image = [MKImageUtil imageFromCIImage: ciImage];
}

- (void)didReceiveMemoryWarning {
    [super didReceiveMemoryWarning];
}

#pragma mark - PHContentEditingController

//能否对编辑过的数据进行编辑
- (BOOL)canHandleAdjustmentData:(PHAdjustmentData *)adjustmentData {

    //可以根据 adjustmentData 的 formatIdentifier 和 formatVersion 属性来判断当前的数据是
    //否使用编辑器编辑过
    BOOL result = [formatIdentifier isEqualToString: adjustmentData.formatIdentifier] &&
    [formatVersion isEqualToString: adjustmentData.formatVersion];
    if(result){
        //获取上次编辑使用的滤镜名称
        currentFilterName = [[NSString alloc] initWithData:adjustmentData.data encoding:
        NSUTF8StringEncoding];
    }
    return result;

}

- (void)startContentEditingWithInput:(PHContentEditingInput *)contentEditingInput
placeholderImage:(UIImage *)placeholderImage {
    self.input = contentEditingInput;

    [self setupBasicWithOriginalImage: _input.displaySizeImage];
    displayImage = _input.displaySizeImage;
    editImageView.image = displayImage;
}
```

上述代码实现了编辑照片时的事件，在开始编辑前通过方法 canHandleAdjustmentData 验证能否对编辑过的数据进行编辑，当照片被编辑过时调用。方法 canHandleAdjustmentData 有一个参数 PHAdjustmentData，在里面包含了上次编辑时所使用编辑器的数据。

- formatIdentifier：编辑器的唯一 ID。
- formatVersion：编辑器的版本号。
- data：编辑器保存的数据，自定义数据。

方法 canHandleAdjustmentData 的返回值如下。

- NO：扩展编辑的是被编辑过的效果图。
- YES：扩展编辑的是没有任何改动的原图。

再看开始编辑的方法 startContentEditingWithInput:placeholderImage，当进入编辑界面时调用该方法，contentEditingInput 属性包含了照片的类型、地理位置、预览图和原图位置等信息。

再看完成编辑的方法 finishContentEditingWithCompletionHandler，此方法需要完成如下两个任务。

- 设置输出的 adjustmentData，即把照片编辑的信息保存起来，在 completionHandler 中进行处理。
- 对原图进行相同的编辑。

再看取消的方法 shouldShowCancelConfirmation，如果返回 YES 则取消编辑，并提醒用户是否取消。

（7）文件 MKImageUtil.m 的功能是在后台对预览照片实现编辑、添加滤镜、模糊、调整亮度/饱和度/对比度等操作。当处理完成编辑照片的事件时，对原始图片进行同样的编辑，把修改后的原始图片保存到某个位置。文件 MKImageUtil.m 的主要代码如下。

```
+ (CIImage *)filterWithOriginalImage:(CIImage *)image
                          filterName:(NSString *)filterName
{
    CIFilter *filter = [CIFilter filterWithName:filterName];
    [filter setValue:image forKey:kCIInputImageKey];
    CIImage *result = [filter valueForKey: kCIOutputImageKey];

    return result;
}


+ (CIImage *)blurWithOriginalImage:(CIImage *)image
                          blurName:(NSString *)filterName
                            radius:(NSInteger)radius
{
    CIFilter *filter = [CIFilter filterWithName:filterName];
    [filter setValue:image forKey:kCIInputImageKey];

    //中值模糊不需要设置
    if(![@"CIMedianFilter" isEqualToString:filterName]){
        [filter setValue:@(radius) forKey:kCIInputRadiusKey];
    }

    CIImage *result = [filter valueForKey: kCIOutputImageKey];
    return result;
}


+ (CIImage *)colorControlsWithOriginalImage:(CIImage *)image
                                 saturation:(CGFloat)saturation
                                  brightess:(CGFloat)brightess
                                   contrast:(CGFloat)contrast
{
    CIFilter *filter = [CIFilter filterWithName:@"CIColorControls"];

    [filter setValue: image forKey: kCIInputImageKey];
    [filter setValue: @(saturation) forKey: kCIInputSaturationKey];
    [filter setValue: @(brightess) forKey: kCIInputBrightnessKey];
    [filter setValue: @(contrast) forKey: kCIInputContrastKey];


    CIImage *result = [filter valueForKey: kCIOutputImageKey];
    return result;
}
```

开始调试程序，在调试时选择运行 Extenstion 程序，而不是主程序，在弹出的界面中选择 Photos，如图 30-7 所示。运行后会显示设备内的照片列表，如图 30-8 所示。选择列表中的一幅照片，在照片详情界面的下方将弹出扩展菜单选项，如图 30-9 所示。单击按钮，弹出扩展中的功能选项，如图 30-10 所示。

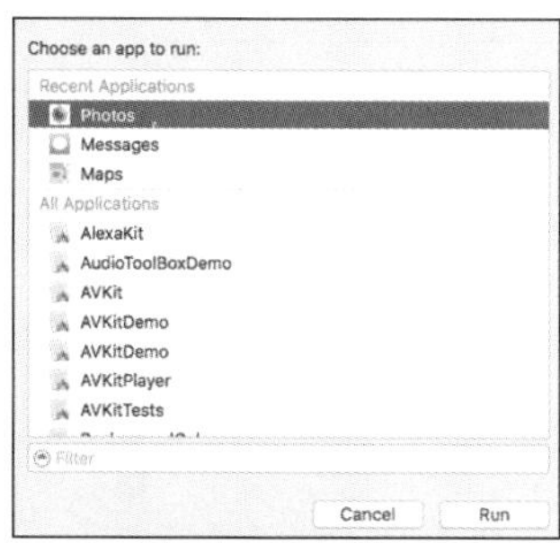

▲图 30-7　选择 Photos

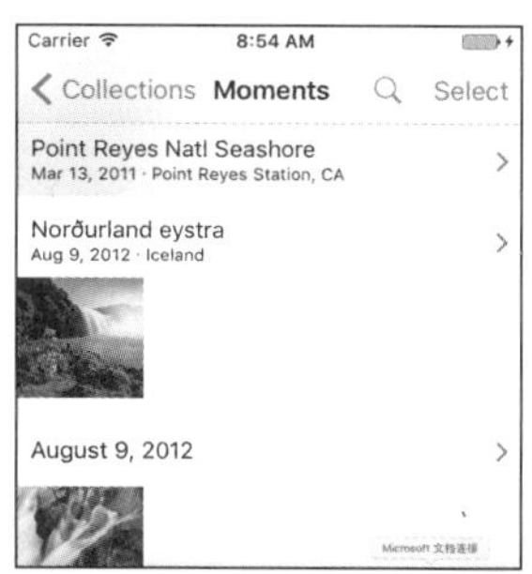

▲图 30-8　设备内的照片列表

▲图 30-9　照片详情界面

▲图 30-10　扩展中的功能选项

单击按钮，进行滤镜操作，如图 30-11 所示。例如，Mono 滤镜的效果如图 30-12 所示。单击 Done 按钮，保存效果，滤镜处理后的效果如图 30-13 所示。

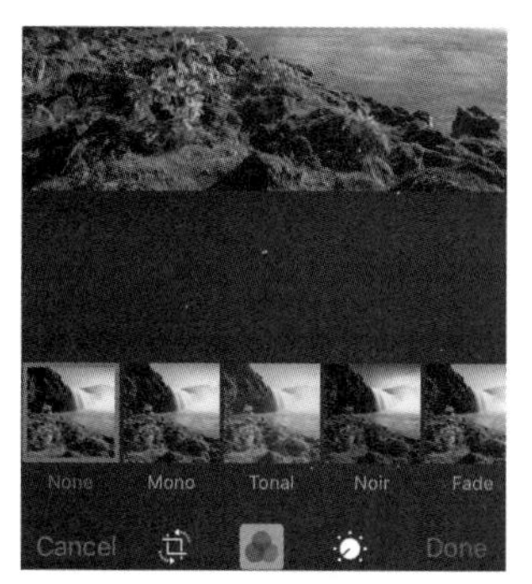

▲图 30-11　滤镜操作

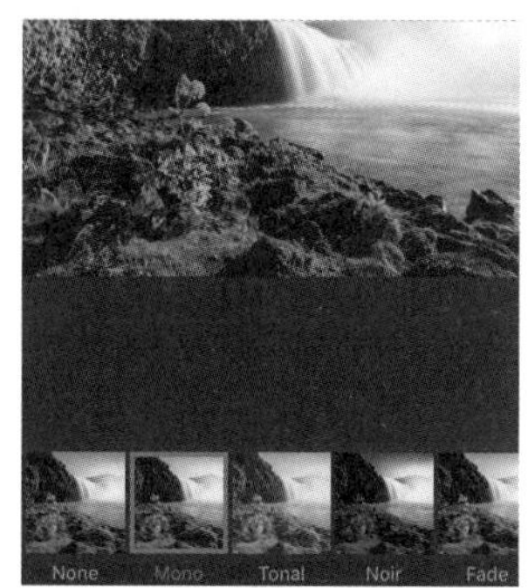

▲图 30-12　Mono 滤镜的效果

▲图 30-13　滤镜处理后的效果

30.3 使用 TodayExtension

在 iOS 中，Today 扩展又称为组件。对于赛事比分、股票、天气、快递这类需要实时获取的信息，你可以在通知中心的 Today 面板中创建一个 Today 扩展。

实例30-2	使用 TodayExtension
源码路径	daima\30\TodyExtension

实例 30-2 的实现方式如下。

（1）使用 Xcode 创建一个名为 MKTodyExtension 的项目，在项目中设置一个任务列表界面，如图 30-14 所示。任务列表界面是用 TableView 控件实现的，单击右上角的“+”按钮可以添加新元素，左滑 TableViewCell 可以删除一个列表元素。

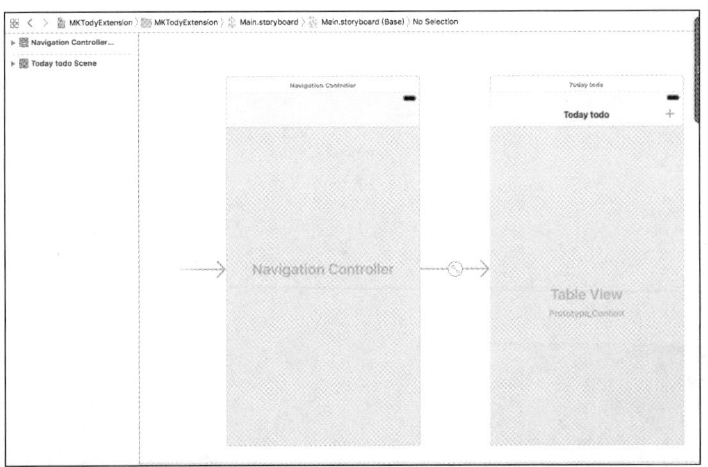

▲图 30-14　任务列表界面

（2）为了创建 Today Extension 扩展，依次选择 Xcode 菜单栏中的 File→New→Target 命令，在弹出的选择模板对话框中，选择 Today Extension 模板。

（3）在调试实例程序时，实例 30-1 采用的是单独调试扩展程序的方法，实例 30-2 将采用另外一种调试方法，将扩展包含在主应用程序中进行调试。所以依次选择 Xcode 菜单栏中的 Product→Scheme→Edit Scheme 命令，如图 30-15 所示。

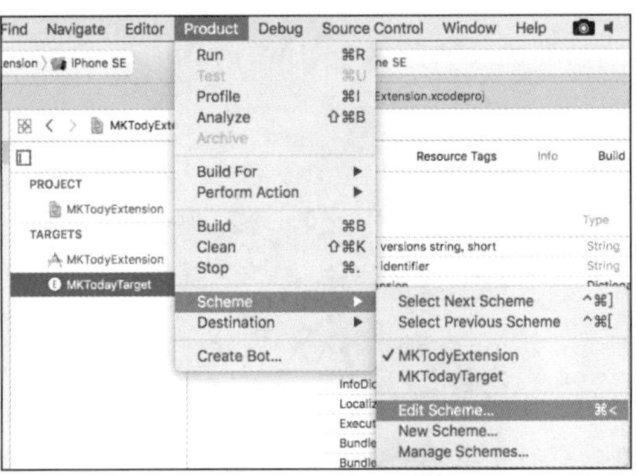

▲图 30-15　选择 Product→Scheme→Edit Scheme 命令

（4）在弹出的对话框中，设置 Executable 选项为主应用程序的名称，勾选下面的 Debug executable 复选框，如图 30-16 所示。

（5）把在 Today 面板中显示的标题修改为 ToDo List，如图 30-17 所示。

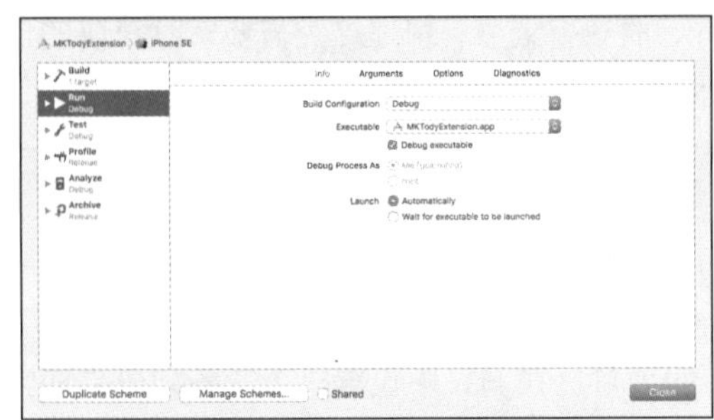

▲图 30-16　勾选 Debug executable 复选框

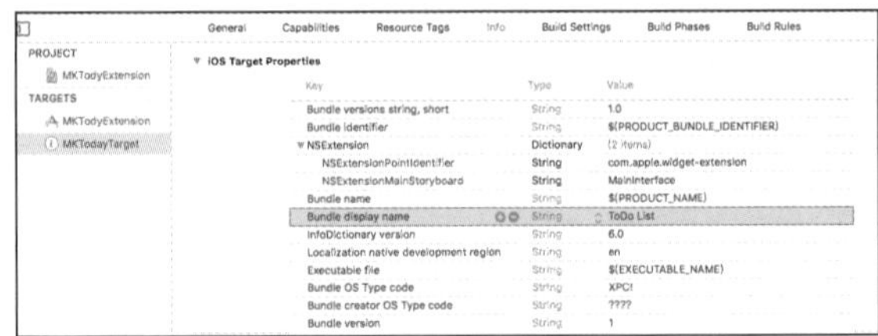

▲图 30-17　修改标题为 ToDo List

（6）在扩展中创建 TableView，如图 30-18 所示。

（7）设置扩展使用主应用的共享数据。因为扩展和主应用是相互独立的程序，所以需要主应用与扩展共享数据，使用 App Groups 来解决问题。依次选择 TARGETS→MKTodyExtension，再选择 Capabilities 选项卡，打开 App Groups，单击下面的“+”按钮，输入“group.BundleID”，单击 OK 按钮，如图 30-19 所示。

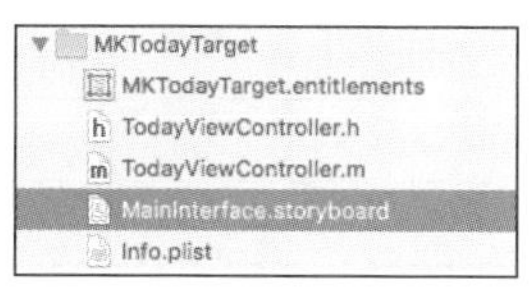

▲图 30-18　创建 TableView

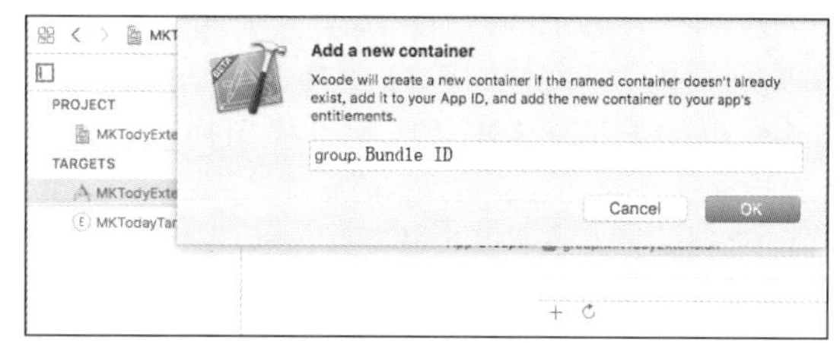

▲图 30-19　设置扩展使用主应用的共享数据

（8）主应用程序将同步数据到 group，对应代码如下。

```
- (void)updateTodoSnapshot { NSUserDefaults *infoDic = [[NSUserDefaults alloc]
initWithSuiteName: GROUP_ID]; [infoDic setObject:todoList forKey:TODO_LIST_ID];
[infoDic synchronize]; //更新 Today 面板中的信息
[[NCWidgetController widgetController] setHasContent:YES forWidgetWithBundleIdentifier :@
"com.donlinks.MKTodyExtension.MKTodayTarget"]; }
```

（9）当 group 数据更新后，扩展会调用 NCWidgetProviding 协议，实现该协议的两个方法，对应代码如下。第一个方法是系统通知扩展要更新时扩展调用的方法；第二个方法返回一个内部大小，如果不实现，默认情况下视图左侧会有一定的缩进。

```
- (void)widgetPerformUpdateWithCompletionHandler:(void (^)(NCUpdateResult))completionHandler {
    [self loadContents];
    completionHandler(NCUpdateResultNewData);
}

- (UIEdgeInsets)widgetMarginInsetsForProposedMarginInsets:(UIEdgeInsets)defaultMarginInsets{
    return UIEdgeInsetsMake(0, 27, 0, 0);
}
```

（10）扩展获取同步数据，对应代码如下。

```
NSUserDefaults *infoDic = [[NSUserDefaults alloc] initWithSuiteName: GROUP_ID];
todoList = [infoDic objectForKey: TODO_LIST_ID];
```

（11）开始调试，运行主应用程序后分别添加 3 个列表选项“aaa”“bbb”和“ccc”，如图 30-20 所示。如果此时运行扩展，在 Today 面板会显示主程序列表中的 3 个选项，如图 30-21 所示。

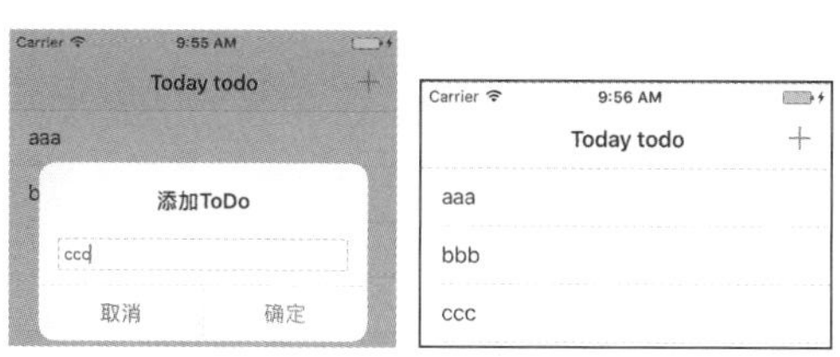

▲图 30-20　添加 3 个列表选项

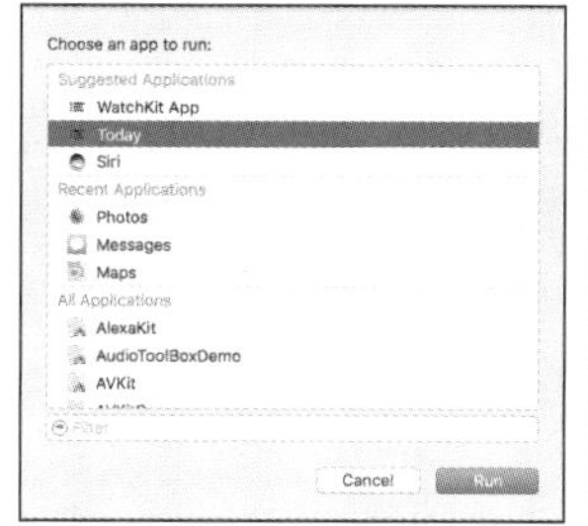

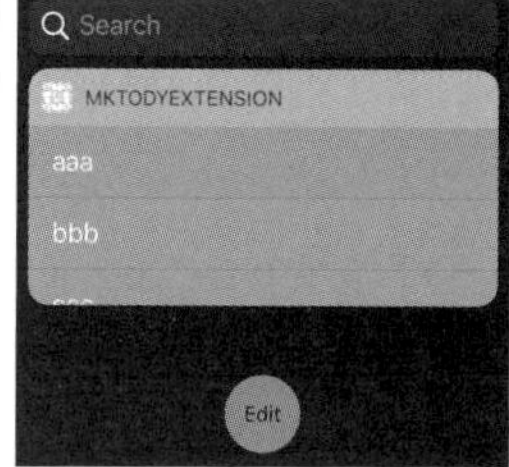

▲图 30-21　运行扩展

30.4 使用 Action Extension 翻译英文

在 iOS 中，Action 扩展可帮用户在主应用程序中查看或者转换内容。当用户使用一个文本编辑类应用程序时，Action 扩展可帮用户编辑文档中的图片。另一种类型的 Action 扩展可以让用户以不同的方式查看选中的内容，比如以不同格式查看图片或者以不同语言阅读文本。只有当扩展声明它可以使用用户当前使用的内容类型时，系统才会为用户提供 Action 扩展。比如，如果 Action 扩展声明它仅能用于文本形式，那么当用户查看图片时则不可用。

实例 30-3	使用 Action Extension 翻译英文
源码路径	daima\30\ActionExtension

实例 30-3 的实现方式如下。

（1）使用 Xcode 创建一个名为 MKActionExtension 的项目，如图 30-22 所示。

（2）依次选择 Xcode 菜单栏中的 File→New→Target 命令，开始添加一个扩展，在弹出的选择模板对话框中，选择 Action Extension 模板，如图 30-23 所示。

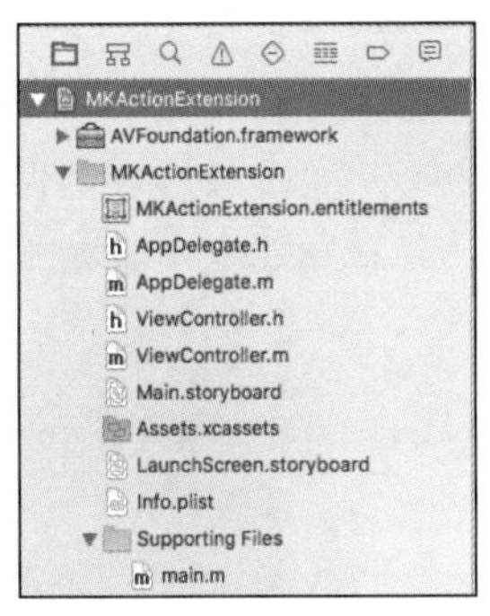

▲图 30-22　项目的目录结构

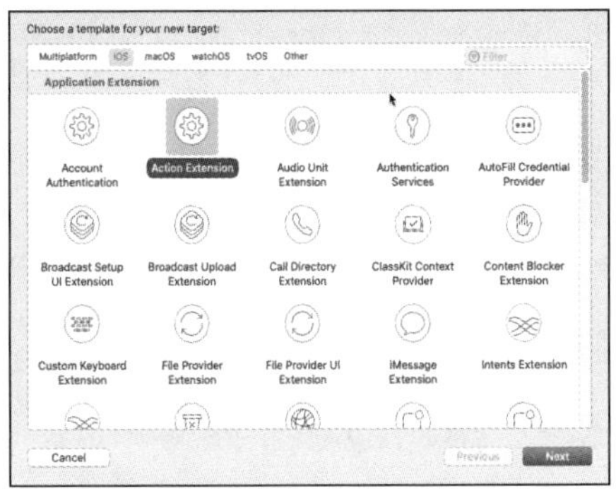

▲图 30-23　选择 Action Extension 模板

（3）依次选择 Xcode 菜单栏中的 Product→Scheme→Edit Scheme 命令，在弹出的对话框中，设置 Executable 选项为主应用程序的名称，并勾选 Debug executable 复选框，如图 30-24 所示。

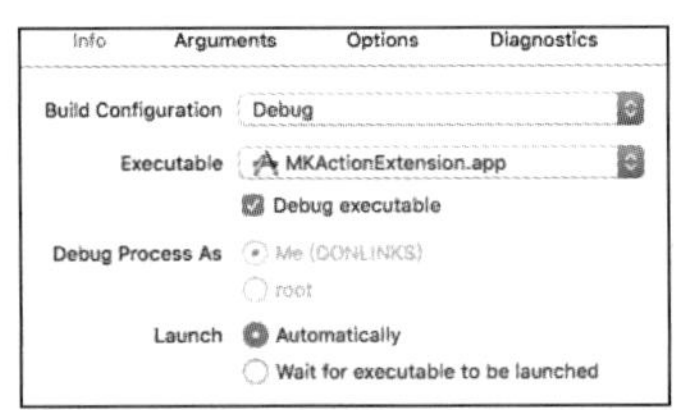

▲图 30-24　勾选 Debug executable 复选框

（4）在扩展文件 ActionViewController.m 中调用有道翻译进行翻译，主要代码如下。

```
- (void)loadInputItems
{
    //从扩展上下文获取 NSExtensionItem 数组
    NSArray<NSExtensionItem *> *itemArray = self.extensionContext.inputItems;

    //从 NSExtensionItem 获取 NSItemProvider 数组
    NSExtensionItem *item = itemArray.firstObject;
```

```
    NSArray<NSItemProvider *> *providerArray = item.attachments;

    //加载、获取数据
    NSItemProvider *itemProvider = providerArray.firstObject;
    if([itemProvider hasItemConformingToTypeIdentifier:(NSString
    *)kUTTypePlainText]){
        [itemProvider loadItemForTypeIdentifier:(NSString *)kUTTypePlainText options:
        nil completionHandler:^(NSString *text, NSError *error) {
            if(text) {
                [[NSOperationQueue mainQueue] addOperationWithBlock:^{
                    originalTextView.text = text;

                    //翻译
                    [self youdaoTranslate:text complate:^(NSString *translateText) {
                        translateTextView.text = translateText;
                    }];
                }];
            }
        }];
    }
}

- (void)youdaoTranslate:(NSString *)text complate:(void (^)(NSString *))complate{
    [activityView startAnimating];

    NSURLSession *shareSession = [NSURLSession sharedSession];
    text = [text stringByReplacingOccurrencesOfString:@" " withString:@"%20"];
    NSString *urlStr = [NSString stringWithFormat:@"****//fanyi.youdao***/openapi.do?
    keyfrom=%@&key=%@&type=data&doctype=json&version=1.1&q=%@", Keyfrom, YouDaoAPIkey, text];

    NSURLSessionDataTask *task = [shareSession dataTaskWithURL:[NSURL URLWithString:
    urlStr] completionHandler:^(NSData * _Nullable data, NSURLResponse * _Nullable response,
    NSError * _Nullable error) {
        NSDictionary *dic = [NSJSONSerialization JSONObjectWithData:data options:NSJS
        ONReadingAllowFragments error:nil];
        NSArray *resultArray = dic[@"translation"];

        [[NSOperationQueue mainQueue] addOperationWithBlock:^{
            [activityView stopAnimating];
            complate(resultArray[0]);
        }];
    }];
    [task resume];
}

- (void)speakText:(NSString *)text{
    AVSpeechSynthesizer *synthesizer = [[AVSpeechSynthesizer alloc]init];
    AVSpeechUtterance *utterance = [AVSpeechUtterance speechUtteranceWithString:text];
    [utterance setRate:0.1];
    [synthesizer speakUtterance:utterance];
}
```

（5）在主程序文件 ViewController.m 中设置要翻译的英文，主要代码如下。

```
-(void)viewDidAppear:(BOOL)animated
{
    [super viewDidAppear:animated];

    UIActivityViewController *ctrl = [[UIActivityViewController alloc] initWithActi-
vityItems:@[@"I love you!!!"] applicationActivities:nil];
```

```
    ctrl.completionWithItemsHandler = ^(NSString *activityType, BOOL completed, NSArray *
    returnedItems, NSError *activityError){
    };
    [self presentViewController:ctrl animated: YES completion:nil];
}
```

执行后选择扩展选项 MKAction，单击 MKAction 后自动翻译，并且具有阅读功能，执行结果如图 30-25 所示。

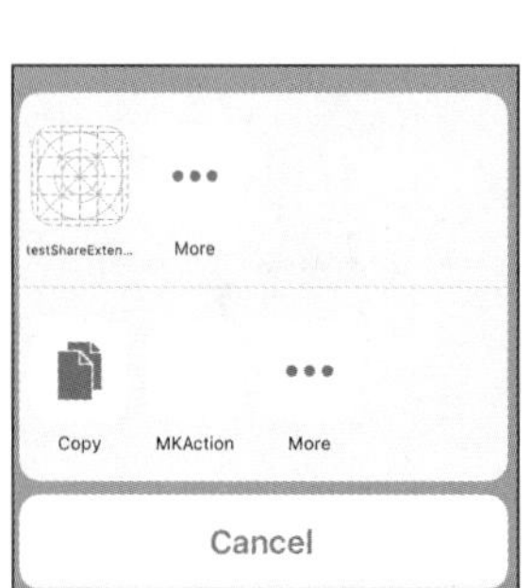

▲图 30-25　执行结果

30.5 使用 Share Extension 扩展实现分享功能

在 iOS 中，分享扩展能够提供自定义的分享服务，比如收集一段文字、一个网页链接、几张照片或把视频上传到支持的网站等。当今主流的网站（例如，Twitter、Facebook 和 Weibo 等）都支持分享功能。分享扩展的最大用处是可以自定义，利用分享扩展可以实现分享功能以及 UI。

实例 30-4	使用 Share Extension 实现分享功能
源码路径	daima\30\ShareExtension

实例 30-4 的实现方式如下。

（1）使用 Xcode 创建一个名为 ShareExtension 的项目，在 Main.storyboard 中添加一个文本控件，显示“点我实现分享”效果，如图 30-26 所示。

▲图 30-26　添加一个文本控件

（2）在主程序下的文件 ViewController.m 中，预先设置分享标签，如果失败则弹出提醒框。主要实现代码如下。

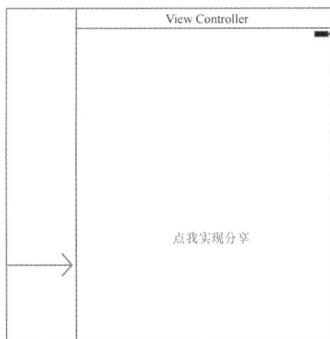

```
- (IBAction)share:(id)sender {

    NSString *shareStr = @"分享 toppr";
    NSString *shareStr2 = @"----------";

    NSURL *shareUrl = [NSURL URLWithString:@"*****//****toppr****"];
    NSURL *shareUrl2 = [NSURL URLWithString:@"*****//****baidu****"];

    UIImage *shareImg = [UIImage imageNamed: @"MKImg"];
    UIImage *shareImg2 = [UIImage imageNamed: @"btn_delete"];

    UIActivityViewController *ctrl = [[UIActivityViewController alloc]
    initWithActivityItems:@[shareStr, shareStr2, shareUrl, shareUrl2, shareImg, shareImg2]
    applicationActivities:nil];
    ctrl.completionWithItemsHandler = ^(NSString *activityType, BOOL completed, NSArray
```

```
    *returnedItems, NSError *activityError){
        if(!completed){

            UIAlertController *ctrl = [UIAlertController alertControllerWithTitle:
            @"分享失败" message:nil preferredStyle:UIAlertControllerStyleAlert];
            [ctrl addAction: [UIAlertAction actionWithTitle:@"确定"
            style:UIAlertActionStyleCancel handler:nil]];
            [self presentViewController:ctrl animated:YES completion:nil];

        }
    };
    [self presentViewController:ctrl animated:YES completion:nil];
}
```

（3）依次选择 Xcode 菜单栏中的 File→New→Target 命令，开始添加一个扩展，在弹出的选择模板对话框中，选择 Share Extension 模板，如图 30-27 所示。

（4）创建完分享扩展后运行这个扩展，然后用 Safari 打开 toppr 网站。单击 Safari 的分享按钮，发现此时分享扩展出现在选择栏里了，如图 30-28 所示。

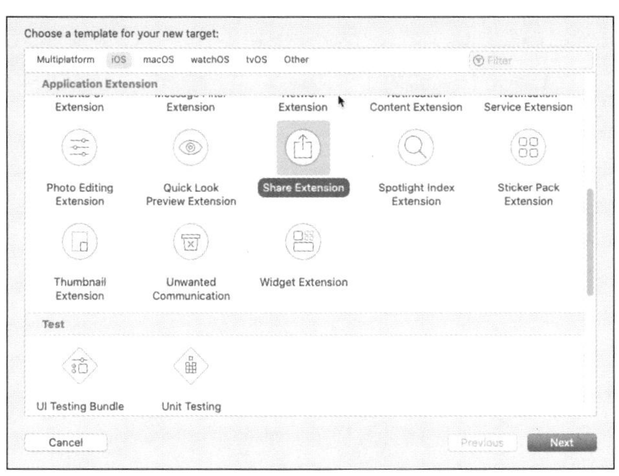

▲图 30-27 选择 Share Extension 模板

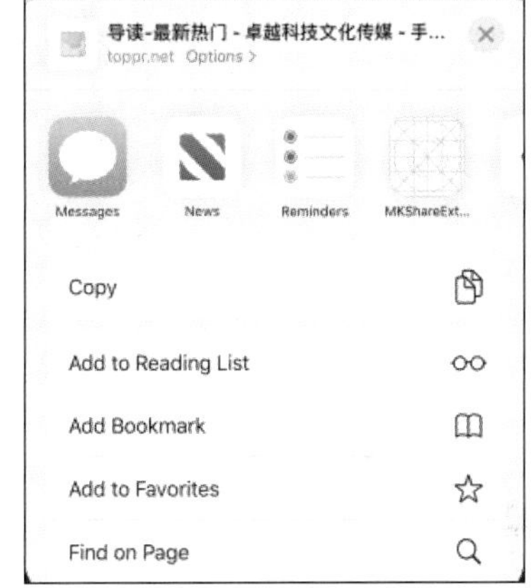

▲图 30-28 分享扩展

（5）设置分享的数据类型，在扩展的 Info.plist 文件中找到 NSExtension 属性，按照图 30-29 来设置该属性。各属性的设置规则可以参考苹果公司的官方文档，目的是限制分享的图片、视频、网站地址的数量。

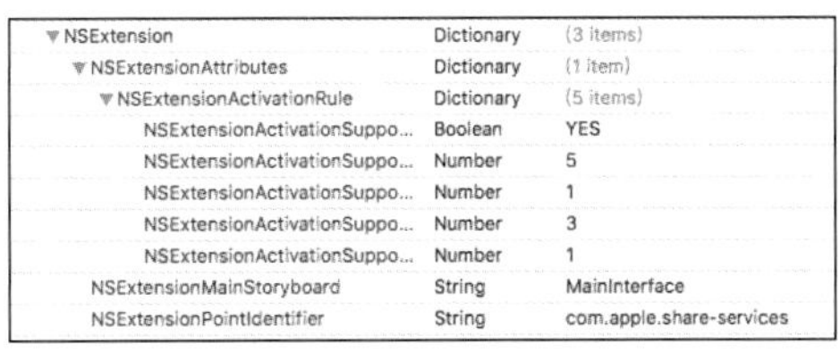

Key	Type	Value
▼NSExtension	Dictionary	(3 items)
▼NSExtensionAttributes	Dictionary	(1 item)
▼NSExtensionActivationRule	Dictionary	(5 items)
NSExtensionActivationSuppo...	Boolean	YES
NSExtensionActivationSuppo...	Number	5
NSExtensionActivationSuppo...	Number	1
NSExtensionActivationSuppo...	Number	3
NSExtensionActivationSuppo...	Number	1
NSExtensionMainStoryboard	String	MainInterface
NSExtensionPointIdentifier	String	com.apple.share-services

▲图 30-29 NSExtension 属性设置

（6）扩展下的文件 ShareViewController.m 的主要代码如下。

```
@implementation ShareViewController
{
    NSMutableArray<UIImage *> *attachImageArray;
    NSMutableArray<NSString *> *attachStringArray;
    NSMutableArray<NSURL *> *attachURLArray;
}
//相当于 viewDidAppear
- (void)presentationAnimationDidFinish
{
    self.placeholder = @"输入发布内容";
```

```
    attachImageArray = @[].mutableCopy;
    attachStringArray = @[].mutableCopy;
    attachURLArray = @[].mutableCopy;

    //提取图片和分享 URL
    [self fetchItemDataAtBackground];
}

/**
 *  监测文本框的内容变化，输入文字时会调用该方法
 *
 *  @return post 按钮是否能单击
 */
- (BOOL)isContentValid {

    NSInteger textLength = self.contentText.length;
    self.charactersRemaining = @(maxCharactersAllowed - textLength);
    if(self.charactersRemaining.integerValue < 0){
        return NO;
    }

    return YES;
}

//单击 Post 按钮后调用
- (void)didSelectPost {

    [self uploadData];

    [self.extensionContext completeRequestReturningItems:@[] completionHandler:nil];

}

//单击 Cancel 按钮之后调用
-(void)didSelectCancel
{
    NSError *error = [NSError errorWithDomain:@"MK" code:500 userInfo:@{@"error":
    @"用户取消"}];

    //取消分享请求
    [self.extensionContext cancelRequestWithError:error];
}

- (NSArray *)configurationItems {

    SLComposeSheetConfigurationItem *item = [SLComposeSheetConfigurationItem new];
    item.title = @"预览";
    item.tapHandler = ^(void){

        UIViewController *ctrl = [UIViewController new];
        UIWebView *webView = [[UIWebView alloc] initWithFrame: ctrl.view.bounds];
        [webView loadHTMLString:[[self uploadInfo] description] baseURL:nil];
        webView.backgroundColor = [UIColor clearColor];
        webView.scalesPageToFit = YES;
        [ctrl.view addSubview:webView];

        [self.navigationController pushViewController:ctrl animated:YES];

    };
```

```
    return @[item];
}

//提取数据
- (void)fetchItemDataAtBackground
{
    //后台执行
    dispatch_async(dispatch_get_global_queue(DISPATCH_QUEUE_PRIORITY_DEFAULT, 0), ^{

        NSArray<NSExtensionItem *> *itemArray = self.extensionContext.inputItems;

        //实际上只有一个 NSExtensionItem 对象
        NSExtensionItem *item = itemArray.firstObject;
        NSArray<NSItemProvider *> *providerArray = item.attachments;

        //输出 userInfo 或者 attachments 就可以看到 dataType 对应的字符串
        //NSLog(@"userInfo: %@", item.userInfo);

        for(NSItemProvider *provider in providerArray){
            //实际上一个 NSItemProvider 里也只有一种数据类型
            NSString *dataType = provider.registeredTypeIdentifiers.firstObject;
            if([dataType isEqualToString:@"public.image"]){

                [provider loadItemForTypeIdentifier:dataType options:nil
                completionHandler:^(UIImage *image, NSError *error) {
                    [attachImageArray addObject:image];
                }];

            } else if([dataType isEqualToString:@"public.plain-text"]){

                [provider loadItemForTypeIdentifier:dataType options:nil
                completionHandler:^(NSString *plainStr, NSError *error) {
                    [attachStringArray addObject: plainStr];
                }];

            } else if([dataType isEqualToString:@"public.url"]){

                [provider loadItemForTypeIdentifier:dataType options:nil
                completionHandler:^(NSURL *url, NSError *error) {
                    [attachURLArray addObject: url];
                }];

            }
        }

    });
}

//上传数据
- (void)uploadData
{
    NSString *configName = @"com.donlinks.MKShareExtension.BackgroundSessionConfig";
    NSURLSessionConfiguration *sessionConfig = [NSURLSessionConfiguration
    backgroundSessionConfigurationWithIdentifier: configName];
    sessionConfig.sharedContainerIdentifier = @"group.MKShareExtension";

    NSURLSession *shareSession = [NSURLSession sessionWithConfiguration: sessionConfig];

    NSURLSessionDataTask *task = [shareSession dataTaskWithRequest: [self
    urlRequestWithShareData]];
    [task resume];
```

```
}

//组装 request 数据
- (NSURLRequest *)urlRequestWithShareData
{
    NSURL *uploadURL = [NSURL URLWithString: @"****//request**/192vgnp1"];
    NSMutableURLRequest *request = [NSMutableURLRequest requestWithURL: uploadURL];

    //设置表单头
    [request addValue: @"application/json" forHTTPHeaderField: @"Content-Type"];
    [request addValue: @"application/json" forHTTPHeaderField: @"Accept"];
    [request setHTTPMethod: @"POST"];

    //设置 JSON 数据
    NSDictionary *dic = [self uploadInfo];

    NSError *error = nil;
    NSData *uplodData = [NSJSONSerialization dataWithJSONObject:dic

    options:NSJSONWritingPrettyPrinted error: &error];
    if(uplodData){

        request.HTTPBody = uplodData;

    }else{
        NSLog(@"JSONError: %@", error.localizedDescription);
    }

    return request;
}
```

上述代码中，方法 isContentValid 用于验证用户输入，默认提供标准化分享界面，并且提供如下属性。

- NSString *contentText：分享文本编辑框的内容。
- NSNumber *charactersRemaining：设置剩下输入内容的字符数。

文本框内容改变时调用 isContentValid，如果返回 NO，则禁用 Post 按钮。

提交分享时会调用方法 didSelectPost，取消分享时会调用方法 didSelectCancel。在上传数据前会提取数据，提取时需要注意如下几点。

- UIViewController 的 extensionContext，类是 NSExtensionContext。
- NSExtensionContext 的 inputItems 元素类型是 NSExtensionItem 的数组，但实际上只有一个元素。
- NSExtensionItem 的 attachments 元素类型是 NSItemProvider 的数组，分享的图片、视频、URL 都封装在这个对象中。
- NSItemProvider 的 registeredTypeIdentifiers 元素类型是 NSString 的数组，但实际也只有一个类型，表示封装的数据的类型，格式为 Uniform Type Identifier，简称 UTI。

在上传数据时，当单击 Post 按钮发布之后，扩展就终止了，但是上传任务仍然在后台工作，包含的图片、视频等数据缓存在哪里呢？这时就需要容器应用提供一个缓存容器了，因此需要用到 group。依次选择 Xcode 中的 TARGETS→ShareExtension，并选择 Capabilities 选项卡，打开 App Groups，对应的代码如下。

```
NSString *configName = @"com.donlinks.MKShareExtension.BackgroundSessionConfig";
NSURLSessionConfiguration *sessionConfig = [NSURLSessionConfiguration
backgroundSessionConfigurationWithIdentifier: configName]; sessionConfig.sharedCont-
```

```
ainerIdentifier = @"group.MKShareExtension";
NSURLSession *shareSession = [NSURLSession sessionWithConfiguration: sessionConfig];
```

把数据封装成 JSON 格式并上传到 requestb 网站。因为该网站不是 https 类型的，所以需要在扩展的 Info.plist 文件中设置允许所有网络请求，如图 30-30 所示。

（7）在弹出的对话框中，设置在主程序中包含 MKShareExtension.app，如图 30-31 所示。

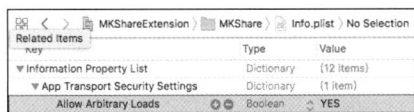

MKShareExtension 〉 MKShare 〉 Info.plist 〉 No Selection

Key	Type	Value
▼Information Property List	Dictionary	(12 items)
▼App Transport Security Settings	Dictionary	(1 item)
Allow Arbitrary Loads	Boolean	YES

▲图 30-30　文件 Info.plist 设置

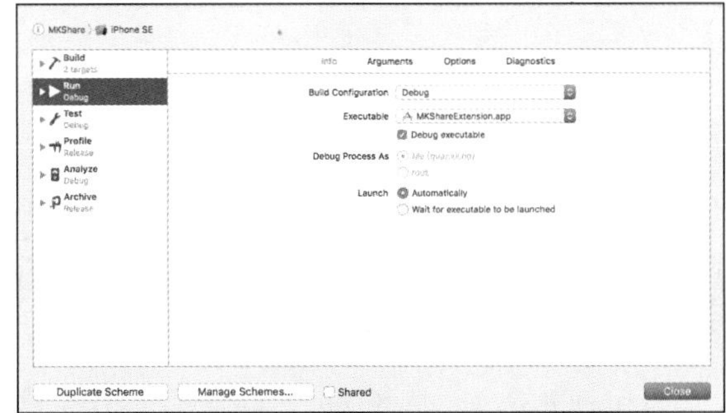

▲图 30-31　在主程序中包含 MKShareExtension.app

（8）执行后会显示分享界面，如图 30-32 所示，并且可以查看预览效果，如图 30-33 所示。单击 Post 按钮后，会将分享信息上传到 requestb 网站，如图 30-34 所示。

▲图 30-32　分享界面

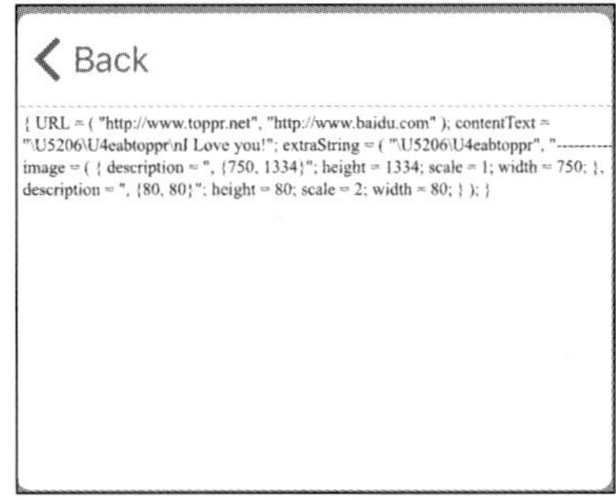

▲图 30-33　预览效果

requestb.in/192vgnp1?inspect

RAW BODY


```
{
  "URL" : [
    "http:\/\/www.toppr.net",
    "http:\/\/www.baidu.com"
  ],
  "image" : [
    {
      "description" : "<UIImage: 0x60000009e640> size {750, 1334} orientation 0 scale 1.000000",
      "width" : "750",
      "height" : "1334",
      "scale" : "1"
    },
    {
      "description" : "<UIImage: 0x60000009d970> size {80, 80} orientation 0 scale 2.000000",
      "width" : "80",
      "height" : "80",
      "scale" : "2"
    }
  ],
  "extraString" : [
    "分享toppr",
    "----------"
  ],
  "contentText" : "分享toppr\nI Love you!!!"
}
```

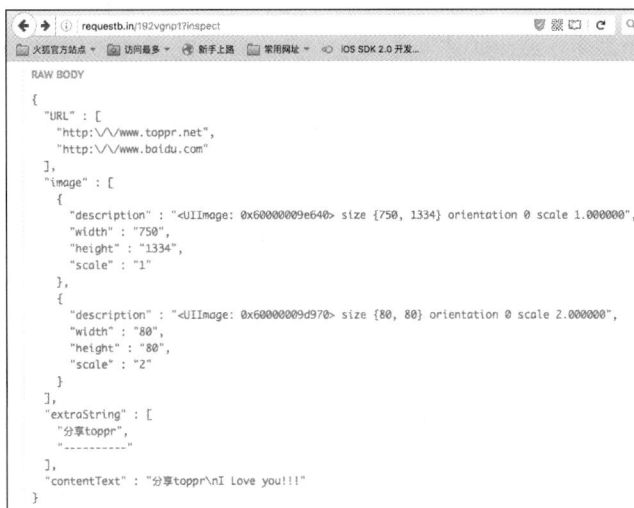

▲图 30-34　上传的分享信息

第 31 章　游 戏 开 发

根据专业统计机构的数据，在苹果应用商店提供的众多应用产品中，游戏数量排名第一。无论是 iPhone 还是 iPad，iOS 游戏为玩家提供了良好的用户体验。本章将详细讲解使用 Sprite Kit 框架开发一个游戏项目的方法。

31.1 Sprite Kit 框架基础

Sprite Kit 是一个从 iOS 7 开始提供的 2D 游戏框架，在发布时内置于 iOS 7 SDK 中。Sprite Kit 中的对象称为材质精灵（简称为 Sprite），材质精灵支持很酷的特效，如视频、滤镜和遮罩等，并且内置了物理引擎库。本节将详细讲解 Sprite Kit 的基本知识。

31.1.1　Sprite Kit 的优点

在 iOS 平台中，通过 Sprite Kit 制作 2D 游戏的主要优点如下。

（1）内置于 iOS，不需要再额外下载类库，也不会产生外部依赖。它是由苹果公司官方编写的，可以确信它会被良好支持和持续更新。

（2）为纹理贴图集和粒子提供了内置的工具。

（3）可以做一些用其他框架很难甚至不可能做到的事情，比如把视频当作 Sprite 对象来使用或者实现很炫的图片效果和遮罩。

31.1.2　Sprite Kit、Cocos2D、Cocos2D-X 和 Unity 的选择

在 iOS 平台中，主流的二维游戏开发框架有 Sprite Kit、Cocos2D、Cocos2D-X 和 Unity。读者在开发游戏项目时，可以根据如下原则来选择游戏框架。

（1）如果你是一个新手，或只关注 iOS 平台，建议选择 Sprite Kit。因为 Sprite Kit 是 iOS 的内置框架，简单易学。

（2）如果你需要编写自己的 OpenGL 代码，则建议使用 Cocos2D 或者尝试其他的引擎，因为 Sprite Kit 当前并不支持 OpenGL。

（3）如果你想要制作跨平台的游戏，请选择 Cocos2D-X 或者 Unity。Cocos2D-X 的好处是几乎面面俱到，为 2D 游戏而构建，几乎可以用它做任何你想做的事情。Unity 的好处是可以带来更大的灵活性，例如，可以在游戏中添加一些 3D 元素，尽管在用它制作 2D 游戏时不得不解决一些小问题。

31.2 开发 Sprite Kit 游戏程序

实例 31-1	开发 Sprite Kit 游戏程序
源码路径	daima\31\SpriteKitSimpleGame

本实例用到了 UIImageView 控件、Label 控件和 Toolbar 控件，具体实现流程如下。

（1）打开 Xcode，单击 Create a new Xcode Project，创建一个项目文件。

（2）在弹出的界面中，在顶部栏目中，选择 iOS 下的 Application 选项，在下面的面板中，选择 Game 模板，然后单击 Next 按钮，如图 31-1 所示。

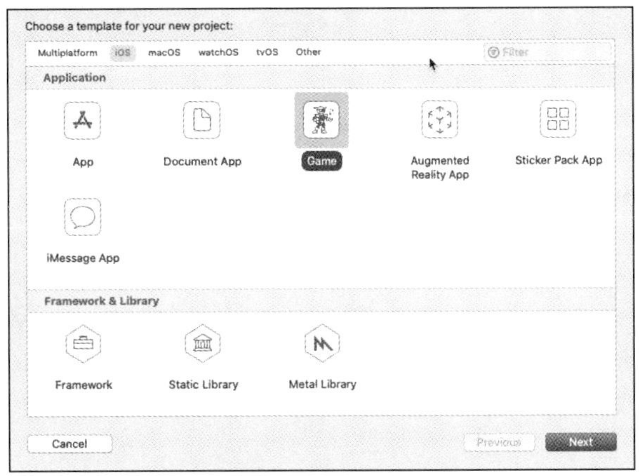

▲图 31-1　选择 Game 模板

（3）在弹出的对话框中，设置各个选项值，在 Language 选项中，设置 Language 为 Objective-C，设置 Game Technology 选项为 SpriteKit，然后单击 Next 按钮，如图 31-2 所示。

（4）在弹出的对话框中，设置当前项目的保存路径，如图 31-3 所示。

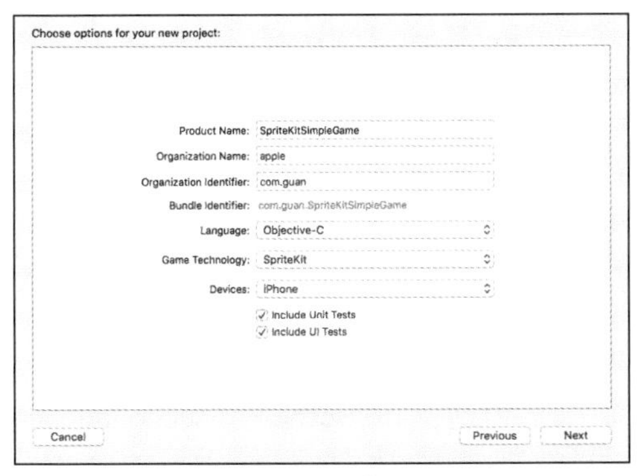

▲图 31-2　设置 Language 和 Game Technology

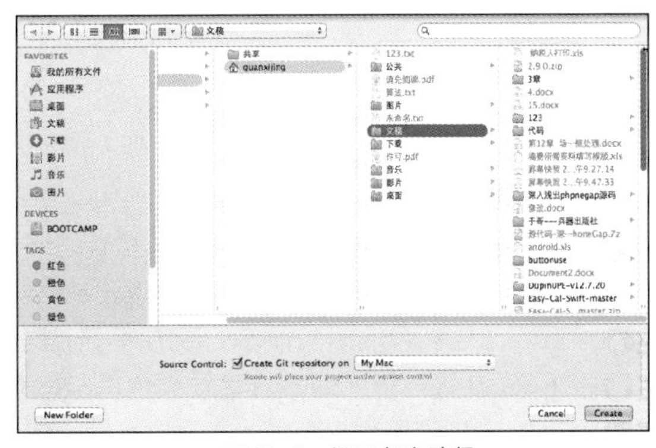

▲图 31-3　设置保存路径

（5）单击 Create 按钮，创建一个 Sprite Kit 项目。

就像 Cocos2D 一样，Sprite Kit 被组织在 Scene（场景）之上。Scene 是一种类似于“层级”或者“屏幕”的概念。举个例子，可以同时创建两个 Scene，一个位于游戏的主显示区域，另一个可以作为游戏地图展示放在其他区域，两者是并列的关系。

在自动生成的项目目录中会发现，Sprite Kit 的模板已经默认创建了一个 Scene——MyScene。打开文件 MyScene.m 后会看到它包含了一些代码，这些代码实现了如下两个功能。

❑ 把一个 Label 放到屏幕上。

❑ 在屏幕上随意点按时添加旋转的飞船。

（6）设置屏幕方向。在项目导航栏中单击 SpriteKitSimpleGame 项目，选中对应的 target。然后在 Deployment Info 区域内，取消勾选 DeviceOrientation 中的 Portrait（竖屏）复选框，这样就只有 Landscape Left 复选框和 Landscape Right 复选框是被选中的，如图 31-4 所示。

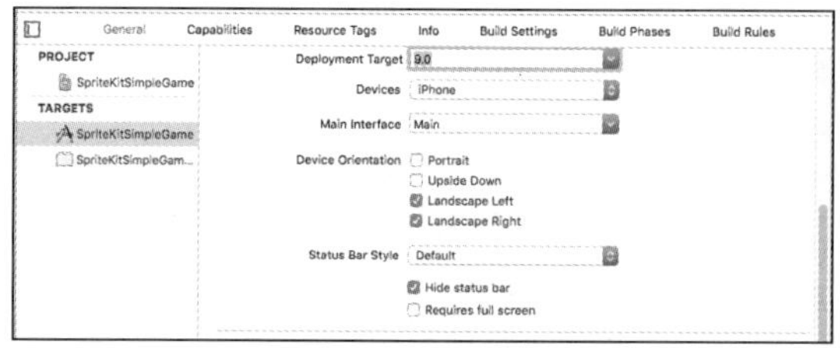

▲图 31-4　设置屏幕方向

（7）修改文件 MyScene.m 的内容，修改后的代码如下。

```
#import "MyScene.h"
@interface MyScene ()
@property (nonatomic) SKSpriteNode * player;
@end
@implementation MyScene
-(id)initWithSize:(CGSize)size {
    if (self = [super initWithSize:size]) {

        NSLog(@"Size: %@", NSStringFromCGSize(size));

        self.backgroundColor = [SKColor colorWithRed:1.0 green:1.0 blue:1.0 alpha:1.0];

        self.player = [SKSpriteNode spriteNodeWithImageNamed:@"player"];
        self.player.position = CGPointMake(100, 100);
        [self addChild:self.player];

    }
    return self;
}
@end
```

对上述代码的具体说明如下。

首先，创建一个当前类的 private（私有访问权限）声明，为 player 声明一个私有的变量（即忍者），这就是即将要添加到 Scene 上的 Sprite 对象。

然后，在控制台输出当前 Scene 的大小，这样做的原因稍后会看到。

接下来，设置当前 Scene 的背景颜色，在 Sprite Kit 中只需要设置当前 Scene 的 backgoundColor 属性即可。这里设置成白色的。

最后，添加一个 Sprite 到 Scene 上面，在此只需要调用方法 spriteNodeWithImageNamed 把对应图片素材的名字作为参数传入即可。然后设置这个 Sprite 的位置，调用方法 addChild 把它添加到当前 Scene 上。把 Sprite 的位置设置成（100,100），这一位置在屏幕左下角的右上方一点。

（8）打开文件 ViewController.m，原来 viewDidLoad 方法的代码如下。

```
- (void)viewDidLoad
{
    [super viewDidLoad];
    SKView * skView = (SKView *)self.view;
    skView.showsFPS = YES;
    skView.showsNodeCount = YES;

    SKScene * scene = [MyScene sceneWithSize:skView.bounds.size];
    scene.scaleMode = SKSceneScaleModeAspectFill;

    [skView presentScene:scene];
}
```

通过上述代码，从 skView 的 bounds 属性获取了 Size，创建了相应大小的 Scene。但是，当 viewDidLoad 方法被调用时，skView 还没有被加到 View 的层级结构上，因而它不能响应方向以及布局的改变。所以，skView 的 bounds 属性此时还不是它横屏后的正确值，而是默认竖屏所对应的值。由此可见，此时不是初始化 Scene 的好时机。

所以，需要推迟上述初始化方法的运行时机，通过如下方法来替换 viewDidLoad。

```
- (void)viewWillLayoutSubviews
{
    [super viewWillLayoutSubviews];
    SKView * skView = (SKView *)self.view;
    if (!skView.scene) {
      skView.showsFPS = YES;
      skView.showsNodeCount = YES;

      SKScene * scene = [MyScene sceneWithSize:skView.bounds.size];
      scene.scaleMode = SKSceneScaleModeAspectFill;

      [skView presentScene:scene];
    }
}
```

此时运行后会在屏幕中显示一个忍者，如图 31-5 所示。

▲图 31-5　显示一个忍者

（9）把一些怪物添加到 Scene 上，与现有的忍者形成战斗场景。为了使游戏更有意思，怪物最好是移动的，否则游戏就毫无挑战性可言了。在屏幕的右侧创建怪物，然后为它们设置 Action，使它们能够向左移动。首先在文件 MyScene.m 中添加如下方法。

```
- (void)addMonster {
    //创建怪物 Sprite
    SKSpriteNode * monster = [SKSpriteNode spriteNodeWithImageNamed:@"monster"];

    //决定怪物在竖直方向上的出现位置
    int minY = monster.size.height / 2;
    int maxY = self.frame.size.height - monster.size.height / 2;
    int rangeY = maxY - minY;
    int actualY = (arc4random() % rangeY) + minY;

    monster.position = CGPointMake(self.frame.size.width + monster.size.width/2, actualY);
    [self addChild:monster];

    //设置怪物的移动速度
    int minDuration = 2.0;
    int maxDuration = 4.0;
    int rangeDuration = maxDuration - minDuration;
    int actualDuration = (arc4random() % rangeDuration) + minDuration;

    SKAction * actionMove = [SKAction moveTo:CGPointMake(-monster.size.width/2, actualY)
    duration:actualDuration];
    SKAction * actionMoveDone = [SKAction removeFromParent];
```

```
    [monster runAction:[SKAction sequence:@[actionMove, actionMoveDone]]];
}
```

在上述代码中，首先做一些简单的计算来创建怪物对象，为它们设置合适的位置，用添加忍者 Sprite（player）的方式把它们添加到 Scene 上，并在相应的位置出现。接下来，添加 Action。Sprite Kit 提供了一些超级实用的内置 Action，比如移动、旋转、淡出和动画等。这里要在怪物身上添加如下 3 种 Aciton。

- moveTo:duration：这个 Action 用来让怪物对象从屏幕左侧直接移动到右侧。值得注意的是，你可以自己定义移动持续的时间。在这里怪物的移动时间会随机分布在 2～4s。
- removeFromParent：Sprite Kit 有一个方便的 Action 能让一个 node 从它的父母节点上移除。当怪物不再可见时，用这个 Action 来把它从 Scene 上移除。移除操作很重要，因为如果不这样做，将会面对无穷无尽的怪物，而最终它们会耗尽 iOS 设备的所有资源。
- Sequence：Sequence（系列）Action 允许把很多 Action 连到一起，按顺序运行，同一时间仅会执行一个 Action。用这种方法，先运行 moveTo，这个 Action 让怪物先移动，当移动结束时继续运行 removeFromParent，这个 Action 把怪物从 Scene 上移除。

然后，调用 addMonster 方法来创建怪物。为了让游戏更有趣一点，设置让怪物们持续不断地涌现出来。Sprite Kit 不能像 Cocos2D 一样设置一个每几秒运行一次的回调方法，它也不能传递一个增量时间参数给 update 方法。然而，你可以用一小段代码来模仿类似的定时刷新方法。因此，首先，把两个属性添加到 MyScene.m 的私有声明里。

```
@property (nonatomic) NSTimeInterval lastSpawnTimeInterval;
@property (nonatomic) NSTimeInterval lastUpdateTimeInterval;
```

使用属性 lastSpawnTimeInterval 来记录上一次生成怪物的时间，使用属性 lastUpdateTimeInterval 来记录上一次更新的时间。

（10）编写一个每帧都会调用的方法，这个方法的参数是上次更新后的时间增量。由于它不会默认调用，因此需要在下一步编写另一个方法来调用它。

```
- (void)updateWithTimeSinceLastUpdate:(CFTimeInterval)timeSinceLast {
    self.lastSpawnTimeInterval += timeSinceLast;
    if (self.lastSpawnTimeInterval &gt; 1) {
        self.lastSpawnTimeInterval = 0;
        [self addMonster];
    }
}
```

在这里只是简单地把上次更新后的时间增量加上 lastSpawnTimeInterval，一旦它的值超过 1s，就要生成一个怪物，然后重置时间。

（11）添加如下的 update 方法来调用上面的 updateWithTimeSinceLastUpdate 方法，Sprite Kit 会在每帧自动调用这个方法。

```
- (void)update:(NSTimeInterval)currentTime {
    //获取时间增量
    CFTimeInterval timeSinceLast = currentTime - self.lastUpdateTimeInterval;
    self.lastUpdateTimeInterval = currentTime;
    if (timeSinceLast &gt; 1) { //如果上次更新后得到的时间增量超过 1s
        timeSinceLast = 1.0 / 60.0;
        self.lastUpdateTimeInterval = currentTime;
    }
    [self updateWithTimeSinceLastUpdate:timeSinceLast];

}
```

到此为止，所有的代码实际上源自苹果的 Adventure 范例。系统会传入当前的时间，我们可以据此来计算出上次更新后的时间增量。此处需要注意的是，这里做了一些必要的检查，如果出现意外，更新的时间间隔超过 1s，这里会把间隔重置为（1/60）s 来避免发生奇怪的情况。

如果此时编译运行，会看到怪物们在屏幕上移动着，如图 31-6 所示。

▲图 31-6　移动的怪物

（12）为这些忍者精灵添加一些动作，例如，攻击动作。攻击的实现方式有很多种，在这个游戏里攻击会在玩家单击屏幕时触发，忍者会朝着点按的方向发射一颗子弹。本项目使用 moveTo:action 动作来实现子弹的前期运行动画，为了实现它，需要一些数学运算，这是因为 moveTo 需要传入子弹运行轨迹的终点。由于用户点按触发的位置仅代表了子弹射出的方向，因此不能直接将其当作运行终点。即使子弹超过了触摸点，也应该让子弹保持移动，直到子弹超出屏幕为止。

子弹向量运算方法的标准实现代码如下。

```
static inline CGPoint rwAdd(CGPoint a, CGPoint b) {
    return CGPointMake(a.x + b.x, a.y + b.y);
}
static inline CGPoint rwSub(CGPoint a, CGPoint b) {
    return CGPointMake(a.x - b.x, a.y - b.y);
}
static inline CGPoint rwMult(CGPoint a, float b) {
    return CGPointMake(a.x * b, a.y * b);
}
static inline float rwLength(CGPoint a) {
    return sqrtf(a.x * a.x + a.y * a.y);
}
//让向量的长度（模）等于 1
static inline CGPoint rwNormalize(CGPoint a) {
    float length = rwLength(a);
    return CGPointMake(a.x / length, a.y / length);
}
```

（13）添加一个新方法。

```
-(void)touchesEnded:(NSSet *)touches withEvent:(UIEvent *)event {

    //选择其中的一个 touch 对象
    UITouch * touch = [touches anyObject];
    CGPoint location = [touch locationInNode:self];

    //初始化子弹的位置
    SKSpriteNode * projectile = [SKSpriteNode spriteNodeWithImageNamed:@"projectile"];
    projectile.position = self.player.position;

    //计算子弹移动的偏移量
    CGPoint offset = rwSub(location, projectile.position);
```

```
    //如果子弹向后射，那就不做任何操作，直接返回
    if (offset.x &lt;= 0) return;

    //添加子弹
    [self addChild:projectile];

    //获取子弹射出的方向
    CGPoint direction = rwNormalize(offset);

    //让子弹射得足够远来确保它到达屏幕边缘
    CGPoint shootAmount = rwMult(direction, 1000);

    //把子弹的位移加到它现在的位置上
    CGPoint realDest = rwAdd(shootAmount, projectile.position);

    //创建子弹发射的动作
    float velocity = 480.0/1.0;
    float realMoveDuration = self.size.width / velocity;
    SKAction * actionMove = [SKAction moveTo:realDest duration:realMoveDuration];
    SKAction * actionMoveDone = [SKAction removeFromParent];
    [projectile runAction:[SKAction sequence:@[actionMove, actionMoveDone]]];
}
```

对上述代码的具体说明如下。

首先，Sprite Kit 包括了 UITouch 类的一个 category 扩展，有 locationInNode 和 previousLocationInNode 两个方法，它们可以让开发人员获取一次触摸操作相对于某个 SKNode 对象的坐标体系的坐标。

然后，创建一颗子弹，并且把它放在忍者发射它的地方。此时还没有把它添加到 Scene 上，原因是还需要做一些合理性检查工作，本游戏项目不允许玩家向后发射子弹。

接下来，把触摸的坐标和子弹当前的位置做减法来获得相应的向量。如果在 x 轴上的偏移量小于零，则表示玩家在尝试向后发射子弹。这是游戏里不允许的，不做任何操作，直接返回。如果没有向后发射，那么就把子弹添加到 Scene 上。

接下来，调用 rwNormalize 方法把偏移量转换成一个单位向量（即长度为 1），这会使得在同一个方向上生成一个固定长度的向量更容易，因为 1 乘以它本身的长度还等于它本身的长度。

接下来，把想要发射的方向上的单位向量乘以 1000，赋值给 shootAmount。

为了知道子弹从哪里飞出屏幕，需要把 shootAmount 与当前的子弹位置做加法。

最后，创建 moveTo 和 removeFromParent 这两个 Action。

（14）把 Sprite Kit 的物理引擎引入游戏中，目的是监测怪物和子弹的碰撞。在此之前需要做如下准备工作。

- ❑ 创建物理体系（physics world）：一个物理体系用来建立进行物理计算的模拟空间，它默认创建在 Scene 上，开发人员可以配置一些它的属性，如重力。
- ❑ 为每个 Sprite 创建物理上的外形：在 Sprite Kit 中，为每个 Sprite 关联一个物理形状来实现碰撞监测功能，并且直接设置相关的属性值。这个“形状”就叫作“物理外形”（physics body）。注意，物理外形不必与 Sprite 自身的形状（即显示图像）一致。相对于 Sprite 自身形状来说，通常物理外形更简单，只需要差不多就可以，并不需要精确到每个像素点，而这对于大多数游戏已经足够了。
- ❑ 为碰撞的两种 Sprite（即子弹和怪物）分别设置对应的种类（category）。这个种类是需要设置的物理外形的一个属性，它是一个“位掩码”（bitmask），用来区分不同的物理对象组。在这个游戏中，将会有两个种类：一个是子弹的，另一个是怪物的。当这两种 Sprite 的物

理外形发生碰撞时，根据 category 可区分出它们是子弹还是怪物，然后针对不同的 Sprite 来做不同的处理。

- ❑ 设置一个关联的代理：为物理体系设置一个与之相关联的代理，当两个物体发生碰撞时来接收通知。这里将要添加一些有关于对象种类判断的代码，用来判断到底是子弹还是怪物，然后会为它们添加碰撞的声音等效果。

下面开始碰撞监测和物理特性的实现。首先，添加两个常量，将它们添加到文件 MyScene.m 中。

```
static const uint32_t projectileCategory = 0x1 &lt;&lt; 0;
static const uint32_t monsterCategory = 0x1 &lt;&lt; 1;
```

此处设置了两个种类，一个是子弹的，一个是怪物的。

然后，在 initWithSize 方法中把忍者加到 Scene 的代码后面，再加入如下两行代码。

```
self.physicsWorld.gravity = CGVectorMake(0,0);
self.physicsWorld.contactDelegate = self;
```

这样设置了一个没有重力的物理体系，为了收到两个物体碰撞的消息，需要把当前的 Scene 设为它的代理。

在方法 addMonster 中创建完怪物后，添加如下代码。

```
monster.physicsBody = [SKPhysicsBody bodyWithRectangleOfSize:monster.size];
monster.physicsBody.dynamic = YES;
monster.physicsBody.categoryBitMask = monsterCategory;
monster.physicsBody.contactTestBitMask = projectileCategory;
monster.physicsBody.collisionBitMask = 0;
```

对上述代码的具体说明如下。

- ❑ 第 1 行代码为怪物 Sprite 创建物理外形。此处这个外形被定义成和怪物 Sprite 大小一致的矩形，与怪物自身大致相匹配。
- ❑ 第 2 行代码将怪物物理外形的 dynamic（动态）属性置为 YES。这表示怪物的移动不会被物理引擎所控制。可以在这里不受影响而继续使用之前的代码（指之前怪物的移动 Action）。
- ❑ 第 3 行代码把怪物物理外形的种类掩码设为刚定义的 monsterCategory。
- ❑ 第 4 行代码中，当发生碰撞时，当前怪物对象会通知它的 contactTestBitMask 属性所代表的 category。这里应该把子弹的种类掩码 projectileCategory 赋给它。
- ❑ 第 5 行代码中，属性 collisionBitMask 表示哪些种类的对象与当前怪物对象相碰撞时，物理引擎要让其有所反应（比如回弹效果）。

（15）添加一些如下的相似代码到 touchesEnded:withEvent 方法里，即在设置子弹位置的代码之后添加。

```
projectile.physicsBody=[SKPhysicsBody bodyWithCircleOfRadius:projectile.size.width/2];
projectile.physicsBody.dynamic = YES;
projectile.physicsBody.categoryBitMask = projectileCategory;
projectile.physicsBody.contactTestBitMask = monsterCategory;
projectile.physicsBody.collisionBitMask = 0;
projectile.physicsBody.usesPreciseCollisionDetection = YES;
```

（16）添加一个在子弹和怪物发生碰撞后会调用的方法。这个方法不会自动调用，将要在后面的步骤中调用它。

```
- (void)projectile:(SKSpriteNode *)projectile didCollideWithMonster:(SKSpriteNode *)
    monster {
    NSLog(@"Hit");
```

```
    [projectile removeFromParent];
    [monster removeFromParent];
}
```

上述代码是为了在子弹和怪物发生碰撞时，把它们从当前的 Scene 上移除。

（17）开始实现接触后代理方法，将下面的代码添加到文件中。

```
- (void)didBeginContact:(SKPhysicsContact *)contact
{
    //方法的前一部分
    SKPhysicsBody *firstBody, *secondBody;

    if (contact.bodyA.categoryBitMask &lt; contact.bodyB.categoryBitMask)
    {
        firstBody = contact.bodyA;
        secondBody = contact.bodyB;
    }
    else
    {
        firstBody = contact.bodyB;
        secondBody = contact.bodyA;
    }

    //方法的后一部分
    if ((firstBody.categoryBitMask &amp; projectileCategory) != 0 &amp;&amp;
        (secondBody.categoryBitMask &amp; monsterCategory) != 0)
    {
        [self projectile:(SKSpriteNode *) firstBody.node didCollideWithMonster:
        (SKSpriteNode *) secondBody.node];
    }
}
```

因为将当前的 Scene 设为了物理体系发生碰撞后的代理（contactDelegate），所以上述方法会在两个物理外形发生碰撞时调用（调用的条件还包括它们的 contactTestBitMask 属性也要正确设置）。上述方法分成如下两个部分。

- 方法的前一部分传给发生碰撞的两个物理外形（子弹和怪物），但是不能保证它们会按特定的顺序传递，所以一部分代码是用来把它们按各自的种类掩码进行排序的。这样稍后才能针对对象种类做操作。这部分代码源自苹果官方 Adventure 例子。
- 方法的后一部分用来检查这两个外形中是否一个是子弹，另一个是怪物。如果是，就调用刚刚写的方法（只把它们从 Scene 上移除的方法）。

（18）使用如下代码替换文件 GameOverLayer.m 中的原有代码。

```
#import "GameOverScene.h"
#import "MyScene.h"
@implementation GameOverScene
-(id)initWithSize:(CGSize)size won:(BOOL)won {
    if (self = [super initWithSize:size]) {

        //模块 1
        self.backgroundColor = [SKColor colorWithRed:1.0 green:1.0 blue:1.0 alpha:1.0];

        //模块 2
        NSString * message;
        if (won) {
            message = @"You Won!";
        } else {
            message = @"You Lose :[";
        }
```

```
        //模块 3
        SKLabelNode *label = [SKLabelNode labelNodeWithFontNamed:@"Chalkduster"];
        label.text = message;
        label.fontSize = 40;
        label.fontColor = [SKColor blackColor];
        label.position = CGPointMake(self.size.width/2, self.size.height/2);
        [self addChild:label];

        //模块 4
        [self runAction:
            [SKAction sequence:@[
                [SKAction waitForDuration:3.0],
                [SKAction runBlock:^{
                    SKTransition*reveal=[SKTransition flipHorizontalWithDuration:0.5];
                    SKScene * myScene = [[MyScene alloc] initWithSize:self.size];
                    [self.view presentScene:myScene transition: reveal];
                }]
            ]]
        ];

    }
    return self;
}
@end
```

对上述代码的具体说明如下。

- ❑ 模块 1 将背景颜色设置为白色，与主要的 Scene（MyScene）相同。
- ❑ 模块 2 根据传入的输赢参数，设置弹出的消息字符串“You Won”或者“You Lose”。
- ❑ 模块 3 演示在 Sprite Kit 下如何把文本标签显示到屏幕上，只需要选择字体，然后设置一些参数即可。
- ❑ 模块 4 创建并且运行一个系列类型动作，它包含两个子动作。第一个 Action 仅仅用于等待 3s，然后会执行 runBlock 中的第二个 Action 来做一些马上会执行的操作。

上述代码实现了在 Sprite Kit 下转场（从现有场景转到新的场景）的方法。首先，可以从多种转场特效动画中挑选一个自己喜欢的，这里选了一个 0.5s 的翻转特效。然后，创建即将要显示的 Scene，使用 self.view 的 presentScene:transition 方法进行转场即可。

（19）把新的 Scene 导入 MyScene.m 文件中，具体代码如下。

```
#import "GameOverScene.h"
```

（20）在 addMonster 方法中，用下面的 Action 替换最后一行的 Action，创建一个新的“失败 Action”，用来展示游戏结束的场景，当怪物移动到屏幕边缘时游戏就结束运行。

```
SKAction * loseAction = [SKAction runBlock:^{
    SKTransition *reveal = [SKTransition flipHorizontalWithDuration:0.5];
    SKScene * gameOverScene = [[GameOverScene alloc] initWithSize:self.size won:NO];
    [self.view presentScene:gameOverScene transition: reveal];
}];
[monster runAction:[SKAction sequence:@[actionMove, loseAction, actionMoveDone]]];
```

到此为止，整个实例介绍完毕，执行后的结果如图 31-7 所示。

▲图 31-7　执行结果

31.3 开发射击游戏

实例 31-2	开发射击游戏
源码路径	daima\31\Shooter-obj

实例 31-2 的实现方式如下。

（1）打开 Xcode，单击 Create a new Xcode Project，新创建一个名为 Shooter 的项目，如图 31-8 所示。

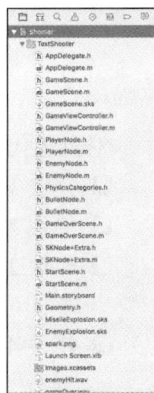

▲图 31-8　创建 Xcode 项目

（2）编写文件 StartScene.m，实现游戏开始场景，主要代码如下。

```
@implementation StartScene
- (instancetype)initWithSize:(CGSize)size {
    if (self = [super initWithSize:size]) {
        self.backgroundColor = [SKColor greenColor];

        SKLabelNode *topLabel = [SKLabelNode labelNodeWithFontNamed:@"gxj"];
        topLabel.text = @"Shooter 射击游戏";
        topLabel.fontColor = [SKColor blackColor];
        topLabel.fontSize = 48;
        topLabel.position = CGPointMake(self.frame.size.width * 0.5,
                                        self.frame.size.height * 0.7);
        [self addChild:topLabel];

        SKLabelNode *bottomLabel = [SKLabelNode labelNodeWithFontNamed:
                                   @"gxj"];
        bottomLabel.text = @"单击屏幕开始游戏！";
        bottomLabel.fontColor = [SKColor blackColor];
        bottomLabel.fontSize = 20;
        bottomLabel.position = CGPointMake(self.frame.size.width * 0.5,
                                           self.frame.size.height * 0.3);
        [self addChild:bottomLabel];

    }
    return self;
}

- (void)touchesBegan:(NSSet *)touches withEvent:(UIEvent *)event {
    SKTransition *transition = [SKTransition doorwayWithDuration:1.0];
    SKScene *game = [[GameScene alloc] initWithSize:self.frame.size];
    [self.view presentScene:game transition:transition];

    [self runAction:[SKAction playSoundFileNamed:@"gameStart.wav"
                               waitForCompletion:NO]];
}
```

（3）编写文件 GameScene.m，快速创建一个关卡，并设置对应的序数。在方法 initWithSize 中设置关卡场景的基本配置信息，例如，场景的背景颜色用 SKColor 对象实现。另外，还在场景中添加玩家的信息，在开始触摸时调用方法 touchesBegan，利用屏幕底部 1/5 的区域中的任意位置作为新的位置目标。文件 GameScene.m 的主要代码如下。

```
@interface GameScene () <SKPhysicsContactDelegate>

@property (strong, nonatomic) PlayerNode *playerNode;
@property (strong, nonatomic) SKNode *enemies;
@property (strong, nonatomic) SKNode *playerBullets;
@property (strong, nonatomic) SKNode *forceFields;
+ (instancetype)sceneWithSize:(CGSize)size levelNumber:(NSUInteger)levelNumber {
    return [[self alloc] initWithSize:size levelNumber:levelNumber];
}

- (instancetype)initWithSize:(CGSize)size {
    return [self initWithSize:size levelNumber:1];
}

- (instancetype)initWithSize:(CGSize)size levelNumber:(NSUInteger)levelNumber {
    if (self = [super initWithSize:size]) {
        _levelNumber = levelNumber;
        _playerLives = 5;

        self.backgroundColor = [SKColor whiteColor];

        SKLabelNode *lives = [SKLabelNode labelNodeWithFontNamed:@"gxj"];
        lives.fontSize = 16;
        lives.fontColor = [SKColor blackColor];
        lives.name = @"生命值";
        lives.text = [NSString stringWithFormat:@"生命: %lu",
                      (unsigned long)_playerLives];
        lives.verticalAlignmentMode = SKLabelVerticalAlignmentModeTop;
        lives.horizontalAlignmentMode = SKLabelHorizontalAlignmentModeRight;
        lives.position = CGPointMake(self.frame.size.width,
                                     self.frame.size.height);
        [self addChild:lives];

        SKLabelNode *level = [SKLabelNode labelNodeWithFontNamed:@"gxj"];
        level.fontSize = 16;
        level.fontColor = [SKColor blackColor];
        level.name = @"生命值";
        level.text = [NSString stringWithFormat:@"级别: %lu",
                      (unsigned long)_levelNumber];
        level.verticalAlignmentMode = SKLabelVerticalAlignmentModeTop;
        level.horizontalAlignmentMode = SKLabelHorizontalAlignmentModeLeft;
        level.position = CGPointMake(0, self.frame.size.height);
        [self addChild:level];

        _playerNode = [PlayerNode node];
        _playerNode.position = CGPointMake(CGRectGetMidX(self.frame),
                                           CGRectGetHeight(self.frame) * 0.1);

        [self addChild:_playerNode];
        _enemies = [SKNode node];
        [self addChild:_enemies];
        [self spawnEnemies];

        _playerBullets = [SKNode node];
        [self addChild:_playerBullets];
```

```
        _forceFields = [SKNode node];
        [self addChild:_forceFields];
        [self createForceFields];

        self.physicsWorld.gravity = CGVectorMake(0, -1);
        self.physicsWorld.contactDelegate = self;
    }
    return self;
}
-(void)touchesBegan:(NSSet *)touches withEvent:(UIEvent *)event {

    for (UITouch *touch in touches) {
        CGPoint location = [touch locationInNode:self];
        if (location.y < CGRectGetHeight(self.frame) * 0.2 ) {
            CGPoint target = CGPointMake(location.x,
            self.playerNode.position.y);
            [self.playerNode moveToward:target];
        } else {
            BulletNode *bullet = [BulletNode
                                  bulletFrom:self.playerNode.position
                                  toward:location];
            [self.playerBullets addChild:bullet];
        }
    }
}
```

（4）编写文件 GameViewController.m，功能是使用 ceneWithSize:skView 方法来创建并初始化场景，主要代码如下。

```
@implementation GameViewController

- (void)viewDidLoad
{
    [super viewDidLoad];

    SKView * skView = (SKView *)self.view;
    skView.showsFPS = YES;
    skView.showsNodeCount = YES;
    skView.ignoresSiblingOrder = YES;

    SKScene * scene = [StartScene sceneWithSize:skView.bounds.size];

    [skView presentScene:scene];
}
```

（5）编写文件 PlayerNode.m，功能是创建一个 SKNode 的子类，设置标签的旋转值，能够使小写字母 v 以上下颠倒的形式显示出来。通过方法 moveToward 实现精灵的轻轻移动效果。主要代码如下。

```
- (instancetype)init {
    if (self = [super init]) {
        self.name = [NSString stringWithFormat:@"玩家 %p", self];
        [self initNodeGraph];
        [self initPhysicsBody];
    }
    return self;
}

- (void)initNodeGraph {
    SKLabelNode *label = [SKLabelNode labelNodeWithFontNamed:@"gxj"];
```

```
    label.fontColor = [SKColor darkGrayColor];
    label.fontSize = 40;
    label.text = @"v";
    label.zRotation = M_PI;
    label.name = @"label";

    [self addChild:label];

}
- (void)moveToward:(CGPoint)location {
    [self removeActionForKey:@"movement"];
    [self removeActionForKey:@"wobbling"];

    CGFloat distance = PointDistance(self.position, location);
    CGFloat screenWidth = [UIScreen mainScreen].bounds.size.width;
    CGFloat duration = 2.0 * distance / screenWidth;

    [self runAction:[SKAction moveTo:location duration:duration]
            withKey:@"movement"];

    CGFloat wobbleTime = 0.3;
    CGFloat halfWobbleTime = wobbleTime * 0.5;
    SKAction *wobbling = [SKAction
                          sequence:@[[SKAction scaleXTo:0.2
                          duration:halfWobbleTime],
                          [SKAction scaleXTo:1.0
                          duration:halfWobbleTime]]];
    NSUInteger wobbleCount = duration / wobbleTime;

    [self runAction:[SKAction repeatAction:wobbling count:wobbleCount]
            withKey:@"wobbling"];
}
```

（6）编写文件 Geometry.h，通过点、向量和浮点值实现几何运算功能，当单击屏幕的某个位置时，精灵向左或向右靠近单击的位置。主要代码如下。

```
static inline CGVector VectorMultiply(CGVector v, CGFloat m) {
    return CGVectorMake(v.dx * m, v.dy * m);
}
static inline CGVector VectorBetweenPoints(CGPoint p1, CGPoint p2) {
    return CGVectorMake(p2.x - p1.x, p2.y - p1.y);
}
static inline CGFloat VectorLength(CGVector v) {
    return sqrtf(powf(v.dx, 2) + powf(v.dy, 2));
}
static inline CGFloat PointDistance(CGPoint p1, CGPoint p2) {
    return sqrtf(powf(p2.x - p1.x, 2) + powf(p2.y - p1.y, 2));
}
```

（7）编写文件 EnemyNode.m，通过方法 receiveAttacker 向游戏场景中添加粒子效果。主要代码如下。

```
@implementation EnemyNode

- (instancetype)init {
    if (self = [super init]) {
        self.name = [NSString stringWithFormat:@"Enemy %p", self];
        [self initNodeGraph];
        [self initPhysicsBody];
    }
    return self;
}
```

```
- (void)initNodeGraph {
    SKLabelNode *topRow = [SKLabelNode
                           labelNodeWithFontNamed:@"gxj-Bold"];
    topRow.fontColor = [SKColor brownColor];
    topRow.fontSize = 20;
    topRow.text = @"x x";
    topRow.position = CGPointMake(0, 15);
    [self addChild:topRow];

    SKLabelNode *middleRow = [SKLabelNode
                              labelNodeWithFontNamed:@"gxj-Bold"];
    middleRow.fontColor = [SKColor brownColor];
    middleRow.fontSize = 20;
    middleRow.text = @"x";
    [self addChild:middleRow];

    SKLabelNode *bottomRow = [SKLabelNode
                              labelNodeWithFontNamed:@"gxj-Bold"];
    bottomRow.fontColor = [SKColor brownColor];
    bottomRow.fontSize = 20;
    bottomRow.text = @"x x";
    bottomRow.position = CGPointMake(0, -15);
    [self addChild:bottomRow];
}

- (void)receiveAttacker:(SKNode *)attacker contact:(SKPhysicsContact *)contact {
    self.physicsBody.affectedByGravity = YES;
    CGVector force = VectorMultiply(attacker.physicsBody.velocity,
                                    contact.collisionImpulse);
    CGPoint myContact = [self.scene convertPoint:contact.contactPoint
                                          toNode:self];
    [self.physicsBody applyForce:force
                         atPoint:myContact];

    NSString *path = [[NSBundle mainBundle] pathForResource:@"MissileExplosion"
                                                     ofType:@"sks"];
    SKEmitterNode *explosion = [NSKeyedUnarchiver unarchiveObjectWithFile:path];
    explosion.numParticlesToEmit = 20;
    explosion.position = contact.contactPoint;
    [self.scene addChild:explosion];

    [self runAction:[SKAction playSoundFileNamed:@"enemyHit.wav"
                               waitForCompletion:NO]];
}
```

（8）编写文件 PhysicsCategories.h，实现物理类别，这是一种集合相关对象的方式，好处是物理引擎可以使用不同的方式来处理它们之间的碰撞。主要代码如下。

```
typedef NS_OPTIONS(uint32_t, PhysicsCategory) {
    PlayerCategory         =  1 << 1,
    EnemyCategory          =  1 << 2,
    PlayerMissileCategory =  1 << 3,
    GravityFieldCategory   =  1 << 4
};
```

（9）编写文件 BulletNode.m，实现一个炮弹类，通过在场景中调用帧展示炮弹的移动轨迹，通过方法 bulletFrom 创建一枚新的炮弹并设置一个发射向量，通过 bulletFrom 中的物理引擎来使炮弹向目标发射。另外，还需要通过方法 init 创建一个炮弹图形。主要代码如下。

```
+ (instancetype)bulletFrom:(CGPoint)start toward:(CGPoint)destination {
    BulletNode *bullet = [[self alloc] init];

    bullet.position = start;

    CGVector movement = VectorBetweenPoints(start, destination);
    CGFloat magnitude = VectorLength(movement);
    if (magnitude == 0.0f) return nil;

    CGVector scaledMovement = VectorMultiply(movement, 1 / magnitude);

    CGFloat thrustMagnitude = 100.0;
    bullet.thrust = VectorMultiply(scaledMovement, thrustMagnitude);

    [bullet runAction:[SKAction playSoundFileNamed:@"shoot.wav"
                              waitForCompletion:NO]];

    return bullet;
}

- (instancetype)init {
    if (self = [super init]) {
        SKLabelNode *dot = [SKLabelNode labelNodeWithFontNamed:@"Courier"];
        dot.fontColor = [SKColor blackColor];
        dot.fontSize = 40;
        dot.text = @".";
        [self addChild:dot];

        SKPhysicsBody *body = [SKPhysicsBody bodyWithCircleOfRadius:1];
        body.dynamic = YES;
        body.categoryBitMask = PlayerMissileCategory;
        body.contactTestBitMask = EnemyCategory;
        body.collisionBitMask = EnemyCategory;
        body.fieldBitMask = GravityFieldCategory;
        body.mass = 0.01;

        self.physicsBody = body;
        self.name = [NSString stringWithFormat:@"Bullet %p", self];
    }
    return self;
}
```

（10）编写文件 GameOverScene.m，实现一个游戏结束场景类。主要代码如下。

```
@implementation GameOverScene

- (instancetype)initWithSize:(CGSize)size {
    if (self = [super initWithSize:size]) {
        self.backgroundColor = [SKColor purpleColor];
        SKLabelNode *text = [SKLabelNode labelNodeWithFontNamed:@"Courier"];
        text.text = @"Game Over";
        text.fontColor = [SKColor whiteColor];
        text.fontSize = 50;
        text.position = CGPointMake(self.frame.size.width * 0.5,
                                    self.frame.size.height * 0.5);
        [self addChild:text];
    }
    return self;
}

- (void)didMoveToView:(SKView *)view {
    dispatch_after(dispatch_time(DISPATCH_TIME_NOW, (int64_t)(3.0 * NSEC_PER_SEC)),
```

```
                dispatch_get_main_queue(), ^{
        SKTransition *transition = [SKTransition flipVerticalWithDuration:1.0];
        SKScene *start = [[StartScene alloc] initWithSize:self.frame.size];
        [self.view presentScene:start transition:transition];
    });
}
```

（11）游戏结束功能在场景文件 GameScene.m 中实现，通过方法 triggerGameOver 实现对应的场景。主要代码如下。

```
- (void)triggerGameOver {
    self.finished = YES;

    NSString *path = [[NSBundle mainBundle] pathForResource:@"EnemyExplosion"
                                                      ofType:@"sks"];
    SKEmitterNode *explosion = [NSKeyedUnarchiver unarchiveObjectWithFile:path];
    explosion.numParticlesToEmit = 200;
    explosion.position = _playerNode.position;
    [self addChild:explosion];
    [_playerNode removeFromParent];

    SKTransition *transition = [SKTransition doorsOpenVerticalWithDuration:1.0];
    SKScene *gameOver = [[GameOverScene alloc] initWithSize:self. frame.size];
    [self.view presentScene:gameOver transition:transition];

    [self runAction:[SKAction playSoundFileNamed:@"gameOver.wav"
                               waitForCompletion:NO]];
}
```

执行结果如图 31-9 所示。

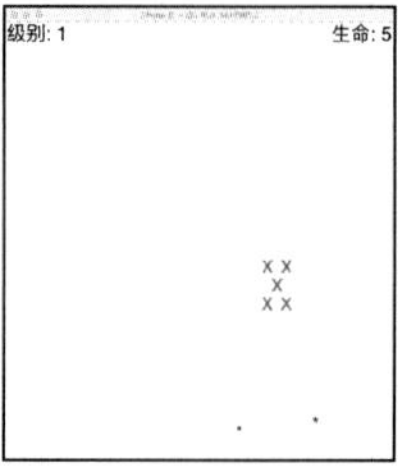

▲图 31-9　执行结果

第32章 在应用程序中加入Siri功能

Siri是苹果公司在其iPhone 4S、iPad 3及以上版本设备上应用的一项智能语音控制功能。Siri可以令iPhone 4S及以上版本手机（iPad 3及以上版本平板电脑）变身为一台智能化机器人，利用Siri用户可以通过语音发短信、设置闹钟等。Siri支持自然语言输入，并且可以调用系统自带的天气预报、日程安排、搜索资料等应用，还能够不断学习新的声音和语调，提供对话式的应答。本章将详细讲解在iOS 14中使用Siri功能的基本知识。

32.1 Siri基础

苹果公司在WWDC 2016上发布了新的SiriKit，把Siri的某些功能开放给开发者。因为在iOS平台中拥有丰富的第三方应用生态和众多优质开发者，所以将Siri开放给iOS后能够让Siri支持更丰富的功能。

32.1.1 iOS中的Siri

从iOS 10版本开始，苹果公司提供了SiriKit框架，在用户使用Siri的时候会生成INExtension对象来告知我们的应用，通过实现特定的方法来让Siri获取应用想要展示给用户的内容。Siri通过语言处理系统对用户发出的对话请求进行解析，然后生成一个用来描述对话内容的Intents事件，再通过SiriKit框架分发给集成框架的应用，以此来获取应用的内容，比如完成类似于通过文字匹配、查找应用聊天记录、聊天对象的功能。此外，Siri还支持为用户使用苹果地图时提供应用内置服务等功能。通过苹果官方文档，我们可以看到SiriKit框架支持语音和视频通话、发送消息、收付款、搜索图片、管理锻炼、预约行程。

32.1.2 HomeKit中的Siri指令

随着HomeKit设备的出现，苹果公司公布了通过Siri指令对其进行远程操控的信息，并发布了用户可以使用iPhone、iPad或者iPod touch的Siri指令列表。如果用户在卧室或者客厅里，可以发出开灯，关灯，调暗灯光50%，调亮灯光50%，温度设为68℃，关掉咖啡机等指令。

如果用户在一个大房子里或者一片区域内使用HomeKit设备，还可以发出打开楼上的灯，关掉房间里的灯，关掉厨房里的灯，把饭厅的灯光调暗50%，把客厅的灯光调到最亮，把楼下的恒温器设置为70℃，关掉办公室里的打印机等指令。

对于以上几类意图，苹果公司都会帮开发者处理好所有的语音识别和语义理解，开发者只需要声明支持某些意图，然后坐等用户唤醒就好了。例如，通过说“Hey Siri，请用支付宝付20元给小张作为午饭钱”，支付宝就会自动被唤醒，找到用户“小张”并转账20元。再例如，通过说“Hey Siri，请用滴滴给我叫一辆到中关村的车”，Siri就会启动滴滴打车，并自动设定目的地为中关村。

总的来说，上述几大类Siri指令足够用户完成日常生活中的操作——只要设备支持HomeKit。按照苹果公司的介绍，HomeKit提供了一个可以让iPhone变身为家居中控平台，用户可以以此控制各种家用电器，比如电灯、家庭安全警报器等。

32.2 在 iOS 应用程序中使用 Siri

Siri 是 iPhone、iPad 和 macOS 计算机内置的一款应用程序。当在 iOS 中开发苹果官方文档中 SiriKit 框架支持的几类服务程序时，你可以通过苹果公司开放的 API 来调用 Siri 功能。也就是说，在 iOS 14 应用程序中，Siri 将作为扩展程序来使用。

32.2.1　iOS 为平台整合与 Extension 开发所做的工作

在 iOS 14 里苹果公司延续了前几年的策略，那就是进行平台整合。苹果公司在掌握了包括桌面、移动到穿戴的一系列硬件设备的同时，还掌控了相应的从操作系统，到应用软件，再到应用商店这样一套完整的布局。近年来苹果公司一直强调平台整合，如果一个应用能够同时在 iOS、watchOS 以及 macOS 上工作，毫无疑问将会更容易吸引用户。

另外，随着近年来 Extension 开发的兴起，苹果公司逐渐在从应用是“用户体验的核心”这个理念转变为用户应该也可以在通知中心、桌面挂件或者手表这样的地方完成必要的交互。而应用之间的交互在以前可以说是 iOS 的禁区，现在苹果公司致力于增强应用之间的交互。

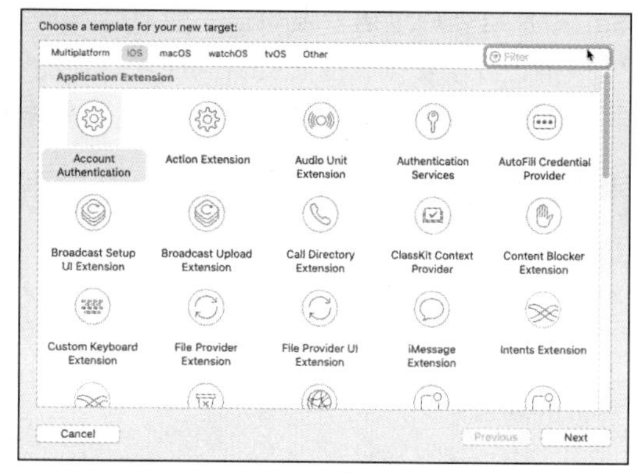

▲图 32-1　扩展面板

在 Xcode 的模板中，苹果公司为开发者提供了完整的 Extension 开发工具。在 Choose a template for your new target 对话框中，选择 iOS 下面的 Application Extension，即可打开扩展面板，在里面列出了常用的扩展模板，如图 32-1 所示。

32.2.2　Siri 的处理流程

在 iOS 应用程序中，Siri 将作为扩展程序来使用。SiriKit 为开发者提供了一全套从语音识别到代码处理，最后向用户展示结果的流程。苹果公司添加了一套全新的框架 Intents.framework 来表示 Siri 获取并解析的结果。在开发的应用程序中需要提供一些关键字以表明可以接受相关输入，而 Siri 扩展只需要监听系统识别的用户意图（intent），做出合适的响应、修改以及实际操作，最后通过 IntentsUI.framework 提供反馈。整个开发过程非常清晰明了，但是这也意味着开发者所能拥有的自由度有限。

Siri 和应用程序通过 Intents extension 进行交互，其中类型为 INExtension 的对象扮演着 Intents extension 中直接协同 Siri 对象共同响应用户请求的关键角色。当实现了 Intents extension 并产生了一个 Siri 请求事件时，一个典型的 Intent 事件的处理过程有如下 3 个步骤。

- 解析阶段：在 Siri 获取用户的语音输入之后，生成一个 INIntent 对象，将语音中的关键信息提取出来并且填充对应的属性。这个对象在稍后会传递给我们设置好的 INExtension 子类对象并进行处理，根据子类遵循的不同服务协议来选择不同的解决方案。
- 确认阶段：在上一个阶段通过处理程序返回了处理 Intent 的对象，此阶段会依次调用以 Confirm 开头的实例方法来判断 Siri 填充的信息是否完成。匹配的判断结果包括 Exactly one match、Two or more matches 以及 No match 3 种情况。这个过程中可以让 Siri 向用户征求更具体的参数信息。

- 处理阶段：在 Confirm 方法执行完成之后，Siri 进行最后的处理，生成答复对象，并且向此 Intent 对象确认处理结果，然后显示结果给用户看。

上述 3 个阶段的具体流程如图 32-2 所示。

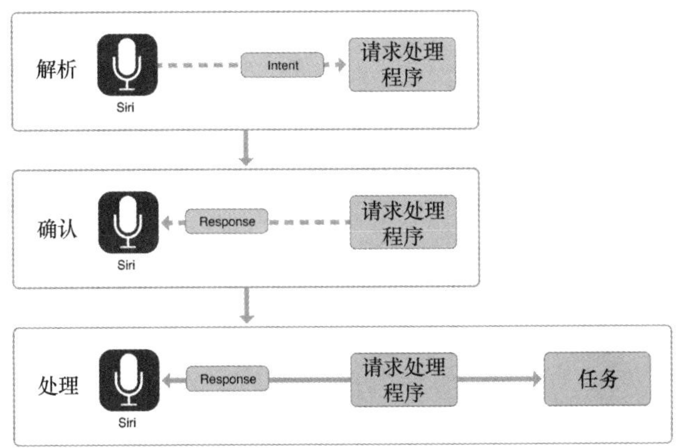

▲图 32-2 一个典型 Intent 事件的处理过程

32.3 基于 Swift 在支付程序中使用 Siri

实例 32-1	基于 Swift 在支付程序中使用 Siri
源码路径	daima\32\SiriKitDemo-Swift

实例 32-1 的实现方式如下。

（1）打开 Xcode，新创建一个名为 TutsplusPayments 的项目，然后依次选择 Target→Capabilities，启用 Siri 功能，项目最终的结构如图 32-3 所示。

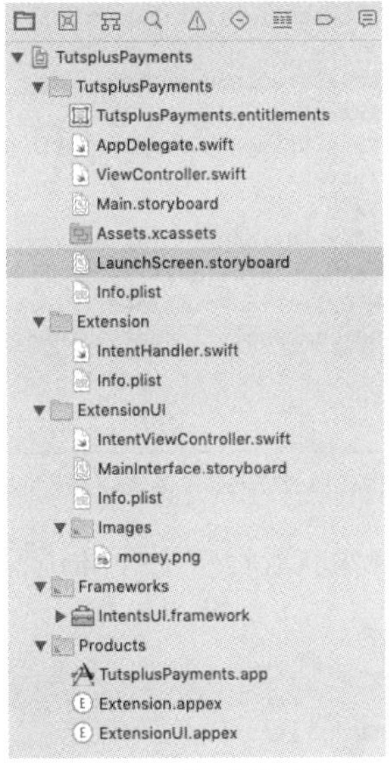

▲图 32-3 项目最终的结构

（2）使用 Source Code 打开文件 Info.plist。在文件 Info.plist 中，使用 Siri 权限的代码如下。

```
<key>NSSiriUsageDescription</key>
```

（3）依次选择 Xcode 菜单栏中的 File→New→Target，在 Choose a template for your new target 对话框中，选择 iOS 分类下的模板 Intents Extension，如图 32-4 所示。

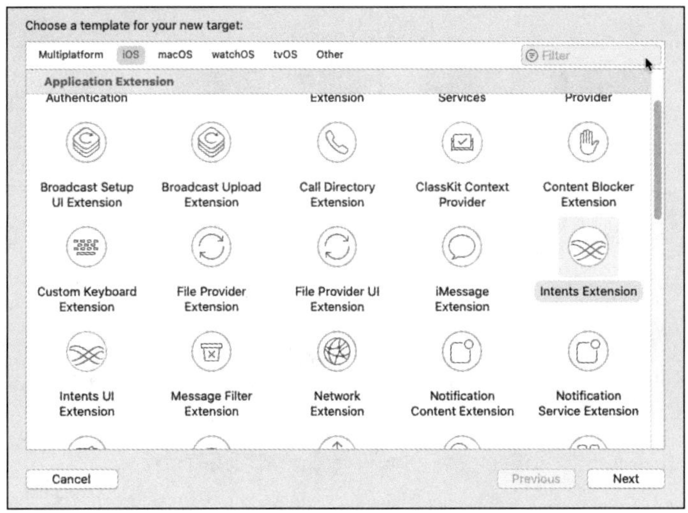

▲图 32-4　选择 Intents Extension 模板

（4）在扩展中匹配本项目的支付 Intent，选中扩展文件夹下的文件 Info.plist，进行 Siri 和支付 Intent 的匹配，具体效果如图 32-5 所示。

```
    <string>XPC!</string>
    <key>CFBundleShortVersionString</key>
    <string>1.0</string>
    <key>CFBundleVersion</key>
    <string>1</string>
    <key>NSExtension</key>
    <dict>
        <key>NSExtensionAttributes</key>
        <dict>
            <key>IntentsSupported</key>
            <array>
                <string>INSendPaymentIntent</string>
            </array>
        </dict>
        <key>NSExtensionMainStoryboard</key>
        <string>MainInterface</string>
        <key>NSExtensionPointIdentifier</key>
        <string>com.apple.intents-ui-service</string>
    </dict>
</dict>
</plist>
```

▲图 32-5　具体效果

（5）编写文件 ViewController.swift 来获取程序使用 Siri 功能的权限，主要代码如下。

```
import UIKit
    import Intents
class ViewController: UIViewController {

    override func viewDidLoad() {
        super.viewDidLoad()

        INPreferences.requestSiriAuthorization { authorizationStatus in
            switch authorizationStatus {
```

```
            case .authorized:
                break
            default:
                break
            }
        }
```

（6）运行上述代码后将会弹出询问是否使用 Siri 的对话框，如图 32-6 所示。

▲图 32-6 询问是否使用 Siri

（7）文件 IntentHandler.swift 负责实现 Intent 扩展功能，可以用来处理任何 Intent，通过使用 handler(for:)方法可以处理所有 Siri 支持的扩展类型。在本实例的 IntentHandler.swift 文件中，需要检查设置 payee（收款人）和 currencyAmount（付款金额）。这是一个非常基本的功能，本项目需要确保交易过程有一个有效的收款人和金额值来满足交易成功的条件。文件 IntentHandler.swift 的主要代码如下。

```
class IntentHandler: INExtension {

    override func handler(for intent: INIntent) -> Any? {
        if intent is INSendPaymentIntent {
            return self
        }
        return nil
    }
}

//MARK: - INSendPaymentIntentHandling

extension IntentHandler: INSendPaymentIntentHandling {

    func handle(sendPayment intent: INSendPaymentIntent, completion: @escaping
    (INSendPaymentIntentResponse) -> Void) {
        guard let payee = intent.payee, let amount = intent.currencyAmount else {
            return completion(INSendPaymentIntentResponse(code: .failure,
            userActivity: nil))
        }
        print("Sending \(amount) payment to \(payee)!")
        completion(INSendPaymentIntentResponse(code: .success, userActivity: nil))
    }
}
```

（8）如果此时运行扩展部分的程序，使用 Siri 说“Send $20 to Patrick via TutsplusPayments”，则会自动弹出一个支付界面，如图 32-7 所示。

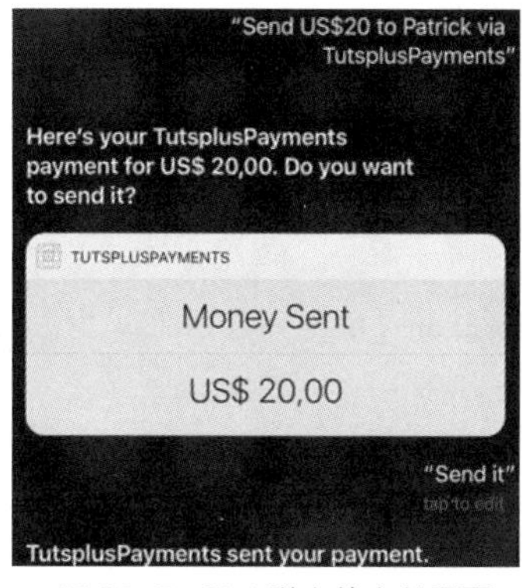

▲图 32-7 Siri 弹出的支付界面

（9）为了实现 Intents UI Extension 部分，定义一个 UI，当使用 Siri 说出支付金额和收款人后会弹出这个 UI。它在故事板中的效果如图 32-8 所示。

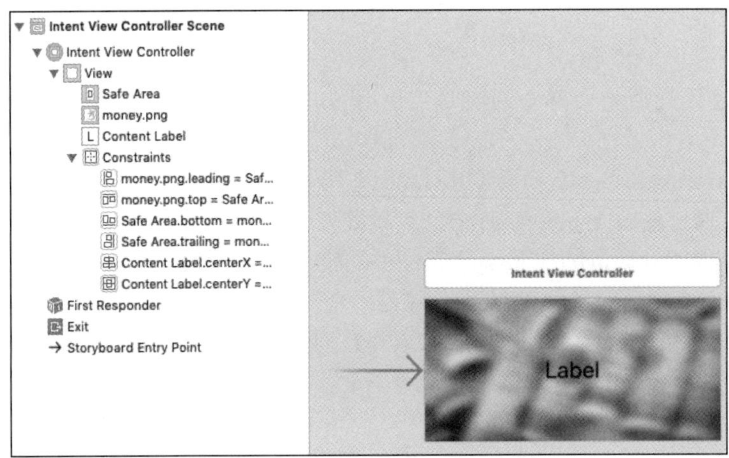

▲图 32-8　UI 在故事板中的效果

（10）对于文件 IntentViewController.swift，不仅需要确保 INSendPaymentIntent 的属性不为 nil(空)，还需要确保支付金额不是 0。文件 IntentViewController.swift 的主要代码如下。

```
class IntentViewController: UIViewController, INUIHostedViewControlling,
INUIHostedViewSiriProviding {

    @IBOutlet weak var contentLabel: UILabel!

    //MARK: - INUIHostedViewControlling

    func configure(with interaction: INInteraction, context: INUIHostedViewContext,
    completion: @escaping ((CGSize) -> Void)) {

        if let paymentIntent = interaction.intent as? INSendPaymentIntent {
            guard let amount = paymentIntent.currencyAmount?.amount, let currency =
            paymentIntent.currencyAmount?.currencyCode, let name =
            paymentIntent.payee?.displayName else {
                return completion(CGSize.zero)
            }
            let paymentDescription = "\(amount)\(currency) to \(name)"
            contentLabel.text = paymentDescription
        }
        if (completion as AnyObject!) != nil {
            completion(self.desiredSize)
        }
    }

    var desiredSize: CGSize {
        return self.extensionContext!.hostedViewMaximumAllowedSize
    }

    var displaysPaymentTransaction: Bool {
        return true
    }
}
```

（11）运行扩展程序，当使用 Siri 说“Send $20 to Patrick via TutsplusPayments”时，会自动弹出我们前面设计的支付界面，如图 32-9 所示。

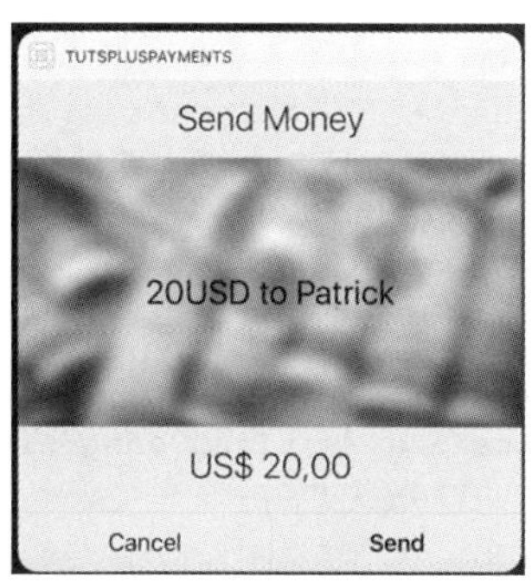

▲图 32-9　Siri 弹出的支付界面

32.4 使用 Siri Shortcut 创建自定义 Siri

实例 32-2	使用 Siri Shortcut 创建自定义 Siri
源码路径	daima\32\SiriExtensionDemo

实例 32-2 的实现方式如下。

（1）打开 Xcode，新创建一个名为 SiriExtensionDemo 的项目，别添加扩展程序。

（2）在 Xcode 项目的 Capabilities 选项中，启用 Siri 功能，如图 32-10 所示。

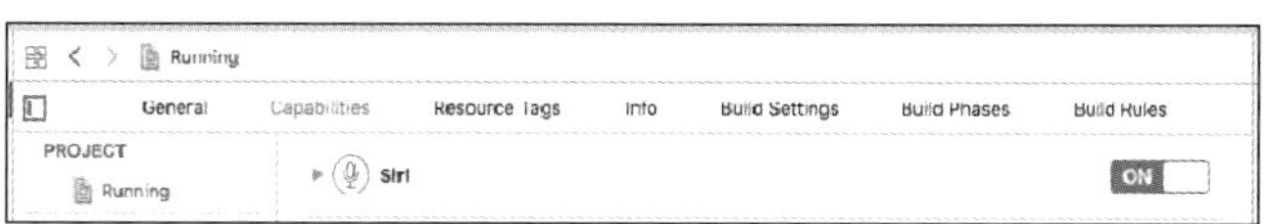

▲图 32-10　启用 Siri 功能

（3）在故事板中，添加文本链接和图标按钮，最终效果如图 32-11 所示。

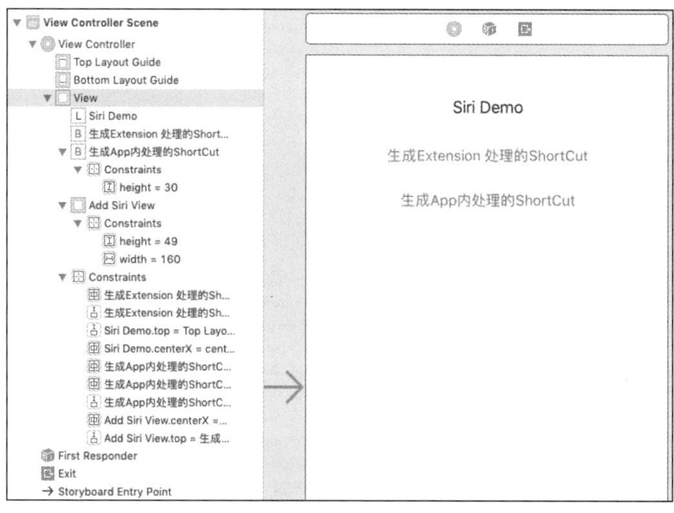

▲图 32-11　最终效果

（4）要在文件 ViewController.m 中创建使用主视图的界面，首先添加“生成的 Extension 处理的 ShortCut”和“生成的 App 内处理的 ShortCut”两个链接，然后在下方添加一个图标按钮，单击按钮，在弹出的新界面中，为当前程序添加 Siri 功能。文件 ViewController.m 的主要代码如下。

```
- (void)addSiriButton{
    if (@available(iOS 14.0, *)) {
        TestIntent *kuaibaoIntent = [[TestIntent alloc] init];
        kuaibaoIntent.content = @"App 内 Siri 按钮生成的 ShortCut 2";
        INUIAddVoiceShortcutButton *button = [[INUIAddVoiceShortcutButton alloc]
        initWithStyle:INUIAddVoiceShortcutButtonStyleWhiteOutline];
        INShortcut *shortCut = [[INShortcut alloc] initWithIntent:kuaibaoIntent];
        button.delegate = self;
        button.shortcut = shortCut;
        button.translatesAutoresizingMaskIntoConstraints = NO;
        [self.addSiriView addSubview:button];
    } else {
        //退回以前的版本
    }
}

- (IBAction)generateShortCutAction:(id)sender {
    if (@available(iOS 14.0, *)) {
        KuaibaoIntent *kuaibaoIntent = [[KuaibaoIntent alloc] init];
        kuaibaoIntent.content = @"生成的 Extension 处理的 ShortCut";
        INInteraction *interaction = [[INInteraction alloc]
initWithIntent:kuaibaoIntent response:nil];
        [interaction donateInteractionWithCompletion:^(NSError * _Nullable error) {

        }];
    } else {
        //退回以前的版本
    }
}

- (IBAction)generateInAppShortCut:(id)sender {
    if (@available(iOS 14.0, *)) {
        TestIntent *kuaibaoIntent = [[TestIntent alloc] init];
        kuaibaoIntent.content = @"生成的 App 内处理的 ShortCut";
        INInteraction *interaction = [[INInteraction alloc] initWithIntent:
        kuaibaoIntent response:nil];
        [interaction donateInteractionWithCompletion:^(NSError * _Nullable error) {

        }];
    } else {
        //退回以前的版本
    }
}

- (void)presentAddVoiceShortcutViewController:
  (INUIAddVoiceShortcutViewController *) addVoiceShortcutViewController
forAddVoiceShortcutButton:(INUIAddVoiceShortcutButton *)addVoiceShortcutButton{
    addVoiceShortcutViewController.delegate = self;
    [self presentViewController:addVoiceShortcutViewController animated:YES
    completion:^{

    }];

}
- (void)presentEditVoiceShortcutViewController:
  (INUIEditVoiceShortcutViewController *)editVoiceShortcutViewController
forAddVoiceShortcutButton:(INUIAddVoiceShortcutButton *)addVoiceShortcutButton{

}

- (void)addVoiceShortcutViewController:
```

```
(INUIAddVoiceShortcutViewController
  *)controller didFinishWithVoiceShortcut:(nullable INVoiceShortcut *)voiceShortcut
error:(nullable NSError *)error{
    [self dismissViewControllerAnimated:YES completion:^{

    }];
}
```

（5）在 SiriExtension 目录下编写文件 SendMessageIntentHandler.m，在 SiriExtension 中的 Info.plist 文件中添加 INSendMessageIntent 意图类型支持，获取用户发送的信息，并在 UI 中显示用户发送的信息。文件 SendMessageIntentHandler.m 的主要代码如下。

```
//以下是发消息的意图类型代理方法
#pragma mark - INSendMessageIntentHandling

/*
 解析消息接收人的方法        - resolveRecipientsForSendMessage:withCompletion:
 解析消息内容的方法          - resolveContentForSendMessage:withCompletion:
 确认方法                    - confirmSendMessage:completion:
 处理方法                    - handleSendMessage:completion:
 */

//解析消息语义，提取意图对象、消息发送对象
- (void)resolveRecipientsForSendMessage:(INSendMessageIntent *)intent
withCompletion:(void (^)(NSArray<INPersonResolutionResult *>
*resolutionResults))completion {
    NSArray<INPerson *> *recipients = intent.recipients;
    //如果没有消息接收人,返回，需要 Siri 提示:你要发消息给谁
    if (recipients.count == 0) {
        completion(@[[INPersonResolutionResult needsValue]]);
        return;
    }
    NSMutableArray<INPersonResolutionResult *> *resolutionResults = [NSMutableArray
    array];

    for (INPerson *recipient in recipients) {
        NSMutableArray<INPerson *> *matchingContacts = [NSMutableArray array];

        //此处添加自有匹配代码
        NSString *recipientName = recipient.displayName;   //匹配的名称

        //先精确匹配
        UserInfoModel *user = [UserInfoModel userInfoNamed:recipientName];

        if (user) {

            //创建一个匹配成功的用户
            INPersonHandle *handle = [[INPersonHandle alloc]
            initWithValue:user.userAccount type:INPersonHandleTypePhoneNumber];

            INImage *icon = [INImage imageNamed:user.userIcon];

            INPerson *person = [[INPerson alloc] initWithPersonHandle:handle
            nameComponents:nil displayName:user.userName image:icon contactIdentifier:nil
            customIdentifier:nil aliases:nil
            suggestionType:INPersonSuggestionTypeSocialProfile];

            //记录匹配的用户
            [matchingContacts addObject:person];
        }
```

```
        if (matchingContacts.count == 0) {
            //如果没有精确匹配的用户，则提供模糊匹配,匹配包含的内容
            for (UserInfoModel *user in [UserInfoModel userList]) {

                //用户名称
                NSString *name = user.userName;

                if ([recipientName containsString:name]) {

                    //创建一个匹配成功的用户
                    INPersonHandle *handle = [[INPersonHandle alloc]
                    initWithValue:user.userAccount type:INPersonHandleTypeEmailAddress];
                    INImage *icon = [INImage imageWithURL:[NSURL
                    URLWithString:user.userIcon]];

                    INPerson *person = [[INPerson alloc] initWithPersonHandle:handle
                    nameComponents:nil displayName:name image:icon contactIdentifier:nil
                    customIdentifier:nil aliases:nil
                    suggestionType:INPersonSuggestionTypeSocialProfile];

                    //记录匹配的用户
                    [matchingContacts addObject:person];
                }

            }
        }


        if (matchingContacts.count > 1) {
            //要求用户选择一个匹配的结果
            [resolutionResults addObject:[INPersonResolutionResult
            disambiguationWithPeopleToDisambiguate:matchingContacts]];
        } else if (matchingContacts.count == 1) {
            //我们有一个匹配的联系人
            [resolutionResults addObject:[INPersonResolutionResult
            successWithResolvedPerson:recipient]];
        } else {
            //数据模型中没有匹配到联系人
            [resolutionResults addObject:[INPersonResolutionResult unsupported]];
        }
    }
    completion(resolutionResults);
}

//解析消息内容的方法
- (void)resolveContentForSendMessage:(INSendMessageIntent *)intent
withCompletion:(void (^)(INStringResolutionResult *resolutionResult))completion {
    NSString *text = intent.content;
    if (text && ![text isEqualToString:@""]) {
        completion([INStringResolutionResult successWithResolvedString:text]);
    } else {
        completion([INStringResolutionResult needsValue]);
    }
}

//确认方法，确认准备发消息
- (void)confirmSendMessage:(INSendMessageIntent *)intent completion:(void (^)(INSendM
essageIntentResponse *response))completion {

    NSUserActivity *userActivity = [[NSUserActivity alloc]
```

```
initWithActivityType:NSStringFromClass([INSendMessageIntent class])];
    INSendMessageIntentResponse *response = [[INSendMessageIntentResponse alloc]
initWithCode:INSendMessageIntentResponseCodeReady userActivity:userActivity];
    completion(response);
}

//处理方法，处理发送信息的逻辑
- (void)handleSendMessage:(INSendMessageIntent *)intent completion:(void (^)
  (INSendMessageIntentResponse *response))completion {

    NSUserActivity *userActivity = [[NSUserActivity alloc]
initWithActivityType:NSStringFromClass([INSendMessageIntent class])];
    INSendMessageIntentResponse *response = [[INSendMessageIntentResponse alloc]
initWithCode:INSendMessageIntentResponseCodeSuccess userActivity:userActivity];
    completion(response);
}

#pragma mark - INSearchForMessagesIntentHandling

- (void)handleSearchForMessages:(INSearchForMessagesIntent *)intent completion:(void
  (^)(INSearchForMessagesIntentResponse *response))completion {

    NSUserActivity *userActivity = [[NSUserActivity alloc] initWithActivityType:
    NSStringFromClass([INSearchForMessagesIntent class])];
    INSearchForMessagesIntentResponse *response = [[INSearchForMessagesIntentResponse
    alloc] initWithCode:INSearchForMessagesIntentResponseCodeSuccess userActivity:
    userActivity];
    response.messages = @[[[INMessage alloc]
        initWithIdentifier:@"identifier"
        content:@"I am so excited about SiriKit!"
        dateSent:[NSDate date]
        sender:[[INPerson alloc] initWithPersonHandle:[[INPersonHandle alloc]
        initWithValue:@"sarah@example.com" type:INPersonHandleTypeEmailAddress]
        nameComponents:nil displayName:@"Sarah" image:nil contactIdentifier:nil
        customIdentifier:nil]
        recipients:@[[[INPerson alloc] initWithPersonHandle:[[INPersonHandle alloc]
        initWithValue:@"+1-415-555-5555" type:INPersonHandleTypePhoneNumber]
        nameComponents:nil displayName:@"John" image:nil contactIdentifier:nil
        customIdentifier:nil]]
    ]];
    completion(response);
}
```

连接 iPhone 真机并进行调试，执行结果如图 32-12 所示。

▲图 32-12　执行结果

第 33 章　开发 tvOS 应用程序

tvOS 是苹果公司为 Apple TV 打造的操作系统，在苹果 WWDC 2016 上正式亮相。Apple TV 上有超过 1300 个视频频道。本章将详细讲解使用 Xcode 开发 tvOS 应用程序的基本知识。

33.1 tvOS 开发基础

在 WWDC 2019 上，苹果发布了全新的 Apple TV 操作系统——tvOS 13。tvOS 采用了类似于 OS X 以及 iOS 极简风格的 UI，用白色背景代替了之前的黑色，看起来非常清爽。

33.1.1 tvOS 介绍

tvOS 13 将支持多个用户，每个用户都有自己的“上一个”队列。用户之间的切换可以通过 tvOS 13 中提供的全新控制中心完成。其他个性化内容包括音乐，它还将显示与正在播放的音乐同步的歌词。

苹果公司还扩大了对 Xbox One 和 Playstation DualShock 4 游戏控制器的支持，这些控制器能够控制 Apple TV 上的游戏，包括 Apple Arcade 中的游戏。

33.1.2 tvOS 开发方式介绍

苹果公司宣布新的 Apple TV 集成了应用商店，这就意味着我们可以为它开发专有的应用，并且会让我们重新了解 iOS，以及开启更多新的想法和创意。

苹果公司为开发人员提供了开发 tvOS 应用的不同方式。

TVML 应用是使用完整的新开发技术开发的，主要包括以下开发技术。

- TVML：TV Markup Language（TV 标记语言）的缩写，基本上是一些 XML 语句，用于实现基于客户端-服务器（Client-Server，C/S）架构的 tvOS 应用布局。在布局界面时，我们会用苹果公司提供的 TVML 模板创建我们的 UI，然后用 TVJS 写交互脚本。
- TVJS：JavaScript，可能很多读者已经非常熟悉这门技术了。
- TVMLKit：苹果公司设计的一个新框架，能在使用 Swift 或 Objective-C 实现应用逻辑的同时，使用 JavaScript 和 XML 开发更炫酷的用户界面。

自定义应用是使用我们已经比较熟悉的开发技术开发的，比如大家熟知的一些 iOS 框架和特性，像 Storyboard、UIKit、Auto Layout 等。

上述两种应用的不同的开发方式没有孰优孰劣之分，都是苹果公司官方推荐的方法，读者可以根据个人本身的技术情况选择采用哪种方式。建议如下。

- 如果主要通过 tvOS 应用展现一些内容，如音频、视频、文本、图片，并且已经在服务器上存储了这些资源，那么使用 TVML 开发应用是不错的选择。
- 如果你希望用户不只是被动地通过 tvOS 应用观看或收听内容，而是希望用户与应用有更多的交互，给用户高质量的用户体验，那么建议使用 iOS 的相关技术开发自定义的应用。

33.1.3 打开遥控器模拟器

打开遥控器模拟器的方法是，在 Xcode 菜单栏中依次选择 Hardware→Show Apple TV Remote 命令，如图 33-1 所示。打开遥控器模拟器后的效果如图 33-2 所示，你可以通过遥控器中的 Option 键选择不同的视频。

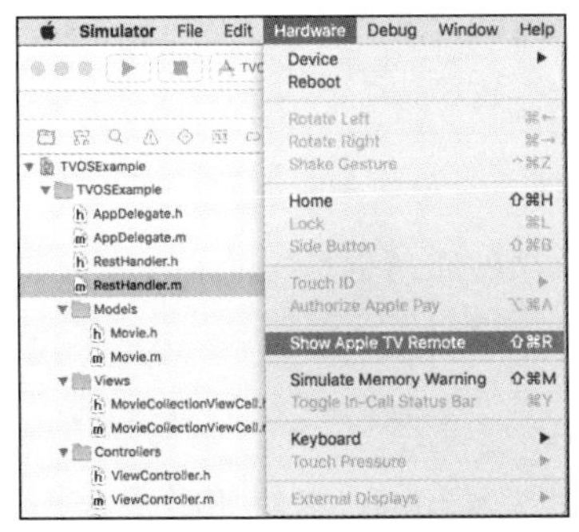

▲图 33-1 依次选择 Hardware→Show Apple TV Remote 命令

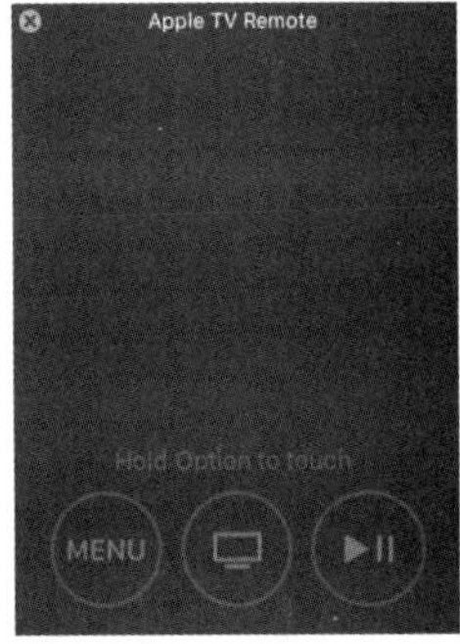

▲图 33-2 打开遥控器模拟器后的效果

33.2 开发自定义 tvOS 应用程序

开发自定义 tvOS 应用程序的过程和开发普通 iOS 应用程序的过程相似，你可以使用 Objective-C、Swift 去构建任何符合苹果公司要求的应用程序，并将其发布到应用商店中。大部分的 iOS Frameworks 可以在 tvOS 中使用，此外，tvOS 还新增了 TVServices 以增强 SDK 对 Apple TV 的支持。

33.2.1 基于 Swift 开发简单的按钮响应程序

实例 33-1	基于 Swift 开发简单的按钮响应程序
源码路径	daima\33\HelloWorld

实例 33-1 的实现方式如下。

（1）打开 Xcode，创建一个名为 HelloWorld 的项目，选择的语言为 Swift，项目最终的结构如图 33-3 所示。

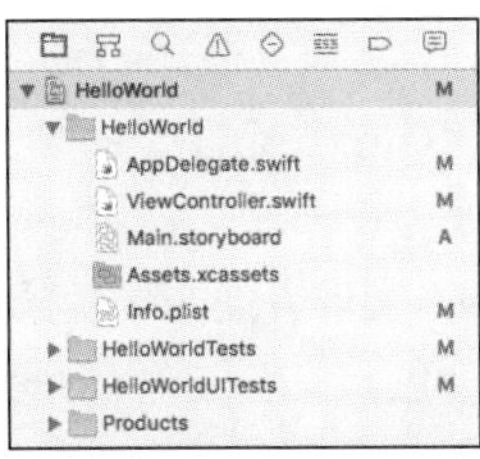

▲图 33-3 项目最终的结构

（2）打开故事板文件 Main.storyboard，添加一个按钮，将标题修改为"Click Me!"，接着在其下方添加一个标签，如图 33-4 所示。

（3）和开发传统 iOS 应用一样，通过 control-drag 标签和按钮创建 IBOutlet 以及 IBAction。这里分别命名 IBOutlet 为 myLabel，IBAction 为 buttonPressed，如图 33-5 所示。

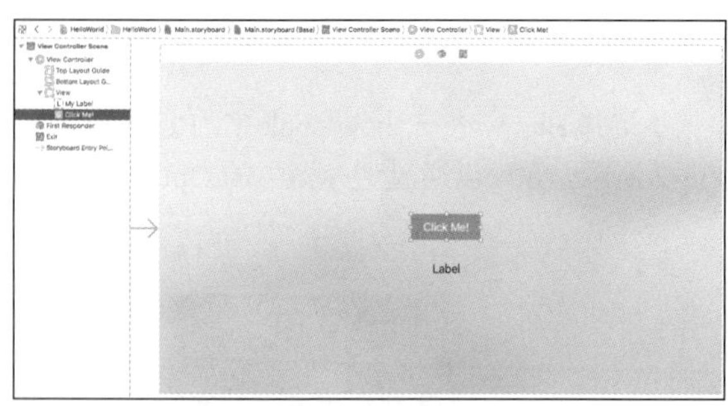

▲图 33-4　添加按钮和标签

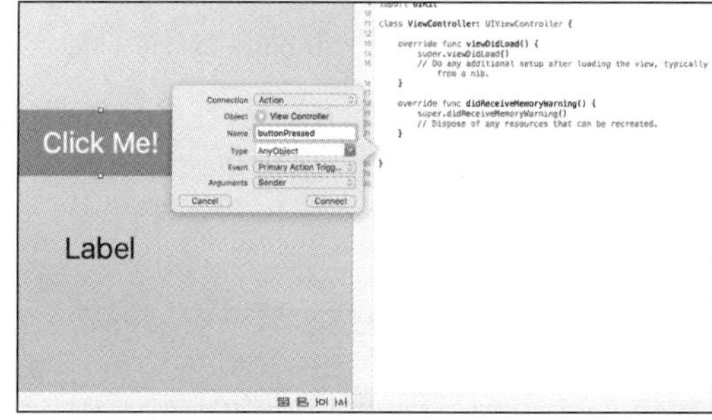

▲图 33-5　命名 IBAction

（4）在 buttonPressed 动作中加入如下代码，用于在单击按钮后为标签的 text 字段赋值“Hello, World”。

```
self.myLabel.text = "Hello,World"
```

（5）执行程序，结果如图 33-6 所示。单击“Click Me!”按钮后的效果如图 33-7 所示。

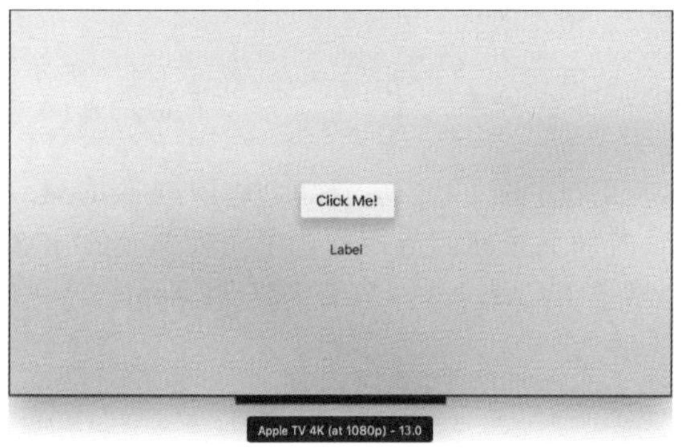

▲图 33-6　执行结果

▲图 33-7　单击“Click Me!”按钮后的效果

33.2.2　基于 Swift 开发猜谜游戏

实例 33-2	基于 Swift 开发猜谜游戏
源码路径	daima\33\quizapp

本实例要求实现一个猜谜应用（只有一个问题），其主要功能是展示按钮和遥控器之间的交互。具体实现方式如下。

（1）打开 Xcode，创建一个名为“QuizApp-1”的项目，项目最终的结构在运行程序后可看到。

（2）打开故事板文件 Main.storyboard，实现界面布局，插入 4 个 UIButton 和 1 个 UILabel，为按钮和标签添加标题并更改它们的背景颜色，如图 33-8 所示。

（3）将上述按钮绑定到代码中。为了使代码简洁和易于理解，将创建 4 个 IBAction，将这些按钮逐一连接到 ViewController.swift 文件（通过拖曳方式创建 IBAction），暂且命名为 button0Tapped、button1Tapped、button2Tapped 和 button3Tapped。图 33-8 中显示的 Label 用于询问加州的州府是什么。给出 4 个选项供选择（有关加州州府的知识），答案是 Sacramento。其中 button1Pressed 动作响应 Sacramento 按钮的单击事件。根据单击的按钮向用户显示一个提示信息，告知他们选择了正确还是错误的答案。下面创建一个名为 showAlert 的函数来处理这件事。

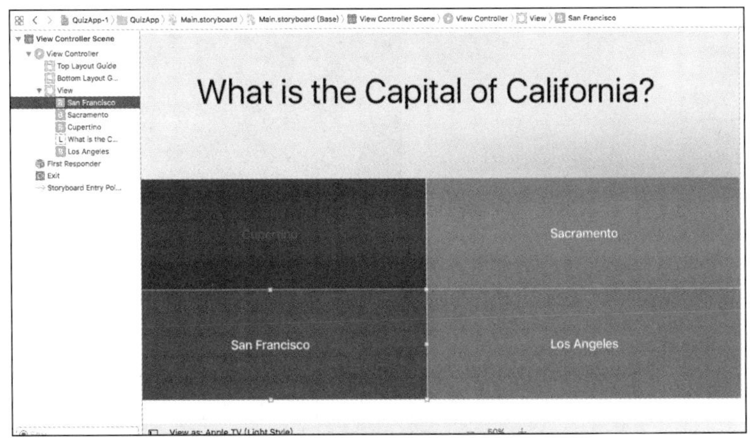

▲图 33-8 故事板 Main.storyboard

```
func showAlert(status: String, title:String) {
        let alertController = UIAlertController(title: status, message: title,
        preferredStyle: .Alert)
        let cancelAction = UIAlertAction(title: "Cancel", style: .Cancel) { (action)
        in
        }
        alertController.addAction(cancelAction)

        let ok = UIAlertAction(title: "OK", style: .Default) { (action) in
        }
        alertController.addAction(ok)

        self.presentViewController(alertController, animated: true) {
        }
}
```

上述函数接受两个参数，一个是用户的输入状态（表示他们回答问题正确或者错误），另一个是提示框中要显示的信息或者标题。然后创建并初始化一个新的 UIAlertController 对象，接着为提示框添加一个 Cancel 按钮和一个 OK 按钮，最后的代码用于呈现这些内容。下面在不同的 IBActions 中调用这个方法。

```
@IBAction func button0Tapped(sender: AnyObject) {
        showAlert("Wrong!", title: "Bummer, you got it wrong!")
}
//这是唯一正确的
@IBAction func button1Tapped(sender: AnyObject) {
    showAlert("Correct!", title: "Whoo! That is the correct response")
}
@IBAction func button2Tapped(sender: AnyObject) {
    showAlert("Wrong!", title: "Bummer, you got it wrong!")
}
@IBAction func button3Tapped(sender: AnyObject) {
    showAlert("Wrong!", title: "Bummer, you got it wrong!")
}
```

正如大家所看到的，仅在 button1Tapped 函数中传入“Correct”标题，剩下的都传入“Wrong”。代码执行结果如图 33-9 所示。Sacramento 才是正确选项，选中该选项后的界面如图 33-10 所示。选中其他选项是错误的，选中这些选项后的界面如图 33-11 所示。

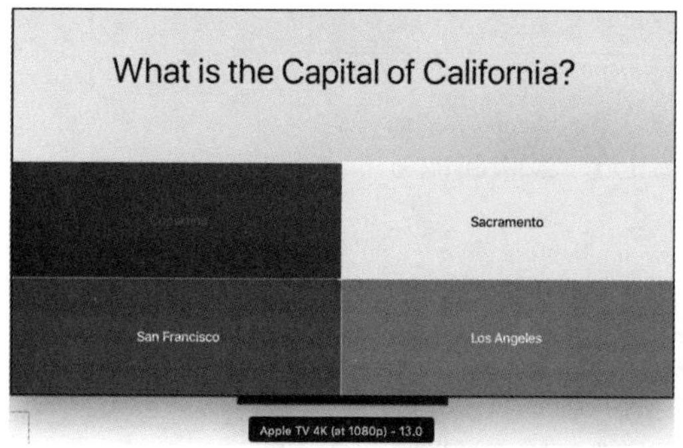

▲图 33-9　代码执行结果

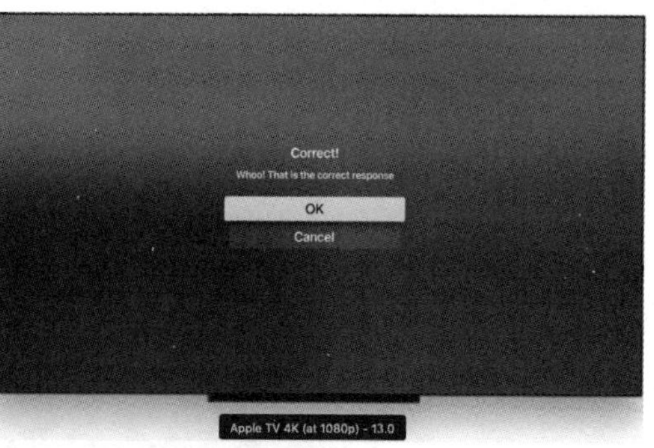

▲图 33-10　选中 Sacramento 后的界面

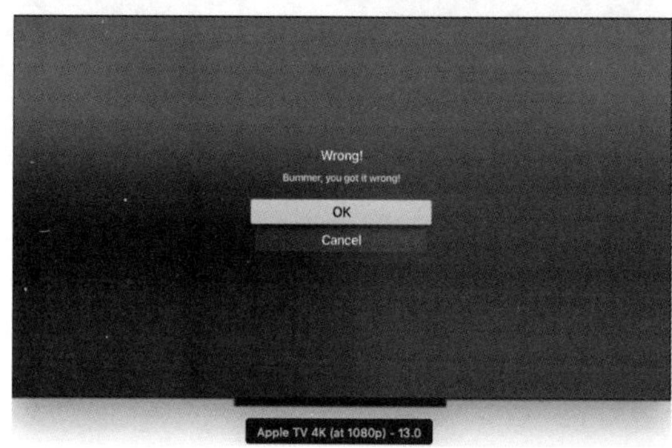

▲图 33-11　选中其他选项后的界面

33.2.3　基于 Swift 在 tvOS 中使用表视图

实例 33-3	基于 Swift 在 tvOS 中使用 TableView
源码路径	daima\33\tableviewpractice

在 iOS 中，经常使用 TableView 布局视图界面。随着 watchOS SDK 的发布，TableView 也可用于 Apple Watch 开发。自然而然地，新的苹果电视和 tvOS 同样支持这个流行的 API。

实例 33-3 的实现方式如下。

（1）打开 Xcode，创建一个名为“TableViewPractice -1”的项目，项目最终的结构运行程序后可看到。

（2）打开故事板文件 Main.storyboard，实现界面布局，插入 1 个 UIButton，如图 33-12 所示。

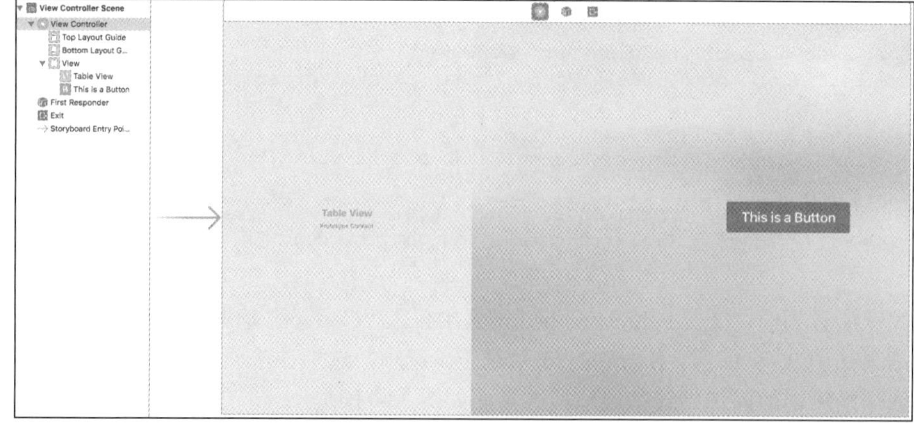

▲图 33-12　插入 1 个 UIButton

（3）Xcode 默认自动生成文件 ViewController.swift，在文件的第 11 行代码处添加如下声明代码，目的是让 ViewController 遵循两个 tableView 的协议。因为 Swift 是一门注重安全的语言，所以编译器会报告没有遵循 UITableView 的 Datasource 和 Delegate 协议。我们会很快解决这个问题。

```
UITableViewDataSource, UITableViewDelegate
```

（4）在故事板中添加一个 tableView 并拖曳到 ViewController 文件中，生成一个 IBOutlet，将其命名为 tableView。同时在这个 IBOutlet 声明下方新增一个数组。在该数组中囊括了所有我们要在 TableView 中显示的元素。

```
var dataArray = ["San Francisco", "San Diego", "Los Angeles", "San Jose", "Mountain
 View", "Sacramento"]
```

（5）在 viewDidLoad 方法的下方添加如下代码。tvOS 中的 TableView 和 iOS 中的 TableView 非常相似。使用以下代码告诉 TableView 有多少行（row），多少部分（section），以及每个单元格要显示的内容。

```
//section 数量
func numberOfSectionsInTableView(tableView: UITableView) -> Int {
    return 1
}
//每个 section 的 cell 数量
func tableView(tableView: UITableView, numberOfRowsInSection section: Int) -> Int {
    return self.dataArray.count
}
//填充每个 cell 的内容
func tableView(tableView: UITableView, cellForRowAtIndexPath indexPath: NSIndexPath)
-> UITableViewCell {
    let cell = UITableViewCell(style: .Subtitle, reuseIdentifier: nil)

    cell.textLabel?.text = "\(self.dataArray[indexPath.row])"
    cell.detailTextLabel?.text = "Hello from sub title \(indexPath.row + 1)"

    return cell
}
```

（6）在 viewDidLoad 方法中，把 tableView 的 delegate 和 datasource 设置为 self。

```
self.tableView.dataSource = self
self.tableView.delegate = self
```

（7）在模拟器中，执行结果如图 33-13 所示。

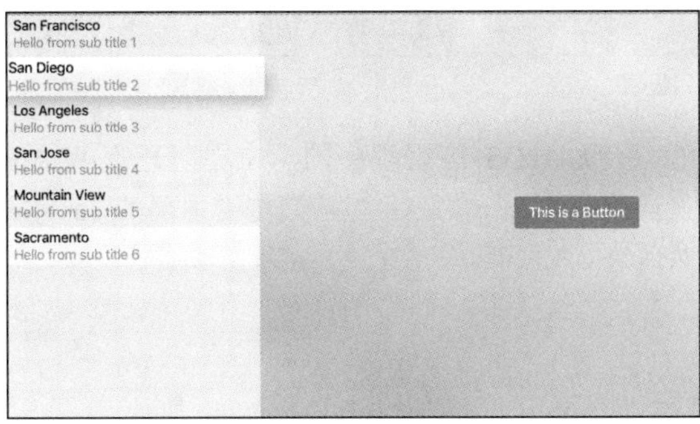

▲图 33-13　执行结果

33.3 开发 TVML 应用程序

对于精通 JavaScript 和 XML 的开发者来说，开发 TVML 应用程序会比较容易。开发 TVML 应用程序的方式也称为“客户端-服务器”开发模式，类似于传统的 Web 开发模式，开发者使用定制化的 JavaScript 和 XML（苹果公司分别称它们为 TVJS、TVML）来完成应用程序开发。

33.3.1　开发 TVML 应用程序的基本流程

开发 TVML 应用程序的基本流程如下。

（1）打开 Xcode，单击 Create a new Xcode project 选项，新建一个项目。

（2）在弹出的对话框中，选择 Single View Application 模板。

（3）在设置选项对话框中，输入项目名称“RWDevCon”，选择 Swift 语言，确保下面的两个复选框处于未选中状态，也就是不使用 Core Data 和不包括单元测试，如图 33-14 所示，然后单击 Next 按钮。

（4）选择一个本地目录，单击 Save 按钮，保存这个项目。Xcode 会创建一个带故事板的空项目。如果使用自定义应用程序的开发方式开发 tvOS 应用程序，那么需要使用故事板。但是本流程不需要使用故事板，因为我们会使用 TVML 来展示应用程序的 UI，而不是用故事板去设计 UI，所以将 Main.storyboard 和 ViewController.swift 删除，在提示框中选择 Move To Trash 彻底删除。

（5）打开 Info.plist 文件，删除 Main storyboard file base name 属性，然后添加新的属性 App Transport Security Settings（区分大小写），以及它的子属性 Allow Arbitrary Loads，并将其值设为 YES，如图 33-15 所示。

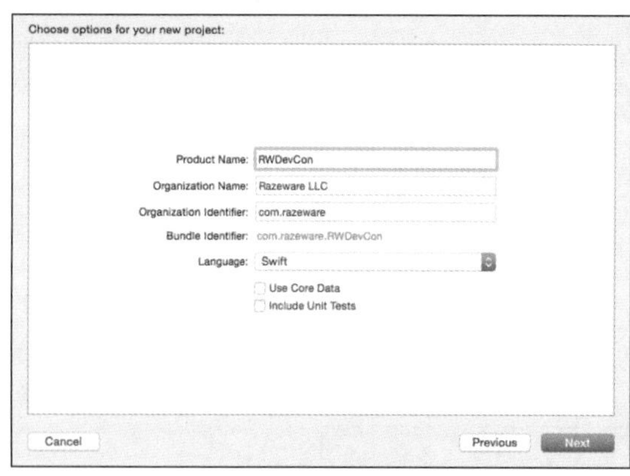

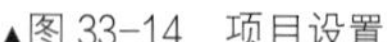
▲图 33-14　项目设置

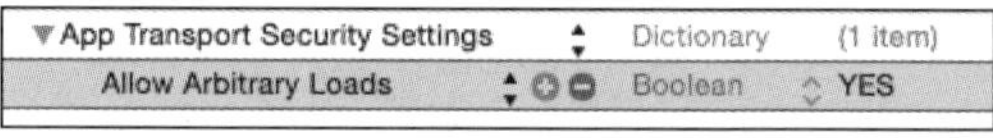

▲图 33-15　设置属性 Allow Arbitrary Loads

（6）开始加载 TVML。因为 tvOS 应用程序的生命周期开始于 AppDelegate，所以需要创建 TVApplicationController 以及应用程序上下文，并将它们传给主要的 JavaScript 文件。打开项目中的文件 AppDelegate.swift，然后进行如下操作。

① 删除所有的方法。

② 导入 TVMLKit。

③ 使 AppDelegate 遵循 TVApplicationControllerDelegate 协议。

（7）编写 JavaScript 代码。

在客户端-服务器类型的 tvOS 应用程序中，JavaScript 文件通常放在应用程序连接的服务器中，例如，计算机中的本地服务器或者可用网址访问的远程服务器中。为了方便起见，我们把 JavaScript

文件放在桌面，在桌面文件夹中新建一个名为 client 的文件夹。在 client 文件夹中再新建一个名为 js 的文件夹，该文件夹将作为你的 JavaScript 文件的容器。通过使用编辑 JavaScript 代码的 IDE 新建一个 JavaScript 文件，名为 application.js，将它保存在刚才新建的 js 文件夹中。

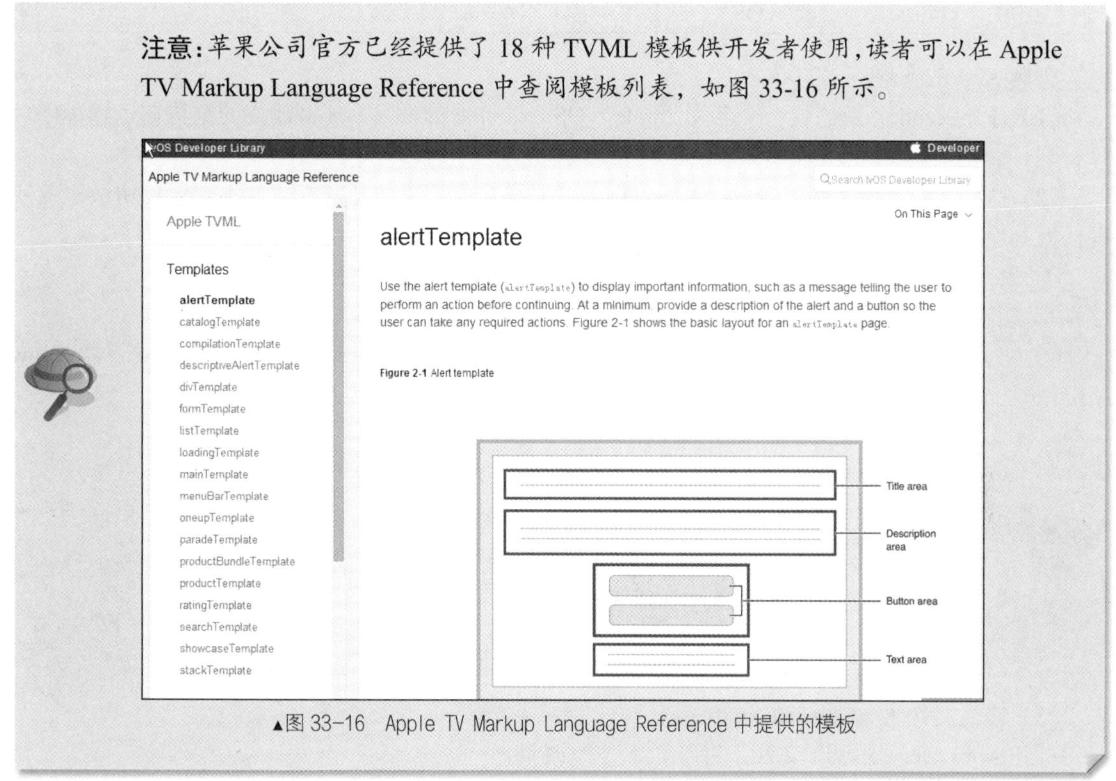

注意：苹果公司官方已经提供了 18 种 TVML 模板供开发者使用，读者可以在 Apple TV Markup Language Reference 中查阅模板列表，如图 33-16 所示。

▲图 33-16　Apple TV Markup Language Reference 中提供的模板

（8）配置本地服务器。打开 Terminal，输入如下命令。下述两行命令的作用是在先前创建的 client 目录中开启一个基于 Python 的 Web 服务器。此时编译运行 Xcode 项目后会看到你的第一个 tvOS TVML 应用程序。

```
cd ~/Desktop/client
python -m SimpleHTTPServer 9001
```

（9）使用 CatalogTemplate 模板。CatalogTemplate 模板是苹果公司提供的 18 个模板中的一个，作用是以分组的形式，展示最喜欢的 RWDevCon 视频。该模板中的 banner 元素在应用顶部，用于展示应用的基本信息，比如名称、标题等。CatalogTemplate 本身是一个复合元素，也就是说，它由多个简单元素组合而成。比如，在 banner 中很显然有标题，该标题就是一个简单的 title 元素，并且在 title 背后还有背景图片，这又是另外一个简单元素 background，所以 banner 由两个简单元素组合而成。

（10）播放视频。到目前为止，应用程序的页面已经构建好了。如果用 iOS 框架完成现在已经完成的布局，应该如何做？苹果公司把一些 UI 的细节全都抽象了出来，通过一个个模板供我们使用，方便开发者通过模板创建出完美的界面。接下来，让我们完成最后两个遗留的功能——选择视频和播放视频。首先，看选择操作，当按下 Enter 键或者在 Apple TV Remote 中选择视频时并没有什么反应，所以是时候实现选择视频的功能了。

33.3.2　基于 Swift 开发一个可响应的 tvOS 应用程序

实例 33-4	基于 Swift 开发一个可响应的 tvOS 应用程序
源码路径	daima\33\Apple-tvOS

实例 33-4 的实现方式如下。

（1）打开 Xcode，新创建一个名为 Apple tvOS Example 的项目，项目最终的结构在运行程序后可看到。

（2）将新建的项目保存好之后，对项目做一些调整。由于这种开发模式并不需要使用故事板或者任何其他的 ViewController，因此需要进行如下 3 个操作。

① 删除 Main.storyboard 以及默认生成的 ViewController.swift 文件。

② 删除 Info.plist 文件中的 Main storyboard file base name 键值对。

③ 在 Info.plist 文件中新增 DictionaryApp Transport Security Settings，在其中新增子类 Allow Arbitrary Loads 并将其值设置为 YES。

注意：由于从 iOS 9、OS X 10.11 之后苹果公司对所有非 HTTPS 的请求做出了限制，因此需要新增 key App Transport Security Settings，否则运行应用时将会出现错误。当然，这仅仅是开发过程中暂时性的解决方法，在实际应用上线之前，强烈建议大家使用 HTTPS。详细情况可以查看苹果公司对 NSAppTransportSecurity 的说明。

（3）修改文件 AppDelegate.swift。

打开 AppDelegate.swift 文件，进行如下修改调整。

① 引入 TVMLKit。

② 让 AppDelegate 类实现 TVApplicationControllerDelegate 接口。

③ 删除所有的方法。

④ 声明一个 TVApplicationController 类型的对象 appController。

⑤ 声明静态常量 TVBaseUrl 和 TVBootUrl。

⑥ 重写 didFinishLaunchingWithOptions 方法。

修改后的代码如下。

```
import UIKit
import TVMLKit

@UIApplicationMain
class AppDelegate: UIResponder, UIApplicationDelegate, TVApplicationControllerDelegate {
var window: UIWindow?
var appController: TVApplicationController?
static let TVBaseUrl = "http://localhost:8991/"
static let TVBootUrl = "\(AppDelegate.TVBaseUrl)js/application.js"

func application(application: UIApplication, didFinishLaunchingWithOptions launchOptions:
 [NSObject : AnyObject]?) -> Bool {
    self.window = UIWindow(frame: UIScreen.mainScreen().bounds)

    let appControllerContext = TVApplicationControllerContext()

    if let javaScriptURL = NSURL(string: AppDelegate.TVBootUrl) {
```

```
            appControllerContext.javaScriptApplicationURL = javaScriptURL
        }
        appControllerContext.launchOptions["BASEURL"] = AppDelegate.TVBaseUrl

        if let launchOptions = launchOptions as? [String: AnyObject] {
            for (kind, value) in launchOptions {
                appControllerContext.launchOptions[kind] = value
            }
        }

        self.appController = TVApplicationController(context: appControllerContext, window: 
        self.window, delegate: self)

        return true
    }
}
```

修改完上述代码之后，可以不用再写任何 Swift 代码。对于客户端-服务器类型的应用程序开发而言，在 Xcode 中需要编写的代码全部已经写完，接下来的工作需要在 JavaScript 和 XML 中进行。

（4）组织项目文件。将用到的 JavaScript 文件（包括模板文件）单独放在一个文件夹中，新建一个文件夹并将其命名为 client，在 client 中新建子目录 js、templates，JavaScript 文件架构如图 33-17 所示。

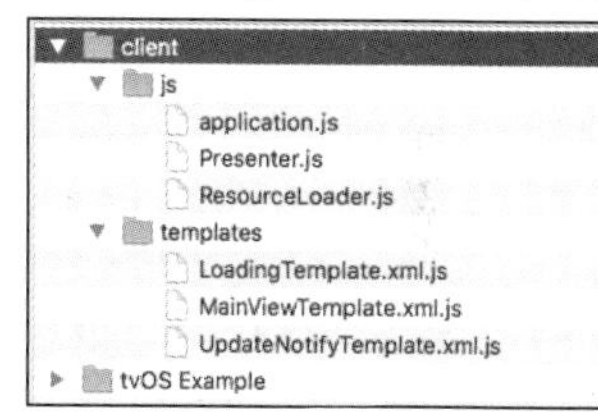

▲图 33-17　JavaScript 文件架构

在前面介绍的 AppDelegate 类中，TVBootUrl 所指向的地址是 tvOS 应用的入口。接下来，编写 application.js 文件，并将其放入 client 文件夹的 js 子文件夹内。根据 Apple tvOS 的要求，作为入口的这个 JavaScript 文件需要编写 App.onLaunch 和 App.onExit 函数。显而易见，onLaunch 方法将会在程序运行时调用，onExit 方法将会在程序退出时调用。因此编写这样一个简单的逻辑功能——程序启动后会弹出一个通知界面，其中包含两个按钮以供用户选择下一步的操作，具体代码如下。

```
App.onLaunch = function(options) {
console.log('App started');

var notify = createUpdateNotify("欢迎使用 Apple tvOS Exmaple""您可以访问 ****//blogxxx** 了解
详情""确认""取消");
navigationDocument.presentModal(notify);
}

App.onExit = function() {
console.log('App finished');
}

var createUpdateNotify = function(title,description,txtConfirmButton,txtCancelText) {
var alertString = '<?xml version="1.0" encoding="UTF-8" ?>
    <document>
        <alertTemplate>
            <title>${title}</title>
            <description>${description}</description>
            <button>
                <text>${txtConfirmButton}</text>
            </button>
            <button>
                <text>${txtCancelText}</text>
            </button>
        </alertTemplate>
    </document>'
```

```
var parser = new DOMParser();
var alertDoc = parser.parseFromString(alertString, "application/xml");
return alertDoc
}
```

通过命令行访问 client 所在的目录，在该命令行中执行如下指令，将 client 目录设置为本地服务器。当然，也可以上传到远程服务器，然后用网址进行访问。

```
python -m SimpleHTTPServer 8991
```

返回 Xcode，运行项目，执行后会弹出拥有“确认”和“取消”两个按钮的界面。在模拟器运行后，调出遥控器，按住 Option 键滑动触摸板以选择不同的按钮。熟悉 JavaScript 脚本的读者肯定非常了解上述代码，在 OnLaunch 方法执行时，通过调用 createUpdateNotify 方法并传入适当的参数，得到了一个 DOM 对象，再通过 navigationDocument 的 presentModal 方法将 DOM 对象显示到屏幕中。而每一个向用户展示的界面，就是一个 XML 文件，苹果公司将其称为 Template。简单来说，tvOS 应用的编写过程基本上可以说成“得到适当的 Template XML 文档”，将其转换成符合标准的 DOM 对象，并通过 navigationDocument 对象的适当方法将其展现给用户。因此，你需要了解如下两个知识点。

- ❑ 有哪些可以调用的 JavaScript 对象？请参考 Apple TV JavaScript Framework Reference。
- ❑ 有哪些可以使用的 Template 结构？请参考 Apple TV Markup Language Reference。

（5）实现 NavigationDocument 类。NavigationDocument 类是 tvOS SDK 中非常重要的一个组件，开发者可以使用 NavigationDocument 类的实例对象管理 TVML Template，将它们压入栈或者从栈中弹出来等。读者很可能已经注意到，这个类在 JavaScript 文件中没有实例化，而是直接拿来使用了。因为苹果公司已经将这个类实例化好了，并将其对象 navigationDocument 放入全局上下文当中，所以在任何需要的地方直接调用即可。

在 NavigationDocument 类中有如下几个比较重要的方法：

- ❑ pushDocument；
- ❑ presentModal；
- ❑ insertBeforeDocument；
- ❑ replaceDocument；
- ❑ popDocument；
- ❑ removeDocument；
- ❑ clear；
- ❑ popToDocument；
- ❑ popToRootDocument。

关于上述这些方法的详细信息，请参考 TVJS NavigationDocument Class Reference。

（6）实现文件 UpdateNotifyTemplate.xml.js。本实例显示的界面是通过 createUpdateNotify 方法拼接出来的，在简单的 example 代码中这样做完全没有问题。但是当需要创建多个界面时这会很复杂，或者说目前的代码不符合 MVC 模式，控制器和界面的耦合度太高，程序的健壮性不够好。因此需要将界面模板分离出来，单独存放、管理。在 client/templates 文件夹中新建一个文件，并将其命名为 UpdateNotifyTemplate.xml.js，在这个界面中套用一个非常简单的 alertTemplate 并根据需要将其个性化，主要代码如下。

```
var Template = function() { return '<?xml version="1.0" encoding="UTF-8" ?>
<document>
```

```
    <alertTemplate>
        <title>欢迎使用 Apple tvOS Exmaple</title>
        <description>您可以访问 ****\/\/blog.barat**了解详情</description>
        <button>
            <text>确定</text>
        </button>
        <button>
            <text>取消</text>
        </button>
  </alertTemplate>
</document>'
}
```

（7）实现文件 Presenter.js。为了更好地控制界面的显示、隐藏等操作，对 navigationDocument 对象做一定的封装，根据需要将自己想要调用的方法提前封装好。在 client/js 文件夹下面新建一个文件并将其命名为 Presenter.js，主要代码如下。

```
var Presenter = {
//根据给定的资源构造 DOM 对象
makeDocument: function(resource) {
   if (!Presenter.parser) {
       Presenter.parser = new DOMParser(); //单例
   }
    var doc = Presenter.parser.parseFromString(resource, "application/xml");
    return doc;
},

//使用模态窗口显示模板
modalDialogPresenter: function(xml) {
    navigationDocument.presentModal(xml);
},

//将需要显示的模板压入栈中
pushDocument: function(xml) {
    navigationDocument.pushDocument(xml);
}
}
```

（8）实现文件 ResourceLoader.js。编写一个封装类文件 ResourceLoader.js 以加载各类模板，主要实现代码如下。

```
function ResourceLoader(baseurl) {
if (!baseurl) {
    throw("ResourceLoader: baseurl is required.");
}
this.BASEURL = baseurl;
}

ResourceLoader.prototype.loadResource = function(resource, callback) {
var self = this;

evaluateScripts([resource], function(success) {
    if (success) {
        var resource = Template.call(self);
        callback.call(self, resource);
    } else {
         //
    }
});
}
```

（9）修改文件 application.js。通过上述几个步骤，你已经封装了 Presenter.js、ResourceLoader.js，并且需要显示的界面 UpdateNotifyTemplate.xml.js 也已经分离出来。接下来，修改 application.js 文件，在其中调用 ResourceLoader.js 加载界面，并使用 Presenter.js 在需要的时候将其显示出来。主要代码如下。

```
App.onLaunch = function(options) {
console.log('App started');

var javascriptFiles = [
    '${options.BASEURL}js/ResourceLoader.js',
    '${options.BASEURL}js/Presenter.js'
];

evaluateScripts(javascriptFiles, function(success) {
    if(success) {
        resourceLoader = new ResourceLoader(options.BASEURL);
                resourceLoader.loadResource('${options.BASEURL}templates/UpdateNotify
                Template.xml.js', function(resource) {
            var doc = Presenter.makeDocument(resource);
            Presenter.modalDialogPresenter(doc);
        });
    } else {
        //错误
    }
});
}

App.onExit = function() {
console.log('App finished');
}
```

（10）实现事件处理。前面实现的过程没有对用户的“选择”事件做出任何响应，使用 JavaScript 中的如下机制来处理用户的单击或者任何其他操作，并进行监听。

```
xxx.addEventListener()
```

例如，单击“取消”按钮后的结果如图 33-18 所示。

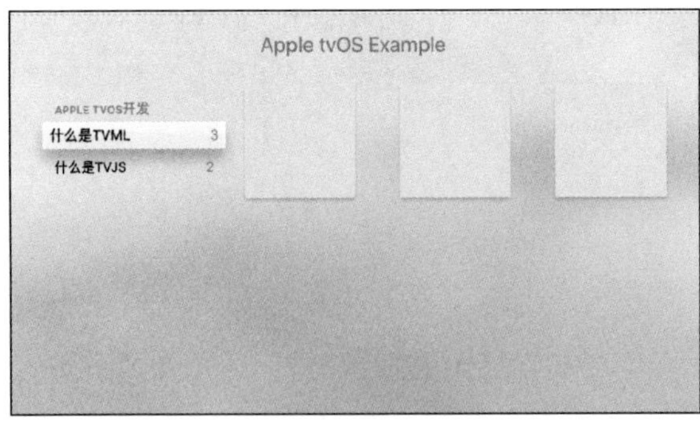

▲图 33-18　单击“取消”按钮后的结果

第 34 章　使用 Apple Pay

Apple Pay 是苹果公司推出的一项手机支付功能，最早在 2014 年苹果秋季新品发布会上发布，2014 年 10 月 20 日在美国正式上线。2016 年 2 月 18 日，Apple Pay 业务在中国上线。在全新的 iOS 中，Apple Pay 开始支持好友转账功能。本章将详细讲解在 iOS 中开发 Apple Pay 应用程序的知识。

34.1 Apple Pay 介绍

通过使用 Apple Pay，用户可以在 iOS 应用程序中轻松安全地购买实物商品和服务。使用 Apple Pay，用户在购物时无须输入账单、送货和联系人详细信息。Apple Pay 具有很高的安全性，能让客户和开发者安心使用。因为苹果公司不会存储或共享客户的实际信用卡号和借记卡号，所以商家和应用开发者无须负责管理和保护实际的信用卡号和借记卡号。

苹果公司声称，由于 Apple Pay 的优点，在发布 Apple Pay 功能之后，开发者的结账转换率提高为原来的 2 倍，结账时间也大幅缩短。在整合了 Apple Pay 之后，客户的忠诚度和购买频率也都提高了。

在 iOS 应用程序中，用户可以使用 Touch ID 为付款授权，以释放安全地存储在 iPhone 和 iPad 上的令牌化信用卡和借记卡付款凭证。此外，用户还可将其账单、送货和联系人信息存储在 Wallet 这一应用中。这样一来，当客户在应用中使用 Touch ID 为购买项目授权时，系统就会随付款凭证一道提供这些信息。

商家使用 Apple Pay 可以销售实物商品，例如，食品杂货、服装和电器，也可以通过 Apple Pay 提供各种服务，如俱乐部会员、酒店预订和活动门票。苹果公司公开了 PassKit 框架接口，通过 PassKit 可以开发 Apple Pay 应用程序。

34.2 Apple Pay 开发基础

Apple Pay 是一项可以让用户安全便捷地为现实世界的物品或服务提供支付信息的移动支付技术。要实现数字物品或者服务的支付功能，需要使用“App 内购买项目”（具体内容请参考苹果开发者官方文档 In-App Purchase Programming Guide）。

34.2.1 Apple Pay 的支付流程

在 iOS 中，使用 Apple Pay 实现移动支付的具体流程如图 34-1 所示。

（1）要使用 Apple Pay，需要在 Xcode 中启用 Apple Pay 功能。因此，你需要注册一个商家 ID 并生成一个加密密钥，这个密钥用于加密发送至服务器的支付信息。

（2）创建一个支付请求并初始化支付环境。这个支付请求包括了所支付的商品或者服务的小计、额外的税、运费或折扣的信息。将这个请求发送给支付授权视图控制器（payment authorization view controller）。该视图控制器将该支付请求展示给用户并提示用户输入所需的必要信息，例如，配送地址或者账单寄送地址等。当用户与视图控制器交互时，委托（delegate）会被调用以更新该支付请求。

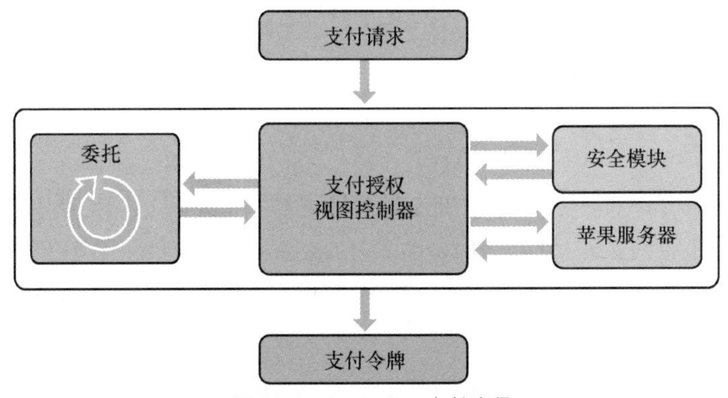

▲图 34-1　Apple Pay 支付流程

（3）当用户授权支付后，Apple Pay 会加密支付信息以防止非授权第三方访问该信息。在 iOS 设备上，Apple Pay 将支付请求送至安全模块（secure element）。安全模块是位于用户设备上的一块专用芯片，将使用你的商家信息、支付数据以及所使用的银行卡进行计算，生成一个加密支付令牌。随后，安全模块会将该令牌发送至苹果服务器。苹果服务器会使用你的商家 ID 对应的证书重新加密支付令牌。最后，苹果服务器将它发送至应用程序中并进行处理。

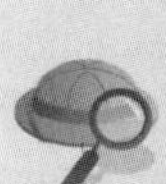

注意：支付令牌不会存储于苹果服务器上，服务器只是简单地使用你的证书重新加密你的支付令牌。这样一个支付过程使得无须将商家 ID 对应的证书随着应用一起发布，同时保证应用程序可以安全地加密用户的支付信息。在绝大多数情况下，iOS 应用程序会将加密后的支付令牌发送至第三方的支付平台以完成支付过程。然而，如果开发团队有自己的支付平台，则可以在自己的服务器上解密，然后处理自己的支付业务。

34.2.2　配置开发环境

在 Apple Pay 系统中，商家 ID 用于标识你能够接受付款。与商家 ID 相关联的公钥与证书用于在支付过程中加密支付信息。要使用 Apple Pay，首先需要注册一个商家 ID 并且配置它的证书。如果在钥匙串访问（Keychain Access）中看到如下所示的警告信息，就需要在苹果官网下载这两个证书。

> 该证书由一个未知的机构签发或者该证书有一个无效的发行人，请将 WWDR 中间证书 - G2 以及 Apple 的根证书 - G2 安装到你的钥匙串中...

为商家 ID 配置证书后，需要在 Xcode 的 capabilities 面板中为应用程序启用 Apple Pay 功能。在 Apple Pay 这一行中单击，然后指定该应用使用的商家 ID，如图 34-2 所示。

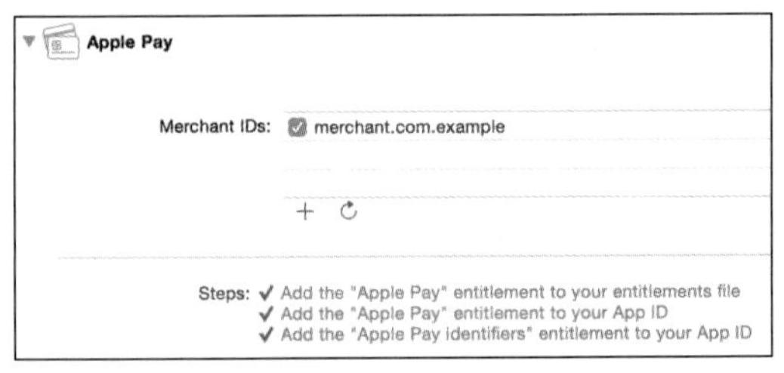

▲图 34-2　指定 Apple Pay 使用的商家 ID

34.2.3 创建支付请求

支付请求是 PKPaymentRequest 类的一个实列，一个完整的支付请求包含用户支付的物品概要清单、可选配送方式列表、用户需提供的配送信息、商家的信息以及支付处理机构。

1. 判断用户是否能够支付

在创建支付请求前，首先需要通过调用 PKPaymentAuthorizationViewController 类中的方法 canMakePaymentsUsingNetworks 判断用户是否能使用你支持的支付网络完成付款。方法 canMakePayments 用于判断当前设备的硬件是否支持 Apple Pay，以及家长控制是否允许使用 Apple Pay。具体判断过程如下。

- 如果 canMakePayments 返回 NO，则设备不支持 Apple Pay，不显示 Apple Pay 按扭，用户可以选择使用其他的支付方式。
- 如果 canMakePayments 返回 YES，但 canMakePaymentsUsingNetworks 返回 NO，则表示设备支持 Apple Pay，但是用户并没有为任何请求的支付网络添加银行卡。此时可以选择显示一个支付设置按扭，引导用户添加银行卡。如果用户单击该按扭，则开始设置新银行卡的流程（例如，通过调用 openPaymentSetup 方法）。
- 一旦按下 Apple Pay 按扭，就开始支付授权过程。在显示支付请求之前，不要让用户进行任何其他操作。例如，如果用户需要输入优惠码，应该在用户按下 Apple Pay 按扭之前要求用户输入该优惠码。

2. 桥接基于 Web 的支付接口

如果应用程序使用基于 Web 的接口进行商品或服务的支付，那么在处理 Apple Pay 事务之前，你需要将 Web 接口的请求发送至 iOS 本地代码。

3. 包含货币以及地区信息的支付请求

在同一个支付请求中的汇总金额使用相同的货币，所使用的币种可以通过 PKPaymentRequest 的 currencyCode 属性指定。币种由 3 个字符的 ISO 货币代码指定，例如，USD 表示美元。支付请求中的国家（地区）代码表明支付发生的国家（地区）或者支付将在哪个国家（地区）处理，由 ISO 国家（地区）代码（例如，US）指定该属性。在请求中指定的商户 ID 必须是应用程序授权的商户 ID 中的某一个。例如，下面是完整的演示代码。

```
request.currencyCode = @"USD";
request.countryCode = @"US";
request.merchantIdentifier = @"merchant.com.example";
```

4. 支付请求包括一系列的支付汇总项

由类 PKPaymentSummaryItem 表示支付请求中的不同部分。一个支付请求包括多个支付汇总项，通常会包括小计、折扣、配送费用、税以及总计。如果没有其他任何额外的费用（例如，配送或税），那么支付的总额直接是所有购买商品费用的总和。你需要在应用程序的其他合适位置显示关于商品的每一项费用的详细信息。

在某些场景下，如果在支付授权的时候还不能获取应当支付的费用（例如，出租车收费），则使用 PKPaymentSummaryItemTypePending 类型作为小计项，并将其金额值设置为 0.0。系统随后会设置该项的金额。

汇总项列表中最后一项是总计项，总计项的金额是其他汇总项的和。总计项的显示不同于其他项，在该项中使用你的公司名称作为其标签，使用所有其他项的金额之和作为其金额。最后，使用属性 paymentSummaryItems 将所有汇总项都添加到支付请求中。

5. 配送方式是一个特殊的支付汇总项

为每一个可选的配送方式创建一个 PKShippingMethod 实例。与其他支付汇总项一样，配送方式也有一个用户可读的标签（例如，标准配送或者隔天配送）和一个配送金额值。与其他汇总项不同的是，在配送方法中有一个 detail 属性值，例如，7 月 29 日送达或者 24 小时之内送达等，该属性值说明了不同配送方式之间的区别。

使用 identifier 属性在委托方法中区分不同的配送方式，这个属性只被该应用所使用，对于支付框架是不可见的。同样，identifier 属性也不会出现在 UI 中。在创建每个配送方式的时候，为其分配唯一的标识符。为了便于调试，推荐使用简短字符串或者字符串缩写，例如，“discount”“standard”“next-day”等。

有些配送方式并不是在所有地区都是可以使用的，或者它们的费用会根据配送地址的不同而发生变化，这需要在用户选择配送地址或方法时更新其信息。

6. 指定应用程序支持的支付处理机制

属性 supportedNetworks 是一个字符串常量，通过设置该值可以指定应用所支持的支付网络。merchantCapabilities 属性值说明应用程序支持的支付处理协议。3DS 协议是必须支持的支付处理协议，EMV 是可选的支付处理协议。

7. 说明所需的配送信息和账单信息

通过修改支付授权视图控制器的 requiredBillingAddressFields 属性和 requiredShippingAddressFields 属性，你可以设置所需的账单信息和配送信息。当显示视图控制器时，它会提示用户输入必需的账单信息和配送信息。这个域的值是通过这些属性组合而成的，例如下面的演示代码。

```
request.requiredBillingAddressFields = PKAddressFieldEmail;
request.requiredBillingAddressFields = PKAddressFieldEmail | PKAddressFieldPostalAddress;
```

如果已有最新账单信息以及配送联系信息，可以直接为支付请求设置这些值。Apple Pay 会默认使用这些信息。但是，用户仍然可以选择在本次支付中使用其他联系信息，例如下面的演示代码。

```
PKContact *contact = [[PKContact alloc] init];
NSPersonNameComponents *name = [[NSPersonNameComponents alloc] init];
name.givenName = @"John";
name.familyName = @"Appleseed";
contact.name = name;
CNMutablePostalAddress *address = [[CNMutablePostalAddress alloc] init];
address.street = @"1234 Laurel Street";
address.city = @"Atlanta";
address.state = @"GA";
address.postalCode = @"30303";
contact.postalAddress = address;
request.shippingContact = contact;
```

8. 保存其他信息

最后保存支付中其他与应用相关的信息，例如，购物车标识，这可以使用 applicationData 属性实现。属性 applicationData 对于系统来说是不可见的，用户授权支付后，应用数据的哈希值也会成为支付令牌的一部分。

34.2.4 授权支付

支付授权过程是由支付授权视图控制器与其委托合作完成的，支付授权视图控制实现了如下的两个功能。

- ❑ 让用户选择支付请求所需的账单信息与配送信息。
- ❑ 让用户授权支付操作。

用户与视图控制器交互时，委托方法会被系统调用，所以在这些方法中你的应用可以更新所要显示的信息。例如，在配送地址修改后更新配送价格，在用户授权支付请求后此方法还会被调用一次。

注意：在实现这些委托方法时，应该谨记它们会被多次调用，并且这些方法调用的顺序是取决于用户的操作顺序的。

所有的委托方法在授权过程中都会被调用，传入该方法的其中一个参数是一个完成块（completion block）。支付授权视图控制器等待一个委托完成相应的方法后（通过调用完成块），再依次调用其他的委托方法。方法 paymentAuthorizationViewControllerDidFinish 是唯一例外，它并不需要以一个完成块作为参数，可以在任何时候调用。

完成块会接受一个输入参数，该参数为应用程序根据信息判断得到的支付事务的当前状态。如果支付事务一切正常，则应传入值 PKPaymentAuthorizationStatusSuccess；否则，可以传入能识别出错误的值。

在创建 PKPaymentAuthorizationViewController 类的实例时，需要将已初始化的支付请求传递给视图控制器初始化函数，然后设置视图控制器的委托，最后再显示它，例如下面的演示代码。

```
PKPaymentAuthorizationViewController *viewController = [[PKPaymentAuthorizationView
Controller alloc]
initWithPaymentRequest:request];
if (!viewController) { /* ... Handle error ... */ }
viewController.delegate = self;
[self presentViewController:viewController animated:YES completion:nil];
```

当用户与视图控制器交互时，视图控制器就会调用其委托方法。

1. 使用委托方法更新配送方式与配送费用

当用户输入配送信息时，授权视图控制器会调用委托的 paymentAuthorizationViewController:didSelectShippingContact:completion 方法和 paymentAuthorizationViewController:didSelectShippingMethod:completion 方法，你可以实现这两个方法来更新支付请求。

2. 在支付被授权时创建一个支付令牌

当用户授权一个支付请求时，支付框架的 Apple 服务器与安全模块会协作创建一个支付令牌。你可以在委托方法 paymentAuthorizationViewController:didAuthorizePayment:completion 中将支付信息以及其他需要处理的信息（例如，配送地址和购物车标识符）一起发送至服务器。这个过程如下。

- ❑ 支付框架将支付请求发送至安全模块，只有安全模块会访问与令牌化后的设备相关的支付卡号。
- ❑ 安全模块将特定卡的支付数据和商家信息一起加密（加密后的数据只有苹果公司可以访问），然后将加密后的数据发送至支付框架。支付框架再将这些数据发送至苹果服务器。
- ❑ 苹果服务器使用商家标识证书将这些支付数据重新加密。这些令牌只能由你以及那些与你共享商户标识证书的人读取。随后服务器生成支付令牌，再将其发送至设备。
- ❑ 支付框架调用 paymentAuthorizationViewController:didAuthorizePayment:completion 方法将令牌发送至你的委托，在委托方法中再将其发送至我们的服务器。

在服务器上的处理操作取决于你是自己处理支付还是使用其他支付平台。不过，在两种情况下服务器都要处理订单，再将处理结果返回给设备。在 iOS 设备上，委托再将处理结果传入完成处理方法中。

3. 在委托方法中释放支付授权视图控制器

支付框架显示完支付事务状态后，授权视图控制器会调用委托的 paymentAuthorizationViewControllerDidFinish 方法。在此方法的实现过程中，应该释放授权视图控制器，然后显示与应用相关的支付信息界面。

34.2.5　处理支付

在 iOS 中，处理一次 Apple Pay 事务的基本步骤如下。

（1）将付款信息与其他处理订单的必需信息一起发送至你的服务器。

（2）验证付款数据的哈希值与签名。

（3）解密出支付数据。

（4）将支付数据提交给付款处理网络。

（5）将订单信息提交至你的订单跟踪系统。

你有两种可选的方式处理付款过程：第一种方式，利用已有的支付平台来处理付款；第二种方式，自己实现付款过程。一次付款的处理过程通常情况下包括上述的大部分步骤。

在上述处理过程中，访问、验证以及处理付款信息步骤需要开发者懂得一些加密的知识，比如 SHA-1 哈希、访问和验证 PKCS #7 签名以及如何实现椭圆曲线 Diffie-Hellman 密钥交换等。如果开发者没有这些加密的背景知识，建议使用已有支付平台，它们会替你完成这些烦琐的操作。如图 34-3 所示，付款数据是嵌套结构。支付令牌是 PKPaymentToken 类的实例，其 paymentData 属性值是一个 JSON 字典。该 JSON 字典包括用于验证信息有效性头信息以及加密后的付款数据。加密后的支付数据包括付款金额、持卡人姓名以及其他特定支付处理协议的信息。

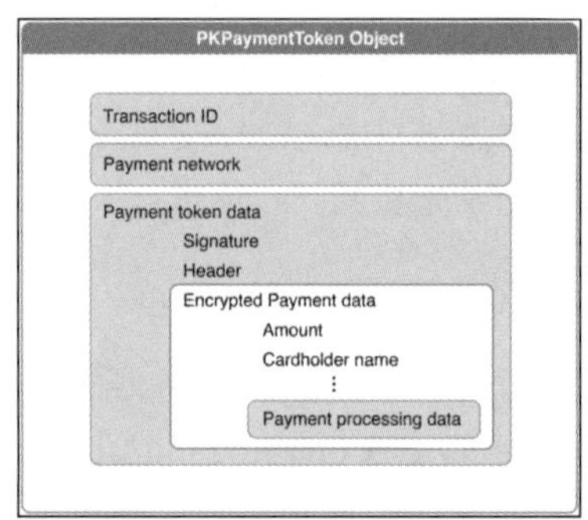

▲图 34-3　付款数据是嵌套结构

34.3 将 Apple Pay 接入应用程序

实例 34-1	在 iOS 应用程序中接入 Apple Pay
源码路径	daima\34\ApplePayDemo-1

34.3.1 准备工作

在开发本实例之前需要明白，Apple Pay 和支付宝、微信支付最大的不同点是用户的资金不存放在 Apple Pay 中。支付宝、微信支付把用户的钱从银行卡里面拿出来放到阿里巴巴和腾讯公司，而 Apple Pay 则没有这样做，钱还在银行卡里面，所以 Apple Pay 只相当于一个卡包，帮你存放实体卡而已。Apple Pay 里面的 Pay，其实并不属于苹果公司的业务，只是苹果公司和银行合作产生的一种业务。如果没有银行，就没有 Apple Pay。Apple Pay 和银行是强关联的，和苹果公司是弱关联的。

在接入 Apple Pay 之前，首先要申请 Merchant ID 及对应的证书，具体流程如下。

（1）登录苹果开发者中心，在 Identifiers 下选择 Merchant IDs，单击右上角的添加按钮添加 Merchant ID，并输入描述信息和标识符，然后单击 Continue 按钮，如图 34-4 所示。

（2）成功申请 Merchant ID 后，需要创建证书，除单击编辑按钮创建证书之外，还可以通过在 Certificate 下创建一个 Production-Apple Pay Certificate 来创建证书。如果需要在美国以外的地区使用 Apple Pay，则需要打开对应的权限。在这个过程中需要用到 CSR 文件，可以使用刚开始创建好的 CSR 文件，如图 34-5 所示。

（3）使用 Xcode 创建项目后，需要确保 Bundle identifier 中的 APP ID 信息和开发者中心中的 Merchant ID 相同，如图 34-6 所示。

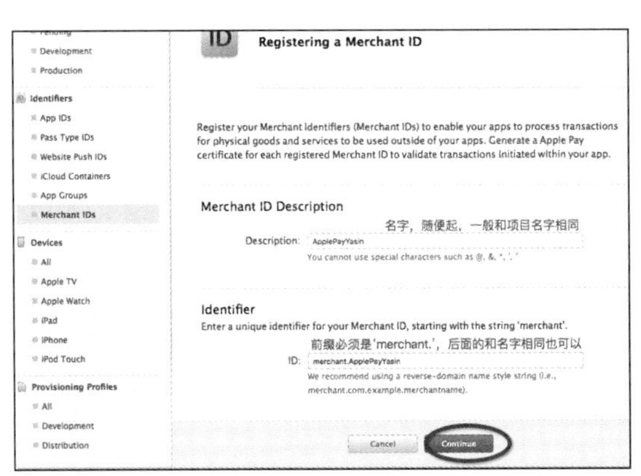

▲图 34-4 设置 Merchant ID

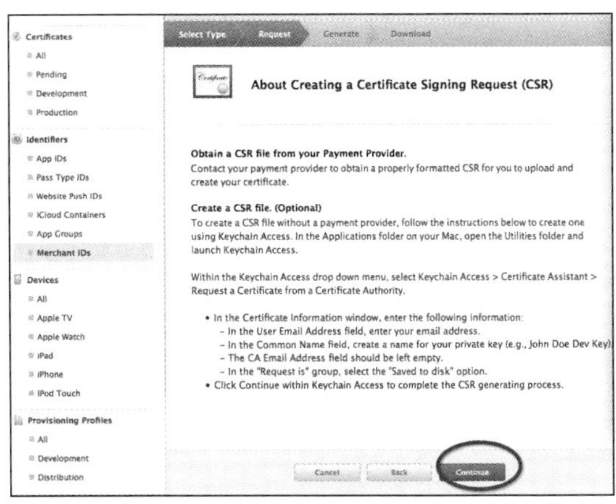

▲图 34-5 创建的 CSR 文件

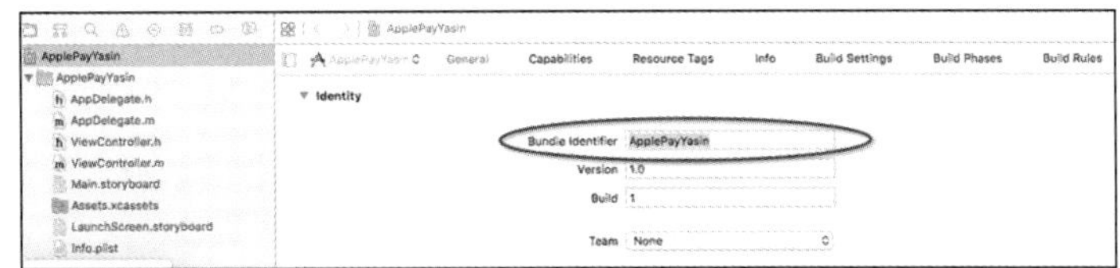

▲图 34-6 设置 Xcode 中的 APP ID 信息

34.3.2 具体实现

本实例是用纯代码实现的，实现文件是 ViewController.m，此文件的具体实现流程如下。

（1）使用 iOS 控件在屏幕上方设置一张商品图片，在屏幕下方设置苹果支付按钮，并在载入屏幕视图时检测是否支持 Apple Pay。对应实现代码如下。

```
- (void)viewDidLoad {
    [super viewDidLoad];

    UILabel *label = [[UILabel alloc] initWithFrame:CGRectMake(0, 0, 100, 100)];
    label.center = self.view.center;
    label.text = @"商品";
    label.textAlignment = NSTextAlignmentCenter;
    label.backgroundColor = [UIColor blueColor];
    [self.view addSubview:label];

    //判断设备是否支持 Apple Pay
    if (![PKPaymentAuthorizationViewController canMakePayments]) {

        NSLog(@"此设备不支持 Apple Pay");
    } else if(![PKPaymentAuthorizationViewController
canMakePaymentsUsingNetworks:@[PKPaymentNetworkVisa,PKPaymentNetworkChinaUnionPay]]
){  //判断设备是否已经绑定银联卡或者 Visa 卡

        PKPaymentButton *btn = [PKPaymentButton
        buttonWithType:PKPaymentButtonTypeSetUp style:PKPaymentButtonStyleWhiteOutline];
        btn.frame = CGRectMake(self.view.bounds.size.width / 2 - 50,
        self.view.bounds.size.height - 60, 100, 40);
        [btn addTarget:self action:@selector(jump)
        forControlEvents:UIControlEventTouchUpInside];
        [self.view addSubview:btn];
    }else {
        PKPaymentButton *btn = [PKPaymentButton buttonWithType:PKPaymentButtonTypeBuy
        style:PKPaymentButtonStyleBlack];
        btn.frame = CGRectMake(self.view.bounds.size.width / 2 - 50,
        self.view.bounds.size.height - 60, 100, 40);
        [btn addTarget:self action:@selector(buy)
        forControlEvents:UIControlEventTouchUpInside];
        [self.view addSubview:btn];
    }
}
```

（2）创建一个支付请求，包括商品名称、数量和单价信息，并设置商家信息、快递信息、买家信息和商家支付 ID 信息，对应代码如下。

```
- (void)buy {
NSLog(@"可以支付");
/**
 一般支付分两步：
 创建一个支付请求
 验证用户的支付授权
 */

//创建一个支付请求
PKPaymentRequest *request = [[PKPaymentRequest alloc] init];

//配置货币代码以及国家代码
request.countryCode = @"CN";
request.currencyCode = @"CNY";

//配置请求的支持网络
request.supportedNetworks = @[PKPaymentNetworkChinaUnionPay,PKPaymentNetworkVisa];
```

```
    //配置商户的处理方式
    request.merchantCapabilities = PKMerchantCapability3DS;

    //配置购买的商品列表 —— 支付列表中最后一项代表汇总
    NSDecimalNumber *dn1 = [[NSDecimalNumber alloc] initWithString:@"10.0"];
    PKPaymentSummaryItem *item1 = [PKPaymentSummaryItem summaryItemWithLabel:@"苹果
    6(商品名称)" amount:dn1];
    NSDecimalNumber *dn2 = [[NSDecimalNumber alloc] initWithString:@"10.0"];
    PKPaymentSummaryItem *item2 = [PKPaymentSummaryItem summaryItemWithLabel:@"苹果
    6(商品名称)" amount:dn2];
    NSDecimalNumber *dn3 = [[NSDecimalNumber alloc] initWithString:@"20.0"];
    PKPaymentSummaryItem *item3 = [PKPaymentSummaryItem summaryItemWithLabel:@"苹果公
    司" amount:dn3];
    request.paymentSummaryItems = @[item1, item2,item3];

    //配置商家 ID
    request.merchantIdentifier = @"merchant.applePayDemoBL.com";

    //------------配置请求的附加项
    //是否显示发票收货地址以及显示哪些选项
    request.requiredBillingAddressFields = PKAddressFieldAll;
    //是否显示快递收货地址以及显示哪些选项
    request.requiredShippingAddressFields = PKAddressFieldAll;
    //配置快递方式
    NSDecimalNumber *dnSF = [[NSDecimalNumber alloc] initWithString:@"10.0"];
    PKShippingMethod *method1 = [PKShippingMethod summaryItemWithLabel:@"顺丰快递"
    amount:dnSF];
    method1.identifier = @"YD"; //需要配置快递的标记，若不设置，应用会崩溃
    method1.detail = @"顺丰到家";    //快递信息描述

    NSDecimalNumber *dnYD = [[NSDecimalNumber alloc] initWithString:@"1.0"];
    PKShippingMethod *method2 = [PKShippingMethod summaryItemWithLabel:@"韵达快递"
    amount:dnYD];
    method2.identifier = @"SF";
    method2.detail = @"韵达到家";
    request.shippingMethods = @[method1,method2];

    //配置快递的类型
    request.shippingType = PKShippingTypeServicePickup;
    //添加一些附加数据
    request.applicationData = [@"buyID==1234" dataUsingEncoding:NSUTF8StringEncoding];



    //验证用户的支付授权
    PKPaymentAuthorizationViewController *pvc = [[PKPaymentAuthorizationViewController
    alloc] initWithPaymentRequest:request];
    pvc.delegate = self;
    [self presentViewController:pvc animated:YES completion:nil];
}
```

（3）实现如下两个代理方法。

- paymentAuthorizationViewController：当用户授权成功时，就会调用这个方法。
- paymentAuthorizationViewControllerDidFinish：当用户授权成功或者取消授权时，调用此方法。

对应的代码如下。

```
#pragma mark -PKPaymentAuthorizationViewControllerDelegate
//必须实现的两个代理方法
- (void)paymentAuthorizationViewController:(PKPaymentAuthorizationViewController
*)controller
     didAuthorizePayment:(PKPayment *)payment
          completion:(void (^)(PKPaymentAuthorizationStatus status))completion {

    //一般在此处，拿到支付信息，发送给服务器处理，处理完毕之后服务器返回一个状态，告诉客户端是否支
    //付成功，然后客户端进行处理
    BOOL isSuccess = YES;


    if (isSuccess) {
        completion(PKPaymentAuthorizationStatusSuccess);
    } else {
        completion(PKPaymentAuthorizationStatusFailure);
    }
}

//当用户授权成功或者取消授权时调用此方法
- (void)paymentAuthorizationViewControllerDidFinish:(PKPaymentAuthorizationView
Controller *)controller {

    NSLog(@"授权结束");
    [self dismissViewControllerAnimated:YES completion:nil];
}
```

上述两个方法中各个参数的具体说明如下。

- 参数 1：授权控制器。
- 参数 2：支付对象。
- 参数 3：系统给定的一个回调代码块，我们需要执行这个代码块，目的是告诉系统当前的支付状态是否成功。

到此为止，整个实例介绍完毕，执行结果如图 34-7 所示。

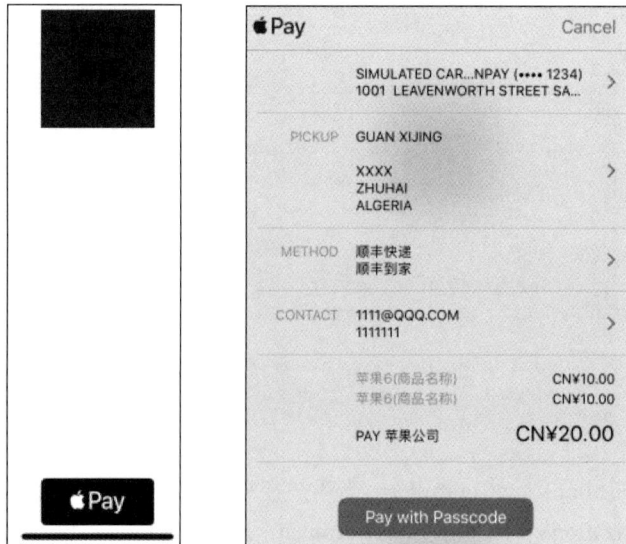

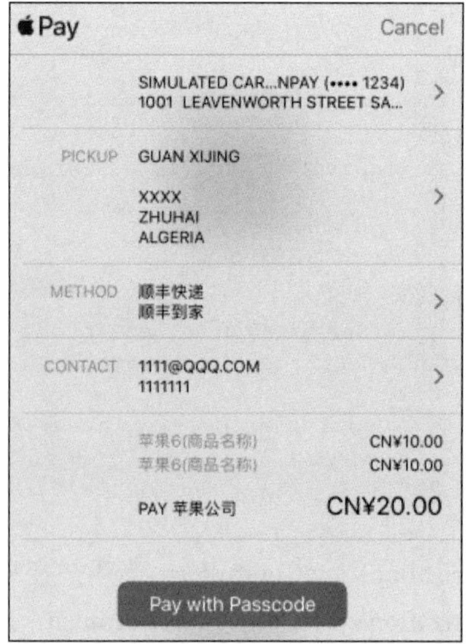

▲图 34-7　执行结果

34.4 基于 Objective-C 使用图标接入 Apple Pay

实例 34-2	基于 Objective-C 使用图标接入 Apple Pay
源码路径	daima\34\ApplePayDemo-2

苹果公司建议使用图标按钮来接入 Apple Pay 功能，只要单击这个图标即可实现 Apple Pay 支付功能。在本实例中，将使用苹果公司官方提供的图片作为接入按钮，具体实现流程如下。

（1）在开发者后台选择 App IDs 标签，注册 App ID 并指定 Bundle ID，例如，com.example.appid，在 App Services 中勾选 Apple Pay。

（2）注册完成后，再次选择 App IDs 标签，单击刚才所注册的 App ID，单击 Edit 按钮。

（3）在 Apple Pay 中，单击 Edit 按钮，选择刚才生成的 Merchant ID，如图 34-8 所示。

（4）在开发者后台选择 Provisioning Profiles 标签，根据刚才的 App ID 生成配置文件，并下载配置文件，双击配置文件完成导入工作。

（5）创建 Xcode 项目，设置相应的 Bundle ID。完成后在项目的 TARGETS 选项中选择 Capabilities 标签，打开 Apple Pay 选项并配置相应的 Merchant IDs，如图 34-9 所示。

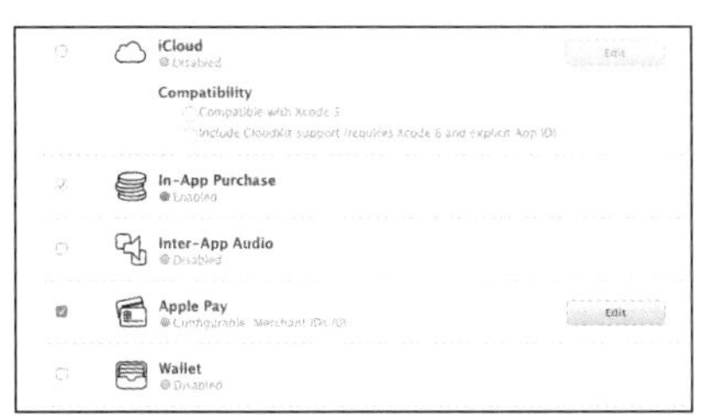

▲图 34-8　选择刚生成的 Merchant ID

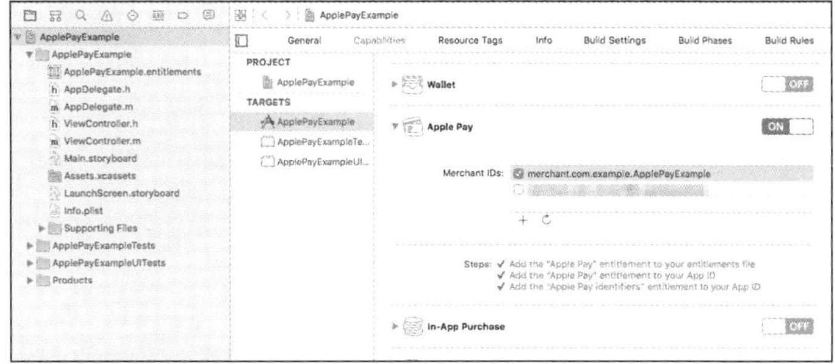

▲图 34-9　配置相应的 Merchant IDs

（6）实例文件 ViewController.m 的具体代码如下。

```
#import "ViewController.h"
#import <PassKit/PassKit.h>
@interface ViewController () <PKPaymentAuthorizationViewControllerDelegate>
@end
@implementation ViewController
- (void)viewDidLoad {
    [super viewDidLoad];
    PKPaymentButton *payButton = [[PKPaymentButton alloc] initWithPaymentButtonType:
    PKPaymentButtonTypeBuy paymentButtonStyle:PKPaymentButtonStyleBlack];
    payButton.frame = CGRectMake(0, 0, 100, 44);
    payButton.center = self.view.center;
    [self.view addSubview:payButton];
    [payButton addTarget:self action:@selector(pay:) forControlEvents:UIControlEvent
TouchUpInside];
}
- (void)didReceiveMemoryWarning {
    [super didReceiveMemoryWarning];
}
- (IBAction)pay:(id)sender {
    if([PKPaymentAuthorizationViewController canMakePayments]) {
        NSLog(@"PKPayment can make payments");
    }
```

```
    PKPaymentRequest *payment = [[PKPaymentRequest alloc] init];
    PKPaymentSummaryItem *total = [PKPaymentSummaryItem summaryItemWithLabel:@"Total"
 amount:[NSDecimalNumber decimalNumberWithString:@"1.99"]];
    payment.paymentSummaryItems = @[total];
    //人民币
    payment.currencyCode = @"CNY";
    //中国
    payment.countryCode = @"CN";
    //在 Member Center 里设置的 Merchant ID
    payment.merchantIdentifier = @"merchant.com.zhimei360.applepaydemo";
    //Fixbug: 原来设置为 'PKMerchantCapabilityCredit', 在真机上无法
    //回调 'didAuthorizePayment' 方法
    payment.merchantCapabilities = PKMerchantCapability3DS | PKMerchantCapabilityEMV |
    PKMerchantCapabilityCredit | PKMerchantCapabilityDebit;
    //支持哪种结算网关
    payment.supportedNetworks = @[PKPaymentNetworkChinaUnionPay];
    NSLog(@"payment: %@", payment);
    PKPaymentAuthorizationViewController *vc = [[PKPaymentAuthorizationViewController
    alloc] initWithPaymentRequest:payment];
    vc.delegate = self;
    [self presentViewController:vc animated:YES completion:NULL];
}
//- (void)paymentAuthorizationViewController:(PKPaymentAuthorizationViewController *)
controller didSelectPaymentMethod:(PKPaymentMethod *)paymentMethod completion:(void
(^)(NSArray<PKPaymentSummaryItem *> * _Nonnull))completion {
//    NSLog(@"didSelectPaymentMethod");
//    completion(@[]);
//}
-(void)paymentAuthorizationViewController:(PKPaymentAuthorizationViewController
*)controller didSelectShippingContact:(PKContact *)contact completion:(void (^)(PKPay
mentAuthorizationStatus, NSArray<PKShippingMethod *> * _Nonnull, NSArray<PKPaymentSum
maryItem *> * _Nonnull))completion {
    NSLog(@"didSelectShippingContact");
}
- (void)paymentAuthorizationViewController:(PKPaymentAuthorizationViewController *)
controller didSelectShippingMethod:(PKShippingMethod *)shippingMethod completion:(void
(^)(PKPaymentAuthorizationStatus, NSArray<PKPaymentSummaryItem *> *
_Nonnull))completion {
    NSLog(@"didSelectShippingMethod");
}

- (void)paymentAuthorizationViewControllerWillAuthorizePayment:(PKPaymentAuthorization
ViewController *)controller {
    NSLog(@"paymentAuthorizationViewControllerWillAuthorizePayment");
}
- (void)paymentAuthorizationViewController:(PKPaymentAuthorizationViewController *)
controller didAuthorizePayment:(PKPayment *)payment completion:(void
(^)(PKPaymentAuthorizationStatus))completion {
    NSLog(@"did authorize payment token: %@, %@", payment.token,
payment.token.transactionIdentifier);
    completion(PKPaymentAuthorizationStatusSuccess);
}
- (void)paymentAuthorizationViewControllerDidFinish:(PKPaymentAuthorizationViewContro
ller *)controller {
    NSLog(@"finish");
    [controller dismissViewControllerAnimated:controller completion:NULL];
}
@end
```

执行结果如图 34-10 所示。

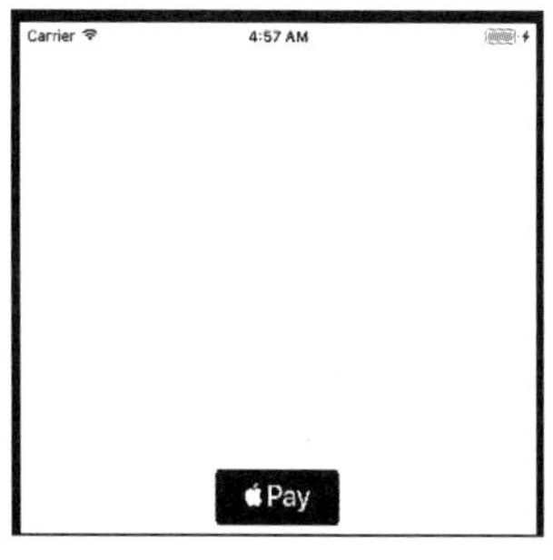

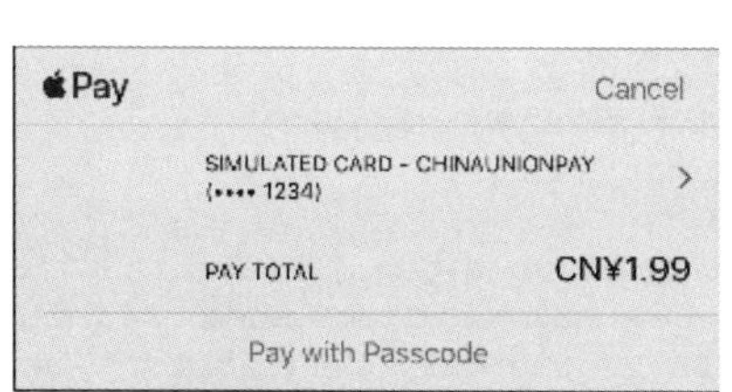

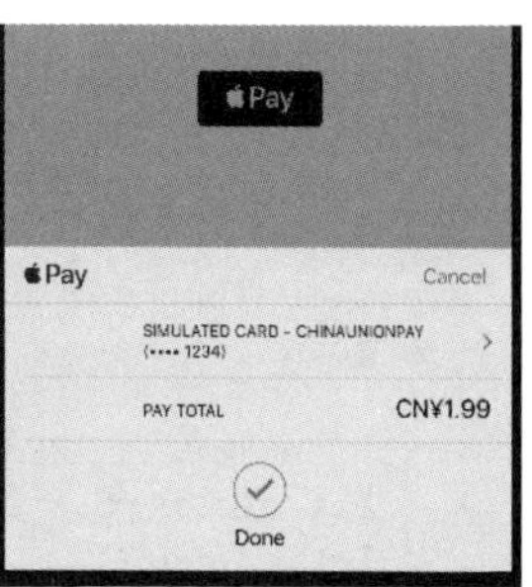

▲图 34-10　执行结果

34.5 基于 Swift 使用图标接入 Apple Pay

实例 34-3	基于 Swift 使用图标接入 Apple Pay
源码路径	daima\34\Swift-3-ApplePay

实例 34-3 的实现方式如下。

（1）在 Assets.xcassets 中设置接入图标，如图 34-11 所示。

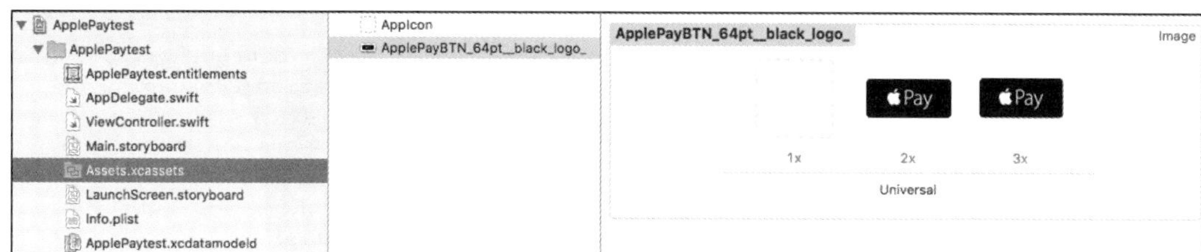

▲图 34-11　设置接入图标

（2）在 Main.storyboard 中插入接入图标，如图 34-12 所示。

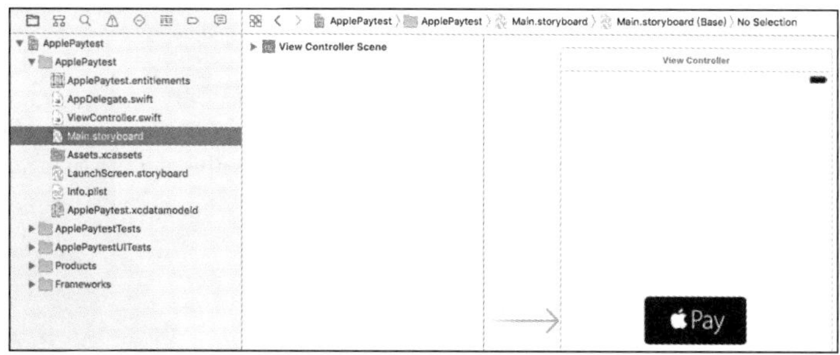

▲图 34-12　插入接入图标

（3）实例文件 ViewController.swift 的具体代码如下。

```
import UIKit
import PassKit
class ViewController: UIViewController, PKPaymentAuthorizationViewControllerDelegate {
    @available(iOS.0, *)
    func paymentAuthorizationViewController(_ controller: PKPaymentAuthorizationView
    Controller, didAuthorizePayment payment: PKPayment, handler completion: @escaping
    (PKPaymentAuthorizationResult) -> Void) {

    }
```

```
    private var merchantID = "merchant.com.xxxx.applepaytest"

    var paymentRequest : PKPaymentRequest!
    override func viewDidLoad() {
        super.viewDidLoad()
    }
    override func didReceiveMemoryWarning() {
        super.didReceiveMemoryWarning()
    }
    func itemToSell(shipping: Double) -> [PKPaymentSummaryItem] {
        let teeShirt = PKPaymentSummaryItem(label: "Jordan Tee-Shirt", amount: 45.00)
        let discount = PKPaymentSummaryItem(label: "Discount", amount: -20.00)
        let shipping = PKPaymentSummaryItem(label: "Shipping", amount: NSDecimalNumber
        (string: "\(shipping)"))
        let totalAmount = teeShirt.amount.adding(discount.amount).adding(shipping.amount)
        let totalPrice = PKPaymentSummaryItem(label: "Pay to xxxxxx", amount: totalAmount)
        return [teeShirt, discount, shipping, totalPrice]
    }

    func paymentAuthorizationViewController(_ controller: PKPaymentAuthorizationView
    Controller, didSelect shippingMethod: PKShippingMethod, completion: @escaping
    (PKPaymentAuthorizationStatus, [PKPaymentSummaryItem]) -> Void) {

        completion(PKPaymentAuthorizationStatus.success, itemToSell(shipping: Double
        (shippingMethod.amount)))
    }

    func paymentAuthorizationViewController(_ controller: PKPaymentAuthorizationView
    Controller, didAuthorizePayment payment: PKPayment, completion: @escaping
    (PKPaymentAuthorizationStatus) -> Void) {
        completion(PKPaymentAuthorizationStatus.success)
    }

    func paymentAuthorizationViewControllerDidFinish(_ controller:
    PKPaymentAuthorizationViewController) {
        controller.dismiss(animated: true, completion: nil)
    }


    @IBAction func payAction(_ sender: Any) {

        let paymentNetworks = [PKPaymentNetwork.amex, .visa, .masterCard, .discover]

        if PKPaymentAuthorizationViewController.canMakePayments(usingNetworks:
        paymentNetworks) {

            paymentRequest = PKPaymentRequest()
            paymentRequest.currencyCode = "USD"
            paymentRequest.countryCode = "US"
            paymentRequest.merchantIdentifier = merchantID

            paymentRequest.supportedNetworks = paymentNetworks
            paymentRequest.merchantCapabilities = .capability3DS
            paymentRequest.requiredShippingAddressFields = [.all]
            paymentRequest.paymentSummaryItems = self.itemToSell(shipping: 4.99)

            let sameDayShyping = PKShippingMethod(label: "Same Day Delivery", amount: 12.99)
            sameDayShyping.detail = "Delivery is guaranted the same day"
            sameDayShyping.identifier = "sameDay"

            let twoDayShyping = PKShippingMethod(label: "Same Day Delivery", amount: 4.99)
            twoDayShyping.detail = "Delivered to you within next two days"
```

```
            twoDayShyping.identifier = "twoDay"

            let freeShyping = PKShippingMethod(label: "Same Day Delivery", amount: 0.00)
            freeShyping.detail = "Delivered to you within 7 days."
            freeShyping.identifier = "freeShipping"

            paymentRequest.shippingMethods = [sameDayShyping, twoDayShyping, freeShyping]

            let applePayVC = PKPaymentAuthorizationViewController(paymentRequest:
            paymentRequest)
            applePayVC?.delegate = self
            self.present(applePayVC!, animated: true, completion: nil)
        } else {
            print("Tell the user that he needs to set up appl Pay.")
        }
    }
}
```

执行结果如图 34-13 所示。

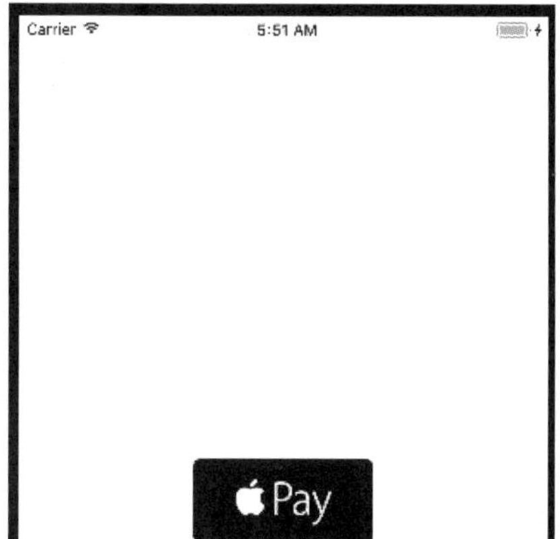

▲图 34-13　执行结果

第 35 章 开发虚拟现实应用程序

虚拟现实（Virtual Reality，VR）技术是一种可以创建和体验虚拟世界的计算机仿真技术，它利用计算机生成一种模拟环境，是一种多源信息融合的、交互式的三维动态视景和实体行为的系统仿真，可使用户沉浸到该环境中。苹果公司推出了增强现实开发框架 ARKit，开发者可以基于 iOS 快速开发出增强现实（Augmented Reality，AR）项目。本章将详细讲解在 iOS 中开发虚拟现实应用程序的知识。

35.1 虚拟现实和增强现实

虚拟现实技术是仿真技术的一个重要方向，是仿真技术与计算机图形学、人机接口技术、多媒体技术、传感技术、网络技术等多种技术的集合，是一门富有挑战性的交叉学科。虚拟现实技术主要包括模拟环境、感知、自然技能和传感设备等方面。模拟环境是由计算机生成的、实时动态的三维立体逼真图像。感知是指理想的 VR 应该具有一切人所具有的感知。除计算机图形技术所生成的视觉感知之外，还有听觉、触觉、力觉、运动等感知，甚至还包括嗅觉和味觉等，也称为多感知。自然技能是指人的头部转动，眼睛、手势或其他人体行为动作，由计算机来处理与参与者的动作相适应的数据，对用户的输入作出实时响应，并分别反馈到用户的五官。

AR 技术是一种实时地计算摄影机影像的位置及角度并加上相应图像、视频、3D 模型的技术，这种技术的目标是在屏幕上把虚拟世界套在现实世界并进行互动。在现实应用中，一个最简单的 AR 场景实现需要如下技术。

- 多媒体捕捉现实图像，例如，使用摄像头进行采集。
- 三维建模，即 3D 立体模型。
- 传感器追踪，这主要追踪现实世界中动态物体的 6 轴变化，其中包括 x 轴、y 轴、z 轴的平移及旋转。
- 坐标识别及转换。3D 模型在现实图像中不是单纯的帧坐标，而是一个三维的矩阵坐标。这是学习 AR 的难点，而苹果 ARKit 的推出便解决了这个难点问题。
- 与虚拟物体进行交互。

35.2 使用 ARKit

在 2019 年 6 月的苹果开发者大会上，苹果公司发布了基于 iOS 14 版本的 ARKit 框架。本节将详细讲解在 iOS 14 程序中使用 ARKit 框架的知识。

35.2.1 ARKit 框架的基础知识

在 iOS 中，ARKit 框架提供了两种 AR 技术，一种是基于 3D 场景（SceneKit）实现的增强现实，一种是基于 2D 场景（SpriktKit）实现的增强现实。也就是说，ARKit 不仅支持 3D 游戏引擎，还支持 2D 游戏引擎。

要在 iOS 中实现 AR 效果，必须依赖苹果的游戏引擎框架（3D 引擎 SceneKit，2D 引擎 SpriktKit），虽然 ARKit 框架中视图对象继承自 UIView，但是由于目前 ARKit 框架本身只包含相机追踪，不能直接加载物体模型，所以只能依赖游戏引擎加载 ARKit。

注意： ARKit 必须在处理器 A9 及以上版本中才能够使用。苹果公司从 iPhone 6S 开始使用 A9 处理器，也就是 iPhone 6 及以前的机型无法使用 ARKit。

35.2.2　ARKit 与 SceneKit 的关系

AR 技术能够在相机捕捉到的现实世界的图像中显示一个虚拟的 3D 模型。这一过程可以分为两个步骤实现。

（1）相机捕捉现实世界的图像，本步骤由 ARKit 实现。

（2）在图像中显示虚拟 3D 模型，本步骤由 SceneKit 实现。

在 ARKit 框架中，显示 3D 虚拟增强现实的视图 ARSCNView 继承自 SceneKit 框架中的 SCNView，而 SCNView 又继承自 UIKit 框架中的 UIView。其中 UIView 的功能是将视图显示在 iOS 设备的窗体中，SCNView 的功能是显示一个 3D 场景，ARSCNView 的功能也是显示一个 3D 场景，只不过这个 3D 场景是由摄像头捕捉到的现实世界图像构成的。ARSCNView 只是一个视图容器，其功能是管理一个 ARSession（AR 会话）。

在一个完整的虚拟增强现实体验中，ARKit 框架只负责将真实世界画面转变为一个 3D 场景，这一个转变的过程主要分为如下两个环节。

- ❑ 由 ARCamera 负责捕捉摄像头画面。
- ❑ 由 ARSession 负责搭建 3D 场景。

在一个完整的虚拟增强现实体验中，将虚拟物体显示在 3D 场景中是由 SceneKit 框架来完成的，每一个虚拟的物体都是一个 SCNNode，每一个节点构成了一个场景 SCNScene，无数个场景构成了 3D 世界。

由此可见，ARKit 捕捉 3D 现实世界使用的是自身的功能，这个功能是在 iOS 11 中新增的。而 ARKit 在 3D 现实场景中添加虚拟物体时，是使用其父类 SCNView 功能实现的，这个功能早在 iOS 8 中就已经添加（SceneKit 是 iOS 8 中新增的）。由此可以得出一个结论：ARSCNView 所有与场景和虚拟物体相关的属性及方法都是由父类 SCNView 实现的。

35.2.3　ARKit 的工作原理

在 iOS 中，ARKit 提供了两种虚拟增强现实视图，它们分别是 3D 效果的 ARSCNView 和 2D 效果的 ARSKView。无论使用上述哪一种视图，都会用相机图像作为背景视图，而这个相机的图像就是由 ARKit 框架中的相机类 ARCamera 负责捕捉的。ARSCNView 与 ARCamera 两者之间并没有直接的关系，两者之间是通过 AR 会话（也就是 ARKit 框架中非常重量级的一个类 ARSession）来搭建沟通桥梁的。

在 iOS 中，凡是带 session 或者 context 后缀的类不会实现具体的操作功能，二者通常完成如下两个功能。

- ❑ 管理其他类，建立这些类之间的沟通桥梁。
- ❑ 帮助开发者管理复杂环境下的内存。

带 context 后缀与带 session 后缀的类有所区别，例如，摄像头捕捉 ARSession 和网卡调用

NSURLSession 等硬件操作使用的是 session 后缀。而没有硬件参与的应用通常用带 context 后缀的类。

要运行一个 ARSession，必须指定一个会话追踪配置的对象——ARSessionConfiguration。对象 ARSessionConfiguration 的主要目的是追踪相机在 3D 世界中的位置以及捕捉一些特征场景（例如，捕捉平面），这个类本身比较简单却作用巨大。

ARSessionConfiguration 是一个父类，为了更好地看到增强现实的效果，苹果官方建议我们使用它的子类 ARWorldTrackingSessionConfiguration，该类只支持 A9 芯片之后的机型，也就是 iPhone 6S 之后的机型。

在 iOS 中，ARKit 框架的工作流程如下。

（1）在 ARSCNView 中加载 SCNScene。

（2）SCNScene 启动 ARCamera，开始捕捉场景。

（3）在捕捉场景后，ARSCNView 开始将场景数据交给 Session。

（4）Session 通过管理 ARSessionConfiguration 实现场景的追踪并且返回一个 ARFrame。

（5）给 ARSCNView 中的 Scene 添加一个子节点（3D 物体模型）。

在 iOS 程序中，ARSessionConfiguration 捕捉相机 3D 位置的好处是，能够在添加 3D 物体模型时计算出 3D 物体模型相对于相机的真实的矩阵坐标。

35.3 基于 Swift 实现第一个 AR 效果

实例 35-1	实现第一个 AR 效果
源码路径	daima\35\ARBook

35.3.1 准备工作

因为 ARSCNView 是 UIView 的子类 SCNView 的子类，所以应用框架 UIKit 是可以加载 AR 场景的。因此，首先，可以直接使用 Xcode 创建一个基本的 Single View App，如图 35-1 所示。

然后，在 Main.storyboard 中插入一个激活 AR 功能的控件，单击后将触发 AR 效果，如图 35-2 所示。

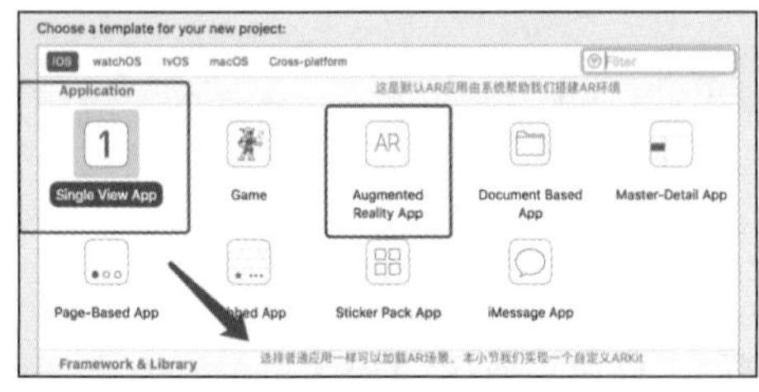

▲图 35-1　创建 Single View App

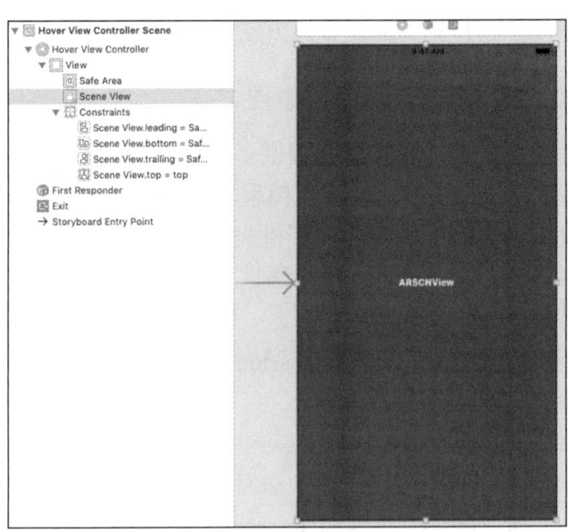

▲图 35-2　插入控件

最后，在 Models.scnassets 中保存构建场景需要的材质文件，如图 35-3 所示。

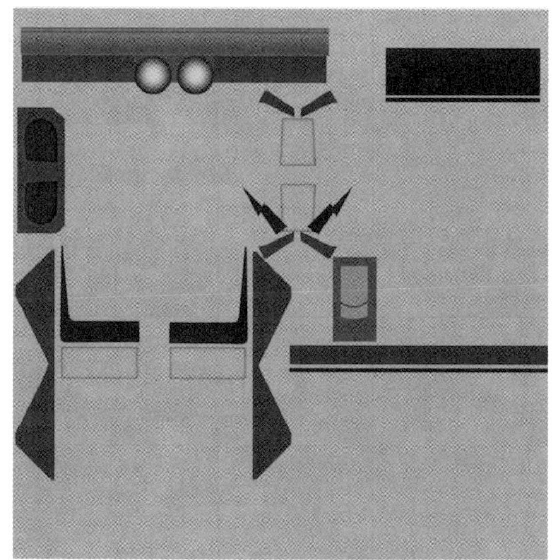

▲图 35-3 需要用到的材质文件

35.3.2 具体实现

编写本实例的核心文件 ViewController.m，此文件的功能是在界面视图中加载、显示指定的素材文件场景 BookDescriptionScene.scn。因此，需要创建对象 ARSCNView，一旦创建，系统会帮开发者创建场景和相机。主要实现代码如下。

```
import UIKit
import SceneKit
import ARKit

class ViewController: UIViewController, ARSCNViewDelegate {

  @IBOutlet var sceneView: ARSCNView!

  override func viewDidLoad() {
    super.viewDidLoad()

    sceneView.delegate = self

    let scene = SCNScene(named: "art.scnassets/BookDescriptionScene.scn")!

    sceneView.scene = scene
  }

  override func viewWillAppear(_ animated: Bool) {
    super.viewWillAppear(animated)

    let configuration = ARImageTrackingConfiguration()

    guard let trackedImages = ARReferenceImage.referenceImages(inGroupNamed: "Photos",
    bundle: Bundle.main) else {
      print("No images available")
      return
    }

    configuration.trackingImages = trackedImages
```

```
    configuration.maximumNumberOfTrackedImages = 1

    sceneView.session.run(configuration)
  }

  override func viewWillDisappear(_ animated: Bool) {
    super.viewWillDisappear(animated)

    sceneView.session.pause()
  }

  //MARK: - ARSCNViewDelegate

  func renderer(_ renderer: SCNSceneRenderer, nodeFor anchor: ARAnchor) -> SCNNode? {
    let node = SCNNode()

    if let imageAnchor = anchor as? ARImageAnchor {
      let plane = SCNPlane(width: imageAnchor.referenceImage.physicalSize.width,
      height: imageAnchor.referenceImage.physicalSize.height)

      plane.firstMaterial?.diffuse.contents = UIColor(white: 1, alpha: 0.8)

      let planeNode = SCNNode(geometry: plane)
      planeNode.eulerAngles.x = -.pi / 2

      let shipScene = SCNScene(named: "art.scnassets/ship.scn")!
      let shipNode = shipScene.rootNode.childNodes.first!
      shipNode.position = SCNVector3Zero
      shipNode.position.z = 0.15

      planeNode.addChildNode(shipNode)

      node.addChildNode(planeNode)
    }

    return node
  }
}
```

文件 HoverViewController.swift 实现摄像机悬停时的视图功能，通过手势识别出用户操作，使用 ARWorldTrackingConfiguration 类以六自由度（6DOF）追踪设备的运动。具体来说，其中包括三条旋转（滚动、俯仰和偏航）轴和三条平移（x 轴、y 轴和 z 轴）轴的运动。这种追踪可以创建沉浸式的 AR 体验。即使用户将设备倾斜到物体的上方或下方，也可以将设备移动到物体的侧面和背面的周围，虚拟物体看起来仍然保持在相对于现实世界的相同位置。文件 HoverViewController.swift 的主要代码如下。

```
import UIKit
import SceneKit
import ARKit

class HoverViewController: UIViewController, ARSCNViewDelegate {

  @IBOutlet var sceneView: ARSCNView!

  var sceneController = HoverScene()
  var didInitializeScene = false

  override func viewDidLoad() {
    super.viewDidLoad()
```

```
    sceneView.delegate = self

    if let scene = sceneController.scene {
      sceneView.scene = scene
    }

    let tapRecognizer = UITapGestureRecognizer(target: self, action: #selector(didTap
    Screen))
    view.addGestureRecognizer(tapRecognizer)
  }

  @objc
  func didTapScreen(recognizer: UITapGestureRecognizer) {
    if didInitializeScene {
      if let camera = sceneView.session.currentFrame?.camera {
        var translation = matrix_identity_float4x4
        translation.columns.3.z = -1.0
        let transform = camera.transform * translation
        let position = SCNVector3(transform.columns.3.x, transform.columns.3.y,
        transform.columns.3.z)
        sceneController.addMonkey(position: position)
      }
    }
  }

  override func viewWillAppear(_ animated: Bool) {
    super.viewWillAppear(animated)

    let configuration = ARWorldTrackingConfiguration()

    sceneView.session.run(configuration)
  }

  override func viewWillDisappear(_ animated: Bool) {
    super.viewWillDisappear(animated)

    sceneView.session.pause()
  }

  //MARK: - ARSCNViewDelegate

  func renderer(_ renderer: SCNSceneRenderer, updateAtTime time: TimeInterval) {
    if !didInitializeScene {
      if let camera = sceneView.session.currentFrame?.camera {
        didInitializeScene = true
        var translation = matrix_identity_float4x4
        translation.columns.3.z = -1.0
        let transform = camera.transform * translation
        let position = SCNVector3(transform.columns.3.x, transform.columns.3.y,
        transform.columns.3.z)
        sceneController.addMonkey(position: position)
      }
    }
  }
}

extension SCNNode {
  public class func allNodes(from file: String) -> [SCNNode] {
    var nodesInFile = [SCNNode]()

    do {
      guard let sceneURL = Bundle.main.url(forResource: file, withExtension: nil)
```

```
else {
        print("Could not find scene file \(file)")
        return nodesInFile
      }

      let objScene = try SCNScene(url: sceneURL as URL, options:
      [SCNSceneSource.LoadingOption.animationImportPolicy:
      SCNSceneSource.AnimationImportPolicy.doNotPlay])
      objScene.rootNode.enumerateChildNodes { (node, _) in
        nodesInFile.append(node)
      }
    } catch {}
    return nodesInFile
  }
}
```

注意：苹果公司在 ARKit 官方文档中指出：目前 ARKit 不支持 A9 芯片以下的设备，一般 2015 年秋季发布 iPhone 6S 之后的苹果设备使用的都是 A9 芯片，在这之前的设备都不支持，无论是 iPhone 还是 iPad。在一般情况下，除 iOS 设备之外，模拟器也不支持运行 ARKit，如果你的设备不支持 ARKit，那么 Xcode 就会报如下错误，并且屏幕显示为黑屏。

```
Unable to run the session, configuration is not supported on this device:
 <ARWorldTrackingSessionConfiguration…>
```

第 36 章　苹果的人工智能

在 2017 年 WWDC 上，苹果宣布将向开发者开放平台 Core ML 和 ARKit。这也意味着苹果公司将从 iOS 11 开始，为 iOS 设备增加人工智能与增强现实支持。本章将详细讲解在 iOS 中开发人工智能应用程序的知识。

36.1 人工智能概述

近几年来，人工智能（AI）的话题非常热，在国内很多开发者言必谈机器学习和大数据，人工智能甚至成为互联网领域茶余饭后的话题，仿佛不懂人工智能就落伍了。本节将简要介绍人工智能的基础知识。

36.1.1 人工智能是什么

关于人工智能，我们经常听到这样一些相关词——大数据（big data）、机器学习（machine learning）、神经网络（neural network）。其实所谓的人工智能，就是机器自己定义方法。人工智能的实现方法有很多，比如可以让机器来模拟大脑，然后像人一样思考，从而定义方法。机器学习只是另一种实现人工智能的方法，即由大数据定义方法。打个比方，在牛顿生活的时期就有机器学习，它得出自由落体运动速度的过程是收集尽可能多的自由落体实验数据，例如，收集到了表 36-1 所示的数据。

表 36-1　收集的数据

负责人	速度（m/s）	时间（s）
伽利略	9.8	1
牛顿	19.6	2
达芬奇	29.4	3
梅西	30	4

分析上述数据，机器学习会得出梅西的数据有误不予采纳的结论。其他三人的数据满足同一规律。

开始定义方法，根据上面的数据，机器学习得出结论，速度 = 时间 × 9.8。

随着数据量增多，机器学习得到的结论就越准确。其实人类学习的过程也十分类似：书上有大量的知识（加工的数据），我们看了之后进行理解思考，然后得出自己的结论。我们可以简单地比较一下人类学习与机器学习的过程，如图 36-1 所示。

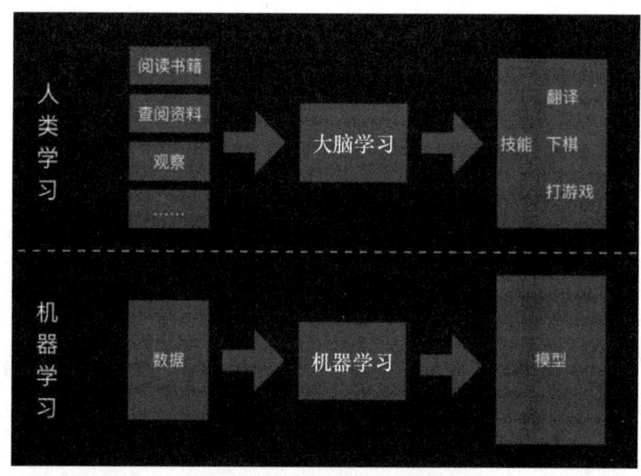

▲图 36-1　人类学习与机器学习

36.1.2　苹果公司为人工智能提供的工具——Create ML 和 Core ML

在人工智能方面，苹果向开发者提供了全新的人工智能开发平台 Create ML 和 Core ML，并向开发者提供了面部识别、语义识别等人工智能相关技术 API。

1. Create ML

在 iOS 14 中，Create ML 的功能是创建在应用中使用的机器学习模型。开发者可以使用熟悉的工具（如 Swift 和 macOS playground）创建机器学习模型，以在 macOS 上训练机器学习模型。可以训练模型来执行诸如识别图像、从文本中提取含义或查找数值之间的关系等任务。在苹果的官方网站中，提供了多个现成的机器学习模型，模型文件的后缀名是“.mlmodel”。

2. Core ML

Core ML 是苹果公司的机器学习框架之一，最早在 2017 年发布。在 2018 年 WWDC 上，苹果公司发布了 Core ML 2.0，新版本通过优化模型的大小、提高性能以及让开发人员定制自己的 Core ML 模型来简化流程。

通过使用 Core ML，开发人员可以轻松地将机器学习模型集成到他们的应用程序中。例如，我们可以创建一个用于理解对话中的上下文或用于识别不同音频的应用。iOS 应用程序和 Core ML 的关系如图 36-2 所示。

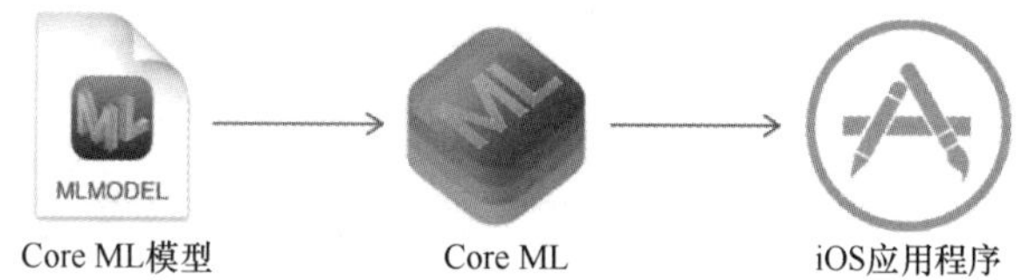

▲图 36-2　iOS 应用程序和 Core ML 的关系

36.1.3　使用 Create ML 创建机器学习模型

下面将介绍使用 Create ML 创建机器学习模型的知识，这个模型是一个带 GUI 的图片分类器，这个模型使用的素材图片来自 Kaggle Cats and Dogs Dataset（可以从微软官网获得）。然后，将其和使用同样数据集的 Turi Create 示例进行对比。我们会发现，虽然 Turi Create 更加手动化，但是 Create ML 更加灵活并更容易理解。

首先，准备数据，训练一个图片分类器模型来识别猫和狗的图片。当展示一张图片时，模型会返回标签 Cat 或 Dog。要实现这个模型，需要创建一个 Cat 文件夹和一个 Dog 文件夹。在理想的情况下，这两个文件夹应该有同样数量的图片。如果有 30 张猫的图片和 200 张狗的图片，那么模型可能会将图片识别为 Dog。另外，要求不包含任何同时有多种动物的图片。

在我们下载的 Kaggle Cats and Dogs Dataset 中的每个类有 12500 张图片，但并不是全部需要。机器学习训练的时间会随着图片数量而增长，若图片数量加倍，训练时间大致也会加倍。为了训练一个 Create ML 图片分类器，需要给它一个训练数据集（training dataset），即一个包含了分类文件夹的文件夹。事实上，在 starter 文件夹中包含两个准备好的数据集，分别是 Pets-100 和 Pets-1000，如图 36-3 所示。

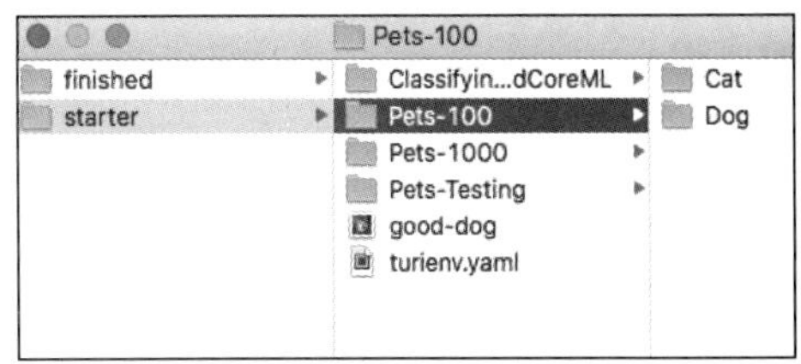

▲图 36-3 starter 文件夹

在机器完成模型训练后，需要使用一个测试数据集（testing dataset）来验证模型，这会用到一个包含 Cat 和 Dog 文件夹的文件夹。测试数据集中的图片应该与训练数据集中的不同，因为你需要验证的是当模型遇到没见过的图片时表现如何。如果你在收集自己的数据，你要将 20%的图片放到测试数据集中，其余的放在训练数据集中。这里每个类有 12500 张图片，在文件夹 Pets-Testing 中包含了 900～999 张从每个类中抽取的图片。这将从训练 Pets-100 模型开始，然后用 Pets-Testing 测试，接着用 Pets-1000 训练，用 Pets-Testing 测试。

接下来，在 Xcode 中，创建一个新的 macOS 版的 playground，并输入下面的代码。

```
import CreateMLUI

let builder = MLImageClassifierBuilder()
builder.showInLiveView()
```

接下来，显示辅助编辑区，单击“运行”按钮，创建并展示一个交互式的视图，来训练和验证一个图片分类器。此时你可以体验不同的数据集，这个 GUI 图片分类器能够帮助你提升数据规划技能。拖曳 Pets-100 文件夹到视图中后，训练进程立即开始了。在一段时间后，一个表格出现在调试区域，表格列出了 Images Processed、Elapsed Time 和 Percent Complete，如图 36-4 所示。

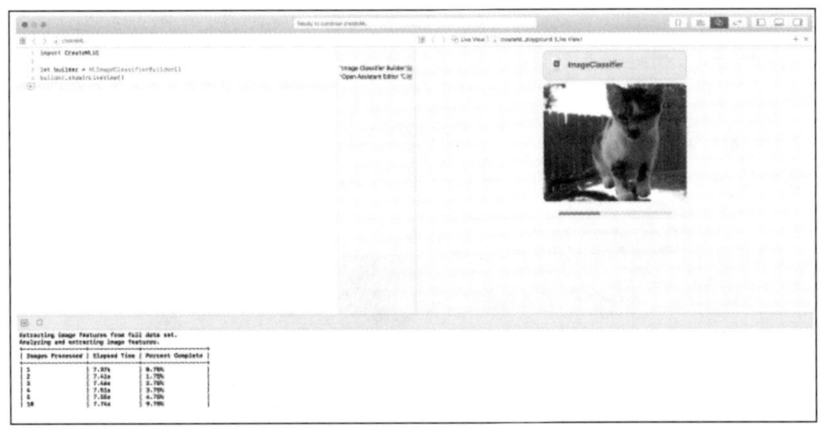

▲图 36-4 调试区域的表格

上述过程叫作迁移学习（transfer learning），底层模型 VisionFeaturePrint_Screen 支撑了 Vision framework，这是预先用海量数据集训练过的，能识别大量不同类型图片。通过学习，模型从图片中寻找特征，以及根据这些特征来对图片分类。所以，你的数据集的训练时间实际上就是抽取大约 1000 种特征的时间，这些特征可能包括了低级的形状和纹理，以及高级的形状（如耳朵、口鼻形状）。然后只花费了很少一部分时间训练一个逻辑回归（Logistic Regression）模型，来将你的图片分成两类。这类似于将一条直线分成离散的点，只不过是在 1000 的尺度上，而不是在 2 的尺度上。但是模型对图片分类的速度仍然非常快，例如，作者的计算机使用了 45s 进行特征抽取，使用了 0.177886s 进行训练及应用逻辑回归。

36.2 实战演练

本章前面已经讲解了苹果人工智能技术的基础知识。本节将通过具体实例讲解在 iOS 中开发人工智能程序的过程。

36.2.1　基于 Swift 使用 MobileNet.mlmodel 模型识别照片

实例 36-1	使用 MobileNet.mlmodel 模型识别照片
源码路径	daima\36\materials

本实例是苹果官方在 2017 年提供的开源项目，作者将这个实例升级到了 Swift 5，并修复了照片读取的问题。本实例用到了 MobileNet.mlmodel，这是苹果公司免费提供的机器学习模型，大小为 17.1MB，如图 36-5 所示。

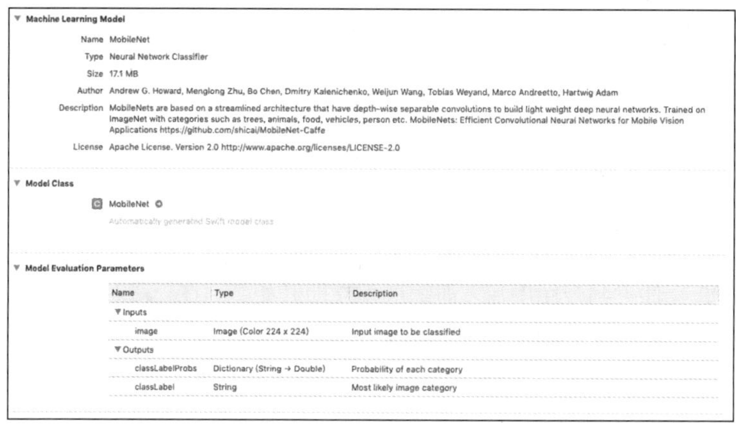

▲图 36-5　MobileNet.mlmodel 模型

实例 36-1 的实现方式如下。

（1）在故事板中分别插入图片控件、拍照按钮和 Add a photo 按钮，如图 36-6 所示。

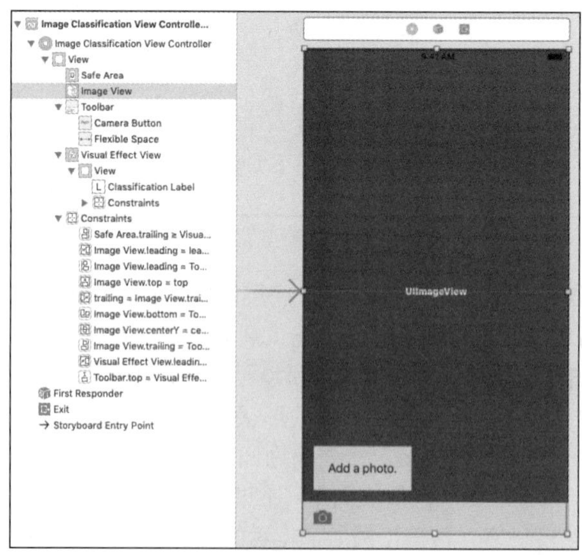

▲图 36-6　插入图片控件、拍照按钮和 Add a photo 按钮

（2）文件 ImageClassificationViewController.swift 的完整代码如下。

```
import UIKit
import CoreML
import Vision
import ImageIO

class ImageClassificationViewController: UIViewController {

    @IBOutlet weak var imageView: UIImageView!
    @IBOutlet weak var cameraButton: UIBarButtonItem!
    @IBOutlet weak var classificationLabel: UILabel!

    ///- Tag: 设置机器学习模型
    lazy var classificationRequest: VNCoreMLRequest = {
        do {
            let model = try VNCoreMLModel(for: MobileNet().model)

            let request = VNCoreMLRequest(model: model, completionHandler: { [weak self]
            request, error in
                self?.processClassifications(for: request, error: error)
            })
            request.imageCropAndScaleOption = .centerCrop
            return request
        } catch {
            fatalError("Failed to load Vision ML model: \(error)")
        }
    }()
    func updateClassifications(for image: UIImage) {
        classificationLabel.text = "Classifying..."

        let orientation = CGImagePropertyOrientation(image.imageOrientation)
        guard let ciImage = CIImage(image: image) else { fatalError("Unable to create
        \(CIImage.self) from \(image).") }

        DispatchQueue.global(qos: .userInitiated).async {
            let handler = VNImageRequestHandler(ciImage: ciImage, orientation:
            orientation)
            do {
                try handler.perform([self.classificationRequest])
            } catch {
                print("Failed to perform classification.\n\(error.localizedDescription)")
            }
        }
    }

    ///用分类更新UI
    ///- Tag: processClassifications
    func processClassifications(for request: VNRequest, error: Error?) {
        DispatchQueue.main.async {
            guard let results = request.results else {
                self.classificationLabel.text = "Unable to classify
                image.\n\(error!.localizedDescription)"
                return
            }
            let classifications = results as! [VNClassificationObservation]

            if classifications.isEmpty {
                self.classificationLabel.text = "Nothing recognized."
            } else {
                let topClassifications = classifications.prefix(2)
```

```
                let descriptions = topClassifications.map { classification in
                   return String(format: "  (%.2f) %@", classification.confidence,
                   classification.identifier)
                }
                self.classificationLabel.text = "Classification:\n" +
                descriptions.joined(separator: "\n")
            }
        }
    }

    //MARK: - 照片操作

    @IBAction func takePicture() {
        //仅在相机可用时显示源选择器的选项
        guard UIImagePickerController.isSourceTypeAvailable(.camera) else {
            presentPhotoPicker(sourceType: .photoLibrary)
            return
        }

        let photoSourcePicker = UIAlertController()
        let takePhoto = UIAlertAction(title: "Take Photo", style: .default) { [unowned
        self] _ in
            self.presentPhotoPicker(sourceType: .camera)
        }
        let choosePhoto = UIAlertAction(title: "Choose Photo", style: .default)
        { [unowned self] _ in
            self.presentPhotoPicker(sourceType: .photoLibrary)
        }

        photoSourcePicker.addAction(takePhoto)
        photoSourcePicker.addAction(choosePhoto)
        photoSourcePicker.addAction(UIAlertAction(title: "Cancel", style: .cancel,
        handler: nil))

        present(photoSourcePicker, animated: true)
    }

    func presentPhotoPicker(sourceType: UIImagePickerController.SourceType) {
        let picker = UIImagePickerController()
        picker.delegate = self
        picker.sourceType = sourceType
        present(picker, animated: true)
    }
}

extension ImageClassificationViewController: UIImagePickerControllerDelegate,
UINavigationControllerDelegate {
    //MARK: - 选择图像

    func imagePickerController(_ picker: UIImagePickerController,
    didFinishPickingMediaWithInfo info: [UIImagePickerController.InfoKey: Any]) {
        picker.dismiss(animated: true)
//        let image =
info[convertFromUIImagePickerControllerInfoKey(UIImagePickerController.InfoKey.origin
alImage)] as! UIImage
      let image = info[UIImagePickerController.InfoKey.originalImage] as! UIImage
        imageView.image = image
        updateClassifications(for: image)
    }
}

fileprivate func convertFromUIImagePickerControllerInfoKey(_ input: UIImagePickerCont
roller.InfoKey) -> String {
    return input.rawValue
}
```

执行结果如图 36-7 所示。

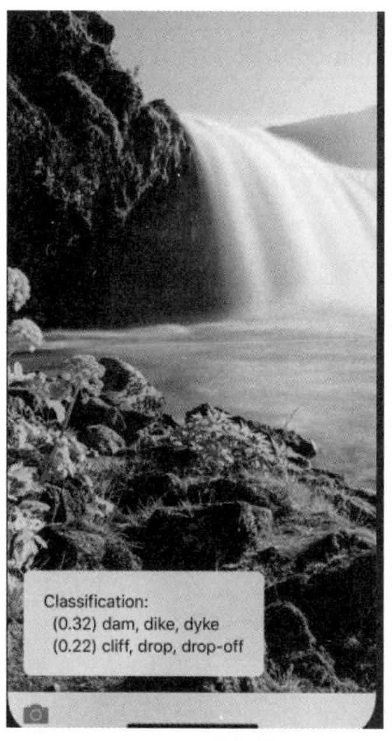

▲图 36-7 执行结果

36.2.2 基于 Swift 使用自制的机器学习模型识别照片

实例 36-2	使用自制的机器学习模型识别照片
源码路径	daima\36\materials

实例 36-2 的实现方式如下。

（1）加入自制的模型 PetsClassifier.mlmodel，如图 36-8 所示。

（2）故事板和实现代码与实例 36-1 完全一样，执行后会显示分类识别结果，如图 36-9 所示。

▲图 36-8 自制的模型 PetsClassifier.mlmodel

▲图 36-9 分类识别结果

36.2.3　基于 Swift 使用模型 Inceptionv3.mlmodel 识别照片

实例 36-3	使用模型 Inceptionv3.mlmodel 识别照片
源码路径	daima\36\CoreMLDemo

本实例的功能是使用模型 Inceptionv3.mlmodel 识别照片，此模型是苹果公司免费提供的一个机器学习模型，如图 36-10 所示。

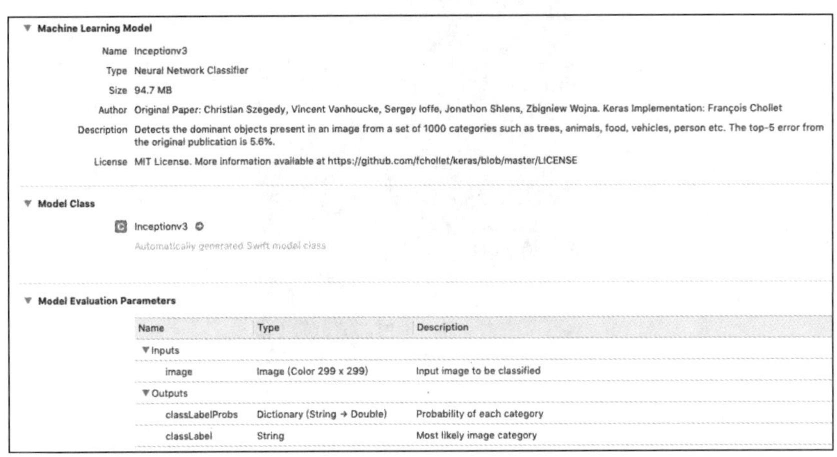

▲图 36-10　模型 Inceptionv3.mlmodel

实例 36-3 的实现方式如下。

（1）开启 Xcode，建立一个新项目。选择 Single View App 模板，确认程式语言为 Swift。最终的故事板界面如图 36-11 所示。

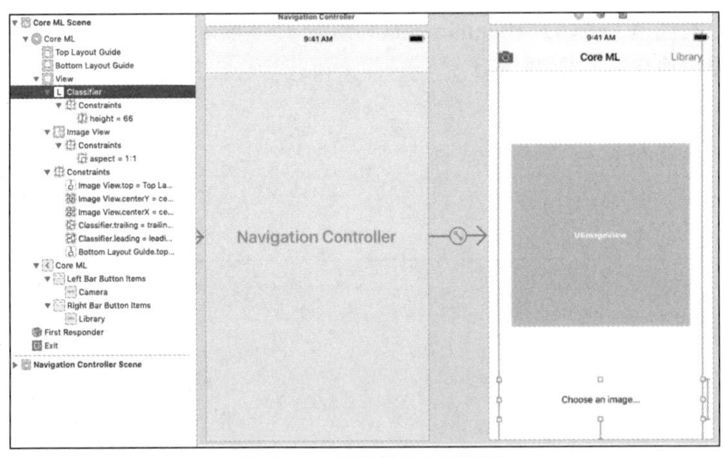

▲图 36-11　最终的故事板界面

（2）在文件 ViewController.swift 的 Extension 中编写如下代码，通过函数 imagePickerController (_:didFinishPickingMediaWithInfo) 来实现选取照片之后的动作。

```
extension ViewController: UIImagePickerControllerDelegate {
    func imagePickerControllerDidCancel(_ picker: UIImagePickerController) {
        dismiss(animated: true, completion: nil)
    }
```

```
    func imagePickerController(_ picker: UIImagePickerController,
    didFinishPickingMediaWithInfo info: [String : Any]) {

        picker.dismiss(animated: true)
        classifier.text = "Analyzing Image..."
        guard let image = info["UIImagePickerControllerOriginalImage"] as? UIImage else
{
            return
        }

        UIGraphicsBeginImageContextWithOptions(CGSize(width: 299, height: 299), true,
        2.0)
        image.draw(in: CGRect(x: 0, y: 0, width: 299, height: 299))
        let newImage = UIGraphicsGetImageFromCurrentImageContext()!
        UIGraphicsEndImageContext()

        let attrs = [kCVPixelBufferCGImageCompatibilityKey: kCFBooleanTrue,
        kCVPixelBufferCGBitmapContextCompatibilityKey: kCFBooleanTrue] as CFDictionary
        var pixelBuffer : CVPixelBuffer?
        let status = CVPixelBufferCreate(kCFAllocatorDefault, Int(newImage.size.width),
        Int(newImage.size.height), kCVPixelFormatType_32ARGB, attrs, &pixelBuffer)
        guard (status == kCVReturnSuccess) else {
            return
        }

        CVPixelBufferLockBaseAddress(pixelBuffer!, CVPixelBufferLockFlags(rawValue:
        0))
        let pixelData = CVPixelBufferGetBaseAddress(pixelBuffer!)

        let rgbColorSpace = CGColorSpaceCreateDeviceRGB()
        let context = CGContext(data: pixelData, width: Int(newImage.size.width),
        height: Int(newImage.size.height), bitsPerComponent: 8, bytesPerRow:
        CVPixelBufferGetBytesPerRow(pixelBuffer!), space: rgbColorSpace, bitmapInfo:
        CGImageAlphaInfo.noneSkipFirst.rawValue)

        context?.translateBy(x: 0, y: newImage.size.height)
        context?.scaleBy(x: 1.0, y: -1.0)

        UIGraphicsPushContext(context!)
        newImage.draw(in: CGRect(x: 0, y: 0, width: newImage.size.width, height:
        newImage.size.height))
        UIGraphicsPopContext()
        CVPixelBufferUnlockBaseAddress(pixelBuffer!, CVPixelBufferLockFlags(rawValue:
        0))
        imageView.image = newImage

        //Core ML
        guard let prediction = try? model.prediction(image: pixelBuffer!) else {
            return
        }

        classifier.text = "I think this is a \(prediction.classLabel)."
    }
}
```

上述代码完成了以下操作。

① 从 info 这个 Dictionary（用 UIImagePickerControllerOriginalImage 这个 key）里取回了选取的图像。同时让 UIImagePickerController 在我们选取图像后消失。

② 由于我们用的模型只接受 299×299 的尺寸，因此可以将图像转换为正方形，并将这个新的正方形图像指定给另一个常数 newImage。

③ 把 newImage 转换为 CVPixelBuffer，CVPixelBuffer 是一个将像素（pixel）存在主存储器里

的图像缓冲区。

④ 获得这个图像里的像素并转换为设施的 RGB 色彩。另外，把这些资料制成 CGContext，这样每当我们需要渲染（或者改变）少量底层属性时能很轻易地调用。

⑤ 完成新图像的绘制并把旧的资料移除，而后将 newImage 指定给 imageView.image。

执行结果如图 36-12 所示。

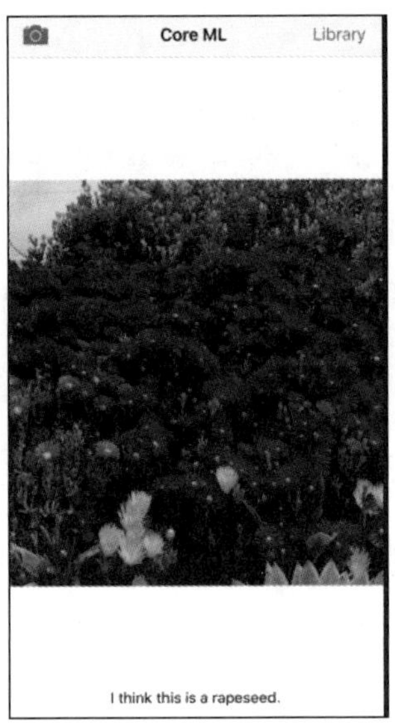

▲图 36-12　执行结果

36.2.4　基于 Objective-C 使用模型 Resnet50.mlmodel 识别照片

实例 36-4	基于 Objective-C 使用 Resnet50.mlmodel 模型识别照片
源码路径	daima\36\TestCoreML

本实例的功能是使用 Resnet50.mlmodel 模型识别照片，此模型是苹果公司免费提供的一个机器学习模型，如图 36-13 所示。

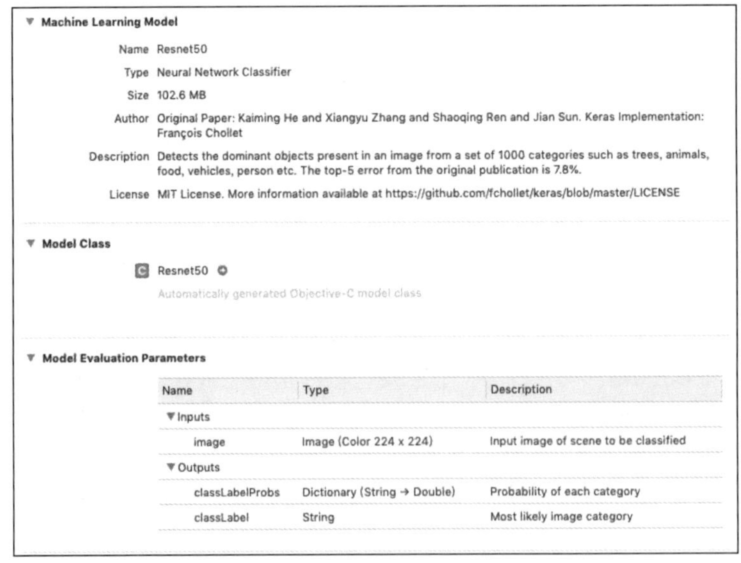

▲图 36-13　Resnet50.mlmodel 模型

实例 36-4 的实现方式如下。

（1）使用 Xcode 创建 iOS 项目，在界面中分别添加图像、按钮和文本框，最终的故事板界面如图 36-14 所示。

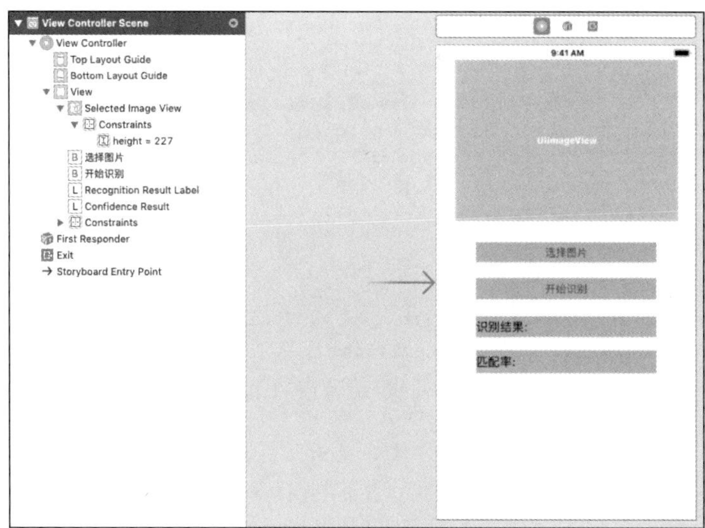

▲图 36-14　最终的故事板界面

（2）文件 ViewController.m 的主要代码如下。

```
#import "Resnet50.h"
@interface ViewController ()<UIImagePickerControllerDelegate,
UINavigationControllerDelegate>
@property (weak, nonatomic) IBOutlet UIImageView *selectedImageView;
@property (weak, nonatomic) IBOutlet UILabel *recognitionResultLabel;
@property (weak, nonatomic) IBOutlet UILabel *confidenceResult;
@property (strong, nonatomic) UIImagePickerController *imagePickController;

@end

@implementation ViewController

- (void)viewDidLoad {
    [super viewDidLoad];
}

- (void)imagePickerController:(UIImagePickerController *)picker
didFinishPickingMediaWithInfo:(NSDictionary<NSString *,id> *)info {
    UIImage *selectImage = [info objectForKey:UIImagePickerControllerEditedImage];
    self.selectedImageView.image = selectImage;
    [picker dismissViewControllerAnimated:YES completion:nil];
}

- (IBAction)selectImageAction:(UIButton *)sender {
    self.imagePickController = [[UIImagePickerController alloc] init];
    self.imagePickController.sourceType =
UIImagePickerControllerSourceTypePhotoLibrary;
    self.imagePickController.delegate = self;
    self.imagePickController.allowsEditing = YES;
    [self presentViewController:self.imagePickController animated:YES completion:nil];
}

- (IBAction)startRecognitionAction:(UIButton *)sender {
    Resnet50 *resnetModel = [[Resnet50 alloc] init];
```

```
    UIImage *image = self.selectedImageView.image;
    VNCoreMLModel *vnCoreModel = [VNCoreMLModel modelForMLModel:resnetModel.model
    error:nil];

    VNCoreMLRequest *vnCoreMlRequest = [[VNCoreMLRequest alloc]
    initWithModel:vnCoreModel completionHandler:^(VNRequest * _Nonnull request,
    NSError * _Nullable error) {
        CGFloat confidence = 0.0f;
        VNClassificationObservation *tempClassification = nil;
        for (VNClassificationObservation *classification in request.results) {
            if (classification.confidence > confidence) {
                confidence = classification.confidence;
                tempClassification = classification;
            }
        }

        self.recognitionResultLabel.text = [NSString stringWithFormat:@"识别结
        果:%@",tempClassification.identifier];
        self.confidenceResult.text = [NSString stringWithFormat:@"匹配
        率:%@",@(tempClassification.confidence)];
    }];

    VNImageRequestHandler *vnImageRequestHandler = [[VNImageRequestHandler alloc]
    initWithCGImage:image.CGImage options:nil];

    NSError *error = nil;
    [vnImageRequestHandler performRequests:@[vnCoreMlRequest] error:&error];

    if (error) {
        NSLog(@"%@",error.localizedDescription);
    }
}

@end
```

执行结果如图 36-15 所示。

▲图 36-15　执行结果

36.2.5　基于 Swift 使用模型 Resnet50.mlmodel 识别照片

实例 36-5	基于 Swift 使用 Resnet50.mlmodel 模型识别照片
源码路径	daima\36\CoreMLDemo-Swift

实例 36-5 的功能和实例 36-4 完全一样，只不过实例 36-5 用 Swift 语言实现而已。

第37章 使用SwiftUI可视化技术

在2019年的WWDC上，苹果公司给开发者带来了一个无与伦比的礼物——SwiftUI。开发者通过使用SwiftUI，可以在开发的应用程序中构建可视化的UI。从此以后，开发者可以享用与Dreamweaver一样的所见即所得效果，随时在编码过程中查看iOS程序的界面效果。在此之前，我们需要运行iOS模拟器才能查看运行效果。本章将详细讲解使用SwiftUI技术开发iOS程序的方法。

37.1 SwiftUI

SwiftUI是基于Swift语言构建的全新UI框架，其界面布局完全抛弃了Storyboard和Autolayout，采用了领域特定语言（Domain Specific Language，DSL），加上Canvas的实时预览功能，使开发体验有了很大的提升。

自iOS SDK 2.0开始，UIKit已经伴随开发者近十年，其思想继承自成熟的AppKit和MVC，为iOS开发提高了良好的学习曲线。UIKit提供的是一套符合直觉的、命令式的编程方式，但是由于UIKit的基本思想要求视图控制器承担绝大部分职责，它需要协调模型、视图以及用户交互，使得在较大型的项目里视图控制器很臃肿，状态管理复杂，甚至导致后期代码无法维护。近年来随着编程思想、技术的进步，越来越多的开发人员开始使用声明式或函数式的方式来进行界面开发，现在热门的React和Flutter便采取了声明式编程。

在这种情况下，在2019年的WWDC上发布的SwiftUI当然也采取了声明式编程。

SwiftUI是一种非常简单的创新方法，可以利用Swift的强大功能在所有苹果设备平台上构建用户界面。通过SwiftUI，开发者仅使用一组工具和API就能为所有苹果设备构建用户界面。SwiftUI使用易于阅读和编写的声明式Swift语法，可与新的Xcode设计工具无缝协作，使你的代码和设计完美同步。SwiftUI自动支持动态类型、黑暗模式、本地化和可访问性，因此你的SwiftUI代码将成为你写过的最强大的UI代码。

在SwiftUI里，Text的声明只是纯数据结构的描述，并不是实际显示出来的视图，SwiftUI会直接读取DSL内部描述信息并收集起来，然后转换成基本的图形单元，最终交给底层Metal或OpenGL渲染出来。

在SwiftUI中，Text属性的设置在内部都会由一个虚拟的View来承担，然后在开始布局的时候再进行布局计算，这样做的目的主要是方便底层在设计渲染函数时实现单态调用，省去无用的分支判断，提高效率。

37.2 实战演练

本章前面已经讲解了苹果SwiftUI技术的基础知识。本节将通过具体实例讲解在iOS程序中使用SwiftUI技术的方法。

37.2.1　第一个 SwiftUI 程序

实例 37-1	第一个 SwiftUI 程序
源码路径	daima\37\FirstSwiftUI

实例 37-1 的实现方式如下。

（1）打开 Xcode，新建一个 iOS 类型的程序，如图 37-1 所示。

（2）单击 Next 按钮，在弹出的界面中设置项目名字是 FirstSwiftUI，设置语言类型是 Swift，勾选下面的 Use SwiftUI 复选框，如图 37-2 所示。

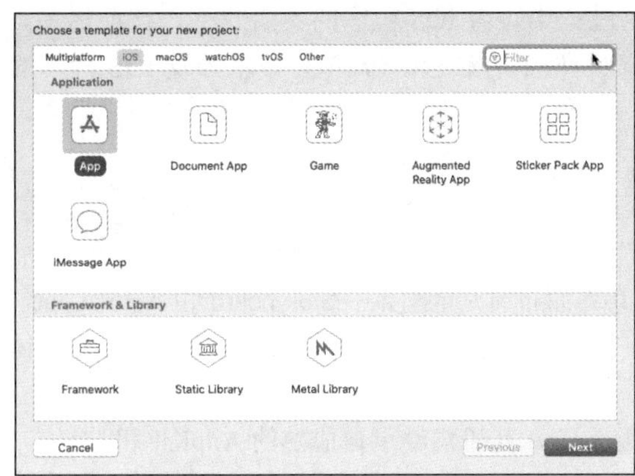

▲图 37-1　新建 iOS 类型的程序

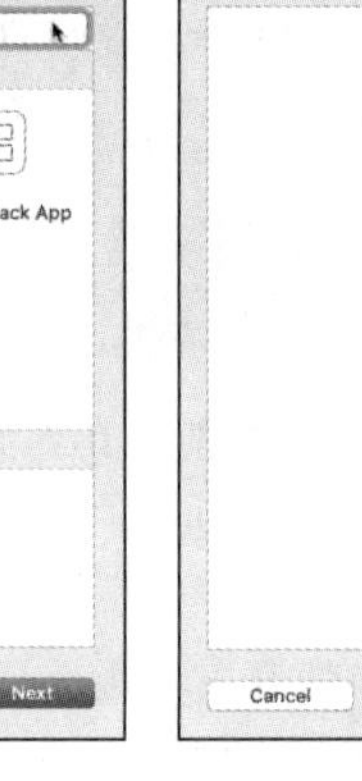

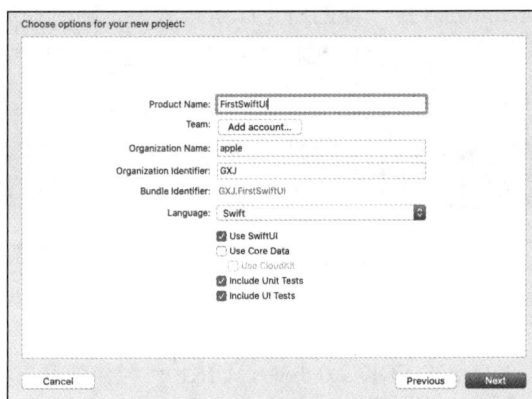

▲图 37-2　设置项目名称、语言等

（3）创建项目后，会自动生成 Swift 程序文件，项目的结构如图 37-3 所示。

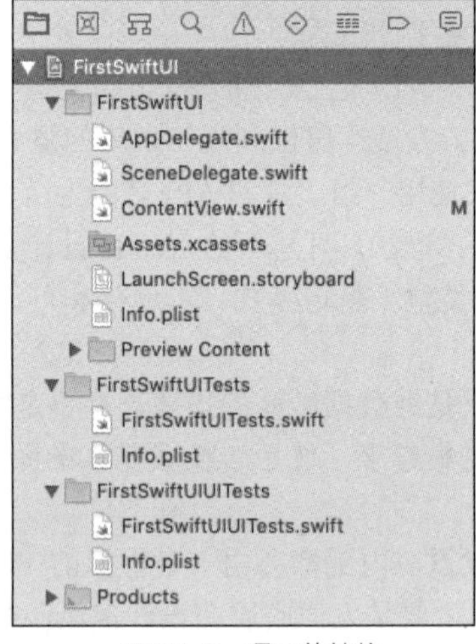

▲图 37-3　项目的结构

（4）在程序文件 ContentView.swift 中，会有自动生成的程序代码，并且在 Xcode 右侧会显示可视化的 UI 效果，如图 37-4 所示。

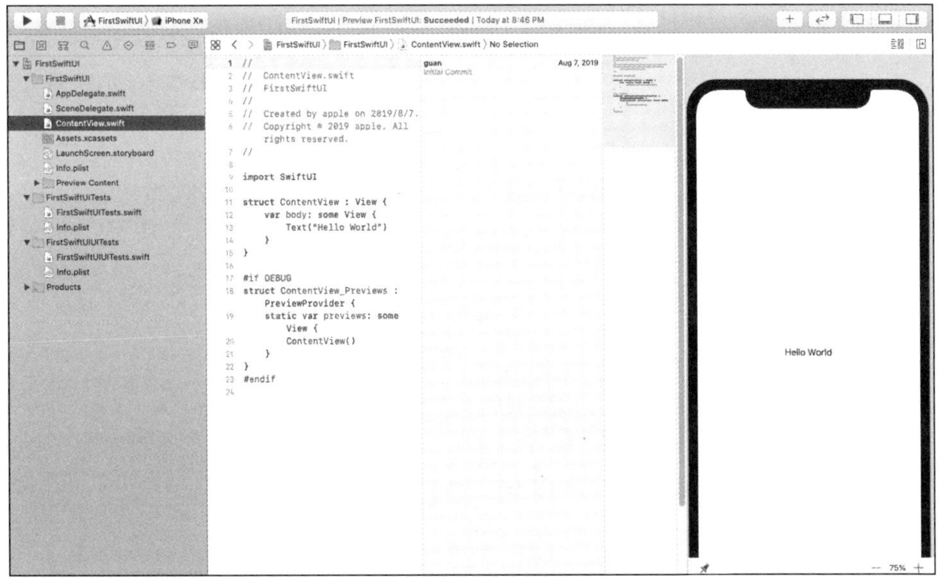

▲图 37-4 自动生成的程序代码及可视化的 UI 效果

（5）我们可以修改文件 ContentView.swift 的代码，例如，将显示的文本由“Hello World”修改为“第一个 SwiftUI 程序”。文件 ContentView.swift 的具体代码如下。

```
import SwiftUI

struct ContentView : View {
    var body: some View {
        Text("第一个 SwiftUI 程序")
    }
}

#if DEBUG
struct ContentView_Previews : PreviewProvider {
    static var previews: some View {
        ContentView()
    }
}
#endif
```

下面是对上述代码的详细说明。

- ContentView 是一个结构体（struct），ContentView 符合 View 协议。如果要使在 SwiftUI 中显示的所有内容都符合 View 协议，实际上只需要通过一个名为 body 的属性来返回某种 View 即可。body 的返回类型是 some View。关键字 some 是在 Swift 5.1 中新增的，是一个名为不透明返回类型的功能的一部分，在这种情况下，它的意思是“将返回某种视图，但 SwiftUI 不需要知道（或关心）什么。”在属性 body 中有文本“第一个 SwiftUI 程序”，它创建了文本“第一个 SwiftUI 程序”的标签。
- 在 ContentView 下面的是一个类似但不同的结构体，称为 ContentView_Previews，它不符合 View 协议，因为它专门用于在 Xcode 中显示预览视图，而不是在真实应用中显示在屏幕上。这就是为什么你会看到它在#if DEBUG 和#endif 之间。当应用在调试环境中运行时，这段代码只构建在成品（finished product）中，因为它在生产应用（production app）中没有意义。

此时在 Xcode 中会显示可视化的 UI 效果，如图 37-5 所示。

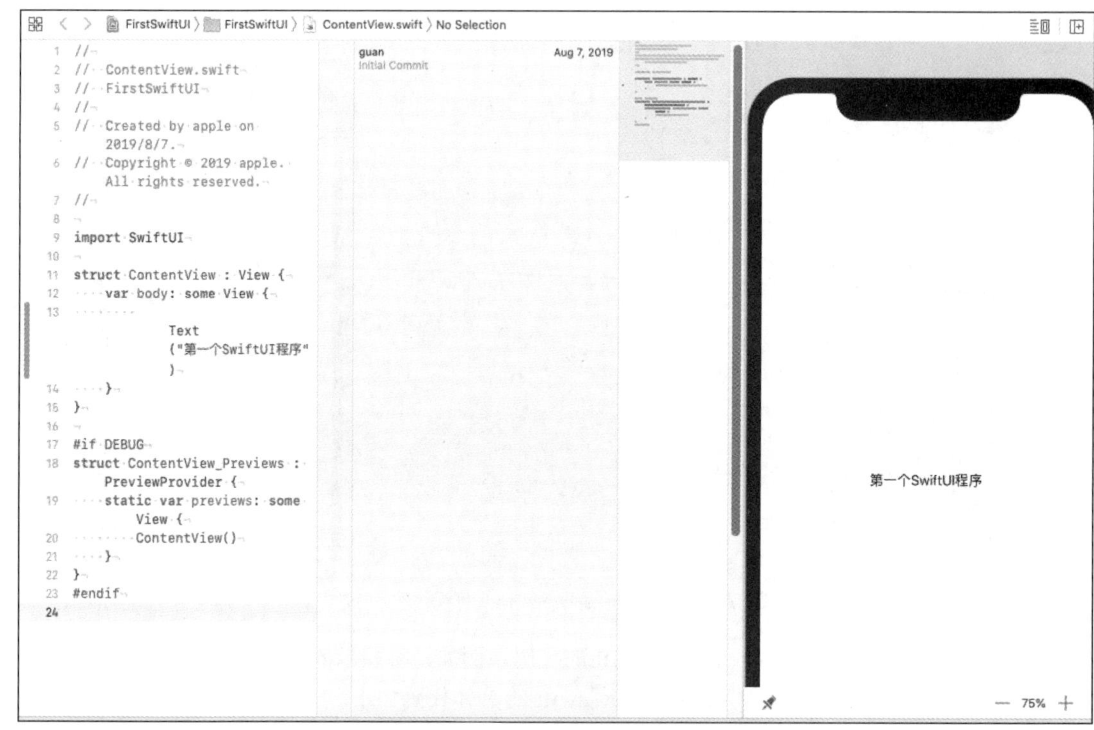

▲图 37-5　修改代码后的可视化效果

在模拟器或真机中执行后，会发现 SwiftUI 的可视化效果和最终的执行结果完全相同，执行结果如图 37-6 所示。注意，读者可以在 Canvas 中，单击 Resume 来显示 SwiftUI 的可视化预览效果。如果读者的 Xcode 不显示 SwiftUI 的可视化效果，可以单击图标，在弹出的选项中选择 Editor and Canvas 后即可预览执行结果，如图 37-7 所示。

▲图 37-6　执行结果

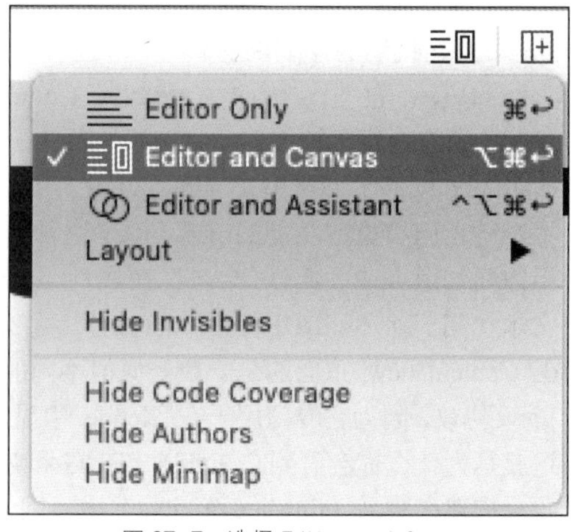

▲图 37-7　选择 Editor and Canvas

37.2.2 创建图文组合视图

实例 37-2	创建图文组合视图
源码路径	daima\37\CreatingAndCombiningViews

在本实例中将使用栈对 Image、Text 等组件进行组合和分层，以此来对 View 进行布局。最终将构建一个显示图文组合样式的视图界面，在视图中显示某个地标的详细信息。

1. 创建一个新项目并且浏览 Canvas

首先，打开 Xcode，新建一个 Single View App 类型的程序。输入 Landmarks 作为项目名，勾选 Use SwiftUI 复选框，如图 37-8 所示。然后，单击 Next 按钮。接着，选择一个位置保存此项目。

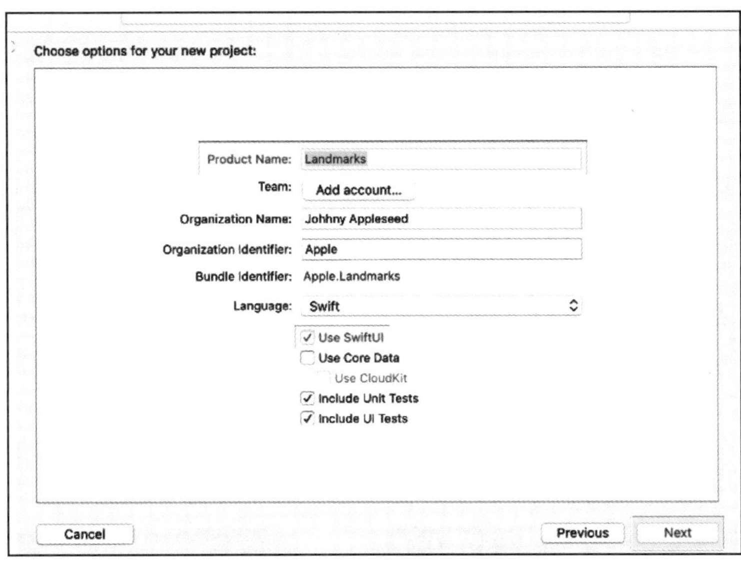

▲图 37-8 新建项目 Landmarks

接下来，在文件夹 Project navigator 中，选中自动生成的程序文件 ContentView.swift，在默认情况下，SwiftUI View 文件会声明如下两个结构体。

- 第一个结构体：遵循 View 协议，用于描述 View 的内容和布局。
- 第二个结构体：用于声明该 View 的预览。

自动生成的程序文件 ContentView.swift 的具体代码如下。

```
import SwiftUI

struct ContentView: View {
    var body: some View {
        Text("Hello World")
    }
}

struct ContentView_Preview: PreviewProvider {
    static var previews: some View {
        ContentView()
    }
}
```

2. 自定义文本视图

为了自定义文本视图的显示效果，我们可以自己更改代码，或者使用 Inspector 来帮助我们编写代码。在构建 Landmarks 的过程中，我们可以使用任何编辑器来编写源码、修改 Canvas。无论使用哪种工具，代码都会保持更新。例如，设置新的 Text 的内容和颜色后，会在 SwiftUI 可视化界面中迅速显示对应的预览效果，如图 37-9 所示。

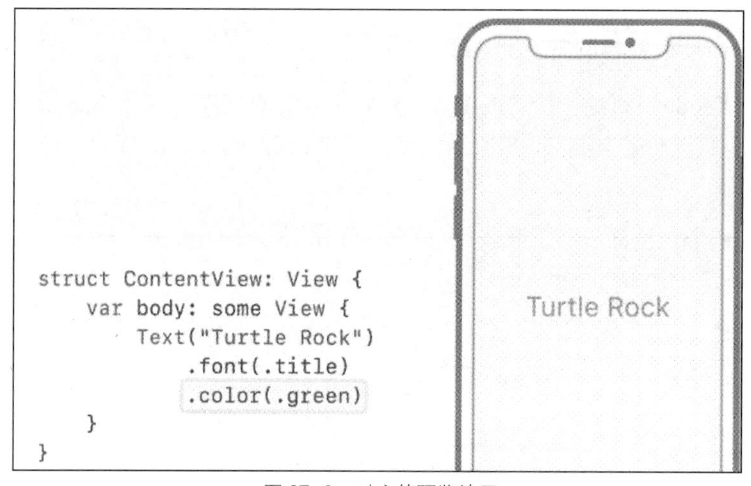

▲图 37-9　对应的预览效果

首先，在 SwiftUI 预览界面中，按住 Command 键并单击问候语来显示编辑窗口。

然后，选择 Inspect，如图 37-10 所示。编辑窗口显示了可以修改的不同属性，这具体取决于 View 的类型。

接下来，使用 Inspector 将文本内容修改为“Turtle Rock”，这是在应用中显示的第一个地标的名字，如图 37-11 所示。

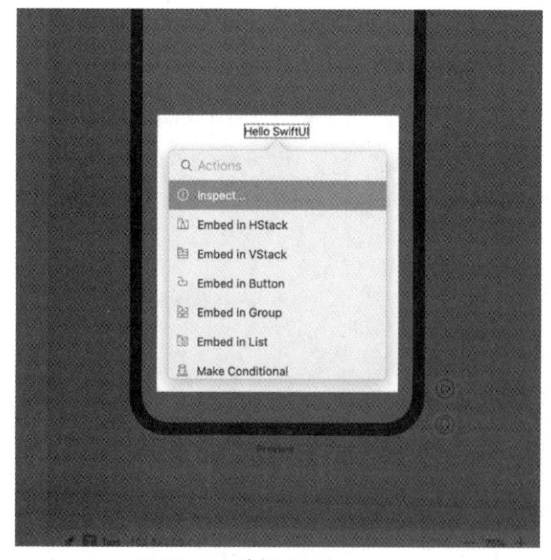

▲图 37-10　选择 Inspect

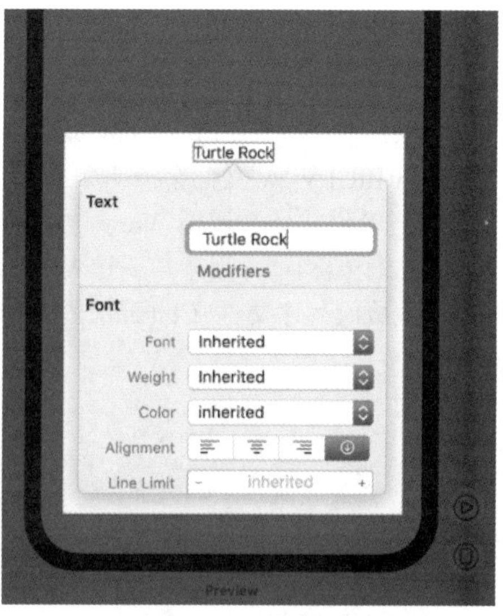

▲图 37-11　修改文本内容

接下来，将属性 Font 设置为 Title，这样会让文本使用系统字体，以正确地显示用户的首选字体大小和设置，如图 37-12 所示。

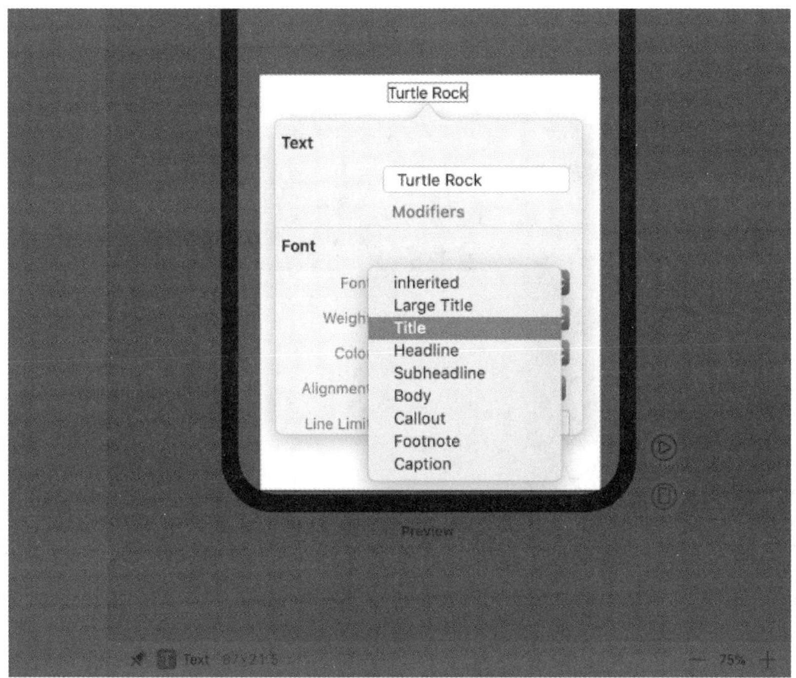

▲图 37-12 将 Font 设置为 Title

如果要自定义 SwiftUI 的 View，我们可以使用 modifiers 方法，这种方法通过包装一个视图来改变它的显示方式或者其他属性。每个 modifiers 方法会返回一个新的视图，因此可以链式调用多个 modifiers 方法。例如，在代码中添加颜色属性.color(.green)，将文本的颜色更改为绿色，文件 ContentView.swift 的代码修改如下。

```
import SwiftUI
struct ContentView: View {
    var body: some View {
        Text("Turtle Rock")
            .font(.title)
            .color(.green)
    }
}

struct ContentView_Preview: PreviewProvider {
    static var previews: some View {
        ContentView()
    }
}
```

此时 SwiftUI 的可视化预览效果如图 37-13 所示。

Turtle Rock

▲图 37-13 更改颜色后 SwiftUI 的可视化预览效果

接下来，在代码编辑区按住 Command 键，单击 Text 的声明来打开 Inspector，并选择 Inspect，如图 37-14 所示。单击颜色菜单并且选择 Inherited，这样文字的颜色又会变回黑色。

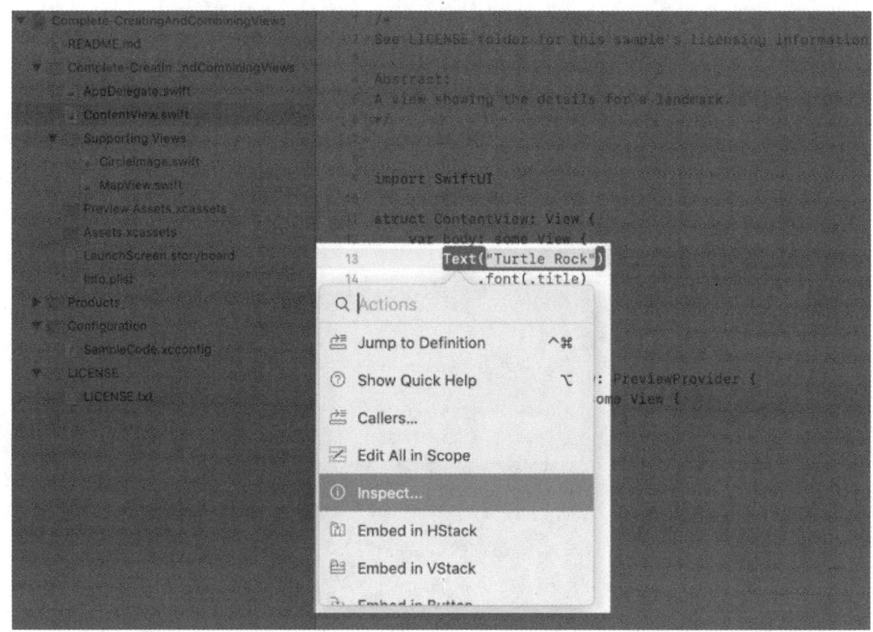

▲图 37-14　选择 Inspect

此时 Xcode 会自动针对修改来更新代码，例如，删除.color(.green)。在文件 ContentView.swift 中自动生成的代码如下。

```
import SwiftUI

struct ContentView: View {
    var body: some View {
        Text("Turtle Rock")
            .font(.title)


    }
}

struct ContentView_Preview: PreviewProvider {
    static var previews: some View {
        ContentView()
    }
}
```

此时 SwiftUI 的可视化预览效果如图 37-15 所示。

Turtle Rock

▲图 37-15　改回黑色后 SwiftUI 的可视化预览效果

3. 使用栈组合视图

在创建标题视图后，接下来开始添加文本视图，用于显示地标的详细信息，比如公园的名称和所在的地区。在创建 SwiftUI 视图时，我们可以在视图的 body 属性中描述其内容、布局和行为。因为 body 属性仅返回单个视图，所以我们可以使用栈来组合和嵌入多个视图，让它们以水平、垂直或从后到前的顺序组合在一起。

首先，使用水平的栈显示当前位置的详细信息，然后使用垂直的栈将标题放在详细信息的上面，如图 37-16 所示。我们可以使用 Xcode 的编辑功能将视图嵌入一个容器里，也可以使用 Inspector 或者 Help 找到更多帮助。

▲图 37-16　标题与详细信息

然后，按住 Command 键并单击文本视图的初始化方法，在编辑窗口中选择 Embed in VStack，如图 37-17 所示。

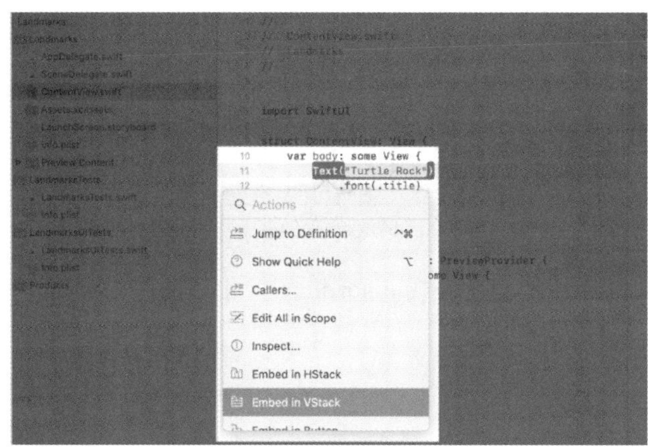

▲图 37-17　选择 Embed in VStack

接下来，需要从 Library 中拖一个文本视图到栈中。单击 Xcode 右上角的"+"按钮打开 Library，然后把一个文本视图拖放在代码中 Turtle Rock 的后面，如图 37-18 所示。

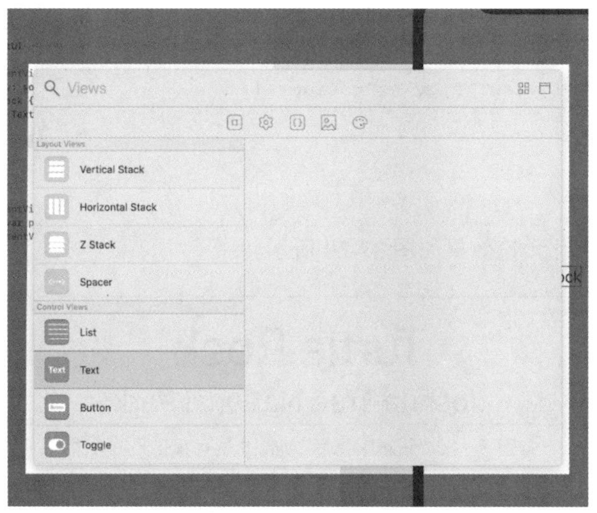

▲图 37-18　拖一个文本视图

将 Placeholder 改成 Joshua Tree National Park，此时文件 ContentView.swift 自动生成的代码如下。

```
import SwiftUI

struct ContentView: View {
    var body: some View {
        VStack {
            Text("Turtle Rock")
```

```
                .font(.title)
            Text("Joshua Tree National Park")
        }
    }
}

struct ContentView_Preview: PreviewProvider {
    static var previews: some View {
        ContentView()
    }
}
```

此时 SwiftUI 的可视化预览效果如图 37-19 所示。

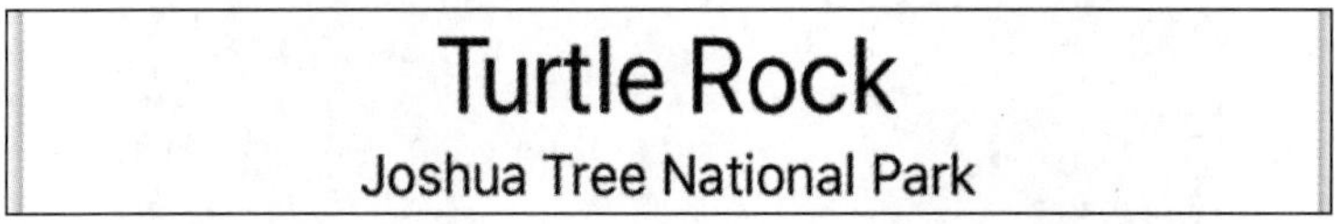

Turtle Rock
Joshua Tree National Park

▲图 37-19　修改 Placeholder 后 SwiftUI 的可视化预览效果

接下来，将地点视图的 font 设置成 .subheadline ，此时文件 ContentView.swift 的代码如下。

```
import SwiftUI

struct ContentView: View {
    var body: some View {
        VStack {
            Text("Turtle Rock")
                .font(.title)
            Text("Joshua Tree National Park")
                .font(.subheadline)
        }
    }
}

struct ContentView_Preview: PreviewProvider {
    static var previews: some View {
        ContentView()
    }
}
```

此时 SwiftUI 的可视化预览效果如图 37-20 所示。

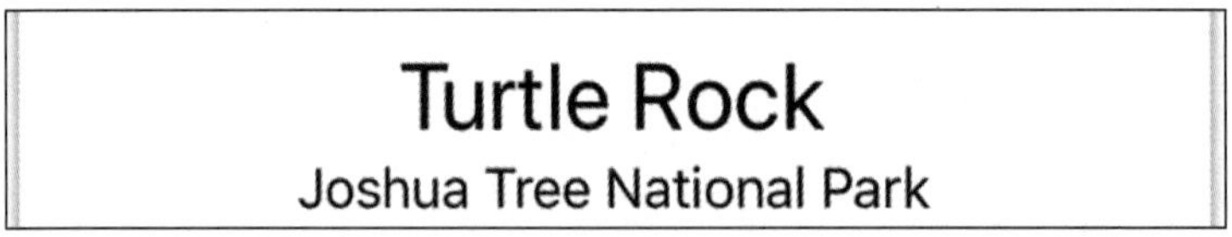

Turtle Rock
Joshua Tree National Park

▲图 37-20　设置字体后 SwiftUI 的可视化预览效果

接下来，编辑 VStack 的初始化方法，将视图左对齐。在默认情况下，栈会将内容沿其轴居中，并设置适合上下文的间距。此时文件 ContentView.swift 的代码如下。

```
import SwiftUI

struct ContentView: View {
    var body: some View {
        VStack(alignment: .leading) {
            Text("Turtle Rock")
                .font(.title)
```

```
            Text("Joshua Tree National Park")
                .font(.subheadline)
        }
    }
}

struct ContentView_Preview: PreviewProvider {
    static var previews: some View {
        ContentView()
    }
}
```

此时 SwiftUI 的可视化预览效果如图 37-21 所示。

Turtle Rock
Joshua Tree National Park

▲图 37-21 左对齐后 SwiftUI 的可视化预览效果

接下来，在地点的右侧添加另一个文本视图来显示公园所在的地区。首先在 Canvas 中按住 Command 键，单击文本 Joshua Tree National Park，然后选择 Embed in HStack，如图 37-22 所示。

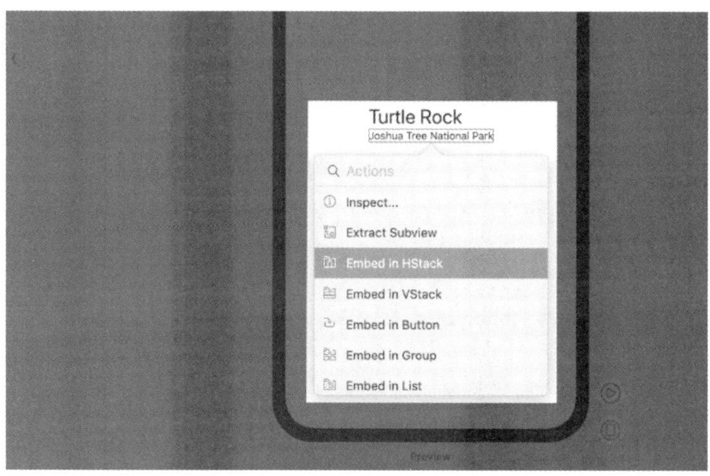

▲图 37-22 选择 Embed in HStack

在地点后面新增一个文本视图，将 Placeholder 修改成 California，然后将 font 设置成.subheadline。此时文件 ContentView.swift 的代码如下。

```
import SwiftUI

struct ContentView: View {
    var body: some View {
        VStack(alignment: .leading) {
            Text("Turtle Rock")
                .font(.title)
            HStack {
                Text("Joshua Tree National Park")
                    .font(.subheadline)
                Text("California")
                    .font(.subheadline)
            }
        }
```

```
        }
    }

struct ContentView_Preview: PreviewProvider {
    static var previews: some View {
        ContentView()
    }
}
```

此时 SwiftUI 的可视化预览效果如图 37-23 所示。

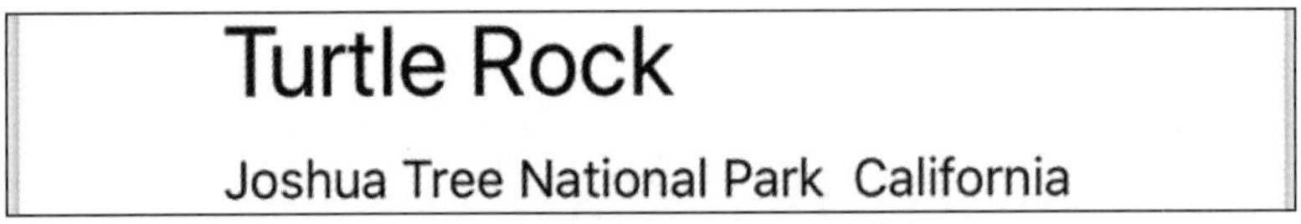

▲图 37-23　修改 Placeholder 和字体后 SwiftUI 的可视化预览效果

接下来，在水平栈中添加一个分隔条来分隔及固定文本 Joshua Tree National Park 和 California，这样它们就会共享整个屏幕宽度。分隔条能展开它包含的视图，使它们共用其父视图的所有空间，而不是仅通过其内容定义大小。此时文件 ContentView.swift 的代码如下。

```
import SwiftUI

struct ContentView: View {
    var body: some View {
        VStack(alignment: .leading) {
            Text("Turtle Rock")
                .font(.title)
            HStack {
                Text("Joshua Tree National Park")
                    .font(.subheadline)
                Spacer()
                Text("California")
                    .font(.subheadline)
            }
        }
    }
}

struct ContentView_Preview: PreviewProvider {
    static var previews: some View {
        ContentView()
    }
}
```

此时 SwiftUI 的可视化预览效果如图 37-24 所示。

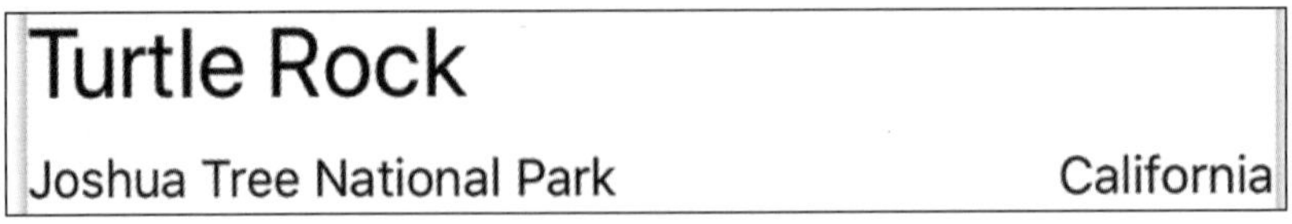

▲图 37-24　添加分隔条后 SwiftUI 的可视化预览效果

接下来，用修饰方法 .padding()在地标的名称和信息之间留出一些空间，此时文件 ContentView.swift 的代码如下。

```
import SwiftUI

struct ContentView: View {
    var body: some View {
        VStack(alignment: .leading) {
            Text("Turtle Rock")
                .font(.title)
            HStack {
                Text("Joshua Tree National Park")
                    .font(.subheadline)
                Spacer()
                Text("California")
                    .font(.subheadline)
            }
        }
        .padding()
    }
}

struct ContentView_Preview: PreviewProvider {
    static var previews: some View {
        ContentView()
    }
}
```

此时 SwiftUI 的可视化预览效果如图 37-25 所示。

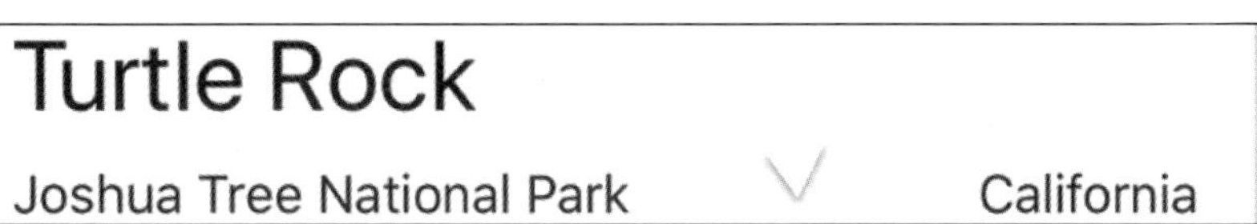

▲图 37-25　使用.padding()方法后 SwiftUI 的可视化预览效果

4. 自定义图片视图

接下来开始给地标添加图片。这不需要添加很多代码，只需要创建一个自定义视图，然后给图片加上遮罩、边框和阴影即可。图片视图的结构如图 37-26 所示。

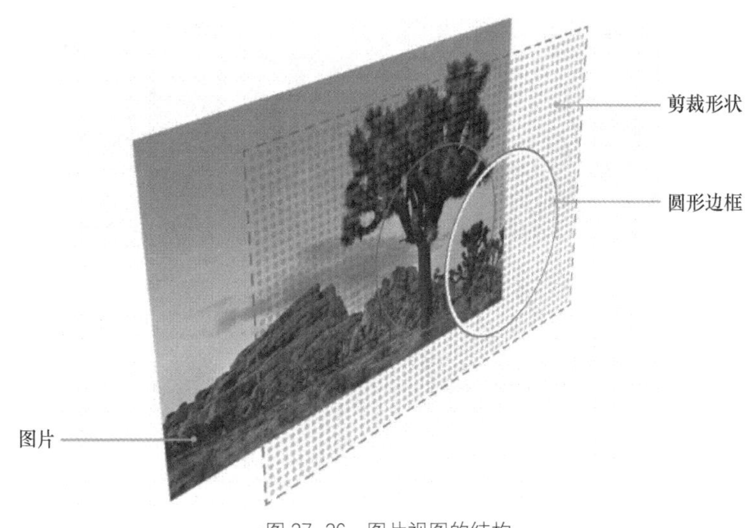

▲图 37-26　图片视图的结构

首先，将图片添加到项目的 asset catalog 中。在项目的 Resources 文件夹中找到 turtlerock.png，将它拖到 asset catalog 编辑器（见图 37-27）中，Xcode 会给该图片创建一个图片集。

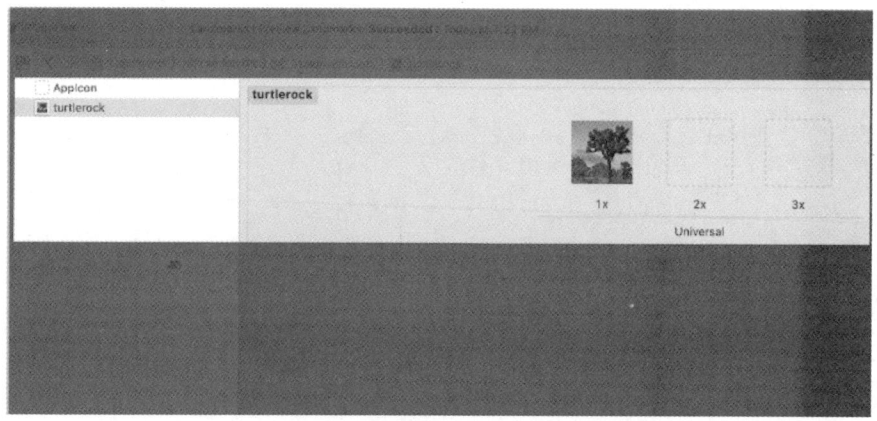

▲图 37-27　asset catalog 编辑器

然后，创建一个新的 SwiftUI View 来自定义图片视图。在 Xcode 中，依次选择 File→New→File，打开选择模板对话框，在 User Interface 区域中选中 SwiftUI View，然后单击 Next 按钮，如图 37-28 所示。

接着，将文件命名为 CircleImage.swift，并单击 Create 按钮。

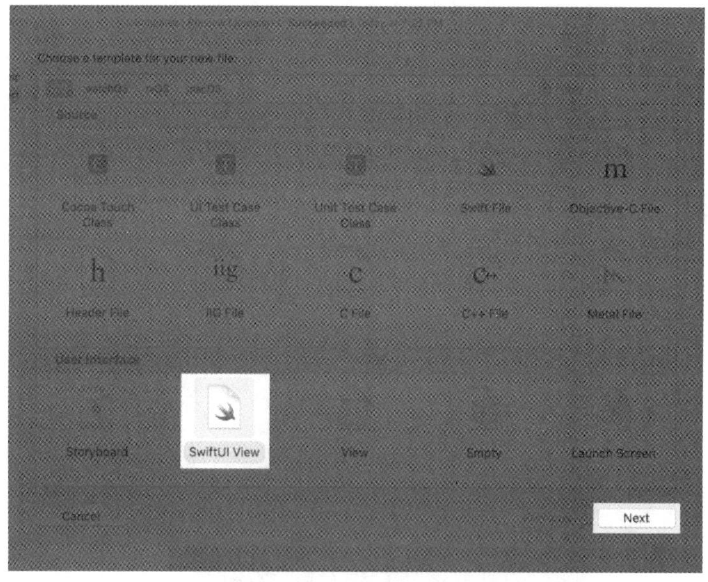

▲图 37-28　选中 SwiftUI View

接下来，使用 Image 初始化方法将文本视图替换为 Turtle Rock 的图片名，此时文件 CircleImage.swift 的实现代码如下。

```
import SwiftUI

struct CircleImage: View {
    var body: some View {
        Image("turtlerock")
    }
}
```

```
struct CircleImage_Preview: PreviewProvider {
    static var previews: some View {
        CircleImage()
    }
}
```

此时 SwiftUI 的可视化预览效果如图 37-29 所示。

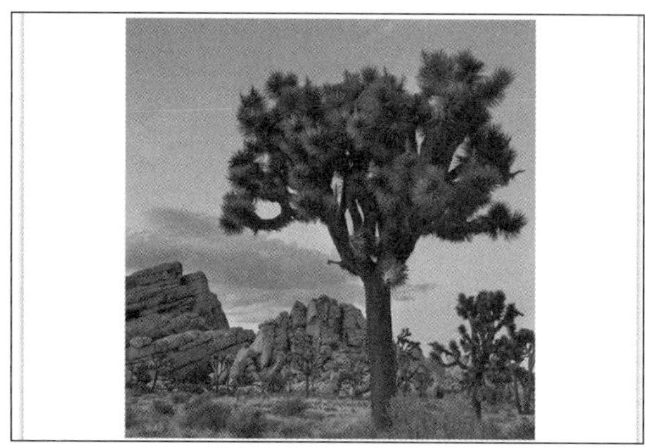

▲图 37-29 替换文本视图后 SwiftUI 的可视化预览效果

接下来，调用方法.clipShape(Circle()) 将图片裁剪成圆形，Circle 可以当作一个蒙版的形状。此时文件 CircleImage.swift 的代码如下。

```
import SwiftUI

struct CircleImage: View {
    var body: some View {
        Image("turtlerock")
            .clipShape(Circle())
    }
}

struct CircleImage_Preview: PreviewProvider {
    static var previews: some View {
        CircleImage()
    }
}
```

此时 SwiftUI 的可视化预览效果如图 37-30 所示。

▲图 37-30 将图片裁剪成圆形后 SwiftUI 的可视化预览效果

接下来，创建另一个灰粗状的圆，然后将其作为叠加圆形添加到图片上，形成图片的边框。此时文件 CircleImage.swift 的代码如下。

```
import SwiftUI

struct CircleImage: View {
    var body: some View {
        Image("turtlerock")
            .clipShape(Circle())
            .overlay(
                Circle().stroke(Color.gray, lineWidth: 4))
    }
}

struct CircleImage_Preview: PreviewProvider {
    static var previews: some View {
        CircleImage()
    }
}
```

此时 SwiftUI 的可视化预览效果如图 37-31 所示。

▲图 37-31　叠加圆边框后 SwiftUI 的可视化预览效果

接下来，添加一个半径为 10 point 的圆形阴影，此时文件 CircleImage.swift 的代码如下。

```
import SwiftUI

struct CircleImage: View {
    var body: some View {
        Image("turtlerock")
            .clipShape(Circle())
            .overlay(
                Circle().stroke(Color.gray, lineWidth: 4))
            .shadow(radius: 10)
    }
}

struct CircleImage_Preview: PreviewProvider {
    static var previews: some View {
        CircleImage()
    }
}
```

此时 SwiftUI 的可视化预览效果如图 37-32 所示。

▲图 37-32　添加圆形阴影后 SwiftUI 的可视化预览效果

最后，将边框的颜色改为白色，完成文本视图。此时文件 CircleImage.swift 的代码如下。

```
import SwiftUI

struct CircleImage: View {
    var body: some View {
        Image("turtlerock")
            .clipShape(Circle())
            .overlay(
                Circle().stroke(Color.white, lineWidth: 4))
            .shadow(radius: 10)
    }
}

struct CircleImage_Preview: PreviewProvider {
    static var previews: some View {
        CircleImage()
    }
}
```

此时 SwiftUI 的可视化预览效果如图 37-33 所示。

▲图 37-33　将边框颜色改为白色后 SwiftUI 的可视化预览效果

注意：有关 SwiftUI 技术的详细使用教程，读者可以登录苹果开发者中心学习。苹果公司为开发者提供了 SwiftUI 技术的完整学习资料，包括技术文档、源码和视频讲解。

第 38 章　Apple Watch 与 WatchKit

2015 年 3 月，苹果公司发布了 Apple Watch。这是苹果公司产品线中的一款全新产品。其实在 Apple Watch 上市之前，2014 年 11 月，苹果公司就针对开发者推出了开发 Apple Watch 应用程序的平台 WatchKit。在 2020 年的 WWDC 上，苹果公司发布了 Apple Watch 的新操作系统 watchOS 7。本章将详细讲解 Apple Watch 与 WatchKit 的基本知识。

38.1 Apple Watch 介绍

目前 Apple Watch 在苹果中国官网已经上线销售，它采用蓝宝石屏幕，有银色、金色、红色、绿色和白色等多种颜色可以选择。苹果官方对 Apple Watch 的介绍如图 38-1 所示。

Apple Watch 官网通过 Timekeeping、New Ways to Connect 和 Health&Fitness 三个独立的功能页面，分别对 Apple Watch 所有界面模式命名、新交互方式和健康及健身等方面的细节进行详细介绍。此外，苹果公司的市场营销团队还添加了新的动画，来展示 Apple Watch 将如何在屏幕之间自由切换，以及 Apple Watch 上的应用都是如何工作的。

Timekeeping 页面展示了拥有各种风格的时间显示界面的 Apple Watch。用户可以对界面颜色、样式及其他元素进行自定义。另外，Apple Watch 还具备常见手表所不具备的功能。除闹钟、计时器、日历和世界时间之外，Apple Watch 还可以提供月光照度、股票、天气、日出/日落时间和日常活动等信息。

New Ways to Connect 页面详细地展示了 Apple Watch 简单有趣的“腕对腕”互动交流新方式。使用 Apple Watch 不仅可以更简捷地收发信息和邮件，还可以用更个性化、更简洁的表达方式来与人交流，如图 38-2 所示。

▲图 38-1　苹果官方对 Apple Watch 的介绍

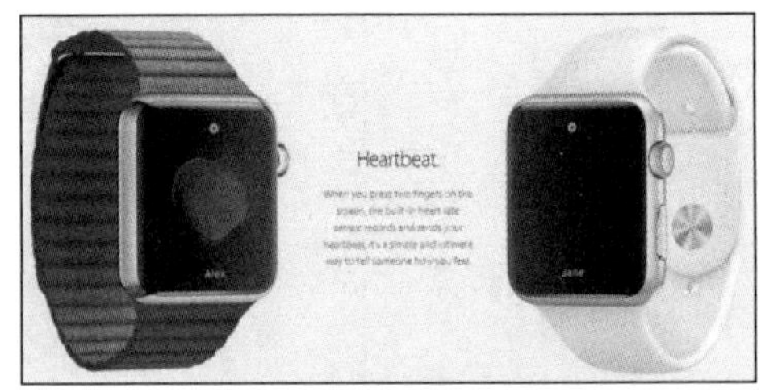

▲ 图 38-2　全新的交互方式

在 Apple Watch 中，Sketch 允许用户直接在表盘上快速绘制简单的图形动画并发送，Tap（基于触觉反馈的无声交互）功能能让对方感受到含蓄的心意，而 Heartbeat（心率）传感器可以让用户感受到浓浓的好意。

健康和健身一直是 Apple Watch 主打的功能，不同于普通的智能腕带，Apple Watch 能够详细记录用户的所有运动量，跑步、骑车和爬楼梯等运动项皆涵盖在内，并以 Move、Exercise 和 Stand 3 个彩色圆环直观显示在屏幕上，如图 38-3 所示。

Apple Watch 会针对用户的运动习惯为其制定出合理的健身目标，并用加速计来计算运动量和卡路里燃烧量，用心率传感器来测量运动心率，用 Wi-Fi 网络和 GPS 来测量户外运动的距离和速度。除此之外，Apple Watch 内置的 Workout 应用能实时追踪包括时间、距离、热量燃烧量、速度在内的运动信息，而 Fitness 应用则可以记录用户每天的运动量，并将所有数据共享到 Health，将健身和健康数据相整合，帮助用户更好地进行锻炼。

有关 watchOS 7 开发的基本知识，读者可以参考 watchOS 7 官方页面，如图 38-4 所示。

▲图 38-3 Move、Exercise 和 Stand 图形

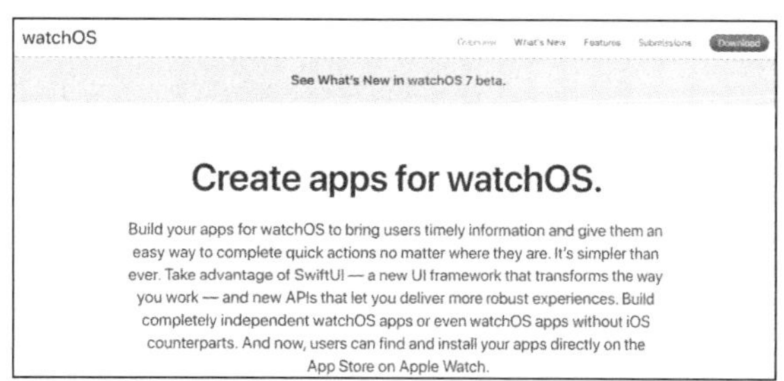

▲图 38-4 watchOS 7 官方页面

38.2 WatchKit 开发详解

从苹果公司官方提供的开发文档中可以看出，通过安装在 iPhone 上的 WatchKit 扩展包，以及安装在 Apple Watch 上的 UI 来实现 iPhone 与 Apple Watch 的互联，如图 38-5 所示。

除为 Apple Watch 提供单独的应用之外，开发者还可以借助与 iPhone 的互联，单独在 Apple Watch 上使用 Glance。顾名思义，WatchKit 像许多已经诞生的智能手表一样，可以让用户通过滑动屏幕浏览卡片式信息及数据。此外，用户还可以在 Apple Watch 上实现相关操作，比如当用户离开家时，智能家庭组件可以弹出消息询问是否关闭室内的灯光，在 Apple Watch 上即可实现关闭操作。苹果公司官方展示了 WatchKit 的几大核心功能，如图 38-6 所示。

▲图 38-5 iPhone 与 Apple Watch 的互联

▲图 38-6 WatchKit 核心功能展示

38.2.1 搭建 WatchKit 开发环境

在 2020 年的 WWDC 上，苹果公司发布了 Apple Watch 的新操作系统——watchOS 7。当成功搭建 Xcode 12 环境后，开发人员便可以使用集成开发环境开发 watchOS 7 应用程序。和以往版本相比，Xcode 12 直接提供了 watchOS 选项。在 Choose a template for you new project 界面中选择 watchOS，并选择 Application 类别下的 iOS App with Watch App 选项，即可创建 Watch 应用，如图 38-7 所示。

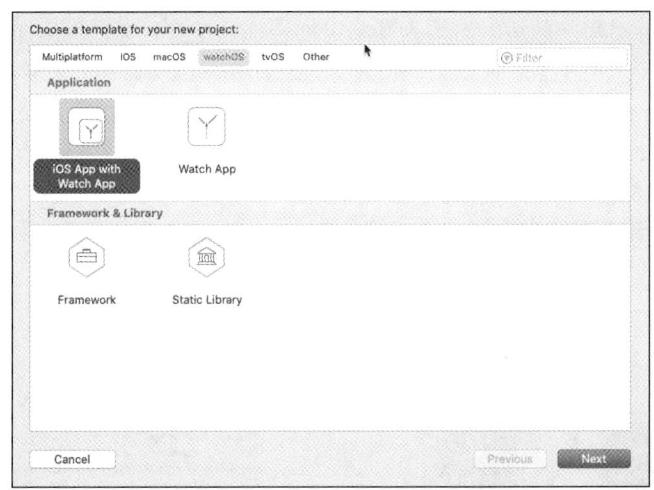

▲图 38-7　创建 Watch 应用

38.2.2　WatchKit 架构

通过使用 WatchKit，你不仅可以为 Watch 应用创建一个全新的交互界面，还可以通过 iOS App Extension 控制它们。所以开发人员能做的并不只是实现一个简单的 iOS Apple Watch Extension，而是挖掘很多新的功能，比如，提供特定的 UI 控制方式、可自定义的 Notification 和 Handoff 的深度结合、图片缓存等。

Apple Watch 应用包含两个部分，分别是 Watch 应用和 WatchKit 应用扩展。Watch 应用驻留在用户的 Apple Watch 中，只有故事板和资源文件。注意，Watch 应用并不包含任何代码。而 WatchKit 应用扩展驻留在用户的 iPhone 上（在关联的 iOS 应用当中），有相应的代码和管理 Watch 应用界面的资源文件。

当用户开始与 Watch 应用交互时，Apple Watch 将会寻找一个合适的故事板场景来显示。它根据用户是否在查看应用的 Glances 界面，是否在查看通知，或者是否在浏览应用的主界面等行为来选择相应的场景。选择完场景后，watchOS 将通知配对的 iPhone 启动 WatchKit 应用扩展，并加载相应对象的运行界面，所有的消息交流工作都在后台中进行。

Watch 应用和 WatchKit 应用扩展之间的信息交流过程如图 38-8 所示。

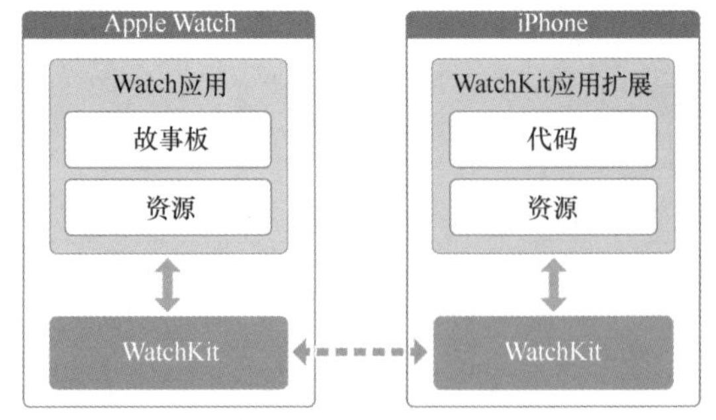

▲图 38-8　Watch 应用与 WatchKit 应用扩展之间的信息交流过程

Watch 应用的构建基础是界面控制器，这部分是由 WKInterfaceController 类的实例实现的。WatchKit 中的界面控制器用来模拟 iOS 中的视图控制器，功能是显示和管理屏幕上的内容，并且响应用户的交互工作。

如果用户直接启动应用，系统将从主故事板文件中加载初始界面控制器。根据用户的交互动作，显示其他界面控制器以让用户得到需要的信息。究竟如何显示额外的界面控制器，取决于应用所使用的界面样式。WatchKit 支持基于页面的风格以及基于层次的风格。

注意： 在图 38-8 所示的信息交流过程中，Glances 界面和通知只会显示一个界面控制器，其中包含了界面的相关信息。与界面控制器的交互操作会直接把用户带到应用的主界面中。

Watch 应用的组成部分如图 38-9 所示。

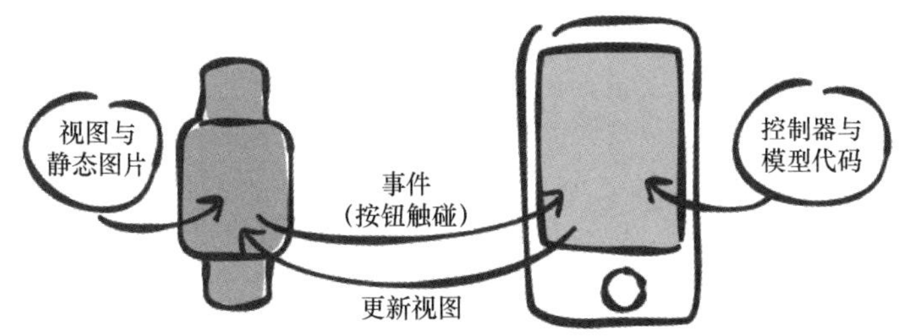

▲图 38-9　Watch 应用的组成部分

Apple Watch 主要负责保存用户界面元素文件（故事板文件和静态的图片文件）并处理用户的输入行为。相关代码不会真正在 Apple Watch 中运行，也就是说，Apple Watch 仅是一个“视图”容器。

在 iPhone 中包含的所有逻辑代码，用于响应用户在 Apple Watch 上产生的行为，例如应用启动、单击按钮和滑动滑块等。也就是说，iPhone 包含了控制器和模型代码。

上述 Apple Watch 和 iPhone 的这种交互操作是在幕后自动完成的，开发者要做的工作只是在故事板中设置好 UI 的 Outlet，其他的步骤由 WatchKit SDK 在幕后通过蓝牙技术自动进行交互即可。即使 iPhone 和 Apple Watch 是两个独立的设备，也只需要关注本地的代码以及 Outlet 的连接情况。

综上所述，在 Watch 应用的架构模式中，要针对 Apple Watch 进行开发，首先需要建立一个传统的 iOS 应用，然后在其中添加 Watch 应用的 target 对象。添加后会在项目中多出如下两个 target 对象：

- WatchKit Extension；
- Watch 应用。

此时的项目目录下，WatchKit Extension 中有 InterfaceController.h/m 之类的代码，而在 Watch 应用中只包含了 Interface. storyboard。苹果公司并没有像对 iPhone Extension 那样明确要求针对 Watch 开发的应用必须还以 iOS 应用为核心。也就是说，将 iOS 应用空壳化而专注提供 Watch 的 UI 和体验是允许的。

在安装应用时，负责逻辑部分的 WatchKit Extension 将随 iOS 应用的主 target 一同安装到 iPhone 中，而负责界面部分的 WatchKit 应用将会在安装主程序后，由 iPhone 检测有没有配对的 Apple Watch，并提示安装到 Apple Watch 中。所以在实际使用时，所有的运算、逻辑以及控制实际上都是在 iPhone 中完成的。当需要界面执行刷新操作时，由 iPhone 向 Watch 发送指令并在手表盘面上显示。反过来，用户触摸手表进行交互时的信息也由手表传回给 iPhone 并进行处理。而这个过程由 WatchKit 在幕后完成，并不需要开发者操心。我们需要知道的就是，原则上来说，我们应该将与界面相关的内容放在 Watch 应用的 target 中，而将所有代码逻辑等放到 WatchKit Extension 里。

由此可见，在整个 Watch 应用中，当在手表上单击应用图标以运行 Watch 应用时，手表将会负责唤醒手机上的 WatchKit Extension。而 WatchKit Extension 和 iOS 应用之间的数据交互需求则由 App Groups 来完成，这和 Today Widget 以及其他一些 Extension 是一样的。

38.2.3 WatchKit 布局

Watch 应用的 UI 布局方式不是用 AutoLayout 实现的，取而代之的是一种新的布局方式，即使用 Group。在这种方式中，只需要将按钮和标签之类的界面元素添加到 Group 中，Group 将自动为添加的界面元素在内部进行布局。

在 Watch 应用中，你可以将一个 Group 嵌入另一个 Group 中，用于实现较复杂的界面布局，并且可以在 Group 中设置背景色、边距和圆角半径等属性。

38.2.4 Glances 和 Notifications

在 Apple Watch 应用中，功能之一就是让用户很方便地（比如一抬手）看到自己感兴趣的事物的提醒，比如有人在 Twitter 中提及到了你或者比特币的当前价位等。

Glances 和 Notifications 的具体作用分别是什么呢？具体说明如下所示。

Glances 能让用户在应用中快速预览信息。

Notifications 能让用户在 Apple Watch 中接收到各类通知。Apple Watch 中的通知分为两种级别。第 1 种是提示，这种通知只显示应用图标和简单的文本信息。当用户抬起手腕或者单击屏幕时就会进入第 2 种级别，并可以看到该通知更详细的信息，甚至有交互按钮。

在 Glances 和 Notifications 这两种情形下，用户都可以单击屏幕进入对应的 Watch 应用中，并且使用 Handoff。一个用户甚至可以将特定的视图控制器作为 Glances 或 Notifications 的内容发送给其他用户。

38.2.5 Watch 应用的生命周期

当用户在 Apple Watch 上运行应用时，用户的 iPhone 会自行启动相应的 WatchKit 应用扩展。通过一系列的握手协议、Watch 应用和 WatchKit 应用扩展，开发人员可以将设备互相连接，使消息在两者之间流通，直到用户停止与应用进行交互为止。此时，iOS 将暂停 WatchKit 应用扩展的运行。

随着启动队列的运行，WatchKit 将会自行为当前界面创建相应的界面控制器。如果用户正在查看 Glances，则 WatchKit 创建的界面控制器会与 Glances 相连接。如果用户直接启动应用，则 WatchKit 将从应用的主故事板文件中加载初始界面控制器。无论是哪一种情况，WatchKit 应用扩展都会提供一个名为 WKInterfaceController 的子类来管理相应的界面。

当初始化界面控制器对象后，就应该为其准备显示相应的界面。当启动应用时，WatchKit 框架会自行创建相应的 WKInterfaceController 对象，并调用 initWithContext 方法来初始化界面控制器，然后加载所需的数据，最后设置所有界面对象的值。对于主界面控制器来说，初始化方法紧接着 willActivate 方法运行，以让用户知道界面已显示在屏幕上。

启动 Watch 应用的过程如图 38-10 所示。

当用户在 Apple Watch 上与应用进行交互时，WatchKit 应用扩展将保持运行。如果用户明确退出应用或者停止与 Apple Watch 进行交互，那么 iOS 将停用当前界面控制器，并暂停 WatchKit 应用扩展的运行。界面控制器的生命周期如图 38-11 所示。因为与 Apple Watch 的互动操作是非常短暂的，这几个步骤都有可能在数秒之内发生，所以界面控制器应当尽可能简单，并且不要运行耗时的任务，其重点应当放在读取和显示用户想要的信息上来。

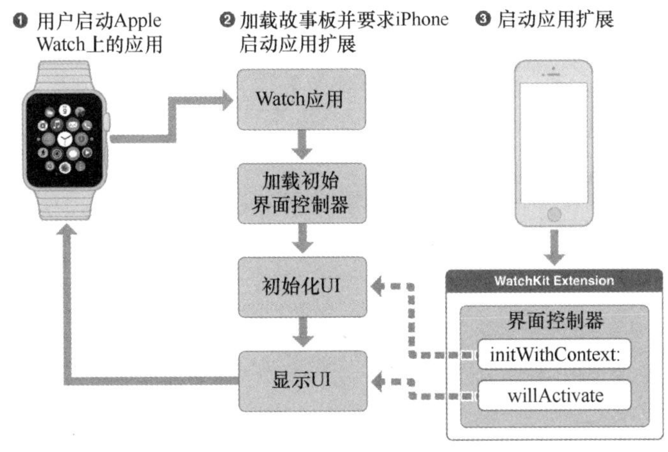

▲图 38-10　启动 Watch 应用的过程

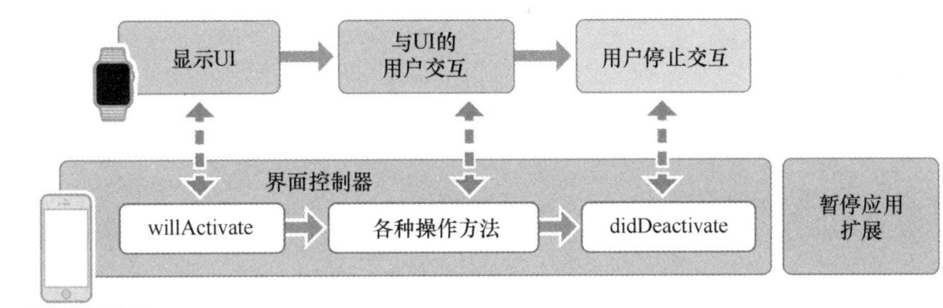

▲图 38-11　界面控制器的生命周期

在应用生命周期的不同阶段，iOS 将会调用 WKInterfaceController 对象的相关方法来让你做出相应的操作。表 38-1 列出了大部分应当在界面控制器中声明的方法。

除表 38-1 列出的方法之外，WatchKit 还调用了界面控制器的自定义动作方法来响应用户操作。你可以基于用户界面来定义这些动作方法，例如，你可能会使用动作方法来响应单击按钮，跟踪开关或滑块值的变化，或者响应表视图中单元格的选择。对于表视图来说，你同样可以用 table:didSelectRowAtIndex，而不是动作方法来跟踪单元格的选择。用这些动作方法来执行任务，并更新 Watch 应用的用户界面。

表 38-1　　大部分应当在界面控制器中声明的方法

方　法	要执行的任务
initWithContext	用来准备显示界面，借助它来加载数据，以及更新标签、图像和其他在故事板场景上的界面对象
willActivate	指出界面是否对用户可视，借助它来更新界面对象，以及完成相应的任务，任务只能在界面可视时完成
didDeactivate	执行所有的清理任务。例如，使用此方法来废止计时器、停止动画或者停止视频流内容的传输。但是不能在这个方法中设置界面控制器对象的值，在调用本方法之后到再次调用 willActivate 方法之前，任何更改界面对象的企图都是被忽略的

38.3 使用 iOS 14 新特性实现手表分页

在 2020 年，SwiftUI 对 TabView 的功能进行了升级，新增了 3 种风格——TabViewStyle、

PageTabViewStyle 和 CarouseTabViewStyle。PageTabViewStyle 可用于实现视图分页功能。本实例中创建了一个 watchOS 7 程序，使用 PageTabViewStyle 实现了手表视图界面的分页功能。

实例 38-1	使用 PageTabViewStyle 实现手表视图分页
源码路径	\daima\38\PageTabViewForWatch-main

实例 38-1 的实现方式如下。

（1）打开 Xcode，创建一个名为 PageTabViewForWatch 的项目，项目的最终结构如图 38-12 所示。

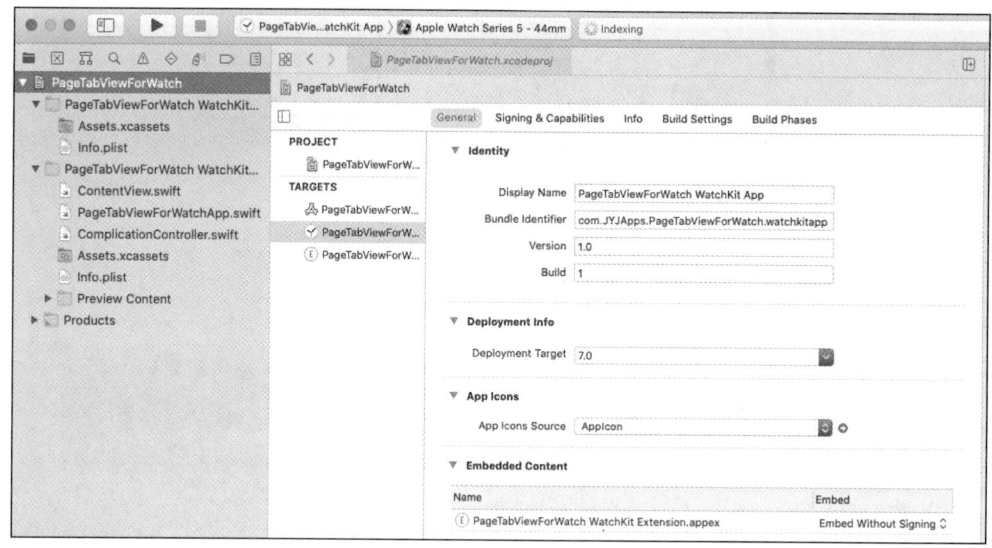

▲图 38-12 项目的最终结构

（2）实现 PageTabViewForWatch WatchKit Extension 部分，文件 ContentView.swift 的功能是设置手表界面中的内容，通过 PageTabViewStyle 设置 3 种颜色的矩形页签，手表界面可以在这 3 个矩形页签之间进行切换。文件 ContentView.swift 的具体代码如下所示。

```
import SwiftUI

struct ContentView: View {
    var body: some View {
        VStack {
            TabView {
                Rectangle().foregroundColor(.red).frame(maxHeight: 50, alignment: .top)
                Rectangle().foregroundColor(.blue).frame(maxHeight: 50, alignment: .top)
                Rectangle().foregroundColor(.green).frame(maxHeight: 50, alignment: .top)
            }
            .tabViewStyle(PageTabViewStyle())
            .frame(maxHeight: 50)
            Button("Push Me") { print("push me") }
        }
    }
}

struct ContentView_Previews: PreviewProvider {
    static var previews: some View {
        ContentView()
    }
}
```

执行结果如图 38-13 所示，手表视图可以在 3 个不同颜色的页签中进行切换。

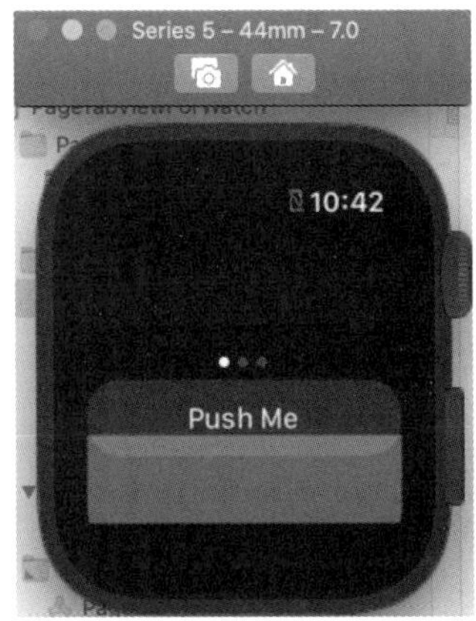

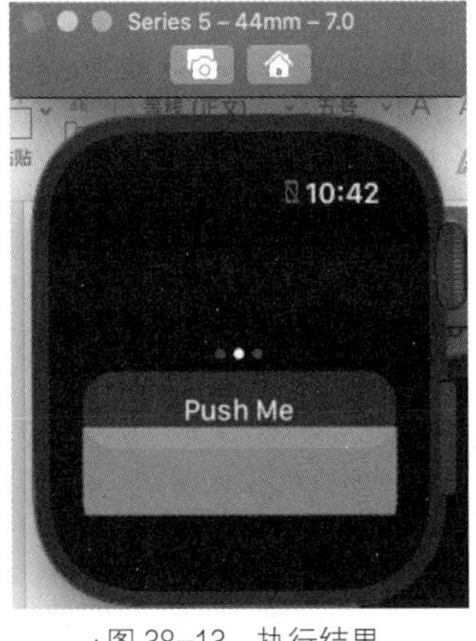

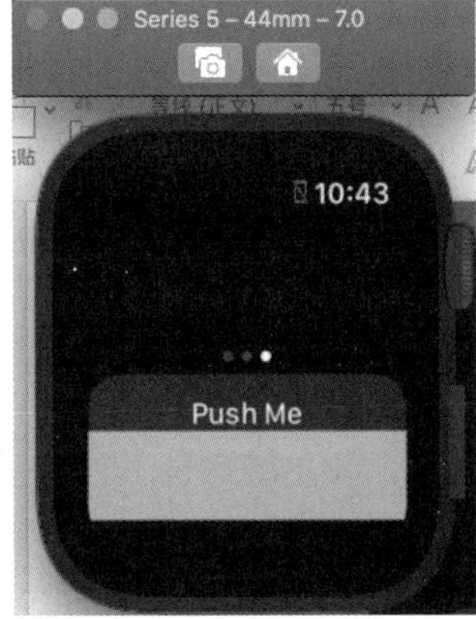

▲图 38-13　执行结果

38.4 基于 SwiftUI 开发一个计时器

本实例的功能是实现一个手表倒计时应用，该应用能够在 Apple Watch 界面中显示一个带时间范围的倒计时器，比如，有 30s 倒计时、1min 倒计时和 3min 倒计时等。使用者可以根据需要选择合适的倒计时器，并且可以随时暂停或恢复一个倒计时。

实例 38-2	基于 SwiftUI 开发一个计时器
源码路径	\daima\38\ TimersTimersTimers

实例 38-2 的实现方式如下。

（1）启动 Xcode，创建一个名为 TimersTimersTimers 的 watchOS 7 应用。本项目最终的结构如图 38-14 所示。

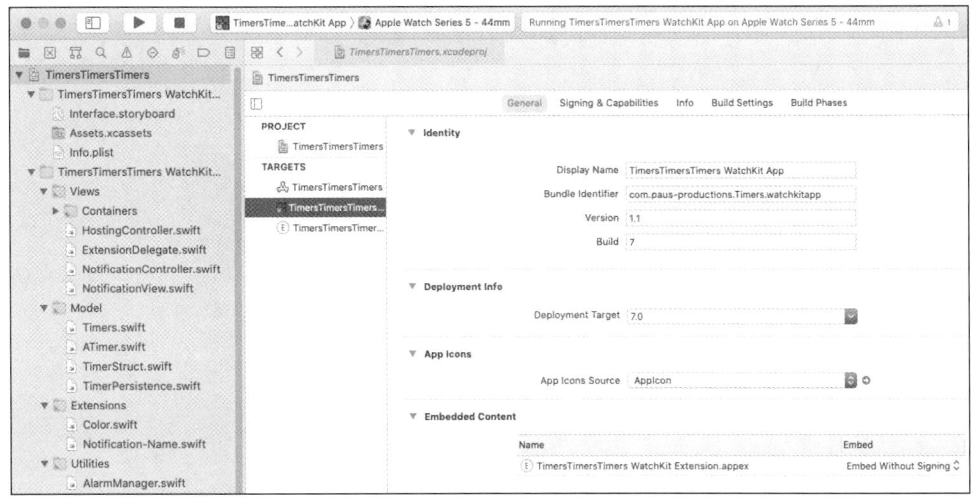

▲图 38-14　本项目最终的结构

（2）打开 TimersTimersTimers WatchKit App 目录下的故事板文件，设计手表视图的界面，如图 38-15 所示。

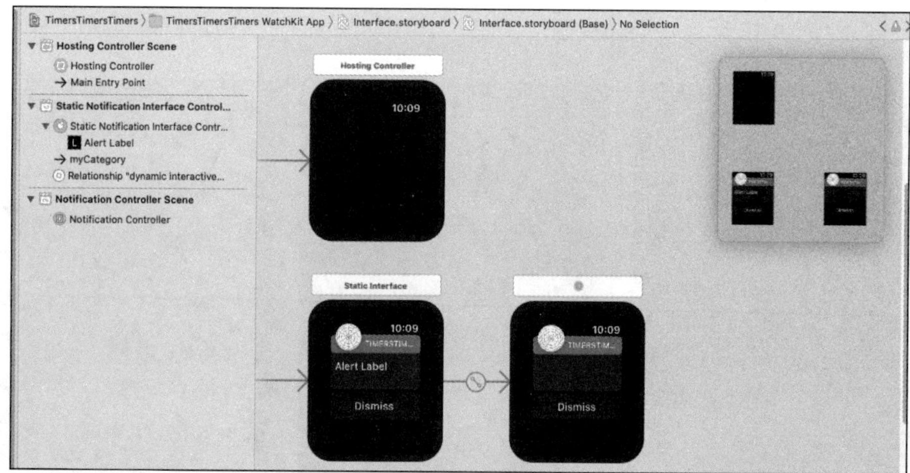

▲图 38-15　设计手表视图的界面

（3）实现 TimersTimersTimers WatchKit Extension 部分，具体实现流程如下所示。

① 编写文件 TimerList.swift，显示不同计时器的列表，代码如下。

```
import SwiftUI

struct TimerList: View {
    @EnvironmentObject var timers: Timers
    @State var currentIndex = 0.0
    @State var items = [ATimer]()


    var body: some View {
        VStack {
            List
                {
                    HStack {
                        Spacer()
                        NavigationLink(destination: CreateTimer().environmentObject
                       (self.timers), label: {Text("Add Timer")})
                        Spacer()
                    }
                    ForEach(items) { timer in


                        CountdownDisplay(model: timer)

                            .onTapGesture(perform: {
                                timer.start(withCompletionHandler: {

                                })
                            })
                          .listRowInsets(EdgeInsets(top: 0, leading: 2, bottom: 0,
                          trailing: 2))



                    } .onDelete(perform: delete) }
                .onReceive(timers.objectWillChange, perform: { _ in
                    self.reload()
                })

                .onAppear(perform: {
```

```
                    self.reload()
                })
                .listStyle(CarouselListStyle())
            .padding()

        }

    }

    private func delete(at offsets: IndexSet) {

        guard let index = Array(offsets).first else { return }
        timers.removeModel(index: index)
        self.reload()
    }

    private func reload() {
        self.items = timers.timers.map({ ($0) })

        let byRunning = self.items.sorted(by: { $0.timerRunning ==
        true  && !$1.timerRunning == true })
        let byTimeLeft = byRunning.sorted(by: { $0.timerRunning ==
        true && $0.timeLeft < $1.timeLeft })
        self.items = byTimeLeft
        for timer in self.items {
            if timer.timerRunning == true {
                _ = CountdownDisplay(model: timer)
            }
        }

    }
}

struct TimerList_Previews: PreviewProvider {
    static var previews: some View {
        AnyView(TimerList().environmentObject(Timers()))
    }
}
```

文件 TimerList.swift 的预览效果如图 38-16 所示。

▲图 38-16　TimerList.swift 的预览效果

② 编写文件 NotificationView.swift，实现计时提醒功能，代码如下。

```
...iftUI

...ct NotificationView: View {
    let title: String
    let message: String


    init(title: String,
         message: String) {
        self.title = title
        self.message = message
    }

         var body: some View {
         VStack {


             Text(title )
                 .font(.headline)
                 .lineLimit(0)

             Divider()

             Text("Timer Done")
                 .font(.caption)
                 .lineLimit(0)
         }
     }
}

struct NotificationView_Previews: PreviewProvider {
    static var previews: some View {
        NotificationView(title: "One Minute", message: "Timer Done")
    }
}
```

③ 编写文件 Timers.swift，它属于 Model 部分，用于获取各个不同计时器面板中设置的时间，代码如下。

```
    func getTimerList() {
        let timerStructArray = TimerPersistence.readPropertyList()
        if timerStructArray.count == 0 {
            self.timers = [ATimer(offsetSeconds: 30, title: "30 seconds"),
            ATimer(offsetSeconds: 60, title: "1 minute"), ATimer(offsetSeconds: 180,
            title: "3 minutes"), ATimer(offsetSeconds: 300, title: "5 minutes"),
            ATimer(offsetSeconds: 3600, title: "1 hour")]

        } else {
            var tempList = [ATimer]()
            for timer in timerStructArray {
                let timerModel = ATimer(offsetSeconds: timer.offsetSeconds,
                title: timer.title)
                tempList.append(timerModel)
            }
            self.timers = tempList
        }
    }
```

（4）实现 Extensions 部分，编写文件 Color.swift，用于设置手表视图中各个元素的颜色，代码如下。

```
static let teal: Color = Color(hex: "#11ABC1")
static let cherry: Color = Color(hex: "#DF3062")
static let mustard: Color = Color(hex: "#F5B935")
static let timersGreen: Color = Color(hex: "#4BAC3F")
static let darkGray: Color = Color(hex: "#151516")
static let sunflowers: Color = Color(hex: "FFCE00")
static let starryNight: Color = Color(hex: "0375B4")
static let irises: Color = Color(hex: "007849")
static let palm: Color = Color(hex: "1AAF41")
static let embers: Color = Color(hex: "B82601")
static let brightCoral: Color = Color(hex: "F53240")


static let stopColor = Color.brightCoral
static let doneColor = Color.starryNight
static let pauseColor = Color.sunflowers
static let goColor = Color.palm
```

到此为止，整个实例介绍完毕，执行结果如图 38-17 所示。

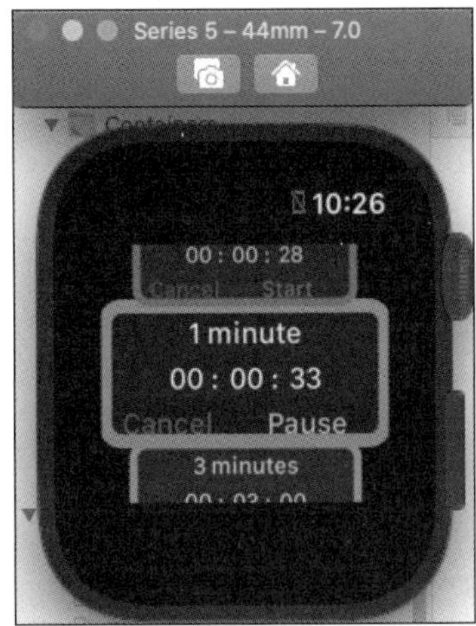

▲图 38-17　执行结果